我的第**1**本
Excel书

# 一、同步素材文件　　二、同步结果文件

素材文件方便读者学习时同步练习使用，结果文件供读者参考

第3章　第4章　第5章　第6章　第7章　第8章　第9章　第10章　第11章　第12章

第13章　第14章　第15章　第16章　第17章　第18章　第19章　第20章　第23章　第24章

# 四、同步PPT课件

同步的PPT教学课件，方便教师
教学使用,全程再现Excel功能讲解

# 一、如何学好用好Excel讲解视频

## （一）Excel最佳学习方法

1.Excel究竟有什么用，用在哪些领域

2.学好Excel要有积极的心态和正确的方法

3.Excel版本那么多，应该如何选择

## （二）用好Excel的8个习惯

1.打造适合自己的Excel工作环境

2.电脑中Excel文件管理的好习惯

3.合理管理好工作表、工作簿

4.理清Excel中的3表

5.表格标题只保留一个

6.函数不必多，走出函数学习的误区

7.图表很直观，但使用图表要得当

8.掌握数据透视表的正确应用方法

## （三）Excel八大偷懒技法

1.常用操作记住快捷键可以让你小懒一把

2.教你如何快速导入已有数据

3.合适的数字格式让你制表看表都轻松

4.设置数据有效性有效规避数据录入错误

5.将常用的表格做成模板

6.批量操作省时省力

7.数据处理不要小看辅助列的使用

8.使用数据透视功能应对多变的要求

办公宝典

# Excel 2013

# 完全自学教程

凤凰高新教育　编著

北京大学出版社
PEKING UNIVERSITY PRESS

# 内 容 提 要

熟练使用 Excel 操作,已成为职场人士必备的职业技能。本书以当前最常用的 Excel 2013 软件为平台,从办公人员的工作需求出发,配合大量典型实例,全面系统地讲解了 Excel 2013 在文秘、人事、统计、财务、市场营销等多个领域的办公应用,帮您轻松高效完成各项办公事务!

本书以"完全精通 Excel"为出发点,以"用好 Excel"为目标来安排内容,全书分为 6 篇,共 24 章。第 1 篇为快速入门篇(第 1~3 章):主要针对初学者,系统全面地讲解 Excel 电子表格的功能及应用领域,Excel 的最佳学习方法及八大学习误区,以及 Excel 2013 的基本操作等知识。第 2 篇为数据编辑篇(第 4~5 章):详细地讲解 Excel 电子表格的创建与编辑,相关数据的录入与美化等知识。第 3 篇为数据计算篇(第 6~14 章):详细地介绍 Excel 2013 的数据计算核心功能,包括如何使用公式计算数据,如何调用函数计算数据,以及常用函数、文本函数、逻辑函数、日期与时间函数、查找与引用函数、财务函数、数学与三角函数等的使用。第 4 篇为数据分析篇(第 15~18 章):介绍 Excel 2013 数据统计与分析管理技能,包括数据的排序、筛选、汇总、条件格式、数据验证、统计图表、数据透视表与数据透视图的使用。第 5 篇为数据共享篇(第 19~20 章):讲解 Excel 2013 电子表格的正确打印设置、数据获取、输出与共享应用等知识。第 6 篇为案例实战篇(第 21~24 章):通过 4 个综合应用案例,系统地讲解 Excel 2013 在日常办公中的实战应用技能。

本书既适用于被大堆数据搞得头昏眼花的办公室小白,以及因为不能完成工作,经常熬夜加班、被领导批评的加班族;也适合即将毕业或刚走向工作岗位的广大毕业生;还可以作为广大职业院校、计算机培训班的教学参考用书。

**图书在版编目(CIP)数据**

Excel 2013完全自学教程 / 凤凰高新教育编著. —北京:北京大学出版社,2017.11
ISBN 978-7-301-28836-8

Ⅰ.①E… Ⅱ.①凤… Ⅲ.①表处理软件—教材 Ⅳ.①TP391.13

中国版本图书馆CIP数据核字(2017)第247672号

| | |
|---|---|
| 书　　　名 | Excel 2013完全自学教程 |
| | EXCEL 2013 WANQUAN ZIXUE JIAOCHENG |
| 著作责任者 | 凤凰高新教育　编著 |
| 责 任 编 辑 | 尹毅 |
| 标 准 书 号 | ISBN 978-7-301-28836-8 |
| 出 版 发 行 | 北京大学出版社 |
| 地　　　址 | 北京市海淀区成府路205 号　100871 |
| 网　　　址 | http://www.pup.cn　新浪微博:@北京大学出版社 |
| 电 子 信 箱 | pup7@pup.cn |
| 电　　　话 | 邮购部62752015　发行部62750672　编辑部62580653 |
| 印 刷 者 | 北京大学印刷厂 |
| 经 销 者 | 新华书店 |
| | 880毫米×1092毫米　16开本　25.25印张　彩插2　872千字 |
| | 2017年11月第1版　2017年11月第1次印刷 |
| 印　　　数 | 1—3000册 |
| 定　　　价 | 99.00 元 |

# 前　言

如果你是一个表格小白，把 Excel 表格当作 Word 中的表格功能来使用；

如果你是一个表格菜鸟，只会简单的 Excel 表格制作和计算；

如果你掌握了 Excel 表格的基础应用，想学习 Excel 数据处理与分析技能；

如果你觉得自己 Excel 操作水平一般，缺乏足够的编辑和设计技巧，希望全面提升操作技能；

如果你想成为职场达人，轻松搞定日常工作……

针对以上问题，对于经常使用 Excel 2013 进行办公的你来说，

《Excel 2013 完全自学教程》一书是最好的选择！

让我们来告诉你如何成为你所期望的职场达人！

当进入职场时，你发现原来工作中各种表格、数据处理、统计分析任务随时都有，处处都会用到 Excel 软件。没错，当今我们已经进入了计算机办公与大数据时代，熟练掌握 Excel 软件技能已经成为入职的一个必备条件。然而数据调查显示，如今大部分的职场人对于 Excel 软件的了解还远远不够，所以在面临工作时，很多人事倍功半。针对这种情况，我们策划并编写了这本《Excel 2013 完全自学教程》，旨在帮助那些有追求、有梦想，但又苦于技能欠缺的刚入职或在职人员。

《Excel 2013 完全自学教程》适合 Excel 初学者，但即便你是一个 Excel 老手，这本书一样能让你大呼开卷有益。这本书将帮助你解决如下问题：

（1）快速掌握 Excel 2013 的基本功能；

（2）快速拓展 Excel 2013 电子表格的制作方法；

（3）快速掌握 Excel 2013 的数据计算方法；

（4）快速掌握 Excel 2013 数据管理与统计分析的经验与方法；

（5）快速学会 Excel 电子表格的相关技巧，并能熟练进行日常办公应用。

我们不但告诉你怎样做，还要告诉你怎样操作最快、最好、最规范！要学会与精通Excel，这本书就够了！！

## 本书特色与特点

（1）讲解版本最常用、实用内容。本书遵循"常用、实用"的原则，以微软 Excel 2013 版本为写作标准，在书中还标识出 Excel 2013 的相关"新功能"及"重点"知识。结合日常办公应用的实际需求，全书安排了 238 个"实战"案例 +98 个"妙招技法" +4 个大型的"商务办公实战"，系统并全面地讲解了 Excel 2013 组件电子表格制作与数据处理方面的相关技能与实战操作。

（2）图解写作、一看即懂，一学就会。为了让读者更易学习和理解，本书采用"步骤引导 + 图解操作"的写作方式进行讲解。而且，在步骤讲述中以"❶，❷，❸，…"的方式分解出操作小步骤，并在图上进行对应标识，非常方便读者学习掌握。真正做到简单明了、一看即会、易学易懂的效果。只要按照书中讲述的步骤方法去操作练习，就可以做出与书同步的效果来。另外，为了解决读者在自学过程中可能遇到的问题，我们在书中设置了"技术看板"板块，解释在讲解中出现的或者在操作过程中可能会遇到的一些疑难问题；我们还添设了"技能拓展"板块，教大家通过其他方法来解决同样的问题，通过技能的讲解，达到举一反三的作用。

（3）技能操作 + 实用技巧 + 办公实战＝应用大全。本书充分考虑到读者"学以致用"的原则，在全书内容安排上，精心策划了 6 篇内容，共 24 章，具体如下。

第 1 篇：快速入门篇（第 1 章～第 3 章）：这篇内容主要针对初学者，从零开始，系统并全面地讲解了 Excel 电子表格的功能及应用领域，Excel 的最佳学习方法及八大学习误区，以及 Excel 2013 的基本操作等知识。

第 2 篇：数据编辑篇（第 4 章～第 5 章）：在本篇内容中，主要详细地讲解了 Excel 电子表格的创建与编辑，相关数据的录入与美化等知识。

第 3 篇：数据计算篇（第 6 章～第 14 章）：详细地介绍了 Excel 2013 的数据计算核心功能，包括如何使用公式计算数据，如何调用函数计算数据，以及常用函数、文本函数、逻辑函数、日期与时间函数、查找与引用函数、财务函数、数学与三角函数等的使用。

第 4 篇：数据分析篇（第 15 章～第 18 章）：介绍了 Excel 2013 数据统计与分析管理技能，包括数据的排序、筛选、汇总、条件格式、数据验证、统计图表、数据透视表与数据透视图的使用。

第 5 篇：数据共享篇（第 19 章～第 20 章）：讲解了 Excel 2013 电子表格的正确打印设置，以及数据获取、输出与共享应用等知识。

第 6 篇：案例实战篇（第 21 章～第 24 章）：通过 4 个综合应用案例，系统地讲解了 Excel 2013 在日常办公中的实战应用技能。

## 丰富的教学光盘，让您物超所值，学习更轻松

本书配套光盘内容丰富、实用，全是干货，赠送了实用的办公模板、教学视频，让你花一本书的钱，得到多本的超值学习内容。光盘包括以下内容。

（1）同步素材文件。指本书中所有章节实例的素材文件。全部收录在光盘中的"\ 素材文件 \ 第 * 章 \"文件夹中。读者在学习时，可以参考图书讲解内容，打开对应的素材文件进行同步操作练习。

（2）同步结果文件。指本书中所有章节实例的最终效果文件。全部收录在光盘中的"\ 结果文件 \ 第 * 章 \"文件夹中。读者在学习时，可以打开结果文件，查看其实例效果，为自己在学习中的练习操作提供帮助。

（3）同步视频教学文件。本书提供了与书同步的视频教程，读者可以通过相关的视频播放软件（如 Windows Media Player、暴风影音等）打开每章中的视频文件进行学习，就像看电视一样轻松学会。

（4）赠送 PPT 课件：光盘中赠送与书中内容全部同步的 PPT 教学课件，非常方便老师教学使用。

（5）赠送商务办公实用模板：200 个 Word 办公模板、200 个 Excel 办公模板、100 个 PPT 商务办公模板，实战中的典型案例，不必再花时间和心血去搜集，拿来即用。

（6）赠送"Windows 7 系统操作与应用"视频教程：共 13 集 220 分钟，让你完全掌握最常用的 Windows 7 系统的应用。

（7）赠送"Windows 10 操作系统应用"视频教程：长达 9 小时的多媒体教程，让你完全掌握微软最新的 Windows 10 系统的应用。

（8）赠送高效办公电子书："微信高手技巧手册""QQ 高手技巧手册""手机办公 10 招就够"电子书，教会你移动办公诀窍。

（9）赠送"新手如何学好用好 Excel"视频教程。时间长达 63 分钟，分享 Excel 专家学习与应用经验，内容包括：❶Excel 最佳学习方法；❷用好 Excel 的 8 个习惯；❸Excel 八大偷懒技法。

（10）赠送"5 分钟学会番茄工作法"讲解视频。教你在职场之中高效地工作、轻松应对职场那些事儿，真正做到"不加班，只加薪"！

（11）赠送"10 招精通超级时间整理术"讲解视频。专家传授 10 招时间整理术，教会你如何整理时间、有效利用时间。无论是职场，还是生活，都要学会时间整理。这是因为"时间"是人类最宝贵的财富，只有合理整理时间，充分利用时间，才能让你的人生价值最大化。

另外，本书还给读者赠送了一本"高效人士效率倍增手册"，教你学会日常办公中的一些管理技巧，让你真正成为"早做完，不加班"的上班族。

本书不是单纯的一本 IT 技能 Excel 办公书，而是一本职场综合技能传教的实用书籍！

本书可作为需要使用 Excel 软件处理日常办公事务的文秘、人事、财务、销售、市场营销、统计等专业人员的案头参考，也可以作为大中专职业院校、计算机培训班的相关专业教材参考用书。

本书由凤凰高新教育策划并组织编写。全书由一线办公专家和多位微软 MVP 老师合作编写，他们具有丰富的 Excel 软件应用技巧和办公实战经验，对于他们的辛苦付出在此表示衷心的感谢！同时，由于计算机技术发展非常迅速，书中疏漏和不足之处在所难免，敬请广大读者及专家指正。

若您在学习过程中产生疑问或有任何建议，可以通过 E-mail 或 QQ 群与我们联系。另外，您也可登录我们的服务网站，获取更多信息。

投稿信箱：pup7@pup.cn

读者信箱：2751801073@qq.com

读者交流 QQ 群：218192911（办公之家）、586527675（职场办公之家群 2）

网址：www.elite168.top

编者

# 目 录

# 第2篇　数据编辑篇

　　表格数据的输入与编辑是进行所有数据处理的基础操作。因此，这是学习 Excel 必须掌握的技能。当你掌握的技巧越多，并懂得根据需要选择合适的方式进行操作时，你输入和编辑表格数据的效率就会比其他人高许多。表格效果的好坏主要体现在数据的美化设计水平上，高手制作表格时会根据表格用途进行合理的设计。本篇就来讲解 Excel 中数据编辑的相关知识。

# 第3篇 数据计算篇

在 Excel 表格中，我们需要记录和存储各种数据，而这些数据记录和存储无非是为了日后的查询或者是计算和分析。Excel 2013 具有强大的数据计算功能，而数据计算的依据就是公式和函数，我们可以利用输入的公式和函数对数据进行自动计算。那么，本篇就进入 Excel 学习的重点环节——公式和函数。

# 第4篇　数据分析篇

在 Excel 中，当我们面对海量的数据时，也许我们并没有那么多的时间和精力去仔细查看每一条数据，甚至很多时候，我们只是需要从这些数据中找到一些想要的信息。如何从中获取最有价值的数据信息呢？不仅要学会数据分析的方法，还必须掌握数据分析的工具。Excel 提供了大量帮助用户进行数据分析的功能，本篇将讲述这些功能。

## 第5篇　数据共享篇

在办公应用中离不开团队成员的协作，例如，一个年度销售计划的确定可能需要许多步骤，经过许多团队成员来修订和完善。同样，在现代办公中，许多报表都需要由多人协同完成，才能使报表数据达到精准的分析结果。本篇就来学习数据打印、获取和共享的相关知识，让你能更轻松地获取源数据，并让你的报表数据能和别人分享。

## 以下内容见光盘

# 第6篇　案例实战篇

没有实战的学习只是纸上谈兵，为了让大家更好地理解和掌握学习到的知识和技巧，我希望大家不要犹豫，马上动手来练习本篇中的具体案例。

如今，提到办公自动化软件，恐怕没有人不知道微软公司推出的 Office 办公软件。Excel 自诞生以来，经历了多个版本的升级。目前，Excel 2016 是其最新版本，但从实际使用情况来看，Excel 2013 的使用率是最高的。所以，本书选择 Excel 2013 版本来讲解表格的相关内容。本篇就带你进入 Excel 的世界，学习该组件的基础知识。

# 第 1 章　认识 Excel 电子表格

> ➥ 还不知道 Excel 具体能做什么？
> ➥ Excel 可以帮助哪些人？
> ➥ 想知道学习 Excel 时通常存在哪些误区？
> ➥ 想避开学习过程中的各种弯道？
> ➥ 学习 Excel 有没有捷径？

Excel 是 Microsoft 公司推出的 Office 办公套件中的一个重要组件，既可以制作电子表格，也可以进行各种数据的处理、统计分析和辅助决策操作。学完这一章的内容，你不仅能更清晰地认识 Excel，还能掌握学习 Excel 的上层方法，帮助你从数据源头解决工作上的难题。

## 1.1　Excel 的功能

Excel 的主要功能就是进行数据管理，即对数据进行有效的收集、存储、处理和应用数据。其目的在于充分有效地发挥数据的作用。实现数据有效管理的关键是数据组织。人类自古以来就有处理数据的需求，文明程度越高，需要处理的数据就越多越复杂，而且对处理的要求也越高，速度还必须越来越快。从早期的手工数据记录到现在广泛应用的数据库，我们不断改善所借助的工具来完成数据处理需求。当信息时代来临时，我们频繁地与数据打交道，当然需要借助更强大的工具来处理数据。在现代办公应用中，表格依然是数据管理的重要手段。Excel 是使用最频繁的电子表格制作软件，拥有强大的计算、分析、传递和共享功能，可以帮助我们将繁杂的数据转化为信息。

## 1.1.1　数据记录与整理

单一的数据包含的信息量太少，而过多的数据又难以厘清头绪。制作成表格是数据管理的重要手段。

记录数据有非常多的方式，用Excel 不是最好的方式，但相对于纸质方式和其他类型的文件方式来讲，利用 Excel 记录数据会有很大的优势。至少记录的数据在 Excel 中可以非常方便地进行进一步的加工处理，包括统计与分析。例如，我们需要存储客户信息，如果我们把每个客户的信息都单独保存到一个文件中，那么客户量增大之后，后期对客户数据的管理和维护就会非常不方便；如果我们用 Excel，就可以先建立好客户信息的数据表格，然后有新客户时，我们就增加一条客户信息到该表格中，每条信息都保持了相同的格式，对于后期数据查询、加工、分析等都可以很方便地完成。

在一个 Excel 文件中可以存储许多独立的表格，我们可以把一些不同类型的但是有关联的数据存储到一个 Excel 文件中，这样不仅可以方便整理数据，还可以方便我们查找和应用数据。后期还可以对具有相似表格框架，相同性质的数据进行合并汇总工作。

将数据存储到 Excel 后，使用其围绕表格制作与使用而开发的一系列功能，大到表格视图的精准控制，小到一个单元格格式的设置，Excel 几乎能为用户做到他们在整理表格时想做的一切。例如，我们需要查看或应用数据，可以利用 Excel 中提供的查找功能快速定位到需要查看的数据；可以使用条件格式功能快速标识出表格中具有指定特征的数据，而不必肉眼逐行识别，如图 1-1 所示；可以使用数据有效性功能限制单元格中可以输入的内容范围；对于复杂的数据，还可以使用分级显示功能调整表格的阅读方式，既能查看明细数据，又可

获得汇总数据，如图 1-2 所示。

图 1-1

图 1-2

### 技术看板

Excel 中提供了类似 FoxPro、Access 的数据库管理功能，可以对数据进行排序、筛选、合并计算、分类汇总等命令，实现数据的有效处理，还可以从外部获取数据。创建数据组使得 Excel 具备了组织和管理大量数据的能力。

## 1.1.2　数据加工与计算

在现代办公中对数据的要求不仅仅是存储和查看，很多时候是需要对现有的数据进行加工和计算的。例如，每个月我们会核对当月的考勤情况、核算当月的工资、计算销售数据等。

在 Excel 中，我们可以运用公式和函数等功能来对数据进行计算，利用计算结果自动完善数据，也是 Excel 值得炫耀的功能之一。

Excel 的计算功能与普通电子

计算器相比，简直不可同日而语。在 Excel 中，常见的四则运算、开方乘幂等简单计算只需要输入简单的公式就可以完成，图 1-3 所示为使用加法计算的办公费用开支统计表，在图最上方的公式编辑栏中可以看到该单元格中的公式为【=D4+D5+D6+D9+D10+D11+D12+D15】。

图 1-3

Excel 除了可以进行一般的数据计算工作外，还内置了 400 多个函数，分为多个类别，可用作统计、财务、数学、字符串等操作以及各种工程上的分析与计算。利用不同的函数组合，用户几乎可以完成绝大多数领域的常规计算任务。

例如，核算当月工资时，我们将所有员工信息及其工资相关的数据整理到一个表格中，然后运用公式和函数计算出每个员工当月扣除的社保、个税、杂费、实发工资等。图 1-4 所示为一份工资核算表中使用函数进行复杂计算，得到个人所得税的具体扣除金额。如果手动或使用其他计算工具实现起来就会麻烦很多。

图 1-4

除数学运算外，Excel 还可以进行字符串运算和较为复杂的逻辑运算。利用这些运算功能，我们还能让 Excel 完成更多更智能的操作。例如，我们在收集员工信息时，让大家填写身份证号之后，我们完全可以不用让大家填写籍贯、性别、生日、年龄等信息，因为这些信息在身份证号中本身就存在，我们只需要应用好 Excel 中的公式，即可让 Excel 自动帮我们完善这些信息。

### 1.1.3　数据统计与分析

要从大量的数据中获得有用的信息，仅仅依靠计算是不够的，还需要用户沿着某种思路运用对应的技巧和方法进行科学的分析，展示出需要的结果。

Excel 专门提供了一组现成的数据分析工具，称为分析工具库。这些分析工具为建立复杂的统计或计量分析工作带来了极大的方便。

排序、筛选、分类汇总是最简单，也是最常见的数据分析工具，使用它们能对表格中的数据做进一步的归类与统计。例如，对销售数据进行各方面的汇总，对销售业绩进行排序，如图 1-5 所示。

图 1-5

根据不同分区对销售业绩排序，如图 1-6 所示。

还可以根据其他不同条件对各销售业绩情况进行分析，根据不同条件对各商品的销售情况进行分析。

图 1-6

根据分析结果对未来数据变化情况进行模拟，调整计划或进行决策，图 1-7 所示为在 Excel 中利用直线回归法根据历史销售记录预估今年销售额。

图 1-7

部分函数也是用于数据分析的，例如，图 1-8 所示是在 Excel 中利用函数来进行的商品分期付款决策分析。

图 1-8

数据透视图表是 Excel 中最具特色的数据分析功能，只需几步操作便能灵活透视数据的不同特征，变换出各种类型的报表。如图 1-10 至图 1-13 所示是对同一数据的透视，原数据如

图 1-9 所示，从而分析出该企业的不同层面人员的结构组成情况。

图 1-9

图 1-10

图 1-11

图 1-12

图 1-13

### 1.1.4 图形报表的制作

密密麻麻的数据展现在人眼前时，总是会让人觉得头晕眼花。所以，我们在向别人展示数据或者自己分析数据的时候，为了使数据更加清晰，更容易看懂，常常会借助图形来表示。例如，我们想要表现一组数据的变化过程，可以用一条折线或曲线，如图 1-14 所示。

图 1-14

想要表现多个数据的占比情况，可以用多个不同大小的扇形来构成一个圆形，如图 1-15 所示。

图 1-15

想比较一系列数据并关注其变化过程，可以使用许多柱形来表示，如图 1-16 所示。

这些图表类别都是办公应用中常见的一些表现数据的图形报表。

图 1-16

在 Excel 中，这些图形不需要我们使用绘图工具去绘制，也不需要复杂的操作，只需在 Excel 准备好的表格类型中选择合适的图表类型，便会根据选择的数据快速地创建出相应的图表，应用 Excel 中图表相关的命令或功能，可以调整图表的各种属性和参数，让图表的外观效果更加直观、漂亮。

### 1.1.5 信息传递和共享

在 Excel 2013 中，使用对象连接和嵌入功能可以将其他软件制作的图形插入 Excel 的工作表中。如图 1-17 所示是在表格中通过【超链接】功能添加的链接到其他工作表的超链接。

在 Excel 中插入超链接，能添加链接到其他工作簿的超链接，从而将有相互关系的工作表或工作簿联系起来；还能创建指向网页、图片、电子邮件地址或程序的链接。当需要更改链接内容时，只要在链接处双击，就会自动打开制作该内容的程序，内容将出现在该内容编辑软件中，修改、编辑后的内容也会同步在 Excel 内显示出来。此外，还可以将声音文件或动画文件嵌入 Excel 工作表中，从而制作出一份生动的报表。

图 1-17

此外，Excel 还可以通过互联网登录 Microsoft 账户与其他用户进行协同办公，方便地交换信息。

### 1.1.6 自动化定制 Excel 的功能和用途

尽管 Excel 自身的功能已经能够满足绝大部分用户的需求，但对小众用户的高数据计算和分析需求，Excel 也没有忽视，它内置了 VBA 编程语言，允许用户可以定制 Excel 的功能，开发出适合自己的自动化解决方案。

用户还可以使用宏语言将经常要执行的操作过程记录下来，并将此过程用一个快捷键保存起来。在下一次进行相同的操作时，只需按下所定义的宏功能的相应快捷键即可，而不必重复整个过程。在录制新宏的过程中，用户可以根据自己的习惯设置宏名、快捷键、保存路径和简单的说明。

## 1.2  Excel 的应用领域

使用 Excel 2013 既可以制作电子表格，也可以进行各种数据的处理、统计分析和辅助决策操作；再加上成功的市场营销，使 Excel 成为最流行的数据处理软件，被广泛应用于管理、统计、财经、营销、生产等众多领域。下面将 Excel 在办公领域中的几个主要应用列举如下。

## 1.2.1　人事管理

　　企业的人事部门掌握着所有职员的资料，并负责录取新员工、处理公司人事调动和绩效考核等重要事务。建立合理和清晰的档案管理制度非常重要，使用 Excel 即可轻松建立这类表格。例如，图 1-18 展示的是人事部记录的应聘者信息表，图 1-19 所示为某公司制作的司机档案登记表。

图 1-18

图 1-19

### 技术看板

　　人事部在整理应聘人员的考试成绩时，利用 Excel 可轻易计算出应聘人员考试的总成绩以及平均成绩等，以免手动计算出错，带给应聘人员不公正的评判。

## 1.2.2　行政管理

　　行政部门的日常事务繁杂，担负着重要的流通、出入、文件、会议和安全等管理工作。但人脑难免有遗忘的时候，此时 Excel 表格就能派上大用场了，它可帮助管理人员有效地管理各项事务，统筹上层领导的工作

时间，取得万无一失的效果。例如，图 1-20 所示为信函发送情况记录表，图 1-21 所示为行政部门统筹工作时间的表格。

图 1-20

图 1-21

## 1.2.3　财务管理

　　Excel 软件在国际上被公认为是一个通用的财务软件，凝聚了许多世界一流的软件设计和开发者的智慧以及广大财务人员和投资分析人员的工作经验，具有强大而灵活的财务数据管理功能。使用 Excel 处理财务数据不但非常方便灵活，而且不需要编写任何程序，因此它是广大财务人员的好助手，特别是年轻一代的财务管理人员必须掌握的工具。

　　财务表格的制作是财务部门必不可少而又非常精细、复杂的工作。因而，一个财务人员但凡能熟练使用 Excel 实现高效的财务及各类数据分

析，绝对能为其职场加分。当他们在面对日常烦琐的数据处理时，能够充分利用 Excel 强大的数据处理功能将自己从数据堆中解放出来，回归到他们的主要职责——管理而非计算，使用 Excel 还能够轻轻松松制作出漂亮的图表，得到上司的认同。

　　财务人员使用 Excel 可以快速制作办公表格、会计报表，进行财会统计、资产管理、金融分析、决策与预算。下面就来认识一些财务管理方面比较常见且实用的表格。

➜ 记账凭证表：又称记账凭单，如图 1-22 所示。记账凭证表用于记录经济事务，是登记账簿的直接依据，其他各种账务处理程序都是以它为基础发展演化而成的。使用 Excel 2013 能制作出格式统一、经济实用的凭证，并可多次调用，便于提高工作效率。

图 1-22

➜ 会计报表：根据日常会计核算资料（记账凭证）定期编制，综合反映企业某一特定日期财务状况和某一会计期间经营成果、现金流量的总结性书面文件，包括资产负债表、利润表、现金流量表、资产减值准备明细表、利润分配表、股东权益增减变动表等。它是企业财务报告的主要部分，是企业向外传递会计信息的主要手段。使用 Excel 2013 的公式计算功能和引用功能可轻松将记账凭证汇总为会计报表。图 1-23 所示为某公司 12 月的资产负债表。

图 1-23

采用记账凭证账务处理程序时，需要设置 3 类记账凭证，即收款凭证、付款凭证和转账凭证，以便据以登记总账。

➡ 审计表：使用 Excel 2013 制作的审计表格可用于日常工作中对历史数据进行分析和管理，起到帮助本单位健全内部控制，改善经营管理，提高经济效益的目的。效果如图 1-24 所示。

图 1-24

➡ 财务分析表：使用 Excel 2013 进行财务分析，是利用各种财务数据，采用一系列专门的分析技术和方法，对企业的过去和现在财务状况进行的综合评价。图 1-25 所示为某公司的财务指标比较分析表。

图 1-25

➡ 管理固定资产：固定资产是企业赖以生产经营的主要资产。使用 Excel 管理固定资产，能使企业更好地利用固定资产，加强对固定资产的维修与保养。图 1-26 所示为某公司的固定资产盘点统计表。

图 1-26

➡ 管理流动资产：使用 Excel 2013 制作管理流动资产的相关工作表，能为企业对货币资金、短期投资、应收账款、预付款和存货等流动资产进行管理。如图 1-27 所示为应收账款分析表。

图 1-27

企业中的财务总监、财务经理、财务分析人员、财务报表编制者以及其他使用 Excel 处理、分析财务数据并进行演示的人员熟练掌握 Excel 进行财务管理是必须的。同时，随着我国经济的高速发展，为我国企业在全球范围获得发展和成功提供了良好的环境。然而，对于公司的总经理、企业高管而言，若要在竞争中脱颖而出，需要多方面的管理技能，懂得施展财务管理的魅力，通过数字管理企业，才能称得上是一位具有现代管理水平的职业经理人。

### 1.2.4 市场与营销管理

营销部门在进行市场分析后，需要制定营销策略，管理销售报表及员工的业绩，并掌握重要的客户资料。以前都是通过人工收集市场上各种零散的数据资料，这样不仅会消磨员工工作的积极性，而且工作效率相当低。现在，在营销管理中各管理人员利用 Excel 的图表与分析功能可从 DRP、CRM 等系统中导出数据进行分析，直观地了解产品在市场中的定位，从而及时改变营销策略，还能调查员工的销售业绩，有针对性地管理和优化员工业绩。

图 1-28 所示为常见的销售记录表，用于登记每天的销售数据。

图 1-28

图 1-29 所示为年末时统计出的销售情况汇总表。

图 1-29

## 1.2.5 生产管理

工厂生产管理员需要时刻明确产品的生产总量和所需生产量，确保产品在数量上的精确，了解生产的整体进度，以便随时调整计划，并做好人员配备工作。生产部门处理的表格数据，为公司分析投入产出提供了依据，而且能及时掌握供需关系，明确各阶段的生产计划。

数学与统计在生产管理科学的不断进步中起着支配地位。一名优秀的生产管理人员，需要将学习到的各种先进的管理理念应用到实战的生产管理中。而在这个过程中，Excel 将帮你精确分析出各种方案的优劣。这样你就可以将更多精力投入产品质量的生产上，使产品精益求精。

图 1-30 所示为生产部门制作的生产成本分析表。

图 1-30

图 1-31 所示为根据统计出的生产误差数据制作的生产误差散点图。

图 1-31

## 1.2.6 仓库管理

仓库管理部门应定时清点公司库房的存货，及时更新库存信息，并对生产材料进行清点，全面掌握库存产品在一段时期内的变化情况，避免公司遭到严重的经济损失。利用 Excel 可以清楚地统计固定时间段产品的库房进出量，协同生产部门规范生产。在保证精确记录库房存货的同时，还可总结规律，如产品在哪个季度的进、销、存量最大等。

图 1-32 所示为仓库管理人员记录库房出入明细的表格。

图 1-32

图 1-33 所示为仓库管理人员调查库房存货的表格。

图 1-33

## 1.2.7 投资分析

投资决策是企业所有决策中最关键、也是最重要的决策。因此，我们常说，投资决策决定着企业的未来，正确的投资决策能够使企业降低风险、取得收益，投资决策失误是企业最大的失误，往往会使一个企业陷入困境，甚至破产。因此，财务管理的一项极为重要的职能就是为企业当好参谋，把好投资决策关。

所谓投资决策，是指投资者对项目的投资回报和风险的深入分析，为了实现其预期的投资目标，运用一定的科学理论、方法和手段，通过一定的程序，对若干个可行性的投资方案进行研究论证，从中选出最满意的投资方案的过程。而在投资分析过程中 Excel 起到了越来越重要的作用，使用 Excel 能更方便地分析数据和做出更明智的业务决策。特别是，可以使用 Excel 跟踪数据，生成数据分析模型，编写公式以对数据进行计算，以多种方式透视数据，并以各种具有专业外观的图表来显示数据。

公司高管及投资决策的参与者（投资经理、财务经理、财务分析师、计划绩效经理等）使用 Excel 可以快速制作各种预测和分析报表，将投资管理融入企业的全面绩效管理和价值管理中，确保每一个投资项目的成功，最终实现企业的健康增长。图1-34 所示为企业关于是否购买新产品的投资决策模型表。

图 1-34

# 1.3 Excel 最佳学习方法

通过前面的学习，大家都知道 Excel 的强大功能了，对于学好 Excel，你是不是已经做好思想准备要尽最大的努力了呢？当下，你心中最大的疑惑是不是——我要从什么地方开始学习 Excel，才能快速成为 Excel 高手？确实，人人都希望在自己前进的道路中能得到高人指点，少走弯路。那到底有没有什么学习 Excel 的捷径呢？答案是有的，只要能以积极的心态、正确的方法，并持之以恒地学习 Excel，就能学好 Excel，而在这个过程中，如果懂得收集、利用学习资源，少走弯路，多花时间练习，就能在较短的时间内取得较大的进步。

## 1.3.1 积极的心态

成为 Excel 高手的捷径首先要拥有积极的心态，积极的心态能够提升学习的效率，能产生学习的兴趣，遇到压力时也能转化为动力。

Excel 作为现代职场人士的重要工具，职场中 80% 的人都会使用该软件的 10% 功能，这也就说现代职场人士是必定要学习 Excel 的。面对日益繁杂的工作任务，学好 Excel 不仅能提高自己的工作效率，节省时间，提升职业形象，有时还能帮助朋友，获得满足感。这样考虑以后，你是不是又提升了学习 Excel 的兴趣？兴趣是最好的老师，希望在学习 Excel 的过程中你能对 Excel 一直保持浓厚的兴趣，如果实在是提不起兴趣，那么请重视来自工作或生活中的压力，把它们转化为学习的动力。相信学好 Excel 技巧以后，这些先进的工作方法一定能带给你丰厚的回报。

## 1.3.2 正确的方法

不少 Excel 学习者都知道，Excel 的功能很好很强大，对于学好 Excel，也是做出了一定的努力。但在学习过程中，仍存在这样或那样的问题，雄心勃勃但是收效甚微。那么，造成这样的原因是什么呢？

方法！学习任何知识都要讲究方法，学习 Excel 也不例外。只有掌握正确的学习方法才能使人快速进步，下面笔者回顾了一下自己学习 Excel 的历程，总结了一些自己的经验教训，希望能帮助大家避开我所走的弯路，让大家的 Excel 水平提高得更快。

### 1. 学习需要循序渐进

学习任何知识都有循序渐进的一个过程，不可能一蹴而就。学习 Excel 需要在自己现有水平的基础上，根据学习资源有步骤地由浅入深地学习。这不是短时间可以完全掌握的，不可能像小说中存在的功夫秘笈一样，看一遍就成为高手了。虽然优秀的学习资源肯定存在，但绝对没有什么神器能让新手在短时间内成为高手。

首先，你得承认 Excel 是个工具，它有它设定的逻辑。只有了解它，认识它，运用它，它才会去结识你，让你乘上快车去 Excel 空间遨游。所以，对于学到的知识一定要深入思考，尽量理解得更深更透，并不断学习加深巩固所学的知识，慢慢接近 Excel 分析和处理数据的思维模式。

其次，要了解我们使用 Excel 只是使用它来帮助我们记录和分析数据。它是个工具，更关键的是我们自己需要用哪种逻辑和思路来处理哪些数据，如何进行操作细分。说得容易理解一点就是，学习 Excel 的技巧、快捷键等很重要，但是不是其精髓，精髓在于我们自己对数据思考的结果，包括表格的设计、汇总分析、结果展示等到底是怎样的。在使用 Excel 制作表格之前，你的心中其实就应该有一个大概的整体概念了。

最后，才是学习 Excel 提供的各项功能，掌握使用各种功能可以得到的效果，并能熟练得运用它们，让我们的分析思路能够在 Excel 中得到结果呈现。

Excel 学习内容主要包括数据操作、图表与图形、公式与函数、数据分析，以及宏与 VBA 共 5 个方面。根据学习 Excel 知识的难易度，我们把学习的整个过程大致划分为 4 个阶段，即 Excel 入门阶段、Excel 中级阶段、Excel 高级阶段和 Excel 高手阶段。

Excel 入门阶段学习的内容主要针对 Excel 新手，这一阶段只需要对 Excel 软件有一个大概的认识，掌握 Excel 软件的基本操作方法和常用功能即可。读者可以通过 Excel 入门教程了解录入与导入数据、查找替换等常规编辑、设置单元格格式、排序、汇总、筛选表格数据、自定义工作环境和保存、打印工作簿等内容。通过这一阶段的学习，读者就能简单地运用 Excel 了，对软件界面和基础的命令菜单都比较熟悉，但对每项菜单命令的具体设置和理解还不是很透彻，不能熟练运用。

Excel 中级阶段主要是让读者通过学习，在入门的基础上理解并熟练使用各个 Excel 菜单命令，掌握图表和数据透视表的使用方法，并掌握部分常用的函数以及函数的嵌套运用。图表能极大地美化工作表，好的图表还能提升你的职业形象，这一阶段读者需要掌握标准图表、组合图标、图标美化、高级图表、交互式图表的制作方法；公式与函数在 Excel 学习过程中是最具魅力的，尤其 Excel 中的每个函数都是逻辑思维的结晶，函数的语法就是逻辑思考的步骤，需要深入解读和分析才能熟练使用。最开始读者只需掌握 SUM 函数、IF 函数、VLOOKUP 函数、INDEX 函数、MATCH 函数、OFFSET 函数、TEXT 函数等 20 个常用函数；制作图表的最终目的是分析数据，这一阶段读者还需要掌握通过 Excel 专门的数据分析功能对相关数据进行分析、排序、筛选、假设分析、高级分析等操作的技巧；还有一些读者在 Excel 中级阶段就开始学习使用简单的宏了。大部分处于 Excel 中级阶段的读者，在实际工作中已经算得上是 Excel 水平比较高的人了，他们有能力解决绝大多数工作中遇到的问题，但是这并不意味着 Excel 无法提供出更优秀的解决方案。

再进一步学习 Excel 高级阶段的内容，就需要熟练运用数组公式，能够利用 VBA 编写不是特别复杂的自定义函数或过程。这一阶段的读者会发现利用宏与 VBA 的强大二次开发，简化了重复和有规律的工作。以前许多看似无法解决的问题，现在也都能比较容易地处理了。

Excel 是应用性很强的软件，也是学无止境的。从某种意义上来说，能称作 Excel 专家的人，是不能用指标和数字量化的，至少他必定也是某个或多个行业的专家，他们拥有丰富的行业知识和经验，能结合高超的 Excel 技术和行业经验，将 Excel 功能发挥到极致。所以，如果希望成为 Excel 专家，还要学习 Excel 以外的知识。

### 2. 合理利用资源

除了通过本书来学习 Excel 外，还有很多方法可以帮助你快速学习本书中没有包含的 Excel 知识和技巧，例如通过 Excel 的联机帮助、互联网、书刊杂志和周边人群进行学习。由于本书内容有限，包含的知识点也有限，读者在实际使用过程中如果遇到问题，不妨通过以上方法快速获得解决方法。

要想知道 Excel 中某个功能的具体使用方法，可调出 Excel 自带的联机帮助，集中精力学习这个功能。尤其在学习 Excel 函数的时候该方法特别适用，因为 Excel 的函数实在太多，想用人脑记住全部函数的参数与用法几乎不可能。

Excel 实在是博大精深，如果对所遇问题不知从何下手，甚至不能确定 Excel 能否提供解决方法，可以求助于他人。身边如果有 Excel 高手，那么虚心求教一下，很快就能解决。也可以通过网络解决，一般问题网络上的解决方法有很多，实在没有还可以到某些 Excel 网站上去寻求帮助。

### 3. 多练习

多阅读 Excel 技巧或案例方面的文章与书籍，能够拓宽你的视野，并从中学到许多对自己有帮助的知识。但是"三天不练，手生"，不勤加练习，把学到的知识和技能转化为自己的知识，过一段时间就忘记了。所以，学习 Excel，阅读与实践必须并重。伟人说"实践出真知"，在 Excel 里，不但实践出真知，而且实践出技巧。因为有些问题往往是可以多角度思考，多方法实现的。尤其有些 Excel 高级功能的实现，可以是几个基本功能的巧妙组合。Excel 的基本功能是有限的，只有通过实践练习，才能把解决方法理解得更透彻，以便在实际工作中举一反三。很多 Excel 高手都是通过实践达到的。

## 1.3.3 实战：使用联机帮助解决 Excel 难题

| 实例门类 | 软件功能 |
|---|---|
| 教学视频 | 光盘\视频\第1章\1.3.3.mp4 |

使用 Excel 的过程中，如果遇到不熟悉的操作，或对某些功能不了解，可以通过使用 Excel 提供的联机帮助功能寻求解决问题的方法。根据你需要帮助的具体情况，可选择如下两种方法来获取联机帮助。

### 1. 在对话框中及时获取帮助信息

在操作与使用 Excel 时，当打开一个操作对话框，而不知道具体的设置含义时，可单击对话框中的【帮助】按钮，这样可以及时有效地获取帮助信息。

下面，以在【函数】对话框中获取帮助信息为例，介绍使用对话框中的辅助功能获取帮助信息的方法。

**Step01** 单击编辑栏中的【插入函数】按钮*fx*，如图 1-35 所示。

图 1-35

**Step02** 在弹出的【插入函数】对话框中，单击右上角的【帮助】按钮，如图 1-36 所示。

图 1-36

**Step03** 打开【Excel 帮助】窗口，系统会根据之前的对话框内容，以及文本插入点的所在位置猜测用户需要寻求的帮助，并给出相应的帮助。在其中找到并单击需要查看的内容所在类别的超级链接，这里单击【Excel 函数（按类别）】超级链接，如图 1-37 所示。

图 1-37

**Step 04** 在新界面中将显示出所选类别下的所有子类别超级链接，继续单击需要查看的超级链接，这里单击【最常用的 10 个函数】超级链接，如图 1-38 所示。

图 1-38

**Step 05** 在新界面中显示了最常用 10 个函数的相关内容，不过内容比较简单，如果想查看详细内容，可单击相应函数的超级链接，如单击【LOOKUP

函数】超级链接，如图 1-39 所示。

图 1-39

**Step 06** 在新界面中显示了【LOOKUP 函数】的详细说明，查看完毕后单击右上角的【关闭】按钮关闭【Excel 帮助】窗口即可，如图 1-40 所示。

图 1-40

### 2. 在【Excel 帮助】窗口中查找帮助信息

在功能区选项卡右侧有一个【Microsoft Excel 帮助】按钮，单击该按钮也可以打开【Excel 帮助】窗口。

如果用户不清楚需要查找内容的具体名称，只知道所查内容的大概分

类，此时就应该在【Excel 帮助】窗口中依次单击需要查找内容所在类别的超级链接，直到在打开的窗口中找到需要查找的详细帮助信息。

如果明确知道要查找的帮助内容，用户可以在【Excel 帮助】窗口中直接输入需要获取帮助的全名或关键字，搜索需要的帮助信息。例如，要在联机帮助中搜索共享工作簿的相关内容，具体操作步骤如下。

**Step 01** 单击标题栏中窗口控制按钮组左侧的【Microsoft Excel 帮助】按钮，如图 1-41 所示。

图 1-41

**Step 02** 打开【Excel 帮助】窗口，❶在上方的搜索框中输入要搜索的文字，如【共享工作簿】，❷单击【搜索联机帮助】按钮，如图 1-42 所示。

图 1-42

**Step 03** 在新界面中即可显示搜索到的关于共享工作簿的相关内容。单击需要查看的超级链接，如果输入的关键字准确，一般用户需要查看的内容就在搜索列表的最上面，这里单击搜索到的第一条超级链接，如图 1-43 所示。

图 1-43

图 1-44

**Step 04** 在新界面中即可查看到该条超级链接的具体内容，查看完毕后单击右上角的【关闭】按钮关闭【Excel帮助】窗口即可，如图1-44所示。

### 技术看板

我们也可以在【Excel 帮助】窗口中依次选择需要查看的超级链接，直到查看到需要的内容。

可以向一些 Excel 高手请教，也可以通过互联网寻求帮助。

互联网上介绍 Excel 应用的文章很多，而且可以免费阅读，有些甚至是视频文件或者动画教程，这些都是非常好的学习资源。当遇到 Excel 难题时，可以直接在百度、谷歌等搜索引擎中输入关键字进行搜索，也可以到 Excel 网站中寻求高人的帮助，如 Excel Home、Excel 精英在线、Excel 学习网、Excel 吧、Excel 技巧网等。

### 1.3.4 使用网络资源帮助学习

学习就是一个不断摸索进步的过程。在这个过程中我们需要掌握好的方法和途径，多一些学习的途径，就可以帮助我们获得更多的知识，快速解决相应的难题。

用户遇到一些不懂的问题时，除了向 Excel 软件本身寻求帮助外，还

## 1.4 避免走入 Excel 学习的八大误区

发福利咯！上一节我们系统地讲解了学习 Excel 的方法。毫无疑问，想要成为 Excel 达人，并不是一朝一夕就能达成的事情，成功的道路上也并没有什么捷径可循，经历实践的磨练，经过时间的沉淀，有一天你终将成为别人心目中的【表哥】【表姐】。但是在学习 Excel 的最初阶段，你至少应该稍作留心，尽量避免走入 Excel 新人的这八大误区。

### 1.4.1 设置适合自己的工作环境

如果你在工作中经常需要和数据打交道，经常需要使用 Excel 处理、计算与分析数据，为了减少加班制作 Excel 表格的概率，提高工作效率，首先需要为自己设置一个合适的工作环境，包括对表格视图的设置、自定义 Excel 工作界面、为常用功能设置

快捷键、将使用频率较高的文件固定在【最近使用的工作簿】中等。

这些看似都是小问题，所以很多人不在意，但实际上这不仅影响工作效率，甚至还会影响到正常的工作。工欲善其事，必先利其器，要提高工作效率就应先从改变操作习惯开始。设置一个适合自己工作习惯的工作环境，对你来说最大的实惠便是工作效率极大的提高了，自然也意味着会空

出更多的时间，你还会加班吗？相关的操作步骤我们会在第 2 章和第 3 章中讲解。

### 1.4.2 厘清电脑中的四大类表格

企业中使用的表格一般比较多，这些表格的来源不同、用途也不同，因此，管理表格往往是件令人头痛的事情。而且，在整理的过程中不难发现其实自己电脑中的表格数据很多是

第1篇 第2篇 第3篇 第4篇 第5篇 第6篇

重复的，到最后你都不知道哪个版本才是最终的文件，或者是在某个用途下使用的最恰当的文件。

下面，基于表格的完整制作过程：数据录入→数据处理→数据分析→数据报告，我们将电脑中的表格划分为四大类——原始数据表、数据源表、计算分析表、结果报告表。

### 1. 原始数据表

原始数据表可以是通过 Excel 或其他电子表格软件（如金山公司的 WPS，lotus 1-2-3，以及在开源系统 linux 上的一些开源电子表格软件）自行编制的业务明细数据，也可以是某些机器记录的最终导出的数据（如指纹打卡机可以导出员工的上下班数据）。总之，是我们可以获得的第一手数据，但往往不能被直接利用，需要加工后才能用于数据分析。

例如，某电器公司在某市多个商场设立销售点，每个销售点的销售主管每天都需要统计各销售人员的具体销售数据，并汇报给负责该市营销的销售经理。经理在收到各卖场的销售日报表后，可能会将文件名称统一以【月.日】格式进行重命名，然后存放在对应卖场名称的相应月份文件夹下，如图 1-45 所示。

图 1-45

你是不是也经常这样管理自己电脑中的文件呢？是的，这样存放原始数据表已经是很不错的了。文件整理得井井有条！若当初还给各卖场的负责人发送了填写日报表的表格模板，则发送回来的表格格式也是统一的。

原始数据表的要求不高，只是若表格格式更接近于分析所需数据源表的要求时，后续制作起来才会更容易一些。

### 2. 数据源表

如果你的工作内容包括数据分析，那你一定清楚就算我们把所有收到或制作的原始数据表像图 1-45 所示那样整理了，也很难快速完成上司交给我们的数据分析任务。为什么呢？因为上司要看的资料不是各卖场销售主管提交的销售日报表。虽然，各卖场销售主管提交的销售日报表对于销售主管来说已经是他提供的结果报告表了，但对于销售经理来说只是原始数据表。销售经理的工作就是需要将每次接到的日报表数据按照上司的要求制作出各种结果报告表。若每次都直接根据上司需求收集需要的数据，制作临时的过渡表格，再据以编制出结果报告表，其间有些数据无法实现公式运算，可能需要手动输入或动用计算器来完成，这个工作量可想而知。

而且，上司的要求多变，一会儿让分析 A 卖场 12 月的销售情况，一会儿让查看 B 卖场某产品的销量，一会儿又让对比各卖场某天的销售数据……反正有无穷尽不重样的要求！但是通过上面接近于手动操作的方法，要完成上司下达的任务，那么每次都需要重新建立临时的过渡表格，并且这些表格也几乎没有被再利用的价值。

该怎么办？除了加班，还是加班……错！你只是缺少一张数据源表！

什么是数据源表？它最理想的状态是一张表，该表中包含了我们预先可以想到的后期用于数据分析的各种基础数据，等于汇总了所有原始表格数据中的各种明细数据，这些数据在后期是可以重复使用的。数据源表一般是不对外报送的，只作为基础数据的录入，而且对表格的格式有一定的要求，在下一节中我们会具体谈到有哪些格式要求。如图 1-46 所示就是一张中规中矩的数据源表。

图 1-46

### 3. 计算分析表

在制作好的数据源表的基础上，通过归纳和提取其中的有效数据，又可以自行编制成分析用的工作底稿，即计算分析表，如图 1-47 所示便是一个典型的计算分析表。计算分析表一般也是不对外报送的，只存在于数据分析者的电脑中。

图 1-47

### 4. 结果报告表

这个表格就是要对外提供的（如发送给上司看的）数据分析结果报表。其实，只需要基于计算分析表中的数据，再进行美化和适当说明，以便对方查看和理解，或者以更容易理解的图表方式等进行展示，便可以制作出在不同分析情况下的对外提供的分析结果报表了。

结果报告表的格式是按照查看者的需求进行设置的，从数据分析的角度来讲，没有任何格式要求。如图 1-48 所示便是根据图 1-47 所示的计算分析表，制作出的最终提交结果报告表。

图 1-48

当然，这只是理论上的划分方式。实际同一个报表对于不同的用户或不同的环境来说，可能是任何一类表格。如卖场主管根据各销售员提供的当日数据制作的日报表，再上交给他的销售经理。该表格对于卖场销售主管来说已经是结果报告表了，但对于销售经理来说却仅仅是原始数据表。有时候，即使是同一个人分析同一份表格中的数据，该表格可能也属于不同的表格类型。

我们分析一份表格的设计是否合理，首先要判断清楚这份表格是什么类型的表，因为对于原始数据表、数据源表、计算分析表、结果报告表的格式要求是不一样的。

为了方便大家理解，笔者专门针对表格分类和制作方法安排了一个案例，即本书第 21 章中的销售统计表，大家可以结合本章 1.4.2 节和 1.4.3 节的内容来学习。

### 1.4.3 数据源表制作的注意事项

通过前面的讲解，你大概已经知道了数据源表的重要性。一个好的数据源表可以减少你未来查找数据的时间和重复工作的概率，如何做好

数据源表呢？数据源表有三大特征：通用、简洁、规范。为了做出一个合格的数据源表，你需要注意以下事项。

#### 1. 汇总数据到数据源表

要想在制作计算分析表时，只考虑调用对应数据、使用合适的公式和数据分析功能进行制作即可轻松完成，制作数据源表时就最好在一张表格中汇总各项数据。若分别记录在多张表格中，就失去了通过数据源表简化其他计算分析表制作的目的。

例如，要汇总图 1-45 中多个日期的数据，只需要在表格中添加一个【日期】字段，便可以将当月的数据（多个工作表）汇总在一张工作表中了，如图 1-49 所示。

图 1-49

再在图 1-49 的基础上，添加一个【商场】字段，便可以将各商场 12 月的数据（多个工作簿）汇总到一个工作表中了，如图 1-50 所示。

图 1-50

按照这样的方法，我们还可以继续整合，逐步将多个工作表中的文件

合并到一个工作表中，再将多个工作簿中的文件合并到一个工作表中，甚至将多个文件夹中的文件合并到一个工作表中。Excel 2013 中的可用行已经增加到 1048576 行，所以，你完全不用担心数据放不下。

#### 2. 补齐分析必须的字段

制作数据源表的初衷就是为了快速完成各种数据分析，所以，在设计表格时，数据属性的完整性是第一考虑要素。这是一张什么表？要记录些什么？而且，在制作初期我们还应该尽量想得多一点，该表格将来涉及的分析范畴都要考虑到，然后查看对应的关键字段是否缺少，如果缺少就需要添加相应的字段。

例如，在图 1-50 所示的销售数据汇总表中没有添加销售区域的字段，而以后可能会根据区域对数据进行汇总，那么，就应该在数据源表中添加【区域】字段，完成后的效果如图 1-51 所示。

图 1-51

#### 3. 使用单层表头

表头用于指明表格行列的内容和意义，通常是表格（数据所在的连续区域）的第一行或第一列。Excel 默认空白工作表的首行和连续数据区域的首行为表头，用于区别每列数据的属性，是筛选和排序的字段依据。例如，图 1-52 所示的调查表中第一行的内容有【群体】【10 ～ 20 岁】【21 ～ 30 岁】等，其作用是标明表格中每列数据所代表的意义，所以这

一行则是表格的表头。

| 群体 | 10~20岁 | 21~30岁 | 31~40岁 | 41~50岁 | 50岁以上 |
|---|---|---|---|---|---|
| 女性 | 21% | 68% | 45% | 36% | 28% |
| 男性 | 18% | 58% | 46% | 34% | 30% |

图 1-52

再来看看图 1-53 所示的表格，是不是和前面说的有一点点不一样？对，它有两层表头。作为对外报送的结果报告表，只要能把问题表述清楚，报表使用者能够接受，使用这样的双层或更多层的表格都不是问题，但作为数据源表就不同了，数据源表中只能使用单层表头！

图 1-53

图 1-53 所示的表格中，有着双层内容的部分，第 3 行看似表头，实际上仅仅是些文字说明，对 Excel 识别某列数据的属性并没有任何帮助，特别是在后期需要调用筛选等功能制作其他数据分析表时，因为 Excel 无法自动定位到正确的数据区域，需要手动设置才能完成，这就无形中增加了我们的工作量。而 Excel 默认首行为表头，就是为调用菜单命令及自动识别数据区域提供方便。因此，我们也应按照 Excel 的默认设置，仅仅使用一行内容作为表头。

实际上，图 1-53 所示的表格中只有第 2 行的表头才是真正的标题行，第 1 行的文本是对第 2 行表头的文本说明。而数据源表只是一张明细表，除了使用者本人会使用外，一般不需要给别人查看，所以这样的文本说明也是没有太大意义的。直接将第 1 层的【单价】数据删除，保留第 2 层的【零售价】和【实售价】表头即

可，如图 1-54 所示。

图 1-54

将简单的文字说明型双层表头变成单层表头是很容易的；但双层表头中常见的还有一类，就是将第二层表头用于分化为多个类别，下方的具体数据用图标的形式来进行记录，如图 1-53 所示的销售方式列效果。这样的记录方式在结果报告表中经常出现，尤其是在将明细数据打印张贴供人自查时，分列记录并打勾显示是非常清晰直观的。而数据源表制作的目的是要进行下一步的数据分析，这样将同属性的数据分别显示在多列中，就为数据筛选、排序、分类汇总设置了障碍。所以，在改进这类型的多层表头时，还需要考虑将同类型的数据记录在同一列中。

本例中可以先使用替换功能将图标替换为对应的说明文字，得到如图 1-55 所示的效果。

图 1-55

然后通过合并列的方法，将多列数据合并到一列中，并将多余的表头和数据删除，得到如图 1-56 所示的效果。

图 1-56

**技术看板**

如果作为数据源表的表格中存在斜线表头，也需要取消。

**4. 规范字段设置**

数据源表中的字段数据以后都是需要参与数据分析的，所以字段内容不能是简短的评论或句子或一些代表符号，每个数据都应该是有明确表述意义的，即具有单一的数据属性。

例如，前面我们就将图标化的【√】替换为了相应的文字说明。另外，从简单的层面来讲，数据源表格中应该将同一种属性的数据记录在同一列中，这样才能方便在分析汇总数据表中使用函数和数据透视表等工具对同一类数据进行分析。所以，我们将同属于销售方式的数据合并到了一列中。

同样道理，也最好不要在同一列单元格中输入包含多个属性的数据。在图 1-51 所示的表格中我们可以看到【产品类型】列中的数据实际上包含了两种属性，需要将不同属性内容分别显示在不同的列中，完成后的效果如图 1-57 所示。

**技术看板**

数据源表中也请注意不要输入中文表述的数值，如【三十二】。图形和批注等特殊内容也建议不要出现在数据源表中，所有的内容尽量以单独的字段形式存在。

图 1-57

对于如图 1-57 所示的表格，已经具备了数据分析所要求的所有字段元素，但若以此表格进行分析，还是存在一些问题的，如部分单元格中还没有内容。可能你会怀疑：这些没有内容的单元格中本来就不应该有数据了，没有数据自然就不填写。从数据记录的角度来看，无可厚非。但要用作数据源表，以后还可能需要根据该表内容演变得到更多的表，那么即使没有数据可填也不能留白。

Excel 将单元格划分为两大类：空单元格和非空单元格。尤其很多函数的参数是有明确规定的，参与的单元格是空单元格还是非空单元格，若是要求参数为非空单元格，而其中包含了空白单元格，那么就会影响到数据分析结果。处理这个问题的办法也很简单，在数据区域数值部分的空白单元格里输入 0，在文本部分的空白单元格里输入相应的文本数据即可。

**技能拓展——在空白数据区域输入空文本**

这里需要提到一个真空和假空的概念。Excel 中输入空文本时，我们看到的单元格依然是空白的，只是在编辑栏中可以看到其中的内容为【=""】（半角双引号）。不过 Excel 就会认为该单元格中包含有数据了，只不过数值为 0。

**5. 禁用空行空列、合并单元格等破坏数据完整性**

再来说说，为什么不能在数据源表中轻易合并单元格、插入空白行与列等类似操作。

很简单的一个道理，当我们在表格中插入空行后，就相当于人为地将表格数据分割成多个数据区域了，当选择这些区域中的任意单元格后，按【Ctrl+A】组合键后将只选择该单元格所在的这一个数据区域的所有单元格，如图 1-58 所示。这是因为 Excel 是依据行和列的连续位置来识别数据之间的关联性的，而人为设置的空白单元格行和列会打破数据之间的这种关联性，Excel 认为它们之间没有任何联系，就会给后期的数据管理和分析带来不便。

图 1-58

合并单元格也是这样的原理，有些人习惯将连续的多个具有相同内容的单元格进行合并，这样确实可以减少数据输入的工作量，还能美化工作表，但合并单元格后，Excel 默认只有第一个单元格中才保存有数据，其他单元格都是空白单元格，如图 1-59 所示。这样就会对数据的进一步管理和分析带来不便。

**技术看板**

若设置需要在数据源表中区分部分数据，可以通过设置单元格格式来进行区分。

图 1-59

**6. 合理的字段顺序**

表格中字段的顺序也是不容忽视的，为什么成绩表中通常都把学号或者姓名作为第一列？为什么语文、数学、英语科目的成绩总排列在其他科目成绩的前面？

如果表格中的字段顺序安排不合理，不仅会影响数据录入者的正常思维，还会让他们在忽左忽右的输入过程中浪费大量时间。所以，设计表格时需要分清各字段的关系、主次等，按字段的重要程度或某种方便阅读的规律来排列字段，每个字段放在什么位置都需要仔细推敲的。最好能根据填表流程和工作流程等关系来合理安排字段的顺序，让人觉得数据源表的录入过程犹如生产线上的产品一样，从开始到结束一气呵成。

例如，图 1-58 所示的表格中就可以根据常用的思维模式，将 G 列和 H 列的位置互换，完成后的效果如图 1-60 所示。

图 1-60

### 7. 删除多余的合计行

表尾通常用于显示表格数据的统计结果或说明、注释等辅助内容，位于表格中最后一行或列，如图1-61所示的表格中，最后一行为表尾，也称为【合计行】。

| 年度 | 2011 | 2012 | 2013 | 2014 | 2015 |
|------|------|------|------|------|------|
| 企业租金 | 20000 | 24000 | 24000 | 28000 | 30000 |
| 广告费 | 50000 | 45000 | 48000 | 46000 | 49000 |
| 营业费 | 34000 | 36000 | 40000 | 32800 | 35000 |
| 调研费 | 8050 | 10000 | 9200 | 8600 | 10000 |
| 工资 | 34500 | 36200 | 35800 | 36000 | 35400 |
| 税金 | 8000 | 8000 | 10000 | 10000 | 11000 |
| 其他 | 6000 | 8000 | 7000 | 7800 | 8200 |
| 总支出 | 160550 | 167200 | 174000 | 169200 | 178600 |

图 1-61

有时候做表做习惯了，忘记了是数据源表还是计算分析表，有些人边录入源数据边开始汇总统计。因为他们之前可能就混淆了这两种表的区别，所以需要刻意留意一段时间如何来制作这两种表格。

数据源表中是没有必要保留合计行的。制作好数据源表后，通过这张表就可以变出很多计算分析表，不用急着一时做出合计。

### 8. 去除多余的表格名称

有时，我们为了图一时方便，会习惯性在表格的第一行甚至前几行添加上表格标题，如图1-62所示。

图 1-62

你以为这样后期使用表格时能快速找到吗？错！下面，我们来说说为什么不能在数据源表中添加表标题。

首先，Excel默认空白工作表的首行和连续数据区域的首行为标题行，用于区别每列数据的属性，是筛选和排序的字段依据。虽然如图1-62所示的表格中那样专门设计了表格标题并不会对数据源表造成破坏，也基本不影响计算分析表的制作，但在使用自动筛选功能时，Excel无法定位到正确的数据区域，还需要手动进行设置才能完成。

其次，数据源表本身就是一张明细表，除了使用者本人，一般不需要给别人查看。所以，设置表格标题主要是提醒使用者自己。那么，完全可以直接使用Excel提供的标题记录方式——设置合适的工作簿和工作表名称。

综上所述，数据源表只用于记录数据的明细，版式简洁且规范，只需按照合理的字段顺序填写数据即可，甚至不需要在前面几行制作表格标题，最好让表格中的所有数据都连续排列，不要无故插入空白行与列，或合并单元格。总之，这些修饰和分析的操作都可以在分类汇总表格中进行，而数据源表要越简单越好。

一个正确的数据源表应该具备以下几个条件：

（1）是一个一维数据表，只在横向或竖向上有一个标题行；

（2）字段分类清晰，先后有序；

（3）数据属性完整且单一，不会在单元格中出现短语或句子的情况；

（4）数据连续，没有空白单元格，没有合并的单元格或用于分隔的行与列，更没有合计行数据。

## 1.4.4 学习 Excel 的基础操作

目前有太多工作需要进行数据处理，但事实上，我们很多时候处理数据的最终目的不在表格本身，而是需要将一些数据、策划或预测进行归纳和总结，即重点在于得到结果报告表。所以，我们在制作表格时应该将更多的精力放在实质性的工作上，而非表格本身的编辑和装饰等。在清楚认识到表格制作的目的后，我们再来谈如何使用Excel制作表格才有意义。

制作表格前，我们一定要清楚目前制作的表格属于哪类型的表。从完整的制作流程上来讲，应该先用心设计表格的基本框架，在数据源表中收集到尽量完整和细致的字段，在录入数据的过程一定要保证数据的准确性；在制作计算分析表的时候要分析具体的实质性数据分析需求，并专心地思考具体要如何分析这些内容；在制作结果报告表的时候才考虑如何将获得的数据分析结果用最容易被理解的方式进行展示，并进行合适的格式调整和美化。

具体的制作方法我们在前面一个小节中基本上已经讲透了，这里再单独说说结果报告表的美化操作。

（1）选择数据展示的形式

在讲到有关表格的内容时，第一个法则是【文不如表、表不如图】，在展示数据分析的结果报告表时，如果没有对结果汇总报告的格式进行固定要求，那么就应该首先考虑用图表、透视图、逻辑图示等方式来展示结果，其次考虑用表格，最后考虑将结论以文字形式进行总结。当然，你也可以通过穿插图、表、文的形式进行说明。

（2）精简表格字段

如果必须要用到表格的形式来展示数据，则还是要坚持KISS原则，要尽最大努力简化表格。

虽然Excel很适合用于展示字段很多的大型表格，但我们不得不承认当字段过多时就会影响阅览者对重要数据的把握。所以，在设计结果报告表时，我们需要仔细考虑，分析出哪些表格字段是不需要的并将它们删除，再进一步分析各字段的主次，将一些不重要的字段向后移，保证重要的字段显示在前面。

如果制作的表格需要打印输出，为了方便查看，应该根据页面大小精简表格字段，只保留最关键的信息，让所有重要数据都打印在一页纸上。

**（3）保持行列内容对齐**

使用表格可以让数据有规律地排列，使数据展示更整齐统一，而对于表格中各单元格内部的内容而言，每一行和每一列都应该整齐排列。例如，图1-63所示的表格，行列中的数据排列不整齐，表格就会显得杂乱无章，查看起来就不太方便了。

图 1-63

通常，不同类型的字段，可采用不同的对齐方式来表现，但对于每一列中各单元格的数据应该采用相同的对齐方式，将图1-63中的内容按照这个标准进行对齐方式设置后的效果如图1-64所示，各列对齐方式可以不同，但每列的单元格对齐方式是统一的。

图 1-64

**（4）调整行高与列宽**

在设计表格时，应仔细研究表格数据内容，是否有特别长的数据内容，尽量通过调整列宽，使较长的内容在单元格内采用不换行显示。如果实在有单元格中的内容要换行，则统一调整各行的高度，让每一行高度一致，少用合并单元格形式。

如图1-65所示表格中的部分单元格内容过长，此时需要调整各列的宽度及各行的高度，调整后的效果如图1-66所示。

图 1-65

图 1-66

**（5）适当应用修饰**

数据表格中以展示数据为主，修饰的目的是更好地展示数据，所以，在表格中应用修饰时应以用户能一眼看得出行列规律，看清楚里边的关系和内容为目标，不要一味地追求艺术。

有时候，结果汇总表中会涉及数据量较大、文字较多的情况，为了更清晰地展示数据，可使用如下方式：

➡ 使用常规的或简洁的字体，如宋体、黑体等。

➡ 使用对比明显的色彩，如白底黑字、黑底白字等。

➡ 表格主体内容区域与表头、表尾采用不同的修饰进行区分，如使用不同的边框、底纹等。

如图1-67所示是一个很典型实用的表格设计，表头部分很突出，表格线让行列分明，内容四行用变化色表现也显得很生动且区分明显。这张表是用Excel 2013自带的表格样式进行修饰的，其中还提供了更多的表格样式供用户选择，可以在选择时参考应用的效果。

图 1-67

要让表格制作出来的效果满意，

必须掌握Excel的基础操作，也就是要玩转Excel各个菜单命令的功能。但不是说只要把每个菜单命令的用法学会了，就全部会了Excel，就是高手了。事实上到此为止，我们还只是停留在Excel的表面功能上。何况就算你学会了Excel的每个菜单命令的功能，也不一定会灵活运用。

要想进一步提高，只有多练习，在实际工作中根据不同要求组合不同的菜单命令来得到需要的效果。慢慢你就会发现Excel基础操作里藏着很多实用的玄机呢，有时操作几个菜单命令的先后顺序不一样，得到的结果也会不一样。

### 1.4.5 走出函数学习的误区

Excel中最精华的部分就是函数，它是Excel中一个强大得闪闪发光的功能，能完成很多看似不能完成、不易完成的工作。

但是Excel中的函数很多，还有一些行业性的函数，如财务函数，并不是所有函数对于你来说都是需要学习的。学习函数不在多，主要在精（当然又多又精通是我们追求的）。不过，据笔者观察，初学者在学习函数时极易走入一个误区——他们会像学习Excel基础操作那样记函数，记步骤。他们也很认真地在学习，但通常都是越到最后越不能理解其中的奥妙，所有的函数语法都能看懂，但是一组合就不会了。过段时间以后，甚至可能将曾经记住的内容全部忘干净了，需要用的时候又去翻书翻笔记。结果要么是组合不出需要的函数；或者函数报错了，又找不到错误出在什么地方；或者结算出来的结果不对，层层套用错误结果差点被害死。甚至有时候，有些结果是对的，有些结果是错的；还有可能你自以为学会了某个函数，可很多情况你都没想到居然可以用别的函数来更轻松地解决。又或者，看到其他人的用法，你突然恍然大悟过来——原来这个函数居然还能这样用！

函数学习主要要经历以下 3 个步骤：

### 1. 查看函数完整说明

学习函数首先要找到微软官方对该函数的详细、全面、具体的说明。我们可以在【Excel 帮助】窗口中查看，或者通过 Bing 搜索引擎搜索到这个函数的详细说明。

建议大家，常用函数一定要一字一句认真看完，记笔记，然后还要一个一个跟着操作学习。尽可能地吃透这个函数，不要仅仅停留在函数最简单、最表面的表象学习，要深挖函数的内涵，这样才能发现该函数的很多特殊用法。

吃透一个函数需要从以下这些方面着手。

（1）学习函数完整的含义、使用的注意事项。

（2）了解每一个参数的要求，包括对数据类型的要求、边界、特殊情况的使用等。

（3）探索参数超出边界时，处理参数的方法，如为参数添加负号、参数中嵌套函数、参数进行逻辑运算、参数缺失、多一个参数等。

（4）探索函数对参数处理的机理，主要是绝对引用，还是相对引用。当参数出现缺失、被删除 / 插入新行、列等意外情况之后，计算的结果又会如何变化。

（5）探索函数除基本用法之外，其他更加巧妙、灵活，超出官方介绍文档之外的技巧。

### 2. 收集学习 Excel 函数大量的案例

学习函数，需要收集大量的案例，包括别人使用这个函数的方法、技巧、教程、经验，以及别人在使用这个函数时遇到的问题，犯的错误，总结的教训，积累的注意事项等。

目前，要收集这些案例很容易，通过搜索引擎、知乎、Excel 垂直网站等就可以快速搜到。

收集案例还是为了练习，我们需要打开 Excel，将这些案例操作一遍，并学习总结出自己的经验。

### 3. 结合练习和变化式练习

能学以致用，是所学知识技巧的最好报答。学习函数通常是为了更好地运用在日常工作和生活中，能将学到的函数组合运用于解决实际的问题，在大量的实操练习中，因需要结合各种情况变化来选择更合适的用法，这样不仅可以巩固你对函数的掌握，还可能发现更多的函数用法。

## 1.4.6  使用图表要得法

数据分析常常是 Excel 应用的最终目的，也是 Excel 应用的最高境界。一份有说服力的数据分析，要求用户不仅会熟练使用 Excel 的各项基础操作、函数的编写，还要考查用户对数据的理解和思考方式。

一个完整的、有说服力的数据分析报告，一般包括两个部分：汇总分析报表和分析图表。数据分析报表主要由函数、透视表、排序、筛选等数据分析工具汇总出来，方法比较多，我们这里就不再展开讲解了。而分析结果的可视化，是很多人非常欠缺的技能，也是被忽略的技能。

在给相关人士汇报工作时，你总不能喋喋不休地给他们念数据分析表格中的各条数据吧？他们需要的往往是一个整体结果，而且最好是可见的。所以，数据处理后你需要用更直观的方式来展示数据处理结果。图表是以图来代表数据说话，是最适合汇报的形式。

虽然 Excel 中的图表表面给人的感觉很普通，功能也就那么一点点。有些人为了得到专业的图表，甚至会专门买些图表软件。我只想说，其实 Excel 一样可以制作出专业图表，只要你能根据要展示的信息选择合适的图表类型，懂配色，知道如何设计图表元素在图表中的样式、结构，会调整数据的显示方式等，那么你制作的图表就会很出色。加上 Excel 中的图表还能制作成动态图表，让图表随着你数据的变化而变化。当然动态图表离不开函数，也可能会与 VBA 沾上关系。

## 1.4.7  掌握数据透视表的正确应用方法

透视表是 Excel 中重要的功能，可以快速高效地汇总出你想要的结果。个人认为如果 Excel 没有透视表功能，就有点像一个人少了只胳膊。很多复杂的数据汇总透视表都可以轻松完成，而且可以让一个数据源表变幻出多种汇总表，是通过数据源表得到计算分析表的主要途径。透视表还可以与 SQL 数据库技术结合起来，让透视表的功能如虎添翼，更上一层楼。

数据透视表的基本用法很简单，我们在本书的相关章节中会详细讲解。不过先要在这里提醒大家，数据透视表的用法主要也在心法，你想从哪个角度分析数据，得到什么样的分析结果，就如何设置数据透视表字段吧。

## 1.4.8  有关 VBA

VBA，有人也叫作宏，但是 VBA 不等于宏。宏的基本原理是记录用户在 Excel 中的操作步骤，然后利用这个步骤再为用户进行其他相同的操作，但 VBA 可以做更多的事情。因为宏记录的那些操作步骤可以转化为代码，所以学习宏可以帮助我们更快地学习掌握 VBA。

VBA 是 VB 语言的分支，依赖于 Excel。VBA 的语法与 VB 相似。当 Excel 内置的菜单功能无法满足我们工作需求的时候，就该使用 VBA 了。很多大企业都会针对自己企业的情况利用 Excel 平台来做开发。如果

你熟悉 VBA，你也可以利用 Excel 自己编写一个进销存软件、人事系统、会计软件等。

VBA 的功能很强大，不过对于没有编程基础的同学来说，学习起来还是稍显费劲的。而 Excel 中很多常用的数据处理技巧都实现了菜单命令化，而且很多时候解决问题的方法总是多样的，有些同学之前一直有个错

误的理解——想要成为 Excel 高手，就必须学会 VBA。好像是为了学习而学习，但事实上很多用户连 Excel 命令菜单和函数都没有掌握好，反而可能用了更复杂的方法来实现数据分析的目的，所以要掌握好基本的 Excel 操作，争取用更简单的方法解决同一个问题。

## 本章小结

本章主要介绍了 Excel 的相关知识，包括 Excel 的主要功能和应用领域、Excel 的学习方法和需要避免的误区，让读者对 Excel 有了更全面的认识。一般来说，凡是制作表格都可以用 Excel，尤其是对需要大量计算的表格特别适用。但 Excel 不仅仅用于表格的制作，进行各种数据的运算，还可以进行图表处理、统计分析以及辅助决策操作。因此，Excel 被广泛应用于管理、统计财经、金融等众多领域，是人们在现代商务办公中使用率极高的必备工具之一。Excel 的灵活和强大填补了现有信息系统的许多盲点，成为商务管理中不可缺少的重要利器。希望 Excel 初学者在学习本章知识后有所收益，一定要牢记 Excel 的正确学习方法，并在具体学习过程中注意避免走入学习误区。

# 第2章 Excel 2013 快速上手

➤ 想使用 Excel 2013 必须先安装 Office 2013，你会了吗？

➤ 想知道 Excel 2013 比 2010 版增加了哪些新功能吗？

➤ 熟悉 Excel 工作界面，是学习 Excel 2013 的重要一步！

➤ 自定义 Excel 工作界面，可以在开始工作前创造一个舒适的工作环境。

Excel 2013 虽然不是 Excel 的最新版本，但是其使用率还是比较高的。本章将从最基础的软件安装、启动和新功能开始介绍，如果你曾经使用过 Excel 的其他版本，则可以根据需要来查看本章，或者直接跳到 2.4 节来认识 Excel 2013 的新界面，并为自己打造一个合适的工作界面，为即将开启的 Excel 2013 学习之旅做好准备！

## 2.1 Excel 2013 的安装与卸载

看到 Excel 2013 增强了这么多方面的功能，你是不是也想快点亲自尝试一下了？那就赶紧安装 Office 2013 吧！

### 2.1.1 安装 Excel 2013

现在，很多网站都收录了 Office 2013 官方简体中文版的 64 位和 32 位，安装的时候需要根据自己的计算机来选择对应的版本，不过安装步骤都是一样的，首先是下载安装程序（提醒：Office 2013 不支持 XP 操作系统，XP 系统请先升级系统，至少要升级为 Windows7，本书截图均是在 Windows7 系统下进行的）。安装 Office 2013 的具体操作步骤如下。

**Step01** 将 Office 2013 安装包文件下载完成后，将压缩包解压出来，然后双击运行其中的【setup】可执行文件进行安装，如图 2-1 所示。

图 2-1

**Step02** 开始安装前，软件会自动收集安装程序的必要文件，进入如图 2-2 所示的界面。

图 2-2

**Step03** 稍等片刻后，便进入【阅读 Microsoft 软件许可证条款】界面，查看其中的安装说明后，❶ 选中【我接受此协议的条款】复选框，❷ 单击【继续】按钮，如图 2-3 所示。

图 2-3

**Step04** 进入【选择所需的安装】界面，因系统检测出当前计算机中还安装有 Office 的低版本软件，所以提供安装选项。用户可以根据需要选择升级低版本，或者自定义安装。这里单击【自定义】按钮，如图 2-4 所示。

图 2-4

### 技术看板

单击【升级】按钮，将会保留计算机中之前安装的 Office 版本的设置，直接在原位置上升级安装的 Office 组件到 2013 版本。

**Step05** 选中【保留所有早期版本】单选按钮，保证在安装该版本 Office 的同时不影响计算机中之前安装的 Office 版本程序，如图 2-5 所示。

图 2-5

选中【删除所有早期版本】单选按钮，将在安装 Office 2013 之前删除计算机中的早期版本。

**Step06** 在安装 Office 的时候，建议大家安装在 D 盘，因为将软件安装到默认的系统盘 C 盘中会影响计算机的运行速度。所以，❶ 单击【文件位置】选项卡，❷ 单击文本框后的【浏览】按钮，并设置 Office 安装的目录，❸ 单击【立即安装】按钮，如图 2-6 所示。

图 2-6

**Step07** 完成上步操作后，基本的信息就已经设置完成了，开始安装。正常情况下，需要 5 分钟左右安装完成，耐心等待即可，其间无须任何干预，程序就会自动完成安装。该过程中，我们可以通过查看安装进度条得知安装的进度，效果如图 2-7 所示。

图 2-7

**技术看板**

Office 中的组件很多，如果用户只需要使用其中的部分组件，可以单击【安装选项】选项卡，在其中单击不需要安装的组件选项右侧的下拉按钮，在弹出的下拉列表中进行选择。

**Step08** 出现图 2-8 所示的界面时就说明已经安装成功了，单击【关闭】按钮退出。

图 2-8

**Step09** 系统弹出提示对话框，提示必须重启计算机后才能完成 Office 2013 的安装，如图 2-9 所示。单击【是】按钮，重启计算机完成程序的所有安装。

图 2-9

**技术看板**

Excel 2013 采用了 Microsoft Windows 视窗系统，可以在 Windows 8 设备上获得最佳体验。

### 2.1.2 卸载 Excel 2013

以后如果不需要使用 Office 2013 了，可以将其卸载，操作方法如下。

**Step01** ❶ 在计算机桌面上，单击任务栏左侧的【开始】按钮，❷ 在弹出的菜单右侧选择【控制面板】命令，如图 2-10 所示。

图 2-10

**Step02** 打开【控制面板】窗口，❶ 在【查看方式】下拉列表中选择【类别】选项，❷ 单击【程序】图标右侧的【卸载程序】超级链接，如图 2-11所示。

图 2-11

Step03 打开【程序和功能】窗口，其中显示了当前计算机中安装的所有程序名称，❶ 在下方的列表框中选择需要卸载的【Microsoft Office Professional Plus 2013】选项，❷ 单击【卸载】按钮，如图 2-12 所示。

Step04 启动 Office 2013 安装程序，并打开提示对话框，单击【是】按钮便可以开始自动卸载该软件了，如图 2-13 所示。

图 2-13

图 2-12

## 2.2 启动 Excel 2013

常见的启动 Excel 2013 的方法有以下 4 种。

### 2.2.1 通过【开始】菜单启动

安装 Office 2013 以后，Office 的所有组件就会自动添加到【开始】菜单的【所有程序】列表中。因此，我们可以通过【开始】菜单来启动 Excel 2013，具体操作步骤如下。

Step01 ❶ 在计算机桌面上，单击任务栏左侧的【开始】按钮，❷ 在弹出的菜单中选择【所有程序】命令，打开程序列表，如图 2-14 所示。

Step02 ❶ 在展开的程序列表中选择【Microsoft Office 2013】命令，❷ 在弹出的下级子菜单中选择需要启动的【Excel 2013】命令，如图 2-15 所示。

技能拓展——使用【运行】命令启动 Excel 2013

按【Win+R】组合键，打开【运行】对话框，在文本框中输入【Excel】命令后，单击【确定】按钮或按【Enter】键即可启动软件。

图 2-14

图 2-15

Step03 经过上步操作后，将启动 Excel 2013，进入其新建界面中，如图 2-16 所示。与早期版本不同，启动 Excel 2013 后，不会直接以空白工作簿的方式启动，需要在新建界面中根据自己的需要选择启动类型，如空白工作簿或内置的模板文件。

图 2-16

图 2-17

## 2.2.2 双击桌面快捷图标启动

Office 2013 不会自动在桌面上创建快捷方式。所以，要通过这种方法启动 Excel 2013，首先需要在计算机桌面上创建 Excel 2013 的快捷方式图标 X，具体操作步骤如下。

**Step 01** ❶ 在【开始】菜单中的【Excel 2013】命令上单击鼠标右键，❷ 在弹出的快捷菜单中选择【发送到】命令，❸ 在弹出的下级子菜单中选择【桌面快捷方式】命令，如图 2-17 所示。

**Step 02** 经过上步操作，即可在计算机桌面上看到新添加的 Excel 2013 快捷图标 X，双击该图标，如图 2-18 所示，即可快速启动 Excel 2013，这是启动 Excel 2013 最快捷的方法。

图 2-18

## 2.2.3 通过已有表格启动

利用已有的 Excel 2013 文件来启动 Excel 2013，也是常用的方法。只要在【资源管理器】或【计算机】窗口中找到任意 Excel 文件，如【销售部业绩表】，双击该文件图标，如图 2-19 所示（或者在 Excel 文件图标上单击鼠标右键，在弹出的快捷菜单中选择【打开】命令），即可启动 Excel 2013 并打开该文件。

图 2-19

## 2.2.4 通过快速启动栏启动

在安装 Excel 2013 时，若添加了快捷方式图标到快速启动栏中，可直接单击快速启动栏中的 Excel 2013 图标快速启动该程序，如图 2-20 所示。

图 2-20

### 🎬 技术看板

当使用完毕后应该按正确的方法退出 Excel 2013，以释放出软件运行时占用的系统资源。由于 Excel 2013 已经取消了老版本中直接退出软件的功能，只能依次关闭各工作簿窗口，相关操作在第 3 章中讲解。

# 2.3 了解 Excel 2013 的主要新增功能

随着版本的不断提高，Excel 高效的数据处理功能和简洁的操作流程使用户的数据处理变得得心应手，且随着系统的智能化程度不断提高，它甚至可以在某些方面成为用户下一步操作的重要依据，使用户操作简化。

相较前一版本，Excel 2013 的功能更加完善，大量新增功能将帮助用户绘制更具说服力的数据图，从而指导用户制定更好、更明智的决策。尤其是其更加智能化的填充功能，提高

了数据输入的效率，还可以实现云端服务、服务器、流动设备和 PC 客户端的数据交流，让数据轻松共享。下面具体来了解一下 Excel 2013 中新增的那些令人惊喜的功能。

★ 新功能 2.3.1 全新的启动界面

启动 Excel 2013 程序，首先展现在用户面前的是全新的新建界面，它

更加简洁、明快，其设计宗旨是帮助用户快速获得具有专业外观的结果，如图 2-21 所示。

图 2-21

从 Excel 2013 的界面风格来说，其明显已经开始迎合用户的视觉体验，深绿色加浅灰色，防止视觉疲劳，简单而又不失高贵，沿用了 Windows 8 的直角滑步风格，专业、舒服与的体验在此展示。

## ★ 新功能 2.3.2 丰富的模板文件

Excel 2013 的新建界面由左右两部分组成。左边侧边栏里显示了最近打开过的所有文件，方便用户快速启动最近使用的文件；右侧可以看到预算、商务、日历、清单和报告等类型的模板，用户可以随意进行选择，如图 2-22 所示。

图 2-22

模板已为用户完成了大多数表格设置和设计工作，让用户可以更专注于数据。从模板的风格来看，笔者觉得 2013 很大程度是专业与生活的结合（图 2-23 所示为部分典型的模板举例），注重了客户体验，对于许多 DIY 达人来说，甚至可以做网页了，

很多表格只需要简单修改模板就可以搞定了。

图 2-23

细心的人会发现新建界面的右上角采用了用户登录方式，通过这个功能用户还可以在其他计算机中登录账户实现模板漫游。

## ★ 新功能 2.3.3 一个工作簿，一个窗口

在 Excel 2013 中，每个工作簿都是以独立的窗口形式显示，如图 2-24 所示，从而能够更加轻松地同时操作两个工作簿。

图 2-24

## ★ 新功能 2.3.4 快速填充数据

在 Excel 2003 中快速填充只能根据相邻的列进行快速填充，但在 Excel 2013，新功能快速填充就像数据助手一样帮你完成工作。当检测到你需要进行的工作时，快速填充会根据从你的数据中识别的模式，一次性输入剩余的数据，而不需要使用公式或宏。快速填充功能主要有以下 5 种

模式。

（1）字段匹配

在单元格中输入相邻数据列表中与当前单元格位于同一行的某个单元格内容，然后在向下快速填充时会自动按照这个对应字段的整列顺序来进行匹配式填充。如在 J1 单元格中输入【职务】，如图 2-25 所示，通过快速填充功能填充 J 列数据后，Excel 会自动识别 G 列中的职务数据，效果如图 2-26 所示。

图 2-25

图 2-26

（2）根据字符位置进行拆分

当在单元格中输入的不是数据列表中某个单元格的完整内容，而只是其中字符串当中的一部分字符时，Excel 会依据这部分字符在整个字符串当中所处的位置，在向下填充的过程中按照这个位置规律自动拆分其他同列单元格的字符串，生成相应的填充内容。例如，在旁边的单元格中输入【籍贯】列中的省名【山西】，如图 2-27 所示。通过快速填充功能填充该列数据后，Excel 会自动识别到【籍贯】列中对应的省名，效果如图 2-28 所示。当输入【籍贯】列中数据的不同部分内容时，通过快速填充功能得到的效果分别如图 2-29 和图 2-30 所示。

图 2-27

| 籍贯 | |
|---|---|
| 山西大同 | 山西 |
| 河北石家庄 | 河北 |
| 辽宁鞍山 | 辽宁 |
| 浙江绍兴 | 浙江 |
| 合肥芜湖 | 合肥 |
| 福建泉州 | 福建 |
| 江西景德镇 | 江西 |

图 2-28

| 籍贯 | |
|---|---|
| 山西大同 | 大同 |
| 河北石家庄 | 石家庄 |
| 辽宁鞍山 | 鞍山 |
| 浙江绍兴 | 绍兴 |
| 合肥芜湖 | 芜湖 |
| 福建泉州 | 泉州 |
| 江西景德镇 | 景德镇 |

图 2-29

| 籍贯 | |
|---|---|
| 山西大同 | 山 |
| 河北石家庄 | 河 |
| 辽宁鞍山 | 辽 |
| 浙江绍兴 | 浙 |
| 合肥芜湖 | 合 |
| 福建泉州 | 福 |
| 江西景德镇 | 江 |

图 2-30

（3）根据分隔符进行拆分

如果原始数据当中包含分隔符，那在快速填充的拆分过程当中也会智能地根据分隔符的位置，提取其中的相应部分进行拆分。例如，【工号】列中的数据是由分隔符组成的，在旁边的单元格中输入【工号】列中的前置编号，如图 2-31 所示。

图 2-31

通过快速填充功能填充该列数据后，Excel 会自动识别到【工号】列中对应的前置编号，效果如图 2-32 所示。

| 工号 | |
|---|---|
| ZJB-2004-20 | ZJB |
| ZJB-2006-21 | ZJB |
| ZJB-2008-22 | ZJB |
| ZJB-2008-23 | ZJB |
| XZ-2006-24 | XZ |
| XZ-2007-25 | XZ |
| CW-2005-26 | CW |

图 2-32

当输入工号数据的不同部分内容时，通过快速填充功能得到的效果分别如图 2-33 和图 2-34 所示。

| 工号 | |
|---|---|
| ZJB-2004-20 | 2004 |
| ZJB-2006-21 | 2006 |
| ZJB-2008-22 | 2008 |
| ZJB-2008-23 | 2008 |
| XZ-2006-24 | 2006 |
| XZ-2007-25 | 2007 |
| CW-2005-26 | 2005 |

图 2-33

| 工号 | |
|---|---|
| ZJB-2004-20 | 20 |
| ZJB-2006-21 | 21 |
| ZJB-2008-22 | 22 |
| ZJB-2008-23 | 23 |
| XZ-2006-24 | 24 |
| XZ-2007-25 | 25 |
| CW-2005-26 | 26 |

图 2-34

（4）根据日期进行拆分

如果输入的内容只是日期当中的某一部分，例如只有月份，Excel 也会智能地将其他单元格当中的相应组成部分提取出来生成填充内容。例如，在旁边的单元格中输入【生日】列中的年份数据，如图 2-35 所示。

图 2-35

通过快速填充功能填充该列数据后，Excel 会自动识别到【生日】列中对应的年份，效果如图 2-36 所示。

| 生日 | |
|---|---|
| 1976年5月2日 | 1976年 |
| 1983年2月5日 | 1983年 |
| 1980年12月2日 | 1980年 |
| 1982年4月28日 | 1982年 |
| 1981年2月1日 | 1981年 |
| 1975年4月26日 | 1975年 |
| 1983年3月16日 | 1983年 |

图 2-36

当分别输入【生日】列中数据的月、日数据时，通过快速填充功能得到的效果分别如图 2-37 和图 2-38 所示。

| 生日 | |
|---|---|
| 1976年5月2日 | 5 |
| 1983年2月5日 | 2 |
| 1980年12月2日 | 12 |
| 1982年4月28日 | 4 |
| 1981年2月1日 | 2 |
| 1975年4月26日 | 4 |
| 1983年3月16日 | 3 |

图 2-37

| 生日 | |
|---|---|
| 1976年5月2日 | 2 |
| 1983年2月5日 | 5 |
| 1980年12月2日 | 2 |
| 1982年4月28日 | 28 |
| 1981年2月1日 | 1 |
| 1975年4月26日 | 26 |
| 1983年3月16日 | 16 |

图 2-38

（5）字段合并

单元格当中输入的内容如果是相邻数据区域中同一行的多个单元格内容所组成的字符串，在快速填充当中也会依照这个规律，合并其他相应单元格来生成填充内容。例如，在单元格中输入【部门】列和【职务】列中的数据，如图 2-39 所示，通过快速填充功能便能得到这两列数据合并后的效果，如图 2-40 所示。

图 2-39

| 籍贯 | 部门 | 职务 | 学历 | 专业 | |
|---|---|---|---|---|---|
| 山西大同 | 总经办 | 总经理 | 本科 | 机电技术 | 总经办总经理 |
| 河北石家庄 | 总经办 | 助理 | 本科 | 文秘 | 总经办助理 |
| 辽宁鞍山 | 总经办 | 秘书 | 专科 | 计算机技术 | 总经办秘书 |
| 浙江绍兴 | 总经办 | 主任 | 本科 | 广告传媒 | 总经办主任 |
| 合肥芜湖 | 行政部 | 部长 | 硕士 | 工商管理 | 行政部部长 |
| 福建泉州 | 行政部 | 副部长 | 本科 | 电子商务 | 行政部副部长 |
| 江西景德镇 | 财务部 | 出纳 | 本科 | 计算机技术 | 财务部出纳 |

图 2-40

★ 新功能 2.3.5 新增函数

Excel 2013 在数学和三角、统计、工程、日期和时间、查找和引用、逻辑以及文本函数类别中新增了共计 50 多个函数。此外，还新增了一些 Web 服务函数以引用与现有的表象化状态转变（REST）兼容的 Web 服务，如图 2-41 所示。

图 2-41

## ★ 新功能 2.3.6 即时数据分析

过去分析数据需要执行很多工作，在 Excel 2013 中只需执行几个步骤即可完成。使用新增的【快速分析】工具，可以在两步或更少步骤内将数据以视觉化的方式进行呈现，如将数据转换为不同类型的图表（包括折线图和柱形图），或添加缩略图（迷你图）。例如，通过一步操作即可将图 2-42 所示的表格数据转换为图 2-43 所示的折线图。

图 2-42

图 2-43

你也可以使用【快速分析】工具快速应用表样式，创建数据透视表，快速插入总计，并应用条件格式等。例如，通过一步操作即可为图 2-44 中的所选单元格区域应用【色阶】格式，效果如图 2-45 所示。

| ▲ | A | B | C | D |
|---|---|---|---|---|
| 1 | | 2017年青羊门市销售报表 | | |
| 2 | 名称 | 一季度 | 二季度 | 三季度 |
| 3 | 休闲鞋 | 450 | 580 | 500 |
| 4 | 运动鞋 | 580 | 360 | 480 |
| 5 | 皮鞋 | 680 | 600 | 650 |
| 6 | 运动服 | 450 | 590 | 370 |
| 7 | 休闲服 | 280 | 360 | 260 |
| 8 | 西装 | 360 | 200 | 350 |

图 2-44

图 2-45

## ★ 新功能 2.3.7 新增图表功能

Excel 2013 在图表制作方面的功能有了很大提升，主要表现在以下几个方面。

（1）推荐的图表

通过单击【插入】选项卡【图表】组中的【推荐的图表】新按钮 ![icon]，Excel 可对当前所选数据进行分析，并为用户推荐最适合展示数据模式的图表类型和格式建议，如图 2-46 所示。

图 2-46

（2）快速微调图表

当你在 Excel 2013 中插入图表时，图表框右侧会显示出 3 个新增的图表按钮，如图 2-47 所示。

图 2-47

通过单击这些按钮可以让你快速选取和预览对图表元素（如标题或标签）、图表的外观和样式或显示数据的更改。

（3）更加丰富的数据标签

Excel 2013 图表中的数据标签可以进行格式设置，使用格式和其他任意多边形文本来强调标签，并可以任意形状显示，如图 2-48 所示。

图 2-48

Excel 2013 图表中的数据标签是固定的，即使转换为另一类型的图表，还是可以在所有图表（并不只是饼图）上使用引出线将数据标签连接到其数据点上，如图 2-49 所示。

图 2-49

（4）图表分类更明确

在 Excel 2013 中，图表的分类更加明确了，例如散点图和气泡图就被列为相关类型的图表，被放置在【插入】选项卡的一个组中进行展示，如图 2-50 所示。

图 2-50

另外，还有一个用于组合图的全新按钮 ，单击该按钮即可快速创建组合图表，用于突出显示不同类型的数据，如图 2-51 所示。

图 2-51

（5）更简洁的图表编辑选项卡

当你单击图表时，你会看到更加简洁的【图表工具】功能区，其中只有【设计】和【格式】选项卡，如图 2-52 所示，你可以更加轻松地找到所需的功能。

图 2-52

（6）查看图表中的动画

在 Excel 2013 中对图表源数据进行更改时，可以查看图表的实时变化了。这可不单单是看上去很有趣，图表变化还让你的数据变化更加清晰。

★ 新功能 2.3.8　改进的 Excel 数据模型

数据模型是 Excel 中与数据透视表、数据透视图和 Power View 报表结合使用的嵌入式相关表格数据。

Excel 2013 中新的 Excel 数据模型让用户可以发挥更强大的分析功能，虽然这些功能并不能一眼就看见，但是在分析数据时，你一定会感到更容易达到分析目的了。改进的 Excel 数据模型功能主要体现在以下几个方面。

（1）在你的数据分析中使用多个表格

新的 Excel 数据模型让用户可以发挥以前仅能通过安装 PowerPivot 加载项实现的强大分析功能。

除了创建传统的数据透视表以外，现在还可以在 Excel 2013 中基于多个表格创建数据透视表。通过导入不同表格并在其间创建关系，用户可以分析数据，其结果在传统数据透视表数据中是无法获得的。

（2）连接到新的数据源

要使用 Excel 数据模型中的多个表格，用户可以连接其他数据源并将数据作为表格或数据透视表导入 Excel 中。例如，连接到数据馈送，如 OData、Windows Azure DataMarket 和 SharePoint 数据馈送。用户还可以连接到来自其他对象连接与嵌入（OLE DB）提供商的数据源。

（3）创建表间的关系

当用户从 Excel 数据模型的多个数据表中的不同数据源获取数据时，在这些表之间创建关系让你可以无需将其合并到一个表中即可轻松分析数据。通过使用多维表达式（MDX）查询，你可以进一步利用表的关系创建有意义的数据透视表报告。

（4）使用日程表来显示不同时间段的数据

日程表让用户可以更加轻松地对比不同时间段的数据透视表或数据透视图数据。不必按日期分组，你现在只需单击一次，即可交互式地轻松过滤日期，或在连续时间段中移动数据，就像滚动式逐月绩效报表一样。

（5）使用【向下钻取】【向上钻取】和【跨越钻取】来浏览不同等级的详细信息

向下钻取一套复杂数据中不同等级的详细信息不是一项简单的任务。自定义集可以提供帮助，但要在【字段列表】中的大量字段中找到它们会耗费很多时间。

在新的 Excel 数据模型中，你可以更加轻松地导航至不同等级。使用【向下钻取】数据透视表或数据透视图层次结构以查看更精细等级的详细信息，使用【向上钻取】转至更高等级以了解全局，或者使用【跨越钻取】从一个层次结构导航至另一个层次结构，以深入了解跨越一个或多个层次结构的数据。

（6）使用 OLAP 计算成员和度量值

发挥自助式商业智能 (BI) 能量，并在连接到联机分析处理 (OLAP) 多维数据集的数据透视表数据中添加你自己的基于 MDX 的计算。无需追求【Excel 对象模型】，现在你可以在 Excel 中创建和管理已计算成员和度量值。

（7）Power View

如果你在使用 Office Professional Plus，则可以利用 Power View 的优势。单击功能区上的【Power View】按钮，通过易于应用、高度交互和强大的数据浏览、可视化和演示功能来深入了解你的数据。【Power View】让你可以在单一工作表中创建图表、切片器和其他数据可视化并与其进行交互。

**技术看板**

Power View 现在可处理来自 OLAP 多维数据集的数据。

★ 新功能 2.3.9　改进的数据透视功能

随着 Excel 2013 在图表和数据管理模式上的改进，数据透视功能也有了相应的变化，主要表现在以下几个方面。

（1）推荐的数据透视表

在 Excel 老版本中创建合适的数据透视表过程中，选取正确的字段以合适的透视角度在数据透视表中汇总选择的数据可能是项艰巨的任务。现在，Excel 2013 中的【推荐的数据透视表】功能可以为你提供一些帮助了。

当需要创建数据透视表时，单击【插入】选项卡【表格】组中的【推荐的数据透视表】新按钮，Excel便可对当前所选数据进行分析，并为用户推荐最适合展示数据模式的数据透视角度，还给出了字段布局预览。因此，用户可以选取那些展示你所寻求概念的字段布局，如图2-53所示。

图 2-53

（2）使用切片器过滤表格数据

切片器作为过滤数据透视表数据的交互方法在 Excel 2010 中被首次引入，它现在同样可在 Excel 表格、查询表和其他数据表中过滤数据，效果如图2-54所示。Excel 2013 中的切片器更加易于设置和使用了，它显示了当前的过滤器，因此用户可以准确地知道正在查看的数据。

图 2-54

（3）使用一个【字段列表】来创建不同类型的数据透视表

使用一个相同的【字段列表】来创建使用一个或多个表格的数据透视表布局。【字段列表】通过改进以容纳单表格和多表格数据透视表，如图2-55所示，让用户可以更加轻松地在数据透视表布局中查找所需字段、通过添加更多表格来切换为新的

Excel 数据模型，以及浏览和导航到所有表格。

图 2-55

（4）创建独立数据透视图

Excel 2013 中，数据透视图不必再和数据透视表关联了。通过使用新的【向下钻取】【向上钻取】和【跨越钻取】功能，独立或去耦合数据透视图让用户可以通过全新的方式导航至数据详细信息。复制或移动去耦合数据透视图也变得更加轻松。

★ 新功能 2.3.10 联机保存和共享文件

使用 Excel 2013 可以更加轻松地将工作簿保存到自己的联机位置，比如用户的免费 SkyDrive 或用户组织的 Office 365 服务。用户还可以更加轻松地与他人共享工作表，与他人进行实时协作。将链接发送给同事，将链接发布到社交网络或联机演示。

（1）网页中的嵌入式工作表数据

要在 Web 上共享你的部分工作表，只需将其嵌入网页中，然后其他人就可以在 Excel Web App 中处理数据或在 Excel 中打开嵌入数据了。

（2）简化共享文件

Excel 是以数据为主的软件，如果无法将报表与合适的人员进行共享，则报表是不完整的。Excel 2013 将共享功能和OneDrive进行了整合。

在【文件】菜单的【共享】界面下，我们可以将文件直接保存在

OneDrive 中，如图 2-56 所示，然后邀请他人和我们一起来查看、分析、编辑表格。

图 2-56

除了 OneDrive 之外，我们还可以通过电子邮件、社交网络、即时消息共享这些文件内容，共享对象可通过 SkyDrive 即时访问这些信息。

### 技术看板

保存或另存为新文档时，OneDrive的存储路径被放在了首要的位置，然后才是本地，如图2-57所示。

图 2-57

这和当下流行的云存储相吻合，微软也在不断推荐大家使用云存储的方式，不用再借助任何 USB 等第三方介质进行文件的传输。我们只要保存在云端，便可在移动设备上随时随地登录个人账户编辑浏览自己的文档了。

在【打开】界面中我们也可以直接打开 OneDrive 下的文件。

（3）在联机会议中共享 Excel工作表

无论你身处何处或在使用何种设

备（可能是你的智能手机、平板电脑或PC），只要安装了Lync，你就可以在联机会话或会议中与他人共享你的工作簿并进行协作，还可以让他人掌控你的工作簿，如图2-58所示。

图 2-58

### ★ 新功能 2.3.11 保存为新的文件格式

Excel 2013 采用新的 Strict Open XML 电子表格文件格式 (*.xlsx) 保存和打开文件。此文件格式让用户可以读取和写入 ISO8601 日期，解决了1900 年的闰年问题。

### ★ 新功能 2.3.12 新增和改进的加载项及转换器

Excel 2013 中，主要增加了 PowerPivot for Excel 和查询加载项，下面分别讲解。

（1）PowerPivot for Excel 加载项

如果你使用的是 Office Professional Plus，则 PowerPivot 加载项将随着 Excel 一同被安装，我们可以在功能区直观地看到【POWERPIVOT】选项卡，如图 2-59 所示。

图 2-59

Excel 2013 内置了 PowerPivot 数据分析引擎，因此用户可以直接在 Excel 中构建简单的数据模型。

PowerPivot 加载项为创建更加复杂的模型提供了环境。在导入时使用它来筛选数据，定义用户自己的层次结构、计算字段和关键绩效标记（KPIs），以及使用数据分析表达式（DAX）语言创建高级公式。

（2）查询加载项

如果你用的是 Office Professional Plus，查询加载项也会随同 Excel 安装。它可以帮助用户分析和审查工作簿，以了解其设计、函数和数据依赖性以及找出各种问题，包括公式错误或不一致、隐藏信息、断开的连接和其他问题。从【查询】中，用户可以启动名为【电子表格对比】的 Microsoft Office 新工具，使用它来对比两个版本的工作簿，清晰地指示已发生的更改。审查期间，用户还可以完整地查看工作簿的更改。

## 2.4 熟悉 Excel 2013 的工作界面

学习使用 Excel 管理各种数据前，首先需要了解该软件的工作界面。与 Excel 2010 相比，Excel 2013 的工作界面在外观上只有主题颜色和风格有所改变。新建工作簿之后便可以看到整个 Excel 2013 的工作界面，如图 2-60 所示。它主要由标题栏、快速访问工具栏、功能区、工作表编辑区以及状态栏等部分组成。

图 2-60

★ **新功能 2.4.1 标题栏**

标题栏位于窗口的最上方，主要用于显示正在编辑的工作簿的文件名以及所使用的软件后缀名。如图2-60中所示，标题栏显示【工作簿1-Excel】，表示此窗口的应用程序为Microsoft Excel，在Excel中打开的当前文件的文件名为【工作簿1.xlsx】。

另外，还包括右侧的【Microsoft Excel帮助】按钮 、【功能区显示选项】按钮 和窗口控制按钮。【Microsoft Excel帮助】按钮用于快速打开Excel联机帮助；【功能区显示选项】按钮用于控制功能区的显示/隐藏状态；窗口控制按钮包括【最小化】【最大化】和【关闭】3个按钮，用于对工作簿窗口的大小和关闭进行相应控制。

## 2.4.2 快速访问工具栏

默认情况下，快速访问工具栏位于Excel窗口的左上侧，用于显示Excel 2013中常用的一些工具按钮，默认包括【保存】按钮 、【撤销】按钮 和【恢复】按钮 等，单击它们可执行相应的操作。

无论功能区如何显示，快速访问工具栏中的命令始终可见，所以用户可以根据需要将常用的工具按钮进行添加使其显示在快速访问工具栏中。

## ★ **新功能 2.4.3 功能区**

功能区中集合了各种重要功能，清晰可见，是Excel的控制中心。功能区主要由选项卡、组、命令3部分组成，以及工作时需要用到的命令，如新增加的【登录】超级链接。

➡ 选项卡：默认状态下，Excel 2013会显示出【文件】【开始】【插入】【页面布局】【公式】【数据】【审阅】【视图】和【POWERPIVOT】9个选项卡。每个选项卡代表Excel执行的一组核心任务。单击不同的选项卡将显示出不同的Ribbon工具条。Ribbon工具条中又分为不同的组，方便用户从中选择各组中的命令按钮。常用的命令按钮主要集中在【开始】选项卡中，如【粘贴】【剪切】和【复制】等命令按钮。

---

**技术看板**

相比于Excel 2013中的其他选项卡，【文件】选项卡比较特殊。单击【文件】选项卡后，在弹出的【文件】菜单中可以看到其显示为下拉菜单，操作又类似于界面，其中包含了【打开】【保存】等针对文件操作的常用命令。

---

➡ 组：Excel 2013将在执行特定类型的任务时可能用到的所有命令按钮集合到一起，并在整个任务执行期间一直处于显示状态，以便随时使用，这些重要的命令按钮显示在工作区上方，集合的按钮放置在一个区域中就形成了组。

➡ 命令按钮：功能区中的命令按钮是最常用的，通过这些命令按钮，可完成工作表中数据的排版、检索等操作。Excel 2013功能区中不会一直显示所有命令按钮，只会根据当前执行的操作显示一些可能用到的命令按钮。

➡ 【登录】超级链接：用于快速登录Microsoft账户，以便拥有更多功能，实现协同工作。

## 2.4.4 编辑栏

编辑栏用于显示和编辑当前活动单元格中的数据或公式，由名称框和公式栏组成。

在编辑栏中位于左侧的名称栏中显示的是当前活动单元格的地址和名称，也可在名称栏中直接输入一个单元格或一个单元格区域的地址进行单元格的快速选定。

在编辑栏中位于右侧的公式栏用于显示和编辑活动单元格的内容。当向活动单元格输入数据时，公式栏中便出现3个按钮，单击 按钮取消输入的内容；单击 按钮确定输入的内容；单击 按钮插入函数。

## 2.4.5 工作表编辑区

工作表编辑区是处理数据的主要场所，在Excel 2013工作界面中所占面积最大，它由许多小方格组成，可以输入不同的数据类型。工作表编辑区是最直观显示内容的区域，包括行号、列标、单元格、滚动条等部分。

➡ 行号、列标与单元格：Excel中通过行号和列标的标记，将整张表格划分为很多小方格，即单元格。单元格中可输入不同类型的数据，是Excel中存储数据的最基本元素。

➡ 滚动条：位于工作簿窗口的右边及下边，包括水平滚动条和垂直滚动条。通过拖动滚动条可实现文档的水平或垂直滚动，以便查看窗口中超过屏幕显示范围而未显示出来的内容。

## ★ **新功能 2.4.6 工作表标签**

编辑栏的左下方显示着工作表标签滚动显示按钮、工作表标签和【新工作表】按钮 。

➡ 工作表标签滚动显示按钮：如果当前工作簿中包含的工作表数量较多，而且工作簿窗口大小不足以显示出所有的工作表标签，则可通过单击工作表标签队列左侧提供的标签滚动显示按钮来查看各工作表标签。标签滚动显示按钮包含 和 两个按钮，分别用于向前或向后切换一个工作表标签。在工作表标签滚动显示按钮上单击鼠标右键，将弹出【激活】对话框，如图2-61所示。在其中选择任意一个工作表即可切换到相应的工作表标签。

图 2-61

**技术看板**

Excel 2013 的工作表标签滚动显示按钮少了可以快速移动到最左侧或最右侧工作表标签的按钮,不过基本不影响使用。

➡ 工作表标签:工作表标签显示着工作表的名称。默认情况下,Excel 2013 中只显示一个工作表标签,以【Sheet1】命名,用户可以根据需要,单击右侧的【新工作表】按钮生成新的工作表。工作簿窗口中显示的工作表称为当前工作表,当前工作表只有一张,用户可通过单击工作表下方的标签激活其他工作表为当前工作表。当前工作表的标签为白色,其他为浅灰色。

### 2.4.7 状态栏

状态栏位于工作界面底部左侧,用于当前工作表或单元格区域操作的相关信息,如在工作表准备接受命令

或数据时,状态栏中显示【就绪】,在编辑栏中输入新的内容时,状态栏中显示【输入】;当选择菜单命令或单击工具按钮时,状态栏中显示此命令或工具按钮用途的简要提示。

### 2.4.8 视图栏

视图栏位于状态栏的右侧,它显示了工作表当前使用的视图模式和缩放比例等内容,主要用于切换视图模式、调整表格显示比例,方便用户查看表格内容。要调节文档的显示比例,直接拖动显示比例滑块即可,也可单击【缩小】按钮或【放大】按钮,成倍缩放视图显示比例。

下面分别介绍各视图按钮的作用。

➡ 【普通视图】按钮:普通视图是 Excel 的默认视图,效果如图 2-62 所示。在普通视图中可进行输入数据、筛选、制作图表和设置格式等操作。

图 2-62

➡ 【页面布局视图】按钮:单击该按钮,将当前视图切换到页面布局视图,如图 2-63 所示。在页

面布局视图中,工作表的顶部、两侧和底部都显示有页边距,顶部和一侧的标尺可以帮助调整页边距。

图 2-63

➡ 【分页预览视图】按钮:单击该按钮,将当前视图切换到分页预览状态,如图 2-64 所示。它按打印方式显示工作表的编辑视图。在分页预览视图中,可通过左右或上下拖动来移动分页符,Excel 会自动按比例调整工作表使其行、列适合页的大小。

图 2-64

## 2.5 DIY 自己的 Excel 2013 工作界面

在 Excel 2013 中,用户可以根据自身的使用习惯或需求自定义设置 Excel 的界面,方法如下。

### ★ 重点 2.5.1 添加命令到快速访问工具栏

快速访问工具栏作为一个命令按钮的容器,可以承载 Excel 2013 所有的操作命令和按钮。不过,默认情况下的快

速访问工具栏中只提供了【保存】【撤销】和【恢复】3个按钮，为了方便在编辑表格内容时能快速实现常用的操作，用户可以根据需要将经常使用的按钮添加到快速访问工具栏中。

例如，要将【打开】按钮添加到快速访问工具栏中，具体操作步骤如下。

**Step01** ❶单击快速访问工具栏右侧的下拉按钮，❷在弹出的下拉菜单中选择需要添加的【打开】命令，如图2-65所示。

图 2-65

**Step02** 经过上步操作，即可在快速访问工具栏中添加【打开】按钮，效果如图2-66所示。

图 2-66

**技能拓展——删除快速访问工具栏中的按钮**

单击快速访问工具栏右侧的下拉按钮，在弹出的下拉菜单中再次选择某个命令，取消命令前的对勾标记，即可删除快速访问工具栏中相应的按钮。

---

★ **重点 2.5.2 自定义功能区**

在使用 Excel 2013 进行表格内容编辑时，用户可以根据自己的操作习惯，为经常使用的命令按钮创建一个独立的选项卡或工具组。

下面以添加【我的工具】组为例进行介绍，具体操作步骤如下。

**Step01** 单击【文件】选项卡，如图2-67所示。

图 2-67

**Step02** 经过上步操作后，将弹出【文件】菜单，选择【选项】命令，如图2-68所示。

图 2-68

**Step03** 在弹出的【Excel选项】对话框中，❶单击【自定义功能区】选项卡，❷在右侧的【自定义功能区】列表框中选择工具组要添加到的具体位置，这里选择【开始】选项，❸单击【新建组】按钮，如图2-69所示。

图 2-69

---

**Step04** 经过上步操作，即可在【自定义功能区】列表框中【开始】选项下【编辑】选项的下方添加【新建组（自定义）】选项。保持新建工作组的选择状态，单击【重命名】按钮，如图2-70所示。

图 2-70

**技能拓展——在功能区中新建选项卡**

在【Excel 选项】对话框左侧单击【自定义功能区】选项卡，然后在右侧单击【新建选项卡】按钮，可以在功能区中新建选项卡。

**Step05** 在弹出的【重命名】对话框中，❶在【符号】列表框中选择要作为新建工作组的符号标志，❷在【显示名称】文本框中输入新建组的名称【我的工具】，❸单击【确定】按钮，如图2-71所示。

图 2-71

**Step06** ❶ 在【从下列位置选择命令】下拉列表框中选择【常用命令】选项，❷ 在下方的列表框中依次选择需要添加到新建组中的按钮，❸ 单击【添加】按钮将它们添加到新建组中，❹ 添加完毕后单击【确定】按钮，如图 2-72 所示。

图 2-72

**Step07** 完成自定义功能区的操作后返回 Excel 窗口中，在【开始】选项卡【编辑】组的右侧将显示新建的【我的工具】组，在其中可看到添加的自定义功能按钮，如图 2-73 所示。

图 2-73

---

**技能拓展——删除功能区中的功能组**

如果需要删除功能区中的功能组，在【Excel 选项】对话框的【自定义功能区】选项卡中，在【自定义功能区】列表框中选择需要删除的功能组，单击【删除】按钮即可。

### 2.5.3 自定义状态栏

当在工作表中选择某些单元格或进行操作时，Excel 2013 状态栏中会根据当前所选择的数据或所进行的操作给出相应的提示信息。例如，在选择部分单元格时，状态栏中可以显示出选中的单元格数目、所选数据中的最大值与平均值等。但是状态栏中显示的信息并不是完全一致的，因为它允许用户进行自定义。

下面通过右键快捷菜单，让状态栏中显示出所选单元格区域的最大值，具体操作步骤如下。

**Step01** ❶ 在状态栏上单击鼠标右键，❷ 在弹出的快捷菜单中选择【最大值】命令，如图 2-74 所示。

**Step02** 在表格中随意输入一些数据，并选择这些数据，即可在状态栏中看到已经显示出最大值信息，效果如图 2-75 所示。

图 2-74

图 2-75

---

**技术看板**

Excel 2013 状态栏中可显示的内容比较多，在如图 2-74 所示的快捷菜单中，前面带有【√】标记的选项表示该项内容会在状态栏中显示，反之则不显示在状态栏中。

---

## 妙招技法

通过学习前面的知识，相信读者已经对 Excel 2013 有了基本的认识。下面结合本章内容，给大家介绍一些实用技巧。

### 技巧 01：隐藏窗口中的元素

| 教学视频 | 光盘\视频\第 2 章\技巧 01.mp4 |
|---|---|

Excel 窗口中包含一些可以选择显示或隐藏的窗口元素，如网格线、编辑栏等。为了让屏幕中设置的表格背景等效果更佳，可以将网格线隐藏起来，具体操作步骤如下。

**Step01** 在【视图】选项卡【显示】组中取消选中【网格线】复选框，如图 2-76 所示。

**Step02** 经过上步操作，即可看到工作表编辑区中的网格线被隐藏起来，效果如图 2-77 所示。

图 2-76

图 2-77

### 技术看板

　　如果要显示或隐藏窗口中的其他元素，在【视图】选项卡【显示】组中选中或取消选中相应的复选框即可。例如，要让隐藏起来的网格线再显示出来，可以选中【视图】选项卡【显示】组中的【网格线】复选框。

## 技巧 02：显示或隐藏功能区

| 教学视频 | 光盘\视频\第 2 章\技巧 02.mp4 |
|---|---|

　　自从 Office 的相关命令以功能按钮的形式进行展示，而非菜单项的形式出现后，我们便可以对功能区进行折叠或展开控制。

　　默认情况下，功能区是展开的。当我们在录入或者查看数据时，如果想在有限的 Excel 窗口界面中增大可用空间，以便显示出更多的内容，可以对功能区进行折叠。

　　控制功能区的具体操作步骤如下。

**Step 01** 单击功能区右下角的【折叠功能区】按钮 ^，如图 2-78 所示。

图 2-78

### 技能拓展——折叠功能区的其他方法

　　在功能区的任意空白处单击鼠标右键，在弹出的快捷菜单中选择【折叠功能区】命令；或者单击标题栏右侧的【功能区显示选项】按钮 ，在弹出的下拉列表中选择【显示选项卡】选项，也可折叠功能区。

**Step 02** 经过上步操作，即可看到折叠功能区后的效果，实际上就是让功能区仅显示出选项卡的效果。❶ 在折叠后的功能区上单击鼠标右键，在弹出的快捷菜单中可以看到【折叠功能区】命令前显示一个【√】标记，❷ 选择【折叠功能区】命令，如图 2-79 所示。

图 2-79

**Step 03** 经过上步操作，即可显示出功能区。❶ 单击【功能区显示选项】按钮 ，❷ 在弹出的下拉列表中选择【自动隐藏功能区】选项，如图 2-80

所示。

图 2-80

**Step 04** 经过上步操作，将隐藏功能区并切换到全屏阅读状态。要显示出功能区，可以将鼠标光标移动到窗口最上方，显示出标题栏，单击右侧的…按钮，如图 2-81 所示。

图 2-81

## 技巧 03：将功能区中的按钮添加到快速访问工具栏中

| 教学视频 | 光盘\视频\第 2 章\技巧 03.mp4 |
|---|---|

　　如果需要将经常使用的功能区按钮添加到快速访问工具栏中，可以通过快捷菜单快速完成添加过程。如要将【推荐的图表】按钮添加到快速访问问工具栏中，具体操作步骤如下。

**Step 01** ❶ 将鼠标光标移动到功能区中需要添加的【推荐的图表】命令按钮 上，并单击鼠标右键，❷ 在弹出的快捷菜单中选择【添加到快速访问工具栏】命令，如图 2-82 所示。

图 2-82

**Step02** 经过上步操作，即可看到【推荐的图表】命令已经添加到快速访问工具栏中了，效果如图 2-83 所示。

图 2-83

## 技巧 04：设置 Excel 网格线的颜色

| 教学视频 | 光盘\视频\第2章\技巧04.mp4 |
|---|---|

　　Excel 2013 中的网格线颜色默认为灰色，用户也可以根据需要设置网格线颜色，使工作表看起来更加美观。

　　例如，要将网格线颜色调整为珊瑚红色时，具体操作步骤如下。

**Step01** 按照前面介绍的方法打开【Excel 选项】对话框。

**Step02** ❶单击【高级】选项卡，❷在右侧的【此工作表的显示选项】栏中单击【网格线颜色】按钮，❸在弹出的下拉列表中选择需要的网格线颜色，如珊瑚红色，❹单击【确定】按钮，如图 2-84 所示。

**Step03** 返回工作簿中，即可看到为表格设置珊瑚红色网格线的效果，如图 2-85 所示。

图 2-84

图 2-85

## 技巧 05：如何加载 Excel 的选项功能

| 教学视频 | 光盘\视频\第2章\技巧05.mp4 |
|---|---|

　　默认状态下，Excel 2013 中显示的选项卡都是常用的选项卡，某些功能并没有在默认状态下显示在操作界面中，需要用户自己加载。

　　Excel 2013 中查看和管理加载项需要在【Excel 选项】对话框中进行。例如，要在【数据】选项卡的【分析】组中添加【规划求解】加载项，具体操作步骤如下。

**Step01** 按照前面介绍的方法打开【Excel 选项】对话框，❶单击【加载项】选项卡，❷在右侧的【管理】下拉列表框中选择加载类型，如【Excel 加载项】，❸单击【转到】

按钮，如图 2-86 所示。

图 2-86

**Step02** 在弹出的【加载宏】对话框中，❶选中需要加载选项对应的复选框，这里选中【规划求解加载项】复选框，❷单击【确定】按钮，如图 2-87 所示。

图 2-87

**Step03** 返回工作簿中，即可看到在【数据】选项卡的【分析】组中显示添加的【规划求解】加载项，如图 2-88 所示。

图 2-88

## 本章小结

　　本章主要介绍了 Excel 2013 的基础知识，包括 Excel 2013 的安装、启动与卸载，Excel 2013 新增加的功能，Excel 2013 的工作界面组成，DIY 个性的工作界面等，相信读者已经掌握了 Excel 2013 中最基础的这些操作。希望 Excel 初学者在学习本章知识后，多多熟悉其工作界面，切换到不同的选项卡中看看都有哪些功能按钮，对每个按钮的功能大致进行分析，不懂的地方可以通过联机帮助进行了解。另外，在开始正式学习 Excel 2013 前，还应该设置一个适合自己的工作环境，如对功能区进行自定义，将常用的按钮添加到一处等。

# 第3章 Excel 2013 的基本操作

- ➡ 你是否知道工作簿的有效管理操作？
- ➡ 想在一个工作簿中创建多个工作表，不知道怎么选择相应的工作表？
- ➡ 重要的数据或表格结构不希望别人改动，或不想让别人看到这些数据？
- ➡ 打开了多个工作簿窗口，想快速排列它们？不知道怎么对比两个工作簿中的内容？
- ➡ 表格中的数据太多，总是不知道哪行数据对应什么内容，还在来回滚动鼠标？

工作簿、工作表和单元格是 Excel 的常用操作对象，使用率极高！在 Excel 中要编辑某个对象，一定要先选择该对象。除了选择操作外，每个对象还包括一些其他基本编辑操作，这些操作也是必须掌握的。

## 3.1 认识 Excel 的基本元素

在 Excel 中，表格是由一系列线条进行分割，形成许多格子用于显示数字和其他项的一种特殊格式。随着版本的不断升级，Excel 虽然提供了大量的用户界面特性，但它仍然保留了第一款电子制表软件 VisiCalc 的特性：行、列组成单元格，数据、与数据相关的公式或者对其他单元格的绝对引用保存在单元格中。

工作簿、工作表和单元格是构成 Excel 的三大元素，也是 Excel 所有操作的基本对象。这三大元素在 Excel 中的展示效果如图 3-1 所示。作为初学 Excel 的新手来说，了解这三者的概念并弄清楚它们之间的基本关系非常重要。本节内容主要从新手学 Excel 的角度出发，讲解 Excel 2013 的基本元素。

图 3-1

### 3.1.1 工作簿

工作簿是 Excel 环境中用来储存并处理工作数据的文件，也是用户进行 Excel 操作的主要对象和载体，是 Excel 最基本的电子表格文件类型。在 Excel 2013 中，工作簿文件的扩展名为【xlsx】。也就是说，通常情况下的 Excel 文档就是工作簿。

用户使用 Excel 创建数据表格、在表格中进行编辑以及操作完成后进行保存等一系列操作的过程大都是在工作簿中完成的。

默认情况下新建的工作簿名称为【工作簿1】，此后新建的工作簿将以【工作簿2】【工作簿3】……依次命名。

**技术看板**

在 Excel 2003 及其之前的版本中，Excel 工作簿文件的扩展名为【xls】，在 Excel 2007 版之后，Excel 工作簿使用了新的扩展名【xlsx】，在新版本的软件中可以编辑和创建老版本的工作簿文件。

### 3.1.2 工作表

工作表是 Excel 存储和处理数据的最重要的部分，是显示在工作簿窗口中的表格，是工作簿的组成部分。

如果把工作簿比作活页夹，那么工作表就类似于活页夹中的一张张活页纸。工作簿中的每个工作表以工作表标签的形式显示在工作簿编辑区底部，以方便用户进行切换。每个工作表都有一个名字，工作表名显示在工作表标签上。

默认情况下，每个新建的空白工作簿中包含一张工作表，以【Sheet1】命名。单击工作表标签右侧的【新工作表】按钮⊕，可以新建工作表，新增的工作表自动命名为【Sheet2】，往后依次命名为【Sheet3】【Sheet4】……

我们也可以自己为工作表命名，方便对不同数据进行分类管理。图 3-2 所示为在一个工作表中存放了多张相互关联的工作表。

图 3-2

**技术看板**

现实中的活页夹包含的活页纸一定是有限的，而 Excel 工作簿可以包含的工作表数量只与当前所使用电脑的内存有关，也就是说在内存充足的前提下可以新建无限多个工作表。

当然在实际工作中，不是工作表越多越好，用户在操作 Excel 时，添加够用的工作表即可。

### 3.1.3 行与列

日常生活中使用的表格都是由许多条横线和许多条竖线交叉而成的一排排格子。在这些线条围成的格子中，填上各种数据就构成了我们所说的表格，如学生使用的课程表、公司使用的人事履历表、工作考勤表等。

Excel 作为一个电子表格软件，其最基本的操作形态就是标准的表格——由横线和竖线所构成的格子。在 Excel 工作表中，由横线所间隔出来的横着的部分被称为行，由竖线所间隔出来的竖着的部分被称作列。

行与列是工作表中用来分隔不同数据的基本元素。在一个用于表现数据的规整表格中，通常一行用于表示同一条数据的不同属性，如图 3-3 所示。

| 群体 | 10~20岁 | 21~30岁 | 31~40岁 | 41~50岁 | 50岁以上 |
|---|---|---|---|---|---|
| 女性 | 21% | 68% | 45% | 36% | 28% |
| 男性 | 18% | 58% | 46% | 34% | 30% |

图 3-3

**技术看板**

在数据库表格中还有【字段】和【记录】两个概念，在 Word 或 Excel 表格中也常常会提到这两个概念。在数据表格中，通常把列叫作【字段】，即这一列中的值都代表同一种类型，如图 3-3 所示的调查表中的【10～20岁】【21～30岁】等；而表格中存储的每一条数据则被称为【记录】。

行数据也可用于表示不同数据的同一种属性，如图 3-4 所示。

| 年度 | 2011 | 2012 | 2013 | 2014 | 2015 |
|---|---|---|---|---|---|
| 企业租金 | 20000 | 24000 | 24000 | 28000 | 30000 |
| 广告费 | 50000 | 45000 | 48000 | 46000 | 49000 |
| 营业费 | 34000 | 36000 | 40000 | 32800 | 35000 |
| 调研费 | 8050 | 10000 | 9200 | 8600 | 10000 |
| 工资 | 34500 | 36200 | 35800 | 36000 | 35400 |
| 税金 | 8000 | 8000 | 10000 | 10000 | 11000 |
| 其他 | 6000 | 8000 | 7000 | 7800 | 8200 |

图 3-4

列与行的作用相同，在用于表现数据的表格中，我们需要分别赋予行和列不同的意义，并且保持表格中任意位置这种意义不发生变化，以形成清晰的数据表格。例如，在一个表格中，每一行代表一条数据，每一列代表一种属性，那么在表格中则应该按行列的意义填写数据，否则将会造成数据混乱。

在 Excel 窗口中，工作表的左侧有一组垂直的灰色标签，其中的阿拉伯数字1，2，3，…，标识了电子表格的行号；工作表的上面有一排水平的灰色标签，其中的英文字母 A，B，C，…，标识了电子表格的列号。这两组标签在 Excel 中分别被称为行号和列标。

行号的概念类似于二维坐标中的纵坐标，或者地理平面中的纬度；而列标的概念则类似于二维坐标中的横坐标，或者地理平面中的经度。

### 3.1.4 单元格

在了解行和列的概念后，再来了解单元格就很容易了。

单元格是工作表中的行线和列线将整个工作表划分出来的每一个小方格，它好比二维坐标中的某个坐标点，或者地理平面中的某个地点。

单元格是 Excel 中构成工作表最基础的组成元素，是存储数据的最小单位，不可以再拆分。众多的单元格好像细胞一样组成了一张完整的工作表。

单元格用于存储单个数据，在单元格中可以输入符号、数值、公式以及其他内容。每个单元格都可以通过单元格地址来进行标识。在一个工作表中，所有单元格都具有一个独立的地址。

单元格地址由它所在的行和列组成，其表示方法为【列标＋行号】。

如工作表中最左上角的单元格地址为【A1】，即表示该单元格位于第 A 列和第 1 行的交叉点上，如图 3-5 所示。

图 3-5

【C5】表示第 C 列第 5 行的单元格，如图 3-6 所示。

图 3-6

此外，还可以使用【RC】方式表示。例如，工作表中第 1 个单元格可用【R1C1】表示，工作表中的最后一个单元格可以使用地址【R1048576C16384】表示。

当前选择的或是正在编辑中的单元格（即在表格中显示为粗线方框围着的单元格）被称为活动单元格，一张表格中只有一个活动单元格。在编辑栏左边的名称框中会显示活动单元格的名称，若该单元格中有内容，则会将该单元格中的内容显示在编辑栏中，如图 3-7 所示。

图 3-7

在 Excel 的名称框中输入单元格地址，可以快速定位到相应的单元格。

### 3.1.5 单元格区域

在 Excel 中对数据进行处理时，常常会同时对多个单元格的数据进行处理，因此有了单元格区域的说法。单元格区域的概念实际上是单元格概念的延伸，多个单元格所构成的单元格群组就被称为单元格区域。

构成单元格区域的这些单元格之间如果是相互连续的，即形成的总形状为一个矩形，则称为连续区域；如果这些单元格之间是相互独立不连续的，则它们构成的区域就是不连续区域。

要选择一个单元格区域，可以直接拖动鼠标光标进行选择，或配合键盘按键单击相应的单元格进行选择。例如，按【Ctrl】键的同时，单击单元格，可以选中不连续的单元格。按住【Shift】键的同时，单击首尾两个单元格，可以选中连续的单元格。此外，还可以在 Excel 的名称框中输入表示该单元格区域的地址来选择。

对于连续的区域，可以使用矩形区域左上角和右下角的单元格地址进行标识，表示方法为【左上角单元格地址：右下角单元格地址】，如【A1:C4】表示此区域从 A1 单元格到 C4 单元格之间形成的矩形区域，该矩形区域宽度为 3 列，高度为 4 行，总共包括 12 个连续的单元格，如图 3-8 所示。

图 3-8

对于不连续的单元格区域，则需要使用【,】符号分隔开每一个不连续的单元格或单元格区域，如【A1:C4,B7,E9】表示该区域包含从 A1 单元格到 C4 单元格之间形成的矩形区域、B7 单元格和 E9 单元格，如图 3-9 所示。

图 3-9

### ★ 重点 3.1.6 了解工作簿、工作表和单元格之间的联系

表格中的最小数据存储单位是单元格，许多单元格按行列方式排列又组成了行或列，许许多多的行和列构成了一张二维表格，也就是我们所说的工作表，而工作簿中又包含了一个或多个工作表。所以，工作簿、工作表和单元格的关系是包含与被包含的关系，具体关系如图 3-10 所示。

图 3-10

# 3.2 工作簿的基本操作

在应用 Excel 时，首先需要创建工作簿，Excel 中的所有操作都是在工作簿中完成的。因此，学习 Excel 2013 首先应学会工作簿的基本操作，包括创建、保存、打开和关闭工作簿。

## ★ 新功能 3.2.1 新建工作簿

在 Office 2013 版本中，启动 Excel 2013 后，并不会再像老版本一样自动新建一个空白工作簿。我们可以在启动软件的界面中根据自己的需要选择启动类型，如空白工作簿或内置的模板表格。

### 1. 新建空白工作簿

空白工作簿是 Excel 中默认新建的工作簿，我们常说的新建工作簿也是指新建空白工作簿。新建空白工作簿的具体操作步骤如下。

**Step01** 启动 Excel 2013，在右侧界面选择【空白工作簿】选项，如图 3-11 所示。

图 3-11

**Step02** 经过上步操作，即可新建一个名为【工作簿1】的空白工作簿。单击【文件】选项卡，如图 3-12 所示。

> **技能拓展——新建工作簿的快捷操作**
>
> 按【Ctrl+N】组合键，可快速新建空白工作簿。

图 3-12

> **技能拓展——在系统中创建工作簿**
>
> 安装 Excel 2013 的 Windows 系统，会在鼠标右键快捷菜单中自动添加新建工作簿的快捷命令。所以，也可以通过这一快捷命令来创建新的空白工作簿。只需要在桌面或文件夹窗口的空白处单击鼠标右键，在弹出的快捷菜单中选择【新建】→【Microsoft Excel 工作表】命令即可。

**Step03** ❶ 在弹出的【文件】菜单中选择【新建】命令，❷ 在右侧选择【空白工作簿】选项，如图 3-13 所示。

图 3-13

**Step04** 经过上步操作，即可查看到新建的空白工作簿，默认工作簿名称为【工作簿2】，如图 3-14 所示。若

继续新建空白工作簿，系统默认按顺序命名新的工作簿，即【工作簿3】【工作簿4】……

图 3-14

### 2. 根据模板新建工作簿

Excel 2013 中提供了许多工作簿模板，这些工作簿的格式和所要填写的内容都是已经设计好的，它可以保存占位符、宏、快捷键、样式和自动图文集词条等信息。用户可以根据需要新建相应的模板工作簿，然后在新建的模板工作簿中填入相应的数据，这样在一定程度上大大提高了工作效率。

Excel 2013 的【新建】面板采用了网页的布局形式和功能，其中【主页】栏中包含了【业务】【日历】【个人】【列表】【教育】【预算】和【日志】7 类常用的工作簿模板链接。此外，用户还可以在【搜索】文本框中输入需要搜索模板的关键字进行搜索，查找更多类别的工作簿模板。

在 Excel 2013 启动软件的界面或在【文件】菜单的【新建】命令界面中都可以选择需要的表格模板，而且方法大致相同。这里以在【文件】菜单的【新建】命令界面为例，讲解根据模板新建工作簿的方法，具体操作步骤如下。

Excel 2013 中的大部分模板都需要下载到计算机上才能使用。因此，在新建这类模板工作簿之前，必须确认个人电脑已经连接到网络。

**Step01** ❶ 在【文件】菜单中选择【新建】命令，❷ 在右侧单击需要的链接类型，如【业务】超级链接，如图 3-15 所示。

图 3-15

**Step02** 在新界面中会展示出系统搜索到的所有与【业务】有关的表格模板，拖动鼠标可以依次查看各模板的缩略图效果。这里因为没有找到需要的模板，单击【主页】按钮 ⌂，如图 3-16 所示。

图 3-16

**Step03** 返回 Excel 2013 默认的【新建】界面。❶ 在【搜索】文本框中输入需要搜索的模板关键字，如【销售】，❷ 单击右侧的【搜索】按钮 ，如

图 3-17 所示。

图 3-17

**Step04** 系统将搜索与输入关键字【销售】有关的表格模板。在搜索列表中选择需要的表格模板，这里选择【库存列表】选项，如图 3-18 所示。

图 3-18

**Step05** 进入该模板的说明界面，在其中可依次查看该模板中部分表格页面的大致效果。满意后单击【创建】按钮，如图 3-19 所示。

图 3-19

**Step06** 返回 Excel 2013 的工作界面即可查看到系统根据模板自动创建的【库存列表 1】工作簿，如图 3-20 所示。

图 3-20

## ★ 新功能 3.2.2 保存工作簿

新建工作簿后，一般需要对其进行保存，方便以后对工作簿进行修改。保存工作簿又分为保存新建工作簿和另存为工作簿两种。

### 1. 保存新建工作簿

保存工作簿是为了方便日后使用其中的数据。新建工作簿操作刚结束就可以保存，也可以在对工作簿进行编辑后再保存。保存新建工作簿的时候应该注意为其指定一个与工作表内容一致的名称，并指定保存的位置。

下面将刚刚根据模板新建的工作簿以【日常销售报表】为名进行保存，具体操作步骤如下。

**Step01** 单击快速访问工具栏中的【保存】按钮 ，如图 3-21 所示。

**Step02** 系统自动切换到【文件】菜单的【另存为】界面，但实际还是进行的第一次保存操作。在界面右侧选择文件要保存的位置，这里双击【计算机】选项，如图 3-22 所示。

图 3-21

### 技能拓展——保存工作簿的快捷操作

按【Ctrl+S】组合键，可以对工作簿进行快速保存。

图 3-22

### 技术看板

如果已经对工作簿进行过保存操作，在编辑工作簿后再次进行保存操作，将不会打开【另存为】对话框，也不需要再进行设置，系统会自动将上一次保存的位置作为当前工作簿默认的保存位置。

**Step03** 在弹出的【另存为】对话框中，❶ 在【保存位置】下拉列表框中选择文件要保存的位置，❷ 在【文件名】下拉列表框中输入工作簿要保存的名称，如【库存列表】，❸ 单击

【保存】按钮，如图 3-23 所示。

图 3-23

**Step04** 返回 Excel 2013 的工作界面，在标题栏上可以看到其标题已变为【库存列表】，如图 3-24 所示。

图 3-24

### 2. 另存为工作簿

在对已经保存过的工作簿进行了再次编辑后，如果既希望不影响原来的工作簿数据，又希望将编辑后的工作簿数据进行保存，则可以将编辑后的工作簿进行另存为操作。虽然前面讲解的操作步骤中我们也选择了【另存为】命令，打开了【另存为】对话框，但实际上并没有执行【另存为】操作。

下面将前面保存的【库存列表】工作簿另存为【C 区库存列表】工作簿，具体操作步骤如下。

**Step01** ❶ 在【文件】菜单中选择【另存为】命令，❷ 在中间选择文件要保存的位置，这里选择【计算机】选项，❸ 在右侧选择当前文件夹选项，

如图 3-25 所示。

图 3-25

**Step02** 在弹出的【另存为】对话框中，❶ 在【文件名】下拉列表框中重新输入工作簿的名称，如【C 区库存列表】，❷ 单击【保存】按钮，如图 3-26 所示。

图 3-26

**Step03** 返回 Excel 2013 的工作界面，在标题栏上可以看到其标题已变为【C 区库存列表】，如图 3-27 所示。

图 3-27

Excel 文件其实具有通用性，也就是说，我们可以将 Excel 文件保存为其他格式的文件，然后通过其他程序来打开该工作簿。在【另存为】对话框的【保存类型】下拉列表框中还有一个设置保存工作簿类型的常用选项——【Excel 97—2003 工作簿】选项，选择该选项可以在 Excel 老版本中打开保存的工作簿。

### ★ 新功能 3.2.3 打开工作簿

当用户需要查看或编辑以前保存过的 Excel 工作簿文件时，首先需要将其打开。例如，要打开素材文件中提供的【待办事项列表】工作簿，具体操作步骤如下。

Step01 ❶ 在【文件】菜单中选择【打开】命令，❷ 在中间选择要打开文件保存的位置，这里选择【计算机】选项，❸ 单击右侧的【浏览】按钮，如图 3-28 所示。

图 3-28

【打开】命令的快捷键为【Ctrl+O】。

在【文件】菜单的【打开】界面选择【计算机】选项后，其右侧区域便显示出了最近访问过的文件夹名

称，选择相应的文件夹名称即可打开对应的文件夹窗口。

如果需要打开的文件是最近刚刚使用过的，可以在【文件】菜单的【打开】界面选择【最近使用的工作簿】选项，在右侧区域将显示出最近使用的工作簿名称和最近打开的工作簿所在的位置，选择需要打开的工作簿名称选项即可打开该工作簿。

Step02 在弹出的【打开】对话框中，❶ 在左侧依次单击找到文件的保存位置，❷ 在中间的列表框中选择要打开的工作簿，如【待办事项列表】，❸ 单击【打开】按钮，如图 3-29 所示。

图 3-29

在【打开】对话框中单击【打开】按钮右侧的下拉按钮，在弹出的下拉列表中还可以选择打开工作簿的方式。提供有多种打开工作簿的方式。

→ 选择【打开】命令，将以普通状态打开工作簿。

→ 选择【以只读方式打开】命令，在打开的工作簿中只能查看数据，不能进行任何编辑。

→ 选择【以副本方式打开】命令，将以副本的形式打开工作簿，用户对该副本进行的任何编辑都会保存在该副本中，不会影响原工作簿的数据。

→ 选择【在浏览器中打开】命令，可以在浏览器中打开工作簿，一般用于查看数据上传后的网页效果。

→ 选择【在受保护视图中打开】命令，若对打开的工作簿进行编辑操作，则会被提示是否进行该操作。

Step03 在新打开的 Excel 2013 窗口中即可查看到打开的【待办事项列表】工作簿的内容，如图 3-30 所示。

图 3-30

在【另存为】和【打开】对话框中，提供了多种视图方式，方便用户浏览文件。单击对话框右上角的【更改您的视图】按钮，在弹出的下拉列表中可以选择文件夹和文件的视图方式，包括缩略图、列表、详细信息、平铺、内容等多种视图方式。

### 3.2.4 关闭工作簿

对工作簿进行编辑并保存后，就可以将其关闭以减小计算机的内存占用量。关闭工作簿主要有以下5种方法。

（1）单击【关闭】按钮关闭：单击工作簿窗口右上角的【关闭】按钮× 关闭当前工作簿，如图 3-31 所示。

（2）通过【文件】菜单关闭：在【文件】菜单中选择【关闭】命令关闭当前工作簿，如图 3-32 所示。

（3）通过标题栏快捷菜单关闭：在标题栏中任意空白位置单击鼠标右键，或者单击快速访问工具栏左侧的 X 图标，在弹出的快捷菜单中

选择【关闭】命令也可以关闭当前工作簿，如图3-33所示。

图 3-31

图 3-32

图 3-33

（4）通过快捷键关闭：按【Alt+F4】组合键可以快速关闭当前工作簿。

（5）通过任务栏按钮关闭：在电脑桌面任务栏中找到要关闭的Excel任务，单击其右侧的【关闭】按钮圝即可关闭对应的工作簿，如图3-34所示。

图 3-34

### ★ 重点 3.2.5 实战：保护员工培训跟踪工作簿

| 实例门类 | 软件功能 |
|---|---|
| 教学视频 | 光盘\视频\第3章\3.2.5.mp4 |

Excel 2013 允许用户对整个工作簿进行保护，这种保护分为两种方式：一种是保护工作簿的结构；另一种则是保护工作簿的窗口。

保护工作簿的结构能防止其他用户查看工作簿中隐藏的工作表，以及移动、删除、隐藏、取消隐藏、重命名或插入工作表等操作。保护工作簿的窗口可以在每次打开工作簿时保持窗口的固定位置和大小，能防止其他用户在打开工作簿时，对工作表窗口进行移动、缩放、隐藏、取消隐藏或者关闭等操作。

保护工作簿的具体操作步骤如下。

**Step01** 打开"光盘\素材文件\第3章\员工培训跟踪.xlsx"，单击【审阅】选项卡【更改】组中的【保护工作簿】按钮，如图3-36所示。

**Step02** 在弹出的【保护结构和窗口】对话框中，❶选中【结构】复选框，

❷在【密码】文本框中输入密码，如输入【1234】，❸单击【确定】按钮，如图3-37所示。

图 3-36

图 3-37

**Step03** 在弹出的【确认密码】对话框中，❶在文本框中再次输入设置的密码【1234】，❷单击【确定】按钮，如图3-38所示。

图 3-38

**技能拓展——为工作簿设置密码的其他方法**

我们也可以在另存工作簿时为其设置密码，在【另存为】对话框中单击左下角的【工具】按钮，在弹出的下拉菜单中选择【常规选项】命令，在弹出的如图3-39所示的【常规选项】对话框中，在【打开权限密码】和【修改权限密码】文本框中输入密码即可。

图 3-39

★ 重点 3.2.6 实战：加密项目绩效报告工作簿

| 实例门类 | 软件功能 |
| --- | --- |
| 教学视频 | 光盘\视频\第3章\3.2.6.mp4 |

如果一个工作簿中大部分甚至全部工作表都存放有企业的内部资料和重要数据，一旦泄露或被他人盗用将影响企业利益，此时可以为工作簿设置密码保护，这样可以在一定程度上保障数据的安全。为工作簿设置密码的具体操作步骤如下。

Step01 打开"光盘\素材文件\第3章\项目绩效报告.xlsx"，① 在【文件】菜单中选择【信息】命令，② 单击【保护工作簿】按钮，③ 在弹出的下拉菜单中选择【用密码进行加密】命令，如图3-40所示。

图 3-40

Step02 在弹出的【加密文档】对话框中，① 在【密码】文本框中输入密码，如【123】，② 单击【确定】按钮，如图3-41所示。

图 3-41

Step03 在弹出的【确认密码】对话框中，① 在【重新输入密码】文本框中再次输入设置的密码【123】，② 单击【确定】按钮，如图3-42所示。

图 3-42

**技术看板**

为工作簿设置密码时，输入的密码最多可达15个字符，包含字母、数字和符号，字母要区分大小写。

# 3.3 工作表的基本操作

通过前面的介绍，我们知道在 Excel 中对数据进行的多数编辑操作都是在工作表中进行的。本节就来介绍工作表的基本操作。像活页夹中的活页纸可以根据需要增减或改变顺序一样，工作簿中的工作表也可以根据需要增加、删除和移动，表现到具体的操作中就是工作表标签的操作。

## 3.3.1 重命名工作表

默认情况下，新建的空白工作簿中包含一个名为【Sheet1】的工作表，后期插入的新工作表将自动以【Sheet2】【Sheet3】……依次进行命名。

Excel 允许用户为工作表命名，重命名工作表的具体操作步骤如下。

Step01 打开"光盘\素材文件\第3章\报价单.xlsx"，在要重命名的【Sheet1】工作表标签上双击鼠标，让其名称变成可编辑状态，如图3-43所示。

图 3-43

### 技能拓展——重命名工作表

在要命名的工作表标签上单击鼠标右键，在弹出的快捷菜单中选择【重命名】命令，也可以让工作表标签名称变为可编辑状态。

**Step02** ❶ 直接输入工作表的新名称，如【报价单】，❷ 按【Enter】键或单击其他位置完成重命名操作，如图 3-44 所示。

图 3-44

### 3.3.2 改变工作表标签的颜色

在 Excel 中，除了可以用重命名的方式来区分同一个工作簿中的工作表外，还可以通过设置工作表标签颜色来区分。例如，要修改【报价单】工作表的标签颜色，具体操作步骤如下。

**Step01** ❶ 在【报价单】工作表标签上单击鼠标右键，❷ 在弹出的快捷菜单中选择【工作表标签颜色】命令，❸ 在弹出的下级子菜单中选择【橙色，着色 2，深色 25%】命令，如图 3-45 所示。

图 3-45

**Step02** 返回工作表可以看到【报价单】工作表标签的颜色已变成深橙色，如图 3-46 所示。

图 3-46

### 技能拓展——设置工作表标签颜色的其他方法

单击【开始】选项卡【单元格】组中的【格式】按钮，在弹出的下拉菜单中选择【工作表标签颜色】命令，也可以设置工作表标签颜色。

在选择颜色的列表中分为【主题颜色】【标准色】【无颜色】和【其他颜色】4 栏，其中【主题颜色】栏中的第一行为基本色，之后的 5 行颜色由第一行变化而来。如果列表中没有需要的颜色，可以选择【其他颜色】命令，在打开的对话框中自定义颜色。

### 3.3.3 插入工作表

默认情况下，在 Excel 2013 中新建的工作簿中只包含一张工作表。若在编辑数据时发现工作表数量不够，可以单击工作表标签右侧的【新工作表】按钮⊕，在当前所选工作表标签的右侧插入一张空白工作表。也可以按快捷键【Shift+F11】在当前工作表标签的左侧插入一张空白工作表。除此之外，还可以利用插入功能来插入工作表，具体操作步骤如下。

**Step01** ❶ 单击【开始】选项卡【单元格】组中的【插入】按钮🔲，❷ 在弹出的下拉菜单中选择【插入工作

表】命令，如图 3-47 所示。

图 3-47

**Step02** 经过上步操作后，在【报价单】工作表之前插入了一个空白工作表 Sheet1，如图 3-48 所示，单击工作表标签右侧的【新工作表】按钮⊕两次。

图 3-48

**Step03** 经过上步操作后，在 Sheet1 工作表右侧又插入了两个空白工作表，效果如图 3-49 所示。

图 3-49

### 3.3.4 选择工作表

一个 Excel 工作簿中可以包含多张工作表，如果需要同时在几张工作表中进行输入、编辑或设置工作表的格式等操作，首先就需要选择相应的工作表。通过单击 Excel 工作界面底部的工作表标签可以快速选择不同的

工作表，选择工作表主要分为 4 种不同的方式。

（1）选择一张工作表：移动鼠标光标到需要选择的工作表标签上，单击即可选择该工作表，使之成为当前工作表。被选择的工作表标签以白色为底色显示。如果看不到所需工作表标签，可以单击工作表标签滚动显示按钮 ◀ ▶ 以显示出所需的工作表标签。

（2）选择多张相邻的工作表：选择需要的第一张工作表后，按住【Shift】键的同时单击需要选择的多张相邻工作表的最后一个工作表标签，即可选择这两张工作表和之间的所有工作表，如图 3-50 所示。

图 3-50

（3）选择多张不相邻的工作表：选择需要的第一张工作表后，按住【Ctrl】键的同时单击其他需要选择的工作表标签即可选择多张工作表，如图 3-51 所示。

图 3-51

**技术看板**

选择多张工作表时，将在窗口的标题栏中显示"【工作组】"字样。单击其他不属于工作组的工作表标签，或者在工作组中的任意工作表标签上右击，在弹出的快捷菜单中选择【取消组合工作表】命令，可以退出工作组。

（4）选择工作簿中所有工作表：在任意一个工作表标签上单击鼠标右键，在弹出的快捷菜单中选择【选定全部工作表】命令，如图 3-52 所示，即可选择工作簿中的所有工作表。

图 3-52

★ **重点 3.3.5 移动或复制工作表**

工作表的移动和复制有两种实现方法：一种是通过鼠标拖动进行同一个工作簿的移动或复制；另一种是通过快捷菜单命令实现不同工作簿之间的移动和复制。

**1. 利用拖动法移动或复制工作表**

在同一工作簿中移动和复制工作表主要通过鼠标拖动来完成。通过鼠标拖动的方法最常用，也最简单，具体操作步骤如下。

Step01 打开"光盘 \ 素材文件 \ 第 3 章 \ 日常销售报表 .xlsx"文件，❶ 选择需要移动位置的工作表，如【销售数据】，❷ 按住鼠标左键不放，并拖动到要将该工作表移动到的位置，如【销售报表】工作表标签的左侧，如图 3-53 所示。

图 3-53

Step02 释放鼠标后，即可将【销售数据】工作表移动到【销售报表】工作表的左侧。❶ 选择需要复制的工作表，如【销售报表】，❷ 按住【Ctrl】键的同时拖动鼠标光标到【库存】工作表的右侧，如图 3-54 所示。

图 3-54

Step03 释放鼠标后，即可在指定位置复制得到【销售报表 (2)】工作表，如图 3-55 所示。

图 3-55

**2. 通过菜单命令移动或复制工作表**

通过拖动鼠标光标的方法在同一工作簿中移动或复制工作表是最快捷的，如果需要在不同的工作簿中移动或复制工作表，则需要使用【开始】选项卡【单元格】组中的命令来完成，具体操作步骤如下。

Step01 ❶ 选择需要移动位置的工作表，如【销售报表 (2)】，❷ 单击【开始】选项卡【单元格】组中的【格式】按钮，❸ 在弹出的下拉菜单中选择【移动或复制工作表】命令，如图 3-56 所示。

图 3-56

**Step02** 在弹出的【移动或复制工作表】对话框中，❶ 在【将选定工作表移至工作簿】下拉列表框中选择要移动到的工作簿名称，这里选择【新工作簿】选项，❷ 单击【确定】按钮，如图 3-57 所示。

图 3-57

**Step03** 经过上步操作，即可创建一个新工作簿，并将【日常销售报表】工作簿中的【销售报表 (2)】工作表移动到新工作簿中，效果如图 3-58 所示。

图 3-58

### 3.3.6 删除工作表

在一个工作簿中，如果新建了多余的工作表或有不需要使用的工作表，可以将其删除，以有效地控制工作表的数量，方便进行管理。删除工作表主要有以下两种方法。

（1）通过菜单命令：

选择需要删除的工作表，单击【开始】选项卡【单元格】组中的【删除】按钮，在弹出的下拉列表中选择【删除工作表】选项，即可删除当前选择的工作表，如图 3-59 所示。

图 3-59

（2）通过快捷菜单命令：

在需要删除的工作表的标签上单击鼠标右键，在弹出的快捷菜单中选择【删除】命令，即可删除当前选择的工作表，如图 3-60 所示。

图 3-60

### ★ 重点 3.3.7 显示与隐藏工作表

如果工作簿中包含了多张工作表，而有些工作表中的数据暂时不需要查看，可以将其隐藏起来；当需要查看时，再使用显示工作表功能将其显示出来。

**1. 隐藏工作表**

隐藏工作表，即将当前工作簿中指定的工作表隐藏，使用户无法查看到该工作表以及工作表中的数据。可以通过菜单命令或快捷菜单命令来实现，用户可根据自己的使用习惯来选择采用的操作方法。下面通过菜单命令的方法来隐藏工作簿中的工作表，具体操作步骤如下。

**Step01** ❶ 按住【Ctrl】键的同时，选择【销售数据】和【库存】两张工作表，❷ 单击【开始】选项卡【单元格】组中的【格式】按钮，❸ 在弹出的下拉菜单中选择【隐藏和取消隐藏】命令，❹ 在弹出的下级子菜单中选择【隐藏工作表】命令，如图 3-61 所示。

图 3-61

**Step02** 经过上步操作，系统自动将选择的两张工作表隐藏起来，效果如图 3-62 所示。

图 3-62

**技能拓展——快速隐藏工作表**

在需要隐藏的工作表标签上单击鼠标右键，在弹出的快捷菜单中选择【隐藏】命令可快速隐藏选择的工作表。

### 2. 显示工作表

显示工作表，即将隐藏的工作表显示出来，使用户能够查看到隐藏工作表中的数据，是隐藏工作表的逆向操作。显示工作表同样可以通过菜单命令或快捷菜单命令来实现，例如，要将前面隐藏的工作表显示出来，具体操作步骤如下。

**Step01** ❶ 单击【开始】选项卡【单元格】组中的【格式】按钮，❷ 在弹出的下拉菜单中选择【隐藏和取消隐藏】命令，❸ 在弹出的下级子菜单中选择【取消隐藏工作表】命令，如图 3-63 所示。

**技能拓展——取消隐藏工作表**

在工作簿中的任意工作表标签上单击鼠标右键，在弹出的快捷菜单中选择【取消隐藏】命令也可打开【取消隐藏】对话框，进行相应设置即可将隐藏的工作表显示出来。

图 3-63

**Step02** 在弹出的【取消隐藏】对话框中，❶ 在列表框中选择需要显示的工作表名称，如选择【销售数据】选项，❷ 单击【确定】按钮，如图 3-64 所示。

图 3-64

**Step03** 经过上步操作，即可将工作簿中隐藏的【销售数据】工作表显示出来，效果如图 3-65 所示。

图 3-65

### ★ 重点 3.3.8 实战：保护渠道营销预算表

| 实例门类 | 软件功能 |
|---|---|
| 教学视频 | 光盘\视频\第 3 章\3.3.8.mp4 |

在 Excel 中，对当前工作表设置保护，主要是通过【保护工作表】对话框来设置，具体操作步骤如下。

**Step01** 打开"光盘\素材文件\第 3 章\渠道营销预算 .xlsx"文件，❶ 选择需要进行保护的【渠道营销预算】工作表，❷ 单击【审阅】选项卡【更改】组中的【保护工作表】按钮，如图 3-66 所示。

图 3-66

**技能拓展——快速打开【保护工作表】对话框**

在需要保护的工作表标签上单击鼠标右键，在弹出的快捷菜单中选择【保护工作表】命令，也可以打开【保护工作表】对话框。

**Step02** 在弹出的【保护工作表】对话框中，❶ 在【取消工作表保护时使用的密码】文本框中输入密码，❷ 在列表框中选择允许所有用户对工作表进行的操作，这里选中【选定锁定单元格】和【选定未锁定的单元格】复选框，❸ 单击【确定】按钮，如图 3-67 所示。

图 3-67

Step⓭ 在弹出的【确认密码】对话框中，❶ 在【重新输入密码】文本框中再次输入设置的密码，❷ 单击【确定】按钮，如图 3-68 所示。

图 3-68

**技能拓展——撤销工作表保护**

单击【开始】选项卡【单元格】组中的【格式】按钮，在弹出的下拉菜单中选择【撤销工作表保护】命令，可以撤销对工作表的保护。如果设置了密码，则需要在打开的【撤销工作表保护】对话框的【密码】文本框中输入正确密码才能撤销保护。

# 3.4 单元格的基本操作

在 Excel 中输入和编辑数据，经常需要对整行、整列、单个单元格或者单元格区域进行操作。

## ★ 重点 3.4.1 实战：员工档案表中的行与列操作

在使用工作表的过程中，经常需要对工作表的行或列进行操作，例如，选择行或列、插入行或列、移动行或列、复制行或列、删除行或列、调整行高和列宽、显示与隐藏行或列等。下面结合案例，依次讲解行与列的各种操作方法。

### 1. 选择行和列

要对行或列进行相应的操作，首先选择要进行操作的行或列。在 Excel 中选择行或列的操作主要有如下 4 种情况。

（1）选择单行或单列

将鼠标光标移动到某一行单元格的行号标签上，当鼠标光标变成 ➡ 形状时，单击鼠标即可选择该行单元格。此时，该行的行号标签会改变颜色，该行的所有单元格也会突出显示，以此来表示此行当前处于选中状态，如图 3-69 所示。

图 3-69

将鼠标光标移动到某一列单元格的列标标签上，当鼠标光标变成 ⬇ 形状时，单击鼠标即可选择该列单元格，如图 3-70 所示。

图 3-70

（2）选择相邻连续的多行或多列

用鼠标单击某行的标签后，按住鼠标左键不放并向上或向下拖动，即可选择与此行相邻的连续多行，如图 3-71 所示。

选择相邻连续多列的方法与此类似，就是在选择某列标签后按住鼠标左键不放并向左或向右拖动即可。拖动鼠标时，行或者列标签旁会出现一个带数字和字母内容的提示框，显示当前选中的区域中包含了多少行或者多少列。

图 3-71

**技能拓展——选择单行单列的快捷操作**

此外，使用快捷键也可以快速选择某行或某列。首先选择某单元格，按【Shift+ 空格键】组合键，即可选择该单元格所在的行；按【Ctrl+ 空格键】组合键，即可选择该单元格所在的列。需要注意的是，由于大多数 Windows 系统中将【Ctrl+ 空格键】组合键默认设置为切换中英文输入法的快捷方式，所以要在 Excel 中使用该快捷键的前提是要将切换中英文输入法的快捷方式设置为其他按键的组合。

（3）选择不相邻的多行或多列

要选择不相邻的多行可以在选择某行后，按住【Ctrl】键不放的同时依次单击其他需要选择的行对应的行标签，直到选择完毕后才松开【Ctrl】键。如果要选择不相邻的多列，方法与此类似，效果如图 3-72 所示。

图 3-72

（4）选择表格中所有的行和列

在行标记和列标记的交叉处有一个【全选】按钮，单击该按钮可选择工作表中的所有行和列，如图 3-73 所示。按【Ctrl+A】组合键也可选择全部的行和列。

图 3-73

## 2. 插入行和列

Excel 中建立的表格一般是横向上或竖向上为同一个类别的数据，即同一行或同一列属于相同的字段。所以，如果在编辑工作表的过程中，出现漏输数据的情况，一般需要在已经有数据的表格中插入一行或一列相同属性的内容。此时，就需要掌握插入行或列的方法了。例如，要在员工档案表中插入行和列，具体操作步骤如下。

**Step01** 打开"光盘\素材文件\第3章\员工档案表.xlsx"文件，❶选择 G 列单元格，❷单击【开始】选项卡【单元格】组中的【插入】按钮，❸在弹出的下拉菜单中选择【插入工作表列】命令，如图 3-74 所示。

图 3-74

**Step02** 经过上步操作，即可在原来的 G 列单元格左侧插入一列空白单元格。❶选择第 23~27 行单元格，❷单击【插入】按钮，❸在弹出的

下拉菜单中选择【插入工作表行】命令，如图 3-75 所示。

**Step03** 经过上步操作，即可在所选单元格的上方插入 5 行空白单元格，效果如图 3-76 所示。

图 3-75

图 3-76

## 3. 移动行和列

在工作表中输入数据时，如果发现输入数据的位置错误，不必再重复输入，只需使用 Excel 提供的移动数据功能来移动单元格中的内容即可。例如，要移动部分员工档案数据在档案表中的位置，具体操作步骤如下。

**Step01** ❶选择需要移动的第 19 条记录数据，❷按住鼠标左键不放并向下拖动，直到将该行单元格拖到第 24 行单元格上，如图 3-77 所示。

**Step02** 释放鼠标左键后，即可看到将第 19 条记录移动到第 24 行单元格上的效果。❶选择需要移动的第 29 条记录数据，❷单击【开始】选项卡【剪贴板】组中的【剪切】按钮，如图 3-78 所示。

图 3-77

图 3-78

**Step03** ❶选择第 32 行单元格，并在其上单击鼠标右键，❷在弹出的快捷菜单中选择【插入剪切的单元格】命令，如图 3-79 所示。

图 3-79

**Step04** 经过以上操作，即可将原本的第 29 条记录移动到第 32 记录之前，并依次移动前方的记录位置，效果如图 3-80 所示。

图 3-80

### 4. 复制行和列

如果表格中需要输入相同的数据，或表格中需要的原始数据事先已存在于其他表格中，为了避免重复劳动，减少二次输入数据可能产生的错误，可以通过复制行和列的方法来进行操作。例如，要在同一个表格中复制某个员工的档案数据，并将所有档案数据复制到其他工作表中，具体操作步骤如下。

Step01 ❶选择需要复制的第 33 行单元格，❷按住【Ctrl】键的同时向下拖动鼠标光标，直到将其移动到第 36 行单元格上，如图 3-81 所示。

图 3-81

Step02 ❶释放鼠标左键后再释放【Ctrl】键，即可看到将第 33 条记录复制到第 36 行单元格的效果，❷全选整个表格，❸单击【开始】选项卡【剪贴板】组中的【复制】按钮，❹单击 Sheet1 工作表标签右侧的【新工作表】按钮，如图 3-82 所示。

Step03 ❶选择 Sheet2 工作表中的 A1 单元格，❷单击【剪贴板】组中的

【粘贴】按钮，即可将刚刚复制的 Sheet1 工作表中的数据粘贴到 Sheet2 工作表中，如图 3-83 所示。

图 3-82

图 3-83

### 5. 删除行和列

如果工作表中有多余的行或列，可以将这些行或列直接删除。选择的行或列被删除之后，工作表会自动填补删除的行或列的位置，不需要进行额外的操作。删除行和列的具体操作步骤如下。

Step01 ❶选择 Sheet1 工作表，❷选择要删除的 G 列单元格，❸单击【开始】选项卡【单元格】组中的【删除】按钮，如图 3-84 所示。

Step02 经过上步操作，即可删除所选的列。❶选择要删除的多行空白单元格，❷单击【开始】选项卡【单元格】组中的【删除】按钮，❸在弹出的下拉菜单中选择【删除工作表行】命令，如图 3-85 所示。

Step03 经过上步操作，即可删除所选的行，效果如图 3-86 所示。

图 3-84

图 3-85

图 3-86

### 6. 调整行高和列宽

默认情况下，每个单元格的行高与列宽是固定的，但在实际编辑过程中，有时会在单元格中输入较多内容，导致文本或数据不能正确地显示，这时就需要适当调整单元格的行

高或列宽了，具体操作步骤如下。

Step01 ❶ 选择 F 列单元格，❷ 将鼠标光标移至 F 列列标和 G 列列标之间的分隔线处，当鼠标光标变为 ✚ 形状时，按住鼠标左键不放进行拖动，如图 3-87 所示，此时，鼠标光标右上侧将显示出正在调整列的列宽的具体数值，拖动鼠标光标至需要的列宽后释放鼠标即可。

图 3-87

### 技术看板

拖动鼠标光标调整行高和列宽是最常用的调整单元格行高和列宽的方法，也是最快捷的方法，但该方法只适用于对行高进行大概调整。

Step02 ❶ 选择第 3~29 行单元格，❷ 将鼠标光标移至任意两行的行号之间的分隔线处，当鼠标光标变为 ✚ 形状时向下拖动，此时鼠标光标右上侧将显示出正在调整行的行高的具体数值，拖动鼠标光标至需要的行高后释放鼠标即可，如图 3-88 所示。

图 3-88

Step03 经过上步操作，即可调整所选各行的行高。❶ 选择第一行单元格，❷ 单击【开始】选项卡【单元格】组中的【格式】按钮，❸ 在弹出的下拉菜单中选择【行高】命令，如图 3-89 所示。

图 3-89

Step04 在弹出的【行高】对话框中，❶ 在【行高】文本框中输入精确的数值，❷ 单击【确定】按钮，如图 3-90 所示。

图 3-90

Step05 经过上步操作，即可将第一行单元格调整为设置的行高。这种方法适用于精确地调整单元格行高。❶ 选择 A~J 列单元格，❷ 单击【格式】按钮，❸ 在弹出的下拉菜单中选择【自动调整列宽】命令，如图 3-91 所示。

图 3-91

Step06 Excel 将根据单元格中的内容自动调整列宽，使单元格列宽刚好能将其中的内容显示完整，效果如图 3-92 所示。

图 3-92

### 7. 显示与隐藏行和列

如果在工作表中有一些重要的数据不想让别人查看，除了前面介绍的方法外，还可以通过隐藏行或列的方法来解决这一问题。当需要查看已经被隐藏的工作表数据时，再根据需要将其重新显示出来即可。

隐藏单元格与隐藏工作表的方法相同，都需要在【格式】下拉菜单中进行设置；要将隐藏的单元格显示出来，也需要在【格式】下拉菜单中进行选择。例如，要对员工档案表中的部分行和列进行隐藏和显示操作，具体操作步骤如下。

Step01 ❶ 选择 I 列中的任意一个单元格，❷ 单击【开始】选项卡【单元格】组中的【格式】按钮，❸ 在弹出的下拉菜单中选择【隐藏和取消隐藏】命令，❹ 在弹出的下级子菜单中选择【隐藏列】命令，如图 3-93 所示。

Step02 经过上步操作后，I 列单元格将隐藏起来，同时 I 列标记上和隐藏的单元格上都会显示为一条直线。❶ 选择第 2～4 行中的任意三个竖向连续单元格，❷ 单击【格式】按钮，❸ 在弹出的下拉菜单中选择【隐藏和取消隐藏】命令，❹ 在弹出的下级子菜单中选择【隐藏行】命令，如

图 3-94 所示。

图 3-93

图 3-94

**Step03** 经过上步操作后，第3~4行单元格将隐藏起来，同时会在其行标记上显示为一条直线，且在隐藏的单元格上也会显示出一条直线。❶单击【格式】按钮，❷在弹出的下拉菜单中选择【隐藏和取消隐藏】命令，❸在弹出的下级子菜单中选择【取消隐藏行】命令，如图 3-95 所示。

图 3-95

**Step04** 经过上步操作后，该表格中所有隐藏的行都将显示出来了，如

图 3-96 所示。

图 3-96

**技能拓展——显示单元格的其他方法**

在【格式】下拉菜单中选择【取消隐藏列】命令，可以显示出表格中所有隐藏的列。另外，使用鼠标拖动隐藏后的行或列标记上所显示的那一条直线，也可将隐藏的行或列显示出来。

### ★ 重点 3.4.2 实战：实习申请表中的单元格操作

| 实例门类 | 软件功能 |
|---|---|
| 教学视频 | 光盘\视频\第3章\3.4.2.mp4 |

在 Excel 中编辑数据时经常需要对单元格进行相关的操作，包括单元格的选择、插入、删除、调整行高和列宽、合并与拆分单元格、显示与隐藏单元格等。

**1. 选择单元格和区域**

在 Excel 中制作工作表的过程中，对单元格的操作是必不可少的，因为单元格是工作表中最重要的组成元素。选择单元格和单元格区域的方法有多种，我们可以根据实际需要选择最合适、最有效的操作方法。

（1）选择一个单元格

在 Excel 中，当前选中的单元格被称为【活动单元格】。将鼠标光标

移动到需要选择的单元格上，单击鼠标左键即可选择该单元格。

在名称框中输入需要选择的单元格的行号和列号，然后按【Enter】键也可选择对应的一个单元格。

选择一个单元格后，该单元格将被一个绿色方框包围，在名称框中也会显示该单元格的名称，该单元格的行号和列标都呈突出显示状态，如图 3-97 所示。

图 3-97

（2）选择相邻的多个单元格（单元格区域）

先选择第一个单元格（所需选择的相邻多个单元格范围左上角的单元格），然后按住鼠标左键不放并拖动到目标单元格（所需选择的相邻多个单元格范围右下角的单元格）。

在选择第一个单元格后，按住【Shift】键的同时选择目标单元格，也可以选择单元格区域。

选择的单元格区域被一个大的绿色方框包围，但在名称框中只会显示出该单元格区域左上侧单元格的名称，如图 3-98 所示。

图 3-98

（3）选择不相邻的多个单元格

按住【Ctrl】键的同时，依次单击需要选择的单元格或单元格区域，即可选择多个不相邻的单元格，如图 3-99 所示。

图 3-99

（4）选择多个工作表中的单元格

在 Excel 中，使用【Ctrl】键不仅可以选择同一张工作表中不相邻的多个单元格，还可以在不同的工作表中选择单元格。先在一张工作表中选择需要的单个或多个单元格，然后按住【Ctrl】键不放，切换到其他工作表中继续选择需要的单元格即可。

要快速选择多个工作表的相同单元格区域，可以先按住【Ctrl】键选择多个工作表，形成工作组，然后在其中一张工作表中选择需要的单元格区域，这样就同时选择了工作组中每张工作表的该单元格区域，如图 3-100 所示。

图 3-100

## 2. 插入单元格或区域

在编辑工作表的过程中，有时可能会因为各种原因输漏了数据，如果要在已有数据的单元格中插入新的数据，建议根据情况使用插入单元格的方法使表格内容满足需求。

在工作表中，插入单元格不仅可以插入一行或一列单元格，还可以插入一个或多个单元格。例如，在"实习申请表"中将内容的位置输入附近单元格中了，需要通过插入单元格的方法来调整位置，具体操作步骤如下。

**Step01** 打开"光盘\素材文件\第3章\实习申请表 .xlsx"文件，❶选择 D6 单元格，❷单击【开始】选项卡【单元格】组中的【插入】按钮，❸在弹出的下拉菜单中选择【插入单元格】命令，如图 3-101 所示。

图 3-101

**Step02** 在弹出的【插入】对话框中，❶在其中根据插入单元格后当前活动单元格需要移动的方向进行选择，这里选中【活动单元格右移】单选按钮，❷单击【确定】按钮，如图 3-102 所示。

图 3-102

技能拓展——打开【插入】对话框的其他方法

选择单元格或单元格区域后，在其上单击鼠标右键，在弹出的快捷菜单中选择【插入】命令，也可以打开【插入】对话框。

**Step03** 经过上步操作，即可在选择的单元格位置前插入一个新的单元格，并将同一行中的其他单元格右移，如图 3-103 所示。

图 3-103

**Step04** ❶选择 D10:G10 单元格区域，❷单击【插入】按钮，❸在弹出的下拉菜单中选择【插入单元格】命令，如图 3-104 所示。

图 3-104

**Step05** 在弹出的【插入】对话框中，❶选中【活动单元格下移】单选按钮，❷单击【确定】按钮，如图 3-105 所示。

图 3-105

**Step06** 经过上步操作，即可在选择的单元格区域上方插入 4 个新的单元格，并将所选单元格区域下方的单元格下移，如图 3-106 所示。

Excel 2013 完全自学教程

图 3-106

**3. 删除单元格或区域**

在 Excel 2013 中选择单元格后，按【Delete】键只能删除单元格中的内容。

在编辑工作表的过程中，有时候不仅需要清除单元格中的部分数据，还希望在删除单元格数据的同时删除对应的单元格。

例如，要使用删除单元格功能将实习申请表中的无用单元格删除，具体操作步骤如下。

**Step01** ❶ 选择 C4:C5 单元格区域，❷ 单击【开始】选项卡【单元格】组中【删除】按钮，❸ 在弹出的下拉菜单中选择【删除单元格】命令，如图 3-107 所示。

**Step02** 在弹出的【删除】对话框中，❶ 根据删除单元格后需要移动的是行还是列来选择方向，这里选中【右侧单元格左移】单选按钮，❷ 单击【确定】按钮，如图 3-108 所示。

图 3-107

图 3-108

**技能拓展——打开【删除】对话框的其他方法**

选择单元格或单元格区域后，在其上单击鼠标右键，在弹出的快捷菜单中选择【删除】命令，也可以打开【删除】对话框，如图 3-109 所示。

图 3-109

**Step03** 经过上步操作，即可删除所选的单元格区域，同时右侧的单元格会向左移动，如图 3-110 所示。

图 3-110

**4. 复制和移动单元格或区域**

在 Excel 中不仅可以移动和复制行 / 列，还可以移动和复制单元格和单元格区域，操作方法基本相同。

例如，要通过移动和复制操作完善"实习申请表"，具体操作步骤如下。

**Step01** ❶ 选择需要复制的 A11 单元格，❷ 单击【开始】选项卡【剪贴板】组中的【复制】按钮，如图 3-111 所示。

图 3-111

**Step02** ❶ 选择需要复制的 A17 单元格，❷ 单击【开始】选项卡【剪贴板】组中的【粘贴】按钮，即可完成单元格的复制操作，如图 3-112 所示。

图 3-112

**Step03** 选择需要移动位置的 A35:B36 单元格区域，并将鼠标光标移动到该区域的边框线上，如图 3-113 所示。

图 3-113

**Step04** 拖动鼠标光标，直到移动到合适的位置再释放鼠标左键，将选择的单元格区域移动到如图 3-114 所示的位置。

图 3-114

## 5. 合并单元格

在制作表格的过程中，为了满足不同的需要，有时候也需要将多个连续的单元格合并为一个单元格。如果在一个单元格中输入的内容过多，则在显示时可能会占用几个单元格的位置（如表头内容）。这时就最好将几个单元格合并成一个适合单元格内容大小的单元格，以满足数据显示的需要。

Excel 2013 中提供了多种合并单元格的方式，每种合并方式的不同功能介绍如下。

（1）合并后居中：将选择的多个单元格合并为一个大的单元格，且其中的数据将自动居中显示。

（2）跨越合并：将同行中相邻的单元格进行合并。

（3）合并单元格：将选择的多个单元格合并为一个大的单元格。与【合并后居中】方式不同的是，选择该命令不会改变原来单元格数据的对齐方式。

下面在"实习申请表"中根据需要合并相应的单元格，具体操作步骤如下。

**Step01** ❶ 选择需要合并的 A1:H1 单元格区域，❷ 单击【开始】选项卡【对齐方式】组中的【合并后居中】按钮右侧的下拉按钮，❸ 在弹出的下拉菜单中选择【合并单元格】命令，如图 3-115 所示。

**Step02** 经过上步操作，即可将原来的

A1:H1 单元格区域合并为一个单元格，且不会改变数据在合并后单元格中的对齐方式。❶ 拖动鼠标光标适当调整该行的高度，❷ 选择需要合并的 A2:H2 单元格区域，❸ 单击【合并后居中】按钮，如图 3-116 所示。

图 3-115

图 3-116

**Step03** 经过上步操作，即可将原来的 A2:H2 单元格区域合并为一个单元格，且其中的内容会显示在合并后单元格的中部。使用相同的方法继续合并表格中的其他单元格，并调整合适的单元格列宽，如图 3-117 所示。

图 3-117

**Step04** ❶ 选择需要合并的 B34:H37 单元格区域，❷ 单击【合并后居中】按钮，❸ 在弹出的下拉菜单中选择【跨越合并】命令，如图 3-118 所示。

图 3-118

### 技能拓展——拆分单元格

对于合并后的单元格，如果对效果不满意，或者认为不需要合并，还可对其进行拆分。拆分单元格时需要先选择已经合并的单元格，然后单击【合并后居中】按钮右侧的下拉按钮，在弹出的下拉列表中选择【取消单元格合并】命令即可。

**Step05** 经过上步操作，即可将原来的 B34:H37 单元格区域按行的方式进行合并。使用相同的方法继续跨行合并 B39:H42 单元格区域，如图 3-119 所示。

图 3-119

# 3.5 查看工作表数据

在 Excel 中编辑工作表时，尤其是在处理一些大型表格时，经常需要花费很多精力在多个工作簿之间进行切换操作。为了在有限的屏幕界面中显示更多的有用信息，以方便表格内容的查阅与编辑，我们可以通过【视图】选项卡中的【窗口】组来快速切换窗口、新建窗口、重排打开的工作簿窗口、拆分和冻结窗口。

## ★ 重点 3.5.1 实战：全屏幕查看实习申请表数据

| 实例门类 | 软件功能 |
|---|---|
| 教学视频 | 光盘\视频\第3章\3.5.1.mp4 |

有时候只需要查看表格中的部分数据，可以设置全屏显示让这些内容刚好布满整个工作簿窗口，方便查看数据，具体操作步骤如下。

**Step01** ❶ 选择"实习申请表"中需要在同一界面中查看的数据区域，❷ 单击【视图】选项卡【显示比例】组中的【缩放到选定区域】按钮，如图 3-120 所示。

图 3-120

**Step02** 经过上步操作，系统将根据让所选单元格区域全屏布满整个工作簿窗口的大小来调整窗口的视图比例，让选择的内容最大化显示出来，如图 3-121 所示。

图 3-121

## 3.5.2 实战：按比例查看实习申请表数据

| 实例门类 | 软件功能 |
|---|---|
| 教学视频 | 光盘\视频\第3章\3.5.2.mp4 |

在 Excel 2013 中，表格默认的显示比例是 100%，用户可以根据实际需要调整表格内容的显示比例。

单击 Excel 2013 视图栏中的【缩小】按钮 −，可以逐步缩小表格内容的显示比例；单击【放大】按钮 +，可以逐步放大表格内容的显示比例。还可以通过拖动这两个按钮中间的滑块来调整表格内容的显示比例，向左拖动将缩小显示比例，向右拖动将放大显示比例。

此外，用户可以通过【视图】选项卡【显示比例】组中的【显示比例】按钮进行调整，具体操作步骤如下。

**Step01** 单击【视图】选项卡【显示比例】组中的【显示比例】按钮，如图 3-122 所示。

图 3-122

**Step02** 在弹出的【显示比例】对话框中，❶ 在【缩放】栏中选中需要显示比例值的单选按钮，如选中【200%】

单选按钮，❷ 单击【确定】按钮，如图 3-123 所示。

图 3-123

### 技术看板

单击【显示比例】组中的【100%】按钮，可以快速让表格内容以 100% 的比例显示。

**Step03** 经过上步操作，表格内容的显示比例更改为 200%，效果如图 3-124 所示。

图 3-124

## ★ 重点 3.5.3 实战：按打印页面分页查看计划项目数据

| 实例门类 | 软件功能 |
|---|---|
| 教学视频 | 光盘\视频\第3章\3.5.3.mp4 |

在【分页预览】视图模式下可以很方便地显示当前工作表的打印区域以及分页设置，并且可以直接在视图中调整分页。进入【分页预览】视图模式观看表格分页打印效果的具体操作步骤如下。

**Step 01** 打开"光盘\素材文件\第3章\科技计划项目.xlsx"文件，单击【视图】选项卡【工作簿视图】组中的【分页预览】按钮，如图3-125所示。

### 技术看板

在【分页预览】视图模式下，被粗实线框所围起来的白色表格区域是打印区域，而线框外的灰色区域是非打印区域。

图 3-125

**Step 02** 经过以上操作后，页面进入分页预览视图，如图3-126所示。

图 3-126

## ★ 新功能 3.5.4 实战：在多窗口查看档案数据

| 实例门类 | 软件功能 |
|---|---|
| 教学视频 | 光盘\视频\第3章\3.5.4.mp4 |

### 1. 切换窗口

同时编辑多个工作簿时，如果要查看其他打开的工作簿数据，可以在打开的工作簿之间进行切换。在计算机桌面任务栏中选择某个工作簿名称任务，即可在桌面上切换显示出该工作簿窗口。Excel中还提供了快速切换窗口的方法，❶单击【视图】选项卡【窗口】组中的【切换窗口】按钮，❷在弹出的下拉列表中选择需要切换到的工作簿名称，即可快速切换到相应的工作簿，如图3-127所示。

图 3-127

### 技能拓展——切换工作簿的快捷操作

按【Ctrl+F6】组合键可以切换工作簿窗口到文件名列表中的上一个工作簿窗口。按【Ctrl+Shift+F6】组合键可以切换到文件名列表中的下一个工作簿窗口。且这些文档的切换顺序构成了一个循环，使用【Ctrl+Shift+F6】或【Ctrl+F6】组合键可向后和向前切换工作簿窗口。

### 2. 新建窗口

对于数据比较多的工作表，可以建立两个或多个窗口，每个窗口显示工作表中不同位置的数据，方便进行数据的查看和其他编辑操作，避免了使用鼠标滑轮滚动来回显示工作表数据的麻烦。新建窗口的具体操作步骤如下。

**Step 01** 单击【视图】选项卡【窗口】组中的【新建窗口】按钮，如图3-128所示。

图 3-128

**Step 02** 经过上步操作后将创建一个新的窗口，显示的内容还是该工作簿的内容，如图3-129所示。

图 3-129

### 技术看板

通过新建窗口，使用不同窗口显示同一文档的不同部分时，Excel 2013并未将工作簿复制成多份，只是显示同一工作簿的不同部分，用户在其中一个工作簿窗口中对工作簿进行的编辑会同时反映到其他工作簿窗口中。

**3.重排窗口**

　　如果打开了多个工作窗口，要实现窗口之间的快速切换，还可以使用 Excel 2013 的【全部重排】功能对窗口进行排列。将窗口全部重排的操作步骤如下。

**Step01** 在计算机桌面中显示出所有需要查看的窗口，在任意一个工作簿窗口中单击【视图】选项卡【窗口】组中的【全部重排】按钮 目，如图 3-130 所示。

图 3-130

**Step02** 在弹出的【重排窗口】对话框中，❶ 选择需要重排窗口的排序方式，如选中【平铺】单选按钮，❷ 单击【确定】按钮，如图 3-131 所示。

图 3-131

**Step03** 经过上步操作，即可看到所有桌面上的工作簿窗口以平铺方式进行排列，如图 3-132 所示。

**Step04** 使用前面介绍的方法再次打开【重排窗口】对话框，❶ 选中【水平并排】单选按钮，❷ 单击【确定】按钮，如图 3-133 所示。

**Step05** 经过上步操作，即可看到所有桌面上的工作簿窗口以水平并排方式进行排列，如图 3-134 所示。

图 3-132

图 3-133

图 3-134

**Step06** 使用前面介绍的方法再次打开【重排窗口】对话框，❶ 选中【垂直并排】单选按钮，❷ 单击【确定】按钮，如图 3-135 所示。

图 3-135

**Step07** 经过上步操作，即可看到所有桌面上的工作簿窗口以垂直并排方式进行排列，如图 3-136 所示。

图 3-136

**Step08** 使用前面介绍的方法再次打开【重排窗口】对话框，❶ 选中【层叠】单选按钮，❷ 单击【确定】按钮，如图 3-137 所示。

图 3-137

**Step09** 经过上步操作，即可看到所有桌面上的工作簿窗口以层叠方式进行排列，如图 3-138 所示。

图 3-138

★ **重点 3.5.5 实战：并排查看新旧两份档案数据**

| 实例门类 | 软件功能 |
|---|---|
| 教学视频 | 光盘\视频\第 3 章\3.5.5.mp4 |

　　在 Excel 2013 中，还有一种排列窗口的特殊方式，即并排查看。在并排查看状态下，当滚动显示一个工作簿中的内容时，并排查看的其他工作

簿也将随之进行滚动，方便同步进行查看。

例如，要并排查看新旧两份档案的数据，具体操作步骤如下。

**Step01** ❶ 打开需要并排查看数据的两个工作簿，这里打开"光盘\素材文件\第3章\员工档案表.xlsx"文件和"员工档案表（16版）.xlsx"，❷ 在任意一个工作簿窗口中单击【视图】选项卡【窗口】组中的【并排查看】按钮，如图3-139所示。

图 3-139

**Step02** 在弹出的【并排比较】对话框中，❶ 在其中选择要进行并排比较的工作簿，❷ 单击【确定】按钮，如图3-140所示。

图 3-140

**技能拓展——取消并排查看**

要退出并排比较方式，可再次单击【并排查看】按钮。

**Step03** 经过上步操作，即可看到将两个工作簿并排在桌面上的效果，在任意一个工作簿窗口中滚动鼠标，另一

个窗口中的数据也会自动进行滚动显示，如图3-141所示。

图 3-141

**★ 重点 3.5.6 实战：将员工档案表拆分到多个窗格中**

| 实例门类 | 软件功能 |
|---|---|
| 教学视频 | 光盘\视频\第3章\3.5.6.mp4 |

当一个工作表中包含的数据太多时，对比查看其中的内容就比较麻烦，此时可以通过拆分工作表的方法将当前的工作表拆分为多个窗格，每个窗格中的工作表都是相同的，并且是完整的。这样在数据量比较大的工作表中，用户也可以很方便地在多个不同的窗格中单独查看同一表格中的数据，有利于在数据量比较大的工作表中查看数据的前后对照关系。

下面将员工档案表拆分为4个窗格，具体操作步骤如下。

**Step01** ❶ 选择作为窗口拆分中心的单元格，这里选择C2单元格，❷ 单击【视图】选项卡【窗口】组中的【拆分】按钮，如图3-142所示。

图 3-142

**Step02** 系统自动以C2单元格为中心，将工作表拆分为4个窗格，拖动水平滚动条或垂直滚动条就可以对比查看工作表中的数据了，如图3-143所示。

图 3-143

**技能拓展——调整拆分窗格的大小**

将鼠标光标定位在拆分标志横线上，当其变为 ÷ 形状时，按住鼠标左键不放进行拖动，可以调整窗格高度；将鼠标光标定位在拆分标志竖线上，当其变为 ↔ 形状时，按住鼠标左键不放进行拖动，可以调整窗格宽度。要取消窗口的拆分方式，可以再次单击【拆分】按钮。

**★ 重点 3.5.7 实战：冻结员工档案表的表头数据**

| 实例门类 | 软件功能 |
|---|---|
| 教学视频 | 光盘\视频\第3章\3.5.7.mp4 |

一般表格的最上方数据和最左侧的数据都是用于说明表格数据的一种属性的，当数据量比较大的时候，为了方便用户查看表格的这些特定属性区域，可以通过Excel提供的【冻结工作表】功能来冻结需要固定的区域，方便用户在不移动固定区域的情况下，随时查看工作表中距离固定区域较远的数据。

第 1 篇　第 2 篇　第 3 篇　第 4 篇　第 5 篇　第 6 篇

冻结窗口的操作与拆分窗口的操作基本相同，首先需要选择要冻结的工作表，然后执行【冻结窗格】命令。根据需要冻结的对象不同，又可以分为 3 种冻结方式。

（1）冻结拆分窗格：查看工作表中的数据时，保持设置的行和列的位置不变。

（2）冻结首行：查看工作表中的数据时，保持工作表的首行位置不变。

（3）冻结首列：查看工作表中的数据时，保持工作表的首列位置不变。

下面将员工档案表中已经拆分的窗格进行冻结，具体操作步骤如下。

Step01 ❶ 单击【窗口】组中的【冻结窗格】按钮，❷ 在弹出的下拉菜单中选择【冻结拆分窗格】命令，如图 3-144 所示。

Step02 经过上步操作，系统自动将拆分工作表的表头部分和左侧两列单元格冻结，拖动垂直滚动条和水平滚动条查看工作表中的数据，如图 3-145 所示。

图 3-144

图 3-145

# 妙招技法

下面结合本章内容介绍一些实用技巧。

## 技巧 01：修复受损的 Excel 工作簿

| 教学视频 | 光盘\视频\第3章\技巧01.mp4 |
| --- | --- |

Excel 文件是一个应用比较广泛的工作簿，其中又可以包含多个工作表，每个工作表中可以包含大量的数据。在处理 Excel 文件时大家都可能会遇到 Excel 文件受损的问题，即在打开一个以前编辑好的 Excel 工作簿时，却发现 Excel 文件已经损坏，不能正常打开，或出现内容混乱，无法进行编辑、打印等相关操作。

以下收集整理了一些常用的修复受损 Excel 文档的方法和技巧，希望对大家有所帮助。

（1）直接修复 Excel 2013 文件

在【文件】菜单中选择【打开】命令，在右侧选择文件的保存位置，在打开的【打开】对话框中定位并打开包含受损文档的文件夹，选择要修复的 Excel 文件。单击【打开】按钮右侧的下拉按钮，然后在弹出的下拉列表中选择【打开并修复】选项，如图 3-146 所示。

图 3-146

（2）自动修复为较早的 Excel 版本文件

当 Excel 程序运行出现故障关闭程序或因断电导致没来得及保存 Excel 工作簿时，则最后保存的版本可能不会被损坏。当然，该版本不包括最后一次保存后对文档所作的更改。首先关闭打开的工作簿，当系统询问是否保存更改时，单击【否】按钮。重新运行 Excel，在启动界面会出现一个【已恢复】选项，单击【查看恢复的文件】超级链接，如图 3-147 所示。

图 3-147

在打开的空白工作簿中会显示出【文档恢复】任务窗格，并在其中列出已自动恢复的所有文件。选择要保留的文件选项，即可打开该文件；也可以单击指定文件名旁的下拉按钮，根据需要在弹出的下拉列表中选择【另存为】或【显示修复】选项，如图 3-148 所示。

图 3-148

（3）转换为 SYLK 格式修复

如果能够打开 Excel 文件，只是不能进行各种编辑和打印操作，建议通过另存为的方式将工作簿转换为 SYLK（符号连接）(*.slk) 格式，然后关闭目前开启的文件，打开另存为的 SYLK 版本文件筛选出文档的损坏部分，再保存数据。

### 技能拓展——手动恢复文件

如果设置有自动保存工作簿，则当 Excel 文件出现异常并通过自动修复的较早版本的工作簿中恢复的信息将更多。若在重新运行 Excel 程序后，没有显示出【文档恢复】任务窗格，用户可以在 Excel 的【文件】菜单中选择【打开】命令，在右侧选择【最近】选项，然后单击该栏最下方的【恢复未保存的工作簿】按钮，手动找到文件的保存位置，打开文件进行自动修复。

## 技巧 02：设置 Excel 启动时自动打开指定的工作簿

| 教学视频 | 光盘\视频\第3章\技巧02.mp4 |
|---|---|

在日常工作中，某些用户往往在一段时间里需要处理同一个或几个工作簿文件，一个一个地打开这些工作簿太浪费时间，为了方便操作，可以设置在启动 Excel 时就自动打开这些工作簿。这个设置并不难，具体操作步骤如下。

在【Excel 选项】对话框中，❶单击【高级】选项卡，❷在右侧【常规】栏中的【启动时打开此目录中的所有文件】文本框中输入需要在启动 Excel 时指定打开的工作簿所在文件夹路径，❸单击【确定】按钮，如图 3-149 所示。以后，每次启动 Excel 的时候，都会自动打开这个文件夹中的工作簿文件。

图 3-149

## 技巧 03：将工作簿保存为模板文件

| 教学视频 | 光盘\视频\第3章\技巧03.mp4 |
|---|---|

现在大部分的企事业单位都使用 Excel 编辑日常办公表格，相比老式的办公方式已经提高了工作效率。但在拥有多个部门的企事业单位中，汇总表格数据时还是会出现文件风格迥异、混乱不堪的现象，导致汇总的工作量非常大。如何才能避免这种现象呢？最好的方法就是使用模板。

模板又称为样式库，它是一群样式的集合，并包含各种版面设置参数（如纸张大小、页边距、页眉和页脚位置等）。一旦通过模板开始创建新文档，便载入了模板中的版面设置参数和其中的所有样式设置，用户只需在其中填写具体的数据即可。可以将文档模板简单地理解为一个已设置好外观效果仅缺少具体内容的特殊文档，甚至模板中文档已具有大致主题内容。

Excel 2013 中提供了多种模板供用户选择，不过，模板的选择也有一定技巧，只有根据内容选择合适的模板，才能制作出需要的文档效果。如果没有找到合适的模板文件，也可以自己动手制作一个。有的公司将内部经常需要处理的文稿都设置成模板，这样员工就可以从公司电脑中调出相应的模板进行加工，从而让整个公司制作的同类型文档格式都是相同的，方便了查阅者的使用，又节省了时间，有利于提高工作效率。

下面介绍创建模板的方法。将"发货单"工作簿保存为模板文件的具体操作步骤如下。

打开【另存为】对话框，❶在【文件名】文本框中输入模板文件的名称，❷在【保存类型】下拉列表框中选择【Excel 模板】选项，❸选择模板文件的保存位置，❹单击【保存】按钮，如图 3-150 所示。

图 3-150

### 技术看板

建立文档模板是为了方便文档编写者在编写文档具体内容时，不需要太过于关注格式。那么，也只有合理地设计文档模板，才能有效提高文档编写者的工作效率，同时起到统一文档格式的作用。

在设计文档模板时，需要考虑文档中可能会应用的内容格式或元素，例如设置好表格的表头和内容的统一字体样式、段落样式，设置好统一的表格外观效果，方便文档编写者编写内容。文档模板通常可以应用文档保护功能来保护模板中不允许修改的文字或格式，防止文档编写者因误操作而改变模板内容。

### 技术看板

用户在基于模板制作文档时，最好不要将对文档进行的编辑操作保存到 Normal 模板中。如果用户需要安装外部获取的模板，只需将它们保存在 Office 安装时默认路径下的模板文件夹【Templates】即可。

## 技巧 04：怎么设置文档自动保存的时间间隔

| 教学视频 | 光盘 \ 视频 \ 第 3 章 \ 技巧 04.mp4 |
|---|---|

用户可以为工作簿设置自动保存，这样能够最大可能地避免电脑遇到停电、死机等突发事件而造成数据的丢失。设置自动保存工作簿后，每隔一段时间，Excel 就会自动对正在编辑的工作簿进行保存。这样即使电脑遇到意外事件，在重新启动电脑并打开 Excel 文件时，系统也会自动恢复保存的工作簿数据，从而降低数据丢失的概率。

### 技术看板

由于工作簿的自动保存操作会占用系统资源，频繁地保存会影响数据的编辑，因此，工作簿的自动保存时间间隔不宜设置得过短，也不宜设置得太长，否则容易因各种原因造成不能及时保存数据。一般设置 10 ～ 15 分钟的自动保存时间间隔为宜。

下面将 Excel 工作簿的自动保存时间间隔设置为每隔 10 分钟自动保存一次，具体操作步骤如下。

打开【Excel 选项】对话框，❶ 单击【保存】选项卡，❷ 在右侧的【保存工作簿】栏中选中【保存自动恢复信息时间间隔】复选框，并在其后的数值框中输入间隔的时间，如输入【10】，❸ 单击【确定】按钮，如图 3-151 所示。

图 3-151

## 技巧 05：设置最近使用的文件列表

| 教学视频 | 光盘 \ 视频 \ 第 3 章 \ 技巧 05.mp4 |
|---|---|

在【文件】菜单的【打开】界面中，选择【最近使用的工作簿】选项，在右侧将显示出最近使用的工作簿名称。默认情况下，系统会在该处保留最近打开过的 25 个文件的列表。如果希望改变默认列表的数量，具体的操作步骤如下。

**Step01** 在【Excel 选项】对话框中，❶ 单击【高级】选项卡，❷ 在右侧【显示】栏中的【显示此数目的"最近使用的工作簿"】数值框中输入需要显示的文件个数，如输入【10】，❸ 单击【确定】按钮，如图 3-152

所示。

图 3-152

### 技术看板

【Excel 选项】对话框中有上百项关于 Excel 运行和操作的设置项目，通过设置这些项目，能让 Excel 2013 尽可能符合用户自己的使用习惯来处理问题。

**Step02** ❶ 在【文件】菜单中选择【打开】命令，❷ 选择【最近使用的工作簿】选项，可以看到在右侧面板中显示了 10 个最近使用的工作簿名称，如图 3-153 所示。

图 3-153

# 本章小结

　　工作簿、工作表和单元格是构成 Excel 的三大元素，也是 Excel 所有操作的基本对象。本章一开始就对 Excel 中常用的这些名词进行了阐述，并简单厘清了工作簿、工作表和单元格之间的关系；接着分别介绍了工作簿、工作表和单元格的基本操作。这些内容掌握好后，为学习后面的知识打下了坚实的基础。

第 1 篇

第 2 篇

第 3 篇

第 4 篇

第 5 篇

第 6 篇

第**2**篇

# 数据编辑篇

表格数据的输入与编辑是进行所有数据处理的操作基础。因此，这是学习 Excel 必须掌握的技能。当你掌握的技巧越多，并懂得根据需要选择合适的方式进行操作时，你输入和编辑表格数据的效率就会比其他人高许多。表格效果的好坏主要体现在数据的美化设计水平上，高手制作表格时会根据表格用途进行合理的设计。本篇就来讲解 Excel 中数据编辑的相关知识。

## 第**4**章　表格数据的录入与编辑

➥ 表格数据的行或列位置输入错误，需要重新删除这些数据再添加其他数据吗？

➥ 特殊内容不知道怎么输入？

➥ 部分单元格或单元格区域中的数据相同，有什么办法可以快速输入？

➥ 想快速找到相应的数据么？想一次性将某些相同的数据替换为其他数据吗？

➥ 你花了很多时间检查数据错误？想知道快速检查错误的方法吗？

➥ 你还在逐字逐句地敲键盘？想提高录入效率的同时规范表格数据吗？

数据录入是数据计算和分析的基础，根据录入数据需要显示的效果不同，输入的方法也不同；在输入一些有规律的数据时，可以使用填充功能快速输入；数据输入后，后期常常还需要修改、增加或删除……所以掌握常用的数据编辑方法也很重要。当需要对大量数据进行相似操作时，一个一个改？也太浪费时间了，通过批量编辑可以让你的数据输入效率提升 10 倍以上；学会使用批注，还可以让你的表格在规范的同时变得更人性化……这一章，教你搞定上述问题！

## 4.1　轻松搞定数据的录入

在 Excel 中，数据是用户保存的重要信息，同时也是体现表格内容的基本元素。用户在编辑 Excel 电子表格时，首先需要设计表格的整体框架，然后根据构思录入各种表格内容。在 Excel 表格中可以输入多种类型的数据内容，如文本、数值、日期和时间、百分数等，不同类型的数据在输入时需要使用不同的方法，本节就来介绍如何输入不同类型的数据。

## ★ 重点 4.1.1 实战：在康复训练服务登记表中输入文本

| 实例门类 | 软件功能 |
|---|---|
| 教学视频 | 光盘\视频\第 4 章\4.1.1.mp4 |

文本是 Excel 中最简单的数据类型，它主要包括字母、汉字和字符串。在表格中输入文本可以用来说明表格中的其他数据。输入文本的常用方法有以下 3 种。

（1）选择单元格输入：选择需要输入文本的单元格，然后直接输入文本，完成后按【Enter】键或单击其他单元格即可。

（2）双击单元格输入：双击需要输入文本的单元格，将文本插入点定位在该单元格中，然后在单元格中输入文本，完成后按【Enter】键或单击其他单元格。

（3）通过编辑栏输入：选择需要输入文本的单元格，然后在编辑栏中输入文本，单元格中会自动显示在编辑栏中输入的文本，表示该单元格中输入了文本内容，完成后单击编辑栏中的【输入】按钮 ✔，或单击其他单元格即可。

例如，要输入康复训练服务登记表的表头内容，具体操作步骤如下。

**Step01** ❶ 新建一个空白工作簿，并以【康复训练服务登记表】为名进行保存，❷ 在 A1 单元格上双击鼠标，将文本插入点定位在 A1 单元格中，切换到合适的输入法并输入文本【服务日期】，如图 4-1 所示。

图 4-1

**Step02** ❶ 按【Tab】键完成文本的输入，系统将自动选择 B1 单元格，❷ 将文本插入点定位在编辑栏中，并输入文本【满意程度】，❸ 单击编辑栏中的【输入】按钮 ✔，如图 4-2 所示。

图 4-2

### 技能拓展——快速定位单元格

在单元格中输入文本后，若按【Tab】键，将结束文本的输入并选择单元格右侧的单元格；若按【Enter】键，将结束文本的输入并选择单元格下方的单元格；若按【Ctrl+Enter】组合键，将结束文本的输入并继续选择输入文本的单元格。

**Step03** 按【Tab】键自动选择 C1 单元格，直接输入需要的文本【康复训练效果】，如图 4-3 所示。

图 4-3

**Step04** ❶ 按【Tab】键选择右侧的单元格，使用前面的方法继续输入本表格的其他表头文本内容，❷ 适当调整各列的列宽以显示完所有内容，完成后的效果如图 4-4 所示。

图 4-4

## 4.1.2 实战：在康复训练服务登记表中输入数值

| 实例门类 | 软件功能 |
|---|---|
| 教学视频 | 光盘\视频\第 4 章\4.1.2.mp4 |

Excel 中的大部分数据为数字数据，通过数字能直观地表达表格中各类数据所代表的含义。在单元格中输入常规数据的方法与输入普通文本的方法相同。

不过，如果要在表格中输入以【0】开始的数据，如 001、002 等，按照普通的输入方法输入后将得不到需要的结果，例如，直接输入编号【001】，按【Enter】键后数据将自动变为【1】。

在 Excel 中，当输入数值的位数超过 12 位时，Excel 会自动以科学记数格式显示输入的数值，如【5.13029E+11】；而且，当输入数值的位数超过 15 位（不含 15 位）时，Excel 会自动将 15 位以后的数字全部转换为【0】。

在输入这类数据时，为了能正确显示输入的数据，我们可以在输入具体的数据前先输入英文状态下的单引号【'】，让 Excel 将其理解为文本格式的数据。

例如，要在康复训练服务登记表中输入普通数字和以 0 开头的档案编号，具体操作步骤如下。

**Step01** 选择 B2 单元格，并输入数值【86】，如图 4-5 所示。

图 4-5

**Step02** ❶ 选择 E2 单元格，❷ 在编辑栏中输入数据【'00160116】，❸ 单击编辑栏中的【输入】按钮 ✔，如图 4-6 所示。

图 4-6

**Step03** 经过上步操作，可看到单元格中显示的正是由 0 开始的数据，效果如图 4-7 所示。

图 4-7

### 4.1.3 实战：在康复训练服务登记表中输入日期和时间

| 实例门类 | 软件功能 |
| --- | --- |
| 教学视频 | 光盘\视频\第4章\4.1.3.mp4 |

在 Excel 表格中输入日期数据时，需要按【年-月-日】格式或【年/月/日】格式输入。默认情况下，输入的日期数据包含年、月、日

时，都将以【×年/×月/×日】格式显示；输入的日期数据只包含月、日时，都将以【××月××日】格式显示。如果需要输入其他格式的日期数据，则需要通过【设置单元格格式】对话框中的【数字】选项卡进行设置。

在工作表中有时还需要输入时间型数据，和日期型数据相同，如果只需要普通的时间格式数据，直接在单元格中按照【×时:×分:×秒】格式输入即可。如果需要设置为其他的时间格式，如 00:00PM，则需要在【设置单元格格式】对话框中进行格式设置。

例如，要在康复训练服务登记表中输入日期和时间数据，具体操作步骤如下。

**Step01** 选择 A2 单元格，输入【2017-3-18】，如图 4-8 所示。

图 4-8

**Step02** ❶ 按【Enter】键完成日期数据的输入，可以看到输入的日期自动以【年/月/日】格式显示，❷ 选择第一行单元格，❸ 单击【开始】选项卡【单元格】组中的【插入】按钮，如图 4-9 所示。

图 4-9

**Step03** 经过上步操作，可在最上方插入一行空白单元格。❶ 在 A1 单元格中输入【制表时间】文本，❷ 选择 B1 单元格，并输入【5-31 17:25】，如图 4-10 所示。

图 4-10

**Step04** 按【Enter】键完成时间数据的输入，可以看到输入的时间自动惯用了系统当时的年份数据，显示为【2017/5/31 17:25】，效果如图 4-11 所示。

图 4-11

### 技术看板

如果需要在日期中加入确切的时间，可以在日期后输入空格，在空格后再输入时间。

### 4.1.4 实战：在康复训练服务登记表中插入特殊符号

| 实例门类 | 软件功能 |
| --- | --- |
| 教学视频 | 光盘\视频\第4章\4.1.4.mp4 |

在制作有些 Excel 表格时，还需要输入一些符号，键盘上有的符号（如【@】【#】【￥】【%】【$】【^】【&】【*】等），可以在按住【Shift】键的同时按符号所在的键位

输入，方法很简单；如果需要输入的符号无法在键盘上找到与之匹配的键位，即特殊符号，如【★】【△】【◎】或【●】等。这些特殊符号就需要通过【插入特殊符号】对话框进行输入了。

例如，要在康复训练服务登记表中用★符号的多少来表示康复训练的效果，具体操作步骤如下。

**Step01** ❶ 选择 C3 单元格，❷ 单击【插入】选项卡【符号】组中的【符号】按钮 Ω，如图 4-12 所示。

图 4-12

**Step02** 在弹出的【符号】对话框中，❶ 在【字体】下拉列表中选择需要的字符集，这里选择【Wingdings】选项，❷ 在下面的列表框中选择需要插入的符号，这里选择【★】，❸ 单击【插入】按钮，如图 4-13 所示。

图 4-13

**Step03** 经过上步操作，即可看到该单元格中插入了一个【★】符号，如图 4-14 所示。

图 4-14

**Step04** ❶ 继续单击【插入】按钮，在该单元格中多插入几个【★】符号，❷ 完成后单击【关闭】按钮，如图 4-15 所示。

图 4-15

### 技能拓展——插入常见特殊符号的方法

用户也可以通过软键盘输入特殊符号，即在汉字输入法状态条中的 ▦ 图标上单击鼠标右键，在弹出的快捷菜单中选择所需的软键盘类型，打开相应的软键盘，在其中单击任意按键可输入相应的特殊符号。

**Step05** 返回工作簿中即可看到插入的符号效果。❶ 在 D3 单元格中输入该条记录的评价人姓名，❷ 使用相同的方法继续输入其他记录的各项数据，完成后的效果如图 4-16 所示。

图 4-16

### 技能拓展——输入其他格式的数据

如果要输入的数据格式不是这里介绍的几种，我们也可以在【设置单元格格式】对话框【数字】选项卡中的【数值】分类列表中进行设置，具体的操作方法可以查看本书 5.2 节的相关内容。

## 4.2 玩转系列的快速填充

在制作表格的过程中，有些数据可能相同或具有一定的规律。这时如果采用手动逐个输入不仅浪费时间，而且容易出错。有没有什么快速输入的方法？答案是有的，Excel 中提供了多种快速填充数据的功能，掌握这些技巧便能轻松输入相同和有规律的数据，在一定程度上缩短了工作时间，有效地提高了工作效率。下面我们就来介绍 Excel 中快速填充数据的方法，包括填充相同数据、有序数据、自定义序列数据三种。读者在学习时应掌握各种填充数据的具体操作，以便能灵活运用，融会贯通。

## 4.2.1 实战：在医疗费用统计表中填充相同的数据

| 实例门类 | 软件功能 |
|---|---|
| 教学视频 | 光盘\视频\第 4 章\4.2.1.mp4 |

在 Excel 中为单元格填充相同的数据时，如果需要填充相同数据的单元格不相邻，就只能通过上一节介绍的方法来快速输入。若需要填充相同数据的单元格是连续的区域，则可以通过以下 3 种方法进行填充。

（1）通过鼠标左键拖动控制柄填充：在起始单元格中输入需要填充的数据，然后将鼠标光标移至该单元格的右下角，当鼠标光标变为+形状（常常称为填充控制柄）时按住鼠标左键不放并拖动控制柄到目标单元格中，释放鼠标，即可快速在起始单元格和目标单元格之间的单元格中填充相应的数据。

（2）通过鼠标右键拖动控制柄填充：在起始单元格中输入需要填充的数据，用鼠标右键拖动控制柄到目标单元格中，释放鼠标右键，在弹出的快捷菜单中选择【复制单元格】命令即可。

（3）单击按钮填充：在起始单元格中输入需要填充的数据，然后选择需要填充相同数据的多个单元格（包括起始单元格），在【开始】选项卡的【编辑】组中单击【填充】按钮，在弹出的下拉菜单中选择【向下】【向右】【向上】【向左】命令，分别在选择的多个单元格中根据不同方向的第一个单元格数据进行填充。

以上 3 种方法中，使用控制柄填充数据是最方便、最快捷的方法。下面，就用拖动控制柄的方法为医疗费用统计表中连续的单元格区域填充部

门内容，具体操作步骤如下。

**Step01** 打开"光盘\素材文件\第 4 章\医疗费用统计表.xlsx"文件，❶ 在 C 列中输入报销了医疗费用的员工姓名，❷ 在 F3 单元格中输入第一名员工的所属部门，这里输入【行政部】，❸ 在 F4 单元格中输入【销售部】，❹ 选择 F4 单元格，并将鼠标光标移至该单元格的右下角，此时鼠标光标将变为+形状，如图 4-17 所示。

图 4-17

**Step02** 拖动鼠标光标到 F8 单元格，如图 4-18 所示。

图 4-18

**Step03** ❶ 释放鼠标左键后可以看到 F5:F8 单元格区域内都填充了与 F4 单元格中相同的内容，❷ 继续输入其他员工对应的部门数据，完成后的效果如图 4-19 所示。

图 4-19

## ★ 新功能 4.2.2 实战：在医疗费用统计表中填充有序的数据

| 实例门类 | 软件功能 |
|---|---|
| 教学视频 | 光盘\视频\第 4 章\4.2.2.mp4 |

在 Excel 工作表中输入数据时，经常需要输入一些有规律的数据，如等差或等比的有序列数据。对于这些数据，可以使用 Excel 提供的快速填充数据功能将具有规律的数据填充到相应的单元格中。快速填充该类数据主要可以通过以下 3 种方法来实现。

（1）通过鼠标左键拖动控制柄填充：在第一个单元格中输入起始值，然后在第二个单元格中输入与起始值成等差或等比性质的第二个数字（在要填充的前两个单元格内输入数据，目的是让 Excel 识别到规律）。再选择这两个单元格，将鼠标光标移到选区右下角的控制柄上，当其变成+形状时，按住鼠标左键不放并拖动到需要的位置，释放鼠标即可填充等差或等比数据。

（2）通过鼠标右键拖动控制柄填充：首先在起始的两个或多个连续单元格中输入与第一个单元格成等差或等比性质的数字。再选择该多个单元格，用鼠标右键拖动控制柄到目标单元格中，释放鼠标右键，在弹出的快捷菜单中选择【填充序列】【等差

序列】或【等比序列】命令，即可填充需要的有序数据。

（3）通过对话框填充：在起始单元格中输入需要填充的数据，然后选择需要填充序列数据的多个单元格（包括起始单元格），在【开始】选项卡的【编辑】组中单击【填充】按钮，在弹出的下拉菜单中选择【序列】命令。在打开的对话框中可以设置填充的详细参数，如填充数据的位置、类型、日期单位、步长值和终止值等，单击【确定】按钮即可按照设置的参数填充相应的序列。

例如，要使用填充功能在医疗费用统计表中填充等差序列编号和日期，具体操作步骤如下。

**Step 01** ❶ 选择 B3 单元格，❷ 将鼠标光标移至该单元格的右下角，当其变为+形状时向下拖动至 B15 单元格，如图 4-20 所示。

图 4-20

**Step 02** ❶ 释放鼠标左键后可以看到 B4:B15 单元格区域内自动填充了等差为 1 的数据序列。❷ 选择 A3:A15 单元格区域，❸ 单击【开始】选项卡【编辑】组中的【填充】按钮，❹ 在弹出的下拉菜单中选择【序列】命令，如图 4-21 所示。

**Step 03** 在弹出的【序列】对话框中，❶ 在【类型】栏中选中【日期】单选按钮，❷ 在【日期单位】栏中选中【工作日】单选按钮，❸ 在【步长值】文本框中输入【4】，❹ 单击【确定】按钮，如图 4-22 所示。

**Step 04** 经过以上操作，Excel 会自动在选择的单元格区域中按照设置的参数

填充差距为 4 个工作日的等差时间序列，如图 4-23 所示。

图 4-21

图 4-22

图 4-23

## 技术看板

即使在起始的两个单元格中输入相同的数据，按照不同的序列要求进行快速填充的数据结果也是不相同的。Excel 中提供的默认序列为等差序列和等比序列，在需要填充特殊的序列时，用户只能通过【序列】对话框来自定义填充序列。

## 技能拓展——通过【自动填充选项】下拉列表中的命令来设置填充数据的方式

默认情况下，通过拖动控制柄填充的数据是根据选择的起始两个单元格中的数据进行填充的等差序列数据。如果只选择了一个单元格作为起始单元格，则通过拖动控制柄填充的数据为复制的相同数据。也就是说，通过控制柄填充数据时，有时并不能按照预先所设想的规律来填充数据，此时我们可以单击填充数据后单元格区域右下角出现的【自动填充选项】按钮，在弹出的下拉列表中选中相应的单选按钮来设置数据的填充方式。

（1）选中【复制单元格】单选按钮，可在控制柄拖动填充的单元格中重复填充起始单元格中的内容。

（2）选中【填充序列】单选按钮，可在控制柄拖动填充的单元格中根据起始单元格中的内容填充等差序列数据内容。

（3）选中【仅填充格式】单选按钮，可在控制柄拖动填充的单元格中复制起始单元格中数据的格式，并不填充内容。

（4）选中【不带格式填充】单选按钮，可在控制柄拖动填充的单元格中重复填充起始单元格中不包含格式的数据内容。

（5）选中【快速填充】单选按钮，系统会根据你选择的数据识别出相应的模式，一次性输入剩余的数据。它是在当工作表中已经输入了参照内容时使用的，能完成更为出色的序列填充方式。具体的 5 种填充模式我们已经在第 2 章中讲解过了。

### 4.2.3 实战：在医疗费用统计表的多个单元格中填充相同数据

| 实例门类 | 软件功能 |
| --- | --- |
| 教学视频 | 光盘\视频\第 4 章\4.2.3.mp4 |

如果需要在多个单元格中输入相

同的数据内容,此时可以选择多个单元格后同时输入内容。

例如,要在医疗费用统计表中快速输入员工性别,具体操作步骤如下。

**Step01** ❶ 选择要输入相同内容的多个单元格或单元格区域,这里选择 D 列中所有性别为女的单元格,❷ 在选择最后一个单元格后输入数据【女】,如图 4-24 所示。

图 4-24

**Step02** 输入完数据后,按【Ctrl+Enter】组合键,即可一次输入多个单元格的内容,效果如图 4-25 所示。

图 4-25

**Step03** 使用相同的方法为该列中所有需要输入【男】的单元格数据进行填充,完成后的效果如图 4-26 所示。

图 4-26

## 4.2.4 实战:通过下拉列表填充医疗费用统计表数据

| 实例门类 | 软件功能 |
|---|---|
| 教学视频 | 光盘\视频\第 4 章\4.2.4.mp4 |

默认情况下,Excel 自动开启了为单元格值启动记忆式键入功能,可以将输入过的数据记录下来。当在单元格中输入的起始字符与该列中已有的录入项相同时,Excel 会自动填写之前输入的数据。这一功能被称为记忆式输入法,非常适合 Excel 表格中数据的输入,因为一般表格中的同列数据用于展示同一个属性的内容,所以会有很多重复项。

在 Excel 中不仅可以使用输入第一字符的方法来利用记忆式输入法功能快速输入数据,还可以使用快捷键在同一数据列中快速填写重复录入项。

### 技术看板

如果在一列中有多个不同的数据前一部分内容相同,后面不同,则可以使用记忆式输入法快速输入相同部分的内容,再修改不同的部分。

例如,需要在医疗费用统计表中快速输入医疗报销的种类,具体操作步骤如下。

**Step01** ❶ 在 G3:G10 单元格区域中输入相关的内容,❷ 接着在 G11 单元格中输入【接】,如图 4-27 所示。

图 4-27

**Step02** 此时,单元格 G11 中就会显示之前输入的词组【接生费】,如图 4-28 所示。按【Enter】键确认输入。

图 4-28

**Step03** ❶ 选择 G12 单元格,❷ 在按住【Alt】键的同时按【↓】键,此时,在活动单元格下方将弹出一个下拉列表,其中列出了当前列中已经出现的数据,❸ 选择需要的选项,如【住院费】选项,如图 4-29 所示。

图 4-29

**Step04** 经过上步操作,即可在 G12 单元格中快速输入【住院费】。❶ 继续在该列单元格中输入其他数据,能使用快速输入方法的就使用快速方法来提高输入效率,❷ 输入剩余空白列的数字数据,完成后的效果如图 4-30 所示。

图 4-30

在【Excel选项】对话框中单击【高级】选项卡，在【编辑选项】栏中选中或取消选中【为单元格值启用记忆式键入】复选框，即可开启或取消记忆式键入功能，如图4-31所示。

图4-31

## ★ 重点 4.2.5 实战：在医疗费用统计表中填充自定义的序列

| 实例门类 | 软件功能 |
|---|---|
| 教学视频 | 光盘\视频\第4章\4.2.5.mp4 |

如果用户经常需要输入某些固定的序列内容，可以将其自定义为序列，方便后期通过填充序列来提高输入数据的效率。例如，要在医疗费用统计表中添加各记录的编号，并将其自定义为序列，具体操作步骤如下。

Step01 ① 选择A列单元格，② 单击【开始】选项卡【单元格】组中的【插入】按钮，如图4-32所示。

图4-32

Step02 经过上步操作，即可在最前方插入一列空白单元格。① 在A3单元格中输入【第1条】，② 将鼠标光标移至该单元格的右下角，当其变为+形状时向下拖动至A15单元格，系统自动填充为数据等差的序列，效果如图4-33所示。

图4-33

Step03 保持所选单元格区域的选择状态，让该区域作为要定义序列的区域。单击【文件】选项卡，在弹出的【文件】菜单中选择【选项】命令，如图4-34所示。

图4-34

Step04 在弹出的【Excel选项】对话框中，① 单击【高级】选项，② 在右侧的【常规】栏中单击【编辑自定义列表】按钮，如图4-35所示。

Step05 在弹出的【自定义序列】对话框中，① 单击【导入】按钮，② 单击【确定】按钮，如图4-36所示。

Step06 返回【Excel选项】对话框，单击【确定】按钮，如图4-37所示，完成序列的自定义操作。

图4-35

图4-36

图4-37

### 技术看板

除了通过上述方法将已经存在的表格数据自定义为序列外，还可以先打开【自定义序列】对话框，在【输入序列】列表框中输入需要定义的新序列，然后单击【添加】按钮将其添加到左侧列表框中。

Step07 ① 新建一个空白工作簿，② 在A1单元格中输入自定义序列的第一个参数【第1条】，并选择该单元格，③ 向下拖动控制柄至相应单元格，即可在这些单元格区域中按照自定义的序列填充数据，如图4-38所示。

第1篇
第2篇
第3篇
第4篇
第5篇
第6篇

图 4-38

# 4.3 编辑数据的常用技巧

在表格数据输入过程中最好适时进行检查，如果发现数据输入有误，或是某些内容不符合要求，可以再次进行编辑，包括插入、复制、移动、删除、合并单元格，修改或删除单元格数据等。单元格的相关操作我们已经在前面讲解过，这里主要介绍单元格中数据的编辑方法，包括修改、查找/替换、删除数据。

## 4.3.1 实战：修改快餐菜单中的数据

| 实例门类 | 软件功能 |
|---|---|
| 教学视频 | 光盘\视频\第4章\4.3.1.mp4 |

表格数据在输入过程中，难免会存在输入错误的情况，尤其在数据量比较大的表格中。此时，我们可以像在日常生活中使用橡皮擦一样将工作表中错误的数据修改正确。修改表格数据主要有以下3种方法。

（1）选择单元格修改：选择单元格后，直接在单元格中输入新的数据进行修改。这种方法适合需要对单元格中的数据全部进行修改的情况。

（2）在单元格中定位文本插入点进行修改：双击单元格，将文本插入点定位到该单元格中，然后选择单元格中的数据，并输入新的数据，按【Enter】键后即可修改该单元格的数据。这种方法既适合将单元格中的数据全部进行修改，也适合修改单元格中的部分数据。

（3）在编辑栏中修改：在选择单元格后，在编辑栏中输入数据进行修改。这种方法不仅适合修改单元格中的全部数据，也适合修改单元格中的部分数据的情况。

例如，要修改快餐菜单中的部分数据，具体操作步骤如下。

Step01 打开"光盘\素材文件\第4章\快餐菜单.xlsx"文件，① 选择E17单元格，② 在编辑栏中选择需要修改的部分文本，这里选择【糟辣】文本，如图4-39所示。

Step02 在编辑栏中直接输入要修改为的文本【香辣】，按【Enter】键确认输入文本，即可修改【糟辣】文本为【香辣】文本，如图4-40所示。

图 4-39

图 4-40

**Step03** 选择 E53 单元格，如图 4-41 所示。

图 4-41

**Step04** 直接输入【新鲜海带汤】文本，如图 4-42 所示，按【Enter】键确认输入的文本。

图 4-42

## ★ 重点 4.3.2 实战：查找和替换快餐菜单中的数据

| 实例门类 | 软件功能 |
|---|---|
| 教学视频 | 光盘\视频\第4章\4.3.2.mp4 |

在查阅表格时，如果需要查看某一具体数据信息或发现一处相同的错误在表格中多处存在，手动逐个查找相当耗费时间，尤其在数据量较大的工作表中要一行一列地查找某一个数据将是一项繁杂的任务。此时使用 Excel 的查找和替换功能可快速查找到满足查找条件的单元格，还可快速替换掉不需要的数据。

### 1. 查找数据

在工作表中查找数据，主要是通过【查找和替换】对话框中的【查找】选项卡来进行的。利用查找数据功能，用户可以查找各种不同类型的数据，提高工作效率。例如，要查找快餐菜单中8元的数据，具体操作步骤如下。

**Step01** 选择靠前方的单元格，方便从最开始查找需要的数据，❶ 单击【开始】选项卡【编辑】组中的【查找和选择】按钮 🔍，❷ 在弹出的下拉菜单中选择【查找】命令，如图 4-43 所示。

图 4-43

**Step02** 在弹出的【查找和替换】对话框中，❶ 在【查找内容】文本框中输入要查找的文本【8】，❷ 单击【查找下一个】按钮，如图 4-44 所示。

图 4-44

**Step03** 经过上步操作，所查找到的第一处【8】内容的 H15 单元格便会处于选中状态（这里所谓的第一处实际上是从准备查找时定位的位置开始向下找到的第一处符合要求的位置）。单击【查找下一个】按钮，如图 4-45 所示。

图 4-45

**Step04** 经过上步操作，所查找到的第二处【8】内容的 H25 单元格便会处于选中状态。单击【查找全部】按钮，如图 4-46 所示。

图 4-46

**Step05** 展开【查找和替换】对话框的下方区域，其中显示了具有相应数据的工作簿、工作表、名称、单元格、值和公式信息，且在最下方的状态栏中将显示查找到的单元格的个数。在下方的列表框中选择需要快速切换到的单元格选项，如图 4-47 所示，即可快速选择表格中的该单元格。查找完成后单击【关闭】按钮。

### 🔧 技术看板

单击【查找和替换】对话框中的【选项】按钮，在展开的对话框中可以设置查找数据的范围、搜索方式和查找范围等选项。

图 4-47

## 2.替换数据

如果需要替换工作表中的某些数据,可以使用 Excel 的【替换】功能,在工作表中快速查找到符合某些条件的数据的同时将其替换成指定的内容。例如,要将快餐菜单中的部分8 元菜品替换为 10 元菜品,并统一将 6 元的菜品替换为 8 元菜品,具体操作步骤如下。

**Step01** ❶ 选择靠前方的单元格,方便从最开始查找需要的数据,❷ 单击【开始】选项卡【编辑】组中的【查找和选择】按钮,❸ 在弹出的下拉菜单中选择【替换】命令,如图 4-48 所示。

图 4-48

**Step02** 在弹出的【查找和替换】对话框中,❶ 在【替换】选项卡中的【查找内容】下拉列表框中输入要查找的文本【8】,❷ 在【替换为】下拉列表框中输入要用于替换的文本【10】,❸ 单击【查找下一个】按钮,如图 4-49

所示。

图 4-49

**Step03** 经过上步操作,所查找到的第一处【8】内容的 H15 单元格便会处于选中状态。单击【替换】按钮,如图 4-50 所示。

图 4-50

**Step04** 经过上步操作,H15 单元格中的【8】便被替换为【10】了,同时系统会向下找到下一处【8】内容的H25 单元格,这里不需要替换该单元格中的内容,所以继续单击【查找下一个】按钮,如图 4-51 所示。

图 4-51

**Step05** ❶ 使用相同的方法依次查看是否需要将【8】替换为【10】,并进行相应的操作。❷ 在【替换】选项卡中的【查找内容】下拉列表框中输入

【6】,❸ 在【替换为】下拉列表框中输入【8】,❹ 单击【全部替换】按钮,如图 4-52 所示。

### 技能拓展——查找与替换的快捷操作

按【Ctrl+F】组合键可以快速打开【查找和替换】对话框中的【查找】选项卡;按【Ctrl+H】组合键可以快速进行替换操作。

图 4-52

**Step06** 经过上步操作后,工作表中的【6】全部替换为【8】,并打开提示对话框提示进行替换的数量,如图 4-53 所示,单击【确定】按钮。

图 4-53

**Step07** 返回【查找和替换】对话框,单击【关闭】按钮关闭对话框,如图 4-54 所示。

图 4-54

### 4.3.3 实战：清除快餐菜单中的数据

| | |
|---|---|
| 实例门类 | 软件功能 |
| 教学视频 | 光盘\视频\第4章\4.3.3.mp4 |

在表格编辑过程中，如果输入了错误或不需要的数据，可以通过按快捷键和选择菜单命令两种方法对其进行清除。

（1）按快捷键：选择需要清除内容的单元格，按【Backspace】键和【Delete】键均可删除数据。选择需要清除内容的单元格区域，按【Delete】键可删除数据。双击需要删除数据的单元格，将文本插入点定位到该单元格中，按【Backspace】键可以删除文本插入点之前的数据；按【Delete】键可以删除文本插入点之后的数据。这是最简单、最快捷的清除数据的方法。

（2）选择菜单命令：选择需要清除内容的单元格或单元格区域，单击【开始】选项卡【编辑】组中的【清除】按钮 ✎，在弹出的下拉菜单中提供了【全部清除】【清除格式】【清除内容】【清除批注】和【清除超链接】5个命令，用户可以根据需要选择相应的命令。

#### 技术看板

删除单元格操作与清除数据操作的本质区别在于，删除单元格后其他单元格将自动上移或左移，如果单元格中包含有数据，也会自动随单元格进行移动。而清除操作只是清除所选单元格中的相应内容、格式等，单元格或区域的位置并没有改变。

下面对快餐菜单中不再提供的菜品进行清除，并查看清除格式的效果，具体操作步骤如下。

**Step01** 选择需要删除的E23:H23单元格区域，按【Delete】键删除该单元格区域中的所有数据，如图4-55所示。

图 4-55

**Step02** ❶ 选择E17:H19单元格区域，❷ 单击【开始】选项卡【编辑】组中的【清除】按钮 ✎，❸ 在弹出的下拉菜单中选择【清除格式】命令，如图4-56所示。

图 4-56

#### 技术看板

【清除】菜单下各子命令的具体作用介绍如下。

➡ 【全部清除】命令：用于清除所选单元格中的全部内容，包括所有内容、格式和注释等。

➡ 【清除格式】命令：只用于清除所选单元格中的格式，内容不受影响，仍然保留。

➡ 【清除内容】命令：只用于清除所选单元格中的内容，但单元格对应的如字体、字号、颜色等设置不会受到影响。

➡ 【清除批注】命令：用于清除所选单元格的批注，但通常情况下我们还是习惯使用右键快捷菜单中的【删除批注】命令来进行删除。

➡ 【清除超链接】命令：用于清除所选单元格之前设置的超链接功能，一般我们也通过右键快捷菜单来清除。

**Step03** 经过上步操作，系统自动将E17:H19单元格区域中的数据格式和单元格格式清除，此时单元格区域中的数据恢复为默认的【宋体、11号、黑色】样式，而单元格区域中的填充颜色也被取消，如图4-57所示。单击快速访问工具栏中的【撤销】按钮 ↺。

图 4-57

#### 技能拓展——撤销多步操作

每单击一次【撤销】按钮或按一次【Ctrl+Z】组合键，便可以向前撤销一步执行的操作。

**Step04** 撤销上一步执行的清除格式操作后，又可看到恢复格式设置的单元格区域效果，如图4-58所示。

图 4-58

# 4.4 数据的批量编辑

Excel 的操作特点就是先选定后操作，也就是要先找到需要操作的对象。如前面介绍的修改和清除表格数据，首先需要选择数据所在的单元格。相对而言，查找和替换数据的操作比修改和清除表格数据更智能化。那么有没有批量处理数据的方法呢？答案是有的，如通过数据有效性来批量规范数据的可输入范围，通过设置条件格式批量选出符合条件的数据，通过名称框快速选择某个名称所指的区域……这些相对复杂的操作我们会在后面一一介绍，本节我们先来了解一些数据处理的基本操作，包括条件定位、分列和删除重复项。

## 4.4.1 实战：快速定位生产报表中的所有空白单元格

| 实例门类 | 软件功能 |
|---|---|
| 教学视频 | 光盘\视频\第4章\4.4.1.mp4 |

在工作中填充数据时，如果要填充的单元格具有某种特殊属性或单元格中数据具有特定的数据类型，我们还可以通过【定位条件】命令快速查找和选择目标单元格，然后再输入内容。例如，要在生产报表中的所有空白单元格中输入【-】，具体操作步骤如下。

**Step01** 打开"光盘\素材文件\第4章\生产报表.xlsx"文件，❶选择表格中需要为空白单元格填充数据的区域，这里选择 A2:M23 单元格区域，❷单击【开始】选项卡【编辑】组中的【查找和选择】按钮M，❸在弹出的下拉菜单中选择【定位条件】命令，如图 4-59 所示。

图 4-59

**Step02** 在弹出的【定位条件】对话框中，❶选中【空值】单选按钮，❷单击【确定】按钮，如图 4-60 所示。

图 4-60

### 技术看板

【定位条件】对话框中可以设置常量、公式、空值等，下面分别列举其中比较常用的设置参数的功能。

➡ 批注：添加了批注的单元格。

➡ 常量：包含常量的单元格，即数值、文本、日期等手工输入的静态数据。

➡ 公式：包含公式的单元格。

➡ 空值：空单元格。

➡ 对象：表示将选择所有插入的对象。

➡ 行内容差异单元格：选择行中与活动单元格内容存在差异的所有单元格。选定内容（不管是区域、行，还是列）中始终都有一个活动单元格。活动单元格默认为一行中的第一个单元格，但是可以通过按【Enter】键或【Tab】键来更改活动单元格的位置。如果选择了多行，则会对选择的每一行分别进行比较，每一其他行中用于比较的单元格与活动单元格处于同一列。

➡ 列内容差异单元格：选择的列中与活动单元格内容存在差异的所有单元格。活动单元格默认为一列中的第一个单元格，同样可以通过按【Enter】键或【Tab】键来更改活动单元格的位置。如果选择了多列，则会对选择的每一列分别进行比较，每一其他列中用于比较的单元格与活动单元格处于同一行。

➡ 最后一个单元格：工作表上最后一个包含数据或格式的单元格。

➡ 可见单元格：仅查找包含隐藏行或隐藏列的区域中的可见单元格。

➡ 条件格式：表示将选择所有设置了条件格式的单元格。

➡ 数据验证：表示将选择所有设置了数据有效性的单元格。

**Step03** 返回工作表中即可看到，所选单元格区域中的所有空白单元格已经被选中了，输入【-】，如图 4-61 所示。

图 4-61

**Step04** 按【Ctrl+Enter】组合键，即可为所有空白单元格输入【-】，如图 4-62 所示。

图 4-62

图 4-63

📋 **技术看板**

查找和选择符合特定条件的单元格之前，需要定义搜索的范围，若要搜索整个工作表，可以单击任意单元格。若要在一定的区域内搜索特定的单元格，则需要先选择该单元格区域。

★ **重点 4.4.2 实战：将生产报表中的产品编号列分列为系列和型号两列**

| 实例门类 | 软件功能 |
|---|---|
| 教学视频 | 光盘\视频\第4章\4.4.2.mp4 |

在 Excel 中处理数据时，有时可能需要将一列单元格中的数据拆分到多列单元格中，此时使用文本分列向导功能即可快速实现。例如，要将产品类别和产品型号的代码分别排列在两列单元格中，具体操作步骤如下。

**Step01** 根据需要拆分的列数，事先需要预留好拆分后数据的放置位置。❶ 选择 B 列单元格，❷ 单击【开始】选项卡【单元格】组中的【插入】按钮，如图 4-63 所示。

**Step02** 经过上步操作，即可在 A 列后插入一列空白单元格。❶ 选择要拆分数据所在的单元格区域，这里选择 A2:A19 单元格区域，❷ 单击【数据】选项卡【数据工具】组中的【分列】按钮，如图 4-64 所示。

图 4-64

**Step03** 在弹出的【文本分列向导】对话框中，❶ 在【原始数据类型】栏中选中【分隔符号】单选按钮，❷ 单击【下一步】按钮，如图 4-65 所示。

图 4-65

**Step04** ❶ 在【分隔符号】栏中选中【其他】复选框，并在其后的文本框中输入数据中的分隔符号，这里输入【-】，❷ 在【数据预览】栏中查看分列后的效果，满意后单击【下一

步】按钮，如图 4-66 所示。

图 4-66

**Step05** ❶ 在【数据预览】栏中查看分列后的效果，❷ 单击【完成】按钮，如图 4-67 所示。

图 4-67

📋 **技术看板**

只有当需要分列的数据中包含相同的分隔符，且需要通过该分隔符分列数据时，才可以通过【分隔符号】进行分列。若在【原始数据类型】栏中选中【固定宽度】单选按钮，则可在【数据预览】栏中单击设置分隔线作为单元格分列的位置。

**Step06** 在弹出的提示对话框中，单击【确定】按钮即可完成分列操作，如图 4-68 所示。

**Step07** 返回工作表中即可看到分列后的数据效果，在 B1 单元格中输入【产品代码】，如图 4-69 所示。

图 4-68

图 4-69

### ★ 重点 4.4.3 实战：批量删除生产报表中的重复值

| 实例门类 | 软件功能 |
|---|---|
| 教学视频 | 光盘\视频\第4章\4.4.3.mp4 |

　　数据的准确性和唯一性是数据处理中基本的原则，但是，在我们录入数据或编辑修改数据时，可能因为某些环节的疏忽大意让数据出现错误或重复的情况，这对后期数据的应用或者分析，可能会造成很多的影响。例如，在工资表中，如果某一员工的工资数据出现了重复，那后果可想而知。所以，在录入和编辑数据时，一定要注意数据的准确性和唯一性。

　　为提高数据的准确性，我们可以为单元格设置相应的数据有效性进行验证（具体操作将在后续章节中讲到）。但要保证数据的唯一性，就需要借助 Excel 提供的【删除重复项】功能了。

　　例如，要删除生产报表中的重复数据，具体操作步骤如下。

**Step01** ❶ 选择 A1:O23 单元格区域，❷ 单击【数据】选项卡【数据工具】组中的【删除重复项】按钮，如图 4-70 所示。

图 4-70

**Step02** 在弹出的【删除重复项】对话框中，❶ 在列表框中选择需要作为重复项判断依据的字段，这里选中所有字段名对应的复选框，❷ 单击【确定】按钮，如图 4-71 所示。

图 4-71

**Step03** 经过上步操作后，系统会自动判断所设置的字段中数据完全相同的数据项，然后弹出提示对话框提示找到的相同项，单击【确定】按钮，如图 4-72 所示。

图 4-72

**Step04** 经过上步操作后，即可将检测到的重复项删除，完成后的效果如图 4-73 所示。

图 4-73

### 📌 技术看板

　　执行【删除重复项】功能的过程中，在选择数据区域时最好附带选择一些空白区域，避免系统判断失误。

## 4.5 拼写和语法检查

　　在现代办公中，创建的大部分表格都不是一蹴而就的，一般都需要经历多次的修改、审核，然后才会最终定型。而且，办公应用中的表格通常不是为了给自己看，所以会涉及其他人的意见和建议，甚至其他人也会对该文档进行相应的编辑操作（即多人协作完成一份表格）。

当多人对表格数据进行编辑后，由于不同人员在编辑时可能出现用词或表述不统一、错别字、标点符号、语法等错误，校对工作就显得非常艰巨。Excel 提供了一些基础的自动校对功能，如拼写检查、语法检查、语言转换和翻译等，以方便校对人员对表格内容进行校对。

### ★ 重点 4.5.1 实战：对特教书记征订表进行拼写和语法检查

| 实例门类 | 软件功能 |
| --- | --- |
| 教学视频 | 光盘\视频\第 4 章\4.5.1.mp4 |

在制作表格时常常可能因为一些疏忽导致表格中出现错误，所以在表格制作完成后需要对其内容进行审阅，尽可能避免错误的存在。此时我们可以使用 Excel 2013 提供的拼写检查功能，对表格中是否存在拼写和语法错误进行检查。

例如，要为已经编辑完成的【特教书记征订】表检查拼写和语法，具体操作步骤如下。

Step01 打开"光盘\素材文件\第 4 章\特教书记征订.xlsx"文件，❶ 选择需要进行拼写和语法检查的 Sheet1 工作表，❷ 单击【审阅】选项卡【校对】组中的【拼写检查】按钮，如图 4-74 所示。

图 4-74

Step02 因为工作表中存在拼写错误，所以会弹出【拼写检查：英语】对话框，同时，Excel 会自动从第一个单元格开始检查，识别到错误后将在对话框的【不在词典中】下拉列表框中显示出错误所在，且会在【建议】列表框中显示单词更正后的效果。此时，用户需要自行判断，然后决定是否更改。这里识别到的第一处错误是 D115 单元格中的【Markelt】，分析后认为需要更改为【建议】列表框中的【Markell】，所以 ❶ 选择【Markell】选项，❷ 单击【更改】按钮，如图 4-75 所示。

图 4-75

Step03 经过上步操作后，Excel 会将当前单元格中的【Markelt】替换为【Markell】，并继续检查下一处错误，即 D121 单元格中的【ArthurE】，分析后认为不需要将表格中所有的【ArthurE】进行更改，所以单击【全部忽略】按钮，忽略工作表中的所有当前项检查，如图 4-76 所示。

图 4-76

Step04 经过上步操作后，Excel 会忽略对工作表中的所有【ArthurE】值进行检查提示，并继续检查下一处错误。这里识别到的第一处错误是 D130 单元格中的【Markelt】，这次我们单击【全部更改】按钮，将工作表中所有的【Markelt】替换为【Markell】，如图 4-77 所示。

图 4-77

### 技术看板

单击【拼写检查：英语】对话框中的【忽略一次】按钮，将只忽略工作表中检查到的当前项，下次若再检查到同样的错误也会进行提示。（Excel 中的拼写和语法检查功能主要针对英语进行检查，很多中文的拼写和语法错误还检查不出来。）

Step05 完成检查后会弹出提示对话框，如图 4-78 所示，单击【确定】按钮。

图 4-78

## 技术看板

由于拼写检查和语法检查均是自动完成，有可能一些特殊名词或语法描述在系统中并未收录，也会导致出现拼写或语法错误提示。另外需要注意的是，如果需要对文件中某些固定用词、表述及特定语法进行检查，通常只能用人工方式进行，或借助查找和替换功能，比如一旦发现文档中某个词语中包含错别字，则立刻使用查找和替换功能搜索整体文档中是否还有相同的错误。

### 4.5.2 对工作表中的内容进行信息检索

信息检索是 Excel 的一项辅助功能，使用该功能可以在各种资源（如词典、百科全书和翻译服务）中搜索获取相关的信息。例如，要进一步解释【特殊教育】，以方便我们深入理解该词语，具体操作步骤如下。

Step01 单击【审阅】选项卡【校对】组中的【信息检索】按钮，如图 4-79 所示。

图 4-79

Step02 显示出【信息检索】任务窗格，①在【搜索】文本框中输入需要翻译的单词或短语，此处输入【特殊教育】，②在下方的列表框中选择需要搜索的依据，这里选择【Bing】选项，③单击【搜索】文本框右侧的【转到】按钮，即可在下方的列表框中看到搜索的结果，如图 4-80 所示。

图 4-80

### 4.5.3 查找工作表中内容的同义词

Excel 2013 中还提供了同义词库功能，使用该功能可以在同义词库中快速查找同义词和反义词，方便用户在操作中使用同义词或反义词对一个内容进行更准确的形容。例如，要在同义词库中查找【Beautiful】的同义词，具体操作步骤如下。

Step01 单击【审阅】选项卡【校对】组中的【同义词库】按钮，如图 4-81 所示。

图 4-81

Step02 显示出【同义词库】任务窗格，①在【搜索】文本框中输入需要翻译的单词或短语，此处输入【Beautiful】，②单击右侧的【搜索】按钮，即可在下方的列表框中看到搜索的结果，如图 4-82 所示。

图 4-82

### 4.5.4 在自动更正列表中添加词条

通过使用自动更正功能，可以更正输入、拼写错误的单词。默认情况下，自动更正使用一个典型的错误拼写和符号列表进行设置，使用过程中，也可以修改自动更正所用的列表。

使用列表中的单词自动更正拼写的具体操作步骤如下。

Step01 打开【Excel 选项】对话框，①单击【校对】选项卡，②单击【自动更正选项】按钮，如图 4-83 所示。

图 4-83

Step02 在弹出的【自动更正】对话框中，①单击【自动更正】选项卡，②选中【键入时自动替换】复选框，③在【替换】文本框中输入需要替换的文本，如【Mircosoft】，在【为】文本框中输入需要替换为的文本，如【Microsoft】，④单击【添加】按钮，如图 4-84 所示。

图 4-84

**Step03** 经过上步操作,即可将单词【Mircosoft】添加到列表框中,单击【确定】按钮完成操作,如图 4-85 所示。以后,每次输入【Mircosoft】文本时,系统便会自动将其替换为【Microsoft】了。

图 4-85

## 4.5.5 添加词典中的单词

拼写检查和语法检查均是自动完成;在使用拼写检查器时,软件会将文档中的单词与主词典中的单词进行自动比较。在主词典中包含了大多数常见的单词,但一些特殊名词、技术术语、缩写或语法描述由于没有收录到主词典中,所以进行检查后就会导致出现拼写或语法错误提示。要减少错误提示,可以将自定义的单词添加到拼写检查器中,具体操作步骤如下。

**Step01** 打开【Excel 选项】对话框,❶单击【校对】选项卡,❷取消选中【仅根据主词典提供建议】复选框,❸单击【自定义词典】按钮,如图 4-86 所示。

图 4-86

**Step02** 在弹出的【自定义词典】对话框中,单击【新建】按钮,如图 4-87 所示。

图 4-87

**Step03** 在弹出的【创建自定义词典】对话框中,❶在【文件名】下拉列表框中输入自定义词典的名称,这里输入【我的词典】,❷单击【保存】按钮,保存创建的自定义词典,如图 4-88 所示。

图 4-88

**Step04** 返回【自定义词典】对话框,单击【编辑单词列表】按钮,如图 4-89 所示。

图 4-89

**Step05** 在弹出的【我的词典】对话框中,❶在【单词】文本框中输入需要添加的单词,❷单击【添加】按钮,如图 4-90 所示。

图 4-90

**Step06** 经过上步操作,即可将输入的单词添加到【词典】列表框中。❶使用相同的方法继续添加其他单词,❷完成后单击【确定】按钮,如图 4-91 所示。

图 4-91

### 技能拓展——添加创建好的词典

我们也可以将创建好的词典添加到自定义词典中,操作方法如下:新建一个记事本文档，并输入自定义的单词列表，然后选择【另存为】命令，系统弹出【另存为】对话框；在该对话框中将文件以【.dic】格式进行保存，并在【编码】下拉列表框中选择【Unicode】选项，如图4-92所示。最后在【自定义词典】对话框中单击【添加】按钮，并打开刚刚保存的记事本文件即可。

图 4-92

# 4.6 插入与编辑批注

批注是附加在单元格中的一种注释信息。在 Excel 中，添加的批注不会影响表格的正内容，通常用于文档协同编排人员之间进行交流，无论是表格的制作者，还是审阅者，或后期编排使用过程中的人员，都可以为表格添加批注。各编排人员相互查看到批注内容后可自行根据对方的意见对表格内容进行修改。

## ★ 重点 4.6.1 实战：在档案表中添加批注

| 实例门类 | 软件功能 |
|---|---|
| 教学视频 | 光盘\视频\第4章\4.6.1.mp4 |

批注是十分有用的提醒方式，用户可以在编辑工作表内容时，为一些较复杂或易出错的单元格内容插入批注信息，这样可为用户自己或为其他用户提供信息反馈。在审阅表格数据时，为了不修改原表格中的数据，也可以通过批注的形式对内容做出说明意见和建议，方便表格的审阅者与创作者进行交流。

在 Excel 中使用批注时，首先要在文档中插入批注框，然后在批注框中输入批注内容。例如，要在员工档案表中新建批注，具体操作步骤如下。

Step01 打开"光盘\素材文件\第4章\员工档案表.xlsx"文件，❶选择要添加批注的单元格，如G1单元格，❷单击【审阅】选项卡【批注】组中的【新建批注】按钮，如图4-93所示。

图 4-93

Step02 经过上步操作，在选择单元格的旁边将显示一个空白批注框，且批注线条指向所选的单元格，将文本插入点定位到批注框中并输入批注的内容，如图4-94所示。

图 4-94

Step03 使用相同的方法，为工作表中的其他单元格添加批注，如图4-95所示。

图 4-95

## 4.6.2 实战：查看档案表中的批注

| 实例门类 | 软件功能 |
|---|---|
| 教学视频 | 光盘\视频\第4章\4.6.2.mp4 |

添加批注信息后，当我们单击其他单元格时批注信息就不见了，仅仅在单元格的右上角显示一个红色三角形标记，表示该单元格有批注内容。所以，要查看或快速移动到批注处，还需要掌握下面的方法。

**Step01** 将鼠标光标移动到插入了批注的单元格上，即可显示出批注框，如图 4-96 所示。

图 4-96

**Step02** ❶ 选择任意单元格，❷ 单击【审阅】选项卡【批注】组中的【下一条】按钮，如图 4-97 所示。

图 4-97

**Step03** 经过上步操作，Excel 会跳转到所选单元格后的第一个批注，并显示出批注框。❶ 继续单击【下一条】按钮，可依次查看表格中的其他批注，❷ 要查看表格中当前位置前面的一个批注时，可单击【上一条】按钮，如图 4-98 所示。

图 4-98

### 4.6.3 实战：编辑档案表中的批注内容

| 实例门类 | 软件功能 |
|---|---|
| 教学视频 | 光盘\视频\第 4 章\4.6.3.mp4 |

为单元格添加批注后，标记会显示在单元格中，批注内容会隐藏起来，不会影响表格的整体效果，还能方便其他用户一目了然地看到。但是要编辑批注信息就不那么方便了，需要按以下步骤进行操作。

**Step01** ❶ 在需要编辑的批注所在的单元格上单击鼠标右键，❷ 在弹出的快捷菜单中选择【编辑批注】命令，如图 4-99 所示。

图 4-99

**Step02** 经过上步操作，进入批注编辑状态，重新编辑批注内容即可，如图 4-100 所示。

图 4-100

选择需要编辑批注所在的单元格后，单击【审阅】选项卡【批注】组中的【编辑批注】按钮，也可以编辑批注内容。

### 4.6.4 实战：显示或隐藏批注

| 实例门类 | 软件功能 |
|---|---|
| 教学视频 | 光盘\视频\第 4 章\4.6.4.mp4 |

在 Excel 2013 默认状态下，当添加批注信息后，选择其他单元格就会隐藏批注信息。只有将鼠标光标移动到单元格上时，该单元格中的批注框才会显示出来。为了方便对批注框中的信息进行查看和编辑，可以将隐藏的批注显示出来，具体操作步骤如下。

**Step01** ❶ 选择要显示出来的批注所在的单元格，如 G1 单元格，❷ 单击【审阅】选项卡【批注】组中的【显示/隐藏批注】按钮，如图 4-101 所示。

图 4-101

**Step02** 经过上步操作，G1 单元格中的批注框将显示出来。单击【审阅】选项卡【批注】组中的【显示所有批注】按钮，如图 4-102 所示。

图 4-102

### 技能拓展——隐藏批注

若在编辑工作表时发现有的批注框会遮挡表格中的数据，不便于对表格进行编辑操作，则可以在选择相应的单元格后，再次单击【显示/隐藏批注】按钮隐藏批注框。

**Step03** 经过上步操作，工作表中的所有批注框都会显示出来，如图 4-103 所示。

图 4-103

### 技能拓展——隐藏所有批注

显示出所有批注框后，再次单击【显示所有批注】按钮可快速隐藏工作表中的所有批注框。

### 4.6.5 实战：移动批注或调整批注的大小

| 实例门类 | 软件功能 |
|---|---|
| 教学视频 | 光盘\视频\第4章\4.6.5.mp4 |

如果批注框的范围太大或者位置不合适，遮挡了其他单元格中的内容（尤其是在显示批注框状态下），这时可以移动批注框的位置或者调整批注框的大小，具体操作步骤如下。

**Step01** 在显示批注框状态下，选择并拖动鼠标光标即可移动批注框的位置，如图 4-104 所示。

图 4-104

**Step02** 将鼠标光标移动到批注框的边框部分，当其变为双向箭头形状时，拖动鼠标光标即可调整批注框的大小，如图 4-105 所示。

图 4-105

### ★ 重点 4.6.6 实战：设置批注的格式

| 实例门类 | 软件功能 |
|---|---|
| 教学视频 | 光盘\视频\第4章\4.6.6.mp4 |

批注框中的格式也不是一成不变的，我们可以通过【设置批注格式】对话框，对批注的字体、对齐方式、颜色与线条、大小以及页边距等进行相关设置，从而使批注变得更加个性

化。例如，要对档案表中的批注设置格式，具体操作步骤如下。

**Step01** 在显示批注框状态下，❶ 在需要设置格式的批注框上单击鼠标右键，❷ 在弹出的快捷菜单中选择【设置批注格式】命令，如图 4-106 所示。

图 4-106

**Step02** 在弹出的【设置批注格式】对话框中，❶ 单击【字体】选项卡，❷ 在【字体】列表框中选择【微软雅黑】选项，❸ 在【字号】列表框中选择【11】选项，❹ 在【颜色】下拉列表框中选择【绿色】选项，如图 4-107所示。

图 4-107

**Step03** ❶ 单击【颜色与线条】选项卡，❷ 在【填充】栏的【颜色】下拉列表框中选择【浅蓝色】选项，❸ 在【线条】栏的【颜色】列表框中选择【深绿色】选项，在【粗细】数值框中设置线条粗细为【1磅】，❹ 单击【确定】按钮，如图 4-108 所示。

图 4-108

**Step 04** 返回工作表中，即可看到设置格式后的批注框效果，拖动调整批注框的大小以显示出所有批注内容，如图 4-109 所示。

图 4-109

### ★ 重点 4.6.7　更改批注的默认名称

| 实例门类 | 软件功能 |
| --- | --- |
| 教学视频 | 光盘\视频\第 4 章\4.6.7.mp4 |

批注框内显示的默认用户名称是在【Excel 选项】对话框中设定的名称，用户也可以根据需要更改该名称。更改批注框内的用户名称的具体操作步骤如下。

**Step 01** 打开【Excel 选项】对话框，❶ 单击【常规】选项卡，❷ 在【对 Microsoft Office 进行个性化设置】栏的【用户名】文本框中输入一个新用户名称，如【HF】，❸ 单击【确定】按钮，如图 4-110 所示。

图 4-110

**Step 02** 经过上步操作后，再次在文档中添加批注就会显示新用户的名称了，如图 4-111 所示。

图 4-111

### 4.6.8　实战：复制档案表中的批注

| 实例门类 | 软件功能 |
| --- | --- |
| 教学视频 | 光盘\视频\第 4 章\4.6.8.mp4 |

如果要在多个单元格中创建相同的批注，可以先在一个单元格中添加批注，然后通过复制的方法将批注添加到其他单元格中。例如，要将员工档案表中 I8 单元格中的批注复制到 I16 单元格中，具体操作步骤如下。

**Step 01** ❶ 选择需要复制批注所在的单元格，这里选择 J8 单元格，❷ 单击【开始】选项卡【剪贴板】组中的【复制】按钮，如图 4-112 所示。

图 4-112

**Step 02** ❶ 选择批注要粘贴到的单元格，这里选择 J15 单元格，❷ 单击【开始】选项卡【剪贴板】组中的【粘贴】按钮下方的下拉按钮，❸ 在弹出的下拉菜单中选择【选择性粘贴】命令，如图 4-113 所示。

图 4-113

**Step 03** 在弹出的【选择性粘贴】对话框中，❶ 选中【批注】单选按钮，❷ 单击【确定】按钮，如图 4-114 所示。

图 4-114

技能拓展——快速打开【选择性粘贴】对话框

复制内容后在单元格上单击鼠标右键，在弹出的快捷菜单中选择【选择性粘贴】命令，可快速打开【选择性粘贴】对话框。

**Step04** 经过上步操作，即可在 J15 单元格中复制与 J8 单元格相同的批注，效果如图 4-115 所示。

图 4-115

### 4.6.9 实战：删除档案表中的批注

| 实例门类 | 软件功能 |
|---|---|
| 教学视频 | 光盘\视频\第4章\4.6.9.mp4 |

如果觉得工作表中的某个或某些批注不需要了，可以将其删除。删除批注的具体操作步骤如下。

**Step01** ❶ 选择包含要删除批注的单元格或直接选择要删除的批注框，❷ 单击【审阅】选项卡【批注】组中的【删除批注】按钮，如图 4-116 所示。

图 4-116

**Step02** 经过上步操作，即可删除该批注，如图 4-117 所示。

图 4-117

技能拓展——删除批注的其他方法

如果当前批注呈显示状态，则可选择插入批注的批注框，直接按【Delete】键将其删除。

## 4.7 规范表格数据输入

一般看工作表的表头就能确定某列单元格的数据内容大致有哪些，或者数值限定在哪个范围。为了保证表格中输入的数据都是有效的，可以提前设置单元格的数据验证功能。设置数据有效性，不仅可以降低输入错误的概率，保证数据的准确性，提高工作效率，还可以圈释无效数据。

### ★ 新功能 4.7.1 实战：为考核表和申请表设置数据有效性的条件

| 实例门类 | 软件功能 |
|---|---|
| 教学视频 | 光盘\视频\第4章\4.7.1.mp4 |

在编辑工作表时，通过数据验证功能，可以建立一定的规则来限制向单元格中输入的内容，从而避免输入无效的数据。这在一些有特殊要求的表格中非常有用，如在共享工作簿中设置数据有效性，可以确保所有人员输入的数据都准确无误且保持一致。通过设置数据有效性，可以将输入的数字限制在指定范围内，也可以限制文本的字符数，还可以将日期或时间限制在某一时间范围之外，甚至可以将数据限制在列表中的预定义项范围内，对于复杂的设置也可以自定义完成。

#### 1. 设置单元格数值（小数）输入范围

在 Excel 工作表中编辑内容时，为了确保数值输入的准确性，可以设置单元格中数值的输入范围。

例如，在卫生工作考核表中需要设置各项评判标准的分数取值范围，要求只能输入 –5 ～ 5 的数值，总得分为小于 100 的数值，具体操作步骤如下。

**Step01** 打开"光盘\素材文件\第4章\卫生工作考核表.xlsx"文件，❶ 选择要设置数值输入范围的 C3:C26 单元格区域，❷ 单击【数据】选项卡【数据工具】组中的【数据验证】按钮，如图 4-118 所示。

图 4-118

Step**02** 在弹出的【数据验证】对话框中，❶ 在【允许】下拉列表框中选择【小数】选项，❷ 在【数据】下拉列表框中选择【介于】选项，❸ 在【最小值】文本框中输入单元格中允许输入的最小限度值【-5】，❹ 在【最大值】文本框中输入单元格中允许输入的最大限度值【5】，❺ 单击【确定】按钮，如图 4-119 所示。

图 4-119

**技术看板**

如果在【数据】下拉列表框中选择【等于】选项，表示输入的内容必须为设置的数据。在【数据】下拉列表框中同样可以选择【不等于】【大于】【小于】【大于或等于】【小于或等于】等选项，再设置数值的输入范围。

Step**03** 经过上步操作后，就完成了对所选区域的数据输入范围的设置。在该区域输入范围外的数据时，将弹出提示对话框，如图 4-120 所示，单击

【取消】按钮或【关闭】按钮后输入的不符合范围的数据会自动消失。

图 4-120

Step**04** ❶ 选择要设置数值输入范围的 D3:D26 单元格区域，❷ 单击【数据验证】按钮 ，如图 4-121 所示。

图 4-121

Step**05** 在弹出的【数据验证】对话框中，❶ 在【允许】下拉列表框中选择【小数】选项，❷ 在【数据】下拉列表框中选择【小于或等于】选项，❸ 在【最大值】文本框中输入单元格中允许输入的最大限度值【100】，❹ 单击【确定】按钮，如图 4-122 所示。

图 4-122

### 2. 设置单元格数值（整数）输入范围

在 Excel 中编辑表格内容时，某些情况下（如在设置年龄数据时）还需要设置整数的取值范围。其设置方法与小数取值范围的设置方法基本相同。

例如，在实习申请表中需要设置输入年龄为整数，且始终大于 1，具体操作步骤如下。

Step**01** 打开"光盘\素材文件\第 4 章\实习申请表.xlsx"文本，❶ 选择要设置数值输入范围的 C25:C27 单元格区域，❷ 单击【数据验证】按钮 ，如图 4-123 所示。

图 4-123

Step**02** 在弹出的【数据验证】对话框中，❶ 在【允许】下拉列表框中选择【整数】选项，❷ 在【数据】下拉列表框中选择【大于或等于】选项，❸ 在【最小值】文本框中输入单元格中允许输入的最小限度值【1】，❹ 单击【确定】按钮，如图 4-124 所示。

图 4-124

### 3. 设置单元格文本的输入长度

在工作表中编辑数据时，为了增强数据输入的准确性，可以限制单元格的文本输入的长度，当输入了超过或低于设置的长度时，系统将提示无法输入。例如，要限制实习申请表中身份证号码的输入长度为 18 个字节，电话号码的输入长度为 8 个字节，手机号码的输入长度为 11 个字节，进行个人介绍的文本不得超过 200 个字节，具体操作步骤如下。

**Step 01** ❶ 选择要设置文本长度的 D4 单元格，❷ 单击【数据验证】按钮，如图 4-125 所示。

图 4-125

**Step 02** 在弹出的【数据验证】对话框中，❶ 在【允许】下拉列表框中选择【文本长度】选项，❷ 在【数据】下拉列表框中选择【等于】选项，❸ 在【长度】文本框中输入单元格中允许输入的文本长度值【18】，❹ 单击【确定】按钮，如图 4-126 所示。

图 4-126

---

**技术看板**

在设置单元格输入的文本长度时，是以字节为单位统计的。如果需要对文字进行统计，则每个文字要算两个字节。如果在【数据】下拉列表框中选择【等于】选项，表示输入的内容必须和设置的文本长度相等。还可以在列表框中选择【介于】【不等于】【大于】【小于】【大于或等于】【小于或等于】等选项后，再设置长度值。

**Step 03** 此时如果在 D4 单元格中输入了低于或超出限制范围长度的文本，再按【Enter】键时将弹出提示对话框提示输入错误，如图 4-127 所示。

图 4-127

**Step 04** ❶ 选择要设置文本长度的 B5 单元格，❷ 单击【数据验证】按钮，如图 4-128 所示。

图 4-128

**Step 05** 在弹出的【数据验证】对话框中，❶ 在【允许】下拉列表框中选择

---

【文本长度】选项，❷ 在【数据】下拉列表框中选择【等于】选项，❸ 在【长度】文本框中输入单元格中允许输入的文本长度值【8】，❹ 单击【确定】按钮，如图 4-129 所示。即可限制该单元格中只能输入 8 个字节。

图 4-129

**Step 06** ❶ 选择要设置文本长度的 D5 单元格，❷ 单击【数据验证】按钮，如图 4-130 所示。

图 4-130

**Step 07** 在弹出的【数据验证】对话框中，❶ 在【允许】下拉列表框中选择【文本长度】选项，❷ 在【数据】下拉列表框中选择【等于】选项，❸ 在【长度】文本框中输入单元格中允许输入的文本长度值【11】，❹ 单击【确定】按钮，如图 4-131 所示。即可限制该单元格中只能输入 11 个字节。

**Step 08** ❶ 选择要设置文本长度的 A29 单元格，❷ 单击【数据验证】按钮，如图 4-132 所示。

**Step 09** 在弹出的【数据验证】对话框中，❶ 在【允许】下拉列表框中选择

【文本长度】选项，❷ 在【数据】下拉列表框中选择【小于】选项，❸ 在【最大值】文本框中输入单元格中允许输入的最大文本长度值【200】，❹ 单击【确定】按钮，如图4-133所示。即可限制该单元格中最多只能输入200个字节。

图 4-131

图 4-132

图 4-133

### 4. 设置单元格中准确的日期范围

在工作表中输入日期时，为了保证输入的日期是合法且有效的，可以通过设置数据验证的方法对日期的有效性条件进行设置。

例如，要通过限制实习申请表中填写的出生日期输入范围，来确定申请人员的年龄在20~35岁，具体操作步骤如下。

**Step01** ❶ 选择要设置日期范围的B4单元格，❷ 单击【数据验证】按钮📝，如图4-134所示。

图 4-134

**Step02** 在弹出的【数据验证】对话框中，❶ 在【允许】下拉列表框中选择【日期】选项，❷ 在【数据】下拉列表框中选择【介于】选项，❸ 在【开始日期】文本框中输入单元格中允许输入的最早日期【1982-1-1】，❹ 在【结束日期】文本框中输入单元格中允许输入的最晚日期【1997-1-1】，❺ 单击【确定】按钮，如图4-135所示。即可限制该单元格中只能输入1982-1-1到1997-1-1的日期数据。

图 4-135

### 5. 制作单元格选择序列

在 Excel 中，可以通过设置数据有效性的方法为单元格设置选择序列，这样在输入数据时就无需手动输入了，只需单击单元格右侧的下拉按钮，从弹出的下拉列表中选择内容即可快速完成输入。

例如，要为实习申请表中的多处设置单元格选择序列，具体操作步骤如下。

**Step01** ❶ 选择要设置输入序列的D3单元格，❷ 单击【数据验证】按钮📝，如图4-136所示。

图 4-136

**Step02** 在弹出的【数据验证】对话框中，❶ 在【允许】下拉列表框中选择【序列】选项，❷ 在【来源】文本框中输入该单元格中允许输入的各种数据，且各数据之间用半角的逗号【,】隔开，这里输入【男,女】，❸ 单击【确定】按钮，如图4-137所示。

图 4-137

**Step03** 经过以上操作后，单击工作表中设置了序列的单元格时，单元格右侧将显示一个下拉按钮，单击该按钮，在弹出的下拉列表中提供了该单元格允许输入的序列，如图4-138所示，用户从中选择所需的内容即可快速填充数据。

图 4-138

**技术看板**

设置序列的数据有效性时，可以先在表格空白单元格中输入要引用的序列，然后在【数据验证】对话框的【来源】文本框中通过引用单元格来设置序列。

Step**04** ❶ 选择要设置输入序列的 F6 单元格，❷ 单击【数据验证】按钮 ，如图 4-139 所示。

图 4-139

Step**05** 在弹出的【数据验证】对话框中，❶ 在【允许】下拉列表框中选择【序列】选项，❷ 在【来源】文本框中输入【专科,本科,硕士研究生,博士研究生】，❸ 单击【确定】按钮，如图 4-140 所示。

**6. 设置只能在单元格中输入数字**

遇到复杂的数据有效性设置时，就需要结合公式来进行设置了。例如，在实习申请表中输入数据时，为了避免输入错误，要限制在班级成绩排名部分的单元格中只能输入数字而不能输入其他内容，具体操作步骤如下。

Step**01** ❶ 选择要设置自定义数据验证的 G12:G15 单元格区域，❷ 单击【数据验证】按钮 ，如图 4-141 所示。

图 4-140

图 4-141

Step**02** 在弹出的【数据验证】对话框中，❶ 在【允许】下拉列表框中选择【自定义】选项，❷ 在【公式】文本框中输入【=ISNUMBER(G12)】，❸ 单击【确定】按钮，如图 4-142 所示。

Step**03** 经过以上操作后，在设置了有效性的区域内如果输入除数字以外的其他内容，就会出现错误提示的警告，如图 4-143 所示。

图 4-142

**技术看板**

本例在【公式】文本框中输入 ISNUMBER 函数的目是测试输入的内容是否为数值，G12 是指选择单元格区域的第一个活动单元格。

图 4-143

**技术看板**

当在设置了数据有效性的单元格中输入无效数据时，在弹出的提示对话框中，单击【重试】按钮可返回工作表中重新输入，单击【取消】按钮将取消输入内容的操作，单击【帮助】按钮可打开【Excel 帮助】窗口。

★ 新功能 **4.7.2 实战：为申请表设置数据输入提示信息**

| 实例门类 | 软件功能 |
| --- | --- |
| 教学视频 | 光盘\视频\第4章\4.7.2.mp4 |

在工作表中编辑数据时，使用数据验证功能还可以为单元格设置输入提示信息，提醒在输入单元格信息时

应该输入的内容，提高数据输入的准确性。

例如，要为实习申请表设置部分单元格的提示信息，具体操作步骤如下。

**Step01** ❶ 选择要设置数据输入提示信息的 D5 单元格，❷ 单击【数据验证】按钮，如图 4-144 所示。

图 4-144

**Step02** 在弹出的【数据验证】对话框中，❶ 单击【输入信息】选项卡，❷ 在【标题】文本框中输入提示信息的标题，❸ 在【输入信息】文本框中输入具体的提示信息，❹ 单击【确定】按钮，如图 4-145 所示。

图 4-145

**Step03** 返回工作表，当选择设置了提示信息的 D5 单元格时，将在单元格旁显示设置的文字提示信息，效果如图 4-146 所示。

图 4-146

## ★ 新功能 4.7.3 实战：为申请表设置出错警告信息

| 实例门类 | 软件功能 |
|---|---|
| 教学视频 | 光盘\视频\第 4 章\4.7.3.mp4 |

当在设置了数据有效性的单元格中输入了错误的数据时，系统将提示警告信息。除了系统默认的系统警告信息之外，用户还可以自定义警告信息的内容。

例如，要自定义实习申请表中输入允许范围外的出生日期数据时给出的警告信息，具体操作步骤如下。

**Step01** ❶ 选择要设置数据输入出错警告信息的 B4 单元格，❷ 单击【数据验证】按钮，如图 4-147 所示。

图 4-147

**Step02** 在弹出的【数据验证】对话框中，❶ 单击【出错警告】选项卡，❷ 在【样式】下拉列表框中选择当单元格数据输入错误时要显示的警告样式，这里选择【停止】选项，❸ 在

【标题】文本框中输入警告信息的标题，❹ 在【错误信息】文本框中输入具体的错误原因以作提示，❺ 单击【确定】按钮，如图 4-148 所示。

图 4-148

**Step03** 设置完成后，返回工作表中，当在 B4 单元格中输入了允许范围外的时间数据时，系统将弹出提示对话框，其中提示的出错信息即自定义的警告信息，如图 4-149 所示。

图 4-149

## 4.7.4 实战：圈释服务登记表中无效的数据

| 实例门类 | 软件功能 |
|---|---|
| 教学视频 | 光盘\视频\第 4 章\4.7.4.mp4 |

在包含大量数据的工作表中，可以通过设置数据有效性区分有效数据和无效数据，对于无效数据还可以通过设置数据验证的方法将其圈释出来。

例如，要将康复训练服务登记表中时间较早的那些记录标记出来，具体操作步骤如下。

**Step01** 打开"光盘\素材文件\第4章\康复训练服务登记表.xlsx"文件，❶选择要设置数据有效性的A3:A38单元格区域，❷单击【数据验证】按钮，如图4-150所示。

图 4-150

**Step02** 在弹出的【数据验证】对话框中，❶单击【设置】选项卡，❷在【允许】下拉列表框中选择【日期】选项，❸在【数据】下拉列表框中选择【介于】选项，❹在【开始日期】和【结束日期】文本框中分别输入单元格区域中允许输入的最早日期【2017/4/1】和允许输入的最晚日期【2017/5/31】，❺单击【确定】按钮，如图4-151所示。

图 4-151

**Step03** ❶单击【数据验证】按钮右侧的下拉按钮，❷在弹出的下拉菜单中选择【圈释无效数据】命令，如图4-152所示。

图 4-152

**Step04** 经过上步操作后，将用红色标记圈释出表格中的无效数据，效果如图4-153所示。

图 4-153

### 技术看板

要圈释工作表中的无效数据，需要先在单元格区域中输入数据，再设置数据验证。

## 4.7.5 清除圈定数据

虽然圈释无效数据的结果只能在当前显示，不会被保存下来。但若是要在圈释无效数据后，继续对表格内容进行其他操作，就需要手动让圈释标记消失了。

例如，需要清除刚刚在康复训练服务登记表中添加的无效数据圈释标记，具体操作步骤如下。

**Step01** ❶单击【数据验证】按钮右侧的下拉按钮，❷在弹出的下拉菜单中选择【清除验证标识圈】命令，如图4-154所示。

图 4-154

**Step02** 经过上步操作，表格中原来用于圈释无效数据的红色标记就消失了，如图4-155所示。

图 4-155

## 妙招技法

通过前面知识的学习，相信读者已经掌握了表格数据的输入与编辑操作。下面结合本章内容，给大家介绍一些实用技巧。

## 技巧01：让单元格内容强行换行

| 教学视频 | 光盘\视频\第4章\技巧 01.mp4 |
| --- | --- |

我们可以像在 Word 表格中一样，在 Excel 单元格中输入各种文本。默认情况下，在 Word 表格中输入的文本会根据表格的大小和窗口的大小，自动调整单元格的列宽和行高，且在内容比较多的单元格中呈多行排列效果。还可以在单元格中按【Enter】键换行，输入多段文本内容。

但在 Excel 单元格中输入的文本会呈一行显示。最困扰用户的是，在 Excel 单元格中输入文本后，按【Enter】键会结束当前单元格内容的输入，文本插入点自动移动到当前单元格的下一个单元格。那么如何才能让单元格中的内容分为多行呢？来看看下面的多行排列显示操作方法吧。

**Step01** 打开"光盘\素材文件\第4章\实习申请表(不换行).xlsx"文件，❶ 选择需要将文本内容进行多行显示的单元格，❷ 在需要换行显示的位置双击鼠标定位文本插入点，如图4-156所示。

图 4-156

**Step02** ❶ 按【Alt+Enter】组合键，即可对内容进行强行换行，❷ 输入4个空格，完成后的效果如图4-157所示。

图 4-157

## 技巧02：如何快速为同一工作簿中的每个工作表输入相同的表名与表头

| 教学视频 | 光盘\视频\第4章\技巧 02.mp4 |
| --- | --- |

在编辑电子表格时，有时因为某些原因需要在同一个工作簿的多个工作表中的某些相同单元格中输入相同的数据，这时单独输入或利用复制、粘贴功能来完成，不仅费时费力，还容易出错。

要快速为同一工作簿中的每个工作表输入相同的表名与表头时，可以先建立工作组，然后再进行输入，具体操作步骤如下。

**Step01** ❶ 新建一个空白工作簿，并命名为【考勤记录表】，❷ 重命名工作表名称为【1月】，❸ 新建两个工作表，并依次命名为【2月】和【3月】，❹ 按住【Ctrl】键的同时，单击需要输入相同内容的这3个工作表标签，同时选择这些工作表，❺ 在其中的任意一个工作表中输入需要的内容，如图4-158所示。

图 4-158

**Step02** 输入完成后，单击任意一个工作表标签，即可解除这些工作表之间的联系，同时可以看到在这3个工作表中已经同时输入了相同的数据，如图4-159所示。

图 4-159

## 技巧03：更改日期值的填充方式

| 教学视频 | 光盘\视频\第4章\技巧 03.mp4 |
| --- | --- |

默认情况下，在对工作表中的日期值进行自动填充时，填充的方式是按日期进行填充，但在某些表格，如记账表格、月度工作表或年度工作表中，日期的填充方式有可能会按照工作日、月份或年份进行填充。此时，就需要更改日期值的填充方式。例如，要在销售统计表中快速填充每个月的最后一天日期，具体操作步骤如下。

**Step01** 打开"光盘\素材文件\第4章\销售统计表.xlsx"文本，❶ 在A2单元格中输入第一个日期数据，❷ 拖动填充控制柄至A32单元格，如图4-160所示。

图 4-160

**Step 02** 释放鼠标左键后可以看到自动填充的日期数据是按日进行填充的。❶ 单击单元格区域右下角出现的【自动填充选项】按钮，❷ 在弹出的下拉列表中选择填充方式，这里选中【以月填充】单选按钮，如图 4-161所示。

图 4-161

**Step 03** 经过上步操作，即可将默认的日期填充方式更改为指定日期格式，效果如图 4-162 所示。

图 4-162

## 技巧 04：改变表格数据的排列方向

| 教学视频 | 光盘\视频\第 4 章\技巧04.mp4 |
|---|---|

在编辑工作表数据时，有时会根据需要对单元格区域进行转置设置，转置的意思即将原来的行变为列，将原来的列变为行。例如，需要将销售分析表中的数据区域进行行列转置，具体操作步骤如下。

**Step 01** 打开"光盘\素材文件\第 4章\销售分析表.xlsx"文件，❶ 选择

要进行转置的 A1:F8 单元格区域，❷ 单击【开始】选项卡【剪贴板】组中的【复制】按钮，如图 4-163所示。

图 4-163

**Step 02** ❶ 选择转置后数据保存的目标位置，这里选择 A11 单元格，❷ 单击【剪贴板】组中【粘贴】按钮下方的下拉按钮，❸ 在弹出的下拉列表中单击【转置】按钮，如图 4-164所示。

图 4-164

**Step 03** 经过上步操作，即可看到转置后的单元格区域，效果如图 4-165 所示。

图 4-165

### 技术看板

复制数据后，直接单击【粘贴】按钮，会将复制的数据内容和数据格式等全部粘贴到新位置中。

## 技巧 05：使用通配符模糊查找数据

| 教学视频 | 光盘\视频\第 4 章\技巧05.mp4 |
|---|---|

在 Excel 中查找内容时，有时需要查找的并不是一个具体的数据，而是一类有规律的数据，如要查找以【李】开头的人名、以【Z】结尾的产品编号，或者包含【007】的车牌号码等。这时就不能以某个数据为匹配的目标内容进行精确查找了，只能进行模糊查找，这就需要使用到通配符。

在 Excel 中，通配符是指可作为筛选以及查找和替换内容时的比较条件的符号，经常配合查找引用函数进行模糊查找。通配符有 3 个——【？】和【\*】，还有转义字符【~】。其中，【？】可以替代任何单个字符；【\*】可以替代任意多个连续的任何字符或数字；【~】后面跟随的【？】【\*】【~】，都表示通配符本身。通配符的实际应用列举见表 4-1。

表 4-1

| 搜索内容 | 模糊搜索关键字 |
|---|---|
| 以【李】开头的人名 | 李\* |
| 以【李】开头，姓名由两个字组成的人名 | 李？ |
| 以【李】开头，以【芳】结尾，且姓名由 3 个字组成的人名 | 李？芳 |
| 以【Z】结尾的产品编号 | \*Z |

续表

| 搜索内容 | 模糊搜索关键字 |
|---|---|
| 包含【007】的车牌号码 | *007* |
| 包含【～007】的文档 | *~~007* |
| 包含【?007】的文档 | *~?007* |
| 包含【*007】的文档 | *~*007* |

### 技术看板

通配符都是在半角符号状态下输入的。

例如，要查找员工档案表中所有姓陈的员工，具体操作步骤如下。

Step❶ 打开"光盘\素材文件\第4章\员工档案表.xlsx"文件，❶ 单击【开始】选项卡【编辑】组中的【查找和选择】按钮，❷ 在弹出的下拉菜单中选择【查找】命令，如图4-166所示。

图 4-166

Step❷ 在弹出的【查找和替换】对话框中，❶ 在【查找内容】下拉列表框中输入【陈*】，❷ 单击【查找全部】按钮，即可在下方的列表框中查看到所有找到的姓陈的员工的相关数据，如图4-167所示。

图 4-167

## 本章小结

通过本章知识的学习和案例练习，相信读者已经掌握了表格数据的录入与编辑方法。本章首先介绍了常规表格数据的录入、填充与编辑方法，接着介绍了一些批量处理数据的方法，可以提高工作效率。另外，因为当下的工作基本上是团队协作，Excel 也提供了一些多人协同处理与编辑数据的功能。

# 第5章 工作表的美化设计

➜ 想知道别人的漂亮表格都是怎样设计出来的？

➜ 设计表格怎么能不懂配色？

➜ 你花了很多时间设计表格格式？每次都单独设置一种效果？

➜ 想知道又快又好的美化表格方法？

➜ 改变表格的整体效果很简单！

表格不仅是存储数据的工具，更是数据沟通的重要方式。要想让你的表格易读美观，就得学会表格美化这项工作。它可能只花费整个表格制作过程 20% 的努力，但是却能带来 80% 的沟通效力。这一章，我们将教你如何设置赏心悦目的电子表格。

## 5.1 Excel 颜色的选用

由于色彩对人的视觉刺激是最直接、最强烈的，因此颜色在美化表格的过程中起着至关重要的作用，专业外观的工作表与普通 Excel 制表的差别首先就体现在颜色的使用上。所以，本节将介绍一些颜色应用的基础知识和 Excel 表格中的用色技巧。

### 5.1.1 色彩基础知识

色彩是表格设计中的重要元素，想充分地利用色彩，让色彩能够为我们服务，就必须懂得它，了解它。

#### 1. 色彩的分类

颜色是因为光的折射而产生的。根据色彩的属性可分为无彩色系和有彩色系两大类。

（1）无彩色

无彩色是黑色、白色及两者按不同比例混合所得到的深浅各异的灰色系列。在光的色谱上见不到这 3 种色，不包括在可见光谱中，所以称为无彩色，如图 5-1 所示。

图 5-1

黑白是最基本、最简单的搭配，白字黑底，黑底白字都非常清晰明了，如图 5-2 所示。默认情况下输入的表格字体都是黑色，默认使用的边框颜色也是黑色。

图 5-2

灰色是万能色，可以和任何彩色搭配，也可以帮助两种对立的色彩和谐过渡。因此，在找不出合适的色彩时，都使用灰色。图 5-3 所示为灰色填充效果的表格。

图 5-3

（2）有彩色

凡带有某一种标准色倾向的色（也就是带有冷暖倾向的色），称为有彩色。光谱中的红、橙、黄、绿、青、蓝、紫等色都属有彩色，如图 5-4 所示。

图 5-4

有彩色是无数的，不过世间色彩均由3种颜色组成，即红、黄、蓝，这也是我们常说的三原色。色彩的构成原理是两个原色相加便会出现间色（如红＋黄＝橙、红＋蓝＝紫、黄＋蓝＝绿），再由一个间色加一个原色出现复色，最后形成色环，如图5-5所示。

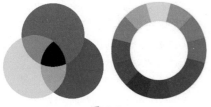
图 5-5

这就是颜色之间的合成关系。下面再来看一下颜色之间的抵消关系，谈到抵消，顺便说一下颜色的彩属性分类，黑、灰、白称为无彩，其他称为彩色，一种颜色与另一种颜色混合后，产生无彩系颜色就称为抵消，也就是我们说的对冲。

凡是色环正对面的那个颜色就是该色的【完全抵消】色。【完全抵消】是指同等的色素分子量会全部抵消，不残留任何其他彩系色。

### 技术看板

色环对于了解色彩之间的关系具有很大的作用。无彩色系与有彩色系形成了相互区别而又休戚与共的统一色彩整体。读者空闲时间可以对如图5-6所示的标准色环进行研究。

图 5-6

### 2. 色彩三要素

有彩色系的颜色具有3个基本特性：色相、纯度（也称彩度、饱和度）、明度。在色彩学上也称为色彩的3大要素或色彩的三属性。有彩色的色相、纯度和明度是不可分割的，它们之间的变化形成了人们所看到的缤纷色彩，应用时必须同时考虑这3个因素。

#### （1）色相

色相是指色彩的名称，它是色彩最基本的特征，是一种色彩区别于另一种色彩的最主要的因素。最初的基本色相为：红、橙、黄、绿、蓝、紫。在各色中间加上中间色，其头尾色相，按光谱顺序为：红、橙红、黄橙、黄、黄绿、绿、绿蓝、蓝绿、蓝、蓝紫、紫、红紫——12种基本色相，如图5-7所示。

图 5-7

如以绿色为主的色相，可能有粉绿、草绿、中绿、深绿等色相的变化，它们虽然是在绿色相中调入了白与灰，在明度与纯度上产生了微弱的差异，但仍保持绿色相的基本特征。图5-8显示了绿色色相的不同差异。

图 5-8

#### （2）明度

明度是指色彩的明亮程度，色彩的明度有两种情况。

➡ 相同色相的明度：各种有色物体由于它们的反射光量的区别会产生颜色的明暗强弱。如同一颜色在强光照射下显得明亮，弱光照射下显得较灰暗模糊。

在无彩色中，白色明度最高，黑色明度最低，白色和黑色之间是一个从亮到暗的灰色系列。所以，当同一颜色加黑或加白掺和以后也能产生各种不同的明暗层次。

图5-9所示为不同红色的明度关系对比（从明度低的向明度高的依次排列）。

| 浅红 | 大红 | 深红 |

图 5-9

➡ 不同色相的明度：在有彩色中，任何一种纯度色都有其相应的明度特征。黄色明度最高，蓝紫色明度最低，红、绿色为中间明度。图5-10所示为不同色相的明度关系对比（从明度低的向明度高的依次排列）。

| 蓝 | 红 | 黄 |

图 5-10

色彩的明度变化往往会影响到纯度，如红色加入黑色以后明度降低了，同时纯度也降低了；如果红色加白则明度提高了，纯度却降低了。

明度越大，色彩越亮；明度低，则色彩较灰暗。没有明度关系的色彩，就会显得苍白无力，只有加入明暗的变化，才能展现出色彩的视觉冲击力和丰富的层次感。

（3）纯度

纯度又称饱和度或是彩度，就是指色相的鲜浊或纯净程度，它表示颜色中所含有色成分的比例。含有色彩成分的比例越大，则色彩的纯度越高；含有色成分的比例越小，则色彩的纯度也越低，如图 5-11 所示。

不同的色相不但明度不等，纯度也不相等。纯度体现了色彩内向的品格。

高纯度　　中纯度　　低纯度

图 5-11

同一色相，即使纯度发生了细微的变化，也会立即带来色彩性格的变化。有了纯度的变化，才使世界上有如此丰富的色彩。当一种颜色掺入黑、白或其他彩色时，纯度就产生变化。越多的颜色相混合，颜色的纯度越低。假如某色不含有白或黑的成分，便是纯色，其纯度最高；如果含有越多白或黑的成分，其纯度亦会逐渐下降，如图 5-12 所示。

纯色加白色

纯色加黑色

黑色加白色

图 5-12

### 3. 色彩的心理效应

我们生活在一个充满色彩的世界，色彩一直刺激我们最为敏锐的视觉器官。随着我们的社会生活经验的变化，各种色彩在我们心里也产生了联想。不同色彩会产生不同的联想，诱发不同的情感，这种难以用言语形容的感觉就称为印象，即色彩的心理效应。

冷色与暖色便是依据人的心理错觉对色彩的物理性分类，是人对颜色的物质性印象。冷暖本来是人体皮肤对外界温度高低的触觉，但我们所看到的色彩往往也可以给人以相对的、易变的、抽象的心理感受。如太阳、炉火、烧红的铁块，本身温度很高，它们射出的红橙色有导热的功能，将使周围的空气、水和别的物体温度升高，人的皮肤被它们射出的光照所及，也能感觉到温暖。大海、雪地等环境，是蓝色光照最多的地方，蓝色光会导热，而大海、雪地有吸热的功能，因而这些地方的温度比较低，人们在这些地方会觉得冷。这些生活印象的积累，使人的视觉、触觉及心理活动之间具有一种特殊的、常常是下意识的联系。

我们大致可以将颜色划分为冷暖两个色系。红色光、橙色光、黄色光照射任何物体时都会产生暖和感。相反，紫色光、蓝色光、绿色光有寒冷的感觉，如图 5-13 所示斜线左下方的是冷色系，斜线右上方的是暖色系。

暖色系

冷色系

图 5-13

其实，我们将色彩按【红→黄→绿→蓝→红】依次过渡渐变，就可以得到一个色彩环。而在色环的两端便是暖色和冷色，中间是中性色。

色彩的冷暖是相对的。在同类色彩中，含暖意成分多的较暖，反之较冷。制作表格的过程中，选择色彩要与表格的内容相关联。下面我们从色彩的三要素来分别讲解色彩的情感。

（1）不同色相颜色的不同色彩情感

色相影响色彩情感的因素有很多，如文化、宗教、传统、个人喜好等，每个色相都可以给人带来不同的色彩情感。不同色相在人们的生理和心理上会产生不同的影响，因此构成了色彩本身特有的艺术感情。以下是几种常见色相的习惯性色彩情感。

→ 红色●：由于红色容易引起注意，在各种表格中被广泛采用。红色除了具有较佳的明视效果外，更被用来传达有活力、积极、热诚、温暖、喜悦、速度、竞争与前进等含义的表格内容。另外，红色也常用来作为警告、危险、禁止、防火等重要单元格数据。但由于红色是刺激的不安宁的颜色，容易造成人视觉疲劳，在表格中使用的面积不应过多。

→ 粉红色●：富有温柔、含蓄和娇柔的含义，在使用时一定要根据具体情况而定。

→ 橙色●：一种激奋的色彩，具有轻快、欢欣、热烈、温馨、时尚、艳丽的效果。在工业安全用色中，橙色是警戒色，如火车头、登山服装、背包、救生衣等常用橙色，因此在这类表格中使用橙色也非常自然。但由于橙色非常明亮刺眼，有时会使人有负面低俗的意象，所以在运用橙色时，要注意选择搭配的色彩和表现方式，尽量节约使用在外表突出工作位置，这样才能将橙色明亮活泼的特性发挥出来。

→ 黄色●：表达希望、庄重、高贵、忠诚、乐观、快乐和智慧。它的明度最高，在交通和机械等内容的表格中黄色的使用率极高，且将它作为背景色能形成明暗差别的效果，是不错的选择。

→ 绿色●：介于冷暖两种色彩的中间。在表格设计中，绿色所传达的和睦、宁静、清爽、理想、希望、生长、发展和安全的意象，符合服务业、卫生保健业的诉求。尤其在表格数据比较多的情况下，建议使用绿色，能避免眼睛疲劳。但在财政金融类表格中，绿色则要非常谨慎地使用。

→ **蓝色●**：由于蓝色沉稳、专业的特性，具有凉爽、理智、准确、协调的意象。在表格设计中，强调科技、文学和效率的单元格数据，大多选用蓝色。同时，蓝色还具有消除大脑疲劳，使人清醒，精力旺盛的特性，因此也常应用在数据较多的表格中。但将蓝色用于食物或烹饪类表格中，则非常糟糕，因为地球上很少有蓝色的食物，它会抑制人的食欲。

→ **紫色●**：具有强烈的女性化性格，个性神秘、高贵、脱俗的意象。紫色在表格设计用色中受到相当的限制，除了与女性有关的表格数据外，一般不采用其为主色。

→ **褐色●**：是一种保守的颜色，表现稳定、朴素和舒适。在表格设计中，褐色通常用来强调格调古典优雅的表格内容，在咖啡、茶、麦、麻、木材类表格中经常使用。

→ **灰色●**：在表格设计中，灰色具有柔和、高雅的意象，所以灰色是永远流行的主要颜色。许多的高科技产品，尤其与金属材料有关的表格，几乎都采用灰色来传达高级、科技的形象。使用灰色时，大多利用不同的层次变化组合或搭配其他色彩，才不会过于朴素和沉闷。

　　（2）不同明度颜色的不同色彩情感

　　色彩的色相无论是相同，还是不同，在不同色彩明度下，其表现出的色彩情感是完全不同的。如图5-14所示为几种色相相同的颜色（红色）在不同明度下产生的色彩情感。

| 深红 | 大红 | 浅红 |
| --- | --- | --- |
| 深沉、高贵 | 热情、奔放 | 明快、清爽 |

图 5-14

　　不同色相明度越高，越醒目、明快；明度越低，越神秘、深沉、不醒目，如图5-15所示。

低明度　　　　　高明度

图 5-15

　　（3）不同纯度颜色的不同色彩情感

　　纯度越高，颜色越亮、明快、夺目；纯度越低，越灰暗、不引人注目，如图5-16所示。纯度适当，搭配合理的低纯度颜色是高级的灰色调，在日常生活中被广泛利用。

高纯度　　　　　低纯度

图 5-16

### 4. 常见的色彩搭配方案

　　想制作一个让人眼前一亮的表格，内容设计上一定要符合要求，搭配合适的色彩，增加一些总结性强的数据分析结论即可。表格的配色很多人都是按自己的感觉来配，有时设计出来的作品让人觉得不入流。

　　当主色确定后，必须考虑其他色彩与主色的关系，要表现什么内容及效果等，这样才能增强其表现力。图5-17为一个标准的24色相环，色相对比的强弱，决定于色相在色环上的距离。

图 5-17

　　（1）相近色和互补色

　　根据颜色在色环中所处的位置，还可分为相近色和互补色，这在配色时需要考虑到。

→ **相近色**：色环中相邻的3种颜色称为相近色。如果以橙色开始，并想得到它的两个相似色，就选定红色和黄色，如图5-18所示。

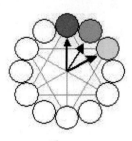

图 5-18

　　使用相近色的配色方案能产生颜色的协调和交融，类似于在自然界中所见到的效果，给人的视觉效果舒适、自然。所以，相近色在表格设计中极为常用。

→ **互补色**：在色环上，与环中心对称，并在180°的位置两端的色被称为互补色，也称为对比色，如图5-19所示。

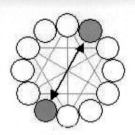

图 5-19

在图 5-17 所示的标准 24 色相环中，1-14、5-15、6-16、8-18、10-21、12-23 互为补色。如果希望更鲜明地突出某些颜色，则选择互补色。采用互补色配色方案时，稍微调整补色的亮度，有时候也是一种很好的搭配。

（2）10 种配色方案

根据色环我们可以将色彩搭配分为以下 10 种设计方案。

➥ 无色设计：不用彩色，只用黑、白、灰色，如图 5-20 所示。虽然无色相，但它们的组合在实用方面很有价值。对比效果感觉大方、庄重、高雅而富有现代感，但也易产生过于素净的单调感。

| 黑色 | 白色 | 灰色 |
图 5-20

➥ 冲突设计：把一个颜色和它补色左边或右边的色彩配合起来，搭配效果如图 5-21 所示。虽然它们在色相上有很大差别，但在视觉上却比较接近，这种配色方法的最大特征是其明显的统一协调性，在统一中不失对比的变化。

| 幼蓝 | 红色 | 天蓝 |
图 5-21

➥ 单色设计：把一个颜色和任意一个或它所有的明、暗配合起来，搭配效果如图 5-22 所示。效果明快、活泼、饱满、使人兴奋，感

觉有兴趣，对比既有相当力度，但又不失调和之感。

| 橘红 | 黄色 | 马丁绿 |
图 5-22

➥ 分裂补色设计：把一个颜色和它的补色任一边的颜色组合起来，搭配效果如图 5-23 所示。效果强烈、醒目、有力、活泼、丰富，但不易统一，容易感到杂乱、刺激，造成视觉疲劳。一般需要采用多种调和手段来改善对比效果。

| 月光绿 | 蓝色 | 酒绿 |
图 5-23

➥ 二次色设计：把二次色绿、紫、橙色结合起来，搭配效果如图 5-24 所示。二次色是由三原色调配出来的颜色，如黄与蓝调配出绿色；红与蓝调配出紫色；红与黄调配出橙色。在调配时，由于原色在分量多少上有所不同，所以能产生丰富的颜色变化，色相对比略显柔和。

| 绿色 | 紫色 | 浅橘红 |
图 5-24

➥ 类比设计：在色相环上任选 3 个连续的色彩或任一明色和暗色，即一组相近色，搭配效果如图 5-25 所示。这种方法可以构成一个简朴、自然的背景，安定情绪，有舒适的感觉，但也易产生单调、呆板的弊病。

| 黄色 | 深黄 | 浅橘黄 |
图 5-25

➥ 互补设计：即采用互补色，搭配效果如图 5-26 所示。一对补色在一起，可以使对方的色彩更加鲜明，如红色与青色、橙色与蓝色等。

| 红色 | 青色 |
图 5-26

➥ 中性设计：加入颜色的补色或黑色使色彩消失或中性化，搭配效果如图 5-27 所示。

| 红色加青色 |
图 5-27

➥ 原色设计：把纯原色红、黄、蓝三原色结合起来，如图 5-28 所示。红、黄、蓝三原色是色环上最极端的 3 个颜色，表现了最强烈的色相气质，它们之间的对比属最强烈的色相对比，令人感受到一种极强烈的色彩冲突，似乎更具精神的特征。

| 红黄蓝渐变 |
图 5-28

➥ 三次色三色设计：三次色三色设计是红－橙、黄－绿、蓝－紫、蓝－绿、黄－橙、红－紫组合中的一个，它们在色相环上每个颜色彼此都有相等的距离，搭配效果如图 5-29 所示。

| 红色 | 紫色 |
图 5-29

**技术看板**

根据专业的研究机构研究表明，彩色的记忆效果是黑白的 3.5 倍。也就是说，在一般情况下，彩色页面较完全，黑白页面更加吸引人。

## 5.1.2 为表格配色

正因为有了色彩，我们生活的环境、生存的世界才如此丰富多彩。色彩激发情感，颜色传递感情。人类的视觉对色彩的感知度是非常高的，合理使用色彩，可以获得意想不到的效果。所以，许多人把色彩称为【最经济的奢侈品】。表格也可以是一份设计作品，但它和照片、绘画等艺术设计又有所不同，它的最终目的是展示数据、表达内容。下面就来介绍如何为表格配色。

**🔷 技术看板**

本小节讲的表格配色，乃至本章中所讲的表格设计都是针对展示型的表格进行设计。至于非展示型表格设计就没有太高的要求了，用于承载原始数据的源数据表格最好不要进行任何修饰和美化操作。

### 1. 色彩选择注意事项

很多表格制作者在选择颜色时都是根据个人喜好，或者根本没有进行任何考虑，直接打开色彩设置窗口看到什么颜色就用什么颜色，这样制作出来的表格很难博得观众的喜爱。在为表格配色时，不能太主观，需要考虑以下事项。

（1）针对用途选择颜色

为表格配色首先需要考虑表格的用途，大致可以分为展示信息、汇总信息和打印输出 3 种。

➡ 展示信息：除了图表之外，很多时候表格本身也是需要展示的，这个时候对于效果的要求是最高的。在这种情况下，需要特别注意表格和文字段落格式的协调，当然也包括颜色的协调。建议在美化表格前，先分析一下表格中涉及的内容层级，根据层级的复杂程度确定大概会用几种颜色。

➡ 汇总信息：有些表格是制作成模

板类型的，再基于数字版本的发布要求用户来填写表格，以便搜集信息。这种用途的表格在制作过程中需要考虑填写方便，除了保护单元格外，哪些表格必须要填写，哪些是可选填写的，哪些是需要核实确认的，哪些不能更改，最好分别填充不同的颜色，如图 5-30 所示。

| 单击添加文本 | 单击添加文本 | 单击添加文本 | 单击添加文本 |
|---|---|---|---|
| 单击添加文本 | ✖ | ○ | ✖ |
| 单击添加文本 | ○ | ✖ | ○ |
| 单击添加文本 | ✖ | ✖ | — |
| 单击添加文本 | ✖ | ✖ | — |

图 5-30

➡ 打印输出：要打印输出的表格同样需要用不同的颜色标识出填写项。另外，我们用于输出的表格中所有颜色都必须考虑输出设备，在屏幕上看到的往往不是最终效果，所以需要慎重配色甚至不配色。

不同计算机或显示器的设置都有差别，所以表格在不同设备上看到的效果也不一样。

很多老旧的投影机都设置了变态高的对比度，会压缩掉一切层次，配色要考虑到这个情况。

大多数办公室里都是黑白的激光打印机，所有的颜色都会转成灰度，屏幕上很多不同的颜色打出来却无法分辨。这种情况下，如果表格颜色设置得过于复杂，打印出来的资料反而会很难看。而且绝大部分企业都是【黑白打印＋双面利用】以节省成本，正反面不同区域透过来的灰色色块更让人接受不了。

复印机在办公室里也是广泛使用的，复印几次之后，所有的配色都是一团一团的很难看。

综上所述，如果是用于输出的表格，尽量控制使用的颜色数量在 3 种以内，即白色 +2 主色，如图 5-31 所示，另外两个主色会以不同灰度的形

式印刷出来。尽管如此，可能还是会影响阅读，这点要切记。运用于填充的颜色最好浅一点，实在想用深色的时候，记得文字反白显示。

图 5-31

（2）针对表格查阅者选择颜色

不同的表格内容有不同的查阅者，不同的查阅者有不同的色彩喜好，在制作表格时一定要考虑受众的感受。

如果制作的表格专业性较高，具有很强的指导性，由于这类表格受众更在乎的是展示的数据内容，并且愿意主动去接受表格中的信息，则在配色方面可以朴素一些，不要喧宾夺主。如图 5-32 所示为要运用到职场的个人简历表，由于其阅读的对象是职场人士，需要体现厚重、稳妥的感觉，所以选择了相对深沉的颜色。

| Resume | | |
|---|---|---|
| Name： | YJBYS↵ | |
| Gender： | Female↵ | |
| Date of Birth： | 1967-12-08↵ | |
| Location： | Shanghai↵ | Photo↵ |
| Contact No.： | XXXXXXXXXXX↵ | |
| Address： | Room XXX No.XX, XX Residential Quarter, XX District↵ | |
| E-mail： | XXX@yjbys.com↵ | |
| Job Target | | |
| Target Industry： | Computers Software,Electronics/Semiconductor/IC,Finance/Investments/Securities,Pharmaceuticals/Biotechnology,Architectural Services/Construction↵ | |
| Target address： | Shanghai↵ | |
| Target salary： | ￥3,000-4,500/Month↵ | |
| To hillock time： | The new post can in the long time assume the post↵ | |
| Working Experience | | |
| 2010/09~Present↵ | Shanghai XXXX Pharmaceutical Co., Ltd↵ Industry: Pharmaceuticals/Biotechnology↵ HR Human Resources Assistant↵ Responsibilities & Achievements：↵ Manage the whole database, Compile the procedure file ,such as（Quality Record）; Inspect the gulity system, GMP and BPR; Be the contact man to kinds of organization↵ | |
| Education/Training | | |
| 2006/09~2010/07↵ | Shanghai Bulking Material School↵ Mechanical Electronic Engineering Polytechnic↵ | |
| 2012/12~2013/12↵ | Shanghai XXXX Pharmaceutical Co., Ltd communication↵ | |
| Certificate | | |
| 2011/06↵ | Driver's License↵ | |

图 5-32

如果制作的是作为宣导的表格，由于观众的主动性较低，优秀的配色才能吸引观众的注意力。图 5-33 为销售过程中展示给客户的产品参数表，选用了活泼亮丽的颜色来调动观众的激情与热情。

图 5-33

（3）颜色要符合内容含义

一些颜色有其惯用的含义，如红色表示警告，绿色表示认可。使用颜色可表明信息内容间的关系，表达特定的信息或进行强调。

图 5-34 所示是将图 5-33 中的【✓】应用为红色了，显然【✓】用绿色更符合日常生活习惯。

图 5-34

### 2. 色彩不能滥用

好的表格不是靠效果堆砌起来的，如果效果和颜色太多，可能显得非常杂乱，如图 5-35 所示。

图 5-35

为了避免查阅者眼花缭乱，表格中的颜色尽量不要超过 3 种色系。为什么是 3 种？我们简单地从配色方案的角度出发来考虑，三色原则是能最大范围地适用【对比色配色方案】【互补色配色方案】或者【邻近色配色方案】的。所以，在 Excel 中设计表单样式一定要遵守【三色原则】：首行、首列最深，间行间列留白。颜色过多，反而抓不住重点。

图 5-36 所示为 Excel 自带的表格样式，表单设计采用的是三色配色方案，用色系根据明度递减做配色。当然也可以根据实际需要进行多种颜色的搭配，只要符合配色规律即可，有设计基础的朋友应该都能轻松掌握。

图 5-36

### 3. 注意色彩的均衡搭配

要使表格看上去舒适、协调，除了文字、图片等内容的合理排版，色彩的均衡也是相当重要的一个因素。一般来说，一个表格不可能单一地运用一种颜色，所以色彩的均衡问题是制表者必须要考虑的。色彩的均衡包括色彩的位置、每种色彩所占的比例和色彩的面积等。尤其色彩的面积对表格整体效果的影响很大。

色彩的面积占比是指页面中各种色彩在面积上多与少、大与小的差别，影响到页面主次关系。在同一视觉范围内，色彩面积的不同，会产生不同的对比效果。

当两种颜色以相等的面积比例出现时，这两种颜色就会产生强烈的冲突，色彩对比自然强烈。如果将比例变换为 3:1，一种颜色被削弱，整体

的色彩对比也减弱了。当一种颜色在整个页面中占据主要位置时，则另一种颜色只能成为陪衬。这时，色彩对比效果最弱。如图 5-37 所示为色彩面积对比。

图 5-37

同一种色彩，面积越大，明度、纯度越强；面积越小，明度、纯度越弱。面积大的时候，亮的色显得更轻，暗的色显得更重。

根据设计主题的需要，在页面上以一方为主色，其他的颜色为辅助色，使页面的主次关系更突出，在统一的同时富有变化，如图 5-38 所示。

图 5-38

➡ **表格主色**：视觉的冲击中心点，整个画面的重心点，它的明度、大小、饱和度都直接影响到辅助色的存在形式，以及整体的视觉效果。

➡ **表格辅助色**：在表格的整体页面中则应该起到平衡主色的冲击效果，以及减轻其对观看者产生的视觉疲劳度，起到一定的视觉分散效果。

值得强调的是，在表格制作时两种或多种对比强烈的色彩为主色的同时，必须找到平衡它们之间关系的一种色彩，比如说黑色、灰色调、白色等，但需要注意它们之间的亮度、对比度和具体占据的空间比例的大小，在此基础上再选择你的表格辅助色。

### 4. 背景要单纯

表格的背景要单纯。如果采用一些过于花哨而且又与数据内容无关的背景图片，只会削弱表格要传达的信息；如果信息不能有效传达，再漂亮的背景都没有意义。有些表格由于采用过于华丽的背景，反而影响内容，如图 5-39 所示。

图 5-39

一般来说，使用纯色背景，或者柔和的渐变色背景，或者低调的图案背景，都可以产生良好的视觉效果，可以使文字信息清晰可见，如图 5-40 所示。

图 5-40

**技能拓展——在 Excel 中调整图片效果使其更符合需求**

在 Excel 2013 中，使用图片中的对比度、明度等工具，能对图像、照片进行简单的处理。如果图片用作背景，可以设置为"冲蚀"效果，让图片和文字很好地结合在一起；如果需要突出显示图片，就需要调整它的对比度，使它变得更显著。

## 5.1.3 表格配色的那些技巧

制作的表格需要有一个具有设计感的色彩来吸引查阅者，让他能够从外观上直接对表格内容产生兴趣。

在工作表设计中，可以添加颜色的对象，包括背景、标题、正文、图片、装饰图形等。它们被简单地分为背景对象和前景对象两大类。一般来说，表格配色有一些可以通用的技巧，下面将一一介绍。

### 1. 使用主题统一风格

制表者选择颜色的关键是要在专业性和趣味性之间实现平衡。如果用户对颜色搭配不在行，使用 Excel 中预定义的颜色组合是一个不错的选择。即使用主题快速创建具有专业水准、设计精美、美观时尚的表格。

主题是一套统一的设计元素和配色方案，是为表格提供的一套完整的格式集合。其中包括主题颜色（配色方案的集合）、主题文字（标题文字和正文文字的格式集合）和相关主题效果（如线条或填充效果的格式集合）。主题的具体应用请查看 5.5 节的内容。

### 2. 利用秩序原理保持均衡

为表格或表格中的对象进行配色时，可以采用秩序原理。

图 5-41

如图 5-41 所示，在标准色彩中有一个正多边形，当需要配色的多个对象处于同一板块时，可以选择由顶点向内放射性取色；当多个对象属于多个板块并列时，可以选择在各个顶点所在的范围内取色。实际应用效果如图 5-42 所示。

图 5-42

**技术看板**

不建议对表格正文内容上色，这对于大多数人来说是无法忍受的，如图 5-43 所示。如果在表格中大幅度任意使用颜色，会导致表格视觉上支离破碎，还会给未来可能的打印造成不确定的后果。

图 5-43

### 3. 巧妙利用渐变效果

渐变是一种适度变化而有均衡感的配色，它的色彩变化样式非常容易让人接受，运用在视觉设计中能产生强烈的透视感和空间感。渐变配色一般用于表现递进的关系，如事物的发展变化。实际应用效果如图 5-44 所示。

图 5-44

需要注意的是，渐变的程度在设计中非常重要，渐变的程度太大，速度太快，就容易失去渐变所特有的规律性，给人以不连贯和视觉上的跃动感。

### 4. 使用强调色产生对比效果

强调色是总色调中的重点用色，是面积因素和可辨识度结合考虑的用色。一般要求明度和纯度高于周围的色彩，在面积上则要小于周围的色彩，否则起不到强调作用。如图 5-45 所示的图表中使用强调色后，被强调单元格中的数据就会引起注意。

图 5-45

### 5. 表格不同位置的上色

为表格不同位置的单元格进行上色也有规律可循，下面进行介绍。

（1）表格标题上色

为达到醒目和与表格内容区分的目的，在保证不影响表格的视觉效果前提下，我们可以用颜色划分区域，不过仅限于对字段标题上色，通常是表格的第一行或第一列。

为行标题与列标题上色以后，你会发现单元格默认的黑色文字不够清晰，这时候你可以把文字颜色调整成白色再加粗，同时适当调整字号，如图 5-46 所示。

图 5-46

**技术看板**

Excel 中的配色也可以直接拿来为标题行上色。由于默认是黑色文字，所以颜色明度要高，但是明度过高又会比较淡，经过权衡，第二排颜色可以随意使用，如图 5-47 所示。

图 5-47

（2）表格内容的上色

表格就是表格，就应该尽量采用

三色来区分，不要总是这里一个色块那里一个色块，但是为表格的所有正文内容添加底色还是可以的。制表之前先选择一个区域填充为纯色底，淡色最佳。区别对比如图 5-48 所示。

图 5-48

（3）表格内容的区分

如果表格中有许多内容需要区分，通常可以使用以下 3 种方法。

➡ 镶边行或镶边列：使用与行标题或列标题相同色系的浅色（图 5-47 中的同一列），在需要区分的一行或多行中穿插对背景上色，即隔一行或多行染一行或多行，以此类推。效果如图 5-49 和图 5-50 所示。

图 5-49

图 5-50

我们称这种方法为【镶边行】，相对应的还有【镶边列】，即隔一列或多列染一列或多列，以此类推，如图 5-51 所示。

图 5-51

在实际应用中，这样的表单很美观、很正规而且方便阅读。这就是错行配色的原因。不过，【镶边行】的方法只适合列数据简单，不需要太多区分的表格；【镶边列】的方法只适合行数据简单，不需要太多区分的表格。

➡ 复杂数据的区分：当行和列数据都较多，都需要进行区分时，采用【镶边行＋镶边列】的方法，辨识度就降低了，如图 5-52 所示。

图 5-52

此时，我们可以先设置【镶边列】效果对列数据进行区分，再使用行边框来区分行数据，如图 5-53 所示。

图 5-53

➡ 划分区域的线条：如果表格中的数据需要区别为若干行，即分隔数据区域，我们可以使用线条来进行区分。

简单编辑表格后，用线条将数据分隔开，效果立竿见影，比用颜色标注好很多，如图 5-54 所示。

非现金区主要业务范围清单

图 5-54

（4）设置字体颜色

字体颜色也就是文字的颜色。由于色彩可以体现心情，不同的色彩也具有不同的心理暗示。例如，红头文件中会使用醒目的、代表权威的、让人畏惧的红色作为文件头中的文字颜色。可见，字体颜色的设置在字符格式设置中起着举足轻重的作用，在为文字应用色彩时要十分谨慎，要从文字的意思、颜色的意义以及使用颜色后文字的明显程度以及整体的色彩等

各方面进行考虑，切忌滥用颜色。

为了让读者在制作表格时，既能让文字与背景搭配得清晰，又不失美观度。下面为大家提供 10 种可供参考的，比较常见的文字与背景的配色方案，如图 5-55 所示。

图 5-55

如果在制作的表格中插入了图片、图形等对象，那么在设置单元格和字体颜色时一定要根据图片中的颜色进行设置。我们可以将图片中的主色作为字体的颜色，这样可以起到交相辉映的作用。

（5）边框的搭配

如果表格不需要打印输出，则一般不用对边框（全边框）进行修饰，Excel 默认的网格线完全可以完成内容的区分工作。

如果需要打印，考虑到美观的问题，边框采用 50% 左右灰度的线条效果最好，既能区分内容又不会影响识别，边框颜色过深就会影响到内容的识别。

# 5.2 设置单元格格式

可能在很多人眼中，制作表格就是在各单元格中输入数据，编编公式和函数，只要能实现数据的展示，得到需要运算的结果，完全不需要进行美化，特别是较为正式的表格美化了反而让人觉得文件不正式了。

的确，横行竖列的表格就是表格，似乎很难做出花样来。大部分较为正式的表格通常用不着图形或图片之类的内容或修饰元素，为了体现公文的正式性，也不允许太多的修饰和色彩，甚至整个表格就是由数据、文字构成。但如果不进行美化，特别是当数据内容较多时，当阅读者看到密密麻麻的数据时心里是何种滋味？回忆一下，你上次看到这种密密麻麻的阵列表格，心里是不是不太好受呢？

所以，无论什么样的表格，尤其是结果报告表都是需要进行美化的。那么，应该如何改善这种纯数据表格的整体效果呢？实际上，这类表格中不仅有文字，还包含了一些不易看到或没有想到的东西，那就是格式。

Excel 2013 默认状态下制作的工作表具有相同的文字格式和对齐方式，没有边框和底纹效果。为了让制作的表格更加美观和适合交流，可以为其设置适当的单元格格式，包括为单元格设置文字格式、数字格式、对齐方式，还可以为其添加边框和底纹。

### 5.2.1 实战：设置费用报销单中的文字格式

| 实例门类 | 软件功能 |
|---|---|
| 教学视频 | 光盘\视频\第5章\5.2.1.mp4 |

Excel 2013 中输入的文字字体默认为宋体，字号为 11 号。为了使表格数据更清晰、整体效果更美观，可以为单元格中的文字设置字体格式，包括对文字的字体、字号、字形和颜色进行调整。

**（1）字体**

字体即书体，也就是文字的风格式样。字体的艺术性体现在其完美的外在形式与丰富的内涵之中。我们平常所说的楷书、草书是指不同的书体。在表格中常用的字体有【微软雅黑】【宋体】【黑体】【楷体】和【隶书】等，如图 5-56 所示。

图 5-56

在设置文本的字体时，应根据文档的使用场合和不同的阅读群体的阅读体验进行设置。单从阅读舒适度上来看，宋体是中文各字体中阅读起来最轻松的一种，尤其在编排数据较多的表格时，使用宋体可以让读者的眼睛负担不那么重。因此，宋体或仿宋体常用于表格内容的字体格式，黑体主要用于表格标题，以及需要突出显示的文字内容。

**技术看板**

Excel 中可用的字体与电脑系统中安装的字体有关。通常情况下，Windows 中文系统默认安装了微软雅黑、宋体、黑体、楷体和隶书等字体。如果需要使用系统中没有的其他字体，则需要在系统中安装相应的字体。另外需要注意的是，如果文件中使用了非系统默认安装的字体，在没有安装该字体的计算机中打开该文件时将无法看到所应用的字体效果。

**（2）字号**

字号是指字符的大小，在 Excel 中都是以磅值大小进行设置的，用数字 12，14，…表示，数字越大，文字显示得也越大。用户也可以根据自己的需要对比设置字号大小，表 5-1 为 Word 与 Excel 字号对照表。

表 5-1

| Word 字号 | Excel 字号 | 尺寸大小 |
|---|---|---|
| 初号 | 42 磅 | 14.82mm |
| 小初 | 36 磅 | 12.70mm |
| 一号 | 26 磅 | 9.17mm |
| 小一 | 24 磅 | 8.47mm |
| 二号 | 22 磅 | 7.76mm |
| 小二 | 18 磅 | 6.35mm |
| 三号 | 16 磅 | 5.64mm |
| 小三 | 15 磅 | 5.29mm |
| 四号 | 14 磅 | 4.94mm |
| 小四 | 12 磅 | 4.23mm |
| 五号 | 10.5 磅 | 3.70mm |

续表

| Word 字号 | Excel 字号 | 尺寸大小 |
|---|---|---|
| 小五 | 9 磅 | 3.18mm |
| 六号 | 7.5 磅 | 2.56mm |
| 小六 | 6.5 磅 | 2.29mm |
| 七号 | 5.5 磅 | 1.94mm |
| 八号 | 5 磅 | 1.76mm |

**（3）字形**

字形是指文字表现的形态，Excel 中的字形主要分为正常显示、加粗显示和倾斜显示。通常可以用不同的字形表示文档中部分内容的不同含意或起到引起注意或强调的作用，不同字形表现效果如图 5-57 所示。

图 5-57

对于表格内的数据，原则来说不应当使用粗体，以免喧宾夺主。但也有特例，例如，在设置表格标题（表头）的字体格式时，一般使用加粗效果就会更好。另外，当数据稀疏时，可以将其设置为黑体，起到强调的作用。

斜体在中文中尽量不使用，因为斜体看起来有点不符合中国人的使用习惯，如果有英文或者数字需要慎用。

**（4）下画线**

下画线是出现在文字下方的线条，通常用于强调文字内容。Excel 中提供了多种类形的下画线，用户可根据实际情况来选用，图 5-58 所示为文字加上不同下画线的效果。另外，我们还可以设置下画线的颜色。

# 重要通知 重要通知

# 重要通知 重要通知

图 5-58

（5）字体颜色

有时也需要为表格中的文字设置颜色，一般是为需要突出显示的文字设置红色。此外，我们也要根据文字所在单元格已经填充的背景色来选择文字字体的颜色，主要是保证文字的可读性，看着不累且耐看即可。

在 Excel 2013 中，为单元格设置文字格式，可以在【字体】组中进行设置，也可以通过【设置单元格格式】对话框进行设置。

在【字体】组（如图 5-59 所示）中就能够方便地设置文字的字体、字号、颜色、加粗、斜体和下画线等常用字体格式。通过该方法设置字体也是最常用、最快捷的方法。

图 5-59

单击【开始】选项卡【字体】组右下角的【对话框启动器】按钮，即可打开【设置单元格格式】对话框。在该对话框的【字体】选项卡中也可以设置字体、字形、字号、下画线、字体颜色和一些特殊效果等，更主要的是用于设置删除线、上标和下标等文字的特殊效果。

下面讲解通过【字体】组和【设置单元格格式】对话框，为"费用报销单"工作簿设置合适的文字格式，具体操作步骤如下。

**Step01** 打开"光盘＼素材文件＼第 5 章＼费用报销单 .xlsx"文件，❶ 选择 A1 单元格，❷ 单击【开始】选项卡【字体】组中的【字体】下拉列表框右侧的下拉按钮，❸ 在弹出的下拉列

表中选择需要的字体，如【黑体】，如图 5-60 所示。

图 5-60

**Step02** 保持单元格的选择状态，❶ 单击【字号】下拉列表框右侧的下拉按钮，❷ 在弹出的下拉列表中选择【18】选项，如图 5-61 所示。

图 5-61

**Step03** 单击【字体】组中的【加粗】按钮 B，让单元格中的文字加粗显示，如图 5-62 所示。

图 5-62

**Step04** ❶ 选择 A8:B8 单元格区域，❷ 单击【字体颜色】按钮 A · 右侧的下拉按钮，❸ 在弹出的下拉菜单中

选择需要的颜色，如【蓝色】，如图 5-63 所示。

图 5-63

## 技术看板

在如图 5-63 所示的下拉菜单的【主题颜色】栏中可以选择主题颜色；在【标准色】栏中可以选择标准色；选择【其他颜色】选项后，在弹出的如图 5-64 所示的【颜色】对话框中，可以自定义需要的颜色。

图 5-64

**Step05** ❶ 选择表格中的提示内容所在的单元格，❷ 单击【开始】选项卡【字体】组右下角的【对话框启动器】按钮，如图 5-65 所示。

## 技能拓展——取消加粗和倾斜效果

第一次单击【加粗】或【倾斜】按钮，可将所选的字符加粗或倾斜显示；再次单击【加粗】或【倾斜】按钮，则取消字符的加粗或倾斜显示。

图 5-65

**Step06** 在弹出的【设置单元格格式】对话框中，❶ 在【字体】选项卡的【字体】列表框中选择【方正仿宋_GBK】选项，❷ 在【字形】列表框中选择【加粗】选项，❸ 在【颜色】下拉列表框中选择蓝色，❹ 单击【确定】按钮，如图 5-66 所示。

图 5-66

**Step07** 返回工作表，即可看到为所选单元格设置的字体格式效果，保持单元格区域的选择状态，单击【增大字号】按钮，即可根据字符列表中排列的字号大小增大所选字符的字号，如图 5-67 所示。

图 5-67

**★ 重点 5.2.2 实战：设置费用报销单中的数字格式**

| 实例门类 | 软件功能 |
|---|---|
| 教学视频 | 光盘\视频\第 5 章\5.2.2.mp4 |

在单元格中输入数据后，Excel 会自动识别数据类型，并应用相应的数字格式。在实际生活中，常常遇到日期、货币等特殊格式的数据，例如，要区别输入的货币数据与其他普通数据，需要在货币数字前加上货币符号，如人民币符号【￥】；或者要让输入的当前日期显示为【2017 年 12 月 20 日】等。在 Excel 2013 中，要让数据显示为需要的形式，就需要设置数字格式了，如常规格式、货币格式、会计专用格式、日期格式和分数格式等。

在 Excel 2013 中，为单元格设置数字格式，可以在【开始】选项卡的【数字】组中进行设置，也可以通过【设置单元格格式】对话框进行设置。

下面为【费用报销单】工作簿中的相关数据设置数字格式，具体操作步骤如下。

**Step01** ❶ 选择 D2 单元格，❷ 单击【开始】选项卡【数字】组右下角的【对话框启动器】按钮，如图 5-68 所示。

**Step02** 在弹出的【设置单元格格式】对话框中，❶ 在【数字】选项卡的【分类】列表框中选择【日期】选项，❷ 在【类型】列表框中选择需要的日期格式，❸ 单击【确定】按钮，如图 5-69 所示。

图 5-68

图 5-69

**Step03** 经过上步操作，即可为所选单元格区域设置相应的时间样式，

❶选择 F2 和 H2 单元格，❷单击【数字】组右下角的【对话框启动器】按钮，如图 5-70 所示。

图 5-70

**Step 04** 在弹出的【设置单元格格式】对话框中，❶在【数字】选项卡的【分类】列表框中选择【自定义】选项，❷在【类型】文本框中输入需要自定义的格式，如【0000000】，❸单击【确定】按钮，如图 5-71 所示。

图 5-71

### 技术看板

利用 Excel 提供的自定义数据类型的功能，用户还可以自定义各种格式的数据。下面讲解在【类型】文本框中经常输入的各代码的用途。

➡【#】：数字占位符。只显示有意义的零而不显示无意义的零。小数点后数字若大于【#】的数量，则按【#】的位数四舍五入。如输入代码【###.##】，则 12.3 将显示为 12.30；12.3456 显示为 12.35。

➡【0】：数字占位符。如果单元格的内容大于占位符，则显示实际数字；如果小于占位符的数量，则用 0 补足。如输入代码【00.000】，则 123.14 显示为 123.140；1.1 显示为 01.100。

➡【@】：文本占位符。如果只使用单个 @，作用是引用原始文本，要在输入数字数据之后自动添加文本，使用自定义格式为：【文本内容】@；要在输入数字数据之前自动添加文本，使用自定义格式为：@【文本内容】；如果使用多个 @，则可以重复文本。如输入代码【;;;"西游"@"部"】，则财务将显示为西游财务部；输入代码【;;;@@@】，财务显示为财务财务财务。

➡【*】：重复下一字符，直到充满列宽。如输入代码【@*-】。】，则 ABC 显示为【ABC---------------------】。

➡【,】：千位分隔符。如输入代码【#,###】，则 32000 显示为 32,000。

➡颜色：用指定的颜色显示字符，可设置红色、黑色、黄色、绿色、白色、蓝色、青色和洋红 8 种颜色。如输入代码：【[青色];[红色];[黄色];[蓝色]】，则正数为青色，负数显示红色，零显示黄色，文本显示为蓝色。

➡条件：可对单元格内容进行判断后再设置格式。条件格式化只限于使用 3 个条件，其中两个条件是明确的，另一个是除前两个条件外的其他条件。条件要放到方括号中，必须进行简单的比较。如输入代码：【[>0]"正数";[=0]"零";"负数"】。则单元格数值大于零显示【正数】，等于 0 显示【零】，小于零显示【负数】。

**Step 05** 经过上步操作，即可让所选单元格内的数字显示为 0000001、0000002，…。例如，在 F2 单元格中输入【12345】，即可看到显示为【0012345】，如图 5-72 所示。

图 5-72

**Step 06** ❶选择 D4 单元格，❷在【数字】组中的【数字格式】下拉列表框中选择【会计专用】选项，如图 5-73 所示。

图 5-73

**Step 07** 经过上步操作，即可为所选单元格设置会计专用的货币样式，且数据包含两位小数。连续两次单击【数字】组中的【减少小数位数】按钮，如图 5-74 所示。

图 5-74

### 技能拓展——设置数据的小数位

在【设置单元格格式】对话框【数字】选项卡的【分类】列表框中选择【数值】选项，在右侧的【小数位数】数值框中输入需要设置数据显示的小数位数即可，在【负数】列表框中还可以选择需要的负数表现形式。

另外，每单击【数字】组中的【增加小数位数】按钮一次，可以让所选单元格中的数据增加一位小数。

Step⑧ 经过上步操作，即可让所选单元格中的数据显示为整数。❶选择 F4 单元格，❷单击【数字】组右下角的【对话框启动器】按钮，如图 5-75 所示。

图 5-75

Step⑨ 在弹出的【设置单元格格式】对话框中，❶在【数字】选项卡的【分类】列表框中选择【特殊】选项，❷在【类型】列表框中选择【中文大写数字】选项，❸单击【确定】按钮，如图 5-76 所示。

图 5-76

Step⑩ 经过上步操作，即可让所选单元格中的数据以中文大写形式显示，效果如图 5-77 所示。

图 5-77

### ★ 重点 5.2.3 实战：设置费用报销单中的对齐方式

| 实例门类 | 软件功能 |
| --- | --- |
| 教学视频 | 光盘\视频\第 5 章\5.2.3.mp4 |

默认情况下，在 Excel 中输入的文本显示为左对齐，数据显示为右对齐。为了保证工作表中数据的整齐性，可以为数据重新设置对齐方式。设置对齐方式包括设置文字的对齐方式、文字的方向和自动换行。

➡ 垂直对齐：通过【顶端对齐】按钮、【垂直居中】按钮、【底端对齐】按钮可以在垂直方向上设置数据的对齐方式。单击【顶端对齐】按钮，可使相应数据在垂直方向上位于顶端对齐；单击【垂直居中】按钮，可使相应数据在垂直方向上居中对齐；单击【底端对齐】按钮，可使相应数据在垂直方向上位于底端对齐，效果如图 5-78 所示。

| 顶端对齐 ≡ | 垂直居中 ≡ | 底端对齐 ≡ |
| --- | --- | --- |
| 产品名称 | | |
| | 产品名称 | |
| | | 产品名称 |

图 5-78

如果不调整行高，那么垂直对齐设置后看不出效果，当单元格的高度发生改变，这个对齐方式就能显示出效果。

➡ 水平对齐：水平对齐主要包括左对齐、居中和右对齐 3 种方式，水平对齐方式的设置使用比较频繁。单击【左对齐】按钮，可使相应数据在水平方向上根据左侧对齐；单击【居中】按钮，可使相应数据在水平方向上居中对齐；单击【右对齐】按钮，可使相应数据在水平方向上根据右侧对齐，效果如图 5-79 所示。

| 左对齐 ≡ | 居中 ≡ | 右对齐 ≡ |
| --- | --- | --- |
| 产品名称 | 产品名称 | 产品名称 |

图 5-79

➡ 方向：在表格中文字的显示方向不是唯一的，为了制作出清楚明了、简单易懂的表格，在 Excel 中制作特殊表格时，就会设置表格内容显示的方向。单击【开始】选项卡【对齐方式】组中的【方向】按钮，在弹出的下拉菜单中可选择文字需要旋转的 45°倍数方向，如图 5-80 所示。

图 5-80

选择【设置单元格对齐方式】选项，可在弹出的【设置单元格格式】对话框中手动设置需要旋转的具体角度，如图 5-81 所示。

### 技术看板

通过【设置单元格格式】对话框设置数据对齐方式的方法，主要用于需要详细设置水平、垂直对齐方式、旋转方向和缩小字体进行填充的特殊情况。

如图 5-81 所示，在【设置单元格格式】对话框【对齐】选项卡的【文本对齐方式】栏中可以设置更多单元格中数据在水平和垂直方向上的对齐方式，并且能够设置缩进值；在【方向】栏中可以设置具体的旋转角度值，并能在预览框中查看文字旋转后的效果；在【文本控制】栏中选中【自动换行】复选框，可以为单元格中的数据进行自动换行，选中【缩小字体填充】复选框，可以将所选单元格或单元格区域的字体自动缩小以适应单元格的大小。设置完毕后单击【确定】按钮关闭对话框即可。

图 5-81

➥ 自动换行：当单元格中的数据太多，无法完整显示在单元格中时，单击【自动换行】按钮，可将该单元格中的数据自动换行后以多行的形式显示在单元格中，方便读者直接阅读其中的数据，再次单击该按钮则取消字符的自动换行显示。

设置单元格对齐方式的方法和文字格式的设置方法相似，可以在【对齐方式】组中进行设置，也可以通过【设置单元格格式】对话框中的【对齐】选项卡进行设置。下面为【费用报销单】工作簿设置合适的对齐方式，具体操作步骤如下。

Step01 ❶ 选择 A2:J8 单元格区域，❷ 单击【开始】选项卡【对齐方式】组中的【左对齐】按钮，如图 5-82 所示。

图 5-82

Step02 经过上步操作，即可让选择的单元格区域中的数据靠左对齐。❶ 选择 B3 单元格，❷ 单击【对齐方式】组中的【顶端对齐】按钮，如图 5-83 所示。

图 5-83

Step03 经过上步操作，即可让选择的单元格中的数据靠顶部对齐。❶ 选择 B8 单元格，❷ 单击【对齐方式】组中的【自动换行】按钮，如图 5-84 所示。

图 5-84

Step04 经过上步操作，即可显示出该单元格中的所有文字内容，效果如图 5-85 所示。

图 5-85

**技能拓展——设置缩进**

单击【对齐方式】组中的【减少缩进量】按钮，可减小单元格边框与单元格数据之间的边距；单击【增大缩进量】按钮，可增大单元格边框与单元格数据之间的边距。

★ 重点 5.2.4 实战：为费用报销单添加边框和底纹

| 实例门类 | 软件功能 |
|---|---|
| 教学视频 | 光盘\视频\第5章\5.2.4.mp4 |

Excel 2013 默认状态下，单元格的背景是白色的，边框为无色显示。为了能更好地区分单元格中的数据内容，使表格美观漂亮、符合应用场景，可以根据需要为表格的线条和单元格的背景添加修饰。构成表格行、列、单元格的线条称为边框，单元格的背景则是底纹。

**1. 添加边框**

实际上，在打印输出时，默认情况下 Excel 中自带的边线是不会被打印出来的，因此需要让打印输出的表格具有边框，就应在打印前添加边框。

为单元格添加边框后，还可以使制作的表格轮廓更加清晰，让每个单元格中的内容有一个明显的划分。但若不是用于输出的表格，一般不会设置全部边框。

为了让表格更加醒目，可以直接使用添加边框线条或加粗边框来区分数据的层级，可只在重要层级的数据上设置边框或加粗。比如在重要层级添加边框，明细级数据不添加边框；同一层级应使用同一粗细的线条边框，如图 5-86 所示。

图 5-86

### 技术看板

表格线宽度会对使用表格的人造成比较大的影响。要搭配使用合适的粗细线。最简便易行的方法就是【细内线＋粗边框】。合理的粗细线结合会让人感觉到表格是用心设计出来的，会产生一种信任感。另外，如果有大片的小单元格聚集，表格边线则可考虑采用虚线，以免影响使用者的视线。

如果不是出于下面 4 个目的之一，就不必使用边框：结构化表格、引导阅读、强调突出数据、美化表格。

为单元格添加边框有两种方法，一是可以单击【开始】选项卡【字体】组中的【边框】按钮 ⊞ ▾ 右侧的下拉按钮，在弹出的下拉菜单中选择为单元格添加的边框样式；另外一种方法需要在【设置单元格格式】对话框的【边框】选项卡中进行设置。

设置【费用报销单】工作簿中的边框的具体操作步骤如下。

**Step01** ❶ 根据需要合并部分单元格，并调整合适的单元格列宽，选择 A2:J6 单元格区域，❷ 单击【字体】组中的【边框】按钮 ⊞ ▾ 右侧的下拉按钮，❸ 在弹出的下拉菜单中选择【所有框线】命令，如图 5-87 所示。

图 5-87

### 技术看板

在【边框】下拉菜单中不仅能快速设置常见的边框效果，包括设置单元格或单元格区域的单边边框、两边边框以及四周的边框。如果不显示单元格的边框，可以选择【无框线】选项。还可以在其中的【绘制边框】栏中设置需要的边框颜色和线型，然后手动绘制需要的边框效果，并可使用【擦除边框】命令擦除多余的边框线条，从而制作出更多元化的边框效果。

**Step02** 经过上步操作，即可为所选单元格区域设置边框效果。❶ 选择 A1:J6 单元格区域，❷ 单击【字体】组右下角的【对话框启动器】按钮，如图 5-88 所示。

图 5-88

**Step03** 在弹出的【设置单元格格式】对话框中，❶ 单击【边框】选项卡，❷ 在【颜色】下拉列表框中选择【蓝色】选项，❸ 在【样式】列表框中选择【粗线】选项，❹ 单击【预置】栏中的【外边框】按钮，❺ 单击【确

定】按钮，如图 5-89 所示。

图 5-89

### 技术看板

在【边框】选项卡的【边框】栏中显示了设置边框后的效果，单击其中的按钮还可单独为单元格中的某一边添加边框效果。如单击▯按钮可以为单元格添加顶部的边框；单击▯按钮可以为单元格添加左侧的边框；单击◿按钮可以为单元格添加斜线等。

**Step04** 经过上步操作，即可为所选单元格区域设置外边框，效果如图 5-90 所示。

图 5-90

### 2. 设置底纹

表格除了可以添加简单的边框进行美化外，还可以将边框和底纹相结合进行造型，以进一步美化表格，设计更丰富、更漂亮的表格。

这里所说的设置底纹包括为单元格填充纯色、带填充效果的底纹和带图案的底纹 3 种。

为单元格设置底纹既能使表格更加美观，又能让表格更具整体感和层次感。为不同层次的数据设置不同的填充色，可以用填充色进行突出强调。填充色不能太暗，也不能太亮，颜色要与字体颜色相协调。填充色种类不能太多，多了显得花哨，如图5-91所示。

图 5-91

为包含重要数据的单元格设置底纹，还可以使其更加醒目，起到提醒的作用，如图5-92所示。

图 5-92

为单元格填充底纹一般需要通过【设置单元格格式】对话框中的【填充】选项卡进行设置。若只为单元格填充纯色底纹，还可以通过单击【开始】选项卡【字体】组中的【填充颜色】按钮 右侧的下拉按钮，在弹出的下拉菜单中选择需要的颜色。

下面以为【费用报销单】工作表设置底纹为例，详细讲解为单元格设置底纹的方法，具体操作步骤如下。

**Step01** ❶ 选择提示内容所在的单元格区域，❷ 单击【开始】选项卡【字体】组中的【填充颜色】按钮 右侧的下拉按钮，❸ 在弹出的下拉菜单中选择需要填充的颜色，这里选择浅灰色，如图5-93所示。

图 5-93

**Step02** 经过上步操作，即可为所选单元格区域填充选择的颜色。❶ 选择A8:J8单元格区域，❷ 单击【字体】组右下角的【对话框启动器】按钮 ，如图5-94所示。

图 5-94

**Step03** 在弹出的【设置单元格格式】对话框中，❶ 单击【填充】选项卡，❷ 在【背景色】栏中选择需要填充的

背景颜色，如【粉红色】，❸ 在【图案颜色】下拉列表框中选择图案的颜色，如【白色】，❹ 在【图案样式】下拉列表框中选择需要填充的背景图案，❺ 单击【确定】按钮关闭对话框，如图5-95所示。

图 5-95

**Step04** 返回工作界面，即可看到设置的底纹效果，如图5-96所示。

图 5-96

### 技能拓展——删除单元格中设置的底纹

如果要删除单元格中设置的底纹效果，可以在【填充颜色】下拉菜单中选择【无填充颜色】选项，或是在【设置单元格格式】对话框的【填充】选项卡中单击【无颜色】按钮。

# 5.3 设置单元格样式

Excel 2013 提供了一系列单元格样式，它是一整套已为单元格预定义了不同的文字格式、数字格式、对齐方式、边框和底纹效果等样式的格式模板，使用单元格样式可以快速使每一个单元格都具有不同的特点。除此之外，用户还可以根据需要对内置的单元格样式进行修改，或自定义新单元格样式，创建更具个人特色的表格。

## 5.3.1 实战：为申购单套用单元格样式

| 实例门类 | 软件功能 |
|---|---|
| 教学视频 | 光盘\视频\第5章\5.3.1.mp4 |

如果用户希望工作表中的相应单元格格式独具特色，却又不想浪费太多的时间进行单元格格式设置，此时，便可利用 Excel 2013 自动套用单元格样式功能直接调用系统中已经设置好的单元格样式，快速构建带有相应格式特征的表格，这样不仅可以提高工作效率，还可以保证单元格格式的质量。

单击【开始】选项卡【样式】组中的【单元格样式】按钮，在弹出的下拉菜单中即可看到 Excel 2013 中提供的多种单元格样式。通常，我们会为表格中的标题单元格套用 Excel 默认提供的【标题】类单元格样式，为文档类的单元格根据情况使用非【标题】类的样式。

例如，要为办公物品申购单工作表中的单元格套用单元格样式，具体操作步骤如下。

**Step01** 打开"光盘\素材文件\第5章\办公物品申购单.xlsx"文件，❶选择 A1 单元格，❷单击【开始】选项卡【样式】组中的【单元格样式】按钮，❸在弹出的下拉菜单中选择【标题1】选项，如图 5-97 所示。

**Step02** 经过上步操作，即可为所选单元格区域设置标题 1 样式。❶选择 A3:I3 单元格区域，❷单击【单元格样式】按钮，❸在弹出的下拉菜单中选择需要的主题单元格样式，如图 5-98 所示。

图 5-97

图 5-98

**Step03** 经过上步操作，即可为所选单元格区域设置选择的主题单元格样式。❶选择 H4:H13 单元格区域，❷单击【单元格样式】按钮，❸在弹出的下拉菜单中选择【货币】选项，如图 5-99 所示。

图 5-99

**Step04** 经过上步操作，即可为所选单元格区域设置相应的货币样式。在 H4:H13 单元格区域中的任意单元格中输入数据，即可看到该数据自动应用【货币】单元格样式的效果，如图 5-100 所示。

图 5-100

## ★ 重点 5.3.2 实战：创建及应用单元格样式

| 实例门类 | 软件功能 |
|---|---|
| 教学视频 | 光盘\视频\第5章\5.3.2.mp4 |

Excel 2013 中提供的单元格样式是有限的，不过它允许用户自定义单元格样式。这样，用户就可以根据需要创建更具特色的单元格样式了。将自己常用的单元格样式进行自定义后，创建的单元格样式会自动显示在【单元格样式】下拉菜单的【自定义】栏中，方便后期随时调用。

例如，要创建一个名为【多文字格式】的单元格样式，并为【办公物品申购单】工作簿中的相应单元格应用该样式，具体操作步骤如下。

**Step01** ❶选择 D14:D15 单元格区域，❷单击【单元格样式】按钮，❸在弹出的下拉菜单中选择【新建单元格样式】命令，如图 5-101 所示。

图 5-101

**Step02** 在弹出的【样式】对话框中，❶ 在【样式名】文本框中输入新建单元格样式的名称，如【多文字格式】，❷ 在【包括样式】栏中根据需要定义的样式选中相应的复选框，❸ 单击【格式】按钮，如图 5-102 所示。

图 5-102

**Step03** 在弹出的【设置单元格格式】对话框中，❶ 单击【数字】选项卡，❷ 在【分类】列表框中选择【文本】选项，如图 5-103 所示。

图 5-103

**Step04** ❶ 单击【对齐】选项卡，❷ 在【水平对齐】下拉列表框中选择【靠左（缩进）】选项，并在右侧的【缩进】数值框中输入具体的缩进量，如【2】，❸ 在【垂直对齐】下拉列表框中选择【居中】选项，❹ 在【文本控制】栏中选中【自动换行】复选框，如图 5-104 所示。

图 5-104

**Step05** ❶ 单击【字体】选项卡，❷ 在【字体】列表框中选择【华文新魏】选项，❸ 在【字号】列表框中选择【12】选项，❹ 在【颜色】下拉列表框中选择【深红色】选项，如图 5-105 所示。

图 5-105

**Step06** ❶ 单击【填充】选项卡，❷ 在【背景色】栏中选择单元格的填充颜色，❸ 单击【确定】按钮，如图 5-106 所示。

**Step07** 返回【样式】对话框，单击【确定】按钮，如图 5-107 所示。

图 5-106

图 5-107

**Step08** ❶ 选择 D14:D15 单元格区域，❷ 单击【单元格样式】按钮，❸ 在弹出的下拉列表中选择自定义的单元格样式，如图 5-108 所示。

图 5-108

**Step09** 在 D14 单元格中输入建议文本，即可看到该数据应用自定义单元格样式的效果，如图 5-109 所示。

第 1 篇

第 2 篇

第 3 篇

第 4 篇

第 5 篇

第 6 篇

图 5-109

### 5.3.3 实战：修改与复制单元格样式

| 实例门类 | 软件功能 |
| --- | --- |
| 教学视频 | 光盘\视频\第5章\5.3.3.mp4 |

用户在应用单元格样式后，如果对应用样式中的字体、边框或某一部分样式不满意，还可以对应用的单元格样式进行修改。同时，我们还可以对已经存在的单元格样式进行复制。通过修改或复制单元格样式来创建新的单元格样式，比完全从头开始自定义单元格样式更加快捷。

下面来修改刚刚创建的【多文字格式】单元格样式，具体操作步骤如下。

**Step01** ❶ 单击【单元格样式】按钮，❷ 在弹出的下拉菜单中找到需要修改的单元格样式并右击，这里在【多文字格式】选项上右击，❸ 在弹出的下拉列表中选择【修改】选项，如图 5-110 所示。

图 5-110

### 技能拓展——复制单元格样式

要创建现有单元格样式的副本，可在单元格样式名称上右击，然后在弹出的快捷菜单中选择【复制】命令。再在弹出的【样式】对话框中为新单元格样式输入适当的名称即可。

**Step02** 在弹出的【样式】对话框中，单击【格式】按钮，如图 5-111 所示。

图 5-111

### 技术看板

在【样式】对话框的【样式包括】栏中，选中与要包括在单元格样式中的格式相对应的复选框，或者取消选中与不想包括在单元格样式中的格式相对应的复选框，可以快速对单元格格式进行修改。但是这种方法将会对单元格样式中的某一种格式，如文字格式、数字格式、对齐方式、边框或底纹效果等样式进行统一取舍。

**Step03** 在弹出的【设置单元格格式】对话框中，❶ 单击【字体】选项卡，❷ 在【字形】列表框中选择【加粗】选项，❸ 在【字号】列表框中选择【14】选项，❹ 单击【确定】按钮，如图 5-112 所示。

图 5-112

**Step04** 返回【样式】对话框，直接单击【确定】按钮关闭该对话框，如图 5-113 所示。

图 5-113

**Step05** 返回工作簿，即可看到已经为表格中之前应用了【多文字格式】样式的单元格应用了新的【多文字格式】样式，如图 5-114 所示。

图 5-114

修改非 Excel 内置的单元格样式时，我们可以在【样式】对话框的【样式名】文本框中重新输入样式名称。

复制的单元格样式和重命名的单元格样式将添加到【单元格样式】下拉菜单的【自定义】栏中。如果不重命名内置单元格样式，该内置单元格样式将随着所做的样式更改而更新。

### 5.3.4 实战：合并单元格样式

| 实例门类 | 软件功能 |
|---|---|
| 教学视频 | 光盘\视频\第 5 章\5.3.4.mp4 |

创建的或复制到工作簿中的单元格样式只能应用于选择的当前工作簿，如果要使其在其他工作簿中也可应用，则可以通过合并样式操作，将一张工作簿中的单元格样式复制到另一张工作簿中。

在 Excel 中合并单元格样式操作需要先打开要合并单元格样式的两个及以上工作簿，然后在【单元格样式】下拉菜单中选择【合并样式】命令，再在弹出的对话框中根据提示进行操作。

下面将【办公物品申购单】工作簿中创建的【多文字格式】单元格样式合并到【参观申请表】工作簿中，具体操作步骤如下。

Step 01 打开"光盘\素材文件\第 5 章\参观申请表.xlsx"文件，❶单击【单元格样式】按钮，❷查看弹出的下拉菜单，其中并无【自定义】栏，表示没有创建过单元格样式，然后在该下拉菜单中选择【合并样式】命令，如图 5-115 所示。

Step 02 在弹出的【合并样式】对话框中，❶在【合并样式来源】列表框中选择包含要复制的单元格样式的工作簿，这里选择【办公物品申购单】选项，❷单击【确定】按钮关闭【合并样式】对话框，如图 5-116 所示。完

成单元格样式的合并操作。

图 5-115

图 5-116

如果合并单元格样式的两个工作簿中具有相同名称的样式，则会弹出如图 5-117 所示的对话框。

图 5-117

Step 03 返回【参观申请表】工作簿，❶选择 C26:C28 单元格区域，❷单击【单元格样式】按钮，❸在弹出的下拉菜单中即可看到已经将【办公物品申购单】工作簿中自定义的单元格样式合并到该工作簿中了，在【自定义】栏中选择【多文字格式】选项，即可为所选单元格区域应用该单元格样式，如图 5-118 所示。

图 5-118

### 5.3.5 实战：删除申请表中的单元格样式

| 实例门类 | 软件功能 |
|---|---|
| 教学视频 | 光盘\视频\第 5 章\5.3.5.mp4 |

如果对创建的单元格样式不再需要了，可以进行删除操作。在【单元格样式】下拉菜单中需要删除的预定义或自定义单元格样式上右击，在弹出的下拉列表中选择【删除】选项，即可将该单元格样式从下拉列表中删除，并从应用该单元格样式的所有单元格中删除单元格样式。

【单元格样式】下拉菜单中的【常规】单元格样式，即 Excel 内置的单元格样式是不能删除的。

如果只是需要删除应用于单元格中的单元格样式，而不是删除单元格样式本身，可先选择该单元格或单元格区域，然后使用【清除格式】功能。

下面，我们通过一个案例来对比删除单元格样式和清除格式的差别，具体操作步骤如下。

Step 01 ❶选择需要用户输入数据的单元格区域，❷单击【单元格样式】按钮，❸在弹出的下拉列表中选择【输入】选项，如图 5-119 所示。

图 5-119

**Step02** ❶ 单击【单元格样式】按钮，❷ 在弹出的下拉列表的【多文字格式】选项上右击，❸ 在弹出的下拉列表中选择【删除】选项，如图 5-120 所示。

**Step03** 经过上步操作，即可将【多文字格式】单元格样式从下拉列表中删除，同时表格中原来应用了该单元格样式的所有单元格会恢复为默认的单元格样式。❶ 选择 B23:B25 单元格区域，❷ 单击【开始】选项卡【编辑】组中的【清除】按钮，❸ 在

弹出的下拉列表中选择【清除格式】选项，如图 5-121 所示。

图 5-120

图 5-121

**Step04** 经过上步操作，即可看到清除格式后，B23:B25 单元格区域显示为普通单元格格式，效果如图 5-122 所示。单击快速访问工具栏中的【撤销】按钮，清除上一步执行的【清除格式】命令。

图 5-122

## 5.4 设置表格样式

Excel 2013 中不仅提供了单元格样式，还提供了许多预定义的表格样式。与单元格样式相同，表格样式也是一套已经定义了不同文字格式、数字格式、对齐方式、边框和底纹效果等样式的格式模板，只是该模板是作用于整个表格的。这样，使用该功能就可以快速对整个数据表格进行美化。套用表格格式后还可以为表元素进行设计，使其更符合实际需要。如果预定义的表格样式不能满足需要，可以创建并应用自定义的表格样式，下面将为您逐一讲解其具体操作方法。

### ★ 新功能 5.4.1 实战：为信息登记表套用表格样式

| 实例门类 | 软件功能 |
| --- | --- |
| 教学视频 | 光盘\视频\第 5 章\5.4.1.mp4 |

如果需要为整个表格或大部分表格区域设置样式，可以直接使用【套用表格格式】功能。应用 Excel 预定义的表格样式与应用单元格样式的方法相同，可以为数据表轻松快速地构建带有特定格式特征的表格。同时，还将添加自动筛选器，方便用户筛选

表格中的数据。

例如，要为考生信息登记表应用预定义的表格样式，具体操作步骤如下。

**Step01** 打开"光盘\素材文件\第 5 章\考生信息登记表.xlsx"文件，❶ 选择表格中的填写内容部分，即 A2:F17 单元格区域，❷ 单击【开始】选项卡【样式】组中的【套用表格格式】按钮，❸ 在弹出的下拉列表中选择需要的表格样式，这里选择【浅色】栏中的【表样式浅色 2】选项，如图 5-123 所示。

图 5-123

**Step02** 在弹出的【套用表格式】对话框中，❶ 确认设置单元格区域并取消

选中【表包含标题】复选框，❷单击【确定】按钮关闭对话框，如图 5-124 所示。

图 5-124

Step 03 返回工作表，即可看到已经为所选单元格区域套用了选定的表格格式，效果如图 5-125 所示。

图 5-125

### 技术看板

一般情况下，可以为表格套用颜色间隔的表格格式，如果为表格中的部分单元格设置了填充颜色或设置了条件格式，则会选择没有颜色间隔的表格格式。

## 5.4.2 实战：为信息登记表设计表格样式

| 实例门类 | 软件功能 |
|---|---|
| 教学视频 | 光盘\视频\第5章\5.4.2.mp4 |

套用表格格式之后，表格区域将变为一个特殊的整体区域，且选择该区域中的任意单元格时，将激活【表格工具 设计】选项卡。在该选项卡中可以设置表格区域的名称和大小，在【表格样式选项】组中还可以对表元素（如标题行、汇总行、第一列、

最后一列、镶边行和镶边列）设置快速样式……从而对整个表格样式进行细节处理，进一步完善表格格式。

在【表格工具 设计】选项卡的【表样式选项】组中选择不同的表元素进行样式设置，能起到的作用如下。

➡ 【标题行】复选框：控制标题行的打开或关闭。

➡ 【汇总行】复选框：控制汇总行的打开或关闭。

➡ 【第一列】复选框：选中该复选框，可显示表的第一列的特殊格式。

➡ 【最后一列】复选框：选中该复选框，可显示表的最后一列的特殊格式。

➡ 【镶边行】复选框：选中该复选框，以不同方式显示奇数行和偶数行，以便于阅读。

➡ 【镶边列】复选框：选中该复选框，以不同方式显示奇数列和偶数列，以便于阅读。

➡ 【筛选按钮】复选框：选中该复选框，可在标题行的每个字段名称右侧显示出筛选按钮。

下面为套用表格格式后的"考生信息登记表"工作表设计适合的表格样式，具体操作步骤如下。

Step 01 ❶ 选择套用了表格格式区域中的任意单元格或单元格区域，激活【表格工具 设计】选项卡，❷ 在【表格样式选项】组中取消选中【标题行】复选框，隐藏因为套用表格格式而生成的标题行，如图 5-126 所示。

图 5-126

### 技术看板

套用表格格式之后，表格区域将成为一个特殊的整体区域，当在表格中添加新的数据时，单元格上会自动应用相应的表格样式。如果要将该区域转换成普通区域，可单击【表格工具 设计】选项卡【工具】组中的【转换为区域】按钮，当表格转换为区域之后，其表格样式仍然保留。

Step 02 在【表格样式选项】组中选中【镶边列】复选框，即可赋予间隔列以不同的填充色，如图 5-127 所示。

图 5-127

Step 03 设置镶边列效果后，我们更容易发现套用表格格式后，之前合并过的单元格都拆开了，需要重新进行合并。单击【工具】组中的【转换为区域】按钮，如图 5-128 所示。

图 5-128

Step 04 在弹出的提示对话框中，单击【是】按钮，如图 5-129 所示。

图 5-129

**Step05** 返回工作表中，此时发现【合并后居中】按钮又可以使用了。❶选择需要合并的 B4:D4 单元格区域，❷单击【开始】选项卡【对齐方式】组中的【合并后居中】按钮，如图 5-130 所示。

图 5-130

**Step06** 使用相同的方法继续合并表格中的其他单元格，并更改部分单元格的填充颜色，完成后拖动鼠标光标调整各行的高度至合适，最终效果如图 5-131 所示。

图 5-131

★ **重点 5.4.3 实战：创建及应用表格样式**

| 实例门类 | 软件功能 |
|---|---|
| 教学视频 | 光盘\视频\第5章\5.4.3.mp4 |

Excel 2013 预定义的表格格式默认有浅色、中等深浅和深色 3 大类型。如果预定义的表格样式不能满足需要，用户还可以创建并应用自定义的表格样式。自定义表格样式的方法与自定义单元格格式的方法基本相同。

在【套用表格格式】下拉列表中选择【新建表格样式】命令，然后在弹出的对话框中设置新建表格样式的名称，在【表元素】列表框中选择需要定义样式的表格组成部分，单击【格式】按钮进一步自定义该表元素的文字格式、数字格式、对齐方式、边框和底纹效果等样式即可。

创建的表格样式会自动显示在【套用表格格式】下拉列表的【自定义】栏中，需要应用的时候，按照套用表格格式的方法，直接选择相应选项即可。

下面创建一个名为【自然清新表格样式】的表格样式，具体操作步骤如下。

**Step01** 打开"光盘\素材文件\第5章\绿地工作日检查.xlsx"文件，❶单击【开始】选项卡【样式】组中的【套用表格格式】按钮，❷在弹出的下拉列表中选择【新建表格样式】命令，如图 5-132 所示。

图 5-132

**Step02** 在弹出的【新建表样式】对话框中，❶在【名称】文本框中输入新建表格样式的名称【自然清新表格样式】，❷在【表元素】列表框中选择【整个表】选项，❸单击【格式】按钮，如图 5-133 所示。

图 5-133

**Step03** 在弹出的【设置单元格格式】对话框中，❶单击【边框】选项卡，❷在【颜色】下拉列表框中设置颜色为【深绿色】，❸在【样式】列表框中设置外边框样式为【粗线】，❹单击【外边框】按钮，❺在【样式】列表框中设置内部边框样式为【横线】，❻单击【内部】按钮，❼单击【确定】按钮关闭该对话框，如图 5-134 所示。

图 5-134

**Step04** 返回【新建表样式】对话框，❶在【表元素】列表框中选择【第二行条纹】选项，❷单击【格式】按钮，如图 5-135 所示。

图 5-135

**Step05** 在弹出的【设置单元格格式】对话框中，❶单击【填充】选项卡，❷在【背景色】栏中选择【浅绿色】，

③ 单击【确定】按钮，如图 5-136 所示。

图 5-136

**Step06** 返回【新建表样式】对话框，① 在【表元素】列表框中选择【标题行】选项，② 单击【格式】按钮，如图 5-137 所示。

图 5-137

**Step07** 在弹出的【设置单元格格式】对话框中，① 单击【字体】选项卡，② 在【字形】列表框中选择【加粗】选项，③ 在【颜色】下拉列表框中选择【白色】选项，如图 5-138 所示。

图 5-138

**Step08** ① 单击【填充】选项卡，② 在【背景色】栏中选择【绿色】，③ 单击【确定】按钮，如图 5-139 所示。

图 5-139

**Step09** 返回【新建表样式】对话框，单击【确定】按钮，如图 5-140 所示。

图 5-140

**Step10** 返回工作簿，① 选择 A2:E18 单元格区域，② 单击【套用表格格式】按钮，③ 在弹出的下拉列表中选择【自定义】栏中的【自然清新表格样式】选项，如图 5-141 所示。

图 5-141

**Step11** 在弹出的【套用表格式】对话框中，① 确认设置单元格区域并选中【表包含标题】复选框，② 单击【确定】按钮，如图 5-142 所示。

**Step12** 经过以上操作，即可为单元格应用自定义的表格样式，在【表格样式选项】组中取消选中【筛选按钮】复选框，效果如图 5-143 所示。

图 5-142

图 5-143

### 技术看板

创建的自定义表格样式只存储在当前工作簿中，因此不可用于其他工作簿。

### 5.4.4 实战：修改与删除登记表中的表格样式

| 实例门类 | 软件功能 |
| --- | --- |
| 教学视频 | 光盘\视频\第5章\5.4.4.mp4 |

如果对自定义套用的表格格式不满意，除了可以在【表格工具 设计】选项卡中进行深入的设计外，还可以返回创建的基础设计中进行修改。

若对套用的表格格式彻底不满意，或不需要进行修饰了，可将应用的表格样式清除。例如，要修改住宿登记表中的表格样式，然后将其删除，具体操作步骤如下。

**Step01** 打开"光盘\素材文件\第5章\参展企业人员记名证件登记表.xlsx"文件，① 单击【套用表格格式】按钮，② 在弹出的下拉列表中找到当前表格所用的表格样式，这里在【自定义】栏中的样式上右击，③ 在弹出的下拉列表中选择【修改】

选项，如图 5-144 所示。

图 5-144

**Step02** 在弹出的【修改表样式】对话框中，❶ 在【表元素】列表框中选择需要修改的表元素，这里选择【标题行】选项，❷ 单击【格式】按钮，如图 5-145 所示。

图 5-145

**Step03** 在弹出的【设置单元格格式】对话框中，❶ 单击【边框】选项卡，❷ 在【颜色】下拉列表框中设置颜色为【浅黄色】，❸ 在【样式】列表框中选择【粗线】选项，❹ 单击【外边框】按钮和【内部】按钮，如图 5-146 所示。

图 5-146

**Step04** ❶ 单击【填充】选项卡，❷ 在【背景色】列表框中设置颜色为【咖啡色】，❸ 单击【确定】按钮，如图 5-147 所示。

图 5-147

**Step05** 返回【修改表样式】对话框，单击【确定】按钮，如图 5-148 所示。

图 5-148

**Step06** 返回工作表，❶ 选择 A4:H29 单元格区域，❷ 单击【套用表格格式】按钮，❸ 在弹出的下拉列表的【自定义】栏中的样式上右击，❹ 在弹出的下拉列表中选择【应用并清除格式】选项，如图 5-149 所示。

图 5-149

**技能拓展——清除表格样式**

在【修改表快速样式】对话框中单击【清除】按钮，可以去除表元素的现有格式。

如果是要清除套用的自定义表格格式，还可以在【套用表格格式】下拉列表中找到套用的表样式，然后在其上右击，在弹出的快捷菜单中选择【删除】选项。

**Step07** 经过上步操作，即可看到应用修改后样式的效果。❶ 选择套用了表格样式区域中的任意单元格，❷ 单击【表格工具 设计】选项卡【表格样式】组中的【快速样式】按钮，❸ 在弹出的下拉列表中选择【清除】选项，如图 5-150 所示。

图 5-150

**Step08** 经过上步操作，即可让工作表中使用该表格样式的所有单元格都以默认的表格样式进行显示，如图 5-151 所示。

图 5-151

# 5.5 使用主题设计工作表

Excel 2013 中的主题是一种指定颜色、字体、图形效果的方法，能用来格式文档。我们可以为单元格分别设置边框和底纹，也可以套用需要的单元格或表格样式，还可以通过主题设计快速改变表格效果，创建出更精美的表格，赋予它专业和时尚的外观。

## 5.5.1 主题三要素的运作机制

主题是 Excel 为表格提供的一套完整的格式集合。每一套主题都包含了颜色、字体、效果 3 个要素，其中主题颜色是配色方案的集合，主题文字中包括了标题文字和正文文字的格式集合，主题效果中包括设计元素的线条或填充效果的格式。

事实上，我们在输入数据时，就是在创建主题文本，它们自动应用了系统默认的【Office】主题。Excel 的默认主题文本样式使用的是【正文】字体，默认主题颜色是我们在任意一个【颜色】下拉菜单的【主体颜色】栏中看到的颜色（如单击【开始】选项卡【字体】组中的【填充颜色】按钮所弹出的下拉菜单），一般第一行是最饱和的颜色模式，接下来的 5 行分别显示具有不同饱和度和明亮度的相同色调。主题效果功能支持更多格式设置选项（如直线的粗或细，简洁的或华丽的填充，对象有无斜边或阴影等），主要为图表和形状提供精美的外观。

但并不是每个人都喜欢预定义的主题，我们还可以根据需要改变主题。在 Excel 中选择某一个主题后，还可以分别对主题颜色、字体或效果进行设置，从而组合出更多的主题效果。用户可以针对不同的数据内容选择主题，也可以按自己对颜色、字体、效果的喜好来选择不同的设置，但应尽量让选择的主题与表格要表达的内容保持统一。

一旦选择了一个新的主题，工作簿中的任何主题样式将相应地进行更新。但在更改主题后，主题的所有组成部分（字体、颜色和效果）看起来

仍然是协调并且舒适的。同时，【颜色】下拉菜单、【字体】下拉菜单，以及其他的图形下拉菜单也会相应进行更新来显示新的主题。因此，通过设置主题，可以自动套用更多格式的单元格样式和表格格式。

## ★ 新功能 5.5.2 实战：为销售情况分析表应用主题

| 实例门类 | 软件功能 |
|---|---|
| 教学视频 | 光盘\视频\第 5 章\5.5.2.mp4 |

Excel 2013 中提供了大量主题效果，用户可以根据需要选择不同的主题来设计表格。此外，还可以分别设置主题的字体、颜色、效果，从而定义出更丰富的主题样式。下面为销售情况分析表应用预定义的主题，并修改主题的颜色和字体，具体操作步骤如下。

**Step01** 打开"光盘\素材文件\第 5 章\销售情况分析表 .xlsx"文件，❶单击【页面布局】选项卡【主题】组中的【主题】按钮，❷在弹出的下拉菜单中选择需要的主题，这里选择【跋涉】选项，如图 5-152 所示。

图 5-152

**Step02** 经过上步操作，即可看到工作表中的数据采用了【跋涉】主题中的

字体、颜色和效果。❶单击【主题】组中的【颜色】按钮，❷在弹出的下拉菜单中选择【视点】选项，工作表中的配色将变成对应的配色方案，如图 5-153 所示。

图 5-153

**Step03** ❶单击【主题】组中的【字体】按钮，❷在弹出的下拉菜单中选择需要的字体选项，同时可以看到工作表中的数据采用相应的文字搭配方案后的效果，如图 5-154 所示。

图 5-154

**Step04** 切换到本工作簿的其他工作表中，可以看到它们的主题效果也进行了相应的更改，例如【各产品销售总额】工作表中的内容更改主题前后的对比如图 5-155 和图 5-156 所示。

图 5-155

图 5-156

**技能拓展——更改主题效果**

主题中的效果是幻灯片中应用形状等时所应用的默认效果，要更改主题中包含的形状效果，可以在【主题】组中单击【效果】按钮，再在弹出的下拉菜单中选择需要的主题效果。

### 5.5.3 主题的自定义和共享

用户也能创建自己的颜色组合和字体组合，混合和搭配不同的内置和自定义的颜色、字体和效果组合，甚至保存合并的结果作为新的主题以便在其他文档中使用。

自定义的主题只作用于当前的工作簿，不影响其他工作簿。如果用户希望将自定义的主题用于更多的工作簿，则可以将当前主题保存为主题文件，保存的主题文件格式扩展名为【.thmx】。当浏览其他工作表时发现比较感兴趣的主题，也可以将主题保存下来。以后在其他工作簿中需要使用自定义的主题时，再通过单击【主题】按钮，在弹出的下拉菜单中选择【浏览主题】命令，然后在弹出

的对话框中找到该主题文件并将其打开即可。

例如，要自定义一个新主题并将其保存下来，具体操作步骤如下。

**Step01** 打开"光盘\素材文件\第 5 章\卫生工作考核表.xlsx"文件，❶ 单击【页面布局】选项卡【主题】组中的【颜色】按钮，❷ 在弹出的下拉菜单中选择【自定义颜色】命令，如图 5-157 所示。

图 5-157

**Step02** 在弹出的【新建主题颜色】对话框中，❶ 在【名称】文本框中输入自定义主题颜色的名称，如【自定义灰绿】，❷ 单击【文字/背景-深色 2】取色器，❸ 在弹出的下拉菜单中选择【其他颜色】命令，如图 5-158 所示。

图 5-158

**Step03** 在弹出的【颜色】对话框中，❶ 单击【自定义】选项卡，❷ 在下方的数值框中输入需要自定义的颜色

RGB 值，❸ 单击【确定】按钮，如图 5-159 所示。

图 5-159

**Step04** 返回【新建主题颜色】对话框，❶ 使用相同的方法继续自定义该配色方案中的其他颜色，❷ 设置完成后单击【保存】按钮，如图 5-160 所示。

图 5-160

**技术看板**

建议不要自己随意搭配主题颜色，能使用系统默认的颜色方案就尽量使用这些方案。如果用户对颜色搭配不在行，又想使用个性的色彩搭配，可以到专业的配色网站直接选取它们提供的配色方案。

**Step05** 返回工作表，即可看到应用自定义主题配色的效果。❶ 单击【主题】组中的【字体】按钮，❷ 在弹出的下拉菜单中选择【自定义字体】命令，如图 5-161 所示。

图 5-161

**Step06** 在弹出的【新建主题字体】对话框中，❶ 在【西文】栏中的两个下拉列表框中分别设置标题和正文的西文字体，❷ 在【中文】栏中的两个下拉列表框中分别设置标题和正文的中文字体，❸ 在【名称】文本框中输入主题名称，❹ 单击【保存】按钮，如图 5-162 所示。

**Step07** 经过上步操作，表格会自动套用自定义的主题字体。❶ 单击【主题】组中的【主题】按钮，❷ 在

弹出的下拉菜单中选择【保存当前主题】选项，如图 5-163 所示。

图 5-162

图 5-163

**Step08** 在弹出的【保存当前主题】对话框中，❶ 选择主题保存的位置，❷ 在【文件名】下拉列表框中输入主题名称，❸ 单击【保存】按钮，如图 5-164 所示。

图 5-164

## 妙招技法

下面结合本章内容，介绍一些实用技巧。

### 技巧 01：输入指数上标和下标

| 教学视频 | 光盘＼视频＼第 5 章＼技巧 01.mp4 |
| --- | --- |

在 Excel 中有时需要输入指数上标，如输入平方和立方；也有些时候需要输入下标，如 $x_2$、$H_2O$。这些符号在 Excel 的什么地方呢？

通过设置字体格式就能完成了。例如，要在单元格中输入 $5^3$，具体操作步骤如下。

**Step01** 新建一个空白工作簿，❶ 在单元格中输入【53】，❷ 在【开始】选项卡【数字】组的下拉列表框中选择【文本】选项，如图 5-165 所示。

**Step02** ❶ 选择单元格中的【3】，❷ 单击【开始】选项卡【字体】组右下角的【对话框启动器】按钮，如图 5-166 所示。

**Step03** 在弹出的【设置单元格格式】对话框中，❶ 在【特殊效果】栏中选中【上标】复选框，❷ 单击【确定】按钮，如图 5-167 所示。

图 5-165

图 5-166

图 5-167

**Step 04** 经过上步操作后，即可将所选文本设置为上标，效果如图 5-168 所示。

图 5-168

### 技能拓展——快速输入平方和立方

在 Excel 中输入平方和立方有一个简便的方法。即在按住【Alt】键的同时，按小键盘中的数字键【178】或【179】。

## 技巧 02：通过设置单元格格式输入分数

| 教学视频 | 光盘\视频\第 5 章\技巧 02.mp4 |
|---|---|

在单元格中输入数据时，如果要输入以数学分数表示的数据，如【1/2】之类的数据，若直接输入，内容会自动变化为日期格式数据，故需要以特殊方式输入分数数据，具体操作步骤如下。

**Step 01** ❶ 在单元格中输入【0.5】，❷ 单击【开始】选项卡【数字】组右下角的【对话框启动器】按钮，如图 5-169 所示。

图 5-169

**Step 02** 在弹出的【设置单元格格式】对话框中，❶ 在【数字】选项卡的【分类】列表框中选择【分数】选项，❷ 在右侧的【类型】列表框中选

择【分母为一位数】选项，❸ 单击【确定】按钮，如图 5-170 所示。

图 5-170

### 技术看板

在【设置单元格格式】对话框中设置数字类型为【分数】后，在右侧的【类型】列表框中提供了几种常见的分数类型，下面以图 5-171 来举例说明选择不同选项时，同一个数的显示效果。

| 分数格式 | 314.659显示为 | 备注 |
|---|---|---|
| 一位数分数 | 314 2/3 | 四舍五入为最接近的一位数分数值 |
| 两位数分数 | 314 29/44 | 四舍五入为最接近的两位数分数值 |
| 三位数分数 | 314 487/739 | 四舍五入为最接近的三位数分数值 |
| 以 2 为分母的分数 | 314 1/2 | |
| 以 4 为分母的分数 | 314 3/4 | |
| 以 8 为分母的分数 | 314 5/8 | |
| 以 16 为分母的分数 | 314 11/16 | |
| 以 10 为分母的分数 | 314 7/10 | |
| 以 100 为分母的分数 | 314 66/100 | |

图 5-171

**Step 03** 经过上步操作，即可让表格内容显示为【1/2】，效果如图 5-172 所示。

图 5-172

### 技能拓展——用【整数位＋空格＋分数】方法输入分数

上面介绍的方法常用于将一个已经输入的数据表示为分数形式，如果要在 Excel 中直接输入一个分数，可采用【整数位＋空格＋分数】方法进行输入，即先输入整数，然后输入

空格，再输入分数。如要输入 $1\frac{1}{3}$，可以输入【1( 空格 )1/3】，按【Enter】键后将自动显示为【1 1/3】。

如果需要输入前面没有整数的分数，需要先输入 0，然后输入空格，再输入分数。如要输入 $\frac{1}{2}$，应输入【0( 空格 )1/2】。

需要注意的是，通过这种方法输入的分数 Excel 会自动进行约分，将分数中的分子分母最小化。

## 技巧 03：神奇的 Excel 格式刷

| 教学视频 | 光盘\视频\第 5 章\技巧 03.mp4 |
|---|---|

如果已经为某个单元格或单元格区域设置了某种单元格格式，又要在其他单元格或单元格区域中使用相同的格式，除了继续为其设置单元格格式外，还可以使用格式刷快速复制格式。通过格式刷可以复制单元格的数据类型格式、文字格式、对齐方式格式、边框和底纹等。

例如，要快速复制【新产品开发计划表】工作簿中的部分单元格格式，具体操作步骤如下。

**Step 01** 打开"光盘\素材文件\第 5 章\新产品开发计划表 .xlsx"文本，❶ 选择 A2 单元格，❷ 双击【开始】选项卡【剪贴板】组中的【格式刷】按钮，❸ 当鼠标光标变为形状时，单击需要应用该格式的单元格，如图 5-173 所示。

图 5-173

**Step02** 释放鼠标后即可看到该单元格已经应用了复制单元格相同的格式。继续单击需要复制该格式的单元格，完成后按【Esc】键退出复制格式功能，如图 5-174 所示。

图 5-174

**Step03** 根据需要单击【对齐方式】组中的【合并后居中】和【自动换行】按钮，重新调整复制格式后的单元格，完成后的效果如图 5-175 所示。

图 5-175

⚙ **技能拓展——复制单元格格式的其他方法**

除了使用格式刷快速复制格式外，还可以通过选择性粘贴功能只复制其中的单元格格式。方法如下：复制数据后，在【粘贴】下拉列表中单击【格式】按钮即可。

## 技巧04：查找/替换单元格格式

| 教学视频 | 光盘\视频\第5章\技巧04.mp4 |
|---|---|

通常情况下，使用替换功能替换单元格中的数据时，替换后的单元格数据依然会采用之前单元格设置的单元格格式。但实际上，Excel 2013 的查找替换功能是支持对单元格格式的查找和替换操作的。也就是说，我们可以查找设置了某种单元格格式的单元格，还可以通过替换功能，将它们快速设置为其他的单元格格式。

查找替换单元格格式，首先需要设置相应的单元格格式。下面对已经设置了单元格格式的【茶品介绍】工作表内容进行格式替换操作，具体操作步骤如下。

**Step01** 打开"光盘\素材文件\第5章\茶品介绍.xlsx"文件，❶ 单击【开始】选项卡【编辑】组中的【查找和选择】按钮，❷ 在弹出的下拉菜单中选择【替换】命令，如图 5-176 所示。

图 5-176

**Step02** 在弹出的【查找和替换】对话框中，❶ 单击【选项】按钮，❷ 在展开的设置选项中单击【查找内容】下拉列表框右侧的【格式】按钮右侧的下拉按钮，❸ 在弹出的下拉菜单中选择【从单元格选择格式】命令，如图 5-177 所示。

图 5-177

**Step03** 当鼠标光标变为 ➕🖊 形状时，

移动鼠标光标到 E3 单元格上并单击，如图 5-178 所示，即可汲取该单元格设置的单元格格式。

图 5-178

**Step04** 返回【查找和替换】对话框，在【格式】按钮左侧的预览框中可以查看到汲取的单元格格式。❶ 单击【替换为】下拉列表框右侧的【格式】按钮右侧的下拉按钮。❷ 在弹出的下拉菜单中选择【从单元格选择格式】选项，如图 5-179 所示。

图 5-179

**Step05** 当鼠标光标变为 ➕🖊 形状时，移动鼠标光标到 E5 单元格上并单击，如图 5-180 所示。

图 5-180

**Step06** 返回【查找和替换】对话框，单击【替换为】下拉列表框右侧的【格式】按钮，如图 5-181 所示。

图 5-181

**Step07** 在弹出的【替换格式】对话框中，❶单击【数字】选项卡，❷在【分类】列表框中选择【货币】选项，如图 5-182 所示。

图 5-182

**Step08** ❶单击【填充】选项卡，❷设置背景色为【浅蓝色】，❸单击【确定】按钮，如图 5-183 所示。

图 5-183

**Step09** 返回【查找和替换】对话框，单击【全部替换】按钮，如图 5-184 所示。

**Step10** 经过上步操作后，系统立刻对工作表中的数据进行查找替换操作，并在弹出的提示对话框中提示已经完

成了两处替换，如图 5-185 所示，单击【确定】按钮。

图 5-184

图 5-185

**Step11** 返回工作簿中，即可查看到表格中符合替换条件的 E4 和 E6 单元格格式发生了改变，如图 5-186 所示。

图 5-186

## 技巧05：为工作表设置背景色或图案

| 教学视频 | 光盘＼视频＼第5章＼技巧05.mp4 |
| --- | --- |

为了让工作表的背景更美观，整体更具有吸引力，除了可以为单元格填充颜色外，还可以为工作表填充喜欢的图片作为背景。例如，要为【茶品介绍】工作表添加背景图，具体操作步骤如下。

**Step01** 单击【页面布局】选项卡【页面设置】组中的【背景】按钮，如图 5-187 所示。

图 5-187

**Step02** 在弹出的【插入图片】对话框中，单击【来自文件】选项右侧的【浏览】按钮，如图 5-188 所示。

图 5-188

**Step03** 在弹出的【工作表背景】对话框中，❶选择背景图片的保存路径，❷在下方的列表框中选择需要添加的图片，❸单击【插入】按钮，如图 5-189 所示。

图 5-189

### 技能拓展——删除工作表背景

在一些比较严肃的表格中还是保持白色的背景比较好。如果已经为工作表填充了背景图，原【页面布局】选项卡【页面设置】组中的【背景】按钮将变为【删除背景】按钮，单击该按钮即可删除填充的背景图。

**Step04** 返回工作表，可看到工作表的背景变成插入图片后的效果，如图5-190所示。

图 5-190

### 技能拓展——取消 Excel 网格线

为工作表添加背景图片后，的确让工作表显得更加美观了，打印输出的表格也是一个整体。但如果是在显示器上查看添加背景图片后的表格，将在背景图片上方看到 Excel 默认显示的灰色网格线，这似乎让背景与工作表内容还显得不是那么和谐。

网格线会对显示效果产生很大的影响。同一张表格有无网格线给人的感觉完全不同。有网格线时给人一种【这是一张以数据为主的表格】的心理暗示；而去掉网格线，则会使重点落到工作表的内容上，削弱表格的作用。

因此，以表格为主的工作表可以保留网格线，而以文字说明为主的工作表则最好隐藏网格线。单击【视图】选项卡，在【显示】组中取消选中【网格线】复选框，如图 5-191 所示，即可取消网格线的显示。

图 5-191

## 本章小结

通过本章内容的学习，相信读者已经掌握了美化表格的方法。不过表格美化不是随意添加各种修饰，主要作用还是突出重要数据，或方便读者查看。如果只是对表格进行美化，适当设置单元格的字体格式、数字格式、对齐方式和边框即可；如果要突出表格中的数据，可以实行手动添加底纹或设置单元格格式。总之，希望读者多多练习，才能总结表述数据美化的方法与技巧。

# 3 第3篇

## 数据计算篇

在 Excel 表格中，我们需要记录和存储各种数据，而这些数据记录和存储无非是为了日后的查询或者是计算和分析。Excel 2013 具有强大的数据计算功能，而数据计算的依据就是公式和函数，我们可以利用输入的公式和函数对数据进行自动计算。那么，本篇就进入 Excel 学习的重点环节——公式和函数。

## 第6章 使用公式快速计算数据

- ➡ 只会使用 Excel 内置的操作技巧？如设置单元格格式、表格样式……那你就 Out 了！
- ➡ 想让你的表格数据拥有内涵，使用公式计算是简单分析的第一步！
- ➡ 你知道公式都有哪些运算方式吗？它们又是怎样进行计算的？
- ➡ 公式的输入与编辑方法和普通数据的相关操作有什么不同？
- ➡ 不同的单元格引用方式会给公式结果带来巨大变化！

当在工作中收集了大量的数据和信息时，如果仅仅存储起来，不去分析和应用，那么这些数据的存在就没有了意义和价值。试想一下，为什么所有单位或公司都会存储本单位人员的基本资料？为什么财务会保留每一笔收入和支出的信息？为什么销售会想尽办法存储客户的资料、记录每一笔交易的数据？因为这些数据可以协助我们进行一系列的统计和分析工作，而不仅仅是为了在必要时进行查阅。想让你的表格摆脱"花瓶"的宿命，真正做到"秀外慧中"？那么，就得好好学习本章内容。

## 6.1 公式简介

在现代办公中，少不了会对一系列的数据进行计算或分析。如果还是依靠古老的手工计算或仅仅借助计算器，往往会让我们的工作任务变得十分繁重，甚至痛苦不堪。有了 Excel，我们再也不用担心计算的问题了，无论是简单的数学计算还是复杂的数学问题，利用 Excel 我们都能轻松解决。使用 Excel 计算数据之前，我们先来了解公式的组成、公式中的常用运算符和优先级等知识。

## 6.1.1 公式的组成

Excel 中的公式是存在于单元格中的一种特殊数据。它以字符等号【=】开头，表示单元格输入的是公式，而 Excel 会自动对公式内容进行解析和计算，并显示出最终的结果。

要输入公式计算数据，首先应了解公式的组成部分和意义。Excel 中的公式是对工作表中的数据执行计算的等式。它以等号【=】开始，运用各种运算符号将常量或单元格引用组合起来，形成公式的表达式，如【=A1+B2+C3】，该公式表示将 A1、B2 和 C3 这 3 个单元格中的数据相加求和。

使用公式计算，实际上就是使用数据运算符。通过等式的方式对工作表中的数值、文本、函数等执行计算。公式中的数据可以是直接的数据，称为常量，也可以是间接的数据，如单元格的引用、函数等。具体来说，输入到单元格中的公式可以包含以下 5 种元素中的部分内容，也可以是全部内容。

（1）运算符：运算符是 Excel 公式中的基本元素。它用于指定表达式内执行的计算类型，不同的运算符进行不同的运算。

（2）常量数值：直接输入公式中的数字或文本等各类数据，即不用通过计算的值，如【3.1416】【加班】【2018-1-1】【16:25】等。

（3）括号：括号控制着公式中各表达式的计算顺序。

（4）单元格引用：指定要进行运算的单元格地址，从而方便引用单元格中的数据。

（5）函数：函数是预先编写的公式；它们利用参数按特定的顺序或结构进行计算，可以对一个或多个值进行计算，并返回一个或多个值。

## ★ 重点 6.1.2 公式中的运算符

Excel 中的公式等号【=】后面的内容就是要计算的各元素（操作数），各操作之间由运算符分隔。运算符是公式中不可缺少的组成元素，它决定了公式中的元素执行的计算类型。

Excel 中除了支持普通的数学运算外，还支持多种比较运算和字符串运算等。下面分别为大家介绍在不同类型的运算中可使用的运算符。

### 1. 算术运算符

算术运算是最常见的运算方式，也就是使用加、减、乘、除等运算符完成基本的数学运算、合并数字以及生成数值结果等，是所有类型运算符中使用效率最高的。在 Excel 2013 中可以使用的算术运算符见表 6-1。

表 6-1

| 算术运算符符号 | 具体含义 | 应用示例 | 运算结果 |
|---|---|---|---|
| ＋（加号） | 加法 | 6+3 | 9 |
| －（减号） | 减法或负数 | 6−3 | 3 |
| *（乘号） | 乘法 | 6×3 | 18 |
| /（除号） | 除法 | 6÷3 | 2 |
| %（百分号） | 百分比 | 6% | 0.06 |
| ^（求幂） | 求幂（乘方） | 6^3 | 216 |

### 2. 比较运算符

在了解比较运算时，首先需要了解两个特殊类型的值，一个是【TRUE】，另一个是【FALSE】，它们分别表示逻辑值【真】和【假】或者理解为【对】和【错】，也称为【布尔值】。例如，假如我们说 1 是大于 2 的，那么这个说法是错误的，我们可以使用逻辑值【FALSE】表示。

Excel 中的比较运算主要用于比较值的大小和判断，而比较运算得到的结果就是逻辑值【TRUE】或【FALSE】。要进行比较运算，通常需要运算【大于】【小于】【等号】之类的比较运算符，Excel 2013 中的比较运算符及含义见表 6-2。

表 6-2

| 比较运算符符号 | 具体含义 | 应用示例 | 运算结果 |
|---|---|---|---|
| ＝（等号） | 等于 | A1=B1 | 若单元格 A1 的值等于 B1 的值，则结果为 TRUE，否则为 FALSE |
| ＞（大于号） | 大于 | 18 > 10 | TRUE |
| ＜（小于号） | 小于 | 3.1415 < 3.15 | TRUE |
| ＞=（大于或等于号） | 大于或等于 | 3.1415 >= 3.15 | FALSE |
| ＜=（小于或等于号） | 小于或等于 | PI( ) <= 3.14 | FALSE |
| <>（不等于号） | 不等于 | PI( ) <> 3.1416 | TRUE |

### 技术看板

比较运算符也适用于文本。如果 A1 单元格中包含 Alpha，A2 单元格中包含 Gamma，则【A1 < A2】公式将返回【TRUE】，因为 Alpha 在字母顺序上排在 Gamma 的前面。

【=】符号应用在公式开头，用于表示该单元格内存储的是一个公式，是需要进行计算的，当其应用于公式中时，通常用于表示比较运算，判断【=】左右两侧的数据是否相等。另外需要注意的是，任意非 0 的数值转换为逻辑值后结果为【TRUE】，数值 0 转换为逻辑值后结果为【FALSE】。

### 3. 文本连接运算符

在 Excel 中，文本内容也可以进行公式运算，使用【&】符号可以连接一个或多个文本字符串，以生成一个新的文本字符串。需要注意，在公式中使用文本内容时，需要为文本内容加上引号（英文状态下的），以表示该内容为文本。例如，要将两段文字【北京】和【水立方】连接为一段文字，可以输入公式【=" 北京 "&" 水立方 "】，最后公式得到的结果为【北京水立方】。

使用文本运算符也可以连接数值，数值可以直接输入，不用再添加引号了。例如，要将两段文字【北京】和【2018】连接为一段文字，可以输入公式【=" 北京 "&2018】，最后公式得到的结果为【北京2018】。

#### 技术看板

从表面上看，使用文本运算符连接数字得到的结果是文本字符串，但是如果在数学公式中使用这个文本字符串，Excel 会把它看成数值。

使用文本运算符还可以连接单元格中的数据。例如，Al 单元格中包含 123，A2 单元格中包含 456，则输入【=A1&A2】，Excel 会默认将 A1 和 A2 单元格中的内容连接在一起，即等同于输入【123456】。

### 4. 引用运算符

引用运算符是与单元格引用一起使用的运算符，用于对单元格进行操作，从而确定用于公式或函数中进行计算的单元格区域。引用运算符主要包括范围运算符、联合运算符和交集运算符，引用运算符包含的具体运算符见表6-3。

表 6-3

| 引用运算符符号 | 具体含义 | 应用示例 | 运算结果 |
|---|---|---|---|
| :（冒号） | 范围运算符，生成指向两个引用之间所有单元格的引用（包括这两个引用） | A1:B3 | 引用 A1、A2、A3、B1、B2、B3 共 6 个单元格中的数据 |
| ,（逗号） | 联合运算符，将多个单元格或范围引用合并为一个引用 | A1,B3:E3 | 引用 A1、B3、C3、D3、E3 共 5 个单元格中的数据 |
| （空格） | 交集运算符，生成对两个引用中共有的单元格的引用 | B3:E4 C1:C5 | 引用两个单元格区域的交叉单元格，即引用 C3 和 C4 单元格中的数据 |

### 5. 括号运算符

除了以上用到的运算符外，Excel 公式中常常还会用到括号。在公式中，括号运算符用于改变 Excel 内置的运算符优先次序，从而改变公式的计算顺序。每一个括号运算符都由一个左括号搭配一个右括号组成。在公式中，会优先计算括号运算符中的内容。因此，当需要改变公式求值的顺序时，可以像我们熟悉的日常数学计算一样，使用括号来提升运算级别。比如，需要先计算加法然后再计算除法，可以利用括号将公式按需要来实现，将先计算的部分用括号涵盖起来。如在公式【=(A1+1) / 3】中，将先执行【A1+1】运算，再将得到的和除以 3 得出最终结果。

也可以在公式中嵌套括号，嵌套是把括号放在括号中。如果公式包含嵌套的括号，则会先计算最内层的括号，逐级向外。Excel 计算公式中使用的括号与我们平时使用的数学计算式不一样，无论公式多复杂，凡是需要提升运算级别均使用小括号【（）】。比如数学公式【=(4+5)×[2+(10-8)÷3]+3】，在 Excel 中的表达式为【=(4+5)*(2+(10-8) / 3)+3】。如果在 Excel 中使用了很多层嵌套括号，相匹配的括号会使用相同的颜色。

#### 技术看板

Excel 公式中要习惯使用括号，即使并不需要括号，也可以添加。因为使用括号可以明确运算次序，使公式更容易阅读。

### ★ 重点 6.1.3 熟悉公式中运算的优先级

运算的优先级？说直白一点就是运算符的先后使用顺序。为了保证公式结果的单一性，Excel 中内置了运算符的优先次序，从而使公式按照这一特定的顺序从左到右计算公式中的各操作数，并得出计算结果。

公式的计算顺序与运算符优先级有关。运算符的优先级决定了当公式中包含多个运算符时，先计算哪一部分，后计算哪一部分。如果在一个公式中包含了多个运算符，Excel 将按表6-4所示的次序进行计算。如果一个公式中的多个运算符具有相同的优先顺序（例如，如果一个公式中既有乘号又有除号），Excel 将从左到右进行计算。

表 6-4

| 优先顺序 | 运算符 | 说明 |
|---|---|---|
| 1 | : , | 引用运算符：冒号，单个空格和逗号 |
| 2 | — | 算术运算符：负号（取得与原值正负号相反的值） |
| 3 | % | 算术运算符：百分比 |
| 4 | ^ | 算术运算符：乘幂 |

| 优先顺序 | 运算符 | 说明 |
|---|---|---|
| 5 | * 和 / | 算术运算符：乘和除 |
| 6 | ＋ 和 － | 算术运算符：加和减 |
| 7 | & | 文本运算符：连接文本 |
| 8 | =,<,>,<=,>=,<> | 比较运算符：比较两个值 |

# 6.2　公式的输入和编辑

在 Excel 中对数据进行计算时，用户可以根据表格的需要来自定义公式进行数据的运算。输入公式后，我们还可以进一步编辑公式，如对输入错误的公式进行修改，通过复制公式，让其他单元格应用相同的公式，还可以删除公式。本节就来介绍公式的使用方法。

## ★ 重点 6.2.1　实战：在折扣单中输入公式

| 实例门类 | 软件功能 |
|---|---|
| 教学视频 | 光盘\视频\第 6 章\6.2.1.mp4 |

在工作表中进行数据的计算，首先要输入相应的公式。输入公式的方法与输入文本的方法类似，只需将公式输入到相应的单元格中，即可计算出数据结果。可以在单元格中输入，也可以在编辑栏中输入。但是在输入公式时首先要输入【=】符号作为开头，然后才是公式的表达式。

下面在【产品折扣单】工作簿中，通过使用公式计算出普通包装的产品价格，具体操作步骤如下。

Step01 打开"光盘\素材文件\第 6 章\产品折扣单 .xlsx"文件，❶选择需要放置计算结果的 G2 单元格，❷在编辑栏中输入【=】，❸选择 C2 单元格，如图 6-1 所示。

Step02 经过上步操作，即可引用 C2 单元格中的数据。❶继续在编辑栏中输入运算符并选择相应的单元格进行引用，完成表达式的输入，❷按【Enter】键确认输入公式，即可在 G2 单元格中计算出公式结果，如图 6-2 所示。

图 6-1

图 6-2

## 6.2.2　实战：修改折扣单中的公式

| 实例门类 | 软件功能 |
|---|---|
| 教学视频 | 光盘\视频\第 6 章\6.2.2.mp4 |

建立公式时难免出现错误，这时可以重新编辑公式，直接修改公式出错的地方。首先选择需要修改公式的单元格，然后使用修改文本的方法对公式进行修改即可。修改公式需要进入单元格编辑状态进行修改，具体修改方法有两种，一种是直接在单元格中进行修改，另一种是在编辑栏中进行修改。

（1）在单元格中修改公式

双击要修改公式的单元格，让其显示出公式，然后将文本插入点定位到出错的数据处。删除错误的数据并输入正确的数据，再按【Enter】键确认输入。

（2）在编辑栏中修改公式

选择要修改公式的单元格，然后在编辑栏中定位文本插入点至需要修改的数据处。删除编辑栏中错误的数据并输入正确的数据，再按【Enter】键确认输入。

例如，在为折扣单中输入公式为第一种产品计算成品价时引用了错误的单元格，修改公式的方法如下。

Step01 ❶ 使用前面介绍的方法在 H2 单元格中输入公式【=D2*E2+F2】，❷ 双击 H2 单元格，显示出公式，选择公式中需要修改的【D2】文本，如图 6-3 所示。

图 6-3

Step02 重新选择 C2 单元格，即可引用 C2 单元格中的数据，将公式中原来的【D2】修改为【C2】，如图 6-4 所示。

图 6-4

Step03 ❶ 在编辑栏中选择公式中需要修改的【E2】文本，❷ 重新选择 D2

单元格，即可引用 D2 单元格中的数据，如图 6-5 所示。

图 6-5

Step04 经过上步操作，即可将公式中的【E2】修改为【D2】，按【Enter】键确认公式的修改，即可在 H2 单元格中计算出新公式的结果，如图 6-6 所示。

图 6-6

### 6.2.3 实战：复制折扣单中的公式

| 实例门类 | 软件功能 |
| --- | --- |
| 教学视频 | 光盘\视频\第 6 章\6.2.3.mp4 |

有时需要在一个工作表中使用公式进行一些类似数据的计算，如果在单元格中逐个输入公式进行计算，则会增加计算的工作量。此时复制公式是进行快速计算数据的最佳方法，因为在将公式复制到新的位置后，公式中的相对引用单元格将会自动适应新的位置并计算出新的结果，避免了手动输入公式内容的麻烦，提高了工作效率。

复制公式的方法与复制文本的方法基本相似，主要有以下几种方法实现。

（1）选择【复制】命令复制：选择需要被复制公式的单元格，单击【开始】选项卡【剪贴板】组中的【复制】按钮，然后选择需要复制相同公式的目标单元格，再在【剪贴板】组中单击【粘贴】按钮即可。

（2）通过快捷菜单复制：选择需要被复制公式的单元格，在其上单击鼠标右键，在弹出的快捷菜单中选择【复制】命令，然后在目标单元格上单击鼠标右键，在弹出的快捷菜单中选择【粘贴】命令复制公式。

（3）按快捷键复制：选择需要被复制公式的单元格，按【Ctrl+C】组合键复制单元格，然后选择需要复制相同公式的目标单元格，再按【Ctrl+V】组合键进行粘贴即可。

（4）拖动控制柄复制：选择需要被复制公式的单元格，移动鼠标光标到该单元格的右下角，待鼠标光标变成+形状时，按住鼠标左键不放拖动到目标单元格后释放鼠标，即可复制公式到鼠标拖动经过的单元格区域。

下面在【产品折扣单】工作簿中，通过拖动控制柄复制公式的方法快速计算出每种产品的成品价，具体操作步骤如下。

Step01 ❶ 选择 G2:H2 单元格区域，❷ 将鼠标光标移动到该单元格区域的右下方，当其变为+形状时按住鼠标左键不放并向下拖动鼠标至 H10 单元格，如图 6-7 所示。

图 6-7

Step02 释放鼠标即可完成公式的复制，在 G3:H10 单元格区域中将自动计算出复制公式的结果，效果如图 6-8 所示。

图 6-8

### 技能拓展——只复制公式结构，不改变单元格引用

如果希望复制后的公式不改变引用单元格的地址，即制作一个一模一样的公式副本，公式中的结构和所有参数都不改变。为此，可以直接在公式编辑模式下选择公式内容，然后将公式作为文本进行复制。

### 6.2.4 删除公式

在 Excel 2013 中，删除单元格中的公式有两种情况，一种是不需要单元格中的所有数据了，选择单元格后直接按【Delete】键删除即可；还有一种情况，只是为了删除单元格中的公式，而需要保留公式的计算结果，此时可利用【选择性粘贴】功能将公式结果转化为数值，这样即使改变被引用公式的单元格中的数据，其结果也不会发生变化。

例如，要将【产品折扣单】工作簿中计算数据的公式删除，只保留其计算结果，具体操作步骤如下。

**Step01** ❶ 选择 G2:H10 单元格区域，并在其上单击鼠标右键，❷ 在弹出的快捷菜单中选择【复制】命令，如图 6-9 所示。

图 6-9

**Step02** ❶ 单击【剪贴板】组中的【粘贴】按钮，❷ 在弹出的下拉列表的【粘贴数值】栏中单击【值】按钮，如图 6-10 所示。

图 6-10

**Step03** 经过上步操作，G2:H10 单元格区域中的公式已被删除。选择该单元格区域中的某个单元格后，在编辑栏中只显示对应的数值，如图 6-11 所示。

图 6-11

### 技术看板

复制数据后，在【粘贴】下拉列表的【粘贴数值】栏中单击【值】按钮，将只复制内容而不复制格式，若所选单元格区域中原来是公式，将只复制公式的计算结果；单击【公式】按钮，将只复制所选单元格区域中的公式；单击【公式和数字格式】按钮，将复制所选单元格区域中的所有公式和数字格式；单击【值和数字格式】按钮，将复制所选单元格区域中的所有数值和数字格式，若所选单元格区域中原来是公式，将只复制公式的计算结果和其数字格式；单击【无边框】按钮，将复制所选单元格区域中除了边框以外的所有内容；单击【保留源列宽】按钮，将从一列单元格到另一列单元格复制列宽信息。

### 技能拓展——快速选择工作表中的所有公式

如果需要选择工作表中所有包含公式的单元格，可单击【开始】选项卡【编辑】组中的【查找和选择】按钮，在弹出的下拉菜单中选择【公式】命令。

# 6.3 单元格的引用

在 Excel 中，单元格是工作表的最小组成元素，以左上角第一个单元格为原点，向下向右分别为行、列坐标的正方向，由此构成单元格在工作表上所处位置的坐标集合在公式中使用坐标方式表示单元格在工作表中的"地址"实现对存储于单元格中的数据的调用，这种方法称为单元格引用，可以告之 Excel 在何处查找公式中所使用的值或数据。本章就来深入了解单元格引用的原理和具体使用方法。

## 6.3.1 单元格引用与引用样式

在应用公式对 Excel 中的数据进行计算时，公式中用到的数据通常是来源于 Excel 表格中的，为了快速在公式中使用单元格或单元格区域中的数据，我们可以引用单元格或单元格区域。在 6.2 节中讲解的案例就使用了单元格的引用。

一个引用地址就能代表工作表上的一个或者多个单元格或单元格区域。在 Excel 中引用单元格，实际上就是将单元格或单元格区域的地址作为索引，目的是引用该单元格或单元格区域中的数据。因此，引用的作用就在于标识工作表中的单元格或单元格区域，并指明公式中所使用的数据的地址。通过引用，用户可以在公式中使用工作表不同部分的数据；或者在多个公式中使用同一个单元格中的数值；还可以引用同一工作簿中不同工作表的单元格、不同工作簿的单元格，甚至其他应用程序中的数据。

引用单元格数据以后，公式的运算值将随着被引用的单元格数据变化而变化。当被引用的单元格数据被修改后，公式的运算值将自动修改。所以，使用单元格引用的方法更有利于以后的维护。

单元格的引用方法一般有以下两种。

（1）在计算公式中输入需要引用单元格的列标号及行标号，如 A5（表示 A 列中的第 5 个单元格）；A6:B7（表示从 A6 到 B7 之间的所有单元格）。

（2）在编写公式时直接单击选择需要运算的单元格，Excel 会自动将选择的单元格地址添加到公式中。

Excel 中的单元格引用有两种表示的方法，即 A1 和 R1C1 引用样式。

➡ A1 引用样式

以数字为行号、以英文字母为列标的标记方式被称为【A1 引用样式】，这是 Excel 默认使用的引用样式。在使用 A1 引用样式的状态下，工作表中的任意一个单元格都可以用【列标 + 行号】的表示方法来标识其在表格中的位置。

在 Excel 的名称框中输入【列标 + 行号】的组合来表示单元格地址，即可以快速定位到该地址。例如，在名称框中输入【C25】，就可以快速定位到 C 列和 25 行交叉处的单元格。如果要引用单元格区域，就请输入【左上角单元格地址 : 右下角单元格地址】的表示方法。

➡ R1C1 引用样式

R1C1 引用样式是以【字母 "R"+ 行数字 + 字母 "C"+ 列数字】来标识单元格的位置，其中字母 R 就是行（Row）的简写、字母 C 就是列（Column）的简写。这样的表示方式也就是传统习惯上的定位方式：第几行第几列。例如，R5C4 表示位于第 5 行第 4 列的单元格，即 D5 单元格。

在 R1C1 引用样式下，列标签是数字而不是字母。例如，在工作表列的上方看到的是 1，2，3，…而不是 A，B，C，…此时，在工作表的名称框中输入形如【RnCn】的组合，即表示 R1C1 引用样式的单元格地址，可以快速定位到该地址。

要在 Excel 2013 中打开 R1C1 引用样式，只需要打开【Excel 选项】对话框，单击【公式】选项卡，在【使用公式】栏中选中【R1C1 引用样式 (R)】复选框，如图 6-12 所示，单击【确定】按钮之后就会发现 Excel 2013 的引用模式改为 R1C1 模式了。如果要取消使用 R1C1 引用样式，则取消选中【R1C1 引用样式 (R)】复选框即可。

图 6-12

### 技术看板

与 A1 引用样式相比，R1C1 引用样式不仅仅可以标识单元格的绝对位置，还能标识单元格的相对位置。

## ★ 重点 6.3.2 相对引用、绝对引用和混合引用

在公式中的引用具有以下关系：如果 A1 单元格中输入了公式【=B1】，那么 B1 就是 A1 的引用单元格，A1 就是 B1 的从属单元格。从属单元格和引用单元格之间的位置关系称为单元格引用的相对性。

根据表述位置相对性的不同方法，可分为 3 种不同的单元格引用方式，即【相对引用】【绝对引用】和【混合引用】。它们各自具有不同的

含义和作用。下面以 A1 引用样式为例，分别介绍相对引用、绝对引用和混合引用的使用方法。

## 1. 相对引用

相对引用是指引用单元格的相对地址，即从属单元格与引用单元格之间的位置关系是相对的。默认情况下，新公式使用相对引用。

使用 A1 引用样式时，相对引用样式用数字 1，2，3，…表示行号，用字母 A，B，C，…表示列标，采用【列字母＋行数字】的格式表示，如 A1、E12 等。如果引用整行或整列，可省去列标或行号，如 1:1 表示第一行；A:A 表示 A 列。

采用相对引用后，当复制公式到其他单元格时，Excel 会保持从属单元格与引用单元格的相对位置不变，即引用的单元格位置会随着单元格复制后的位置发生改变。例如，在产品销售表的 F2 单元格中输入公式【=D2*E2】，如图 6-13 所示。

图 6-13

然后将公式复制到下方的 F3 单元格中，则 F3 单元格中的公式会变为【=D3*E3】。这是因为 D2 单元格相对于 F2 单元格来说，是其向左移动了 2 个单元格的位置，而 E2 单元格相对于 E2 单元格来说，是其向左移动了 1 个单元格的位置。因此，在将公式复制到 F3 单元格时，始终保持引用公式所在的单元格向左移动 2 个单元格位置的 D3 单元格，和其

向左移动 1 个单元格位置的 E3 单元格，如图 6-14 所示。

图 6-14

## 2. 绝对引用

绝对引用和相对引用相对应，是指引用单元格的实际地址，从属单元格与引用单元格之间的位置关系是绝对的。当复制公式到其他单元格时，Excel 会保持公式中所引用单元格的绝对位置不变，结果与包含公式的单元格位置无关。

使用 A1 引用样式时，在相对引用的单元格的列标和行号前分别添加冻结符号【$】便可成为绝对引用。例如，在水费收取表中要计算出每户的应缴水费，可以在 C3 单元格中输入公式【=B3*$B$1】，如图 6-15 所示。

图 6-15

然后将公式复制到下方的 C4 单元格中，则 C4 单元格中的公式会变为【=B4*$B$1】，公式中采用绝对引用的 B1 单元格仍然保持不变，如图 6-16 所示。

图 6-16

## 3. 混合引用

混合引用是指相对引用与绝对引用同时存在于一个单元格的地址引用中。混合引用具有两种形式，即绝对列和相对行、绝对行和相对列。绝对引用列采用 $A1、$B1 等形式，绝对引用行采用 A$1、B$1 等形式。

在混合引用中，如果公式所在单元格的位置改变，则绝对引用的部分保持绝对引用的性质，地址保持不变；而相对引用的部分同样保留相对引用的性质，随着单元格的变化而变化。具体应用到绝对引用列中，则是说改变位置后的公式行部分会调整，但是列不会改变；绝对引用行中，则改变位置后的公式列部分会调整，但是行不会改变。

例如，在【预测某产品销售额】工作表中要计算出不同销量和售价情况下的总销售额，可以在 B3 单元格中输入公式【=$A3*B$2】，如图 6-17 所示。

图 6-17

然后将公式复制到右侧的 C3 单元格中（行不变，列改变），则 C3 单元格中的公式会变为【=$A3*C$2】，

公式中采用绝对引用列的部分不会发生改变（$A3 单元格仍然保持不变），而采用相对引用列的部分就会自动改变引用位置（B$2 变成了 C$2），如图 6-18 所示。

图 6-18

再将 B3 单元格中的公式复制到下方的 B4 单元格中（行改变，列不变），则 B4 单元格中的公式会变为【=$A4*B$2】，公式中采用绝对引用行的部分不会发生改变（B$2 单元格仍然保持不变），而采用相对引用行的部分就会自动改变引用位置（$A3 变成了 $A4），如图 6-19 所示。

图 6-19

**技能拓展——快速切换 4 种不同的单元格引用类型**

在 Excel 中创建公式时，可能需要在公式中使用不同的单元格引用方式。如果需要在各种引用方式间不断切换，来确定需要的单元格引用方式，可按【F4】键快速在相对引用、绝对引用和混合引用之间进行切换。如在公式编辑栏中选择需要更改的单元格引用【A1】，然后反复按【F4】键时，就会在【$A$1】【A$1】【$A1】和【A1】之间切换。

**技能拓展——R1C1 引用样式的相对、绝对和混合引用**

在 R1C1 引用样式中，如果希望在复制公式时能够固定引用某个单元格地址，就不需要添加相对引用的标识符号 [ ]，将需要相对引用的行号和列标的数字包括起来。具体参见表 6-5。

表 6-5

| 引用类型 | A1 样式 | R1C1 样式 | 特性 |
|---|---|---|---|
| 相对引用 | A1 | R[*]C[*] | 向右向下复制公式均会改变引用关系 |
| 行绝对列相对混合引用 | A$1 | R1C[*] | 向下复制公式不改变引用关系 |
| 行相对列绝对混合引用 | $A1 | R[*]C1 | 向右复制公式不改变引用关系 |
| 绝对引用 | $A$1 | R1C1 | 向右向下复制，公式不改变引用关系 |

上表中的 * 符号代表数字，正数表示右侧或下方的单元格，负数表示左侧或上方的单元格。如果活动单元格是 A1，则单元格相对引用 R[1]C[1] 将引用下面一行和右边一列的单元格，即 B2。

R1C1 引用样式的行和列数据是可以省略的，例如，R[-2]C 表示对在同一列、上面两行的单元格的相对引用；R[-1] 表示对活动单元格整个上面一行单元格区域的相对引用；R 表示对当前行的绝对引用。

R1C1 引用样式对于计算位于宏内的行和列很有用。在 R1C1 样式中，Excel 指出了行号在 R 后而列号在 C 后的单元格的位置。当你录制宏时，Excel 将使用 R1C1 引用样式录制命令。例如，如果要录制这样的宏，当单击【自动求和】按钮时，该宏插入将某区域中的单元格求和的公式。Excel 使用 R1C1 引用样式，而不是 A1 引用样式来录制公式。

# 妙招技法

通过前面的学习，相信读者已经掌握了公式输入与编辑的基本操作。下面结合本章内容介绍一些实用技巧。

## 技巧 01：使用除以【=】开头外的其他符号输入公式

| 教学视频 | 光盘\视频\第6章\技巧01.mp4 |
|---|---|

在一个空单元格中输入【=】符号时，Excel 就默认为该单元格中即将输入公式，因为公式都是以【=】开头的。公式除了以【=】进行输入外，Excel 还允许使用【+】或【-】符号作为公式的开头。但是，Excel 总是在公式输入完毕后插入前导符号【=】。其中，以【+】符号开头的公式第一个数值为正数，以【-】符号开头的公式第一个数值为负数。如在 Excel 中输入【+58+6+7】，即等同于输入【=58+6+7】；如在 Excel 中输入【-58+6+7】，即等同于输入【=-58+6+7】。

## 技巧 02：将多列单元格内容合并到一列单元格中

| 教学视频 | 光盘\视频\第6章\技巧02.mp4 |
|---|---|

在实际应用中，有时需要将多列单元格中的内容合并到一列单元格中。通过 Excel 中提供的合并单元格功能在合并多个单元格数据后，会自动显示第一个单元格中的内容，而将其他单元格中的内容删除。如果需要将多列单元格中的内容合并到一列，且保留所有单元格中的内容，就应该使用连字符【&】。

例如，要让员工档案表中的姓名和职位数据合并在一列中形成名片数据，其具体操作步骤如下。

打开"光盘\素材文件\第6章\员工档案.xlsx"文件，❶ 在 H2 单元格中输入公式【=A2&F2】，❷ 拖到填充控制柄复制公式，让 A 列和 F 列单元格中的数据都合并到该列中，效果如图 6-20 所示。

图 6-20

### 技能拓展——调整公式编辑栏的高度

为了使公式编辑栏显示多行文本，可以将鼠标光标移动到公式编辑栏的下边框处，当其变为↕形状时，向下拖动鼠标即可。

## 技巧 03：手动让公式进行计算

| 教学视频 | 光盘\视频\第6章\技巧03.mp4 |
|---|---|

如果一个工作表中创建了多个复杂的公式，Excel 的计算就可能变得非常缓慢。如果希望控制 Excel 计算公式的时间，可以将公式计算模式调整为【手动计算】，具体操作步骤如下。

Step❶ 打开"光盘\素材文件\第6章\预测某产品销售额1.xlsx"文件，❶ 单击【公式】选项卡【计算】组中的【计算选项】按钮，❷ 在弹出的下拉菜单中选择【手动】命令即可，如图 6-21 所示。

Step❷ 经过上步操作，即可进入手动计算模式。❶ 复制 C3 单元格中的公式到 D3 单元格中，❷ 选择 B3:D3 单元格区域，向下拖动填充控制柄复制公式，此时所有单元格中的公式虽然都是正确的，但没有得到正确的计算值，如图 6-22 所示，❸ 单击【公

式】选项卡【计算】组中的【开始计算】按钮。

图 6-21

图 6-22

Step❸ 经过上步操作，即可手动重新计算所有打开的工作簿（包括数据表），并更新所有打开的图表工作表，【预测某产品销售额 1】工作表中的公式得到重新计算后的效果如图 6-23 所示。

图 6-23

单击【计算】组中的【计算工作表】按钮，可手动重新计算活动的工作表，以及链接到此工作表的所有图表和图表工作表。

打开【Excel选项】对话框，❶单击【公式】选项卡，在【计算选项】栏中也可以设置公式的计算模式。❷当选择【手动重算】单选按钮后，Excel将自动选中【保存工作簿前重新计算】复选框，如图6-24所示。如果保存工作簿需要很长时间，则可以考虑取消选中【保存工作簿前重新计算】复选框以便缩短保存时间。

图 6-24

## 技巧04：设置不计算数据表

| 教学视频 | 光盘\视频\第6章\技巧04.mp4 |
|---|---|

Excel中的数据表是一个单元格区域，用于显示公式中一个或两个变量的更改对公式结果造成的影响。它是 Excel中的3种假设分析工具（方案、数据表和单变量求解）之一。默认情况下，Excel工作表中若存在数

据表，无论其是否进行过更改，每当重新计算工作表时，都会重新计算数据表。当工作表或数据表较大时，就容易降低计算速度。

若在每次更改值、公式或名称时，只重新计算除数据表之外的所有相关公式，就可以加快计算速度。在【计算选项】下拉菜单中选择【除模拟运算表外，自动重算】命令，即可调整为不计算数据表模式。若要手动重新计算数据表，可以选择数据表公式，然后单击【开始计算】按钮或按【F9】键。

按【Shift+F9】组合键，可只计算活动工作表中的公式，不计算同一工作簿中的其他工作表；按【Ctrl+Alt+F9】组合键，会强制重新计算所有打开的工作簿。Excel的计算模式不针对具体的工作表。如果改变了Excel的计算模式，它会影响所有打开的工作簿。

## 技巧05：通过状态栏快速查看计算结果

| 教学视频 | 光盘\视频\第6章\技巧05.mp4 |
|---|---|

如果需要查看某个单元格区域中的最大值、最小值、平均值、总和等，一一进行计算的话就比较耗费时间。

Excel中提供了查看常规公式计算的快捷方法，只需进行简单设置即可，具体操作步骤如下。

Step01 ❶ 在状态栏上单击鼠标右键，❷ 在弹出的快捷菜单中选择需要查看结果的计算类型的相应命令，这里选择【平均值】命令，如图6-25所示。

图 6-25

Step02 选择需要计算的单元格区域，即可在状态栏中查看到该区域中数据的平均值，如图6-26所示。

图 6-26

在状态栏快捷菜单中选择【数值计数】命令，可统计出包含数字的单元格数量；选择【计数】命令，会统计出所选单元格区域包含的单元格数量，或工作表中已填充数据的单元格数量。

## 本章小结

通过本章知识和案例练习，相信读者已经掌握了公式的基础应用。本章首先介绍了什么是公式，公式中的运算符有哪些，它们是怎样进行计算的；然后举例讲解了公式的录入与编辑操作；最后重点介绍了单元格的引用，读者需要熟练掌握不同类型单元格引用的表示方式，尤其是为了简化工作表的计算采用复制公式的方法时如何才能得到正确的结果——使用正确的单元格引用方式是一个重点，也是一个难点。

# 第7章 公式计算的高级应用

- ➡ 表格数据已经录入其他工作表中了，使用链接公式就可以快速调用过来！
- ➡ 还不知道数组是什么？
- ➡ 你会使用数组公式实现高级计算吗？
- ➡ 名称可以简化公式中的引用，还可以代入公式简化计算。
- ➡ 学会自己审核公式，确保每个计算结果都是你想要的！

在现代办公中，对现有数据进行加工处理、统计和分析已经成为很重要的一部分。例如，对公司内部员工的数据（如男女比例、平均年龄等）进行统计，可以轻松地分析公司人员的组成结构，利用这些计算结果还可以为人力资源的规划提供参考。Excel 中的数据分析就是将自己思考问题的方式用对应的公式表达出来，然后得到想要的结果。这一章，我们将学习公式计算的高级应用。

## 7.1 链接公式简介

前面的章节中讲解的单元格引用都是引用同一张工作表中的单元格或单元格区域。掌握本节介绍的链接公式的基本操作后，你就可以在多个工作簿或工作表中进行计算了，方便多表的协同工作。

### 7.1.1 认识链接公式的结构

在公式中使用单元格引用获取间接数据是很常见的，不仅可以引用同一工作表中的单个单元格、单元格区域，还可以引用同一工作簿其他工作表中的单元格或其他工作簿中的单元格。

包含对其他工作表或工作簿单元格的引用的公式，也被称为【链接公式】。链接公式需要在单元格引用表达式前面添加半角感叹号【!】。

在 Excel 2013 中，链接公式的一般结构有如下两种。

（1）引用同一工作簿中其他工作表中的单元格

如果希望引用同一工作簿其他工作表中的单元格或单元格区域，只需在单元格引用的前面加上工作表的名称和半角感叹号【!】即可，即引用格式为【= 工作表名称! 单元格地址】。

**技术看板**

如果需要引用的工作表名称中包含非字母字符，则引用格式中的工作表名称必须置于单引号【'】中。

（2）引用其他工作簿中的单元格

如果需要引用其他工作簿中的单元格或单元格区域，引用格式为【=[ 工作簿名称] 工作表名称! 单元格地址】，即用中括号【[ ]】将工作簿名称包括起来，后面接工作表名称、叹号【!】和单元格地址组成。

当被引用单元格所在工作簿处于未打开状态时，公式中将在工作簿名称前自动添加上文件的路径。当路径、工作簿名称或工作表名称中有任意一处含空格或相关特殊字符时，感叹号之前的部分需要使用一对半角引号包含起来，即表示为【' 工作簿存储地址 [ 工作簿名称] 工作表名称' !

单元格地址】。例如，【=SUM('C:\My Documents\[Book3.xls] Sheet1:Sheet3'!$A$1)】表示将计算 C 盘【My Documents】文件夹中的工作簿 Book3 中工作表 1 到工作表 3 中所有 A1 单元格中数值的和。

**技术看板**

如果工作簿已被打开，则公式会省略工作簿存储地址，公式变为【=SUM ([Book3]Sheet1:Sheet3'!$A$1)】，但在关闭工作簿 Book3 后，公式又会自动变为一般格式。

默认情况下，引用其他工作簿中的单元格时，公式中的单元格或单元格区域采用的是绝对引用。

## ★ 重点 7.1.2 实战：为成绩统计表创建链接到其他工作表中的公式

| 实例门类 | 软件功能 |
|---|---|
| 教学视频 | 光盘\视频\第 7 章\7.1.2.mp4 |

当公式中需要引用的单元格数据位于其他工作簿或工作表中时，除了将需要的数据添加到该工作表中，最简单的方法就是创建链接公式。

如果希望引用同一工作簿中其他工作表中的单元格或单元格区域，可在公式编辑状态下，通过鼠标单击相应的工作表标签，然后选择相应的单元格或单元格区域。

例如，要在【第二次月考】工作表中引用第一次月考的统计数据，具体操作步骤如下。

Step01 打开"光盘\素材文件\第 7 章\17 级月考成绩统计表.xlsx"文件，❶选择【第二次月考】工作表，❷合并 A34:B34 单元格区域，并输入【第一次月考成绩最高分】，❸在 C34 单元格中输入【=】，如图 7-1 所示。

图 7-1

Step02 ❶选择【第一次月考】工作表，❷选择 C33 单元格，如图 7-2 所示。

图 7-2

Step03 ❶按【Enter】键，即可将【第一次月考】工作表中 C33 单元格中的数据引用到【第二次月考】工作表的 C34 单元格中，❷向右拖动填充控制柄到 K34 单元格，可以看到分别引用了【第一次月考】工作表中的 D33:K33 单元格区域的数据，如图 7-3 所示。

图 7-3

## ★ 重点 7.1.3 实战：为成绩统计表创建链接到其他工作簿中的公式

| 实例门类 | 软件功能 |
|---|---|
| 教学视频 | 光盘\视频\第 7 章\7.1.3.mp4 |

如果需要引用其他工作簿中的单元格，其方法与引用同一工作簿中其他工作表中的单元格数据类似。例如，要在【17 级月考成绩统计表】工作簿【第一次月考】工作表中引用【子弟学校月考成绩统计表】工作簿中的第一次月考统计数据，具体操作步骤如下。

Step01 打开"光盘\素材文件\第 7 章\17 级月考成绩统计表.xlsx 和子弟学校月考成绩统计表.xlsx"文件，❶选择【17 级月考成绩统计表】工作簿中的【第一次月考】工作表，❷合并 A34:B34 单元格区域，并输入【子弟学校月考最高分】，❸在 C34 单元格中输入【=】，❹单击【视图】选项卡【窗口】组中的【切换窗口】按钮，❺在弹出的下拉列表中显示了当前打开的所有工作簿名称，选择需要切换到的【子弟学校

月考成绩统计表】工作簿选项，如图 7-4 所示。

图 7-4

Step02 切换到【子弟学校月考成绩统计表】工作簿窗口中，选择【第一次月考】工作表中的 C29 单元格，如图 7-5 所示。

图 7-5

Step03 按【Enter】键，即可将【子弟学校月考成绩统计表】工作簿【第一次月考】工作表中 C29 单元格中的数据引用到【17 级月考成绩统计表】工作簿【第二次月考】工作表的 C34 单元格中，在编辑栏中可以看到单元格引用为绝对引用，如图 7-6 所示。

图 7-6

Step04 ❶修改公式中的单元格引用为相对引用，❷向右拖动填充控制柄到 K34 单元格，如图 7-7 所示。

图 7-7

图 7-9

图 7-11

**Step05** 经过上步操作，虽然 C34 单元格后面的单元格中的公式都正确填充了，但是并没有正确引用【子弟学校月考成绩统计表】工作簿中的数据。双击填充公式后的单元格，手动将各公式中的单元格引用修改为绝对引用，即可正确引用【子弟学校月考成绩统计表】工作簿中 D29:K29 单元格区域的数据，如图 7-8 所示。

图 7-8

### 7.1.4 更新链接

如果链接公式的源工作簿中数据进行了编辑，并重新保存了。而引用的工作表中公式没有重新进行计算，数据没有立即更新链接来显示当前的数据。可以使用 Excel 中提供的强制更新功能，确保链接公式拥有来自源工作簿的最新数据，具体操作步骤如下。

**Step01** 在当前工作簿中，单击【数据】选项卡【连接】组中的【编辑链接】按钮 ，如图 7-9 所示。

**Step02** 在弹出的【编辑链接】对话框中，❶ 在列表框中选择相应的源工作簿，❷ 单击【更新值】按钮，如图 7-10 所示。Excel 会自动使用最新版本的源工作簿数据更新链接公式。

图 7-10

### 7.1.5 实战：修改成绩统计表中的链接源

| 实例门类 | 软件功能 |
|---|---|
| 教学视频 | 光盘\视频\第 7 章\7.1.5.mp4 |

当已保存外部链接公式中存在错误的文件，或链接的源文件不再可用时，就必须修改链接源了。例如，要修改【17 级月考成绩统计表】工作簿【第一次月考】工作表中引用的第一次月考统计数据为【子弟学校月考成绩统计表（2）】工作簿中的数据，具体操作步骤如下。

**Step01** 打开"光盘\素材文件\第 7 章\17 级月考成绩统计表.xlsx"文件，❶ 按照前面介绍的方法打开【编辑链接】对话框，❷ 在列表框中选择需要修改的源工作簿，❸ 单击【更改源】按钮，如图 7-11 所示。

**Step02** 在弹出的【更改源】对话框中，❶ 在列表框中重新定位原始链接源或另一个链接源，这里需要选择修改的链接源工作簿名称，如链接到"光盘\素材文件\第 7 章\子弟学校月考成绩统计表（2）"，❷ 单击【确定】按钮，如图 7-12 所示。

图 7-12

**Step03** 返回【编辑链接】对话框，单击【关闭】按钮，如图 7-13 所示。

图 7-13

**Step04** 经过上步操作后，Excel 会自动使用新的链接源替换被修改前的链接源，仍旧套用以前的公式得到新的计算结果，如图 7-14 所示。

图 7-14

在【编辑链接】对话框中单击【打开源文件】按钮，可以打开源文件，方便修改源文件中的数据。

## 7.1.6 取消外部链接公式

在打开含有链接公式的工作簿时，系统会给出安全警告，提示你已经禁止了自动更新链接，要更新链接需要单击【启用内容】按钮，如图 7-15 所示。

图 7-15

实际上，很多数据在使用链接公式进行计算后，并没有再更新过，每次打开都进行更新就很麻烦。

当工作表中包含链接公式时，如果不再需要这个链接，可通过选择性粘贴功能将外部链接公式转换为数值，从而取消链接。也可以单击【编辑链接】对话框中的【断开链接】按钮来实现，如图 7-16 所示。

图 7-16

### 技术看板

由于不能撤销断开链接的操作，所以请谨慎使用。

## 7.1.7 检查链接状态

单击【编辑链接】对话框中的【检查状态】按钮，可以更新列表中所有链接的状态。这样就能有针对性地对需要更新的数据进行更新，直到所有链接的状态变为【已更新】。

检查状态后，【状态】栏中的状态有以下几种。

➡ 【正常】状态，表示链接工作正常且处于最新状态，无须进行任何操作。

➡ 【未知】状态，需要单击【检查状态】按钮以更新列表中所有链接的状态。

➡ 【不适用】状态，表示链接使用 OLE 或动态数据交换 (DDE)。Excel 不能检查这些链接类型的状态。

➡ 【错误：未找到源】状态，需要单击【更改源】按钮重新选择适当的工作簿。

➡ 【错误：未找到工作表】状态，表示源可能已经移动或重命名。需要重新选择适当的工作表。

➡ 【警告：值未更新】状态，一般是因为打开工作簿时未更新链接，单击【更新值】按钮更新即可。

➡ 【警告：源未重新计算】状态，表示工作簿处于手动计算状态，需要先调整为自动计算状态。

➡ 【警告：请打开源以更新值】状态，表示只有打开源，才能更新链接。单击【打开源文件】按钮打开源并进行更新。

➡ 【源为打开状态】状态，表示源处于打开状态。如果未收到工作表错误信息，则无须进行任何操作。

➡ 【错误：状态不定】状态，说明 Excel 不能确定链接的状态。源可能不包含工作表，或工作表可能以不受支持的文件格式保存。最好单击【更新值】按钮更新值。

# 7.2 数组简介

对于希望精通 Excel 函数与公式的用户来说，数组运算和数组公式是必须跨越的门槛。本节介绍数组的相关知识，让用户能够对数组有更深刻的理解。

## ★ 重点 7.2.1 Excel 中数组的相关定义

数组是在程序设计中，为了处理方便，把具有相同类型的若干变量按有序的形式组织起来的一种形式。这些按序排列的同类数据元素的集合称为数组。引用到 Excel 中，数组就是由文本、数值、日期、逻辑、错误值等元素组成的集合，一个数组其实就是一组同类型的数据，可以当作一个整体来处理。在 Excel 公式与函数中，数组是按一行、一列或多行多列排列的。

### 1. 数组的维度

数组的维度是指数组的行列方向，一行多列的数组为横向数组（也称为【水平数组】或【列数组】），一列多行的数组为纵向数组（也称为【垂直数组】或【行数组】）。多行

图 7-18

多列的数组则同时拥有横向和纵向两个维度。

## 2. 数组的维数

【维数】是数组中的一个重要概念，是指数组中不同维度的个数。根据维数的不同，可将数组划分为一维数组，二维数组，三维数组，四维数组……在 Excel 公式中，我们接触到的一般是一维数组或二维数组。Excel 中主要是根据行数与列数的不同进行一维数组和二维数组的区分的。

> **技术看板**
>
> 虽然 Excel 支持三维及多维数组的计算，但由于 Excel 不支持显示三维数组，所以一般情况下都使用一维和二维数组进行运算。

### （1）一维数组

一维数组存在于一行或一列单元格中。根据数组的方向不同，通常又在一维数组中分为一维横向数组和一维纵向数组，具体效果如图 7-17 所示。

图 7-17

> **技术看板**
>
> 我们可以将一维数组简单地理解为是一行或一列单元格数据的集合，如图 7-17 所示的 B4:F4 和 B7:B11 单元格区域。

### （2）二维数组

多行多列同时拥有横向和纵向两个维度的数组称为二维数组，具体效果如图 7-18 所示。

我们可以将二维数组看成一个多行多列的单元格数据集合，也可以看成多个一维数组的组合。如图 7-18 所示的 C4:F7 单元格区域是一个四行四列的二维数组。我们可以把它看成 C4:F4、C5:F5、C6:F6 与 C7:F7 这 4 个一维数组的组合。

由于二维数组各行或各列的元素个数必须相等，存在于一个矩形范围内，因此又称为【矩阵】，行列数相等的矩阵称为【方阵】。

## 3. 数组的尺寸

数组的尺寸是用数组各行各列上包含的元素个数来表示的。一行 N 列的一维横向数组，我们可以用【1×N】来表示其尺寸；一列 N 行的一维纵向数组，我们可以用【N×1】来表示其尺寸；对于 M 行 N 列的二维数组，可以用【M×N】来表示其尺寸。

> **技术看板**
>
> 数组是一个以行和列来确定位置、以行数和列数作为高度和宽度的数据矩形，因此，数组中不能存在长度不等的行或列。

## 7.2.2 Excel 2013 中数组的存在形式

在 Excel 中，根据构成元素的不同，还可以把数组分为常量数组、单元格区域数组、内存数组和命名数组。

## 1. 常量数组

在 Excel 公式与函数应用中，常量数组是指直接在公式中写入的数组

元素，但必须手动输入大括号 {} 将构成数组的常量括起来，各元素之间分别用半角分号【;】和半角逗号【,】来间隔行和列。常量数组不依赖单元格区域，可直接参与公式运算。

顾名思义，常量数组的组成元素只可以是常量元素，绝不能是函数、公式、单元格引用或其他数组。常量数组中可以包含数字、文本、逻辑值和错误值等，而且可以同时包含不同的数据类型，但不能包含带有逗号、美元符号、括号、百分号的数字。

常量数组只具有行、列（或称水平、垂直）两个方向，因此只能是一维或二维数组。

一维横向常量数组的各元素之间用半角逗号【,】间隔，如【={"A","B","C","D","E"}】表示尺寸为 1 行 ×5 列的文本型常量数组，具体效果如图 7-18 中的一维横向数组；【={1,2,3,4,5}】表示尺寸为 1 行 ×5 列的数值型常量数组。

一维纵向常量数组的各元素之间用半角分号【;】间隔，如【={" 张三 ";" 李四 ";" 王五 "}】表示尺寸为 3 行 ×1 列的文本型常量数组；【={1;2;3;4;5}】表示尺寸为 5 行 ×1 列的数值型常量数组，具体效果如图 7-18 中的一维纵向数组。

二维常量数组在表达方式上与一维数组相同，即数组的每一行上的各元素之间用半角逗号【,】间隔，每一列上的各元素之间用半角分号【;】间隔，如【={1,2," 我 爱 Excel!";"2018-7-8",TRUE,#N/A}】表示尺寸为 2 行 ×3 列的二维混合数据类型的常量数组，包含数值、文本、日期、逻辑值和错误值，如图 7-19 所示。

图 7-19

二维数组中的元素总是按先行后列的顺序排列，即表达为【{ 第一行的第一个元素，第一行的第二个元素，第一行的第三个元素，……；第二行的第一个元素，第二行的第二个元素，第二行的第三个元素，……；第三行的第一个，……}】。

## 2. 单元格区域数组

如果在公式或函数参数中引用工作表的某个连续单元格区域，且其中函数参数不是单元格引用或区域类型（reference、ref 或 range），也不是向量（vector）时，Excel 会自动将该区域引用转换为由区域中各单元格的值构成的同维数、同尺寸的数组，也称为单元格区域数组。

简言之，单元格区域数组是特定情况下通过对一组连续的单元格区域进行引用，被 Excel 自动转换得到的数组。这类数组是用户在利用【公式求值】功能查看公式运算过程时常看到的。例如，在数组公式中，{A1:B8} 是一个 8 行 ×2 列的单元格区域数组。Excel 会自动在数组公式外添加大括号 {}，手动输入 {} 符号是无效的，Excel 会认为输入的是一个正文标签。

## 3. 内存数组

内存数组只出现在内存中，并不是最终呈现的结果。它是指某一公式通过计算，在内存中临时返回多个结果值构成的数组。而该公式的计算结果并不需要存储到单元格区域中，而是作为一个整体直接又嵌入其他公式中继续参与运算了。该公式本身就被称为内存数组公式。

## 4. 命名数组

命名数组是指使用命名的方式为常量数组、区域数组、内存数组定义了名称的数组。该名称可以在公式中作为数组来调用。

在数据验证（有效性序列除外）和条件格式的自定义公式中不接受常量数组，我们可以将其命名后，直接调用名称进行运算。

# 7.3 使用数组公式快速完成多项计算

Excel 中数组公式非常有用，可建立产生多值或对一组值而不是单个值进行操作的公式。掌握数组公式的相关技能技巧，当不能使用工作表函数直接得到结果，需要对一组或多组数据进行多重计算时可大显身手。本节将介绍在 Excel 2013 中数组公式的使用方法，包括输入和编辑数组、了解数组的计算方式等。

## 7.3.1 认识数组公式

数组公式是相对于普通公式而言的，我们可以认为数组公式是 Excel 对公式和数组的一种扩充，换句话说，数组公式是 Excel 公式中一种专门用于数组的公式类型。

数组公式的特点就是所引用的参数是数组参数，当我们将数组作为公式的参数进行输入，就形成了数组公式。与普通公式的不同之处在于，数组公式能通过输入的这个单一公式，执行多个输入的操作并产生多个结果，而且每个结果都将显示在一个单元格中。

普通公式（如【=SUM(B2:D2)】【=B8+C7+D6】等）只占用一个单元格，且只返回一个结果。而数组公式可以占用一个单元格，也可以占用多个单元格，数组的元素可多达 6500 个。它对一组数或多组数进行多重计算，并返回一个或多个结果。因此，我们可以将数组公式看成有多重数值的公式，它会让公式中有对应关系的数组元素同步执行相关的计算，或在工作表的相应单元格区域中同时返回常量数组、区域数组、内存数组或命名数组中的多个元素。

## 7.3.2 输入数组公式

在 Excel 中，数组公式用大括号 {} 括住以区分 Excel 普通公式。要使用数组公式进行批量数据的处理，首先要学会建立数组公式的方法，主要分为如下几个步骤。

Step01 如果希望数组公式只返回一个结果，可先选择保存计算结果的单元格。如果数组公式要返回多个结果，请选择需要保存数组公式计算结果的单元格区域。

Step02 在编辑栏输入数组的计算公式。

Step03 公式输入完成后，按【Ctrl+Shift+Enter】组合键锁定输入的数组公式并确认输入。

其中第 3 步用【Ctrl+Shift+Enter】组合键结束公式的输入是最关键的，这相当于用户在提示 Excel 输入的不是普通公式，是数组公式，需要特殊处理，此时 Excel 就不会用常规的逻辑来处理公式了。

在 Excel 中，只要在输入公式后按【Ctrl+Shift+Enter】组合键结束公式，Excel 都会把输入的公式视为一个数组公式，会自动为公式添加大括号 {}，以和普通公式区别开来。

如果我们在输入公式后，第 3 步

只按【Enter】键,则输入的只是一个简单的公式,Excel 只在选择的单元格区域的第一个单元格位置(选择区域的左上角单元格)显示一个计算结果。

### 7.3.3 使用数组公式的规则

在输入数组公式时,必须遵循相应的规则,否则公式将会出错,无法计算出数据的结果。

(1)输入数组公式时,应先选择用来保存计算结果的单元格或区域。如果计算公式将产生多个计算结果,必须选择一个与完成计算时所用区域大小和形状都相同的区域。

(2)数组公式输入完成后,按【Ctrl+Shift+Enter】组合键,这时在公式编辑栏中可以看见 Excel 在公式的两边加上了 {} 符号,表示该公式是一个数组公式。需要注意的是,{} 符号是由 Excel 自动加上去的。不用手动输入 {},否则 Excel 会认为输入的是一个正文标签,但若是想在公式里直接表示一个数组,就需要输入 {} 符号将数组的元素括起来。例如,【=IF({1,1},D2:D6,C2:C6)】公式中的数组 {1,1} 的 {} 符号就是手动输入的。

(3)在数组公式所涉及的区域中,不能编辑、清除或移动单个单元格,也不能插入或删除其中的任何一个单元格。这是因为数组公式所涉及的单元格区域是一个整体,只能作为一个整体进行操作。例如,只能把整个区域同时删除、清除,而不能只删除或清除其中的一个单元格。

(4)要编辑或清除数组公式,需要选择整个数组公式所涵盖的单元格区域,并激活编辑栏(也可单击数组公式所包括的任一单元格,这时数组公式会出现在编辑栏中,它的两边有 {} 符号,用鼠标单击编辑栏中的数组公式,它两边的 {} 符号就会消失),然后在编辑栏中修改数组

公式或删除数组公式,操作完成后按【Ctrl+Shift+Enter】组合键计算出新的数据结果。

(5)如需将数组公式移动至其他位置,需要先选中整个数组公式所涵盖的单元格范围,然后把整个区域拖到目标位置,也可通过【剪切】和【粘贴】命令进行数组公式的移动。

(6)对于数组公式的范畴应引起注意,输入数值公式或函数的范围,其大小及外形应该与作为输入数据的范围的大小和外形相同。如果存放结果的范围太小,就看不到所有的运算结果;如果范围太大,有些单元格就会出现错误信息【#N/A】。

### ★ 重点 7.3.4 数组公式的计算方式

为了能更好地运用数组公式,还需要了解数组公式的计算方式,下面根据数组运算结果的多少,将数组计算分为多单元格联合数组公式的计算和单个单元格数组公式计算两种分别进行讲解。

#### 1. 多单元格联合数组公式

在 Excel 中使用数组公式可建立产生多值或对应一组值而不是单个值进行操作的公式,其中能产生多个计算结果并在多个单元格中显示出来的单一数组公式,称为【多单元格数组公式】。在数据输入过程中出现统计模式相同,而引用单元格不同的情况时,就可以使用多单元格数组公式来简化计算。需要联合多单元格数组的情况主要有以下几种。

> **技术看板**
>
> 多单元格数组公式主要进行批量计算,可节省计算的时间。输入多单元格数组公式时,应先选择需要返回数据的单元格区域,选择的单元格区域的行、列数应与返回数组的行、列

数相同。否则,如果选中的区域小于数组返回的行列数,将只显示该单元格区域的返回值,其他的计算结果将不显示。如果选择的区域大于数组返回的行列数,那超出的区域将会返回【#N/A】值。因此,在输入多单元格数组公式前,需要了解数组结果是几行几列。

(1)数组与单一数据的运算

一个数组与一个单一数据进行运算,等同于将数组中的每一个元素均与这个单一数据进行计算,并返回同样大小的数组。

例如,在【水费收取表】工作簿中,要为所有家庭计算出对应的水费,通过输入数组公式快速得到计算结果的具体操作步骤如下。

**Step01** 打开"光盘\素材文件\第7章\水费收取表.xlsx"文件,① 选择 C3:C14 单元格区域,② 在编辑栏中输入【=B3:B14*B1】,如图 7-20 所示。

图 7-20

**Step02** 按【Ctrl+Shift+Enter】组合键,可看到编辑栏中的公式变为【{=B3:B14*B1}】,同时会在 C3:C14 单元格区域中显示出计算的数组公式结果,如图 7-21 所示。

> **技术看板**
>
> 该案例中的数组公式相当于在 C3 单元格中输入公式【=B3*$B$1】,然后通过拖动填充控制柄复制公式到 C4:C14 单元格区域中。

图 7-21

（2）一维横向数组或一维纵向数组之间的计算

一维横向数组或一维纵向数组之间的运算，也就是单列与单列数组或单行与单行数组之间的运算。

相比数组与单一数据的运算，只是参与运算的数据都会随时变动而已，其实质是两个一维数组对应元素间进行运算，即第一个数组的第一个元素与第二个数组的第一个元素进行运算，结果作为数组公式结果的第一个元素，然后第一个数组的第二个元素与第二个数组的第二个元素进行运算，结果作为数组公式结果的第二个元素，接着是第三个元素……直到第 N 个元素。一维数组之间进行运算后，返回的仍然是一个一维数组，其行、列数与参与运算的行、列数组的行、列数相同。

例如，在产品销售表中，需要计算出各产品的销售额，即让各产品的销售量乘以其销售单价。通过输入数组公式快速得到计算结果的具体操作步骤如下。

**Step01** 打开"光盘\素材文件\第7章\产品销售表.xlsx"文件，❶选择 F2:F32 单元格区域，❷在编辑栏中输入【=D2:D32*E2:E32】，如图 7-22 所示。

**Step02** 按【Ctrl+Shift+Enter】组合键，可看到编辑栏中的公式变为【{=D2:D32*E2:E32}】，在 F2:F32 单元格区域中同时显示出计算的数组公式结果，如图 7-23 所示。

图 7-22

图 7-23

### 技术看板

该案例中 D2:D32*E2:E32 是两个一维数组相乘，返回一个新的一维数组。该案例如果使用普通公式进行计算，通过复制公式也可以得到需要的结果，但若需要对 100 行甚至更多行数据进行计算，光复制公式也会比较麻烦。

（3）一维横向数组与一维纵向数组的计算

一维横向数组与一维纵向数组进行运算后，将返回一个二维数组，且返回数组的行数同一维纵向数组的行数相同，列数同一维横向数组的列数相同。返回数组中第 M 行第 N 列的元素是一维纵向数组的第 M 个元素和一维横向数组的第 N 个元素运算的结果。具体的计算过程我们可以通过查看一维横向数组与一维纵向数组进行运算后的结果来进行分析。

例如，在【预测某产品销售额】工作表中已经将预测的销售价格输入

成一组横向数组，并将预计的销售量输入成一组纵向数组，需要通过输入数组公式计算每种销售组合可能性下的销售价格，具体操作步骤如下。

**Step01** 打开"光盘\素材文件\第7章\预测某产品销售额.xlsx"文件，❶选择 B3:D12 单元格区域，❷在编辑栏中输入【=A3:A12*B2:D2】，如图 7-24 所示。

图 7-24

**Step02** 按【Ctrl+Shift+Enter】组合键，可看到编辑栏中的公式变为【{=A3:A12*B2:D2}】，在 B3:D12 单元格区域中同时显示出计算的数组公式结果，如图 7-25 所示。

图 7-25

（4）行数（或列数）相同的单列（或单行）数组与多行多列数组的计算

单列数组的行数与多行多列数组的行数相同时，或单行数组的列数与多行多列数组的列数相同时，计算规律与一维横向数组或一维纵向数组之间的运算规律大同小异，计算结果将返回一个多行列的数组，其行、列数与参与运算的多行多列数组的行列数相同。单列数组与多行多列数组计算

时，返回的数组的第 M 行第 N 列的数据等于单列数组的第 M 行的数据与多行多列数组的第 M 行第 N 列的数据的计算结果；单行数组与多行多列数组计算时，返回的数组的第 M 行第 N 列的数据等于单行数组的第 N 列的数据与多行多列数组的第 M 行第 N 列的数据的计算结果。

例如，在【生产完成率统计】工作表中已经将某一周预计要达到的生产量输入成一组纵向数组，并将各产品的实际生产数量输入成一个二维数组，需要通过输入数组公式计算每种产品每天的实际完成率，具体操作步骤如下。

**Step01** 打开"光盘 \ 素材文件 \ 第 7 章 \ 生产完成率统计 .xlsx"文件，❶合并 B11:G11 单元格区域，并输入相应的文本，❷选择 B12:G19 单元格区域，❸在编辑栏中输入【=B3:G9/A3:A9】，如图 7-26 所示。

图 7-26

**Step02** 按【Ctrl+Shift+Enter】组合键，可看到编辑栏中的公式变为【{=B3:G9/A3:A9}】，在 B12:G19 单元格区域中同时显示出计算的数组公式结果，如图 7-27 所示。

**Step03** ❶为整个结果区域设置边框线，❷在第 11 行单元格的下方插入一行单元格，并输入相应的文本，❸选择 B12:G19 单元格区域，❹单击【开始】选项卡【数字】组中的【百分比样式】按钮%，让计算结果显示为百分比样式，如图 7-28 所示。

图 7-27

图 7-28

（5）行列数相同的二维数组间的运算

行列相同的二维数组之间的运算，将生成一个新的同样大小的二维数组。其计算过程等同于第一个数组的第一行的第一个元素与第二个数组的第一行的第一个元素进行运算，结果为数组公式的结果数组的第一行的第一个元素，接着是第二个，第三个……直到第 N 个元素。

例如，在【月考平均分统计】工作表中已经将某些同学前 3 次月考的成绩分别统计为一个二维数组，需要通过输入数组公式计算这些同学 3 次考试的每科成绩平均分，具体操作步骤如下。

**Step01** 打开"光盘 \ 素材文件 \ 第 7 章 \ 月考平均分统计 .xlsx"文件，❶选择 B13:D18 单元格区域，❷在编辑栏中输入【=(B3:D8+G3:I8+L3:N8)/3】，如图 7-29 所示。

图 7-29

**Step02** 按【Ctrl+Shift+Enter】组合键，可看到编辑栏中的公式变为【{=(B3:D8+G3:I8+L3:N8)/3}】，在 B13:D18 单元格区域中同时显示出计算的数组公式结果，如图 7-30 所示。

图 7-30

**技术看板**

使用多单元格数组公式的优势在于：第一，能够保证在同一个范围内的公式具有同一性，防止用户在操作时无意间修改表格的公式。创建此类公式后，公式所在的任何单元格都不能被单独编辑，否则将会弹出提示对话框，提示用户不能更改数组的某一部分；第二，能够在一个较大范围内快速生成大量具有某种规律的数据；第三，数组通过数组公式运算后生成的新数组（通常称为【内存数组】）存储在内存中，因此使用数组公式可以减少内存占用，加快公式的执行时间。

### 2. 单个单元格数组公式

通过 7.3.2 节对数组公式的计算规律的讲解和案例分析，不难发现以下两点：第一，一维数组公式经过运算后，得到的结果可能是一维的，也可能是多维的，存放在不同的单元格区域中；第二，有二维数组参与的公式计算，其结果也是一个二维数组。总之，数组与数组的计算，返回的将是一个新的数组，其行数与参与计算的数组中行数较大的数组的行数相同，列数与参与计算的数组中列数较大的数组的列数相同。

有一个共同点，前面讲解的数组运算都是普通的公式计算，如果将数组公式运用到函数中，结果又会如何？实际上，上面得出的两个结论都会被颠覆。将数组用于函数计算中，计算的结果可能是一个值，也可能是一个一维数组或者二维数组。

由于函数的内容在后面的章节中才讲解，这里先举一个简单的例子来进行说明。例如，要在【产品销售表1】工作表中使用一个函数来对所有产品的总销售额进行计提统计，具体操作步骤如下。

**Step01** 打开"光盘\素材文件\第 7 章\产品销售表 1.xlsx"文件，❶合并 C34:D34 单元格区域，并输入相应文本，❷在 E34 单元格中输入【=SUM(D2:D32*E2:E32)*0.05】，如图 7-31 所示。

图 7-31

**Step02** 按【Ctrl+Shift+Enter】组合键，可看到编辑栏中的公式变为【{=SUM

(D2:D32*E2:E32)*0.05}】，在 E34 单元格中同时显示出计算的数组公式结果，如图 7-32 所示。

图 7-32

不难发现，当运算中存在着一些只有通过复杂的中间运算过程才会得到结果时，就必须结合使用函数和数组了。

本例的数组公式先在内存中执行计算，将各商品的销量和单价分别相乘，然后再将数组中的所有元素用 SUM 函数汇总，得到总销售额，最后再乘以 H1 单元格的利润率得出最终结果。

本例中的公式还可以用 SUMPRODUCT 函数来代替，输入【=SUMPRODUCT(F3:F11*G3:G11)*H1】即可。SUMPRODUCT 函数的所有参数都是数组类型的参数，直接支持多项计算，具体应用参考后面的章节。

### 7.3.5 明辨多重计算与数组公式的区别

在 A1:A5 单元格区域中依次输入【-5】【0】【2】【103】和【-24】这 5 个数字，然后在 B1 单元格中输入公式【=SUMPRODUCT((A1:A5>0)*A1:A5)】，按【Enter】键计算的结果为 105；在 B2 单元格中也输入与 B1 单元格相同的公式，按【Ctrl+Shift+Enter】组合键计算的结果也为 105，那么这两个公式到底有

什么不同呢？

上面的公式都是求所选单元格区域中所有正数之和，结果相同，但这里存在【多重计算】和【数组公式】两个概念。例子中的【(A1:A5>0)*A1:A5】相当于先执行了 A1>0，A2>0，…，A5>0 的 5 个比较运算，再将产生的逻辑值分别乘以 A1…A5 的值，这个过程就是【多重计算】。而数组公式的定义可概括为【对一组或多组值执行多重计算，并返回一个或多个结果，数组公式括于大括号 {} 中，按【Ctrl+Shift+Enter】组合键可以输入数组公式】。也就是说，数组公式中包含了多重计算，但并未明确定义执行多重计算就是数组公式，执行单个计算就不算数组公式。例如，例子中直接按【Enter】键得到结果的第一种方法，并未将公式内容括于大括号 {} 中，可它执行的是多重计算；再如，输入【=A1】，并按【Ctrl+Shift+Enter】组合键即可得到数组公式的形式【{=A1}】，但它只执行了单个计算。为便于理解，可简单认为只要在输入公式后，按【Ctrl+Shift+Enter】组合键结束的，就是数组公式。

### ★ 重点 7.3.6 数组的扩充功能

在公式或函数中使用数组时，参与运算的对象或参数应该和第一个数组的维数匹配，也就是说要注意数组行列数的匹配。对于行列数不匹配的数组，在必要时，Excel 会自动将运算对象进行扩展，以符合计算需要的维数。每一个参与运算的数组的行数必须与行数最大的数组的行数相同，列数必须与列数最大的数组的列数相同。

当数组与单一数据进行运算时，如【{=H3:H6+15}】公式中的第一个数组为 4 行 *1 列，而第二个数据并不是数组，而是一个数值，为了让第二个数值能与第一个数组匹配，

Excel 会自动将数值扩充成 4 行×1 列的数组 {15;15;15;15}。所以，最后是使用【{=H3:H6+{15;15;15;15}}】公式进行计算。

又如一维横向数组与一维纵向数组的计算，如公式【{={10;20;30;40}+{50,60}}】的第一个数组 {10;20;30;40} 为 4 行 ×1 列，第二个数组 {50,60} 为 1 行 ×2 列，在计算时，Excel 会自动将第一个数组扩充为一个 4 行×2 列的数组 {10,10;20,20;30,30;40,40}，也会将第二个数组扩充为一个 4 行 ×2 列的数组 {50,60;50,60;50,60;50,60}，所以，最后是使用【{={10,10;20,20;30,30;40,40}+{50,60;50,60;50,60;50,60}}】公式进行计算的。公式最后返回的数组也是一个 4 行×2 列的数组，数组的第 M 行第 N 列的元素等于扩充后的两个数组的第 M 行第 N 列的元素的计算结果。

如果行列数均不相同的两个数组进行计算，Excel 仍然会将数组进行扩展，只是在将区域扩展到可以填入比该数组公式大的区域时，已经没有扩大值可以填入单元格内，这样就会出现【#N/A】错误值。如公式【{={1,2;3,4}+{1,2,3}}】的第一个数组为一个 2 行 ×2 列的数组，第二个数组 {1,2,3} 为 1 行 ×3 列，在计算时，Excel 会自动将第一个数组扩充为一个 2 行 ×3 列的数组 {1,2,#N/A;3,4,#N/A}，也会将第二个数组扩充为一个 2 行 ×3 列的数组 {1,2,#/A;1,2,#N/A}，所以，最后是使用【{={1,2,#N/A;3,4,#N/A}+{1,2,#/A;1,2,#N/A}}】公式进行计算。

由此可见，行列数不相同的数组在进行运算后，将返回一个多行多列数组，行数与参与计算的两个数组中行数较大的数组的行数相同，列数与列数较大的数组的列数相同。且行数大于较小行数数组行数、大于较大列数数组列数的区域的元素均为【#N/A】。有效元素为两个数组中对应数组的计算结果。

### 7.3.7 编辑数组公式

数组公式的编辑方法与公式基本相同，只是数组包含数个单元格，这些单元格形成一个整体，所以，数组里的任何单元格都不能被单独编辑。如果对数组公式结果中的其中一个单元格的公式进行编辑，系统会提示不能更改数组的某一部分，如图 7-33 所示。

图 7-33

如果需要修改多单元格数组公式，必须先选择整个数组区域。要选择数组公式所占有的全部单元格区域，可以先选择单元格区域中的任意一个单元格，然后按【Ctrl+/】组合键。

编辑数组公式时，在选择数组区域后，将文本插入点定位到编辑栏中，此时数组公式两边的大括号 {} 将消失，表示公式进入编辑状态。在编辑公式后同样需要按【Ctrl+Shift+Enter】组合键锁定数组公式的修改。这样，数组区域中的数组公式将同时被修改。

若要删除原有的多单元格数组公式，可以先选择整个数组区域，然后按【Delete】键删除数组公式的计算结果；或在编辑栏中删除数组公式，然后按【Ctrl + Shift + Enter】组合键完成编辑；还可以通过单击【开始】选项卡【编辑】组中的【清除】按钮，在弹出的下拉菜单中选择【全部清除】命令来完成。

# 7.4 使用名称简化公式

Excel 中使用列标加行号的方式虽然能准确定位各单元格或单元格区域的位置，但是并没有体现单元格中数据的相关信息。为了直观表达一个单元格、一组单元格、数值或者公式的引用与用途，可以为其定义一个名称。掌握名称在公式中的相关应用技巧，可以更加便捷地创建、更改和调整数据，有助于提高数据分析的工作效率。下面介绍名称的概念以及各种与名称相关的基本操作。

### 7.4.1 定义名称的作用

在 Excel 中，名称是我们建立的一个易于记忆的标识符，它可以引用单元格、范围、值或公式。使用名称有下列优点。

（1）名称可以增强公式的可读性，使用名称的公式比使用单元格引用位置的公式易于阅读和记忆。

例如，公式【= 销量 * 单价】比公式【=F6*D6】更直观，特别适合提供给非工作表制作者的其他人查看。

（2）一旦定义名称之后，其使用范围通常是在工作簿级的，即可以在同一个工作簿中的任何位置使用。不仅减少了公式出错的可能性，还可以让系统在计算寻址时能精确到更小的范围，而不必用相对的位置来搜寻源及目标单元格。

（3）当改变工作表结构后，可以直接更新某处的引用位置，达到所有使用这个名称的公式都自动更新的目的。

（4）为公式命名后，就不必将该公式放入单元格中了，这有助于缩小工作表，还能代替重复循环使用相同的公式，缩短公式长度。

（5）用名称方式定义动态数据列表，可以避免使用很多辅助列，跨表链接时能让公式更清晰。

（6）使用范围名替代单元格地址，更容易创建和维护宏。

### 7.4.2 名称的命名规则

在 Excel 中定义名称时，不是任意字符都可以作为名称的，你或许在定义名称的时候也遇到过 Excel 弹出提示对话框，提示【输入的名称无效】，这说明定义没有成功。

名称的定义有一定的规则。具体需要注意以下几点。

（1）名称可以是任意字符与数字的组合，但名称中的第一个字符必须是字母、下画线【_】或反斜线【/】，如【_1HF】。

（2）名称不能与单元格引用相同，如不能定义为【B5】和【C$6】等。也不能以字母【C】【c】【R】或【r】作为名称，因为【R】【C】在 R1C1 单元格引用样式中表示工作表的行、列。

（3）名称中不能包含空格，如果需要由多个部分组成，可以使用下画线或句点号代替。

（4）不能使用除下画线、句点号和反斜线以外的其他符号，允许用问号【？】，但不能作为名称的开头。如定义为【Hjing?】可以，但定义为【?Hjing】就不可以。

（5）名称字符长度不能超过 255 个字符。一般情况下，名称应该便于记忆且尽量简短，否则就违背了定义名称的初衷。

（6）名称中的字母不区分大小写，即名称【Hjing】和【hjing】是相同的。

#### 技术看板

在命名的时候应该尽量采用一些有特定含义的名称，这样有利于记忆。另外，在 Excel 中，有一些有特殊含义的名称，是用户在使用了诸如高级筛选功能以后，由 Excel 自动定义的。如【Print_Titles】和【Print_Area】。被定义为【Print_Titles】的区域将成为当前工作表打印的顶端标题行和左端标题行；被定义为【Print_Area】的区域将被设置为工作表的打印区域。

### 7.4.3 名称的适用范围

Excel 中定义的名称具有一定的适用范围，名称的适用范围定义了使用名称的场所，一般包括当前工作表和当前工作簿。

默认情况下，定义的名称都是工作簿级的，能在工作簿中的任何一张工作表中使用。例如，创建一个叫作【Name】的名称，引用 Sheet1 工作表中的 A1:B7 单元格区域，然后在当前工作簿的所有工作表中都可以直接使用这一名称，这种能够作用于整个工作簿的名称被称为工作簿级名称。

定义的名称在其适用范围内必须唯一，在不同的适用范围内，则可以定义相同的名称。在没有限定的情况下，在适用范围内可以直接应用名称，而超出了范围就需要加上一些元素对名称进行限定。如在工作簿中创建一个仅能作用于一张工作表的名称，即工作表级名称，就只能在该工作表中直接使用它；若要在工作簿中其他工作表使用，就必须在该名称的前面加上工作表的名称，表达格式为【工作表名称＋感叹号＋名称】，如【Sheet2!姓名】。若需要引用其他工作簿中的名称，原则与前面介绍的链接引用其他工作簿中的单元格相同。

### ★ 重点 7.4.4 实战：在现金日记账记录表中定义单元格名称

| 实例门类 | 软件功能 |
|---|---|
| 教学视频 | 光盘\视频\第 7 章\7.4.4.mp4 |

在公式中引用单元格或单元格区域时，为了让公式更容易理解，便于对公式和数据进行维护，可以为单元格或单元格区域定义名称。这样就可以在公式中直接通过该名称引用相应的单元格或单元格区域。尤其在引用不连续的单元格区域时，定义名称减少了依次输入比较长的单元格区域字符串的麻烦。

例如，在【现金日记账】工作表中要统计所有存款的总金额，可以先为这些不连续的单元格区域定义名称为【存款】，然后在公式中直接运用名称来引用单元格，具体操作步骤如下。

Step 01 打开"光盘 \ 素材文件 \ 第 7 章 \ 现金日记账 .xlsx"文件，❶ 按住【Ctrl】键的同时，选择所有包含存款数额的不连续单元格，❷ 单击【公式】选项卡【定义的名称】组中的【定义名称】按钮，❸ 在弹出的下拉列表中选择【定义名称】选项，如图 7-34 所示。

图 7-34

Step 02 在弹出的【新建名称】对话框中，❶ 在【名称】文本框中为选择的单元格区域命名，这里输入【存款】，❷ 在【范围】下拉列表框中选择该名称的适用范围，默认选择【工作簿】选项，❸ 单击【确定】按钮，如图 7-35 所示，即可完成单元格区域的命名。

Step 03 ❶ 在 E23 单元格中输入相关文本，❷ 选择 F23 单元格，❸ 在编辑栏中输入【＝SUM（存款）】公式，可以看到公式自动引用了定义名称时包含的那些单元格，如图 7-36 所示。

图 7-35

图 7-36

**Step04** 按【Enter】键，即可快速计算出定义名称为【存款】的不连续单元格中数据的总和，如图 7-37 所示。

图 7-37

**技术看板**

通过工作表编辑栏中的名称框可以快速为选择的单元格或单元格区域定义名称。首先选择需要定义的单元格区域，然后将文本插入点定位在名称框中，输入要定义的名称，按【Enter】键确认定义名称即可。

## ★ 重点 7.4.5 实战：在销售提成表中将公式定义为名称

| 实例门类 | 软件功能 |
|---|---|
| 教学视频 | 光盘 \ 视频 \ 第 7 章 \7.4.5.mp4 |

Excel 中的名称，并不仅仅是为单元格或单元格区域提供一个易于阅读的名字这么简单，还可以在名称中使用数字、文本、数组，以及简单的公式。

【新建名称】对话框的【引用位置】文本框中的内容永远是以【=】符号开头的，而【=】符号开头就是 Excel 中公式的标志，因此可以将名称理解为一个有名字的公式，即定义名称，实质上是创建了一个命名的公式，且这个公式不存放于单元格中。

将公式定义为名称最大的优点是简化了公式的编写，并且随时可以修改名称的定义，以实现对表格中的大量计算公式快速修改。

例如，在销售表中经常会计算员工参与销售可以提取的获益，根据规定可能需要修改提取的比例，此时就可以为提成率定义一个名称，下面在【产品销售表 2】工作簿中通过将公式定义为名称计算出相关产品的提成费用，具体操作步骤如下。

**Step01** 打开"光盘 \ 素材文件 \ 第 7 章 \ 产品销售表 2.xlsx"文件，单击【公式】选项卡【定义的名称】组中的【定义名称】按钮，如图 7-38 所示。

图 7-38

**Step02** 在弹出的【新建名称】对话框中，❶ 在【名称】文本框中输入【提成率】，❷ 在【引用位置】文本框中输入公式【=5%】，❸ 单击【确定】按钮即可完成公式的名称定义，如图 7-39 所示。

图 7-39

**Step03** 选择 F2:F32 单元格区域，在编辑栏中输入公式【= 提成率 *E2:E32】，按【Ctrl+Shift+Enter】组合键即可计算出所有产品可以提取的获益金额，如图 7-40 所示。

图 7-40

**技术看板**

基于以上理论，在名称中还能够使用函数，使用方法与公式中的使用方法相同。在将函数定义为名称时，若使用相对引用，则工作表中引用该名称的函数在求值时，会随活动单元格的位置变化而对不同区域进行计算。用户还需透彻理解名称的概念，方便后期进一步挖掘名称在 Excel 中的用途，从而简化工作量。

### 7.4.6 使用名称管理器管理已定义的名称

定义名称以后，你可能还需要查看名称的引用位置或再次编辑名称。

#### 1. 快速查看名称的引用位置

Excel 2013 提供了专门用于管理名称的【名称管理器】对话框。在该对话框中可以查看、创建、编辑和删除名称，在其主窗口中，可以查看名称的当前值，名称指代的内容、名称的适用范围和输入的注释。

#### 2. 快速选择名称引用的单元格区域

选择命名的单元格或单元格区域时，对应的名称就会出现在名称框中。这是验证名称引用正确的单元格的好方法。但如果定义了多个单元格，选择所有单元格就显得有些困难了，这时可以通过选择名称来查看对应的单元格，具体有以下两种方法。

（1）通过名称框进行选择

例如，要在【现金日记账】工作表中查看【存款】名称的引用位置，具体操作步骤如下。

**Step01** ❶ 单击名称框右侧的下拉按钮，❷ 在弹出的下拉列表中选择定义的名称，这里选择【存款】选项，如图 7-41 所示。

图 7-41

**Step02** 经过上步操作，即可快速选择该名称指定的范围，效果如图 7-42 所示。

图 7-42

（2）使用定位功能进行选择

我们也可以通过定位功能来选择名称所引用的单元格区域。例如，查看"现金日记账"工作表中【存款】名称的引用位置，具体操作步骤如下。

**Step01** ❶ 单击【开始】选项卡【编辑】组中的【查找和选择】按钮，❷ 在弹出的下拉列表中选择【转到】选项，如图 7-43 所示。

图 7-43

**Step02** 在弹出的【定位】对话框中，❶ 选择定义的名称选项，这里为【存款】，❷ 单击【确定】按钮，即可快速选择该名称指定的范围，如图 7-44 所示。

图 7-44

#### 3. 修改名称的定义内容

在 Excel 中，如果需要重新编辑已定义名称的引用位置、适用范围和输入的注释等，则可以通过【名称管理器】对话框进行修改。例如，要通过修改名称中定义的公式，按照 3% 的比例重新计算销售表中的提成数据，具体操作步骤如下。

**Step01** 打开"光盘 \ 素材文件 \ 第 7 章 \ 产品销售表 3.xlsx"文件，单击【公式】选项卡【定义的名称】组中的【名称管理器】按钮，如图 7-45 所示。

图 7-45

> **技能拓展——快速打开【名称管理器】对话框**
>
> 按【Ctrl+F3】组合键，可快速弹出【名称管理器】对话框。

**Step02** 在弹出的【名称管理器】对话框中，❶ 在主窗口中选择需要修改的名称选项，这里选择【提成率】选项，❷ 单击【编辑】按钮，如图 7-46 所示。

图 7-46

Step03 在弹出的【编辑名称】对话框中，❶修改【引用位置】参数框中的文本为【=3%】，❷单击【确定】按钮，❸返回【名称管理器】对话框，单击【关闭】按钮，如图7-47所示。

图 7-47

Step04 经过上步操作后，则所有引用了该名称的公式都将改变计算结果，效果如图7-48所示。

图 7-48

### 技能拓展——快速修改名称的名字

如果需要修改名称的名字，除了可以在【编辑名称】对话框中进行修改外，有些名称还可以在名称框中直接进行修改。

### 4. 删除名称

在名称的范围内插入行，或在其中删除了行或列时，名称的范围也会随之变化。因此，在使用过程中需要随时注意名称的变动，防止使用错误的名称。当建立的名称不再有效时，可以将其删除。

在【名称管理器】对话框的主窗口中选择需要删除的名称，单击【删除】按钮即可将其删除。如果一次性需要删除多个名称，只需在按住【Ctrl】键的同时在主窗口中依次选择这几个名称，再进行删除即可。

### 技术看板

单击【删除】按钮后会永久地删除工作簿中所选择的名称。当然，Excel会先发出警告，因为这种操作是不能撤销的。由于Excel不能用单元格引用替换删除的名称，因此使用了已删除名称的公式，将会显示为【#NAME?】错误。

# 7.5 公式调试及运行结果分析

公式不仅会导致错误值，而且还会产生某些意外结果。为确保计算的结果正确，减小公式出错的可能性，审核公式是非常重要的一项工作。下面介绍一些常用的审核技巧。

## 7.5.1 错误的类型及其形成原因

在Excel中输入公式时，可能由于用户的误操作或公式函数应用不当，导致公式结果出现错误值提示信息。了解数据计算出错的处理方法，能有效防止错误的再次发生和连续使用。下面介绍一些Excel中常出现的公式错误值，以及它们出现的原因及处理办法。

### 1.【#####】错误及解决方法

有时对表格的格式进行调整，并没有编辑表格中的数据，操作完成后却发现有些单元格的左上角显示一个三角形，其中的数据不见了，取而代之的是【#####】形式的数据。

如果整个单元格都使用【#】符号填充，通常表示该单元格中所含的数字、日期或时间超过了单元格的宽度，无法显示数据，此时加宽该列宽度即可。当单元格中的数据类型不对时，也可能显示【#####】错误，此时可以改变单元格的数字格式，直到能显示出数据。如果单元格包含的公式返回无效的时间和日期，如产生了一个负值，也会显示【#####】错误，因此，需要保证日期与时间公式的正确性。

### 技术看板

在单元格中输入错误的公式不仅会导致出现错误值，而且还会产生某些意外结果，如一个错误值可以导致使用该单元格公式的许多其他单元格出现错误，即如果引用的单元格包含错误值，公式就可能返回一个错误值（这称为连锁反应）。

### 2.【#DIV/0!】错误及解决方法

在Excel表格中，当公式除以0时，将会产生错误值【#DIV/0!】，解决方法是将除数更改为非零值；如果参数是一个空白单元格，由于

Excel 会认为其值为 0，因此也会产生错误值【#DIV/0!】。此时就需要修改单元格引用，或在用作除数的单元格中输入不为零的值，确认函数或公式中的除数不为零或不为空。

### 3.【#N/A】错误及解决方法

表格中出现【#N/A】错误值的概率也很高。当在公式中没有可用数值时，就会出现错误值【#N/A】，主要有以下几种情况。

（1）目标数据缺失：通常在查找匹配函数（如 Match、Lookup、Vlookup、Hlookup 等）时，在执行匹配过程中，匹配失效。

（2）源数据缺失：小数组在复制到大区域中时，尺寸不匹配的部分就会返回【#N/A】错误值。

（3）参数数据缺失：如公式【=Match(,,)】，由于没有参数，就会返回【#N/A】错误值。

（4）数组之间的运算：当某一个数组有多出来的数据时，如【SUMPRODUCT(array1,array2)】，当 array1 与 array2 的尺寸不一样时，也会产生【#N/A】错误值。

因此，在出现【#N/A】错误值时，需要检查目标数据、源数据、参数是否填写完整，相互运算的数组是否尺寸相同。

> **技术看板**
>
> 如果工作表中某些单元格没有数值，可以在单元格中输入【#N/A】，公式在引用这些单元格时，不会进行数值计算，而是直接返回【#N/A】错误值。

### 4.【#NAME?】错误及解决方法

在公式中使用 Excel 不能识别的文本时将产生错误值【#NAME?】。产生该错误值的情况比较多，例如函数名拼写错误；某些函数未加载宏，如 DATEDIF 函数；名称拼写错误；在公式中输入文本时没有使用双引

号，或是在中文输入法状态下输入的引号""，而非英文状态下输入的引号""，以至于 Excel 误将其解释为名称，但又找不到对应的函数或名称而出错；单元格引用地址书写错误，如输入了错误公式【=SUM(A1:B)】；使用较高版本制作的工作簿在较低版本中使用时，由于其中包含的某个函数在当前运行的 Excel 版本中不受支持，而产生【#NAME?】错误值。

由此可见，在出现【#NAME?】错误值时，需要确保拼写正确，加载宏，定义好名称，删除不受支持的函数，或将不受支持的函数替换为受支持的函数。

> **技能拓展——检查单元格名称的正确性**
>
> 要确认公式中使用的名称是否存在，可以在【名称管理器】对话框中查看所需的名称有没有被列出。如果公式中引用了其他工作表或工作簿中的值或单元格，且工作簿或工作表的名称中包含非字母字符或空格，则需要将该字符放置在单引号【'】中。

### 5.【#NULL!】错误及解决方法

使用运算符进行计算时，一定要注意是否出现【#NULL!】错误值。该错误值表示公式使用了不相交的两个区域的交集，需要注意的是不相交，而不是相交为空（有关这个概念将在后面的章节中详细讲解）。例如，公式【=1:1 2:2】就是错误的，因为行 1 与行 2 不相交。产生【#NULL!】错误值的原因是使用了不正确的区域运算符，解决的方法就是预先检查计算区域，避免空值的产生。

> **技能拓展——合并区域引用**
>
> 若实在要引用不相交的两个区域，一定要使用联合运算符，即半角逗号【,】。

### 6.【#NUM!】错误及解决方法

通常在公式或函数中使用无效数字值时，即在需要数字参数的函数中使用了无法接受的参数时，将出现【#NUM!】错误值。解决的方法是确保函数中使用的参数为正确的数值范围和数值类型。如【=10^309】，超出了 Excel 数值大小的限值，属于范围出错，有时即使需要输入的值是【$6,000】，也应在公式中输入【6000】。

### 7.【#REF!】错误及解决方法

当单元格引用无效时将产生错误值【#REF!】，该错误值的产生原因主要有以下两种。

（1）引用地址失效：当删除了其他公式所引用的单元格，或将已移动的单元格粘贴到其他公式所引用的单元格中，或使用了拖动填充控制柄的方法复制公式，但公式中的相对引用成分变成了无效引用。

（2）返回无效的单元格：如【=OFFSET($H$2,-ROW(A2),)】，返回的是 $H$2 单元格向上移动 2 行的单元格的值，应该是 $H$0 单元格，但该单元格并不存在。

由此可见，在出现【#REF!】错误值时，需要更改公式，检查被引用的单元格或区域、返回参数的值是否存在或有效，在删除或粘贴单元格之后恢复工作表中的单元格。

### 8.【#VALUE!】错误及解决方法

当使用的参数或操作数类型错误，或者当公式自动更正功能不能更正公式时，就会产生【#VALUE!】错误。具体原因可能是数值型与非数值型数据进行了四则运算，或没有以【Ctrl+Shift+Enter】组合键的方式输入数组公式。解决方法是确认公式或函数使用正确的参数或运算对象类型，公式引用的单元格中是否包含有效的数值。

## 7.5.2 实战：显示工资表中应用的公式

| 实例门类 | 软件功能 |
|---|---|
| 教学视频 | 光盘\视频\第7章\7.5.2.mp4 |

默认情况下，在单元格中输入一个公式，按【Enter】键后，单元格中就不再显示公式，而直接显示出计算结果了。只有在选择单元格后，在其公式编辑栏中才能看到公式的内容。可在一些特定的情况下，在单元格中显示公式比显示数值，具有更加有利于快速输入数据的实际应用价值。

例如，需要查看工资发放明细表中的公式是否引用出错，具体操作步骤如下。

**Step01** 打开"光盘\素材文件\第7章\工资发放明细表.xlsx"文件，单击【公式】选项卡【公式审核】组中的【显示公式】按钮，如图7-49所示。

图 7-49

### 技能拓展——取消持续显示公式

设置显示公式后，就会使公式继续保持原样，即使公式不处于编辑状态，也同样显示公式的内容。如果要恢复默认状态，显示出公式的计算结果，再次单击【显示公式】按钮即可。另外，按【Ctrl+~】组合键可以快速地在公式和计算结果之间进行切换。

**Step02** 经过上步操作后，则工作表中

所有的公式都会显示出来，同时为了显示完整的公式，单元格的大小会自动调整，如图7-50所示。

图 7-50

### ★ 重点 7.5.3 实战：查看工资表中公式的求值过程

| 实例门类 | 软件功能 |
|---|---|
| 教学视频 | 光盘\视频\第7章\7.5.3.mp4 |

Excel 2013 中提供了分步查看公式计算结果的功能，当公式中的计算步骤比较多时，使用此功能可以在审核过程中按公式计算的顺序逐步查看公式的计算过程。这也符合人们日常计算的规律，更方便大家一步步了解公式的具体作用。

例如，要使用公式的分步计算功能查看工资表中所得税是如何计算的，具体操作步骤如下。

**Step01** ❶ 选择要查看求值过程公式所在的 L3 单元格，❷ 单击【公式】选项卡【公式审核】组中的【公式求值】按钮，如图7-51所示。

图 7-51

**Step02** 在弹出的【公式求值】对话框

中的【求值】列表框中显示出了该单元格中的公式，并用下画线标记出第一步要计算的内容，即引用 I3 单元格中的数值，单击【求值】按钮，如图7-52所示。

图 7-52

**Step03** 经过上步操作，会计算出该公式第一步要计算的结果，同时用下画线标记出下一步要计算的内容，即判断 I3 单元格中的数值与 6000 的大小，单击【求值】按钮，如图7-53所示。

图 7-53

**Step04** 经过上步操作，会计算出该公式第 2 步要计算的结果，由于 10800 大于 6000，所以返回【TRUE】，调用 IF 函数中判断值为真的结果。同时用下画线标记出下一步要计算的内容，即引用 I3 单元格中的数值，单击【求值】按钮，如图7-54所示。

图 7-54

**Step05** 经过上步操作，会计算出该公式第 3 步要计算的结果，同时用下画

线标记出下一步要计算的内容，即用 I3 单元格中的数值乘以 0.15，单击【求值】按钮，如图 7-55 所示。

图 7-55

**Step06** 经过上步操作，会计算出该公式第 4 步要计算的结果，同时用下画线标记出下一步要计算的内容，即使用 IF 函数最终返回计算结果，单击【求值】按钮，如图 7-56 所示。

图 7-56

**Step07** 最后会计算出该公式的结果，单击【关闭】按钮关闭对话框，如图 7-57 所示。

图 7-57

## 7.5.4 公式错误检查

在 Excel 2013 中进行公式的输入时，有时可能由于用户的错误操作或公式函数应用不当，导致公式结果返回错误值，如【#NAME?】，同时会在单元格的左上角自动出现一个绿色小三角形，如 #VALUE! ，这是 Excel

的智能标记。其实，这是启用了公式错误检查器的缘故。

启用公式错误检查器功能后，当单元格中的公式出错时，选择包含错误的单元格，将鼠标光标移动到左侧出现的 图标上，单击图标右侧出现的下拉按钮，在弹出的下拉菜单中包括了错误的类型、关于该错误的帮助链接、显示计算步骤、忽略错误，以及在公式编辑栏中编辑等选项，如图 7-58 所示。这样，用户就可以方便地选择需要进行的下一步操作。

图 7-58

如果某台计算机中的 Excel 没有开启公式错误检查器功能，则不能快速检查错误的原因。我们只能通过下面的方法来进行检查，例如要检查销售表中是否出现公式错误，具体操作步骤如下。

**Step01** 打开"光盘\素材文件\第 7 章\销售表.xlsx"文件，单击【公式】选项卡【公式审核】组中的【错误检查】按钮 ，如图 7-59 所示。

图 7-59

**Step02** 在弹出的【错误检查】对话框中，显示了检查到的第一处错误，单击【显示计算步骤】按钮，如图 7-60 所示。

图 7-60

**Step03** 在弹出的【公式求值】对话框中的【求值】列表框中查看该错误运用的计算公式及出错位置，单击【关闭】按钮，如图 7-61 所示。

图 7-61

**Step04** 返回【错误检查】对话框，单击【在编辑栏中编辑】按钮，如图 7-62 所示。

图 7-62

**Step05** 经过上步操作，❶返回工作表中，选择原公式中的【A6】，❷单击鼠标重新选择参与计算的 B6 单元格，如图 7-63 所示。

图 7-63

**Step06** 本例由于设置了表格样式，系统自动为套用样式的区域定义了名称，所以公式中的【B6】显示为【[@单价]】。在【错误检查】对话框中单击【继续】按钮，如图 7-64 所示。

图 7-64

**Step07** 同时可以看到出错的单元格运用修改后的公式得出了新结果，并弹出提示对话框，提示已经完成错误检查。单击【确定】按钮关闭提示对话框，如图 7-65 所示。

图 7-65

### 技术看板

Excel 默认是启用了公式错误检查器的，如果没有启用，可以在【Excel

选项】对话框中单击【公式】选项卡，在【错误检查】栏中选中【允许后台错误检查】复选框进行启用，如图 7-66 所示。

图 7-66

### ★ 重点 7.5.5 实战：追踪销售表中的单元格引用情况

| 实例门类 | 软件功能 |
|---|---|
| 教学视频 | 光盘\视频\第7章\7.5.5.mp4 |

在检查公式是否正确时，通常需要查看公式中引用单元格的位置是否正确，使用 Excel 2013 中的【追踪引用单元格】和【追踪从属单元格】功能，就可以检查公式错误或分析公式中单元格的引用关系了。

#### 1. 追踪引用单元格

【追踪引用单元格】功能可以用箭头的形式标记出所选单元格中公式引用的单元格，方便用户追踪检查引用来源数据。该功能尤其在分析使用了较复杂的公式时非常便利。例如，要查看销售表中计算销售总额的公式引用了哪些单元格，具体操作步骤如下。

**Step01** ❶ 选择计算销售总额的 B8 单元格，❷ 单击【公式】选项卡【公式审核】组中的【追踪引用单元格】按钮，如图 7-67 所示。

**Step02** 经过上步操作，即可以蓝色箭头符号标识出所选单元格中公式的引用源，如图 7-68 所示。

图 7-67

图 7-68

#### 2. 追踪从属单元格

在检查公式时，如果要显示出某个单元格被引用于哪个公式单元格，可以使用【追踪从属单元格】功能。例如，要用箭头符号标识出销售表中销售额被作为参数引用的公式所在的单元格，具体操作步骤如下。

**Step01** ❶ 选择 B8 单元格，❷ 修改其中的公式为【=SUM( 表 1[[ 销售额 ]])】，如图 7-69 所示。

图 7-69

**Step02** ❶ 选择 D5 单元格，❷ 单击【公式】选项卡【公式审核】组中的【追踪从属单元格】按钮，如图 7-70 所示。

图 7-70

### 技术看板

若所选单元格没有从属单元格可以显示，将弹出对话框进行提示。

Step03 经过上步操作，即可以蓝色箭头符号标识出所选单元格数据被引用的公式所在单元格，如图7-71所示。

图 7-71

### 技能拓展——追踪公式错误

在单元格中输入错误的公式不仅会导致出现错误值，还有可能因为引用了错误值产生错误的连锁反应。此时使用【追踪从属单元格】功能可以在很大程度上减少连锁错误的发生，即使出现错误也可以快速得以修改。

当一个公式的错误是由它引用的单元格的错误所引起时，在【错误检查】对话框中就会出现【追踪错误】按钮。单击该按钮，可使Excel在工作表中标识出公式引用中包含错误的单元格及其引用单元格。

### 3. 移除追踪箭头

使用了【追踪引用单元格】和【追踪从属单元格】功能后，在工作表中将显示出追踪箭头，如果不需要查看到公式与单元格之间的引用关系了，可以隐藏追踪箭头。清除追踪箭头的具体操作步骤如下。

Step 单击【公式】选项卡【公式审核】组中的【移去箭头】按钮，如图7-72所示。

图 7-72

清除追踪箭头效果后如图7-73所示。

图 7-73

### 技能拓展——移去单元格的追踪箭头

单击【移去箭头】按钮会同时移去所有箭头，如果我们单击该按钮右侧的下拉按钮，在弹出的下拉列表中选择【移去引用单元格追踪箭头】选项，将移去工作表中所有引用单元格的追踪箭头；若选择【移去从属单元格追踪箭头】选项，则将移去工作表中所有从属单元格的追踪箭头。

## 7.5.6 实战：使用【监视窗口】来监视销售总金额的变化

| 实例门类 | 软件功能 |
|---|---|
| 教学视频 | 光盘\视频\第7章\7.5.6.mp4 |

在 Excel 中，当单元格数据变化时，引用该单元格数据的单元格的值也会随之改变。在数据量较大的工作表中，要查看某个单元格数据的变化可能要花费一点时间来寻找到该单元格。Excel 2013 专门提供了一个监视窗口，方便用户随时查看单元格中公式数值的变化以及单元格中使用的公式和地址。

例如，使用【监视窗口】来监视销售表中销售总金额单元格数据的变化，具体操作步骤如下。

Step01 单击【公式】选项卡【公式审核】组中的【监视窗口】按钮，如图7-74所示。

图 7-74

Step02 在弹出的【监视窗口】对话框中，单击【添加监视】按钮，如图7-75所示。

图 7-75

Step03 在弹出的【添加监视点】对话框中，❶在参数框中输入想要监视其值的单元格，这里选择工作表中的B8单元格，❷单击【添加】按钮，如图7-76所示。

图 7-76

**Step 04** 更改工作表中 B3 单元格中的值，即可看到与该单元格数据有关联的 B8 单元格中的值发生了变化。同时，在【监视窗口】对话框中也记录了该单元格变化后的数据，如图 7-77 所示。

图 7-77

【监视窗口】是一个浮动窗口，可以浮动在屏幕上的任何位置，不会对工作表的操作产生任何影响。我们将【监视窗口】拖动到工作簿窗口中时，它会自动固定嵌入工作簿窗口中。

---

# 妙招技法

下面结合本章内容介绍一些实用技巧。

## 技巧 01：如何同时对多个单元格执行相同计算

| 教学视频 | 光盘 \ 视频 \ 第 7 章 \ 技巧 01.mp4 |
|---|---|

在编辑工作表数据时，可以利用【选择性粘贴】命令在粘贴数据的同时对数据区域进行计算。例如，要将成本费用统计表中的各产品的单件费用快速加上 2，具体操作步骤如下。

**Step 01** 打开"光盘 \ 素材文件 \ 第 7 章 \ 成本费用统计表 .xlsx"文件，❶ 选择一个空白单元格作为辅助单元格，这里选择 G2 单元格，并输入【2】，❷ 单击【开始】选项卡【剪贴板】组中的【复制】按钮，将单元格区域数据放入剪贴板中，如图 7-78 所示。

图 7-78

**Step 02** ❶ 选择要修改数据的 C2:C17 单元格区域，❷ 单击【剪贴板】组中的【粘贴】按钮，❸ 在弹出的下拉列表中选择【选择性粘贴】命令，如图 7-79 所示。

图 7-79

**Step 03** 在弹出的【选择性粘贴】对话框中，❶ 在【运算】栏中选中【加】单选按钮，❷ 单击【确定】按钮，如图 7-80 所示。

图 7-80

**Step 04** 经过以上操作，表格中所选择区域的数字都增加了 2，效果如图 7-81 所示。

图 7-81

---

**技术看板**

【选择性粘贴】对话框的【粘贴】栏可以通过设置更改粘贴的数据类型、格式等；在【运算】栏中除了可以选择运算方式为【加】外，还可以选择【减】【乘】【除】3种运算方式。

## 技巧02：快速指定单元格以列标题为名称

| 教学视频 | 光盘\视频\第7章\技巧02.mp4 |
|---|---|

日常工作中制作的表格都具有一定的格式，如工作表每一列较上方的单元格一般都有表示该列数据的标题（也称为【表头】），而公式和函数的计算通常也可以看作某一列（或多列）与另一列（或多列）的运算。为了简化公式的制作，可以先将各列数据单元格区域以列标题命名。

在 Excel 中如果需要创建多个名称，而这些名称和单元格引用的位置有一定的规则，这时除了可以通过【新建名称】对话框依次创建名称外，使用【根据所选内容创建】功能自动创建名称将更快捷，尤其在需要定义大批量名称时，该方法更能显示其优越性。

例如，在销售提成表中要指定每列单元格以列标题为名称，具体操作步骤如下。

**Step 01** 打开"光盘\素材文件\第7章\销售提成表.xlsx"文件，❶选择需要定义名称的单元格区域（包含表头），这里选择 B1:H11 单元格区域，❷单击【公式】选项卡【定义的名称】组中的【根据所选内容创建】按钮，如图7-82所示。

**Step 02** 在弹出的【以选定区域创建名称】对话框中，❶选中要作为名称的单元格位置，这里选中【首行】复选框，即 B1:H1 单元格区域中的内

容，如图7-83所示。❷单击【确定】按钮即可完成区域的名称设置，即将 B2:B11 单元格区域定义为【洗面奶】，将 C2:C11 单元格区域定义为【洗发水】，将 D2:D11 单元格区域定义为【沐浴露】……

图 7-82

图 7-83

## 技巧03：通过粘贴名称快速完成公式的输入

| 教学视频 | 光盘\视频\第7章\技巧03.mp4 |
|---|---|

定义名称后，就可以在公式中使用名称来代替单元格的地址了，而使用输入名称的方法还不是最快捷的，在 Excel 中为了防止在引用名称时输入错误，可以直接粘贴名称在公式中。

例如，要在销售提成表中运用定义的名称计算销售总额，具体操作步骤如下。

**Step 01** ❶选择 G2 单元格，❷在编辑栏中输入【=】，❸单击【公式】选项卡【定义的名称】组中的【用于公式】按钮，❹在弹出的下拉列表中选择需要应用于公式中的名称，这

里选择【洗面奶】选项，如图7-84所示。

图 7-84

**Step 02** 经过上步操作后即可将名称输入到公式中，❶使用相同的方法继续输入该公式中需要运用的名称，并计算出结果，❷拖动填充控制柄复制公式到后面的单元格中，即可完成所有人员的销售总额统计，如图7-85所示。

图 7-85

**技能拓展——快速输入名称的其他方法**

构建公式时，输入一个字母后，Excel 会显示一列匹配的选项。这些选项中也包括有名称，选择需要的名称后按【Tab】键即可将该名称插入公式中。

## 技巧04：隐藏计算公式的技巧

| 教学视频 | 光盘\视频\第7章\技巧04.mp4 |
|---|---|

在制作某些表格时，如果不希望

其他人看见表格中包含的公式内容，可以直接将公式计算结果通过复制的方式粘贴为数字，但若还需要利用这些公式来进行计算，就需要对编辑栏中的公式进行隐藏操作了。例如，要隐藏销售提成表中提成数据的计算公式，具体操作步骤如下。

Step01 ❶ 在 H2 单元格中输入公式【= 销售业绩 *0.045】，❷ 拖动填充控制柄复制公式到后面的单元格中，计算出所有人员的销售提成金额，❸ 保持单元格区域的选择状态，（这里将 H2:H11 单元格区域作为要隐藏公式的区域），单击【开始】选项卡【单元格】组中的【格式】按钮，❹ 在弹出的下拉列表中选择【设置单元格格式】命令，如图 7-86 所示。

图 7-86

Step02 在弹出的【设置单元格格式】对话框中，❶ 单击【保护】选项卡，❷ 选中【隐藏】复选框，❸ 单击【确定】按钮，如图 7-87 所示。

图 7-87

Step03 返回 Excel 表格，❶ 单击【格式】按钮，❷ 在弹出的下拉菜单中选择【保护工作表】命令，如图 7-88 所示。

图 7-88

Step04 在弹出的【保护工作表】对话框中，❶ 选中【保护工作表及锁定的单元格内容】复选框，❷ 单击【确定】按钮对单元格进行保护，如图 7-89 所示。

图 7-89

Step05 返回工作表，选择 H2:H11 单元格区域中的任意单元格，在公式编辑栏中什么也不会显示，公式内容被隐藏了，效果如图 7-90 所示。

图 7-90

## 技术看板

只有设置了【隐藏】操作的单元格，在工作表内容被保护后其公式内容才会隐藏。为了更好地防止其他人查看未保护的工作表，应在【保护工作表】对话框中设置一个密码。如果要取消对公式的隐藏，只要取消选中【设置单元格格式】对话框【保护】选项卡中的【隐藏】复选框即可。

## 技巧 05：使用快捷键查看公式的部分计算结果

| 教学视频 | 光盘 \ 视频 \ 第 7 章 \ 技巧 05.mp4 |
| --- | --- |

逐步查看公式中的计算结果，有时非常浪费时间。在审核公式时，我们可以选择性地查看公式某些部分的计算结果，具体操作步骤如下。

Step01 打开"光盘 \ 素材文件 \ 第 7 章 \ 工资发放明细表 .xlsx"文件，❶ 选择包含公式的单元格，这里选择 L3 单元格，❷ 在公式编辑栏中拖动鼠标光标，选择该公式中需要显示出计算结果的部分，如【I3*0.15】，如图 7-91 所示。

图 7-91

## 技术看板

在选择查看公式中的部分计算结果时，注意要选择包含整个运算对象的部分。如选择一个函数时，必须包含整个函数名称、左括号、参数和右括号。

Step **02** 按【F9】键即可显示出该部分的计算结果，整个公式显示为【=IF(I3>6000,1620,0)】，效果如图 7-92 所示。

图 7-92

**技术看板**

按【F9】键之后，如果要用计算后的结果替换原公式选择的部分，按【Enter】或【Ctrl+Shift+Enter】组合键即可。如果仅想查看某部分公式并不希望改变原公式，则按【Esc】键返回。

# 本章小结

通过本章知识的学习和案例练习，相信读者已经掌握了更好、更快速地运用公式的方法。本章首先介绍了链接公式的运用，通过它来计算多张表格中的数据；然后对数组和数组公式进行了说明，这样就可以快速提高某些具有相同属性公式的计算；接着学习了名称的相关使用方法，可以让公式变得一目了然；最后介绍了审核公式的多种方法，学会查看公式的分步计算，才能审核输入公式的哪个环节出现了错误。

# 第8章 使用函数简化数据计算

- ➡ 公式参数太多，还在逐个输入运算符、选择单元格？
- ➡ 函数太多，可以大致分分类来学习。
- ➡ 函数名称记不住，那是你还没掌握好的输入函数方法。
- ➡ 你会编辑函数了吗？
- ➡ 常用函数就几个，必须牢记它们的用法！

历史数据的加工处理、计算、统计加上合理的应用，可以为我们带来更有意义的价值。但是，有些计算方式非常复杂，如果我们要按照某些规律像推导数学公式一样来输入公式，那烦琐程度可想而知。不过，很多公式和原理都已经被公认了，我们可以通过暗箱原理来完成计算。函数就是 Excel 中专门用于简化和缩短公式的暗箱。这一章，就让我们来体验 Excel 真正强大的功能——进入函数世界！

## 8.1 函数简介

Excel 深受用户青睐最主要的原因就是被 Excel 强大的计算功能深深吸引，而数据计算的依据就是公式和函数。在 Excel 中运用函数可以摆脱老式的算法，简化和缩短工作表中的公式，轻松快速地计算数据。

### 8.1.1 使用函数的优势

在 Excel 2013 中，函数与公式类似，用于对数据进行不同的运算，但函数是一些预先定义好的公式，是一种在需要时可直接调用的表达式。

在进一步了解函数的具体组成前，大家脑海里肯定有很多疑问，如与函数相比公式到底有哪些优势？为什么要学习使用函数？下面就来解答这些问题。

在进行数据统计和分析时，使用函数可以为我们带来极大的便利，其优势主要体现在以下几个方面。

（1）简化公式

利用公式可以计算一些简单的数据，而利用函数则可以进行简单或复杂的计算，而且能很容易地完成各种复杂数据的处理工作，并能简化和缩短工作表中的公式，尤其是在用公式执行很长或复杂的计算时。因此，函数一般用于执行复杂的计算。

例如，要计算 25 个单元格（A1:E5）中数据的平均值，用常规公式需先将这些数相加，再除以参与计算的数值个数，即输入公式【=(A1+B1+C1+D1+E1+A2+B2+C2+D2+E2+A3+B3+C3+D3+E3+A4+B4+C4+D4+E4+A5+B5+C5+D5+E5)/25】，如图 8-1 所示。

图 8-1

而用求平均值的函数 AVERAGE，只需编辑一个简单的公式【=AVERAGE(A1:E5)】便可计算出平均值，如图 8-2 所示。

图 8-2

（2）实现特殊的运算

很多函数运算可以实现普通公式无法完成的功能。例如，对表格中某个单元格区域所占的单元格个数进行统计；求得某个单元格区域内的最大值；对计算结果进行四舍五入；将英文的大 / 小写字母进行相互转换；返回当前日期与时间……而使用函数，这些问题都可以快速得到解决。

（3）允许有条件地运行公式，实现智能判断

通过某些函数可以进行自动判断，例如需要根据销售额的大小设置提成比例，最终计算出提成金额。如设置当销售额超过 20000 元时，其提成比例为 5%；否则为 3%。如果不使用函数，按照常规创建公式的方法就需要创建两个不同的公式，并且需要针对每位销售员的销售额进行人工判断后，才能确定使用哪个公式进行计算。而如果使用函数，则只需一个 IF 函数便可以一次性进行智能判断并返回提成金额数据，具体操作方法

也将在后面的章节中详细讲解。

（4）可作为参数再参与运算

函数通过对不同的参数进行特定的运算，并将计算出的结果返回到函数本身，因此，在公式中可以将函数作为一个值进行引用。

（5）减少工作量，提高工作效率

由于函数是一种在需要时可以直接调用的表达式，加上前面介绍的函数具有的 4 种优点，因此使用函数可以大大简化公式的输入，从而提高工作效率。除此之外，许多函数在处理数据的功能上也能大大减少手工编辑量，将烦琐的工作变得简单化，提高工作效率。例如，需要将一个包含上千个名字的工作表打印出来，并在打印过程中将原来全部使用英文大写字母保存的名字打印为第一个字母大写，其他小写。如果使用手工编写，这将是一个庞大的工程，但直接使用 PROPER 函数即可立即转换为需要的格式，具体操作方法将在后面详细讲解。

（6）其他函数功能

Excel 中提供了大量的内置函数，每个函数的功能都不相同，具体的功能可以参考后面章节中的讲解内容。如果现有函数还能满足需要，用户还可以通过第三方提供商购买其他专业函数，甚至可以使用 VBA 创建自定义函数。

### 8.1.2 函数的结构

Excel 中的函数实际上是一些预先编写好的公式，每一个函数就是一组特定的公式，代表着一个复杂的运算过程。不同的函数有着不同的功能，但不论函数有何功能及作用，所有函数均具有相同的特征及特定的格式。

函数作为公式的一种特殊形式存在，也是由【=】符号开始的，右侧也是表达式。不过函数是通过使用一些称为参数的数值以特定的顺序或结构进行计算，不涉及运算符的

使用。在 Excel 中，所有函数的语法结构都是相同的，其基本结构为【= 函数名 ( 参数 1, 参数 2,…)】，如图 8-3 所示，其中各组成部分的含义如下。

$$\text{参数 1} \qquad \text{参数 2}$$
$$=IF（A1>10,SUM(B1:R1),0)$$
$$\text{函数名} \qquad \text{参数 2 参数 3}$$

图 8-3

➡ 【=】符号

函数的结构以【=】符号开始，后面是函数名称和参数。

➡ 函数名

即函数的名称，代表了函数的计算功能，每个函数都有唯一的函数名，如 SUM 函数表示求和计算、MAX 函数表示求最大值计算。因此，需要使用不同的方式进行计算时应使用不同的函数名。函数名输入时不区分大小写，也就是说函数名中的大小写字母等效。

➡ () 符号

所有函数都需要使用英文半角状态下的括号【()】，括号中的内容就是函数的参数。同公式一样，在创建函数时，所有左括号和右括号必须成对出现。括号的配对让一个函数成为完整的个体。

➡ 函数参数

函数中用来执行操作或计算的值，可以是数字、文本、TRUE 或 FALSE 等逻辑值、数组、错误值或单元格引用，还可以是公式或其他函数，但指定的参数都必须为有效参数值。

不同的函数，由于其计算方式不同，所需要参数的个数、类型也均有不同。有些可以不带参数，如 NOW()、TODAY()、RAND() 等，有些只有一个参数，有些有固定数量的参数，有些函数又有数量不确定的参数，还有些函数中的参数是可选的。如果函数需要的参数有多个，则各参

数间使用英文字符逗号【,】进行分隔。因此，逗号是解读函数的关键。

> **技能拓展——使用表达式作为函数参数**
>
> 在 Excel 中可以把表达式作为参数使用。在输入函数时，直接输入相应的表达式即可，Excel 会先计算表达式，然后将结果作为函数的参数再进行计算。如【=SQRT(PI()*(2.4^2)+PI()*(3.6^2))】公式中使用了 SQRT 函数，它的参数是两个计算半径分别是 2.4 和 3.6 的圆面积的表达式【PI()*(2.4^2)】和【PI()*(3.6^2)】。Excel 在计算公式时，首先计算这两个圆的面积，然后计算该结果的平方根。

### 8.1.3 函数的分类

Excel 2013 中提供了大量的内置函数，这些函数涉及财务、工程、统计、时间、数学等多个领域。要熟练地对这些函数进行运用，首先我们必须了解函数的总体情况。

根据函数的功能，可将函数划分为 11 个类型。函数在使用过程中，一般也是依据这个分类进行定位，然后再选择合适的函数。这 11 种函数分类的具体介绍如下。

（1）财务函数

Excel 中提供了非常丰富的财务函数，使用这些函数，可以完成大部分的财务统计和计算。如 DB 函数可返回固定资产的折旧值，IPMT 可返回投资回报的利息部分等。财务人员如果能够正确、灵活地使用 Excel 进行财务函数的计算，则能大大减轻日常工作中有关指标计算的工作量。

（2）逻辑函数

该类型的函数只有 7 个，用于测试某个条件，总是返回逻辑值 TRUE 或 FALSE。它们与数值的关系为：在数值运算中，TRUE=1，FALSE=0；在逻辑判断中，0=FALSE，所有非 0 数值 = TRUE。

（3）文本函数

文本函数是指在公式中处理文本字符串的函数。主要功能包括截取、查找或搜索文本中的某个特殊字符，或提取某些字符，也可以改变文本的编写状态。例如，TEXT 函数可将数值转换为文本，LOWER 函数可将文本字符串的所有字母转换成小写形式等。

（4）日期和时间函数

日期和时间函数用于分析或处理公式中的日期和时间值。例如，TODAY 函数可以返回当前日期。

（5）查找与引用函数

查找与引用函数是指在数据清单或工作表中查询特定的数值，或某个单元格引用的函数。常见的示例是税率表。使用 VLOOKUP 函数可以确定某一收入水平的税率。

（6）数学和三角函数

数学和三角函数包括很多，主要运用于各种数学计算和三角计算。如 RADIANS 函数可以把角度转换为弧度等。

（7）统计函数

统计函数可以对一定范围内的数据进行统计学分析。例如，可以计算统计数据，如平均值、模数、标准偏差等。

（8）工程函数

工程函数常用于工程应用中。它们可以处理复杂的数字，在不同的计数体系和测量体系之间转换。例如，可以将十进制数转换为二进制数。

（9）多维数据集函数

多维数据集函数用于返回多维数据集中的相关信息，如返回多维数据集中成员属性的值。

（10）信息函数

信息函数有助于确定单元格中数据的类型，还可以使单元格在满足一定的条件时返回逻辑值。

（11）数据库函数

数据库函数用于对存储在数据清单或数据库中的数据进行分析，判断其是否符合某些特定的条件。这类函数在需要汇总符合某一条件的列表中的数据时十分有用。

> **技术看板**
>
> Excel 中还有一类函数是使用 VBA 创建的自定义工作表函数，被称为【用户定义函数】。这些函数可以像 Excel 的内部函数一样运行，但不能在【插入函数】中显示每个参数的描述。

# 8.2 插入函数

了解函数的基本知识后，就可以在工作表中使用函数进行计算了。使用函数计算数据时，必须正确输入相关函数名及其参数，才能得到正确的运算结果。如果用户对所使用的函数很熟悉且对函数所使用的参数类型也比较了解，则可像输入公式一样直接输入函数；若不是特别熟悉，则可通过使用【函数库】组中的功能按钮，或使用 Excel 中的向导功能来创建函数。

## ★ 重点 8.2.1 使用【函数库】组中的功能按钮插入函数

在 Excel 2013 的【公式】选项卡【函数库】组中分类放置了一些常用函数类别的对应功能按钮，如图 8-4 所示。单击某个函数分类下拉按钮，在弹出的下拉菜单中可选择相应类型的函数，即可快速插入函数后进行计算。

图 8-4

下面在培训成绩表中，通过【函数库】组中的功能按钮输入函数并计算出第一位员工的培训总成绩，具体操作步骤如下。

> ⚙ **技能拓展——快速选择最近使用的函数**
>
> 如果要快速插入最近使用的函数，可单击【函数库】组中的【最近使用的函数】按钮 ★，在弹出的下拉菜单中显示了最近使用过的函数，选择相应的函数即可。

**Step01** 打开"光盘 \ 素材文件 \ 第 8 章 \ 培训成绩 .xlsx"文件，❶选择 H2 单元格，❷单击【公式】选项卡【函数库】组中的【自动求和】按钮 Σ，❸在弹出的下拉菜单中选择【求和】命令，如图 8-5 所示。

图 8-5

**Step02** 经过上步操作，系统会根据放置计算结果的单元格选择相邻有数值的单元格区域进行计算，这里系统自动选择了与 H2 单元格所在行并位于 H2 单元格之前的所有数值单元格，即 C2:G2 单元格区域，同时，在单元格和编辑栏中可看到插入的函数为

【=SUM(C2:G2)】，如图 8-6 所示。

图 8-6

**Step03** 按【Enter】键确认函数的输入，即可在 H2 单元格中计算出函数的结果，如图 8-7 所示。

图 8-7

## ★ 重点 8.2.2 使用插入函数向导插入函数

Excel 2013 中提供了 400 多个函数，这些函数覆盖了许多应用领域，每个函数又允许使用多个参数。要记住所有函数的名称、参数及其用法是不太可能的。当用户对函数并不是很了解，如只知道函数的类别或知道函数的名字，但不知道函数所需要的参数，甚至只知道大概要做的计算目的时，就可以通过【插入函数】对话框根据向导一步步输入需要的函数。

下面同样在培训成绩表中，通过使用插入函数向导输入函数并计算出第 2 位员工的培训总成绩，具体操作步骤如下。

**Step01** ❶ 选择 H3 单元格，❷ 单击【公式】选项卡【函数库】组中的【插入函数】按钮 *fx*，如图 8-8 所示。

图 8-8

**Step02** 在弹出的【插入函数】对话框中，❶ 在【搜索函数】文本框中输入需要搜索的关键字，这里需要寻找求和函数，所以输入【求和】，❷ 单击【转到】按钮，即可搜索与关键字相符的函数。❸ 在【选择函数】列表框中选择这里需要使用的【SUM】选项，❹ 单击【确定】按钮，如图 8-9 所示。

图 8-9

### ⚙ 技能拓展——打开【插入函数】对话框

单击【编辑栏】中的【插入函数】按钮 *fx*，或在【函数库】组的函数类别下拉菜单中选择【其他函数】命令，也会弹出【插入函数】对话框。在对话框的【或选择类别】下拉列表框中可以选择函数类别。

**Step03** 在弹出的【函数参数】对话框中，单击【Number1】文本框右侧的【折叠】按钮，如图 8-10 所示。

图 8-10

**Step04** 经过上步操作将折叠【函数参数】对话框，同时鼠标光标变为 ✛ 形状。❶ 在工作簿中拖动鼠标光标选择需要作为函数参数的单元格，即可引用这些单元格的地址，这里选择 C3:G3 单元格区域，❷ 单击折叠【函数参数】对话框右侧的【展开】按钮，如图 8-11 所示。

图 8-11

**Step05** 返回【函数参数】对话框，单击【确定】按钮，如图 8-12 所示。

图 8-12

**Step06** 经过上步操作，即可在 H3 单元格中插入函数【=SUM(C3:G3)】并计算出结果，如图 8-13 所示。

图 8-13

### 8.2.3 手动输入函数

熟悉函数后，尤其是对 Excel 中常用的函数熟悉后，在输入这些函数时便可以直接在单元格或编辑栏中手动输入函数，这是最常用的一种输入函数的方法，也是最快的输入方法。

手动输入函数的方法与输入公式的方法基本相同，输入相应的函数名和函数参数，完成后按【Enter】键即可。由于 Excel 2013 具有输入记忆功能，当输入【=】和函数名称开头的几个字母后，Excel 会在单元格或编辑栏的下方出现一个下拉列表框，

如图 8-14 所示，其中包含了与输入的几个字母相匹配的有效函数、参数和函数说明信息，双击需要的函数即可快速输入该函数，这样不仅可以节省时间，还可以避免因记错函数而出现的错误。

图 8-14

下面通过手动输入函数并填充的方法计算出其他员工的总成绩，具体操作步骤如下。

**Step 01** ❶ 选择 H4 单元格，❷ 在编辑栏中输入公式【=SUM(C4:G4)】，如图 8-15 所示。

**Step 02** ❶ 按【Enter】键确认函数的输入，即可在 H4 单元格中计算出函数的结果，❷ 向下拖动填充控制柄至 H19 单元格，即可计算出其他人员的总成绩，如图 8-16 所示。

图 8-15

图 8-16

## 8.3 常用函数的使用

Excel 2013 中提供了很多函数，但常用的函数却只有几种。下面讲解几个使用比较频繁的函数，如 SUM 函数、AVERAGE 函数、IF 函数、COUNT 函数和 MAX 函数等。

### 8.3.1 使用 SUM 函数求和

在进行数据计算处理中，经常会对一些数据进行求和汇总，此时就需要使用 SUM 函数来完成。

语法结构：
SUM(number1,[number2],…)
参数：
number1  必需的参数，表示需要相加的第一个数值参数。
number2  可选参数，表示需要相加的 2~255 个数值参数。

使用 SUM 函数可以对所选单元格或单元格区域进行求和计算。SUM 函数的参数可以是数值，如 SUM(18,20) 表示计算【18+20】，也可以是一个单元格的引用或一个单元格区域的引用，如 SUM(A1:A5) 表示将 A1 单元格至 A5 单元格中的所有数值相加；SUM(A1,A3,A5) 表示将 A1、A3 和 A5 单元格中的数值相加。

SUM 函数实际上就是对多个参数求和，简化了大家使用【+】符号来完成求和的过程。SUM 函数在表格中的使用率极高，由于前面讲解输入函数的具体操作时已经举例讲解了该函数的使用方法，这里就不再赘述。

★ **重点 8.3.2 实战：使用 AVERAGE 函数求取一组数值的平均值**

| 实例门类 | 软件功能 |
|---|---|
| 教学视频 | 光盘\视频\第 8 章\8.3.2.mp4 |

在进行数据计算处理中，对一部分数据求平均值也是很常用的，此时就可以使用 AVERAGE 函数来完成。

语法结构：
AVERAGE (number1,[number2],…)

参　数：

number1　必需的参数，表示需要计算平均值的 1~255 个参数。

number2　可选参数，表示需要计算平均值的 2~255 个参数。

AVERAGE 函数用于返回所选单元格或单元格区域中数据的平均值。

例如，在培训成绩表中要使用 AVERAGE 函数计算各员工的平均成绩，具体操作步骤如下。

**Step01** ❶ 在 I1 单元格中输入相应的文本，❷ 选择 I2 单元格，❸ 单击【公式】选项卡【函数库】组中的【插入函数】按钮 $f_x$，如图 8-17 所示。

图 8-17

**Step02** 在弹出的【插入函数】对话框中，❶ 在【搜索函数】文本框中输入需要搜索的关键字【求平均值】，❷ 单击【转到】按钮，即可搜索与关键字相符的函数。❸ 在【选择函数】列表框中选择这里需要使用的【AVERAGE】选项，❹ 单击【确定】按钮，如图 8-18 所示。

图 8-18

**Step03** 弹出【函数参数】对话框，❶ 在【Number1】文本框中选择要求和的 C2:G2 单元格区域，❷ 单击【确定】按钮，如图 8-19 所示。

图 8-19

**Step04** 经过上步操作，即可在 I2 单元格中插入 AVERAGE 函数并计算出该员工的平均成绩，向下拖动填充控制柄至 I19 单元格，即可计算出其他人的平均成绩，如图 8-20 所示。

图 8-20

## ★ 重点 8.3.3 实战：使用 COUNT 函数统计参数中包含数字的个数

| 实例门类 | 软件功能 |
|---|---|
| 教学视频 | 光盘\视频\第 8 章\8.3.3.mp4 |

在统计表格中的数据时，经常需要统计单元格区域或数字数组中包含某个数值数据的单元格以及参数列表中数字的个数，此时就可以使用 COUNT 函数来完成。

语法结构：
COUNT(value1,[value2],…)

参数：

value1　必需的参数。表示要计算其中数字的个数的第一个项、单元格引用或区域。

value2　可选参数。表示要计算其中数字的个数的其他项、单元格引用或区域，最多可包含 255 个。

### 📀 技术看板

COUNT 函数中的参数可以包含或引用各种类型的数据，但只有数字类型的数据（包括数字、日期、代表数字的文本，如用引号包含起来的数字 "1"、逻辑值、直接输入参数列表中代表数字的文本）才会被计算在结果中。如果参数为数组或引用，则只计算数组或引用中数字的个数。不会计算数组或引用中的空单元格、逻辑值、文本或错误值。

例如，要在培训成绩表中使用 COUNT 函数统计出这次参与培训和实际考试的人数，具体操作步骤如下。

**Step01** 由于本次统计中没有参与考试的人，成绩为空，所以统计培训人数时，需要制作一列辅助数据。❶ 在 A 列单元格中输入编号数据作为辅助列，❷ 在 D22 单元格中输入相应的文本，❸ 选择 E22 单元格，❹ 单击【函数库】组中的【自动求和】按钮 Σ，❺ 在弹出的下拉菜单中选择【计数】命令，如图 8-21 所示。

图 8-21

**Step02** 经过上步操作，即可在单元格中插入 COUNT 函数，❶ 将文本插入点定位在公式的括号内，❷ 拖动鼠标光标选择 A2:A19 单元格区域作为函数参数引用位置，如图 8-22 所示。

图 8-22

**Step03** 按【Enter】键确认函数的输入，即可在该单元格中计算出这次参与培训的总人数，如图 8-23 所示。

图 8-23

**Step04** ❶ 在 D23 单元格中输入相应的文本，❷ 在 E23 单元格中输入【=COUNT(D2:D19)】，即可计算出这次参与考试的实际人数，如图 8-24 所示。

图 8-24

**技术看板**

在表格中使用 COUNT 函数只能计算出含数据的单元格个数。如果需要计算出数据和文本的单元格，则需要使用 COUNTA 函数。

## ★ 重点 8.3.4 实战：使用 MAX 函数返回一组数值中的最大值

| 实例门类 | 软件功能 |
|---|---|
| 教学视频 | 光盘\视频\第 8 章\8.3.4.mp4 |

在处理数据时若需要返回某一组数据中的最大值，如计算公司中最高的销量、班级中最好的成绩等，就可以使用 MAX 函数来完成。

语法结构：
MAX(number1,[number2],…)
参　数：
number1　必需的参数，表示需要计算最大值的第一个参数。
number2　可选参数，表示需要计算最大值的 2~255 个参数。

例如，要在培训成绩表中使用 MAX 函数计算出各科成绩的最高分，具体操作步骤如下。

**Step01** ❶ 合并 D26:E26 单元格区域，并输入相应的文本，❷ 在 F25:J25 单元格区域中分别输入各科名称，❸ 选择 F26 单元格，❹ 单击【函数库】组中的【自动求和】按钮∑，❺ 在弹出的下拉菜单中选择【最大值】命令，如图 8-25 所示。

**Step02** 经过上步操作，即可在单元格中插入 MAX 函数，❶ 拖动鼠标光标重新选择 D2:D19 单元格区域作为函数参数引用位置，❷ 按【Enter】键确认函数的输入，即可在该单元格中计算出函数的结果，❸ 向右拖动填充控制柄复制公式到右侧的单元格中，计算出其他科目的最高分。完成后的

效果如图 8-26 所示。

图 8-25

图 8-26

## ★ 重点 8.3.5 实战：使用 MIN 函数返回一组数值中的最小值

| 实例门类 | 软件功能 |
|---|---|
| 教学视频 | 光盘\视频\第 8 章\8.3.5.mp4 |

与 MAX 函数的功能相反，MIN 函数用于计算一组数值中的最小值。

语法结构：
MIN(Number1,[Number2],…)
参　数：
number1　必需的参数，表示需要计算最小值的第一个参数。
number2　可选参数，表示需要计算最小值的 2~255 个参数。

MIN 函数的使用方法与 MAX 相同，函数参数为要求最小值的数值或单元格引用，多个参数间使用逗号分隔，如果是计算连续单元格区域之和，参数中可直接引用单元格区域。

例如，要在培训成绩表中统计

出各科成绩的最低分，具体操作步骤如下。

**Step①** ❶合并 D27:E27 单元格区域，并输入相应文本，❷在 F27 单元格中输入【=MIN(D2:D19)】，如图 8-27 所示。

图 8-27

**Step②** ❶按【Enter】键确认函数的输入，即可在该单元格中计算出函数的结果，❷向右拖动填充控制柄复制公式到右侧的单元格中，计算出其他科目的最低分。完成后的效果如图 8-28 所示。

图 8-28

### ★ 重点 8.3.6 实战：使用 IF 函数根据指定的条件返回不同的结果

| 实例门类 | 软件功能 |
|---|---|
| 教学视频 | 光盘\视频\第8章\8.3.6.mp4 |

在遇到因指定的条件不同而需要返回不同结果的计算处理时，可以使用 IF 函数来完成。

**语法结构：**

IF(logical_test,[value_if_true],[value_if_false])

**参　数：**

logical_test　必需的参数，表示计算结果为 TRUE 或 FALSE 的任意值或表达式。

value_if_true　可选参数，表示 logical_test 为 TRUE 时要返回的值，可以是任意数据。

value_if_false　可选参数，表示 logical_test 为 FALSE 时要返回的值，也可以是任意数据。

IF 函数是一种常用的条件函数，它能对数值和公式执行条件检测，并根据逻辑计算的真假值返回不同结果。其语法结构可理解为【=IF（条件，真值，假值）】，当【条件】成立时，结果取【真值】，否则取【假值】。

#### 🔧 技术看板

IF 函数的作用非常广泛，除了日常条件计算中经常使用，在检查数据方面也有特效，如可以使用 IF 函数核对录入的数据，清除 Excel 工作表中的 0 值等。

下面在【各产品销售情况分析】工作表中使用 IF 函数来排除公式中除数为 0 的情况，使公式编写更谨慎，具体操作步骤如下。

**Step①** 打开"光盘\素材文件\第8章\各产品销售情况分析.xlsx"文件，❶选择 E2 单元格，❷单击编辑栏中的【插入函数】按钮 fx，如图 8-29 所示。

**Step②** 在弹出的【插入函数】对话框中，❶在【选择函数】列表框中选择要使用的【IF】函数，❷单击【确定】按钮，如图 8-30 所示。

图 8-29

图 8-30

**Step③** 在弹出的【函数参数】对话框中，❶在【logical_test】文本框中输入【D2=0】，❷在【value_if_true】参数框中输入【0】，❸在【value_if_false】文本框中输入【B2/D2】，❹单击【确定】按钮，如图 8-31 所示。

图 8-31

**Step④** 经过上步操作，即可计算出相应的结果。❶选择 F2 单元格，❷单击【函数库】组中的【最近使用的函数】按钮，❸在弹出的下拉菜单中选择最近使用的【IF】函数，如图 8-32 所示。

图 8-32

**Step 05** 在弹出的【函数参数】对话框中，❶ 在各文本框中输入如图 8-33 所示的值，❷ 单击【确定】按钮。

图 8-33

**Step 06** 经过上步操作，即可计算出相应的结果。❶ 选择 G2 单元格，❷ 在编辑栏中输入需要的公式【=IF(B2=0,0,C2/B2)】，如图 8-34 所示。

图 8-34

**Step 07** ❶ 按【Enter】键确认函数的输入，即可在 G2 单元格中计算出函数的结果，❷ 选择 E2:G2 单元格区域，❸ 向下拖动填充控制柄至 G9 单元格，即可计算出其他数据，效果如图 8-35 所示。

图 8-35

## ★ 重点 8.3.7 实战：使用 SUMIF 函数按给定条件对指定单元格求和

| 实例门类 | 软件功能 |
|---|---|
| 教学视频 | 光盘\视频\第 8 章\8.3.7.mp4 |

如果需要对工作表中满足某一个条件的单元格数据求和，可以结合使用 SUM 函数和 IF 函数，但此时使用 SUMIF 函数可更快完成计算。

语法结构：
SUMIF (range,criteria,[sum_range])
参　数：
range　必需的参数，代表用于条件计算的单元格区域。每个区域中的单元格都必须是数字或名称、数组或包含数字的引用。空值和文本值将被忽略。
criteria　必需的参数，代表用于确定对哪些单元格求和的条件，其形式可以为数字、表达式、单元格引用、文本或函数。
sum_range　可选参数，代表要求和的实际单元格。当求和区域为参数 range 所指定的区域时，可省略参数 sum_range。当参数指定的求和区域与条件判断区域不一致时，求和的实际单元格区域将以 sum_range 参数中左上角的单元格作为起始单元格进行扩展，最终成为包

括与 range 参数大小和形状相对应的单元格区域，列举见表 8-1。

表 8-1

| 如果区域是 | 并且 sum_range 是 | 则需要求和的实际单元格是 |
|---|---|---|
| A1:A5 | B1:B5 | B1:B5 |
| A1:A5 | B1:B3 | B1:B5 |
| A1:B4 | C1:D4 | C1:D4 |
| A1:B4 | C1:C2 | C1:D4 |

SUMIF 函数兼具了 SUM 函数的求和功能和 IF 函数的条件判断功能，该函数主要用于根据指定的单个条件对区域中符合该条件的值求和。

下面在【培训成绩 1】工作表中分别计算出男女员工的总成绩，具体操作步骤如下。

**Step 01** 打开"光盘\素材文件\第 8 章\培训成绩 1.xlsx"文件，❶ 合并 D24:E24 单元格区域，并输入相应的文本，❷ 选择 F24 单元格，❸ 单击【公式】选项卡【函数库】组中的【数字和三角函数】按钮，❹ 在弹出的下拉列表中选择【SUMIF】选项，如图 8-36 所示。

图 8-36

**Step 02** 在弹出的【函数参数】对话框中，❶ 在各文本框中输入如图 8-37 所示的值，❷ 单击【确定】按钮。

**Step 03** 经过上步操作，即可计算出相应的结果。❶ 合并 D25:E25 单元格区域，并输入相应的文本，❷ 在 F25 单元格中输入【=SUMIF(C2:C19,"女",I2:I19)】，计算出女员工的总成绩，如图 8-38 所示。

图 8-37

图 8-38

### 技术看板

SUMIF 函数的参数 range 和参数 sum_range 必须为单元格引用，包括函数产生的多维引用，而不能为数组。当 SUMIF 函数需要匹配超过 255 个字符的字符串时，将返回错误值【#VALUE!】。

### ★ 重点 8.3.8 实战：使用 VLOOKUP 函数在区域或数组的列中查找数据

| 实例门类 | 软件功能 |
|---|---|
| 教学视频 | 光盘\视频\第 8 章\8.3.8.mp4 |

VLOOKUP 函数可以在某个单元格区域的首列沿垂直方向查找指定的值，然后返回同一行中的其他值。

语法结构：
VLOOKUP(lookup_value,table_array,col_index_num,range_lookup)
参　数：
lookup_value　必需的参数，用

于设定需要在表的第一行中进行查找的值，可以是数字，也可以是文本字符串或引用。

table_array　必需的参数，用于设置要在其中查找数据的数据表，可以使用区域或区域名称的引用。

col_index_num　必需的参数，在查找之后要返回的匹配值的列序号。

range_lookup　可选参数，是一个逻辑值，用于指明函数在查找时是精确匹配，还是近似匹配。如果为 TRUE 或被忽略，则返回一个近似的匹配值（如果没有找到精确匹配值，就返回一个小于查找值的最大值）。如果该参数是 FALSE，函数就查找精确的匹配值。如果这个函数没有找到精确的匹配值，就会返回错误值【#N/A】。

例如，要在【培训成绩 1】工作表中制作一个简单的查询系统，当我们输入某个员工姓名时，便能通过 VLOOKUP 函数自动获得相关的数据，具体操作步骤如下。

Step01 ❶ 新建一个工作表并命名为【成绩查询表】，❷ 在 B3:C10 单元格区域中输入相应的查询表头，并进行简单的格式设置，❸ 选择 C4 单元格，❹ 单击编辑栏右侧的【插入函数】按钮，如图 8-39 所示。

图 8-39

Step02 在弹出的【插入函数】对话框中，❶ 在【或选择类别】下拉列

表框中选择【查找与引用】选项，❷ 在【选择函数】列表框中选择【VLOOKUP】选项，❸ 单击【确定】按钮，如图 8-40 所示。

图 8-40

Step03 在弹出的【函数参数】对话框中，❶ 在【Lookup_value】文本框中输入【C3】，在【Table_array】文本框中引用 Sheet1 工作表中的 B2:J19 单元格区域，在【Col_index_num】文本框中输入【3】，在【Range_lookup】文本框中输入【FALSE】，❷ 单击【确定】按钮，如图 8-41 所示。

图 8-41

Step04 返回工作簿中，即可看到创建的公式为【=VLOOKUP(C3,Sheet1!B2:J19,3,FALSE)】，即在 Sheet1 工作表中的 B2:J19 单元格区域中寻找与 C3 单元格数据相同的项，然后根据项所在的行返回与该单元格区域第 3 列相交单元格中的数据。❶ 选择 C4 单元格中的公式内容，❷ 单击【剪贴板】组中的【复制】按钮，如图 8-42 所示。

图 8-42

**Step05** 将复制的公式内容粘贴到 C5:C10 单元格区域中，并依次修改公式中【Col_index_num】参数的值，分别修改为如图 8-43 所示的值。

图 8-43

**Step06** 在 C3 单元格中输入任意员工姓名，即可在下方的单元格中查看到相应的成绩数据，如图 8-44 所示。

图 8-44

# 8.4 实现复杂数据的计算

在实际的办公应用时，直接使用一些简单的公式和单个函数常常无法得到需要的结果，还需要让公式和函数进一步参与到复杂的运算中。本节就来说说实现复杂运算的那些方法。

## ★ 重点 8.4.1 实战：让公式与函数实现混合运算

| 实例门类 | 软件功能 |
|---|---|
| 教学视频 | 光盘\视频\第 8 章\8.4.1.mp4 |

在 Excel 中进行较复杂的数据计算时，常常还需要同时应用公式和函数。此时，则应在公式中直接输入函数及其参数，如果对函数不是很熟悉亦可先在单元格中插入公式中要使用的函数，然后在该函数的基础上添加自定义公式中需要的一些运算符、单元格引用或具体的数值。例如，要计算出各员工的总成绩与平均成绩之差，具体操作步骤如下。

**Step01** ❶ 在 Sheet1 工作表的 K1 单元格中输入相应文本，❷ 选择 K2 单元格，❸ 单击【公式】选项卡【函数库】组中的【自动求和】按钮∑，❹ 在弹出的下拉列表中选择【平均值】选项，如图 8-45 所示。

图 8-45

**Step02** 拖动鼠标光标重新选择表格中的 I2:I19 单元格区域作为函数的参数，如图 8-46 所示。

图 8-46

**Step03** ❶ 选择函数中的参数，即单元格引用，按【F4】键让其变换为绝对引用，❷ 将文本插入点定位在公式的【=】符号后，并输入【I2-】，即修改公式为【=I2-AVERAGE($I$2:$I$19)】，如图 8-47 所示。

图 8-47

Step04 ❶ 按【Enter】键确认函数的输入，即可在 K2 单元格中计算出函数的结果，❷ 选择 K2 单元格，向下拖动填充控制柄至 I19 单元格，即可计算出其他数据，如图 8-48 所示。

图 8-48

★ 重点 8.4.2 实战：嵌套函数

| 实例门类 | 软件功能 |
|---|---|
| 教学视频 | 光盘\视频\第 8 章\8.4.2.mp4 |

上一节中只是将函数作为一个参数运用到简单的公式计算中，当然，在实际运用中可以进行更为复杂的类似运算，但整个来说还是比较简单的。

在 Excel 中还可以使用函数作为另一个函数的参数来计算数据。当函数的参数也是函数时，我们称为函数的嵌套。输入和编辑嵌套函数的方法与使用普通函数的方法相同。

在 Excel 中最常用的嵌套函数有 IF 函数、AND 函数、OR 函数，如果对数组进行计算，那么 LOOKUP 函数、ROW 函数、INDIRECT 函数和 COUNTA 函数等也是比较常用的。

例如，要在【培训成绩 1】工作表中结合使用 IF 函数和 SUM 函数计算出绩效的【优】【良】和【差】3 个等级，具体操作步骤如下。

Step01 ❶ 在 L1 单元格中输入相应的文本，❷ 选择 L2 单元格，❸ 单击【公式】选项卡【函数库】组中的【逻辑】按钮，❹ 在弹出的下拉列表中选择【IF】选项，如图 8-49 所示。

图 8-49

Step02 在弹出的【函数参数】对话框中，❶ 在【Logical_test】文本框中输入【SUM(D2:F2)>250】，❷ 在【Value_if_true】文本框中输入【" 优 "】，❸ 在【Value_if_false】文本框中输入【IF(SUM(G2:H2)>150," 良 "," 差 ")】，❹ 单击【确定】按钮，如图 8-50 所示。

图 8-50

Step03 返回工作簿中即可看到计算出的结果，拖动填充控制柄向下复制公式，完成计算后的效果如图 8-51 所示。

图 8-51

### 8.4.3 实战：自定义函数

| 实例门类 | 软件功能 |
|---|---|
| 教学视频 | 光盘\视频\第8章\8.4.3.mp4 |

Excel 函数虽然丰富，但并不能满足实际工作中所有可能出现的情况。当不能使用 Excel 中自带函数进行计算时，可以自己创建函数来完成特定的功能。自定义函数需要使用 VBA 进行创建。例如，需要自定义一个计算梯形面积的函数，具体操作步骤如下。

**Step01** ❶ 新建一个空白工作簿，在表格中输入如图 8-52 所示的文本，❷ 单击【开发工具】选项卡【代码】组中的【Visual Basic】按钮 📋。

图 8-52

**Step02** 打开 Visual Basic 编辑窗口，选择【插入】→【模块】命令，如图 8-53 所示。

图 8-53

**Step03** 经过上步操作后，将在窗口中新建一个新模块——模块 1，❶ 在新建的【模块 1（代码）】窗口中输入【Function V(a,b,h)V=h*(a+b)/2End Function】，如图 8-54 所示，❷ 单击【关闭】按钮关闭窗口，自定义函数完成。

图 8-54

**Step04** 返回工作簿中，即可像使用内置函数一样使用自定义的函数。❶ 在 D2 单元格中输入公式【=V(A2,B2,C2)】，即可计算出第一

个梯形的面积，❷ 向下拖动填充控制柄至 D5 单元格，即可计算出其他梯形的面积，如图 8-55 所示。

图 8-55

### 🛠 技术看板

这段代码非常简单，先看第一行，其中 V 是自己取的函数名字，括号中的是参数，也就是变量，a 表示【上底边长】，b 表示【下底边长】，h 表示【高】，3 个参数用逗号隔开。

再看第二行，这是计算过程，将【h*(a+b)/2】这个公式赋值给 V，即自定义函数的名字。

再看第三行，它是与第一行成对出现的，当你手动输入第一行的时候，第三行的 End Function 就会自动出现，表示自定义函数的结束。

## 8.5 函数须知

使用函数时，还可以掌握一些技巧方便我们理解和利用函数，当然也有一些函数的通用标准和规则，是我们需要注意的。本章就来介绍几个使用函数必须知道的技巧。

### 8.5.1 使用函数提示工具

当公式编辑栏中的函数处于可编辑状态时，会在附近显示出一个浮动工具栏，即函数提示工具，如图 8-56 所示。

图 8-56

使用函数提示工具，可以在编辑公式时方便地知道当前正在输入的是函数的哪个参数，以有效避免错漏。将鼠标光标移至函数提示工具中已输入参数值所对应的参数名称时，鼠标光标将变为 🖑 形状，此时单击该参数名称，则公式中对应的该参数的完整部分将呈选择状态，效果如图 8-57 所示。

图 8-57

图 8-59

### 8.5.4 突破函数的7层嵌套限制

嵌套函数中，若函数 B 在函数 A 中作为参数，则函数 B 相当于第 2 级函数。如果在函数 B 中继续嵌套函数 C，则函数 C 相当于第 3 级函数，以此类推……一个 Excel 函数公式中可以包含多达 7 级的嵌套函数。

但在实际工作中，常常需要突破函数的 7 层嵌套限制才能编写出满足计算要求的公式。例如，要编写一个超过 7 层嵌套限制的 IF 函数，具体结构如下：

=IF(AND(A1<60),"F","")&IF(AND(A1>=60,A1<=63),"D","")&IF(AND(A1>=64,A1<=67),"C-","")&IF(AND(A1>=68,A1<=71),"C","")&IF(AND(A1>=72,A1<=74),"C+","")&IF(AND(A1>=75,A1<=77),"B-","")&IF(AND(A1>=78,A1<=81),"B","")&IF(AND(A1>=82,A1<=84),"B+","")&IF(AND(A1>=85,A1<=89),"A-","")&IF(AND(A1>=90),"A","")

从上面这个 IF 函数中可以看出，它使用了 10 个 IF 语句，是将多个 7 层 IF 语句用【&】符号连接起来突破 7 层限制的。当然如果是数值进行运算，则需要将连接符【&】改为【＋】，将【""】改为【0】。

### 8.5.5 突破30个函数参数的限制

Excel 在公式计算方面有其自身的标准与规范，这些规范对公式的编写有一定的限制。除了限制函数的嵌套层数外，还规定函数的参数不能超过 30 个。一旦超过 30 个，又该如何处理呢？

为函数参数的两边添加一对括号，可以形成联合区域，使用联合区域作为参数时，相当于只使用了一个参数。因此，使用该方法可以突破 30 个函数参数的限制。例如，要计算图 8-61 中所选单元格

---

> **技能拓展——显示函数屏幕提示工具**
>
> 若你的 Excel 中没有启用函数提示工具，可以在【Excel 选项】对话框中单击【高级】选项卡，在【显示】栏中选中【显示函数屏幕提示】复选框，如图 8-58 所示。

图 8-58

### 8.5.2 使用快捷键在单元格中显示函数完整语法

在输入不太熟悉的函数时，经常需要了解参数的各种信息。通过【Excel 帮助】窗口进行查看需要在各窗口之间进行切换，非常麻烦。此时，按【Ctrl+Shift+A】组合键即可在单元格和公式编辑栏中显示出包含该函数完整语法的公式。

例如，输入【=OFFSET】，然后按【Ctrl+Shift+A】组合键，则可以在单元格中看到【=OFFSET(reference,rows,cols,height,width)】，具体效果如图 8-59 所示。

如果输入的函数有多种语法，如 LOOKUP 函数，则会弹出【选定参数】对话框，如图 8-60 所示，在其中需要选择一项参数组合后单击【确定】按钮，Excel 才会返回相应的完整语法。

图 8-60

### 8.5.3 使用与规避函数的易失性

易失性函数是指具有 volatile 特性的函数，常见的有 NOW、TODAY、RAND、CELL、OFFSET、COUNTF、SUMIF、INDIRECT、INFO、RANDBETWEEN 等。使用这类函数后，会引发工作表的重新计算。因此，对包含该类函数的工作表进行任何编辑，如激活一个单元格，输入数据，甚至只是打开工作簿，都会引发具有易失性的函数进行自动重新计算。这就是我们在关闭某些没有进行任何编辑的工作簿时，Excel 也会提醒你是否进行保存的原因。

虽然易失性函数在实际应用中非常有用，但如果在一个工作簿中使用大量易失性函数，则会因众多的重算操作而影响到表格的运行速度。所以应尽量避免使用易失性函数。

（超过 30 个单元格）的平均值，公式可写作【=AVERAGE((A1,B3,C1,C3,D1,…))】。

图 8-61

# 妙招技法

通过前面知识的学习，相信读者朋友已经掌握了输入与编辑函数的基本操作。下面结合本章内容，介绍一些实用技巧。

## 技巧 01: 将表达式作为参数使用

在 Excel 中也可以把表达式作为参数使用，表达式是公式中的公式。我们需要了解这种情况下函数的计算原理。

在遇到作为函数参数的表达式时，Excel 会先计算这个表达式，然后将结果作为函数的参数再进行计算。例如，在【=SQRT(PI()*(2.6^2)+PI()*(3.2^2))】公式中使用了 SQRT 函数，它的参数是两个计算半径分别是 2.6 和 3.2 的圆面积的表达式【PI()*(2.6^2)】和【PI()*(3.2^2)】。Excel 在计算公式时，首先计算这两个圆的面积，然后计算该结果的平方根。

## 技巧 02: 使用数组型函数参数

函数也可以使用数组作为参数，使用数组类型的参数一般可以简化公式。例如，要计算 208×1，1.2×2，3.06×3 的和，可以使用公式【=SUM(208*1,1.2*2,3.06*3)】，利用数组型参数，则可以写成【=SUM({208,1.2,3.06}*{1,2,3})】，它们的结果是相同的。

## 技巧 03: 将整行或整列作为函数参数

一个随时增加记录的销售表格中，要随时计算总销售量，虽然使用函数还是能比较容易地得到结果，但是需要不断更改销售参数仍然很麻烦。

遇到上述情况时，我们可以将这些作为函数参数，但汇总的范围又是变化的数据单独存储在一行或一列中，然后将存储数据的整行或整列作为函数的参数进行计算。例如，将销售量数据单独存储在 A 列中，再输入【=SUM(A:A)】，将整列作为参数计算总和。

## 技巧 04: 使用名称作为函数参数

名称也可以作为函数的参数进行使用，使用方法与公式中的使用方法相同。

函数可以把单元格或单元格区域引用作为其参数，如果为这些范围定义了名称，则可直接使用名称作为参数。例如，要求 A1:D50 单元格区域中的最大值，则输入函数【=MAX(A1:D50)】。若为 A1:D50 单元格区域定义名称【cj】后，则可使用名称来替换引用，将函数简化为【=MAX(cj)】。

## 技巧 05: 通配符的使用方法

在使用查找与引用函数时，有时需要进行模糊查找，此时就需要使用到通配符。

Excel 中主要包含【*】【？】和【~】3 种通配符，可用于查找、统计等运算的比较条件中。其中，【*】代表任何字符，【？】代表任何单个字符，【~】用于解除字符的通配性，即当要查找或统计的是【*】【？】或【~】本身时，须在其前面加上【~】，这样 Excel 就不会将其后的【*】【？】或【~】作为通配符处理了。如【A*】表示以 A 开头的数据，【*A*】表示包含 A 的数据，

【?A*】表示第二个字母为 A 的数据，【A?】表示以 A 开头的两个字符组成的数据，【~*】表示查找 *。

## 技巧 06：简写函数的逻辑值参数

由于逻辑值只存在 TRUE 或 FALSE，当遇到参数为逻辑值的函数时，这些参数即可简写。

函数中的参数为逻辑值时，当要指定为 FALSE 的时候，可以用 0 来替代，甚至连 0 也不写，而只用半角逗号占据参数位置。如 VLOOKUP 函数的参数 range_lookup 需要指定逻辑值，因此可以将公式进行简写，例如，函数【=VLOOKUP(A5,B5:C10,2,FALSE)】可以简写为【=VLOOKUP(A5,B5:C10,2,0)】，也可简写为【=VLOOKUP(A5,B5:C10,2,)】。

> **技术看板**
>
> 还有一些需要指定参数为 0 的时候，也可以只保留该参数位置的半角逗号，如函数【=MAX(A1,0)】可以简写为【=MAX(A1,)】，函数【=IF（B2=A2,1,0)】可以简写为【=IF(B2=A2,1,)】。

## 技巧 07：省略函数参数

函数在使用过程中，并非所有参数都需要书写完整，可以根据实际需要省略某些参数，以达到缩短公式长度或减少计算步骤的目的。

从【Excel 帮助】窗口中，就可以看到有些函数的参数很多，但仔细看又会发现，在很多参数的描述中包括【忽略】【省略】【默认】等词语，而且会注明如果省略该参数则表示默认该参数为某个值。

在省略参数时，需要连同该参数存在所需的半角逗号间隔都省略。例如，判断 B5 是否与 A5 的值相等，如果是则返回 TRUE，否则返回 FALSE。函数【=IF(B5=A5,TRUE,FALSE)】可省略为【=IF (B5=A5,TRUE)】。

常见的省略参数的情况还有：

（1）FIND 函数的 start_num 如果不指定，则默认为 1。

（2）INDIRECT 函数的 al 如果不指定，则默认为 A1 引用样式。

（3）LEFT 函数、RIGHT 函数的 num_chars 如果未指定，则默认为 1。

（4）SUMIF 函数的 sum_range 如果未指定，则默认对第一个参数 range 进行求和。

（5）OFFSET 函数的 height 和 width 如果不指定，则默认与 reference 的尺寸一致。

## 技巧 08：简写函数中的空文本

并非所有函数参数简写都表示该参数为 0，如函数【=IF(A1="","",A1*B1)】中简写了该参数的空文本，表达的意思是【若 A1 单元格为空，则显示为空，否则返回 A1 与 B1 的乘积】。在函数应用中，经常也会简写空文本参数。这里所谓的空文本，不是指单元格中不包含数据，而是指单元格中包含一对英文双引号 ""，但是其中的文本没有，是一个空的字符串，其字符长度为 0。

> **技术看板**
>
> 省略参数是根据函数的默认规则将整个参数（包括所需的逗号间隔）从函数公式中移除。而参数的简写则需要用半角逗号保留参数的对应位置，表示简写了该参数的常量 0、FALSE 或空文本等。

# 本章小结

在 Excel 2013 中，公式虽然也能够对数据进行计算，但具有局限性，而不同类型的函数，能够实现不同的计算功能，给我们的工作带来了极大的便利。函数是 Excel 的精髓，对数据进行计算主要还是靠它们。本章一开始便对函数进行了系统化的介绍，然后举例说明了函数的多种输入方法，接着介绍了常用函数的使用方法，这些是学习函数的基础，掌握之后就能融会贯通使用各种函数了。所以，读者在学习时一定要去分析为什么函数公式是这样编写的。学公式和函数靠的是逻辑思维和思考问题的方法，不像技巧那样需要死记硬背。不经过认真思考、不会举一反三是永远学不好的。

# 第9章 文本函数

➥ 文本之间也可以合并、比较和统计。

➥ 想要快速提取某个文本字符串中的某些字符吗？

➥ 想要快速转换全角/半角符号、大写/小写字母吗？

➥ 通过函数对文本进行查找和替换。

➥ 通过函数删除特殊字符。

认真学习函数绝对是我们向 Excel 高手迈进的一小步。本章将介绍处理文本字符串的函数，包括合并、统计、截取、转换、查找或替换文本的函数。

## 9.1 字符串编辑技巧

文本型数据是 Excel 的主要数据类型之一，在工作中需要大量使用。在 Excel 中，文本值也称为字符串，它通常由若干个子串构成。在日常工作中，有时需要将某几个单元格的内容合并起来，组成一个新的字符串表达完整的意思，或者需要对几个字符串进行比较。下面就逐一介绍各常用字符串编辑函数的使用技巧知识。

### 9.1.1 使用 CONCATENATE 函数将多个字符串合并到一处

Excel 中使用【&】符号作为连接符，可连接两个或多个单元格时发生的情况。例如，输入公式【="你"&"好"】，会返回【你好】，如图 9-1 所示。

图 9-1

此外，使用 CONCATENATE 函数也能实现运算符【&】的功能。CONCATENATE 函数用于合并两个或多个字符串，最多可以将 255 个文本字符串连接成一个文本字符串。连接项可以是文本、数字、单元格引用或这些项的组合。

语法结构：
CONCATENATE (text1,[text2],…)
参 数：
text1 必需的参数，要连接的第一个文本项。
text2,… 可选参数，其他文本项，最多为 255 项。项与项之间必须用逗号隔开。

如要连接上面情况中的 A1 和 A2 单元格数据，可输入公式【=CONCATENATE("你","好")】，返回【你好】，如图 9-2 所示。

图 9-2

### 🔧 技术看板

注意本案例中两个字符串在连接时，中间没有空格。如果需要在两项内容之间增加一个空格或标点符号，就必须在 CONCATENATE 函数中指定为使用半角双引号括起来的参数。如需要在连接 A1 和 A2 单元格内容时，中间添加空格，则输入公式【=CONCATENATE(A1," ",B1)】。

在使用文本值类型参数的函数时，需要用半角双引号括住文本，若要使用 CONCATENATE 函数连接文本【"你"】和【"好"】时，则必须将该文本的双引号改为 2 层双引号。函数【=CONCATENATE("""你""","""好""")】中，最外一层双引号表示括住的是文本，里面两层双引号表示查找的文本原来有一对双引号。

## ★ 重点 9.1.2 实战：使用 EXACT 函数比较两个字符串是否相同

| 实例门类 | 软件功能 |
|---|---|
| 教学视频 | 光盘\视频\第9章\9.1.2.mp4 |

EXACT 函数用于比较两个字符串，如果它们完全相同，则返回 TRUE；否则，返回 FALSE。

语法结构：
EXACT (text1,text2)
参　数：
text1　必需的参数，第一个文本字符串。
text2　必需的参数，第二个文本字符串。

利用 EXACT 函数可以测试在文档内输入的文本。例如，要比较 A 列和 B 列中的字符串是否完全相同，具体操作步骤如下。

Step01 打开"光盘\素材文件\第9章\比较字符串.xlsx"文件，在 C2 单元格中输入公式【=EXACT(A2,B2)】，如图 9-3 所示。

图 9-3

Step02 ❶ 按【Enter】键判断出 A2 和 B2 单元格中的文本是否一致，❷ 使用 Excel 的自动填充功能判断出后续行中的两个单元格中内容是否相同，完成后的效果如图 9-4 所示。

图 9-4

### 技术看板

函数 EXACT 在测试两个字符串是否相同时，能够区分大小写，但会忽略格式上的差异。

通过比较运算符【==】也可以判断两个相应单元格中包含的文本内容是否相同。但是这样的比较并不十分准确，如在 A2 单元格中输入【Jan】，在 B2 单元格中输入【JAN】时，通过简单的逻辑公式【=A2=B2】会返回【TRUE】，即这种比较不能区分大小写。此时，就需要使用 EXACT 函数来精确比较两个字符串是否相同了。

## ★ 重点 9.1.3 实战：使用 LEN 函数计算文本中的字符个数

| 实例门类 | 软件功能 |
|---|---|
| 教学视频 | 光盘\视频\第9章\9.1.3.mp4 |

LEN 函数用于计算文本字符串中的字符数。

语法结构：LEN(text)
参　数：
text　必需的参数，要计算其长度的文本。空格作为字符进行计数。

### 技术看板

使用 LEN 函数时，空格字符不会忽略，也会包含在字符个数中，被当作一个字符计数。这便于区分带额外空格的字符串。

例如，要设计一个文本发布窗口，要求用户只能在该窗口中输入不超过 60 个的字符，并在输入的同时，提示用户还可以输入的字符个数，具体操作步骤如下。

Step01 新建一个空白工作簿，并设置展示窗口的布局和格式，❶ 合并 A1:F1 单元格区域，输入【信息框】，❷ 合并 A2:F10 单元格区域，并填充为白色，❸ 合并 A11:F11 单元格区域，输入【="还可以输入"&(60-LEN(A2)&"个字符")】，如图 9-5 所示。

图 9-5

Step02 在 A2 单元格中输入需要发布的信息，即可在 A11 单元格中显示出还可以输入的字符个数，如图 9-6 所示。

图 9-6

## 9.1.4 使用 LENB 函数计算文本中代表字符的字节数

对于双字节来说，一个字符包含两个字节。汉字就是双字节，即一个汉字以两个字节计算，如果上例需要计算还能输入的字节数量，则需要将统计已经输入的字符数乘以 2 得到已经输入的字节数，然后通过减法计算还可以输入的字节数。若使用 Excel 中专门用于计算字节个数的 LENB 函数将简便很多。

LENB 函数可返回文本中用于代表字符的字节数。也就是说，对于 1 个双字节的字符来说，使用 LEN 函数返回 1，使用 LENB 函数就返回 2。用法与 LEN 函数相同。

语法结构：
LENB (text)
参　数：
text　必需的参数，要计算其长度的文本。空格作为字符进行计数。

如上例中要计算还能输入的字节数量，可输入公式【="还可以输入 " & (120-LENB(A2)&" 个字节 ")】。

### 技术看板

函数 LEN 面向使用单字节字符集（SBCS）的语言，而函数 LENB 面向使用双字节字符集（DBCS）的语言。使用函数所在计算机的默认语言设置会对返回值产生一定影响。当计算机的默认语言设置为 SBCS 语言时，函数 LEN 和 LENB 都将每个字符按 1 计数；当计算机的默认语言设置为 DBCS 语言时，函数 LEN 仍然将每个字符按 1 计数，函数 LENB 则会将每个双字节字符按 2 计数。支持 DBCS 的语言包括日语、中文（简体）、中文（繁体）和朝鲜语。

## 9.1.5 实战：使用 REPT 函数按给定次数重复文本

| 实例门类 | 软件功能 |
| --- | --- |
| 教学视频 | 光盘\视频\第9章\9.1.5.mp4 |

使用 REPT 函数可以按照指定的次数重复显示文本。

语法结构：
REPT (text,number_times)
参　数：

text　必需的参数，表示需要重复显示的文本。

number_times　必需的参数，用于指定文本重复次数的正数。

REPT 函数常用于不断地重复显示某一文本字符串，对单元格进行填充的情况。例如，在打印票据时，需要在数字的右侧用星号进行填充，通过 REPT 函数来实现的具体步骤如下。

Step 01 打开"光盘\素材文件\第 9 章\报销单.xlsx"文本，❶ 复制【报销单】工作表，并重命名复制得到的工作表为【打印报销单】，❷ 在 C7 单元格中输入公式【=( 报销单 !C7&REPT("*",24-LEN( 报销单 !C7)))】，如图 9-7 所示。

图 9-7

### 技术看板

本例首先设置需要打印的该值占用 24 个字符，然后通过 LEN 函数统计数据本身所占的字符，通过减法计算出星号需要占用的字符，即星号需要复制的次数。

Step 02 ❶ 按【Enter】键即可在 C7 单元格中的数字右侧添加星号，❷ 使用 Excel 的自动填充功能，为其他报销金额所在单元格中的数字右侧都添加上星号，完成后的效果如图 9-8 所示。

图 9-8

### 技术看板

在使用 REPT 函数的时候，需要注意以下几点：如果 number_times 参数为 0，则返回空文本；如果 number_times 参数不是整数，则将被截尾取整；REPT 函数的结果不能大于 32767 个字符，否则将返回错误值【#VALUE!】。

## 9.1.6 实战：使用 FIXED 函数将数字按指定的小数位数取整

| 实例门类 | 软件功能 |
| --- | --- |
| 教学视频 | 光盘\视频\第9章\9.1.6.mp4 |

FIXED 函数用于将数字按指定的小数位数进行取整，利用句号和逗号以十进制格式对该数进行格式设置，并以文本形式返回结果。

语法结构：
FIXED (number,[decimals],[no_commas])
参　数：

number　必需的参数，表示要进行舍入并转换为文本的数字。

decimals　可选参数，用于指定小数点右侧的位数，即四舍五入的位数，如果该值为负数，则表示四舍五入到小数点左侧。

no_commas　可选参数，是一个逻辑值，用于控制返回的文本是否用逗号分隔。如果为 TRUE，则会禁止 FIXED 函数在返回的文本中包含逗号。只有当 no_commas 为 FALSE 或被省略时，返回的文本才会包含逗号。

例如，某公司在统计员工当月的销售业绩后，需要制作一张红榜，红榜中要将销售业绩以万元为单位表示。使用 FIXED 函数来实现的具体操作步骤如下。

Step 01 打开"光盘\素材文件\第 9 章\销售业绩表.xlsx"文本，❶ 新建一个工作表，并命名为【红榜】，❷ 制作整个表格的框架，并复制【业绩表】中前 3 名的相关数据，❸ 在 G5 单元格中输入公式【=FIXED( 业绩表 !E2,−2)/10000&" 万元 "】，按【Enter】键输入公式，该员工的销售额数据即以万元为单位表示，并将数值精确到百元，如图 9-9 所示。

图 9-9

Step 02 使用 Excel 的自动填充功能，得到其他员工的销售额数据，如图 9-10 所示。

图 9-10

**技术看板**

本例中的公式是先将数据四舍五入到百位，即小数点左两位，然后将其转换为万元形式，最后利用运算符【&】得到相应的文本信息。

Step 03 ❶ 在 B9 单元格中输入如图 9-11 所示的文本，❷ 选择 D9 单元格，输入公式【=FIXED(SUM( 业绩表 !D2:D15)/10000,2)&" 万元 "】，按【Enter】键即可计算出当月的销售总金额，并以千分号分隔得到的结果数据。

图 9-11

**技术看板**

本例中的第二个公式是先将数据除以 10000，使其单位转换为万元，然后利用 FIXED 函数进行四舍五入，即将数值四舍五入到小数点后两位。最后利用运算符【&】输出相应的文本信息。

虽然本例中两次使用 FIXED 函数时都省略了 no_commas 参数，但通过第一种方法得到的结果中并没有以千分位形式表示数据。这是因为设置格式后的数值被除以 10000，其千分位的设置已经无效了。

# 9.2 返回文本内容技巧

从原有文本中截取并返回一部分用于形成新的文本是常见的文本运算。在使用 Excel 处理数据时，经常会遇到含有汉字、字母、数字的混合型数据，有时需要单独提取出某类型的字符串，或者在同类型的数据中提取出某些子串，例如截取身份证号中的出生日期、截取地址中的街道信息等。掌握返回文本内容函数的相关技能技巧，就可以快速完成这类工作。

## ★ 重点 9.2.1 实战：使用 LEFT 函数从文本左侧起提取指定个数的字符

| 实例门类 | 软件功能 |
|---|---|
| 教学视频 | 光盘\视频\第 9 章\9.2.1.mp4 |

LEFT 函数能够从文本左侧起提取文本中的第一个或前几个字符。

语法结构：
LEFT (text,[num_chars])
参　数：
text　必需的参数，包含要提取的字符的文本字符串。
num_chars　可选参数，用于指定要由 LEFT 提取的字符的数量。因此，该参数的值必须大于或等于零。当省略该参数时，则假设其值为 1。

例如，在员工档案表中包含了员工姓名和家庭住址信息，现在要把员工的姓氏和家庭地址的所属省份内容重新保存在一列单元格中。使用 LEFT 函数即可很快完成这项任务，具体操作步骤如下。

Step 01 打开"光盘\素材文件\第 9 章\员工档案表.xlsx"文件，❶ 在 B 列单元格右侧插入一列空白单元格，并输入表头【姓氏】，❷ 在 C2 单元格中输入公式【=LEFT(B2)】，如

图 9-12 所示。

图 9-12

**Step 02** ① 按【Enter】键即可提取该员工的姓到单元格中，② 使用 Excel 的自动填充功能提取其他员工的姓，如图 9-13 所示。

图 9-13

**Step 03** ① 在 J 列单元格左侧插入一列空白单元格，并输入表头【祖籍】，② 选择 J2 单元格，输入公式【=LEFT(K2,2)】，按【Enter】键即可提取该员工家庭住址中的省份内容，③ 使用 Excel 的自动填充功能，提取其他员工家庭住址的所属分区，如图 9-14 所示。

图 9-14

## 9.2.2 使用 LEFTB 函数从文本左侧起提取指定字节数字符

LEFTB 函数与 LEFT 函数的功能基本相同，都是用于返回文本中的第一个或前几个字符，只是 LEFT 函数是以字符为单位，LEFTB 函数则以字节为单位进行提取。

语法结构：
LEFTB (text,[num_bytes])
参　数：
text　必需的参数，包含要提取的字符的文本字符串。
num_bytes　可选参数，代表按字节指定要由 LEFTB 函数提取的字符的数量，其值必须要大于或等于 1，如果提取的个数超过了文本的长度，就提取整个文本内容；如果小于 1，则返回错误值【#VALUE！】；如果省略提取个数，则返回文本的第一个字节。

例如，在上个案例中的员工档案表中，使用 LEFTB 函数提取出姓氏，可输入【=LEFTB(B2,2)】，提取出省份，可输入【=LEFTB(K2,4)】。

## ★ 重点 9.2.3 实战：使用 MID 函数从文本指定位置起提取指定个数的字符

| 实例门类 | 软件功能 |
|---|---|
| 教学视频 | 光盘\视频\第9章\9.2.3.mp4 |

MID 函数能够从文本指定位置起提取指定个数的字符。

语法结构：
MID (text,start_num,num_chars)
参　数：
text　必需的参数，包含要提取字符的文本字符串。

start_num　必需的参数，代表文本中要提取的第一个字符的位置。文本中第一个字符的 start_num 为 1，以此类推。
num_chars　必需的参数，用于指定希望 MID 函数从文本中返回字符的个数。

例如，某公司的员工证件编号由公司代码（PR80）、部门代码（5 位数）和员工编号组成，我们要使用 MID 函数获取部门代码，具体操作步骤如下。
**Step 01** 打开"光盘\素材文件\第 9 章\员工证件列表.xlsx"文件，在 C2 单元格中输入公式【=MID(B2,5,5)】，按【Enter】键即可提取该员工的部门代码，如图 9-15 所示。

图 9-15

**Step 02** 使用 Excel 的自动填充功能提取其他员工的部门代码，如图 9-16 所示。

图 9-16

### 9.2.4 使用 MIDB 函数从文本指定位置起提取指定字节数的字符

MIDB 函数与 MID 函数的功能基本相同，都是用于返回字符串中从指定位置开始的特定数目的字符，只是 MID 函数是以字符为单位，而MIDB 函数则是以字节为单位。

> 语法结构：
> MIDB (text,start_num,num_bytes)
> 参　数：
> text　必需的参数，包含要提取的字符的文本字符串。
> start_num　必需的参数，文本中要提取的第一个字符的位置。文本中第一个字符的 start_num 为 1，以此类推。
> num_bytes　可选参数，代表按字节指定要由 MIDB 函数提取的字符的数量（字节数）。

上一个案例使用公式【=MIDB(B2,5,5)】进行计算，也将得到相同的答案，因为数字属于单字节字符。

### 技术看板

在使用 MID 和 MIDB 函数的时候，需要注意以下几点：参数 start_num 的值如果超过了文本的长度，则返回空文本；如果 start_num 的值没有超过文本长度，但是 start_num 加上 num_chars 的值超过了文本长度，则指返回从 start_num 开始，直到文本最后的字符；如果 start_num 小于 1 或者 num_chars（num_bytes）为负数，都会返回错误值【#VALUE!】。

### ★ 重点 9.2.5 实战：使用 RIGHT 函数从文本右侧起提取指定个数的字符

| 实例门类 | 软件功能 |
|---|---|
| 教学视频 | 光盘\视频\第 9 章\9.2.5.mp4 |

RIGHT 函数能够从文本右侧起提取文本字符串中最后一个或多个字符。

> 语法结构：
> RIGHT (text,[num_chars])
> 参　数：
> text　必需的参数，包含要提取字符的文本字符串。
> num_chars　可选参数，指定要由 RIGHT 函数提取的字符的数量。

例如，在产品价目表中的产品型号数据中包含了产品规格大小的信息，而且这些信息位于产品型号数据的倒数 4 位，通过 RIGHT 函数进行提取的具体操作步骤如下。

**Step01** 打开"光盘\素材文件\第 9 章\产品价目表.xlsx"文本，❶ 在 C 列单元格右侧插入一列空白单元格，并输入表头【规格（g/支）】，❷ 在 D2 单元格中输入公式【=RIGHT(C2,4)】，按【Enter】键即可提取该产品的规格大小，如图 9-17 所示。

图 9-17

**Step02** 使用 Excel 的自动填充功能，继续提取其他产品的规格大小，如图 9-18 所示。

图 9-18

### 9.2.6 使用 RIGHTB 函数从文本右侧起提取指定字节数的字符

RIGHTB 函数与 RIGHT 函数的功能基本相同，都是用于返回文本中最后一个或多个字符。只是 RIGHT 函数是以字符为单位，RIGHTB 函数则是以字节为单位。

> 语法结构：
> RIGHTB (text ,[num_bytes])
> 参　数：
> text　必需的参数，包含要提取字符的文本字符串。
> num_bytes　可选参数，代表按字节指定要由 RIGHTB 函数提取的字符的数量。

例如，上一个案例使用公式【=RIGHTB(C2,4)】进行计算，也将得到相同的答案，因为数字属于单字节字符。

### 技术看板

在使用 RIGHT 和 RIGHTB 函数的时候，需要注意以下几点：参数 num_chars 的值必须大于或等于零；如果 num_chars 的值超过了文本长度，则提取整个文本内容；如果 num_chars 的值小于 1，则返回错误值【#VALUE!】；如果省略 num_chars 参数，则假设其值为 1，返回文本的最后一个字符。

# 9.3 转换文本格式技巧

在 Excel 中处理文本时，有时需要将现有的文本转换为其他形式，如将字符串中的全 / 半角字符进行转换、大 / 小写字母进行转换、货币符号进行转换等。掌握转换文本格式函数的基本操作技巧，便可以快速修改表格中某种形式的文本格式了。

## 9.3.1 实战：使用 ASC 函数将全角字符转换为半角字符

| 实例门类 | 软件功能 |
|---|---|
| 教学视频 | 光盘 \ 视频 \ 第 9 章 \9.3.1.mp4 |

Excel 函数中的标点符号都是半角形式的（单字节），但正常情况下，中文输入法输入的符号都是全角符号（双字节）。如果需要快速修改表格中的全角标点符号为半角标点符号，可以使用 ASC 函数快速进行转换。

语法结构：
ASC (text)
参　数：
text　必需的参数，表示文本或对包含要更改的文本的单元格的引用。

对于双字节字符集（DBCS）语言，使用 ASC 函数可快速将全角字符更改为半角字符。如输入公式【=ASC("，")】，则返回【,】。

### 技术看板

如果 ASC 函数参数中文本不包含任何全角字母，则文本不会更改。

例如，某产品明细表中包含很多英文字母，但这些字母的显示有点异常（全部为全角符号），感觉间隔很宽，不符合我们日常的阅读习惯。要使用 ASC 函数将全角的英文单词转换为半角状态，具体操作步骤如下。

Step01 打开"光盘 \ 素材文件 \ 第 9 章 \ 产品明细表 .xlsx"文件，❶ 新建一张工作表，❷ 选择 A1:E20 单元格区域，❸ 在编辑栏中输入【=ASC()】，并将文本插入点定位在括号中，如图 9-19 所示。

图 9-19

Step02 选择 Sheet1 工作表中的 A1:E20 单元格区域，如图 9-20 所示。按【Ctrl+Shift+Enter】组合键，返回数组公式的结果。

图 9-20

Step03 ❶ 对 A 列单元格中的数据设置加粗显示，❷ 选择后面 4 列单元格，调整到合适的列宽，❸ 单击【开始】选项卡【对齐方式】组中的【自动换行】按钮，如图 9-21 所示。

Step04 经过上步操作后，即可清晰地看到已经将原工作表中的所有全角英文转换为半角状态了，效果如图 9-22 所示。

图 9-21

图 9-22

## 9.3.2 使用 WIDECHAR 函数将半角字符转换为全角字符

既然能使用函数快速将全角符号转换为半角符号，那么一定也有一种函数能够将半角符号快速转换为全角符号。是的，对于双字节字符集（DBCS）语言，WIDECHAR 函数就是 ASC 函数的逆向操作。使用 WIDECHAR 函数就可以快速将半角字符转换为全角字符。

语法结构：
WIDECHAR (text)
参　数：
text　必需的参数，表示半角字符或对包含要更改的半角字符的单元格的引用。

由于 WIDECHAR 和 ASC 函数的使用方法相同，这里就不再详细介绍了。如果 WIDECHAR 函数参数中不包含任何半角字符，则字符内容不会更改。

### ★ 重点 9.3.3 使用 CODE 函数将文本字符串中第一个字符转换为数字代码

学习过计算机原理的人都知道，计算机中的任何一个字符都有一个与之关联的代码编号。平时我们不需要了解这些复杂的编号，但在某些特殊情况下，却只能使用编号进行操作。因此，了解一些常用编号有时能解燃眉之急。

在 Excel 中使用 CODE 函数可返回文本字符串中第一个字符的数字代码，返回的代码对应于计算机当前使用的字符集。

> **语法结构：**
> CODE (text)
> 参　数：
> text　必需的参数，表示需要得到其第一个字符代码的文本。

如输入公式【=CODE("A")】，则返回【65】，即大写 A 的字符代码；输入公式【=CODE("TEXT")】，则返回【84】，与输入公式【=CODE("T")】得到的结果相同，因为当 CODE 函数的变量为多个字符时，该函数只使用第一个字符。

> **技术看板**
>
> 在 Windows 系统中，Excel 使用标准的 ANSI 字符集。ANSI 字符集包括 255 个字符，编号为 1～255。图 9-23 展示了使用 Calibri 字体的 ANSI 字符集的一部分。

> **技术看板**
>
>
>
> 图 9-23

### 9.3.4 使用 CHAR 函数将数字代码转换为对应的字符

在知道某个字符的数字代码时，同样可以使用函数逆向操作，得到该字符。在 Excel 中使用 CHAR 函数即可实现将数字代码转换为字符的操作。

CHAR 函数与 CODE 函数的操作正好相反。CHAR 函数用于返回对应于数字代码的字符。

> **语法结构：**
> CHAR (number)
> 参　数：
> number　必需的参数，表示 1～255 的用于指定所需字符的数字，字符是当前电脑所用字符集中的字符。

我们可以通过 CHAR 函数将其他类型计算机文件中的代码转换为字符。如输入公式【=CHAR(65)】，则可返回【A】。根据【字符集中的所有字母字符按字母顺序排列，每个小写字母跟在它对应的大写字母退后 32 个字符位置】事实，可输入公式【=CHAR(CODE(A)+32)】，将大写字母 A 转换为小写字母 a。

> **技术看板**
>
> CODE 和 CHAR 函数在 Windows 系统中只能处理 ANSI 字符串，在 Macintosh 系统中可以处理 Macintosh 字符集的字符串，但不能处理双字节的 Unicode 字符串。

### 9.3.5 实战：使用 RMB 函数将数字转换为带人民币符号【￥】的文本

| 实例门类 | 软件功能 |
|---|---|
| 教学视频 | 光盘\视频\第 9 章\9.3.5.mp4 |

我国在表示货币的数据前一般会添加人民币符号【￥】，要为已经输入的数据前添加人民币符号￥，可以通过前面介绍的设置单元格格式的方法来添加，也可以使用 RMB 函数来实现。

RMB 函数可依照货币格式将小数四舍五入到指定的位数并转换成文本格式，并应用货币符号￥，使用的格式为【(￥#,##0.00_); (￥#,##0.00)】。

> **语法结构：**
> RMB (number,[decimals])
> 参　数：
> number　必需的参数，表示数字、对包含数字的单元格的引用或是计算结果为数字的公式。
> decimals　可选参数，用于指定小数点右边的位数。如果 decimals 为负数，则 number 从小数点往左按相应位数四舍五入。如果省略 decimals 参数，则假设其值为 2。

例如，需要为产品价目表中的单价数据前添加人民币符号【￥】，具体操作步骤如下。

**Step 01** 打开"光盘\素材文件\第 9 章\产品价目表 1.xlsx"文本，在 F2 单元格中输入公式【=RMB(E2,2)】，按【Enter】键即可为该数据添加人民币符号【￥】，如图9-24所示。

图 9-24

Step02 ❶使用Excel的自动填充功能，为该列中的其他数据添加人民币符号【￥】，❷保持单元格区域的选择状态，单击【剪贴板】组中的【复制】按钮，如图9-25所示。

图 9-25

Step03 ❶选择G2单元格，❷单击【剪贴板】组中的【粘贴】按钮，❸在弹出的下拉列表中选择【值】命令，如图9-26所示。

图 9-26

Step04 经过上步操作，即可将复制的数据以值的方式粘贴到G列中。❶选择E2:F17单元格区域，❷单击【单元格】组中的【删除】按钮，将辅助单元格删除，如图9-27所示。

图 9-27

## 9.3.6 使用DOLLAR函数将数字转换为带美元符号【$】的文本

与中国货币数据前一般会添加人民币符号【￥】一样，在美国货币前一般也需要添加美元符号【$】，要为已经输入的数据前添加美元符号【$】，可以使用DOLLAR函数实现。

DOLLAR函数可以依照货币格式将小数四舍五入到指定的位数并转换成文本格式，并应用货币符号【$】，使用的格式为【($#,##0.00_);($#,##0.00)】。

语法结构：
DOLLAR (number,[decimals])
参　数：
number　必需的参数，表示数字、对包含数字的单元格的引用或是计算结果为数字的公式。
decimals　可选参数，表示小数点右边的位数。如果decimals为负数，则number从小数点往左按相应位数四舍五入。如果省略decimals，则假设其值为2。

如需要使用DOLLAR函数在统计数据时，自动添加货币符号【$】，返回【Total: $1,287.37】，则可以输入公式【="Total: "&DOLLAR(1287.367,2)】。

### 技术看板

该函数的函数名称及其应用的货币符号取决于当前计算机所设置的语言类型。

## ★ 重点 9.3.7 使用TEXT函数将数字转换为文本

货币格式有很多种，其小数位数也根据需要而设定。如果能像在【设置单元格格式】对话框中自定义单元格格式一样，可以自定义各种货币的格式，将会方便很多。

Excel的TEXT函数可以将数值转换为文本，并可使用用户通过使用特殊格式字符串来指定显示格式。这个函数的价值比较含糊，但在需要以可读性更高的格式显示数字或需要合并数字、文本或符号时，此函数非常有用。

语法结构：
TEXT (value,format_text)
参　数：
value　必需的参数，表示数值、计算结果为数值的公式，或对包含数值的单元格的引用。
format_text　必需的参数，表示使用半角双引号括起来作为文本字符串的数字格式，如"#,##0.00"。如果需要设置为分数或含有小数点的数字格式，就需要在format_text参数中包含位占位符、小数点和千位分隔符。

用0（零）作为小数位数的占位符，如果数字的位数少于格式中0的数量，则显示非有效零；【#】占位符与【0】占位符的作用基本相同。但是，如果输入的数字在小数点任一侧的位数均少于格式中【#】符号的数量时，Excel不会显示多余的0。如格式仅在小数点左侧含有数字符号【#】，则小于1的数字会以小数点开头；【?】占位符与【0】占位符的作用也基本相同，但是对于小数点任一侧的非有效零，Excel会加上空格，使得小数点在列中对齐；【.】（句点）占位符在数字中显示小数点；

【,】（逗号）占位符在数字中显示代表千位分隔符。如在表格中输入公式【=TEXT(45.2345,"#.00")】，则可返回【45.23】。具体的数字格式准则应用，下面展示一些实用示例，见表9-1。

表9-1 数字格式准则使用示例

| 输入内容 | 显示内容 | 使用格式 |
| --- | --- | --- |
| 1235.59 | 1235.6 | ####.# |
| 8.5 | 8.50 | #.00 |
| 0.531 | 0.5 | 0.# |
| 1235.568 | 1235.57 | #.0# |
| 0.654 | .65 | |
| 15 | 15.0 | |
| 8.5 | 8.5 | #.## |
| 45.398 | 45.398 | ???.??? （小数点对齐） |
| 105.65 | 105.65 | |
| 2.5 | 2.5 | |
| 5.25 | 5 1/4 | # ???/ （分数对齐） |
| 5.5 | 5 5/10 | |
| 15000 | 15,000 | #,### |
| 15000 | 15 | #, |
| 15200000 | 15.2 | 0.0,, |

如果数字的小数点右侧的位数大于格式中的占位符，该数字会四舍五入到与占位符具有相同小数点位的数字；如果小数点左侧的位数大于占位符数，Excel 会显示多余的位数。

**技术看板**

TEXT 函数的参数中包含货币的符号时，即可替换 DOLLAR 函数。而且 TEXT 函数会更灵活，因为它不限制具体的数字格式。TEXT 函数还可以将数字转换为日期和时间数据类型的文本，如将 format_text 参数设置为【"m/d/yyyy"】，即输入公式【=TEXT(NOW(),"m/d/yyyy")】，可返回【1/24/2011】。

### 9.3.8 使用 BAHTTEXT 函数将数字转换为泰语文本

BAHTTEXT 函数可以将数字转换为泰语文本并添加后缀【泰铢】。

如输入公式【=BAHTTEXT(1234)】，则可返回【หนึ่งพันสองร้อยสามสิบสี่บาทถ้วน】。

语法结构：
BAHTTEXT (number)
参　数：
number　必需的参数，要转换成文本的数字、对包含数字的单元格的引用或结果为数字的公式。

### 9.3.9 实战：使用 T 函数将参数转换为文本

| 实例门类 | 软件功能 |
| --- | --- |
| 教学视频 | 光盘\视频\第9章\9.3.9.mp4 |

T 函数用于返回单元格内的值引用的文本。

语法结构：
T (value)
参　数：
value　必需的参数，表示需要进行测试的数值。

T 函数常被用来判断某个值是否为文本值。例如，在某留言板中，只允许用户提交纯文本的留言内容。在验证用户提交的信息时，如果发现有文本以外的内容，就会提示用户【您只能输入文本信息】。在 Excel 中可以通过 T 函数进行判断，具体操作步骤如下。

Step01 新建空白工作簿，❶ 合并 A2:E9 单元格区域，❷ 在 A1 单元格中输入公式【=IF(T(A2)="","您只能输入文本信息","正在提交你的留言")】，如图9-28所示。

图 9-28

Step02 经过上步操作后，在 A1 单元格中显示【您只能输入文本信息】的内容。在 A2 单元格中输入数字或逻辑值，这里输入【1234566】，则 A1 单元格中会提示【您只能输入文本信息】，如图9-29所示。

图 9-29

Step03 在 A2 单元格中输入纯文本，则 A1 单元格中会提示【正在提交你的留言】，如图9-30所示。

图 9-30

**技术看板**

如果 T 函数的参数中值是文本或引用了文本，将返回值。如果值未引用文本，将返回空文本。通常不需在公式中使用 T 函数，因为 Excel 可以自动按需要转换数值的类型，该函数主要用于与其他电子表格程序兼容。

## ★ 重点 9.3.10 实战：使用 LOWER 函数将文本转换为小写

| 实例门类 | 软件功能 |
|---|---|
| 教学视频 | 光盘\视频\第9章\9.3.10.mp4 |

LOWER 函数可以将一个文本字符串中的所有大写字母转换为小写字母。

语法结构：
LOWER (text)
参　　数：
text　必需的参数，表示要转换为小写字母的文本。函数 LOWER 不改变文本中的非字母的字符。

例如，有一篇英文稿件由于全部采用大写的形式编辑，很不利于阅读，需要将其全部转换为小写字母。使用 LOWER 函数能快速将大写转换为小写，具体操作步骤如下。

Step01 打开"光盘\素材文件\第9章\英文歌词.xlsx"文件，在 B1 单元格中输入公式【=LOWER(A1)】，按【Enter】键即可将 A1 单元格中的英文转换为小写形式，如图 9-31 所示。

图 9-31

Step02 使用 Excel 的自动填充功能，继续将其他行的英文变为小写，完成后的效果如图 9-32 所示。

图 9-32

### 9.3.11 使用 UPPER 函数将文本转换为大写

UPPER 函数与 LOWER 函数的功能正好相反，主要用于将一个文本字符串中的所有小写字母转换为大写字母。

语法结构：
UPPER (text)
参　　数：
text　必需的参数，表示需要转换成大写形式的文本。Text 可以为引用或文本字符串。

例如，需要将上例中转换后的 B 列文本内容，再次转换为全部大写的形式，只需要输入公式【=UPPER(B1)】即可轻松解决。

## ★ 重点 9.3.12 实战：使用 PROPER 函数将文本中每个单词的首字母转换为大写

| 实例门类 | 软件功能 |
|---|---|
| 教学视频 | 光盘\视频\第9章\9.3.12.mp4 |

如果一个工作表中包含上千个名字，这些名字都是用英文大写字母编写的。而现在需要把这些名字全部以第一个字母大写，其他字母小写的形式打印出来，如将【JOHN F. CRILL】修改为【John F. Crill】。这项工作当然可以手工修改，重新输入名字，但这样明显浪费时间，而且数据内容都是有的，再重新输入内容，显然有些麻烦。

PROPER 函数可以将文本字符串的首字母及任何非字母字符之后的首字母转换成大写，将其余的字母转换成小写。

语法结构：
PROPER (text)
参　　数：
text　必需的参数，用引号括起来的文本、返回文本值的公式或是对包含文本（要进行部分大写转换）的单元格的引用。

### 技术看板

PROPER 函数会使每个单词的首字母大写，因此，使用该函数转换后的英文内容常常让人觉得不理想。如将 PROPER 函数应用于【a tale of two cities】，会得到【A Tale Of Two Cities】。一般情况下，前置词是不应该大写的。另外，在转换名称时，如我们需要将【ED MCMAHON】转换为【Ed McMahon】，使用 PROPER 函数是不能实现的。因此，在实际转换过程中，还需要结合其他函数进行操作。

例如，要将前面的英文歌词转换为首个字母大写，其他字母小写，具体操作步骤如下。

Step01 在 C1 单元格中输入公式【=PROPER(B1)】，按【Enter】键即可将 B1 单元格中每个英文的首个字母转换为大写形式，如图 9-33 所示。

图 9-33

Step**02** 使用 Excel 的自动填充功能，继续将其他行的英文变为首个字母大写，完成后的效果如图 9-34 所示。

图 9-34

## 9.3.13 使用 VALUE 函数将文本格式的数字转换为普通数字

在表示一些特殊的数字时，可能为了方便，在输入过程中将这些数字设置成文本格式了，但在一些计算中，文本格式的数字并不能参与运算。此时，可以使用 VALUE 函数快速将文本格式的数字转换为普通数字，再进行运算。

语法结构：

VALUE (text)

参 数：

text 必需的参数，表示带引号的文本，或对包含要转换文本的单元格的引用。可以是 Excel 中可识别的任意常数、日期或时间格式。

如输入公式【=VALUE("$1,500")】，即可返回【1500】。输入公式【=VALUE("14:44:00")-VALUE("9:30:00")】，即会返回【0.218055556】。

**技术看板**

如果 text 参数不是 Excel 中可识别的常数、日期或时间格式，则函数 VALUE 将返回错误值【#VALUE!】。通常情况下，并不需要在公式中使用函数 VALUE，Excel 可以自动在需要时将文本转换为数字。提供此函数是为了与其他电子表格程序兼容。

# 9.4 查找与替换文本技巧

使用 Excel 处理文本字符串时，还经常需要对字符串中某个特定的字符或子串进行操作，在不知道其具体位置的情况下，就必须使用文本查找或替换函数来定位和转换了。下面介绍一些常用的查找与替换文本的知识。

## ★ 重点 9.4.1 实战：使用 FIND 函数以字符为单位并区分大小写地查找指定字符的位置

| 实例门类 | 软件功能 |
|---|---|
| 教学视频 | 光盘\视频\第9章\9.4.1.mp4 |

FIND 函数可以在第二个文本串中定位第一个文本串，并返回第一个文本串的起始位置的值，该值从第二个文本串的第一个字符算起。

语法结构：

FIND (find_text,within_text, [start_num])

参 数：

find_text 必需的参数，表示要查找的文本。

within_text 必需的参数，表示要在其中查找 find_text 的文本。

start_num 可选参数，表示在 within_text 中开始查找的字符位置，首字符的位置是 1。如果省略 start_num，默认其值为 1。

例如，在图书借阅登记表中记录了图书的借阅时间和图书编号信息（由图书名称与图书编号组成），则可以通过 FIND 函数提取出图书名称，具体操作步骤如下。

Step**01** 打开"光盘\素材文件\第9章\图书借阅登记表 .xlsx"文本，在 C2 单元格中输入公式【=MID(B2,1,FIND("#",B2,1)−1)】，按【Enter】键即可提取出当前借阅的图书名称，如图 9-35 所示。

图 9-35

Step**02** 使用 Excel 的自动填充功能，继续提取其他借阅的图书名称，如图 9-36 所示。

图 9-36

本例的解题思路是首先使用 FIND 函数判断 B2 单元格中【#】的开始位置，然后减去一位作为 MID 函数提取数据的最后一位数位置。

## 9.4.2 实战：使用 FINDB 函数以字节为单位并区分大小写地查找指定字符的位置

| 实例门类 | 软件功能 |
|---|---|
| 教学视频 | 光盘\视频\第 9 章\9.4.2.mp4 |

FINDB 函数与 FIND 函数的功能基本相同，都是用于在第二个文本串中定位第一个文本串，并返回第一个文本串的起始位置的值。只是 FIND 函数是面向单字节字符集的语言，而函数 FINDB 函数是面向使用双字节字符集的语言。

语法结构：
FINDB (find_text,within_text, [start_num])
参　数：
find_text　必需的参数，表示要查找的文本。
within_text　必需的参数，表示要在其中查找 find_text 的文本。
start_num　可选参数，表示在 within_text 中开始查找的字符位置，首字符的位置是 1。如果省略 start_num，默认其值为 1。

例如，要在英语歌词中提取某段落中的第一个词，方便记忆整首歌的脉络，可以使用 FINDB 函数查找到第一个空格符的位置，然后使用该信息作为 LEFT 函数的参数进行提取，具体操作步骤如下。

Step 01 打开"光盘\素材文件\第 9 章\英文歌词 1.xlsx"文本，在 B1 单元格中输入公式【=IFERROR(LEFT(A1, FINDB(" ",A1)−1),A1)】，按【Enter】

键即可提取出该段英文中的第一个词，如图 9-37 所示。

图 9-37

Step 02 使用 Excel 的自动填充功能，继续将其他行的英文中的第一个词提取出来，完成后的效果如图 9-38 所示。

图 9-38

在使用 FIND 与 FINDB 函数的时候，需要注意以下问题：FIND 与 FINDB 函数区分大小写并且不允许使用通配符；如果 find_text 参数为空文本，则 FIND 函数会匹配搜索字符串中的首字符，即返回的编号为 start_num 或 1；如果 within_text 中找不到相应的 find_text 文本，或者 start_num 小于等于 0 或大于 within_text 的长度，则 FIND 和 FINDB 函数会返回错误值【#VALUE!】。

## ★ 重点 9.4.3 实战：使用 SEARCH 函数以字符为单位查找指定字符的位置

| 实例门类 | 软件功能 |
|---|---|
| 教学视频 | 光盘\视频\第 9 章\9.4.3.mp4 |

SEARCH 函数可在第二个文本字符串中查找第一个文本字符串，并返回第一个文本字符串的起始位置的编号，该编号从第二个文本字符串的第一个字符算起。

语法结构：
SEARCH (find_text,within_text, [start_num])
参　数：
find_text　必需的参数，表示要查找的文本。
within_text　必需的参数，表示要在其中查找 find_text 的文本。
start_num　可选参数，表示在 within_text 中开始查找的字符位置，首字符的位置是 1。如果省略 start_num，默认其值为 1。

与 FIND 函数相比，SEARCH 函数在比较文本时，不区分大小写，但是它可以进行通配符比较。在 find_text 参数中可以使用问号【？】和星号【*】。

例如，在会议签到表上看到某位来宾的姓名是 3 个字组成，并知道姓氏为【孙】，但后面的名字看不清楚，需要在会议邀请名单表中找到该人的具体姓名，就可以使用 SEARCH 函数进行模糊查找，具体操作步骤如下。

Step 01 打开"光盘\素材文件\第 9 章\会议邀请名单 .xlsx"文本，在 A20 单元格中输入公式【=IF(ISERROR(SEARCH(" 孙 ??",$A$2))," 搜 索 完毕 ",SEARCH(" 孙 ??",$A$2))】，按【Enter】键即可查看搜索到的结果【44】，表示找到了符合条件的字符串，并且该字符串位于文本 E3 中的第 44 位，如图 9-39 所示。

Step 02 在 B20 单元格中输入公式【=IF(A20=" 搜索完毕 "," 未找到 ",MID($A$2,A20,3))】，按【Enter】键即可查看搜索到的名字为【孙晓斌】，如图 9-40 所示。

图 9-39

图 9-40

### 技术看板

本例首先使用 SEARCH 函数查找到指定字符的位置，然后使用 MID 函数根据查找到的位置提取字符，但需要明确单元格中是否还有符合查找条件的数据，所以需要在上次查找剩余的单元格中继续查找符合条件的数据，直到查找完所有符合条件的数据。

Step 03 在 C20 单元格中输入公式【=IF(OR(A20+4>LEN($A$2)),ISERROR(SEARCH(" 孙 ??",$A$2,A20+1)))," 搜索完毕 ",SEARCH(" 孙 ??",$A$2,A20+1))】，按【Enter】键即可查看搜索到的结果为【128】，如图 9-41 所示。

Step 04 在 D20 单元格中输入公式【=IF(C20=" 搜索完毕 "," 未找到 ",MID(A2,C20,3))】，按【Enter】键即可查看搜索到的结果为【孙秦、】，如图 9-42 所示。

Step 05 通过自动填充功能，将 C20:D20 单元格区域中的公式向右自动填充。在 E20:F20 单元格区域中即

可查看结果为【搜索完毕】和【未找到】，如图 9-43 所示。

图 9-41

图 9-42

图 9-43

## 9.4.4 使用 SEARCHB 函数以字节为单位查找指定字符的位置

SEARCHB 函数与 SEARCH 函数的功能基本相同，都是用来在第二个文本中查找第一个文本，并返回第一个文本的起始位置，如果找不到相应的文本，则返回错误值【#VALUE!】。只是 SEARCH 是以字符为单位，SEARCHB 函数则以字节为单位进行提取。SEARCHB 函数在进行字符匹配的时候，不区分大小写，而且可以使用通配符。

语法结构：
SEARCHB (find_text,within_text, [start_num])
参　　数：
find_text　必需的参数，表示要查找的文本。
within_text　必需的参数，表示要在其中查找 find_text 的文本。
start_num　可选参数，表示在 within_text 中开始查找的字符位置，首字符的位置是 1。如果省略 start_num，默认其值为 1。

使用 start_num 可跳过指定的字符编号，如需要查找文本字符串【AYF0032.YoungMens】中第一个【Y】的位置，可设置 SEARCHB 函数的 start_num 参数为【8】，这样就不会搜索文本的序列号部分（即本例中的【AYF0032】），直接从第 8 个字节开始，在下一个字节处查找【Y】的位置，并返回数字【9】。

### 技术看板

SEARCH 函数的 start_num 参数也可以设置为跳过指定的字符编号。

## 9.4.5 实战：使用 REPLACE 函数以字符为单位根据指定位置进行替换

| 实例门类 | 软件功能 |
|---|---|
| 教学视频 | 光盘\视频\第 9 章\9.4.5.mp4 |

REPLACE 函数可以使用其他文本字符串并根据所指定的位置替换某文本字符串中的部分文本。如果知道替换文本的位置，但不知道该文本，就可以使用该函数。

语法结构：
REPLACE (old_text,start_num, num_chars,new_text)

参 数：

old_text 必需的参数，表示要替换其部分字符的文本。

start_num 必需的参数，表示要用 new_text 替换的 old_text 中字符的位置。

num_chars 必需的参数，表示希望 REPLACE 使用 new_text 替换 old_text 中字符的个数。

new_text 必需的参数，表示将用于替换 old_text 中字符的文本。

例如，在员工档案表中记录了员工的联系方式，为了保护员工信息，在某些场合公开这些数据时需要用【*】符号隐藏部分数字，具体操作步骤如下。

Step01 打开"光盘\素材文件\第9章\员工档案表1.xlsx"文本，❶ 在 M1 单元格中输入相应文本，❷ 在 M2 单元格中输入公式【=REPLACE(L2,4,3,"***")】，按【Enter】键即可将工作表中 L2 单元格中的电话号码中间 3 位数替换为【*】符号，如图 9-44 所示。

图 9-44

Step02 使用 Excel 的自动填充功能，继续替换 L 列中其他单元格中的电话号码中间 3 位数，完成后的效果如图 9-45 所示。

图 9-45

### 技术看板

在 Excel 中使用【查找和替换】对话框也可以进行替换操作。

## 9.4.6 使用 REPLACEB 函数以字节为单位根据指定位置进行替换

REPLACEB 函数与 REPLACE 函数的功能基本相同，都是根据所指定的字符数替换某文本字符串中的部分文本，常用于不清楚需要替换的字符的情况。只是 REPLACE 是以字符为单位，REPLACEB 函数则以字节为单位进行替换。

语法结构：

REPLACEB (old_text,start_num, num_bytes,new_text)

参 数：

old_text 必需的参数，表示要替换其部分字符的文本。

start_num 必需的参数，表示要用 new_text 替换的 old_text 中字符的位置。

num_bytes 必需的参数，表示希望 REPLACEB 使用 new_text 替换 old_text 中字节的个数。

new_text 必需的参数，表示将用于替换 old_text 中字符的文本。

如输入公式【=REPLACEB("lan lan de tian",9,6,"da hai")】，即可从第 9 个字节开始替换 6 个字节，返回【lan lan da hai】文本。

## 9.4.7 使用 SUBSTITUTE 函数以指定文本进行替换

SUBSTITUTE 函数用于替换字符串中的指定文本。如果知道要替换的字符，但不知道其位置，就可以使用这个函数。

语法结构：

SUBSTITUTE (text,old_text,new_text,[instance_num])

参 数：

text 必需的参数，表示需要替换其中字符的文本，或对含有文本（需要替换其中字符）的单元格的引用。

old_text 必需的参数，表示需要替换的旧文本。

new_text 必需的参数，表示用于替换 old_text 的文本。

instance_num 可选参数，表示用来指定要以 new_text 替换第几次出现的 old_text。如果指定了 instance_num，则只有满足要求的 old_text 被替换；否则会将 Text 中出现的每一处 old_text 都更改为 new_text。

由此可见，使用 SUBSTITUTE 函数不仅可以将所有符合条件的内容替换，还可以替换其中的某一个符合条件的文本。

例如，在生产记录表中，将巧克力输入成巧克力豆了，需要进行修改，具体操作步骤如下。

Step01 打开"光盘\素材文件\第9章\生产记录表.xlsx"文本，❶ 在 D 列左侧插入一列空白单元格，❷ 在 C1 单元格中输入相应文本，❸ 在 C2 单元格中输入公式【=SUBSTITUTE(B2,"巧克力豆","巧克力")】，按【Enter】键判断并替换相应的文本，如图 9-46 所示。

图 9-46

Step 02 使用 Excel 的自动填充功能，继续为 B 列中符合条件的单元格数据替换，完成后的效果如图 9-47 所示。

图 9-47

## 9.5 删除文本中的字符技巧

如果希望使用函数一次性删除同类型的字符，那你需要学习本节中的技巧知识。

### 9.5.1 使用 CLEAN 函数删除无法打印的字符

CLEAN 函数可以删除文本中的所有非打印字符。

语法结构：
CLEAN (text)
参　数：
text　必需的参数，表示要从中删除非打印字符的任何工作表信息。

例如，在导入 Excel 工作表的数据时，经常会出现一些莫名其妙的"垃圾"字符，一般为非打印字符。此时就可以使用 CLEAN 函数来帮助规范数据格式。

如要删除图 9-48 中出现在数据文件头部或尾部、无法打印的低级计算机代码，可以在 C5 单元格中输入公式【=CLEAN(C3)】，即可删除 C3 单元格数据前后出现的无法打印的字符。

图 9-48

### 9.5.2 使用 TRIM 函数删除多余的空格

在导入 Excel 工作表的数据时，还经常会从其他应用程序中获取带有不规则空格的文本。此时就可以使用 TRIM 函数清除这些多余的空格。

语法结构：
TRIM (text)
参　数：
text　必需的参数，表示需要删除其中空格的文本。除了直接使用文本外，也可以使用文本的单元格引用。

TRIM 函数可以删除除了单词之间的单个空格外，文本中的所有空格。例如，要删除图 9-49 的 A 列中多余的空格，具体操作步骤如下。

Step 01 在 B2 单元格中输入公式【=TRIM(A2)】，按【Enter】键即可将 A2 单元格中多余的空格删除，如图 9-49 所示。

图 9-49

Step 02 使用 Excel 的自动填充功能，继续删除 A3、A4、A5 单元格中多余的空格，完成后的效果如图 9-50 所示。

图 9-50

🎯 **技术看板**

从该案例的效果可以看出，虽然在中文内不需要空格，但是使用 TRIM 函数处理后还是会保留一个空格。因此，常常利用该函数处理英文的文本，而不是中文文本。且 TRIM 函数能够清除的是文本中的 7 位 ASCII 空格字符（即值为 32 的空格）。不能清除 Unicode 字符集中的不间断空格字符的额外空格字符，即不能清除在网页中用作 HTML 实体【& nbsp;】的字符。

# 妙招技法

通过前面知识的学习，相信读者已经掌握了常见文本函数的基本用法。下面结合本章介绍一些实用技巧。

## 技巧 01：让电话号码只显示指定位数

| 教学视频 | 光盘\视频\第9章\技巧01.mp4 |
|---|---|

前面在介绍 REPLACE 函数时，我们曾举例讲解了用【*】符号替换部分数据的方法，其实要实现该效果，还可以有多种方式。本例就结合 CONCATENATE、LEFT 和 RIGHT 函数来完成替换操作，具体操作步骤如下。

**Step01** 打开"光盘\素材文件\第9章\员工档案表2.xlsx"文件，在N2单元格中输入【=CONCATENATE(LEFT(L2,3),"***",RIGHT(L2,2))】，即可将工作表中L2单元格中的电话号码中间3位数替换为【*】符号，如图9-51所示。

### 技术看板

本例中的公式首先使用 LEFT 和 RIGHT 函数提取出不需要改变的数据，然后用 CONCATENATE 函数将新的数据按照要求进行组合。

图 9-51

**Step02** 使用 Excel 的自动填充功能，继续替换L列中其他单元格中的电话号码中间3位数，完成后的效果如图9-52所示。

图 9-52

## 技巧 02：从身份证号码中提取生日信息

| 教学视频 | 光盘\视频\第9章\技巧02.mp4 |
|---|---|

员工档案表提供了身份证号，但没有生日信息，可以根据身份证号自行得到出生月份。如果身份证号码是15位数，则号码中的第9和第10位代表公民的出生月份，否则号码中的第11和第12位代表公民的出生月份。因此，在处理本案例时，首先需要利用 LEN 函数求得身份证号码的位数，然后利用 IF 函数根据判断的编号位数，给出提取数据的不同方式。获得出生月的具体操作步骤如下。

**Step01** 选择H2单元格，输入公式【=IF(LEN(G2)=15,MID(G2,9,2),MID(G2,11,2))】，按【Enter】键即可提取该员工的出生月份，如图9-53所示。

### 技术看板

本例中，使用公式【=IF(LEN(G2)=15,MIDB(G2,9,2),MIDB(G2,11,2))】进行计算，也将得到相同的答案，因为数字属于单字节字符。

**Step02** 使用 Excel 的自动填充功能，提取其他员工的出生月份，如图9-54所示。

图 9-53

图 9-54

## 技巧 03：抽取姓氏制作称谓表

| 教学视频 | 光盘\视频\第9章\技巧03.mp4 |
|---|---|

在 Excel 中，可以人性化地根据姓名和性别得到相应的称谓。例如，要在员工档案表中使用 LEFT 函数和 IF 函数得到称谓，具体操作步骤如下。

**Step01** ❶ 在 D 列单元格右侧插入一列单元格，❷ 在 E1 单元格中输入【称呼】，❸ 在 E2 单元格中输入【=LEFT(B2,1)&IF(D2="男","先生","女士")】，得到该员工的称谓，如图9-55所示。

**Step02** 使用 Excel 的自动填充功能，得到其他员工的称谓，如图9-56所示。

图 9-55

图 9-56

## 技巧04：以百分比形式显示销售业绩占比

| 教学视频 | 光盘＼视频＼第9章＼技巧04.mp4 |
|---|---|

在销售业绩表中统计出了各员工的总业绩，需要计算出每个员工业绩占总业绩的比例，要求用百分比形式显示计算的结果。我们可以直接通过函数来完成，具体操作步骤如下。

Step01 打开"光盘＼素材文件＼第9章＼销售业绩表1.xlsx"文本，❶ 在F1单元格中输入【占总业绩比例】，❷ 在F2单元格中输入【=TEXT(E2/SUM($E$2:$E$15),"0.00%")】，即可计算出占比数据，并以百分比形式显示，如图9-57所示。

图 9-57

Step02 使用 Excel 的自动填充功能，计算出其他员工的销售业绩占比数据，如图9-58所示。

图 9-58

## 技巧05：判断邀请函是否已发出

| 教学视频 | 光盘＼视频＼第9章＼技巧05.mp4 |
|---|---|

某大型会议举办前，需要为每位邀请者发送邀请函，公司客服经理在为某位要邀请者发出邀请函后，都会在工作表中做记录，方便后期核实邀请函都发送到了邀请者手中。现在需要通过使用 FIND 函数检查受邀请的人员名单是否都包含在统计的人员信息中了，具体操作步骤如下。

Step01 打开"光盘＼素材文件＼第9章＼会议邀请函发送记录.xlsx"文件，❶ 在H2和H3单元格中输入已经发送邀请函的相关数据，❷ 在F2单元格中输入公式【=IF(ISERROR(FIND(B2,$H$3)),"未邀请","已经邀请")】，按【Enter】键即可判断是否已经为该邀请者发送了邀请函，如图9-59所示。

图 9-59

### 技术看板

本例的解题思路是首先使用 FIND 函数判断 F2 单元格中是否包含有 B 列单元格中的人名字符串，如果存在，则会返回相应的位置；如果错误，则会返回错误值。然后根据上一步中返回的结果，使用 IF 函数进行判断，如果是错误值，则返回【未邀请】；反之，则给出【已经邀请】的文字信息。

Step02 由于在判断时输入的是【已经邀请】文本，不便于阅读，可以通过替换的方法将其替换为容易识别的【√】符号。在 G2 单元格中输入公式【=IF(EXACT(F2," 已经邀请 "),REPLACE(F2,1,4," √ "),F2)】，按【Enter】键即可将工作表中 F2 单元格中的【已经邀请】文本替换为【√】文本，如图9-60所示。

图 9-60

Step03 ❶ 选择 F2:G2 单元格区域，❷ 向下拖动填充控制柄，继续判断是否为其他邀请者发送了邀请函，完成后的效果如图9-61所示。

图 9-61

# 本章小结

　　Excel 在处理文本方面有很强的功能，其中更是有一些专门用于处理文本的函数。这些函数的主要功能包括截取、查找或搜索文本中的某个特殊字符，转换文本格式，也可以获取关于文本的其他信息。本章分别介绍了 Excel 中各文本函数在处理文本方面的应用。函数的基础知识很枯燥，也很重要。前面我们也说了学习函数时切忌贪多，一次是无法记住全部基础知识的，除非你记忆力超群。建议读者先粗略地整体看一遍，有个大概印象，然后从中挑选自己用得上或感兴趣的部分函数进行细读和深入钻研。后期需要实际使用时可以再打开本书查看相应的内容，一次一次地循环，用得多了自然就记住了。

第 1 篇

第 2 篇

第 3 篇

第 4 篇

第 5 篇

第 6 篇

# 第10章 日期和时间函数

- ➠ 想快速返回系统的当前日期和时间？
- ➠ 你能将单独的年、月、日数据合并为一个具体日期吗？
- ➠ 你能从给定的时间数据中提取年、月、日、星期、小时等数据吗？
- ➠ 时间也可以转换成具体的序列号？
- ➠ 你会计算两个时间段之间的具体天数、工作日数、小时数或推算时间吗？

时间的计算一般是以 60 为一个单位，日期的计算标准不一，计算工作日时以 5 天为一个单位，计算周时以 7 天为一个单位，计算月时是 30 或 31 天为一个单位，计算年时是 365 天为一个单位……日常工作中难免会涉及日期和时间的计算，如果不理解日期和时间的实质，计算往往得不到相应的结果。所以，学习日期和时间函数，一定要掌握各函数的具体的应用原理，只有这样才能提高处理日期和时间数据的工作效率。

## 10.1 返回当前日期、时间的技巧

在制作表格过程中，有时需要插入当前日期或时间，如果总是通过手动输入，就会很麻烦。为此，Excel 提供了两个用于获取当前系统日期和时间的函数。下面介绍这两个函数的使用技巧。

### ★ 重点 10.1.1 实战：使用 TODAY 函数返回当前日期

| 实例门类 | 软件功能 |
|---|---|
| 教学视频 | 光盘\视频\第 10 章\10.1.1.mp4 |

Excel 中的日期就是一个数字，准确地说，它是以序列号进行存储的。默认情况下，1900 年 1 月 1 日的序列号是 1，而其他日期的序列号是通过计算自 1900 年 1 月 1 日以来的天数而得到的。如 2017 年 1 月 1 日距 1900 年 1 月 1 日有 42736 天，因此这一天的序列号是 42736。正因为 Excel 中采用了这个计算日期的系统，因此要把日期序列号表示为日期，必须把单元格格式化为日期类型。例如，可以很简单地通过 TODAY 函数返回当前日期的序列号（不包括具体的时间值）。

语法结构：TODAY ()

TODAY 函数不需要设置参数。如当前是 2013 年 7 月 1 日，输入公式【=TODAY()】，即可返回【2013-7-1】，设置单元格的数字格式为【数值】，可得到数字【42552】，表示 2013 年 7 月 1 日距 1900 年 1 月 1 日有 42552 天。

#### 技术看板

如果在输入 TODAY 或 NOW 函数前，单元格格式为【常规】，Excel 会将单元格格式更改为与【控制面板】的区域日期和时间设置中指定的日期和时间格式相同的格式。

再如，要制作一个项目进度跟踪表，其中需要计算各项目完成的倒计时天数，具体操作步骤如下。

Step01 打开"光盘\素材文件\第 10 章\项目进度跟踪表.xlsx"文本，在 C2 单元格中输入公式【=B2-TODAY()】，计算出 A 项目距离计划完成项目的天数，默认情况下返回日期格式，如图 10-1 所示。

图 10-1

Step02 ❶ 使用 Excel 的自动填充功能判断出后续项目距离计划完成项目的天数，❷ 保持单元格区域的选择状态，在【开始】选项卡【数字】组中的列表框中选择【常规】命令，如图 10-2 所示。

Step03 经过上步操作后，即可看到公式计算后返回的日期格式更改为常规格式，显示为具体的天数了，如图 10-3 所示。

图 10-2

图 10-3

## ★ 重点 10.1.2 使用 NOW 函数返回当前的日期和时间

Excel 中的时间系统与日期系统类似，也是以序列号进行存储的。它是以午夜 12 点为 0，中午 12 点为 0.5 进行平均分配的。当需要在工作表中显示当前日期和时间的序列号，或者需要根据当前日期和时间计算一个值，并在每次打开工作表时更新该值时，使用 NOW 函数很有用。

语法结构：
NOW()

NOW 函数比较简单，也不需要设置任何参数。在返回的序列号中，小数点右边的数字表示时间，左边的数字表示日期，如序列号【42552.7273】

中的【42552】表示的是日期，即 2013 年 7 月 1 日，【7273】表示的是时间，即 17 点 27 分。

### 技术看板

NOW 函数的结果仅在计算工作表或运行含有该函数的宏时才会改变，它并不会持续更新。如果 NOW 函数或 TODAY 函数并未按预期更新值，则可能需要更改控制工作簿或工作表何时重新计算的设置。

# 10.2 返回特定日期、时间的技巧

如果分别知道了日期的年、月、日数据，或者知道时间的小时、分钟数据，你也可以将它们合并起来形成具体的时间，这在通过某些函数返回单个数据后合并具体日期、时间时非常好用。

## 10.2.1 使用 DATE 函数返回特定日期的年、月、日

如果将日期中的年、月、日分别记录在不同的单元格中，现在需要返回一个连续的日期格式，可使用 DATE 函数。

DATE 函数可以返回表示特定日期的连续序列号。

语法结构：
DATE (year,month,day)
参　数：
year　必需的参数，表示要返回日期的年份。year 参数的值可以包含 1~4 位数字（为避免出现意外结果，建议对 year 参数使用 4 位数字）。Excel 将根据计算机所使用的日期系统来解释 year 参数。如果 year 参数的

值介于 0~1899（含），则 Excel 会将该值与 1900 相加来计算年份；如果值位于 1900~9999（含），则 Excel 将该值直接作为年份返回；如果其值在这两个范围之外，则会返回错误值【#NUM!】。
month　必需的参数，一个正整数或负整数，表示一年中从 1 月至 12 月的各个月份。如果 month 参数的值小于 1，则从指定年份的 1 月开始递减该月份数，然后再加上 1 个月；如果大于 12，则从指定年份的 1 月开始累加该月份数。
day　必需的参数，就是要返回日期的日数，表示 1 月中从 1 日到 31 日的各天。day 参数与 month 参数类似，可以是一个正整数或负整数。

如在图 10-4 所示的工作表 A、B、C 列中输入各种间断的日期数据，再通过 DATE 函数在 D 列中返回连续的序列号，只需要在 D2 单元格中输入公式【=DATE(A2,B2,C2)】即可。

图 10-4

在通过公式或单元格引用提供年、月、日时，该函数最为有用。例如，可能有一个工作表所包含的日期使用了 Excel 无法识别的格式（如 YYYYMMDD）。可以通过结合 DATE 函数和其他函数，将这些日期转换为 Excel 可识别的序列号。

### ★ 重点 10.2.2 实战：使用 TIME 函数返回某一特定时间的小数值

| 实例门类 | 软件功能 |
|---|---|
| 教学视频 | 光盘\视频\第 10 章\10.2.2.mp4 |

与 DATE 函数类似，TIME 函数用于返回某一特定时间的小数值。

语法结构：
TIME (hour,minute,second)
参　数：
hour　必需的参数，0（零）~32767 的数值，代表小时。任何大于 23 的数值将除以 24，其余数将视为小时。例如，TIME(28,0,0)=TIME(4,0,0)=0.166667 或 4:00 AM。

minute　必需的参数，0~32767 的数值，代表分钟。任何大于 59 的数值将被转换为小时和分钟。例如，TIME(0,780,0)=TIME(13,0,0)=0.541667 或 1:00PM。
second　必需的参数，0~32767 的数值，代表秒数。任何大于 59 的数值将被转换为小时、分钟和秒。

函数 TIME 返回的小数值为 0~0.99999999 的数值，代表从 0:00:00(12:00:00 AM) 到 23:59:59(11:59:59 P.M.) 的时间。

例如，某公司实行上下班刷卡制度，用于记录员工的考勤情况，但是规定各员工每天上班 8 小时，具体到公司上班的时间比较灵活，早到早离开，晚到晚离开。但是这就导致每天上班时间不固定，各员工为了达到上班时限，需要自己计算下班时间，避免不必要的扣款。某位员工便制作了一个时间计算表，专门使用 TIME 函数计算下班时间，具体操作步骤如下。

Step01 打开"光盘\素材文件\第 10 章\自制上下班时间表 .xlsx"文本，在 C2 单元格中输入公式【=B2+TIME(8,0,0)】，根据当天的上班时间推断出工作 8 小时后下班的具体时间，如图 10-5 所示。

图 10-5

Step02 使用 Excel 的自动填充功能填充 C3:C15 单元格区域的数据，推断出其他工作日工作 8 小时后下班的具体时间，如图 10-6 所示。

图 10-6

时间有多种输入形式，例如，带引号的文本字符串（如 "6:45 PM"）、十进制数（如 0.78125 表示 6:45PM）或其他公式或函数的结果（如 TIMEVALUE("6:45 PM")）。

## 10.3 返回日期和时间的某个部分技巧

在日常业务处理中，经常需要了解的可能只是具体的年份、月份、日期或时间中的一部分内容，并不需要掌握具体的某时某刻信息。本小节就来学习如何提取某个具体日期的年份、月份，或某个时间的小时等。

### ★ 重点 10.3.1 实战：使用 YEAR 函数返回某日期对应的年份

| 实例门类 | 软件功能 |
|---|---|
| 教学视频 | 光盘\视频\第 10 章\10.3.1.mp4 |

YEAR 函数可以返回某日期对应的年份，返回值是 1900 ~ 9999 的整数。

语法结构：
YEAR (serial_number)

参　数：
serial_number　必需的参数，是一个包含要查找年份的日期值，这个日期应使用 DATE 函数或其他结果为日期的函数或公式来设置，而不能利用文本格式的日期。例如，使用函数 DATE

(2010,5,23) 输入 2010 年 5 月 23 日。而形如 YEAR("2018-8-8") 的格式则是错误的，有可能返回错误结果。

例如，在库存统计表中记录了各产品的生产日期，要使用 YEAR 函数快速获取产品的生产年份，具体操作步骤如下。

**Step 01** 打开"光盘\素材文件\第 10 章\库存统计表.xlsx"文件，在 F2 单元格中输入公式【=YEAR(E2)】，即可获取第一个产品的生产年份，如图 10-7 所示。

图 10-7

**Step 02** 向下拖动填充控制柄，复制 F2 单元格中的公式到后续单元格区域，获取其他产品的生产年份，如图 10-8 所示。

图 10-8

### 技术看板

在 Excel 中，不论提供的日期值以何种格式显示，YEAR、MONTH 和 DAY 函数返回的值都是 Gregorian 值。如果提供日期的显示格式是回历（回历：伊斯兰教国家 / 地区使用的农历。），则 YEAR、MONTH 和 DAY 函数返回的值将是与等价的 Gregorian 日期相关联的值。

### ★ 重点 10.3.2 实战：使用 MONTH 函数返回某日期对应的月份

| 实例门类 | 软件功能 |
|---|---|
| 教学视频 | 光盘\视频\第 10 章\10.3.2.mp4 |

MONTH 函数可以返回以序列号表示的日期中的月份，返回值的范围是 1（1 月）～ 12（12 月）的整数。

语法结构：
MONTH (serial_number)
参 数：
serial_number 必需的参数，表示要查找的月份的日期，与 YEAR 函数中的 serial_number 参数要求相同，只能使用 DATE 函数输入，或将日期作为其他公式或函数的结果输入，不能以文本形式输入。

例如，要判断某年是否为闰年，只要判断该年份中 2 月的最后一天是不是 29 日即可。因此，首先使用 DATE 函数获取该年份中 2 月第 29 天的日期值，然后使用 MONTH 函数进行判断，具体操作步骤如下。

**Step 01** 打开"光盘\素材文件\第 10 章\判断闰年.xlsx"文件，❶ 选择 A2:A13 单元格区域，❷ 单击【公式】选项卡【定义的名称】组中的【根据所选内容创建】按钮，如图 10-9 所示。

**Step 02** 在弹出的【以选定区域创建名称】对话框中，❶ 选中【首行】复选框，❷ 单击【确定】按钮，如图 10-10 所示，即可定义 A3:A13 单元

格区域的名称为【年份】。

图 10-9

图 10-10

**Step 03** ❶ 选择 B3:B13 单元格区域，❷ 输入公式【=IF(MONTH(DATE( 年份,2,29))=2," 闰年 "," 平年 ")】，按【Ctrl+Shift+Enter】组合键判断出相应年份是否为闰年，如图 10-11 所示。

图 10-11

### 10.3.3 使用 DAY 函数返回某日期对应当月的天数

在 Excel 中，不仅能返回某日期对应的年份和月份，还能返回某日期对应当月的天数。

DAY 函数可以返回以序列号表示的某日期的天数，返回值是 1 ～ 31 的整数。

语法结构：

DAY(serial_number)

参　数：

serial_number　必需的参数，代表要查找的那一天的日期。应使用 DATE 函数输入日期，或者将日期作为其他公式或函数的结果输入。

例如，A2 单元格中的数据为【2018-2-28】，则通过公式【=DAY(A2)】，即可返回 A2 单元格中的天数【28】。

### 10.3.4 使用 WEEKDAY 函数返回当前日期是星期几

在日期和时间类函数中，除了可以求取具体的日期，还可以利用星期来确定日期。WEEKDAY 函数可以返回某日期为星期几。默认情况下，返回值为 1 ~ 7 的整数。

语法结构：

WEEKDAY (serial_number, [return_type])

参　数：

serial_number　必需的参数，一个序列号，代表尝试查找的那一天的日期。应使用 DATE 函数输入日期，或者将日期作为其他公式或函数的结果输入。

return_type　可选参数，用于设定返回星期数的方式。在 Excel 中共有 10 种表示星期的方法，下面以列表的形式进行展示，见表 10-1。

表 10-1

| 参数 return_type 的取值范围 | 具体含义 | 应用示例 |
|---|---|---|
| 1 或省略 | 数字 1 到数字 7，表示星期日到星期六 | 返回值为 1 表示为星期日；返回 2 表示星期一 |
| 2 | 数字 1 到数字 7，表示星期一到星期日 | 返回值为 1 表示星期一；返回 2 表示星期二 |
| 3 | 数字 0 到数字 6，表示星期一到星期日 | 返回值为 0 表示星期一；返回 2 表示星期三 |
| 11 | 数字 1 到数字 7，表示星期一到星期日 | 返回值为 1 表示星期一；返回 2 表示星期二 |
| 12 | 数字 1 到数字 7，表示星期二到星期一 | 返回值为 7 表示星期一；返回 1 表示星期二 |
| 13 | 数字 1 到数字 7，表示星期三到星期二 | 返回值为 6 表示星期一；返回 1 表示星期三 |
| 14 | 数字 1 到数字 7，表示星期四到星期三 | 返回值为 5 表示星期一；返回 1 表示星期四 |
| 15 | 数字 1 到数字 7，表示星期五到星期四 | 返回值为 4 表示星期一；返回 1 表示星期五 |
| 16 | 数字 1 到数字 7，表示星期六到星期五 | 返回值为 3 表示星期一；返回 1 表示星期六 |
| 17 | 数字 1 到数字 7，表示星期日到星期六 | 返回值为 2 表示星期一；返回 1 表示星期日 |

例如，要使用 WEEKDAY 函数判断 2018 年的国庆节是否开始于周末，采用不同的星期返回值类型，将得到不同的返回值，但都指向了同一个结果——星期一，具体效果如图 10-12 所示。

图 10-12

**技术看板**

如果 serial_number 参数的取值不在当前日期基数值范围内，或 return_type 参数的取值不是上面表格中所列出的有效设置，将返回错误值【#NUM!】。

### 10.3.5 使用 HOUR 函数返回小时数

HOUR 函数可以提取时间值的小时数。该函数返回值的范围为 0(12:00A.M) ~ 23(11:00P.M) 的整数。

语法结构：

HOUR (serial_number)

参　数：

serial_number　必需的参数，为一个时间值，其中包含要查找的小时。

如要返回当前时间的小时数，可输入公式【=HOUR(NOW())】；如要返回某个时间值（如 A2 单元格的值）的小时数，可输入公式【=HOUR(A2)】。

### 10.3.6 使用 MINUTE 函数返回分钟数

在 Excel 中使用 MINUTE 函数可以提取时间值的分钟数。该函数返回值为 0 ~ 59 的整数。

> 语法结构：
> MINUTE (serial_number)
> 参　　数：
> serial_number　必需的参数，是一个包含要查找的分钟数的时间值。

如要返回当前时间的分钟数，可输入公式【=MINUTE (NOW())】；如要返回某个时间值（如 A2 单元格的值）的分钟数，可输入公式【=MINUTE(A2)】。

### 10.3.7 使用 SECOND 函数返回秒数

使用 SECOND 函数可以提取时间值的秒数。该函数返回值为 0 ~ 59 的整数。

> 语法结构：
> SECOND (serial_number)
> 参　　数：
> serial_number　必需的参数，是一个包含要查找的秒数的时间值。

如要返回当前时间的秒数，可输入公式【=SECOND(NOW())】；如要返回某个时间值（如 A2 单元格的值）的秒数，可输入公式【=SECOND(A2)】。

## 10.4　文本与日期、时间格式间的转换技巧

掌握文本与日期、时间格式的基本转换技巧，可以更方便地进行日期、时间的计算。下面介绍一些常用的使用技巧。

### 10.4.1 使用 DATEVALUE 函数将文本格式的日期转换为序列号

DATEVALUE 函数与 DATE 函数的功能都是返回日期的序列号，只是 DATEVALUE 函数是将存储为文本的日期转换为 Excel 可以识别的日期序列号。

> 语法结构：
> DATEVALUE (date_text)
> 参　　数：
> date_text　必需的参数，表示可以被 Excel 识别为日期格式的日期的文本，或者是对表示 Excel 日期格式的日期的文本所在单元格的单元格引用。

例如，春节是全国人民一年一度的节日，因此，很多地方都设置了倒计时装置。现在需要使用 DATEVALUE 函数在 Excel 中为农历 2017 年的春节（即 2017 年 1 月 28 日）设置一个倒计时效果，即可输入公式【=DATEVALUE("2017-1-28")-TODAY()】，并设置单元格格式为【常规】，返回的数字就是当前日期距离 2017 年春节的天数。

#### 技术看板

在 DATEVALUE 函数中，如果参数 date_text 的日期省略了年份，则使用当前计算机系统的年份，参数中的时间信息将被忽略。

### 10.4.2 使用 TIMEVALUE 函数将文本格式的时间转换为序列号

在 Excel 中，与 DATE 和 DATEVALUE 函数类似，TIME 和 TIMEVALUE 函数用于返回时间的序列号。同样，TIME 函数包含 3 个参数，分别是小时、分钟和秒数；而 TIMEVALUE 函数只包含一个参数。

TIMEVALUE 函数会返回由文本字符串所代表的小数值，该小数值为 0 ~ 0.99999999 的数值。

> 语法结构：
> TIMEVALUE (time_text)
> 参　　数：
> time_text　必需的参数，是一个文本字符串，代表以任意一种 Microsoft Excel 时间格式表示的时间。

如要返回文本格式时间【2:30 AM】的序列号，可输入公式【=TIMEVALUE("2:30 AM")】，得到【0.104167】。

#### 技术看板

在 TIMEVALUE 函数处理表示时间的文本时，会忽略文本中的日期。

# 10.5 其他日期函数应用技巧

由于 Excel 中的日期和时间是以序列号进行存储的，因此可通过计算序列号，计算日期和时间关系。下面来介绍一些常用的日期计算函数的使用。

## ★ 重点 10.5.1 实战：使用 DAYS360 函数以 360 天为准计算两个日期间的天数

| 实例门类 | 软件功能 |
|---|---|
| 教学视频 | 光盘\视频\第 10 章\10.5.1.mp4 |

使用 DAYS360 函数可以按照一年 360 天的算法（每个月以 30 天计，一年共计 12 个月）计算出两个日期之间相差的天数。

> 语法结构：
> DAYS360 (start_date,end_date, [method])
> 参　数：
> start_date　必需的参数，表示时间段开始的日期。
> end_date　必需的参数，表示时间段结束的日期。
> method　可选参数，是一个逻辑值，用于设置采用哪一种计算方法。当其值为 TRUE 时，采用欧洲算法。当其值为 FALSE 或省略时，则采用美国算法。

### 🔧 技术看板

欧洲算法：如果起始日期或终止日期为某一个月的 31 日，都将认为其等于本月的 30 日。

美国算法：如果起始日期是某一个月的最后一天，则等于同月的 30 日。如果终止日期是某一个月的最后一天，并且起始日期早于 30 日，则终止日期等于下一个月的 1 日；否则，终止日期等于本月的 30 日。

DAYS360 函数的计算方法是一些借贷计算中常用的计算方式。如果会计系统是基于一年 12 个月，每月 30 天，则在会计计算中可用此函数帮助计算支付款项。

例如，小胡于 2013 年 8 月在银行存入了一笔活期存款，假设存款的年利息是 0.15%，在 2017 年 10 月 25 日将其取出，按照每年 360 天计算，要通过 DAYS360 函数计算存款时间和可获得的利息，具体操作步骤如下。

**Step 01** ❶ 新建一个空白工作簿，输入如图 10-13 所示的相关内容，❷ 在 C6 单元格中输入公式【=DAYS360(B3,C3)】，即可计算出存款时间。

图 10-13

### 🔧 技术看板

如果 start_date 参数的值在 end_date 参数值之后，则 DAYS360 函数将返回一个负数。

**Step 02** 在 D6 单元格中输入公式【=A3*(C6/360)*D3】，即可计算出小胡的存款 440 天后应获得的利息，如图 10-14 所示。

图 10-14

## 10.5.2 使用 EDATE 函数计算从指定日期向前或向后几个月的日期

EDATE 函数用于返回表示某个日期的序列号，该日期与指定日期 (start_date) 相隔（之前或之后）指示的月份数。

> 语法结构：
> EDATE (start_date,months)
> 参　数：
> start_date　必需的参数，用于设置开始日期。
> months　必需的参数，用于设置与 start_date 间隔的月份数，如果取值为正数，则代表未来日期；否则代表过去的日期。

例如，某员工于 2016 年 9 月 20 日入职某公司，签订的合同为 3 年，需要推断出该员工的合同到期日。在 Excel 中输入公式【=EDATE (DATE(2016,9,20),36)-1】即可。

### 🔧 技术看板

在使用 EDATE 函数时，如果 start_date 参数不是有效日期，函数返回错误值【#VALUE!】。如果 months 参数不是整数，将截尾取整。

### 10.5.3 使用 EOMONTH 函数计算从指定日期向前或向后几个月后的那个月最后一天的日期

EOMONTH 函数用于计算特定月份的最后一天，即返回参数 start date 之前或之后的某个月份最后一天的序列号。

语法结构：
EOMONTH (start_date,months)
参　数：
start_date　必需的参数，一个代表开始日期的日期。应使用 DATE 函数输入日期，或者将日期作为其他公式或函数的结果输入。
months　必需的参数，start_date 之前或之后的月份数。months 为正值将生成未来日期；为负值将生成过去日期。

例如，某银行代理基金基于方便管理的原则，每满 3 个月才在当月的月末从基金拥有者的账户上扣取下一次的基金费用。小陈于当年的 6 月 12 日购买基金，想知道第二次扣取基金费用的具体时间。此时，可使用函数 EOMONTH 计算正好在特定月份中最后一天到期的到期日，即输入公式【=EOMONTH(DATE(,6,12),3)】。

#### 技术看板

EOMONTH 函数的返回值是日期的序列号，因此如果希望以日期格式的形式显示结果，则需要先设置相应的单元格格式。如果 start_date 参数值加 month 参数值产生了非法日期值，函数将返回错误值【#NUM!】。

### ★ 重点 10.5.4 实战：使用 NETWORKDAYS 函数计算日期间所有工作日数

| 实例门类 | 软件功能 |
| --- | --- |
| 教学视频 | 光盘\视频\第 10 章\10.5.4.mp4 |

NETWORKDAYS 函数用于返回参数 start_date 和 end_date 之间完整的工作日天数，工作日不包括周末和专门指定的假期。

语法结构：
NETWORKDAYS (start_date,end_date,[holidays])
参　数：
start_date　必需的参数，一个代表开始日期的日期。
end_date　必需的参数，一个代表终止日期的日期。
holidays　可选参数，代表不在工作日历中的一个或多个日期所构成的可选区域，一般用于设置这个时间段内的假期。该列表可以是包含日期的单元格区域，或是表示日期的序列号的数组常量。

例如，某公司接到一个项目，需要在短时间内完成，现在需要根据规定的截止日期和可以开始的日期，计算排除应有节假日外的总工作时间，然后展开工作计划，具体操作步骤如下。

**Step01** 新建一个空白工作簿，输入如图 10-15 所示的相关内容，主要是要依次输入可能完成任务的这段时间内法定放假的日期，可以尽量超出完成日期来统计放假日期。

图 10-15

**Step02** 在 B9 单元格中输入公式【=NETWORKDAYS(A2,B2,C2:C6)】，即可计算出该项目总共可用的工作日时长，如图 10-16 所示。

图 10-16

#### 技术看板

如果在统计工作日时，需要使用参数来指明周末的日期和天数，从而计算两个日期间的全部工作日数，请使用 NETWORKDAYS.INTL 函数。该函数的语法结构为：NETWORKDAYS.INTL(start_date,end_date,[weekend], [holidays])，其中的 weekend 参数用于表示介于 start_date 和 end_date 之间但又不包括在所有工作日数中的周末。

### 10.5.5 使用 WEEKNUM 函数返回日期在一年中是第几周

WEEKNUM 函数用于判断某个日期位于当年的第几周。

语法结构：
WEEKNUM (serial_number, [return_type])
参　数：
serial_number　必需的参数，代表一周中的日期。应使用 DATE 函数输入日期，或者将日期作为其他公式或函数的结果输入。
return_type　必需的参数，用于确定星期从哪一天开始。如果 return_type 取值为 1，则一周从周日开始计算；如果取值为 2，则一周从周一开始计算；如果取值为其他内容，则函数将返回错误值【#NUM!】。默认值为 1。

例如，输入公式【=WEEKNUM

(DATE(2018,6,25))】，即可返回该日期在当年的周数是第 26 周。

### ★ 重点 10.5.6 实战：使用 WORKDAY 函数计算指定日期向前或向后数个工作日后的日期

| 实例门类 | 软件功能 |
|---|---|
| 教学视频 | 光盘\视频\第 10 章\10.5.6.mp4 |

WORKDAY 函数用于返回在某日期（起始日期）之前或之后、与该日期相隔指定工作日的某一日期的日期值。

语法结构：
WORKDAY (start_date,days, [holidays])

参 数：

start_date 必需的参数，一个代表开始日期的日期。

days 必需的参数，用于指定相隔的工作日天数（不含周末及节假日）。days 为正值将生成未来日期；为负值生成过去日期。

holidays 可选参数，一个可选列表，其中包含需要从工作日历中排除的一个或多个日期，例如各种省/市/自治区和国家/地区的法定假日及非法定假日。该列表可以是包含日期的单元格区域，也可以是由代表日期的序列号所构成的数组常量。

有些工作在开始时就根据工作日给出了完成的时间。例如，某个项目从 2017 年 2 月 6 日正式启动，要求项目在 150 个工作日内完成，除去这期间的节假日，使用 WORKDAY 函数便可以计算出项目结束的具体日期，具体操作步骤如下。

**Step 01** ❶ 新建一个空白工作簿，输入如图 10-17 所示的相关内容，主要是要依次输入可能完成任务的这段时间内法定放假的日期，可

以尽量超出完成日期来统计放假日期，❷ 在 B2 单元格中输入公式【=WORKDAY(A2,150,C2:C7)】。

图 10-17

**Step 02** 默认情况下，计算得到的结果显示为日期序列号。在【开始】选项卡【数字】组中的下拉列表框中选择【短日期】命令，即可将计算出的结果转换为日期格式，得到该项目预计最终完成的日期，如图 10-18 所示。

图 10-18

### ★ 重点 10.5.7 实战：使用 YEARFRAC 函数计算从开始日期到结束日期所经历的天数占全年天数的百分比

| 实例门类 | 软件功能 |
|---|---|
| 教学视频 | 光盘\视频\第 10 章\10.5.7.mp4 |

YEARFRAC 函数用于计算 start_date 和 end_date 之间的天数占全年天数的百分比，使用 YEARFRAC 工作表函数可判别某一特定条件下全年效益或债务的比例。

语法结构：
YEARFRAC (start_date,end_date, [basis])

参 数：

start_date 必需的参数，一个代表开始日期的日期。

end_date 必需的参数，一个代表终止日期的日期。

basis 可选参数，用于设置日计数基准类型，该参数可以设置为 0，1，2，3，4。下面以列表的形式展示该参数各取值的含义，见表 10-2。

表 10-2

| basis | 日计数基准 | basis | 日计数基准 |
|---|---|---|---|
| 0 或省略 | US (NASD) 30/360 | 1 | 实际天数/实际天数 |
| 2 | 实际天数/360 | 3 | 实际天数/365 |
| 4 | 欧洲 30/360 | | |

例如，某人在一年中不定时买入和卖出股票，需要使用 YEARFRAC 函数计算出每一次股票交易时间长度占全年日期的百分比，具体操作步骤如下。

**Step 01** 打开"光盘\素材文件\第 10 章\股票交易信息统计 .xlsx"文件，在 C2 单元格中输入公式【=YEARFRAC(A2,B2,3)】，即可计算出第一次购买和卖出股票的日期在全年所占的百分比数据，如图 10-19 所示。

图 10-19

**Step 02** ❶ 使用 Excel 的自动填充功能判断出后续购买和卖出股票的日期在

全年所占的百分比数据，❷保持单元格区域的选择状态，单击【开始】选项卡【数字】组中的【百分比】按钮%，让得到的数据以百分比格式显示，如图10-20所示。

图 10-20

# 妙招技法

通过前面的学习，相信读者已经掌握了常见日期和时间函数的基本用法。下面结合本章内容，介绍一些实用技巧。

## 技巧 01：根据当前时间计算员工工龄

| 教学视频 | 光盘 \ 视频 \ 第 10 章 \ 技巧 01.mp4 |
|---|---|

在员工档案表中记录了员工入职的日期数据，需要结合使用 YEAR 函数和 TODAY 函数，根据当前系统时间计算出各员工当前的工龄，具体操作步骤如下。

**Step01** 打开"光盘 \ 素材文件 \ 第 10 章 \ 员工档案表 .xlsx"文件，在 K2 单元格中输入公式【=YEAR(TODAY())-YEAR(J2)】，按【Enter】键计算出结果，如图10-21所示。

图 10-21

**Step02** ❶ 使用 Excel 的自动填充功能，填充 K2 单元格中的公式到 K3:K31

单元格区域，❷ 保持单元格区域的选择状态，在【开始】选项卡【数字】组中的下拉列表框中选择【常规】选项，如图10-22所示。

图 10-22

**Step03** 设置 K2:K31 单元格区域的单元格格式为【常规】后，即可得到各员工的当前工龄，如图10-23所示。

图 10-23

## 技巧 02：显示火车时刻表的具体日期与时间

| 教学视频 | 光盘 \ 视频 \ 第 10 章 \ 技巧 02.mp4 |
|---|---|

例如，在火车时刻表中记录了火车的进站和出站日期与时间的年、月、日、时、分和秒数据，需要将这些具体数据合并为需要的时间格式，具体操作步骤如下。

**Step01** 打开"光盘 \ 素材文件 \ 第 10 章 \ 火车时刻表 .xlsx"文件，在 K2 单元格中输入【=DATE(E2,F2,G2)+TIME(H2,I2,J2)】，即可合并各项数据，如图10-24所示。

图 10-24

**Step02** ❶ 向下拖动填充控制柄，复制公式到下方的单元格中，❷ 保持单元格区域的选择状态，单击【开始】选项卡【数字】组右下角的【对话框启动器】按钮 ₅，如图 10-25 所示。

图 10-25

进行日期和时间数据的计算时，公式的编制很重要，也要注意单元格格式的设置是否符合要求，才能最终获得想要的数据。

**Step03** 在弹出的【设置单元格格式】对话框中，❶ 在【分类】列表框中选择【日期】选项，❷ 在右侧的【类型】列表框中选择合适的日期和时间显示方式，❸ 单击【确定】按钮，如图 10-26 所示。

图 10-26

**Step04** 返回表格中双击 K 列标签处，即可看到合并后的数据，如图 10-27 所示。

图 10-27

## 技巧 03：计算提取商品货款剩余支付天数

| 教学视频 | 光盘 \ 视频 \ 第 10 章 \ 技巧 03.mp4 |
|---|---|

现在很多商品是可以提前消费的，但是千万不要忘记了在最后规定的支付时间前付清账单。本例就制作了一个简单的支付剩余时间计算表，用于为每项购买品记录剩余的支付时间，具体操作步骤如下。

**Step01** 打开"光盘 \ 素材文件 \ 第 10 章 \ 计算支付剩余天数 .xlsx"文件，在 D2 单元格中输入【=DAYS360(TODAY(),C2,FALSE)】，计算出第一项购买产品的剩余支付天数，如图 10-28 所示。

图 10-28

**Step02** 向下拖动填充控制柄，复制公式到下方的单元格中，依次计算出其他购买产品的剩余支付天数，如图 10-29 所示。

图 10-29

## 技巧 04：计算剩余支付时间的百分比

| 教学视频 | 光盘 \ 视频 \ 第 10 章 \ 技巧 04.mp4 |
|---|---|

如果要在上例中继续计算出剩余时间的百分比，具体操作步骤如下。

**Step01** 在 E2 单元格中输入公式【=YEARFRAC(TODAY(),C2,1)】，如图 10-30 所示。

图 10-30

**Step02** ❶ 向下拖动填充控制柄，复制公式到下方的单元格中，依次计算出其他购买产品的剩余支付天数百分比，❷ 保持单元格区域的选择状态，单击【开始】选项卡【数字】组中的【百分比】按钮 %，让得到的数据以百分比格式显示，❸ 单击【增加小数位数】按钮 ⸿。完成后的效果如图 10-31 所示。

图 10-31

## 技巧 05: 计算产品的最后结款日期

| 教学视频 | 光盘\视频\第 10 章\技巧 05.mp4 |
|---|---|

大型公司和其他一些有业务往来的企业进行业务交易时,往往会约定一个时间交付货款。我们可以根据当时的约定计算出最终结款的日期,具体操作步骤如下。

Step01 打开"光盘\素材文件\第 10 章\购货数据单.xlsx"文件,在 E2 单元格中输入【=EOMONTH (B2,D2)】,计算出第一项货款的最后结款日期,如图 10-32 所示。

图 10-32

Step02 如图 10-33 所示,在 E3 单元格中输入【=EOMONTH(B3,D3-1)+20】,计算出第二项货款的最后结款日期。

图 10-33

Step03 如图 10-34 所示,在 E4 单元格中输入【=EOMONTH(B4,D4-1)+10】,计算出第三项货款的最后结款日期。

图 10-34

## 本章小结

在 Excel 中处理日期和时间时,初学者可能经常会遇到处理失败的情况。为了避免出现错误,除了需要掌握设置单元格格式为日期和时间格式外,还需要掌握日期和时间函数的应用技巧,通过使用函数完成关于日期和时间的一些计算和统计。通过本章知识的学习和案例练习,相信读者已经掌握了常用日期和时间函数的应用。学习函数的过程中,可以经常利用 3 个快捷键:【F1】,用于快速调出函数帮助;【F4】,用于快速转换单元格的引用方式;【F9】,用于帮助你解读公式内容。

# 第11章 查找与引用函数

➡ 想提取某个列表、区域、数组或向量中的对应内容？

➡ 想知道某个数据在列表、区域、数组或向量中的位置？

➡ 想根据指定的偏移量返回新的引用区域？

➡ 通过函数是否可以让表格数据的行列位置进行转置？

➡ 你知道怎样返回数据区域包含的行数或列数吗？

在函数的分类中，最常用的可能就是查找与引用函数了。不过，查找与引用函数有一定难度，很多应用涉及数组公式。本章将对一些常用的查找与引用函数进行基础讲解。

## 11.1 查找表中数据技巧

在日常业务处理中，经常需要根据特定条件查询定位数据或按照特定条件筛选数据。下面介绍一些常用的查找表中数据的技巧。

### ★ 重点 11.1.1 实战：使用 CHOOSE 函数根据序号从列表中选择对应的内容

| 实例门类 | 软件功能 |
|---|---|
| 教学视频 | 光盘\视频\第 11 章\11.1.1.mp4 |

CHOOSE 函数是一个特别的 Excel 内置函数，它可以根据用户指定的自然数序号返回与其对应的数据值、区域引用或者嵌套函数结果。使用该函数最多可以根据索引号从 254 个数值中选择一个。

语法结构：
CHOOSE(index_num,value1,
value2,…)
参　数：
index_num　必需的参数，用来指定返回的数值位于列表中的次序，该参数必须为 1 ～ 254 的数字，或者为公式或对包含 1 ～ 254 某个数字的单元格的引用。如果 index_num 为小数，在使用前将自动被截尾取整。

value1,value2,…　value1 是必需的，后续值是可选的。value1、value2 等是要返回的数值所在的列表。这些值参数的个数介于 1~254，函数 CHOOSE 会基于 index_num，从这些值参数中选择一个数值或一项要执行的操作。如果 index_num 为 1，函数 CHOOSE 返回 value1；如果为 2，返回 value2；以此类推。如果 index_num 小于 1 或大于列表中最后一个值的序号，函数将返回错误值【#VALUE!】。参数可以为数字、单元格引用、已定义名称、公式、函数或文本。

根据 CHOOSE 函数的特性，用户可以在某些情况下用它代替 IF 条件判断函数。例如，要根据"销售提成表"中的数据提取某个固定员工的销售佣金，下面使用 CHOOSE 函数来实现，具体操作步骤如下。

**Step** 打开"光盘\素材文件\第 11 章\销售提成表.xlsx"文本，在 D13 单元格中输入【=CHOOSE(4,H2,H3,H4,H5,H6,H7,H8,H9,H10,H11)】，即可得到该员工的提成数据，如图 11-1 所示。

图 11-1

### ★ 重点 11.1.2 实战：使用 HLOOKUP 函数在区域或数组的行中查找数据

| | |
|---|---|
| 实例门类 | 软件功能 |
| 教学视频 | 光盘\视频\第 11 章\11.1.2.mp4 |

HLOOKUP 函数可以在表格或数值数组的首行沿水平方向查找指定的数值，并由此返回表格或数组中指定行的同一列中的其他数值。

语法结构：
HLOOKUP(lookup_value,table_array, row_index_num,[range_lookup])
参数：
lookup_value 必需的参数，用于设定需要在表的第一行中进行查找的值，可以是数值，也可以是文本字符串或引用。

table_array 必需的参数，用于设置要在其中查找数据的数据表，可以使用区域或区域名称的引用。

row_index_num 必需的参数，在查找之后要返回的匹配值的行序号。

range_lookup 可选参数，是一个逻辑值，用于指明函数在查找时是精确匹配，还是近似匹配。如果为 TRUE 或被忽略，则返回一个近似的匹配值（如果没有找到精确匹配值，就返回一个小于查找值的最大值）。如果该参数是 FALSE，函数就查找精确的匹配值。如果这个函数没有找到精确的匹配值，就会返回错误值【#N/A】。0 表示精确匹配值，1 表示近似匹配值。

例如，某公司的上班类型分为多种，不同的类型对应的工资标准也不一样，所以在计算工资时，需要根据上班类型来统计，我们可以先使用 HLOOKUP 函数将员工的上班类型对应的工资标准查找出来，具体操作步骤如下。

Step01 打开"光盘\素材文件\第 11 章\工资计算表 .xlsx"文件，❶ 选择【8 月】工作表，❷ 在 E2 单元格中输入【=HLOOKUP(C2,工资标准!$A$2:$E$3,2,0)*D2】，按【Enter】键计算出该员工当月的工资，如图 11-2 所示。

图 11-2

Step02 使用 Excel 的自动填充功能，计算出其他员工当月的工资，如图 11-3 所示。

图 11-3

### ★ 重点 11.1.3 实战：使用 LOOKUP 函数以向量形式在单行单列中查找

| | |
|---|---|
| 实例门类 | 软件功能 |
| 教学视频 | 光盘\视频\第 11 章\11.1.3.mp4 |

LOOKUP 函数可以从单行或单列区域（称为【向量】）中查找值，然后返回第二个单行区域或单列区域中相同位置的值。

语法结构：
LOOKUP(lookup_value,lookup_vector,[result_vector])
参数：
lookup_value 必需的参数，用于设置要在第一个向量中查找的值。可以是数字、文本、逻辑值、名称或对值的引用。

lookup_vector 必需的参数，只包含需要查找的值的单列或单行范围，其值可以是文本、数字或逻辑值。

result_vector 可选参数，只包含要返回的值的单列或单行范围，它的大小必须与 lookup_vector 相同。

在使用 LOOKUP 函数的向量形式时，lookup_vector 中的值必须以升序顺序放置，否则 LOOKUP 可能无法返回正确的值。在该函数中不区分大小写。如果在 lookup_vector 中找不到 lookup_value，则匹配其中小于该值的最大值；如果 lookup_value 小于 lookup_vector 中的最小值，则返回错误值【#N/A】。

例如，在产品销量统计表中，记录了近年来各种产品的销量数据，现在需要根据产品编号查找相关产品 2017 年的销量，使用 LOOKUP 函数进行查找的具体操作步骤如下。

Step01 打开"光盘\素材文件\第 11 章\产品销量统计表 .xlsx"文本，❶ 在 A14:B15 单元格区域中进行合适的格式设置，并输入相应文本，❷ 选择 B15 单元格，输入公式【=LOOKUP(A15,A2:A11,D2:D11)】，如图 11-4 所示。

图 11-4

Step02 在 A15 单元格中输入相应产品的编号，在 B15 单元格中即可查看到该产品在 2017 年的销量，如图 11-5 所示。

图 11-5

## 11.1.4 使用 LOOKUP 函数以数组形式在单行单列中查找

LOOKUP 函数还可以返回数组形式的数值。当要查询的值列表（即查询区域）较大，或者查询的值可能会随时间而改变时，一般要使用 LOOKUP 函数的向量形式。当要查询的值列表较小或者值在一段时间内保持不变时，就需要使用 LOOKUP 函数的数组形式。

LOOKUP 函数的数组形式是在数组的第一行或第一列中查找指定的值，然后返回数组的最后一行或最后一列中相同位置的值。当要匹配的值位于数组的第一行或第一列中时，请使用 LOOKUP 的这种形式。

语法结构：
LOOKUP(lookup_value, array)
参　数：
lookup_value　必需的参数，代表 LOOKUP 在数组中搜索的值，可以是数字、文本、逻辑值、名称或对值的引用。如果 LOOKUP 找不到 lookup_value 的值，它会使用数组中小于或等于 lookup_value 的最大值；如果 lookup_value 的值小于第一行或第一列中的最小值（取决于数组维度），LOOKUP 会返回【#N/A】错误值。
array　必需的参数，包含要与 lookup_value 进行比较的文本、数字或逻辑值的单元格区域。如果数组包含宽度比高度大的区域（列数多于行数），LOOKUP 会在第一行中搜索 lookup_value 的值；如果数组是正方的或者高度大于宽度（行数多于列数），LOOKUP 会在第一列中进行搜索。

如 输 入 公 式【=LOOKUP("C", {"a","b","c","d";52,53,54,55})】，即可在数组的第一行中查找【C】，查找小于或等于它的最大值（【c】），然后返回最后一行中同一列内的值，即返回【54】。

实际上，LOOKUP 的数组形式与 HLOOKUP 和 VLOOKUP 函数非常相似。区别在于，HLOOKUP 在第一行中搜索 lookup_value，VLOOKUP 在第一列中搜索，而 LOOKUP 根据数组维度进行搜索。LOOKUP 的数组形式是为了与其他电子表格程序兼容，这种形式的功能有限。一个重要的体现就是数组中的值必须按升序排列：…,-2,-1,0,1,2,…,A-Z,FALSE,TRUE；否则，LOOKUP 可能无法返回正确的值。

总之，建议可以使用 HLOOKUP 或 VLOOKUP 函数时，就不要使用数组语法。

## ★ 重点 11.1.5 使用 INDEX 函数以数组形式返回指定位置中的内容

如果已知一个数组 {1,2;3,4}，需要根据数组中的位置返回第一行第二列对应的数值，可使用 INDEX 函数。

INDEX 函数的数组形式可以返回表格或数组中的元素值，此元素由行序号和列序号的索引值给定。一般情况下，当函数 INDEX 的第一个参数为数组常量时，就使用数组形式。

语法结构：
INDEX (array,row_num,[column_num]);(reference,row_num,[column_num],[area_num])
参　数：
array　必需的参数，单元格区域或数组常量。
row_num　必需的参数，代表数组中某行的行号，函数从该行返回数值。如果省略 row_num，则必须有 column_num。

column_num 可选参数，代表数组中某列的列标，函数从该列返回数值。如果省略 column_num，则必须有 row_num。

reference 必需的参数，为一个或多个单元格区域的引用。如果为引用输入一个不连续的区域，必须将其用括号括起来。

area_num 可选参数，用于选择引用中的一个区域，从引用区域中返回 row_num 和 column_num 的交叉区域。选中或输入的第一个区域序号为 1，第二个为 2，以此类推。如果省略该参数，则函数 INDEX 使用区域 1。

例如，要返回上述数组中第一行第二列的数值，可输入公式【=INDEX({1,2;3,4},0,2)】。

### 11.1.6 使用 INDEX 函数以引用形式返回指定位置中的内容

在某些情况下，需要查找工作

表中部分单元格区域的某列与某行的交叉单元格数据，此时，就可以使用 INDEX 函数的引用形式获得需要的数据。

INDEX 函数的引用形式还可以返回指定的行与列交叉处的单元格引用。如果引用由不连续的选定区域组成，可以选择某一选定区域。

语法结构：
INDEX(reference, row_num, [column_num], [area_num])
参数：
reference 必需的参数，对一个或多个单元格区域的引用。如果为引用输入一个不连续的区域，必须将其用括号括起来。

row_num 必需的参数。引用中某行的行号，函数从该行返回一个引用。

column_num 可选参数。引用中某列的列标，函数从该列返回一个引用。

area_num 可选参数。选择引用中的一个区域，以从中返回 row_num 和 column_num 的交叉区域。选中或输入的第一个区域序号为 1，第二个为 2，以此类推。如果省略 area_num，则 INDEX 使用区域 1。

如输入公式【=INDEX((A1:C3, A5:C12),2,4,2)】，则表示从第二个区域【A5:C12】中选择第 4 行和第 2 列的交叉处，即 B8 单元格的内容。

**技术看板**

如果引用中的每个区域只包含一行或一列，则相应的参数 row_num 或 column_num 分别为可选项。例如，对于单行的引用，可以使用函数 INDEX(reference,,column_num)。

## 11.2 引用表中数据技巧

通过引用函数可以标识工作表中的单元格或单元格区域，指明公式中所使用的数据的位置。因此，掌握引用函数的相关技能技巧，可以返回引用单元格中的数值和其他属性。下面介绍一些常用的引用表中数据的使用技巧。

### 11.2.1 实战：使用 MATCH 函数返回指定内容所在的位置

| 实例门类 | 软件功能 |
|---|---|
| 教学视频 | 光盘\视频\第 11 章\11.2.1.mp4 |

MATCH 函数可在单元格区域中搜索指定项，然后返回该项在单元格区域中的相对位置。

语法结构：
MATCH (lookup_value,lookup_array,[match_type])

参数：
lookup_value 必需的参数，需要在 lookup_array 中查找的值。

lookup_array 必需的参数，函数要搜索的单元格区域。

match_type 可选参数，用于指定匹配的类型，即指定 Excel 如何在 lookup_array 中查找 lookup_value 的值。其值可以是数字 –1，0 或 1。当值为 1 或省略该值时，就查找小于或等于 lookup_value 的最大值 (lookup_array 必须以升序排列 )；当值为 0 时，就查

找第一个完全等于 lookup_value 的值；当值为 –1 时，就查找大于或等于 lookup_value 的最小值 (lookup_array 必须以降序排列 )。

例如，对一组员工的培训成绩排序后，需要返回这些员工的排名次序，此时可以使用 MATCH 函数来完成，具体操作步骤如下。

Step 打开“光盘\素材文件\第 11 章\培训成绩 .xlsx”文件，在 C25 单元格中输入公式【=MATCH(C24,I2:I19,0)】，如图 11-6 所示。

图 11-6

**技术看板**

LARGE 函数用于返回数据集中的第 k 个最大值。其语法结构为 LARGE(array,k)，其中参数 array 为需要找到第 k 个最大值的数组或数字型数据区域；参数 k 为返回的数据在数组或数据区域里的位置（从大到小）。LARGE 函数计算最大值时，忽略逻辑值 TRUE 和 FALSE 以及文本型数字。

## 11.2.2 使用 ADDRESS 函数返回与指定行号和列号对应的单元格地址

单元格地址除了选择单元格插入和直接输入外，还可以通过 ADDRESS 函数输入。

在给出指定行数和列数的情况下，使用 ADDRESS 函数可以返回单元格的行号和列标，从而得到单元格的确切地址。

语法结构：
ADDRESS (row_num,column_num,[abs_num],[a1],[sheet_text])
参　数：
row_num　必需的参数，一个数值，指定要在单元格引用中使用的行号。
column_num　必需的参数，一个数值，指定要在单元格引用中使用的列号。

abs_num　可选参数，用于指定返回的引用类型，可以取的值为 1 ～ 4。当参数 abs_num 取值为 1 或省略时，将返回绝对单元格引用，如 $A$1；取值为 2 时，将返回绝对行号，相对列标类型，如 A$1；取值为 3 时，将返回相对行号，绝对列标类型，如 $A1；取值为 4 时，将返回相对单元格引用，如 A1。
a1　可选参数，用以指定 A1 或 RIC1 引用样式的逻辑值。如果 a1 为 TRUE 或省略，函数返回 A1 样式的引用；如果 a1 为 FALSE，返回 RIC1 样式的引用。
sheet_text　可选参数，是一个文本，指定作为外部引用的工作表的名称。如果省略该参数，则不使用任何工作表名。

如需要获得第 3 行第 2 列的绝对单元格地址，可输入公式【=ADDRESS(2,3,4)】。

## 11.2.3 使用 COLUMN 函数返回单元格或单元格区域首列的列号

Excel 中默认情况下以字母的形式表示列号，如果用户需要知道数据在具体的第几列时，可以使用 COLUMN 函数返回指定单元格引用的列号。

语法结构：
COLUMN ([reference])
参　数：
reference　可选参数，表示要返回其列号的单元格或单元格区域。

如输入公式【=COLUMN(D3:G11)】，即可返回该单元格区域首列的列号，由于 D 列为第 4 列，

所以该函数返回【4】。

## ★ 重点 11.2.4 使用 ROW 函数返回单元格或单元格区域首行的行号

既然能返回单元格引用地址中的列号，同样道理，也可以使用函数返回单元格引用地址中的行号。

ROW 函数用于返回指定单元格引用的行号。

语法结构：
ROW ([reference])
参　数：
reference　可选参数，表示需要得到其行号的单元格或单元格区域。
如输入公式【=ROW(C4:D6)】，即可返回该单元格区域首行的行号【4】。

## ★ 重点 11.2.5 使用 OFFSET 函数根据给定的偏移量返回新的引用区域

OFFSET 函数以指定的引用为参照系，通过给定偏移量得到新的引用，并可以指定返回的行数或列数。返回的引用可以为一个单元格或单元格区域。实际上，函数并不移动任何单元格或更改选定区域，而只是返回一个引用，可用于任何需要将引用作为参数的函数。

语法结构：
OFFSET (reference,rows,cols,[height],[width])
参　数：
reference　必需的参数，代表偏移量参照系的引用区域。reference 必须为对单元格或相连单元格区域的引用；否则，OFFSET 返回错误值【#VALUE!】。

rows 必需的参数，相对于偏移量参照系的左上角单元格，上（下）偏移的行数。如果 rows 为 5，则说明目标引用区域的左上角单元格比 reference 低 5 行。行数可为正数（代表在起始引用的下方）或负数（代表在起始引用的上方）。

cols 必需的参数，相对于偏移量参照系的左上角单元格，左（右）偏移的列数。如果 cols 为 5，则说明目标引用区域的左上角的单元格比 reference 靠右 5 列。列数可为正数（代表在起始引用的右边）或负数（代表在起始引用的左边）。

height 可选参数，表示高度，即所要返回的引用区域的行数。height 必须为正数。

width 可选参数，表示宽度，即所要返回的引用区域的列数。width 必须为正数。

在通过拖动填充控制柄复制公式时，如果采用了绝对单元格引用的形式，很多时候是需要偏移公式中的引用区域的，否则将出现错误。如公式【=SUM(OFFSET(C3:E5,−1,0,3,3))】的含义是对 C2:E4 单元格区域求和。

### 技术看板

参数 reference 必须是单元格或相连单元格区域的引用，否则，将返回错误值【#VALUE!】；参数 rows 取值为正，则表示向下偏移，取值为负，表示向上偏移；参数 cols 取值为正，表示向右偏移，取值为负，表示向左偏移；如果省略了 height 或 width，则假设其高度或宽度与 reference 相同。

## 11.2.6 实战：使用 TRANSPOSE 函数转置数据区域的行列位置

| 实例门类 | 软件功能 |
|---|---|
| 教学视频 | 光盘\视频\第 11 章\11.2.6.mp4 |

TRANSPOSE 函数用于返回转置的单元格区域，即将行单元格区域转置成列单元格区域，或将列单元格区域转置成行单元格区域。

语法结构：
TRANSPOSE (array)
参 数：
array 必需的参数，表示需要进行转置的数组或工作表上的单元格区域。所谓数组的转置，就是将数组的第一行作为新数组的第一列，数组的第二行作为新数组的第二列，以此类推。

如输入公式【=TRANSPOSE ({1,2,3;4,5,6})】，即可将原本为 2 行 3 列的数组 {1,2,3;4,5,6}，转置为 3 行 2 列的数组 {1,4;2,5;3,6}。

再如，假设需要使用 TRANSPOSE 函数对产品生产方案表中数据的行列进行转置，具体操作步骤如下。

Step01 打开"光盘\素材文件\第 11 章\产品生产方案表.xlsx"文件，❶ 选择要存放转置后数据的 A8:E12 单元格区域，❷ 在编辑栏中输入公式【=TRANSPOSE(A1:E5)】，如图 11-7 所示。

图 11-7

Step02 按【Ctrl+Shift+Enter】组合键确认数组公式的输入，即可将产品名称和原材料进行转置，效果如图 11-8 所示。

图 11-8

## ★ 重点 11.2.7 实战：使用 INDIRECT 函数返回由文本值指定的引用

| 实例门类 | 软件功能 |
|---|---|
| 教学视频 | 光盘\视频\第 11 章\11.2.7.mp4 |

如果需要在学生成绩表中查找某个学生对应科目的成绩，这种既需要根据行数据，又需要根据列数据进行判断得到所需数据时，使用前面介绍的 VLOOKUP 函数，将需要多次输入公式进行查找。其实，如果不希望细数科目的所在列数，使用 INDIRECT 函数就可以简化查找操作。

INDIRECT 函数用于返回由文本字符串指定的引用。此函数立即对引用进行计算，并显示其内容。

语法结构：
INDIRECT (ref_text,[a1])
参 数：
ref_text 必需的参数，代表对单元格的引用，此单元格包含 A1 样式的引用、R1C1 样式的引用、定义为引用的名称或对作为文本字符串的单元格的引用。

a1 可选参数，一个逻辑值，用于指定包含在单元格 ref_text 中的引用的类型。如果 a1 为 TRUE 或省略，ref_text 被解释为 A1 样式的引用；如果 a1 为 FALSE，则将 ref_text 解释为 R1C1 样式的引用。

例如，要在学生成绩表中查找某个学生对应科目的成绩，可以首先将成绩表中的科目分别以其名字定义名称，然后结合使用 VLOOKUP、COLUMN 和 INDIRECT 函数求得查询结果，具体操作步骤如下。

Step01 打开"光盘\素材文件\第 11 章\学生成绩表.xlsx"文本，❶选择 A1:G11 单元格区域，❷单击【公式】选项卡【定义的名称】组中的【根据所选内容创建】按钮，如图 11-9 所示。

图 11-9

Step02 在弹出的【以选定区域创建名称】对话框中，❶选中【首行】复选框，❷单击【确定】按钮，如图 11-10 所示。

图 11-10

Step03 返回工作簿中，❶在 I1:K7 单元格区域中输入需要查询的相关数据，如图 11-11 所示，❷在 K3 单元格中输入【=VLOOKUP(I3,$B$1:$G$11,COLUMN(INDIRECT(J3))-1,FALSE)】，按【Enter】键即可得到该学生对应科目的成绩。

图 11-11

Step04 使用 Excel 的自动填充功能，计算出其他学生对应科目的成绩，效果如图 11-12 所示。

图 11-12

**技术看板**

上面的公式首先通过使用 INDIRECT 函数判断科目的名称，并定义了查询的区域，然后利用 COLUMN 函数返回科目在查询区域内所在的列，最后查询单元格的具体内容，并返回该科目的数据。

# 11.3 显示相关数量技巧

查找与引用函数除了能返回特定的值和引用位置外，还有一类函数能够返回与数量有关的数据。下面介绍这类函数的一些常用的使用技巧。

## 11.3.1 使用 AREAS 函数返回引用中包含的区域数量

AREAS 函数用于返回引用中包含的区域个数。区域表示连续的单元格区域或某个单元格。

语法结构：
AREAS (reference)

参 数：
reference 必需的参数，代表要计算区域个数的单元格或单元格区域的引用。

如输入公式【=AREAS((B5:D11,E5,F2:G4))】，即可返回【3】，表示该引用中包含了 3 个区域。

**技术看板**

如果需要将几个引用指定为一个参数，则必须用括号括起来，以免 Excel 将逗号视为字段分隔符。

## 11.3.2 使用 COLUMNS 函数返回数据区域包含的列数

在 Excel 中不仅能通过函数返回数据区域首列的列号，还能知道数据区域中包含的列数。

COLUMNS 函数用于返回数组或引用的列数。

语法结构：
COLUMNS (array)
参　　数：
array　必需的参数，代表需要得到其列数的数组、数组公式。

例如，输入公式【=COLUMNS (F3:K16)】，即可返回【6】，表示该数据区域中包含 6 列数据。

## ★ 重点 11.3.3 使用 ROWS 函数返回数据区域包含的行数

在 Excel 中使用 ROWS 函数可以知道数据区域中包含的行数。

语法结构：
ROWS(array)
参　　数：
array　必需的参数，代表需要得到其行数的数组、数组公式。

例如，输入公式【=ROWS(D2: E57)】，即可返回【56】，表示该数据区域中包含 56 行数据。

# 妙招技法

通过前面的学习，相信读者已经掌握了常见查找和引用函数的基本用法。下面结合本章内容介绍一些实用技巧。

## 技巧 01：判断某个日期的星期号

| 教学视频 | 光盘 \ 视频 \ 第 11 章 \ 技巧 01.mp4 |
|---|---|

如果我们需要根据具体的日期推断出该指定日期是星期几，可以结合使用 CHOOSE 和 WEEKDAY 函数来进行判断，具体操作步骤如下。

Step 新建一个空白工作簿，❶ 在 A2 和 A3 单元格中输入提示文本，❷ 在 B3 单元格中输入【=CHOOSE (WEEKDAY(B2,1),"星期日","星期一","星期二","星期三","星期四","星期五","星期六")】，❸ 在 B2 单元格中输入需要判断的指定日期，即可在 B3 单元格中看到具体的星期数，如图 11-13 所示。

图 11-13

## 技巧 02：快速制作工资条

| 教学视频 | 光盘 \ 视频 \ 第 11 章 \ 技巧 02.mp4 |
|---|---|

例如，要根据工资表生成工资单，要求格式为每名员工一行数据，员工之间间隔一空行。下面使用 CHOOSE 函数来实现，具体操作步骤如下。

Step 01 打开"光盘 \ 素材文件 \ 第 11 章 \ 工资表 .xlsx"文本，❶ 修改 Sheet1 工作表的名称为【工资表】，❷ 新建一个工作表并命名为【工资条】，❸ 选择【工资条】工作表中的 A1 单元格，输入公式【=OFFSET( 工资表 !$A$1,CHOOSE(MOD(ROW( 工资表 !A1)-1,3)+1,0,(ROW( 工资表 !A1)-1)/3+1,65535),COLUMN()-1)&""】，按【Enter】键返回第一个结果，如图 11-14 所示。

Step 02 ❶ 选择 A1 单元格，❷ 使用 Excel 的自动填充功能，横向拖动鼠标光标返回该行的其他数据，如

图 11-15 所示。

图 11-14

图 11-15

Step 03 保持单元格区域的选择状态，使用 Excel 的自动填充功能，纵向拖动鼠标光标返回其他行的数据，直到将【工资表】工作表中的数据都打印出来为止，效果如图 11-16 所示。

图 11-16

### 技术看板

本案例中的公式主要利用 MOD 函数来生成循环序列，并结合 CHOOSE 函数来隔行取出对应的工资表数据生成员工工资单。

这里，我们先来简单理一理本公式的计算原理。首先将参照点定在 A1 单元格，当我们向右和向下复制工作表时，分别提取当前单元格的行号和列号。

对提取的行号需要减 1，然后与 3 相除取余数，如果余数为 0，则加 1，用于返回该列第一行的表头内容；如果余数为 1，则用当前行号减 1 再除以 3，作为提取数据在表格中的行号，即依次提取各行的数据；如果余数为 2，则返回表格第 65536 行的内容，即空单元格（本例为了保证与 Excel 2003 兼容，所以指定了空白行为 65536）。

对提取的列号需要减 1 处理，即求得相对 A1 单元格向右移动的距离，实际上就是对原表格数据在列方向上不产生变化。

如果还不清楚的话，您最好在本例的结果文件中多选几个单元格，用【公式求值】功能一步一步进行分析。

## 技巧 03：计算员工成绩排名次序

教学视频　光盘＼视频＼第 11 章＼技巧 03.mp4

例如，需要对一组员工的考评成绩排序，然后返回这些员工的排名次序，此时可以结合使用 MATCH 函数和 INDEX 函数来完成，具体操作步骤如下。

**Step01** 打开"光盘＼素材文件＼第 11 章＼员工考评成绩.xlsx"文件，❶在 H1 单元格中输入文本【排序】，❷选择存放计算结果的 H2:H7 单元格区域，❸在编辑栏中输入公式【=INDEX($A$2:$A$7,MATCH(LARGE($G$2:$G$7,ROW()-1),$G$2:$G$7,0))】，如图 11-17 所示。

图 11-17

**Step02** 按【Ctrl+Shift+Enter】组合键确认数组公式的输入，即可根据总成绩从高到低的顺序对员工姓名进行罗列，效果如图 11-18 所示。

图 11-18

## 技巧 04：按照会议室使用的预约表输入人数

教学视频　光盘＼视频＼第 11 章＼技巧 04.mp4

有时候需要根据横向数据和纵向数据来判断要填写数据的位置。例如，在登记会议室使用的预约人数时，我们需要根据预约号判断出当时订下的会议室和时间段，此时可以先使用 MATCH 函数找到匹配的数据，然后配合使用 ADDRESS 函数返回要输入数据的单元格地址，具体操作步骤如下。

**Step** 新建一个空白工作簿，❶在单元格中输入如图 11-19 所示的框架数据，其中纵向为会议室使用的时间段，横向为会议室编号，❷在 B2 单元格中输入【=ADDRESS(MATCH(B1,A6:A16,1)+6,D1+1,4)】，❸当我们在 B1 单元格中输入预约的时间，在 D1 单元格中输入预约号时，即可在 B2 单元格中返回预定人数要填写的具体位置。

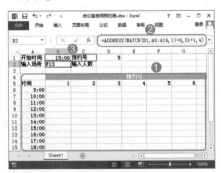

图 11-19

# 本章小结

　　查找和引用是 Excel 提供的一项重要功能。Excel 的查找替换功能可以帮助用户进行数据整理，但如果要在计算过程中进行查找，或者引用某些符合要求的目标数据，则需要借助查找引用类函数。查找主要是使用 Excel 的查找函数查询一些特定数据。引用的作用在于表示工作表中的单元格或单元格区域，指明公式中所使用的数据位置。通过引用，可以在公式中使用工作表不同部分的数据，或在多个公式中使用同一单元格区域的数据，甚至还可以引用不同工作表、不同工作簿的单元格数据。使用查找和引用函数，用户不必拘泥于数据的具体位置，只需要了解数据所在的区域，即可查询特定数据，并进行相应的操作，使程序的可操作性和灵活性更强。所以，读者若想提高工作效率，掌握常用的查找与引用函数非常必要。这类函数还比较多，读者选自己常用的来学习和分析即可。

# 第12章 数学和三角函数

➡ 常规的数学计算都按照它们的实际计算规律早早被定义成函数了！

➡ 舍入取整的方法那么多，每种都有相应的函数来对应！

➡ 如何计算一个数据的指数或对数？

➡ 你想快速在弧度和角度之间转换吗？

➡ 常见三角函数应该怎么计算？

公式和函数的最初目的就是解决数据的计算问题，所以计算类函数也常常被用到。这一章，就来回答上面的问题。

## 12.1 常规数学计算

在处理实际业务时，经常需要进行各种常规的数学计算，如取绝对值、求和、乘幂、取余等。Excel 提供了相应的函数，下面就来学习这些常用的数学计算函数的使用技巧，帮助你在工作表中完成那些熟悉的数学计算过程。

### ★ 重点 12.1.1 使用 ABS 函数计算数字的绝对值

在日常数学计算中，需要将计算的结果始终取正，即求数字的绝对值时，可以使用 ABS 函数来完成。绝对值没有符号。

语法结构：
ABS (number)
参　数：
number　必需的参数，表示计算绝对值的参数。

例如，要计算两棵树相差的高度，将一颗树的高度值存放在 A1 单元格中，另一棵树的高度值存放在 A2 单元格中，则可输入公式【=ABS(A1−A2)】，即可取得两棵树相差的高度。

**📖 技术看板**

使用 ABS 函数计算的数值始终为正值，该函数常用于需要求解差值的大小，但对差值的方向并不在意的情况。

### ★ 重点 12.1.2 实战：使用 SIGN 函数获取数值的符号

| 实例门类 | 软件功能 |
|---|---|
| 教学视频 | 光盘\视频\第 12 章\12.1.2.mp4 |

SIGN 函数用于返回数字的符号。当数字为正数时返回 1，为零时返回 0，为负数时返回 −1。

语法结构：
SIGN (number)
参　数：
number　必需的参数，可以是任意实数。

例如，要根据员工在月初时定的销售任务量，在月底统计时进行对比，刚好完成和超出任务量的表示完成任务，否则未完成任务。继而对未完成任务的人员进行分析，具体还差多少任务量没有完成，操作步骤如下。

**Step01** 打开"光盘\素材文件\第 12 章\销售情况统计表 .xlsx"文本，在 D2 单元格中输入公式【=IF(SIGN(B2−C2)>=0," 完成任务 "," 未完成任务 ")】，判断出该员工是否完成任务，如图 12-1 所示。

图 12-1

**Step 02** 在 E2 单元格中输入公式【=IF (D2="未完成任务",C2-B2,"")】，判断出该员工与既定的目标任务还相差多少，如图 12-2 所示。

图 12-2

**Step 03** ❶ 选择 D2:E2 单元格区域，❷ 使用 Excel 的自动填充功能，判断出其他员工是否完成任务，若没有完成任务，那么继续计算出他实际完成的量与既定的目标任务还相差多少，最终效果如图 12-3 所示。

图 12-3

**技术看板**

使用 SIGN 函数可以通过判断两数相减的差的符号，来判断出减数和被减数的大小关系。例如，本例中在判断员工是否完成任务时，需要先计算出数值的符号，然后根据数值结果进行判断。

### 12.1.3 使用 PRODUCT 函数计算乘积

Excel 中如果需要计算两个数的乘积，可以使用乘法数学运算符（*）来进行。例如，单元格 A1 和 A2 中

含有数字，需要计算这两个数的乘积，输入公式【=A1*A2】即可。但如果需要计算许多单元格数据的乘积，使用乘法数学运算符就显得有些麻烦，此时，如果使用 PRODUCT 函数来计算函数所有参数的乘积结果就会简便很多。

语法结构：
PRODUCT (number1,[number2],…)
参　数：
number1　必需的参数，要相乘的第一个数字或区域（工作表上的两个或多个单元格，区域中的单元格可以相邻或不相邻）。
number2,…　可选参数，要相乘的其他数字或单元格区域，最多可以使用 255 个参数。

例如，需要计算 A1 和 A2 单元格中数字的乘积，可输入公式【=PRODUCT(A1,A2)】，该公式等同于【=A1*A2】。如果要计算多个单元格区域中数字的乘积，则可输入【=PRODUCT(A1:A5,C1:C3)】类型的公式，该公式等同于【=A1*A2*A3*A4*A5*C1*C2*C3】。

**技术看板**

如果 PRODUCT 函数的参数为数组或引用，则只有其中的数字将被计算乘积。数组或引用中的空白单元格、逻辑值和文本将被忽略；如果参数为文本和用单元格引用指定文本时，将得到不同的结果。

### 12.1.4 使用 PI 函数返回 pi 值

PI 函数的功能是在系统中返回常数 pi，即 3.14159265358979，精确的小数位数是 14 位。

语法结构：PI ()

PI 函数没有参数。在计算圆周长和圆面积时，都需要使用圆周率，计算公式分别为【$2\pi r$】和【$\pi r^2$】。在 Excel 中使用系数 PI 代表圆周率，因此 PI 函数经常被使用。如输入公式【=PI()*(13^2)】，就可以计算出半径为 13 的圆面积。

**技术看板**

虽然 PI 函数能够保留 14 位小数位，但公式计算的结果值还取决于包含该公式的单元格的数字格式所使用的小数位数。

### 12.1.5 实战：使用 SQRT 函数计算正平方根

| 实例门类 | 软件功能 |
|---|---|
| 教学视频 | 光盘\视频\第 12 章\12.1.5.mp4 |

SQRT 函数用于计算数值的正平方根。

语法结构：
SQRT (number)
参　数：
number　必需的参数，要计算平方根的数。

例如，根据圆面积的相关知识，某圆面积 S 和其半径 r 满足下面的关系式 $S=\pi r^2$。现在已知某圆面积为 200，求该圆的半径值，就可以通过 SQRT 函数求得，具体操作步骤如下。

**Step** ❶ 新建一个空白工作簿，输入如图 12-4 所示的内容，❷ 在 B2 单元格中输入公式【=SQRT(A2/PI())】，即可计算出该圆的半径值为 7.978845608。

图 12-4

### 12.1.6 使用 SQRTPI 函数计算 pi 乘积的平方根

SQRTPI 函数用于计算某数与 pi 的乘积的平方根。

> 语法结构：
> SQRTPI (number)
> 参　数：
> number　必需的参数，表示与 pi 相乘的数。

在圆面积计算过程中，由于参数比较多，有可能会使用到 SQRTPI 函数。如输入公式【=SQRTPI(1)】，即可计算出 pi 的平方根为【1.772454】，如果输入公式【=SQRTPI(6)】，则表示对【6×pi】的乘积开平方，得到【4.341607527】。

**技术看板**

如果 SQRT 或 SQRTPI 函数的参数 number 为负值，则会返回错误值【#NUM!】。如果在 Excel 中，SQRTPI 函数不能得到结果，并返回错误值【#NAME?】，则需要安装并加载【分析工具库】加载宏。

### ★ 重点 12.1.7 实战：使用 MOD 函数计算两数相除的余数

| 实例门类 | 软件功能 |
|---|---|
| 教学视频 | 光盘\视频\第 12 章\12.1.7.mp4 |

在数学运算中，计算两个数相除是很常见的运算，此时使用运算符【/】即可，但有时还需要计算两数相除后的余数。

在数学概念中，被除数与除数进行整除运算后的剩余的数值被称为余数，其特征是：如果取绝对值进行比较，余数必定小于除数。在 Excel 中，使用 MOD 函数可以返回两个数相除后的余数，其结果的正负号与除数相同。

> 语法结构：
> MOD (number,divisor)
> 参　数：
> number　必需的参数，表示被除数。
> divisor　必需的参数，表示除数。如果 divisor 为零，则会返回错误值【#DIV/0!】。

例如，常见的数学题——A 运输公司需要搬运一堆重达 70t 的沙石，而公司调派的运输车每辆能装载的重量为 8t，问还剩多少沙石不能搬运？下面使用 MOD 函数来得到答案，具体操作步骤如下。

Step 1 新建一个空白工作簿，输入如图 12-5 所示的内容，2 在 C2 单元格中输入公式【=MOD(A2,B2)】，即可计算出还剩余 6 吨沙石没有搬运。

图 12-5

**技能拓展——利用 MOD 函数判断一个数的奇偶性**

利用余数必定小于除数的原理，当用一个数值对 2 进行取余操作时，结果就只能得到 0 或 1。在实际工作中，可以利用次原理来判断数值的奇偶性。

### ★ 重点 12.1.8 实战：使用 QUOTIENT 函数返回商的整数部分

| 实例门类 | 软件功能 |
|---|---|
| 教学视频 | 光盘\视频\第 12 章\12.1.8.mp4 |

QUOTIENT 函数用于返回商的整数部分，该函数可用于舍掉商的小数部分。

> 语法结构：
> QUOTIENT (numerator,denominator)
> 参　数：
> numerator　必需的参数，表示被除数。
> denominator　必需的参数，表示除数。

例如，B 公司专门加工牛奶，每天向外输出牛奶成品为 80000L，新设计的包装每个容量为 2.4L，公司领导要了解每天需要这种包装的大概数量。使用 QUOTIENT 函数计算的方法如下。

Step 1 新建一个空白工作簿，输入如图 12-6 所示的内容，2 在 C2 单元格中输入公式【=QUOTIENT(A2,B2)】，即可计算出包装盒的大概需求量。

图 12-6

**技术看板**

如果函数 QUOTIENT 中有某个参数为非数值型，则会返回错误值【#VALUE!】。

## 12.1.9 使用 GCD 函数计算最大公约数

在数学运算中，计算两个或多个正数的最大公约数是很有用的。最大公约数是指能分别整除参与运算的两个或多个数的最大整数。在 Excel 中，GCD 函数用于计算两个或多个整数的最大公约数。

语法结构：
GCD (number1,[number2],…)
参　数：
number1　必需的参数，表示数值的个数可以为 1~255 个。如果任意数值为非整数，则会被强行截尾取整。
number2,…　可选参数，表示数值的个数可以为 1~255 个。如果任意数值为非整数，则会被强行截尾取整。

例如，需要计算数值 341、27、102 和 7 的最大公约数，则可输入公式【=GCD(341,27,102,7)】，得到这一组数据的最大公约数为 1。

### 技术看板

任何数都能被 1 整除，素数只能被其本身和 1 整除。在 GCD 函数中，如果参数为非数值型，则返回错误值【#VALUE!】；如果参数小于零，则返回错误值【#NUM!】。如果参数大于或等于 $2^{53}$，则返回错误值【#NUM!】。

## 12.1.10 使用 LCM 函数计算最小公倍数

计算两个或多个整数的最小公倍数运算，在数学运算中的应用也比较广泛。最小公倍数是所有需要求解的整数的最小正整数倍数。在 Excel 中就需要使用 LCM 函数来求解数值的最小公倍数。

语法结构：
LCM (number1,[number2],…)
参　数：

number1　必需的参数，表示数值的个数可以为 1~255 个。如果任意数值为非整数，则会被强行截尾取整。
number2,…　可选参数，表示数值的个数可以为 1~255 个。如果任意数值为非整数，则会被强行截尾取整。

例如，需要计算数值 341、27、102 和 7 的最小公倍数，则可输入公式【=LCM(341,27,102,7)】，得到这一组数据的最小公倍数为 2191266。

## 12.1.11 实战：使用 SUMPRODUCT 函数计算数组元素的乘积之和

| 实例门类 | 软件功能 |
|---|---|
| 教学视频 | 光盘\视频\第 12 章\12.1.11.mp4 |

SUMPRODUCT 函数可以在给定的几组数组中，将数组间对应的元素相乘，并返回乘积之和。

语法结构：
SUMPRODUCT(array1, [array2], [array3], …)
参　数：
array1　必需的参数，代表其中相应元素需要进行相乘并求和的第一个数组。
array2, array3,…　可选的参数，代表 2~255 个数组参数，其中相应元素需要进行相乘并求和。

例如，C 公司共有 3 个分店，每天都会记录各店的日销售数据，包括销售的产品名称、单价和销售量。如果需要计算每个店当日的总销售额，就可以使用 SUMPRODUCT 函数来完成，具体操作步骤如下。

**Step01** 打开"光盘\素材文件\第 12 章\日销售记录表.xlsx"文本，在 B23 单元格中输入公式【=SUMPRODUCT(($C$2:$C$19=A23)*($F$2:$F$19)*($G$2:$G$19))】，计算出秦隆店当日的销售额，如图 12-7 所示。

图 12-7

### 技术看板

在本案例的解题过程中，使用了【C2:C19=A23】表达式进行判断分店的类别，该表达式得到的是一个逻辑数组，即由 TRUE 和 FALSE 组成的结果。当销售数据属于秦隆店时，返回逻辑值 TRUE，相当于 1；否则返回 FALSE，相当于 0。函数 SUMPRODUCT 将非数值型的数组元素作为 0 处理。如果数组参数具有不同的维数，则会返回错误值【#VALUE!】。

**Step02** 使用 Excel 的自动填充功能计算出其他店当日的销售额，如图 12-8 所示。

图 12-8

227

## 12.1.12 实战：使用 SUMSQ 函数计算参数的平方和

| 实例门类 | 软件功能 |
|---|---|
| 教学视频 | 光盘\视频\第 12 章\12.1.12.mp4 |

SUMSQ 函数用于计算数值的平方和。

语法结构：
SUMSQ(number1, [number2], …)
参　数：
number1 是必需的参数，number2, … 是可选的参数。代表要对其求平方和的 1~255 个参数。也可以用单一数组或对某个数组的引用来代替用逗号分隔的参数。

例如，另一类常见的数学题——

已 知 $a^2+b^2=c^2$，a=27，b=8，求 c 的值。此时，我们可以先使用 SUMSQ 函数计算出 $c^2$ 的值，然后使用 SQRT 函数计算出 c 的值，具体操作步骤如下。

Step01 ❶ 新建一个空白工作簿，输入如图 12-9 所示的内容，❷ 在 A6 单元格中输入公式【=SUMSQ(A3,B3)】，即可计算出 $c^2$ 的值。

图 12-9

Step02 在 C3 单元格中输入公式【=SQRT(A6)】，即可计算出 c 的值，如图 12-10 所示。

图 12-10

### 技术看板

SUMSQ 函数的参数可以是数字或者是包含数字的名称、数组或引用。逻辑值和直接输入到参数列表中代表数字的文本也会参与运算。如果参数是一个数组或引用，则只计算其中的数字。数组或引用中的空白单元格、逻辑值、文本或错误值将被忽略。

## 12.2　舍入与取整计算

在实际工作中，经常会遇到各种各样的数值取舍问题，如将某数值去掉小数部分、将某数值按两位小数四舍五入或者将某个整数保留 3 位有效数字等。为了满足用户对数值的各种取舍要求，Excel 提供了多种取舍函数。灵活运用这些函数，用户可以很方便地完成各种数值的取舍运算。下面介绍一些常用取舍函数的使用技巧。

### ★ 重点 12.2.1 使用 TRUNC 函数返回数字的整数部分

TRUNC 函数可以直接去除数字的小数部分，返回整数。

语法结构：
TRUNC (number,[num_digits])
参　数：
number 必需的参数，需要截尾取整的数字。
num_digits 可选参数，用于指定取整精度的数字。num_digits 的默认值为 0（零）。

根据实际需要，或为了简化公式的计算，有时我们只需要计算某个大概的数据，此时就可以将参与运算的所有小数取整数位进行计算。例如，使用 TRUNC 函数返回 8.965 的整数部分，输入【=TRUNC(8.965)】即可，返回【8】。如果需要返回该数的两位小数，可输入公式【=TRUNC(8.965,2)】，返回【8.96】。

### 技术看板

使用 TRUNC 函数返回负数的整数部分，默认情况下以红色带括号（）显示，如果用户需要返回的数据格式仍然是负数，可以在【设置单元格格式】对话框的【数字】选项卡中设置负数格式。

### 12.2.2 使用 INT 函数返回永远小于原数字的最接近的整数

在 Excel 中，INT 函数与 TRUNC 函数类似，都可以用来返回整数。但是，INT 函数可以依照给定数的小数部分的值，将其向下舍入到最接近的整数。

语法结构：
INT (number)
参　数：
number 必需的参数，代表需要进行向下舍入取整的实数。

在实际运算中，在对有些数据取整时，不仅仅是取截取小数位后的整数，而是需要将数字进行向下舍入计算，即返回永远小于原数字的最接近的整数。INT 函数与 TRUNC 函数在处理正数时结果是相同的，但在处理负数时就明显不同了。

如使用 INT 函数返回 8.965 的整数部分，输入【=INT(8.965)】即可，返回【8】。如果使用 INT 函数返回 –8.965 的整数部分，输入【=INT(–8.965)】即可，返回【–9】，因为 –9 是较小的数。而使用 TRUNC 函数返回 –8.965 的整数部分，将返回【–8】。

## 12.2.3 实战：使用 CEILING 函数按条件向上舍入

| 实例门类 | 软件功能 |
|---|---|
| 教学视频 | 光盘 \ 视频 \ 第 12 章 \12.2.3.mp4 |

CEILING 函数用于将数值按条件（significance 的倍数）进行向上（沿绝对值增大的方向）舍入计算。

语法结构：
CEILING (number,significance)
参　数：
number　必需的参数，代表要舍入的值。
significance　必需的参数，代表要舍入到的倍数，是进行舍入的基准条件。

### 技术看板

如果 CEILING 函数中的参数为非数值型，将返回错误值【#VALUE!】；无论数字符号如何，都按远离 0 的方向向上舍入。如果数字是参数 significance 的倍数，将不进行舍入。

例如，D 公司举办一场活动，需要购买一批饮料和酒水，按照公司的

人数，统计出所需要的数量，去批发商那里整箱购买，由于每种饮料和酒水所装瓶数不同，现需要使用 CEILING 函数计算装整箱的数量，然后再计算出要购买的具体箱数，操作方法如下。

**Step 01** ❶ 新建一个空白工作簿，输入如图 12-11 所示的内容，❷ 在 D2 单元格中输入公式【=CEILING(B2,C2)】，即可计算出百事可乐实际需要订购的瓶数。

图 12-11

### 技术看板

本案例中的公式表示将 B2 单元格中的 58 向上舍入到 6 的倍数，得到结果为【60】。

**Step 02** 在 E2 单元格中输入公式【=D2/C2】，即可计算出百事可乐实际需要订购的箱数，如图 12-12 所示。

图 12-12

**Step 03** ❶ 选择 D2:E2 单元格区域，❷ 使用 Excel 的自动填充功能，计算出其他酒水需要订购的瓶数和箱数，完成后的效果如图 12-13 所示。

图 12-13

## 12.2.4 使用 EVEN 函数沿绝对值增大的方向舍入到最接近的偶数

EVEN 函数可以将数值按照绝对值增大的方向取整，得到最接近的偶数。该函数常用于处理那些成对出现的对象。

语法结构：
EVEN (number)
参　数：
number　必需的参数，代表要舍入的值。

在 Excel 中，如果需要判断一个数值的奇偶性，就要使用 EVEN 函数来进行判断。例如，要判断 B5 单元格中数字的奇偶性，可输入公式【=IF(B5<EVEN(B5)," 奇数 "," 偶数 ")】，当 B5 单元格中数字为奇数时，使用【=EVEN(B5)】公式将向上返回大于 B5 单元格中数字的数，最终返回【奇数】，否则返回等于 B5 单元格中数字的数，最终返回【偶数】。

## 12.2.5 实战：使用 FLOOR 函数按条件向下舍入

| 实例门类 | 软件功能 |
|---|---|
| 教学视频 | 光盘 \ 视频 \ 第 12 章 \12.2.5.mp4 |

FLOOR 函数与 CEILING 函数的功能相反，用于将数值按条件（significance 的倍数）进行向下（沿绝对值减小的方向）舍入计算。

**语法结构：**
FLOOR (number,significance)
参　数：
number　必需的参数，代表要舍入的数值。
significance　必需的参数，代表要舍入到的倍数。

例如，重新计算 D 公司举办活动需要购买饮料和酒水的数量，按照向下舍入的方法进行统计，具体操作步骤如下。

Step01 ❶ 重命名 Sheet1 工作表为【方案一】，❷ 复制【方案一】工作表，并重命名为【方案二】，删除多余数据，❸ 在 D2 单元格中输入公式【=FLOOR(B2,C2)】，即可计算出百事可乐实际需要订购的瓶数，同时可以看到计算出的箱数，如图 12-14 所示。

图 12-14

Step02 使用 Excel 的自动填充功能，计算出其他酒水需要订购的瓶数和箱数，如图 12-15 所示。

图 12-15

### ★ 重点 12.2.6　使用 ROUND 函数按指定位数对数字进行四舍五入

在日常使用中，四舍五入的取整方法是最常用的，该方法也相对公平、合理一些。在 Excel 中，要将某个数字四舍五入为指定的位数，可使用 ROUND 函数。

**语法结构：**
ROUND (number,num_digits)
参　数：
number　必需的参数，代表要四舍五入的数字。
num_digits　必需的参数，代表位数，按此位数对 number 参数进行四舍五入。

例如，使用 ROUND 函数对 18.163 进行四舍五入为两位小数，则输入公式【=ROUND(18.163,2)】，返回【18.16】。如果使用 ROUND 函数对 18.163 进行四舍五入为一位小数，则输入【=ROUND(18.163,1)】，返回【18.2】。如果使用 ROUND 函数对 18.163 四舍五入到小数点左侧一位，则输入【=ROUND(18.163,−1)】，返回【20】。

**技术看板**

ROUND 函数的 num_digits 参数如果大于 0，则将数字四舍五入到指定的小数位；如果等于 0，则将数字四舍五入到最接近的整数；如果小于 0，则在小数点左侧进行四舍五入。若要始终进行向上舍入，请使用 ROUNDUP 函数，其语法结构为：ROUNDUP(number,num_digits)。若要始终进行向下舍入，请使用 ROUNDDOWN 函数，其语法结构为：ROUNDDOWN(number,num_digits)。若要将某个数字四舍五入为指定的倍数，请使用 MROUND 函数，其语法结构为：MROUND(number,multiple)。

### 12.2.7　使用 ODD 函数沿绝对值增大的方向舍入到最接近的奇数

在 Excel 中，要判断一个数值的奇偶性，除了可以使用 EVEN 函数进行判断外，还可以通过 ODD 函数进行判断。

ODD 函数可以将指定数值进行向上舍入为奇数。由于将数值的绝对值向上舍入到最接近奇数的整数值，所以小数向上舍入到最接近奇数的整数。如果数值为负数，则返回值是向下舍入到最接近的奇数。

**语法结构：**
ODD (number)
参　数：
number　必需的参数，代表要舍入的值。

例如，输入公式【=IF(A3<ODD(A3)," 偶数 "," 奇数 ")】，即可判断 A3 单元格中数值的奇偶性。

## 12.3　指数与对数计算

在 Excel 中，专门提供了进行指数与对数计算的函数。掌握这些函数的相关技巧，可以提高指数与对数运算的效率。下面介绍一些常用的使用技巧。

## ★ 重点 12.3.1 使用 POWER 函数计算数字的乘幂

在 Excel 中，除了可以使用【^】运算符表示对底数乘方的幂次（如 5^2），还可以使用 POWER 函数代替【^】运算符，来表示对底数乘方的幂次。

语法结构：
POWER (number,power)
参　　数：
number　必需的参数，表示底数，可以是任意实数。
power　必需的参数，表示指数，底数将按该指数次幂乘方。

例如，要计算 6 的平方，可输入公式【=POWER(6,2)】；要计算 4 的 6 次方，可输入公式【=POWER(4,6)】。

## 12.3.2 使用 EXP 函数计算 e 的 n 次方

在指数与对数运算中，经常需要使用到常数 e（e=2.7182818，是自然对数的底数），如计算 e 的 n 次幂等。而在 Excel 中，就需要使用相应的函数来进行计算。其中，EXP 函数用于计算 e 的 n 次幂。

语法结构：
EXP (number)
参　　数：
number　必需的参数，代表应用于底数 e 的指数。

例如，要计算 –5 的指数数值，可输入公式【=EXP(–5)】；计算 2 的指数数值，可输入公式【=EXP(2)】。

## 12.3.3 使用 LN 函数计算自然对数

LN 函数是 EXP 函数的反函数，用于计算一个数的自然对数，自然对数以常数项 e 为底。

语法结构：
LN (number)
参　　数：
number　必需的参数，代表想要计算其自然对数的正实数。

例如，输入公式【=LN(25)】，即可计算以 e 为底时，25 的自然对数（3.218875825）。

### 技术看板

指数函数的公式为：$y=e^x=EXP(x)$；指数函数的反函数的公式为：$x=e^y$　$y=\log_e x=LN(x)$。

## 12.3.4 使用 LOG 函数计算以指定数字为底数的对数

常见求解对数的底数很多情况下都是指定的其他数据，此时可以使用 LOG 函数进行求解。

语法结构：
LOG (number,[base])
参　　数：
number　必需的参数，用于计算对数的正实数。
base　可选的参数，指代对数的底数。如果省略底数，则假定其值为 10。如果底数为负数或 0 值，则返回错误值【#NUM!】；如果底数为文本值，则返回错误值【#VALUE!】。

LOG 函数可以按所指定的底数，返回一个数的对数。例如，输入公式【=LOG(8,2)】，即可计算以 2 为底时，8 的对数（3）；输入公式【=LOG(8,3)】，即可计算以 3 为底时，8 的对数（1.892789261）。

### 技术看板

在 Excel 中，还提供了一个用于计算对数的函数——LOG10，该函数可以计算以 10 为底数的对数。其语法结构为：LOG10(number)。如输入公式【=LOG10(46)】，即可计算以 10 为底时，46 的对数。

# 12.4 三角函数计算

在 Ecxel 中提供了一些平时常用的三角函数和反三角函数。使用这些函数可计算出对应的三角函数和反三角函数数值，包括计算角度或弧度的正弦值、反正弦值、余弦值等。下面介绍一些常用的使用技巧知识。

## ★ 重点 12.4.1 使用 DEGREES 函数将弧度转换为角度

在计算三角形、四边形、圆等几何体的各种问题中，经常需要将用弧度表示的参数转换为角度，此时就需要使用 DEGREES 函数进行转换。

语法结构：

DEGREES (angle)

参　数：

angle　必需的参数，表示待转换的弧度。

例如，输入公式【=DEGREES (PI()/3)】，即可计算 pi/3 弧度对应的角度（60°）。

### ★ 重点 12.4.2 使用 RADIANS 函数将角度转换为弧度

RADIANS 函数是 DEGREES 函数的逆运算，可将用角度表示的参数转换为弧度。

语法结构：

RADIANS (angle)

参　数：

angle　必需的参数，表示待转换的角度。

在 Excel 中，三角函数都采用弧度作为角的单位（而不是角度）。经常需要使用 RADIANS 函数把角度转换成弧度。例如，输入公式【=RADIANS(240)】，即可将角度 240°转换为弧度（4.18879）。

### ★ 重点 12.4.3 使用 SIN 函数计算给定角度的正弦值

在进行三角函数计算时，经常需要根据某个给定的角度求正弦值，此时就可以使用 SIN 函数来完成。

语法结构：

SIN (number)

参　数：

number　必需的参数，代表需要求正弦值的角度，以弧度表示。正弦值的取值范围为 –1~1。

例如，需要求 45°的正弦值，则可输入公式【=SIN(PI()/4)】。

> **技能拓展——在 SIN 函数中使用角度参数**
>
> 如果 SIN 函数参数的单位是度，则可以乘以 PI()/180 或使用 RADIANS 函数将其转换为弧度。例如，需要求 45°的正弦值，也可输入【=SIN(45*PI()/180)】，或输入【=SIN(RADIANS(45))】。

### 12.4.4 使用 ASIN 函数计算数字的反正弦值

ASIN 函数用于返回参数的反正弦值。反正弦值为一个角度，该角度的正弦值即此函数的 number 参数。返回的角度值将以弧度表示，范围为 –pi/2~pi/2。

语法结构：

ASIN (number)

参　数：

number　必需的参数，代表所需的角度正弦值，必须介于 –1~1。

例如，输入公式【=ASIN(–0.8)】，即可计算以弧度表示 –0.8 的反正弦值，即 –0.927295218。

> **技能拓展——在 ASIN 函数中使用角度参数**
>
> 在 Excel 中，若要用度表示反正弦值，需要将结果再乘以 180/PI() 或用 DEGREES 函数表示。如要以度表示 –0.9 的反正弦值（–64.1581），可输入公式【=ASIN(–0.9)*180/PI()】,也可输入【=DEGREES(ASIN(–0.9))】。

### 12.4.5 使用 COS 函数计算给定角度的余弦值

在 Excel 中如果需要求解给定角度的余弦值，可以使用 COS 函数。

语法结构：

COS (number)

参　数：

number　必需的参数，表示想要求余弦的角度，以弧度表示，数值必须在 –1 ～ 1。

例如，需要求解 1.5824 弧度的余弦值 (–0.01160341)，可输入公式【=COS(1.5824)】。

> **技术看板**
>
> 在函数 COS 中，如果参数 number 是用度来表示的，在计算余弦值的时候，需要将参数乘以 PI()/180，转换为弧度，或者使用 RADIANS 函数将其转换为弧度。如求解 48°的余弦值，还可输入公式【=COS(48*PI()/180)】或【=COS(RADIANS(48))】。

### 12.4.6 使用 ACOS 函数计算反余弦值

ACOS 函数用于返回数字的反余弦值。反余弦值是角度，它的余弦值为数字。返回的角度值以弧度表示，范围是 0~pi。

语法结构：

ACOS (number)

参　数：

number　必需的参数，表示所需的角度余弦值，必须介于 –1~1。

例如，需要求解 –1 弧度的余弦值 (3.141592654)，可输入公式【=ACOS(–1)】。

# 妙招技法

通过前面知识的学习，相信读者已经掌握了常见数学和三角函数的基本用法。下面结合本章内容，给大家介绍一些实用技巧。

## 技巧 01：时针、分针形成角度对应弧长计算

| 教学视频 | 光盘＼视频＼第 12 章＼技巧 01.mp4 |
| --- | --- |

前面我们介绍了弧度和角度的相关公式，下面我们通过计算时钟上不同时间指针所经过的弧长，来进一步巩固相关函数的应用。

**Step 01** 打开"光盘＼素材文件＼第 12 章＼时、分针形成角度对应弧长计算.xlsx"文件，在 B3 单元格中输入【=RADIANS(B2)】，即可计算出 3 点整时指针经过的弧长，如图 12-16 所示。

图 12-16

**Step 02** 向右拖动填充控制柄，将公式复制到后续的单元格中，计算出其他时间下指针经过的弧度值，如图 12-17 所示。

图 12-17

**Step 03** 要将角度转换为弧度，还可以使用求圆周率近似值的 PI 函数来完成。在 B4 单元格中输入【=B2*PI()/180】，可以看到计算结果和 B3 单元格相同，如图 12-18 所示。

图 12-18

**Step 04** 向右拖动填充控制柄，将公式复制到后续的单元格中，计算出其他时间下指针经过的弧度值，如图 12-19 所示。

图 12-19

## 技巧 02：通过山顶铁搭的高度计算山体高度

| 教学视频 | 光盘＼视频＼第 12 章＼技巧 02.mp4 |
| --- | --- |

上例是比较常见的数学计算，本例我们再用相同的解题思路计算一个山体的高度。假设我们在山顶铁塔上 B 处测得地面上一点 A 的俯角 $\alpha=58°$，在塔底 C 处测得 A 处的俯角 $\beta=46°$，现已知铁塔 BC 部分的高为 58m，要计算山体的高度 CD，可以使用 COS 函数进行计算，具体操作步骤如下。

**Step** 打开"光盘＼素材文件＼第 12 章＼计算山体高度.xlsx"文件，在 D2 单元格中输入【=ROUND(C2*COS(RADIANS(B2))*SIN(RADIANS(A2))/SIN(RADIANS(A2−B2))−C2,0)】，即可根据现有数据计算出山体的高度 CD 为 106m，如图 12-20 所示。

图 12-20

## 技巧 03：根据最短距离计算两条公路形成夹角的度数

| 教学视频 | 光盘＼视频＼第 12 章＼技巧 03.mp4 |
| --- | --- |

假设有两条高速公路相较于一点 C，若从第一条高速公路上取一点 A 绘制到第二条高速公路的 B 点，AB 线段是两条公路的最近线路，形成直角三角形，假设 AB 线段为 17m，AC 线段为 26m，现需要计算 AB 两条高速公路形成的角度 α 的度数，可以使用反正弦函数 ASIN 计算，具体操作步骤如下。

**Step** 打开"光盘＼素材文件＼第 12 章＼根据最短距离计算两条公路形成夹角的度数.xlsx"文件，在 C2 单元格中输入【=DEGREES(ASIN(A2/B2))】，即可计算出两条公路所形成的夹角度数为约 40.83°，如图 12-21 所示。

图 12-21

### 技巧 04：根据两条相交公路的长度计算形成的夹角度数

| 教学视频 | 光盘 \ 视频 \ 第 12 章 \ 技巧 04.mp4 |
| --- | --- |

本例，我们假设有两条公路相交于 C 点，若从第一条公路上取一点 A 绘制到第二条公路上的 B 点，AB 线段是两条公路的最近线路，它们形成直角三角形，如果 BC 线段为 24m，AC 线段为 35m，现需要计算 AB 两条公路形成的角度 α 的度数，可以使用反余弦函数 ACOS 计算，具体操作步骤如下。

**Step** 打开"光盘 \ 素材文件 \ 第 12 章 \ 根据两条相交公路的长度计算形成的夹角度数 .xlsx"文件，在 C2 单元格中输入【=DEGREES(ACOS(B2/A2))】，即可计算出两条相交公路所形成的夹角度数约为 46.70°，如图 12-22 所示。

图 12-22

## 本章小结

Excel 2013 中提供的数学和三角函数基本上包含了平时经常使用的各种数学公式和三角函数，使用这些函数，可以完成求和、开方、乘幂、三角函数、角度、弧度、进制转换等各种常见的数学运算和数据舍入功能。同时，在 Excel 的综合应用中，掌握常用的数学函数的应用技巧，对构造数组序列、单元格引用位置变换、日期函数综合应用以及文本函数的提取都起着重要作用。用户在学习本章知识时不应死记硬背，多结合相应的数学公式和其计算原理来学习，才能在日后的工作中得心应手。虽然本章讲解的时候讲了很多知识点，但在学习的时候希望用户不要囫囵吞枣，挑自己用得上的深入去学习吧。

第
一
篇

第
2
篇

第
3
篇

第
4
篇

第
5
篇

第
6
篇

# 第 13 章　财务函数

➡ 用函数分析常用的投资信息，现值、期值、利率、还款次数。

➡ 在不同财务分析情况下，本金和利息的计算如何实现？

➡ 投资预算的各个环节都需要考虑到，常用的 3 个函数帮你搞定。

➡ 不同情况下的收益率如何计算？

➡ 不同折旧法的计算。

作为投资和财务分析人员，每天都要对大量的数据进行处理和计算。那么，如何提高计算速度，轻松完成工作呢？这就要用到 Excel 提供的财务函数了，它是帮助我们进行数据处理和计算的强大工具，可以有效提高工作效率。

## 13.1　基本财务函数应用技巧

Excel 提供了丰富的财务函数，可以将原本复杂的计算过程变得简单，为财务分析提供极大的便利。本节首先介绍一些常用的基本财务函数的使用技巧。

### ★ 重点 13.1.1　实战：使用 FV 函数计算一笔投资的期值

| 实例门类 | 软件功能 |
|---|---|
| 教学视频 | 光盘＼视频＼第 13 章＼13.1.1.mp4 |

FV 函数可以在基于固定利率及等额分期付款的情况下，计算某项投资的未来值。

语法结构：
FV (rate,nper,pmt,[pv],[type])
参　数：
rate　必需的参数，表示各期利率。通常用年利表示利率，如果是按月利率，则利率应为 11%/12。如果指定为负数，则返回错误值【#NUM!】。
nper　必需的参数，表示付款期总数。如果每月支付一次，则 30 年期为 30×12；如果按半年支付一次，则 30 年期为 30×2。如果指定为负数，则返回错误值【#NUM!】。

pmt　必需的参数，各期所应支付的金额，其数值在整个年金期间保持不变。通常，pmt 包括本金和利息，但不包括其他费用或税款。如果省略 pmt，则必须包括 pv 参数。
pv　可选参数，表示投资的现值（未来付款现值的累积和）。如果省略 pv，则假设其值为 0（零），并且必须包括 pmt 参数。
type　可选参数，表示期初或期末，0 为期末，1 为期初。

例如，A 公司将 50 万元投资于一个项目，年利率为 8%，投资 10 年后，该公司可获得的资金总额为多少？下面使用 FV 函数来计算这个普通复利下的终值，具体操作步骤如下。
Step 打开"光盘＼素材文件＼第 13 章＼项目投资未来值计算 .xlsx"文件，在 B5 单元格中输入公式【=FV(B3,B4,,-B2)】，即可计算出该项目投资 10 年后的未来值，如图 13-1 所示。

图 13-1

### 技术看板

使用 FV 函数时，应确认 rate 和 nper 参数所指定的单位的一致性。若以月为单位，则都以月为单位；若以年为单位，则都以年为单位。

FV 函数不仅可以进行普通复利终值的计算，还可以用于年金终值的计算。例如，B 公司也投资了一个项目，需要在每年年末时投资 5 万元，年回报率 8%，计算投资 10 年后得到的资金总额，具体操作步骤如下。

Step ❶ 新建一张工作表，输入如图 13-2 所示的内容，❷ 在 B5 单元格中输入公式【=FV(B3,B4,-B2,,1)】，即可计算出该项目投资 10 年后的未来值。

图 13-2

### ★ 重点 13.1.2 实战：使用 PV 函数计算投资的现值

| 实例门类 | 软件功能 |
|---|---|
| 教学视频 | 光盘\视频\第 13 章\13.1.2.mp4 |

PV 函数用于计算投资项目的现值。在财务管理中，现值为一系列未来付款的当前值的累积和，在财务概念中表示的是考虑风险特性后的投资价值。

语法结构：
PV (rate,nper,pmt,[fv],[type])
参　数：
rate　必需的参数，表示投资各期的利率。做项目投资时，如果不确定利率，会假设一个值。
nper　必需的参数，表示投资的总期限，即该项投资的付款期总数。
pmt　必需的参数，表示投资期限内各期所应支付的金额，其数值在整个年金期间保持不变。如果忽略 pmt，则必须包含 fv 参数。
fv　可选参数，表示投资项目的未来值，或在最后一次支付后希望得到的现金余额。如果省略 fv，则假设其值为 0。如果忽略 fv，则必须包含 pmt 参数。

type　可选参数，是数字 0 或 1，用以指定投资各期的付款时间是在期初还是期末。

在投资评价中，如果要计算一项投资的现金，可以使用 PV 函数来计算。例如，小胡拟在 7 年后获得一笔 20000 元的资金，假设投资报酬率为 3%，那他现在应该存入多少钱？现在使用 PV 函数来计算这个普通复利下的现值，具体操作步骤如下。

Step 打开"光盘\素材文件\第 13 章\预期未来值的现值计算.xlsx"文件，在 B5 单元格中输入公式【=PV(B3,B4,,-B2,)】，即可计算出要想达到预期的收益，目前需要存入的金额，如图 13-3 所示。

图 13-3

PV 函数还可以用于年金的现值计算。例如，小陈出国 3 年，请人代付房租，每年租金 10 万，假设银行存款利率为 1.5%，他应该现在存入银行多少钱？具体操作步骤如下。

Step ❶ 新建一张工作表，输入如图 13-4 所示的内容，❷ 在 B5 单元格中输入公式【=PV(B3,B4,-B2,,)】，即可计算出小陈在出国前应该存入银行的金额。

图 13-4

### 技术看板

由于未来资金与当前资金有不同的价值，使用 PV 函数可指定未来资金在当前的价值。该案例中的结果本来为负值，表示这是一笔付款，即支出现金流。为了得到正数结果，所以将公式中的付款数前方添加了【-】符号。

### ★ 重点 13.1.3 实战：使用 RATE 函数计算年金的各期利率

| 实例门类 | 软件功能 |
|---|---|
| 教学视频 | 光盘\视频\第 13 章\13.1.3.mp4 |

使用 RATE 函数可以计算出年金的各期利率，如未来现金流的利率或贴现率，在利率不明确的情况下可计算出隐含的利率。

语法结构：
RATE (nper,pmt,pv,[fv],[type],[guess])
参　数：
nper　必需的参数，表示投资的付款期总数。通常用年利表示利率，如果是按月利率，则利率应为 11%/12。如果指定为负数，则返回错误值【#NUM!】。
pmt　必需的参数，表示各期所应支付的金额，其数值在整个年金期间保持不变。通常，pmt 包括本金和利息，但不包括其他费用或税款。如果省略 pmt，则必须包含 fv 参数。
pv　必需的参数，为投资的现值（未来付款现值的累积和）。
fv　可选参数，表示未来值，或在最后一次支付后希望得到的现金余额。如果省略 fv，则假设其值为 0。如果忽略 fv，则必须包含 pmt 参数。

type 可选参数，表示期初或期末，0为期末，1为期初。

guess 可选参数，表示预期利率（估计值）。如果省略预期利率，则假设该值为10%。

### 技术看板

函数RATE通过迭代法计算得出结果，可能无解或有多个解。如果在进行20次迭代计算后，函数RATE的相邻两次结果没有收敛于0.0000001，函数RATE就会返回错误值【#NUM!】。

例如，C公司为某个项目投资了80000元，按照每月支付5000的方式，16个月支付完，需要分别计算其中的月投资利率和年投资利率。

Step01 打开"光盘\素材文件\第13章\项目投资的月利率和年利率计算.xlsx"文件，在B5单元格中输入公式【=RATE(B4*12,−B3,B2)】，即可计算出该项目的月投资利率，如图13-5所示。

图 13-5

Step02 在B6单元格中输入公式【=RATE(B4*12,−B3,B2)*12】，即可计算出该项目的年投资利率，如图13-6所示。

图 13-6

### ★ 重点 13.1.4 实战：使用 NPER 函数计算还款次数

| 实例门类 | 软件功能 |
|---|---|
| 教学视频 | 光盘\视频\第13章\13.1.4.mp4 |

NPER函数用口计算基于固定利率及等额分期付款方式，返回某项投资的总期数。

**语法结构：**
NPER (rate,pmt,pv,[fv],[type])

**参　数：**

rate 必需的参数，表示各期利率。

pmt 必需的参数，表示各期所应支付的金额。其数值在整个年金期间保持不变。通常，pmt包括本金和利息，但不包括其他费用或税款。

pv 必需的参数，表示投资的现值（未来付款现值的累积和）。

fv 可选参数，表示未来值，或在最后一次支付后希望得到的现金余额。如果省略fv，则假设其值为0。如果忽略fv，则必须包含pmt参数。

type 可选参数，表示期初或期末，0为期末，1为期初。

例如，小李需要积攒一笔存款，金额为60万元，如果他当前的存款为30万元，并计划以后每年存款5万元，银行利率为1.5%，问他需要存款多长时间，才能积攒到需要的金额。具体操作步骤如下。

Step 打开"光盘\素材文件\第13章\计算积攒一笔存款需要的时间.xlsx"文件，在B6单元格中输入公式【=INT(NPER(B2,−B3,−B4,B5,1))+1】，即可计算出小李积攒该笔存款需要的整数年时间，如图13-7所示。

图 13-7

## 13.2 计算本金和利息技巧

本金和利息是公司支付方法的重要手段，也是公司日常财务工作的重要部分。在财务管理中，本金和利息常常是十分重要的变量。为了能够方便高效地管理这些变量，处理好财务问题，Excel提供了计算各种本金和利息的函数。

## ★ 重点 13.2.1 实战：使用 PMT 函数计算贷款的每期付款额

| 实例门类 | 软件功能 |
|---|---|
| 教学视频 | 光盘\视频\第 13 章\13.2.1.mp4 |

PMT 函数用于计算基于固定利率及等额分期付款方式，返回贷款的每期付款额。

语法结构：
PMT(rate,nper,pv,[fv],[type])
参　　数：

rate　必需的参数，代表投资或贷款的各期利率。通常用年利表示利率，如果是按月利率，则利率应为 11%/12。如果指定为负数，则返回错误值【#NUM!】。

nper　必需的参数，代表总投资期或贷款期，即该项投资或贷款的付款期总数。

pv　必需的参数，代表从该项投资（或贷款）开始计算时已经入账的款项，或一系列未来付款当前值的累积和。

fv　可选参数，表示未来值，或在最后一次支付后希望得到的现金余额。如果省略 fv，则假设其值为 0。如果忽略 fv，则必须包含 pmt 参数。

type　可选参数，是一个逻辑值 0 或 1，用以指定付款时间在期初还是期末，0 为期末，1 为期初。

在财务计算中，了解贷款项目的分期付款额，是计算公司项目是否盈利的重要手段。例如，D 公司投资某个项目，向银行贷款 60 万元，贷款年利率为 4.9%，考虑 20 年或 30 年还清，请分析一下两种还款期限中按月偿还和按年偿还的项目还款金额，具体操作步骤如下。

Step01 打开"光盘\素材文件\第 13 章\项目贷款不同年限的每期还

款额 .xlsx"文件，❶在 A8:A9 单元格区域中输入如图 13-8 所示的内容，❷在 B8 单元格中输入公式【=PMT(E3/12,C3*12,A3)】，即可计算出该项目贷款 20 年时每月应偿还的金额。

图 13-8

Step02 在 E8 单元格中输入公式【=PMT(E3,C3,A3)】，即可计算出该项目贷款 20 年时每年应偿还的金额，如图 13-9 所示。

图 13-9

Step03 在 B9 单元格中输入公式【=PMT(E3/12,C4*12,A3)】，即可计算出该项目贷款 30 年时每月应偿还的金额，如图 13-10 所示。

图 13-10

Step04 在 E9 单元格中输入公式【=PMT(E3,C4,A3)】，即可计算出该项目贷款 30 年时每年应偿还的金额，如图 13-11 所示。

图 13-11

### 技术看板

使用 PMT 函数返回的支付款项包括本金和利息，但不包括税款、保留支付或某些与贷款有关的费用。

## ★ 重点 13.2.2 实战：使用 IPMT 函数计算贷款在给定期间内支付的利息

| 实例门类 | 软件功能 |
|---|---|
| 教学视频 | 光盘\视频\第 13 章\13.2.2.mp4 |

基于固定利率及等额分期付款方式情况下，使用 PMT 函数可以计算贷款的每期付款额。但有时候需要知道在还贷过程中，利息部分占多少，本金部分占多少。如果需要计算该种贷款情况下支付的利息，就需要使用 IPMT 函数了。

IPMT（偿还利息部分）函数用于计算在给定时间内对投资的利息偿还额，该投资采用等额分期付款方式，同时利率为固定值。

语法结构：
IPMT(rate,per,nper,pv,[fv],[type])
参　　数：

rate　必需的参数，表示各期利率。通常用年利表示利率，如果是按月利率，则利率应为 11%/12。如果指定为负数，则返回错误值【#NUM!】。

per　必需的参数，表示用于计算

其利息的期次，求分几次支付利息，第一次支付为 1。per 必须介于 1~nper。

nper 必需的参数，表示投资的付款期总数。如果要计算出各期的数据，则付款年限 × 期数值。

pv 必需的参数，表示投资的现值（未来付款现值的累积和）。

fv 可选参数，表示未来值，或在最后一次支付后希望得到的现金余额。如果省略 fv，则假设其值为 0。如果忽略 fv，则必须包含 pmt 参数。

type 可选参数，表示期初或期末，0 为期末，1 为期初。

例如，小陈以等额分期付款方式贷款买了一套房子，需要对各年的偿还贷款利息进行计算，具体操作步骤如下。

**Step01** 打开"光盘\素材文件\第 13 章\房贷分析.xlsx"文件，❶ 在 A8:B27 单元格区域中输入如图 13-12 所示的内容，❷ 在 C8 单元格中输入公式【=IPMT($E$3,A8,$C$3,$A$3)】，即可计算出该项贷款在第一年需要偿还的利息金额。

图 13-12

**Step02** 使用 Excel 的自动填充功能，计算出各年应偿还的利息金额，如图 13-13 所示。

图 13-13

### ★ 重点 13.2.3 实战：使用 PPMT 函数计算贷款在给定期间内偿还的本金

| 实例门类 | 软件功能 |
|---|---|
| 教学视频 | 光盘\视频\第 13 章\13.2.3.mp4 |

基于固定利率及等额分期付款方式情况下，还能使用 PPMT 函数计算贷款在给定期间内投资本金的偿还额，从而更清楚地确定某还贷的利息/本金是如何划分的。

语法结构：

PPMT(rate,per,nper,pv,[fv],[type])

参 数：

rate 必需的参数，表示各期利率。通常用年利表示利率，如果是按月利率，则利率应为 11%/12。如果指定为负数，则返回错误值【#NUM!】。

per 必需的参数，表示用于计算其利息的期次，求分几次支付利息，第一次支付为 1。per 必须介于 1~nper。

nper 必需的参数，表示投资的付款期总数。如果要计算出各期的数据，则付款年限 × 期数值。

pv 必需的参数，表示投资的现值（未来付款现值的累积和）。

fv 可选参数，表示未来值，或在最后一次支付后希望得到的现金余额。如果省略 fv，则假设其

值为零。如果忽略 fv，则必须包含 pmt 参数。

type 可选参数，表示期初或期末，0 为期末，1 为期初。

例如，要分析上个案例中房贷每年偿还的本金数额，具体操作步骤如下。

**Step01** 在 E8 单元格中输入公式【=PPMT($E$3,A8,$C$3,$A$3)】，即可计算出该项贷款在第一年需要偿还的本金金额，如图 13-14 所示。

图 13-14

**Step02** 使用 Excel 的自动填充功能，计算出各年应偿还的本金金额，如图 13-15 所示。

图 13-15

### 13.2.4 实战：使用 ISPMT 函数计算特定投资期内支付的利息

| 实例门类 | 软件功能 |
|---|---|
| 教学视频 | 光盘\视频\第 13 章\13.2.4.mp4 |

如果不采用等额分期付款方式，

在无担保的普通贷款情况下，贷款的特定投资期内支付的利息可以使用 ISPMT 函数来进行计算。

语法结构：
ISPMT (rate,per,nper,pv)
参　数：
rate　必需的参数，表示各期利率。通常用年利表示利率，如果是按月利率，则利率应为11%/12。如果指定为负数，则返回错误值【#NUM!】。
per　必需的参数，表示用于计算其利息的期次，求分几次支付利息，第一次支付为1。per 必须介于 1~nper。
nper　必需的参数，表示投资的付款期总数。如果要计算出各期的数据，则付款年限 × 期数值。
pv　必需的参数，表示投资的现值（未来付款现值的累积和）。

例如，在上个房贷案例中如果要换成普通贷款形式，计算出每年偿还的利息数额，具体操作步骤如下。

Step01 在 G8 单元格中输入公式【=ISPMT($E$3,A8,$C$3,$A$3)】，即可计算出该项贷款在第一年需要偿还的利息金额，如图 13-16 所示。

图 13-16

Step02 使用 Excel 的自动填充功能，计算出各年应偿还的利息金额，如图 13-17 所示。

图 13-17

### 13.2.5 实战：使用 CUMIPMT 函数计算两个付款期之间累积支付的利息

| 实例门类 | 软件功能 |
| --- | --- |
| 教学视频 | 光盘\视频\第 13 章 \13.2.5.mp4 |

使用前面的 3 个函数都只计算了某一个还款额的利息或本金，如果需要计算一笔贷款的某一个时间段内（即两个付款期之间）的还款额的利息总数，就需要使用 CUMIPMT 函数。

语法结构：
CUMIPMT (rate,nper,pv,start_period,end_period,type)
参　数：
rate　必需的参数，表示各期利率。如果是按月利率，则利率应为11%/12。如果指定为负数，则返回错误值【#NUM!】。
nper　必需的参数，表示投资的付款期总数。如果要计算出各期的数据，则付款年限 × 期数值。
pv　必需的参数，表示投资的现值（未来付款现值的累积和）。
start_period　必需的参数，表示计算中的首期，付款期数从 1 开始计数。
end_period　必需的参数，表示计算中的末期。
type　必需的参数，表示期初或期末，0 为期末，1 为期初。

例如，在上个房贷案例中，需要计算前 3 年累计支付的利息，具体操作步骤如下。

Step❶ 合并 A30 和 B30 单元格，并输入文本【前 3 年累计偿还的利息】，❷ 在 C30 单元格中输入公式【=CUMIPMT(E3/12,C3*12,A3,1,36,0)】，即可计算出该项贷款在前 3 年偿还的利息总和，如图 13-18 所示。

图 13-18

> **技术看板**
>
> 在本例中计算前 3 年累计偿还的利息结果值为负数，是因为这笔钱是属于支付，表示时即为负数。

### 13.2.6 实战：使用 CUMPRINC 函数计算两个付款期之间累积支付的本金

| 实例门类 | 软件功能 |
| --- | --- |
| 教学视频 | 光盘\视频\第 13 章 \13.2.6.mp4 |

CUMPRINC 函数用于返回一笔贷款在给定的 start_period（首期）到 end_period（末期）期间累计偿还的本金数额。

语法结构：
CUMPRINC (rate, nper,pv,start_period,end_period,type)
参　数：
rate　必需的参数，表示各期利

率。如果是按月利率，则利率应为 11%/12。如果指定为负数，则返回错误值【#NUM!】

nper 必需的参数，表示投资的付款期总数。如果要计算出各期的数据，则付款年限×期数值。

pv 必需的参数，表示投资的现值（未来付款现值的累积和）。

start_period 必需的参数，表示计算中的首期，付款期数从 1 开始计数。

end_period 必需的参数，表示计算中的末期。

type 必需的参数，表示期初或期末，0 为期末，1 为期初。

例如，要计算上个房贷案例中贷款在前 3 年时间段内的还款额的本金总数，就可以使用 CUMPRINC 函数来完成，具体操作步骤如下。

**Step** ❶ 合并 A31 和 B31 单元格，并输入文本【前 3 年累计偿还的本金】，❷ 在 C31 单元格中输入公式【=CUMPRINC(E3/12,C3*12,A3,1,36,0)】，即可计算出该项贷款在前 3 年偿还的本金总和，如图 13-19 所示。

图 13-19

如果 CUMPRINC 函数的 rate ≤ 0、nper ≤ 0、pv ≤ 0、start_period <1、end_period<1、start_period>end_period，或 type 为 0 或 1 之外的任何数，则会返回错误值【#NUM!】。

### 13.2.7 使用 EFFECT 函数将名义年利率转换为实际年利率

在经济分析中，复利计算通常以年为计息周期。但在实际经济活动中，计息周期有半年、季度、月、周、日等多种。当利率的时间单位与计息期不一致时，就出现了名义利率和实际利率的问题。

其中，名义利率是指表示出来的利率，它表示为年利率，每年计算一次复利，例如，每月 6% 的 APR 复利；实际利率是每年实际支付或赚取的费率。例如，名义利率为每月 6% 的 APR 复利，如果贷款 10000 美元，则利息为 616.8 美元，实际利率为 6.618%。

实际利率与名义利率之间关系如下。

$$R=\left(1+\frac{i}{m}\right)^m-1$$

式中，$R$ 为实际利率，$i$ 为名义利率，$m=$ 一年内计息的次数。

Excel 中提供了名义利率与实际利率相互转化的财务函数，其中 EFFECT 函数可以根据给定的名义年利率和每年的复利期数，计算出有效的年利率。

语法结构：
EFFECT (nominal_rate,npery)
参　数：
nominal_rate 必需的参数，表示名义利率。
npery 必需的参数，表示每年的复利期数。

在前面的例子中使用了匹配还款期限的名义利率或估计的利率，这都是转换利率的简化方法。但在处理一些特殊情况时，如名义利率与还款频率（如每月还一次）不相同，就需要转换为正确的利率。

例如，某人在银行存款 1 年，名义利率是 1.5%，使用 EFFECT 函数求实际月利率可输入【=EFFECT(1.5%,12)】，计算结果为 0.015103556 或 1.510356%。

表现利率常用 3 种方法，即【名义利率】【实际利率】和【定期利率】。定期利率主要用于计算复利阶段的本金，通常少于一年。例如，每月 6% 的 APR 复利，表示每月的定期利率为 0.5%。使用上述任意方法表示的利率都可以转换为另外一种方法表示的利率。定期利率只是将名义利率除以指定的复利阶段，所以没有为它提供公式。

### 13.2.8 使用 NOMINAL 函数将实际年利率转换为名义年利率

Excel 还提供了 NOMINAL 函数，它可以基于给定的实际利率和年复利期数，返回名义年利率。

名义利率转为实际利率的公式可以转变为：

$$i=m\left((r+1)^{\frac{1}{m}}-1\right)$$

式中，$i$ 为名义利率，$r$ 为实际利率，$m=$ 一年内计息的次数。

语法结构：
NOMINAL (effect_rate,npery)
参　数：
effect_rate 必需的参数，表示实际利率。
npery 必需的参数，表示年复利期数。

例如，知道对于 500 万美元的贷款，去年支付了 320000.89 美元的利息，就可以计算出名义年利率。

只要输入公式【=NOMINAL (320000.89/5000000,12)】，即可得到计算结果为 6.2% 的 APR 复利。

> 📖 **技术看板**
>
> 大多数财务机构都把利率表示为每月复利的名义利率。但在报告投资的回报或比较利率时，又常常使用年度实际回报率，以便于比较利率。因此，经常需要转换利率。

# 13.3 计算投资预算技巧

在进行投资评价时，经常需要计算一笔投资在复利条件下的现值、未来值和投资回收期等，或是等额支付情况下的年金现值、未来值。最常用的投资评价方法，包括净现值法、回收期法、内含报酬率法等。这些复杂的计算，可以使用财务函数中的投资评价函数轻松完成。本书因为篇幅有限，只抛砖引玉地讲解部分常用投资预算函数。

## ★ 重点 13.3.1 实战：通过 FVSCHEDULE 函数使用一系列复利率计算初始本金的未来值

| 实例门类 | 软件功能 |
|---|---|
| 教学视频 | 光盘\视频\第 13 章\13.3.1.mp4 |

FVSCHEDULE 函数可以基于一系列复利（利率数组）返回本金的未来值，主要用于计算某项投资在变动或可调利率下的未来值。

语法结构：
FVSCHEDULE(principal, schedule)
参 数：
principal 必需的参数，表示投资的现值。
schedule 必需的参数，表示要应用的利率数组。

例如，小张今年年初在银行存款 10 万元整，存款利率随时都可能变动，如果根据某投资机构预测的未来 4 年的利率，需要求解该存款在 4 年后的银行存款数额，可通过 FVSCHEDULE 函数进行计算，具体操作步骤如下。

Step 打开"光盘\素材文件\第 13 章\根据预测的变动利率计算存款的未来值.xlsx"文件，在 B8 单元格中输入

公式【=FVSCHEDULE(B2,B3:B6)】，即可计算出在预测利率下该笔存款的未来值，如图 13-20 所示。

图 13-20

> 📖 **技术看板**
>
> schedule 参数的值可以是数字或空白单元格，其他任何值都将在函数 FVSCHEDULE 的运算中产生错误值【#VALUE!】。空白单元格会被认为是 0（没有利息）。

## 13.3.2 实战：基于一系列定期的现金流和贴现率，使用 NPV 函数计算投资的净现值

| 实例门类 | 软件功能 |
|---|---|
| 教学视频 | 光盘\视频\第 13 章\13.3.2.mp4 |

NPV 函数可以根据投资项目的贴现率和一系列未来支出（负值）和收入（正值），计算投资的净现值，

即计算一组定期现金流的净现值。

语法结构：
NPV (rate,value1,[value2],…)
参 数：
rate 必需的参数，表示投资项目在某期限内的贴现率。
value1，value2，… value1 是必需的，后续值是可选的。这些是代表项目的支出及收入的 1~254 个参数。

例如，E 公司在期初投资金额为 30000 元，同时根据市场预测投资回收现金流。第一年的收益额为 18800 元，第二年的收益额为 26800 元，第三年的收益为 38430 元，该项目的投资折现率为 6.8%，求解项目在第三年的净现值。此时，可通过 NPV 函数进行计算，具体操作步骤如下。

Step 打开"光盘\素材文件\第 13 章\计算投资项目的净现值.xlsx"文件，在 B8 单元格中输入公式【=NPV(B1,−B2,B4,B5,B6,)−B2】，即可返回该项目在第三年的净现值为 9,930.53，如图 13-21 所示。

图 13-21

往是假设现金流量是定期发生在期初或期末，而实际工作中现金流的发生往往是不定期的。计算现金流不定期条件下的净现金的数学计算公式如下。

$$NXPV = \sum_{j=1}^{N} \frac{P_j}{(1+rate)^{\frac{(d_j - d_1)}{365}}}$$

式中，$d_j$ 为第 $j$ 个或最后一个支付日期；$d_1$ 为第 0 个支付日期；$P_j$ 为第 $j$ 个或最后一个支付金额。

在 Excel 中，运用 XNPV 函数可以很方便地计算出现金流不定期发生条件下一组现金流的净现值，从而满足投资决策分析的需要。

语法结构：

XNPV (rate,values,dates)

参 数：

rate 必需的参数，表示用于计算现金流量的贴现率。如果指定负数，则返回错误值【#NUM!】。

values 必需的参数，表示和 dates 中的支付时间对应的一系列现金流。首期支付是可选的，并与投资开始时的成本或支付有关。如果第一个值是成本或支付，则它必须是负值。所有后续支付都基于 365 天 / 年贴现。数值系列至少要包含一个正数和一个负数。

dates 必需的参数，表示现金流的支付日期表。

## 技术看板

NPV 函数与 PV 函数相似，主要差别在于：PV 函数允许现金流在期初或期末开始。与可变的 NPV 函数的现金流数值不同，PV 函数的每一笔现金流在整个投资中必须是固定的。而 NPV 函数使用 value1,value2,… 的顺序来解释现金流的顺序。所以务必保证支出和收入的数额按正确的顺序输入。NPV 函数假定投资开始于 value1 现金流所在日期的前一期，并结束于最后一笔现金流的当期。该函数依据未来的现金流来进行计算。如果第一笔现金流发生在第一个周期的期初，则第一笔现金必须添加到函数 NPV 的结果中，而不应包含在 values 参数中。

### 13.3.3 实战：使用 XNPV 函数计算一组未必定期发生的现金流的净现值

| 实例门类 | 软件功能 |
|---|---|
| 教学视频 | 光盘 \ 视频 \ 第 13 章 \13.3.3.mp4 |

在进行投资决策理论分析时，往

求不定期发生现金流量的净现值

时，开始指定的日期和现金流量必须是发生在起始阶段。

例如，E 公司在期初投资金额为 15 万元，投资折现率为 7.2%，并知道该项目的资金支付日期和现金流数目，需要计算该项投资的净现值。此时，可通过 XNPV 函数进行计算，具体操作步骤如下。

Step ❶ 新建一张工作表，输入如图 13-22 所示的内容，❷ 在 B11 单元格中输入公式【=XNPV（B1,B4:B9,A4:A9）】，即可计算出该投资项目的净现值。

图 13-22

## 技术看板

在函数 XNPV 中，参数 dates 中的数值将被截尾取整；如果参数 dates 中包含不合法的日期，或先于开始日期，将返回错误值【#VAIUE】；如果参数 values 和 dates 中包含的参数数目不同，函数返回错误值【#NUM!】。

## 13.4 计算收益率技巧

在投资和财务管理领域，计算投资的收益率具有重要的意义。因此，为了方便用户分析各种收益率，Excel 提供了多种计算收益率的函数，下面介绍一些常用计算收益率函数的使用技巧。

## ★ 重点 13.4.1 实战：使用 IRR 函数计算一系列现金流的内部收益率

| 实例门类 | 软件功能 |
|---|---|
| 教学视频 | 光盘\视频\第 13 章\13.4.1.mp4 |

IRR 函数可以返回由数值代表的一组现金流的内部收益率。这些现金流不必为均衡的，但作为年金，它们必须按固定的间隔产生，如按月或按年。内部收益率为投资的回收利率，其中包含定期支付（负值）和定期收入（正值）。函数 IRR 与函数 NPV 的关系十分密切。函数 IRR 计算出的收益率即净现值为 0 时的利率。

语法结构：IRR (values,[guess])
参　数：
values　必需的参数，表示用于指定计算的资金流量。
guess　可选参数，表示函数计算结果的估计值。大多数情况下，并不需要设置该参数。省略 guess，则假设它为 0.1(10%)。

例如，F 公司在期初投资金额为 50 万元，投资回收期是 4 年。现在得知第一年的净收入为 30800 元，第二年的净收入为 32800 元，第三年的净收入为 38430 元，第四年的净收入为 52120 元，求解该项目的内部收益率。此时，可通过 IRR 函数进行计算，具体操作步骤如下。

Step01 打开"光盘\素材文件\第 13 章\计算内部收益率.xlsx"文件，在 B7 单元格中输入公式【=IRR(B1:B4)】，得到该项目在投资 3 年后的内部收益率为 44%，如图 13-23 所示。

Step02 在 B8 单元格中输入公式【=IRR(B1:B5)】，得到该项目在投资 4 年后的内部收益率为 59%，如图 13-24 所示。

图 13-23

图 13-24

### 技术看板

在本例中，如果需要计算两年后的内部收益率，需要估计一个值，如输入公式【=IRR(B1:B3, 70%)】。Excel 使用迭代法计算函数 IRR。从 guess 开始，函数 IRR 进行循环计算，直至结果的精度达到 0.00001%。如果函数 IRR 经过 20 次迭代，仍未找到结果，则返回错误值【#NUM!】。此时，可用另一个 guess 值再试一次。

## 13.4.2 实战：使用 MIRR 函数计算正负现金流在不同利率下支付的内部收益率

| 实例门类 | 软件功能 |
|---|---|
| 教学视频 | 光盘\视频\第 13 章\13.4.2.mp4 |

MIRR 函数用于计算某一连续期间内现金流的修正内部收益率，该函数同时考虑了投资的成本和现金再投资的收益率。

语法结构：MIRR (values,finance_rate,reinvest_rate)
参　数：
values　必需的参数，表示用于指定计算的资金流量。
finance_rate　必需的参数，表示现金流中资金支付的利率。
reinvest_rate　必需的参数，表示将现金流再投资的收益率。

例如，在求解上一个案例的过程中，实际上是认为投资的贷款利率和再投资收益率相等。这种情况在实际的财务管理中并不常见。例如，上一个案例中的投资项目经过分析后，若得出贷款利率为 6.8%，而再投资收益率为 8.42%。此时，可通过 MIRR 函数计算修正后的内部收益率，具体操作步骤如下。

Step01 ❶ 复制 Sheet1 工作表，并重命名为【修正后的内部收益率】，❷ 在中间插入几行单元格，并输入贷款利率和数据，❸ 在 B10 单元格中输入公式【=MIRR(B1:B4,B7,B8)】，得到该项目在投资 3 年后的内部收益率为 30%，如图 13-25 所示。

图 13-25

Step02 在 B11 单元格中输入公式【=MIRR(B1:B5,B7,B8)】，得到该项目在投资 4 年后的内部收益率为 36%，如图 13-26 所示。

图 13-26

Values 参数值可以是一个数组或对包含数字的单元格的引用。这些数值代表各期的一系列支出（负值）及收入（正值）。其中至少包含一个正值和一个负值，才能计算修正后的内部收益率，否则函数 MIRR 会返回错误值【#DIV/0!】。如果数组或引用参数包含文本、逻辑值或空白单元格，则这些值将被忽略；但包含 0 值的单元格将计算在内。

### 13.4.3 实战：使用 XIRR 函数计算一组未必定期发生的现金流的内部收益率

| 实例门类 | 软件功能 |
| --- | --- |
| 教学视频 | 光盘\视频\第 13 章\13.4.3.mp4 |

投资评价中经常采用的另一种方法是内部收益率法。利用 XIRR 函数可以很方便地解决现金流不定期发生条件下的内部收益率的计算，从而满足投资决策分析的需要。

内部收益率是指净现金流为 0 时的利率，计算现金流不定期条件下的内部收益率的数学计算公式如下。

$$0=\sum_{j=1}^{N}\frac{P_j}{(1+rate)^{\frac{(d_j-d_1)}{365}}}$$

式中，$d_j$ 为第 $j$ 个或最后一个支付日期；$d_1$ 为第 0 个支付日期；$P_j$ 为第 $j$ 个或最后一个支付金额。

语法结构：
XIRR (values,dates,[guess])
参　数：
values　必需的参数，表示用于指定计算的资金流量。
dates　必需的参数，表示现金流的支付日期表。
guess　可选参数，表示函数计算结果的估计值。大多数情况下，并不需要设置该参数。省略 guess，则假设它为 0.1(10%)。

例如，G 公司有一个投资项目，在预计现金流不变的条件下，公司具体预测现金流的日期。但是这些资金回流日期都是不定期的，因此无法使用 IRR 函数进行计算。此时就需要使用 XIRR 函数进行计算，具体操作步骤如下。

Step 打开"光盘 \ 素材文件 \ 第 13 章 \ 计算不定期现金流条件下的内部收益

率 .xlsx"文件，在 B8 单元格中输入公式【=XIRR(B2:B6,A2:A6)】，计算出不定期现金流条件下的内部收益率为 4.43%，如图 13-27 所示。

图 13-27

本小节介绍了 3 个求解公司财务中的收益率问题的函数——IRR、MIRR、XIRR 函数。在使用这些函数对同一个现金流序列进行分析时，会得出多个收益率结果，这将直接影响投资部门对是否能够进行决策变得无所适从。因此，需要借助 Excel 的多个工具来进行取舍。由于篇幅有限，这里不再详细介绍其过程，用户可查看其他有关处理多个收益率问题的方法。

## 13.5 计算折旧值技巧

在公司财务管理中，折旧是固定资产管理的重要组成部分。不同的会计标准需要使用不同的折旧方法。我国现行固定资产折旧计算方法中，以价值为计算依据的常用折旧方法包括直线法、年数总和法和双倍余额递减法等。运用 Excel 2013 提供的财务函数可以方便解决这 3 种折旧方法的通用计算问题。

### ★ 重点 13.5.1 实战：根据资产的耐用年限，使用 AMORDEGRC 函数计算每个结算期间的折旧值

| 实例门类 | 软件功能 |
| --- | --- |
| 教学视频 | 光盘\视频\第 13 章\13.5.1.mp4 |

AMORDEGRC 函数用于计算每个结算期间的折旧值，该函数主要为法国会计系统提供。

语法结构：
AMORDEGRC(cost,date_purchased,first_period,salvage,period,rate,[basis])

参　数：
cost　必需的参数，表示资产原值。
date_purchased　必需的参数，表示购入资产的日期。
first_period　必需的参数，表示第一个期间结束时的日期。
salvage　必需的参数，表示资产

在使用寿命结束时的残值。

period  必需的参数，表示需要计算折旧值的期间。

rate  必需的参数，表示折旧率。

basis  可选参数，表示所使用的年基准。在基准中 0 = 360 天（NASD 方法）；1 = 实际；2= 实际天数 360；3 = 一年中的 365 天；4 = 一年中的 360 天（欧洲算法）。

例如，H 公司于 2013 年 3 月 15 日购买了一批价值为 10 万元的计算机，估计计算机停止使用的日期是 2019 年 3 月 15 日，计算机的残值为 1 万元，折旧率为 10%。同时，按照【实际天数 /365】的方法作为日计数基准，使用 AMORDEGRC 函数即可计算出该批计算机的折旧值，具体操作步骤如下。

Step 打开"光盘＼素材文件＼第 13 章＼计算电脑的折旧值 .xlsx"文件，在 B8 单元格中输入公式【=AMORDEGRC(B1,B2,B3,B4,B5,B6,3)】，计算出这批计算机的折旧值为 3516，如图 13-28 所示。

图 13-28

### 技术看板

折旧率将在倒数第二个会计期间增长到 50%，在最后一个会计期间增长到 100%。如果资产的生命周期在 0~1、1~2、2~3 或 4~5，将返回错误值【#NUM!】。

## 13.5.2  使用 AMORLINC 函数计算每个结算期间的折旧值

在 Excel 中，还可以使用 AMORLINC 函数计算每个结算期间的折旧值，该函数为法国会计系统提供。

语法结构：

AMORLINC (cost,date_purchased,first_period,salvage,period,rate,[basis])

参  数：

cost  必需的参数，表示资产原值。

date_purchased  必需的参数，表示购入资产的日期。

first_period  必需的参数，表示第一个期间结束时的日期。

salvage  必需的参数，表示资产在使用寿命结束时的残值。

period  必需的参数，表示需要计算折旧值的期间。

rate  必需的参数，表示折旧率。

basis  可选参数，表示所使用的年基准。在基准中 0 = 360 天（NASD 方法）；1 = 实际；2= 实际天数 360；3 = 一年中的 365 天；4 = 一年中的 360 天（欧洲算法）。

### 技术看板

函数 AMORLINC 和 AMORDEGRC 的计算结果是不同的，主要原因是函数 AMORLINC 是按照线性计算折旧，而函数 AMORDEGRC 的折旧系数则是和资产寿命有关。如果某项资产是在结算期间的中期购入，则按线性折旧法计算。

如使用 AMORLINC 函数计算上例的折旧值，可输入公式【=AMORLINC(B1,B2,B3,B4,B5,B6,3)】，得到计算机的折旧值为 10000，如图 13-29 所示。

图 13-29

## ★ 重点 13.5.3  实战：采用固定余额递减法，使用 DB 函数计算一笔资产在给定期间内的折旧值

| 实例门类 | 软件功能 |
| --- | --- |
| 教学视频 | 光盘＼视频＼第 13 章 ＼13.5.3.mp4 |

DB 函数可以使用固定余额递减法，计算一笔资产在给定期间内的折旧值。

语法结构：

DB (cost,salvage,life,period,[month])

参  数：

cost  必需的参数，表示资产原值。

salvage  必需的参数，表示资产在使用寿命结束时的残值。

life  必需的参数，表示资产的折旧期限。

period  必需的参数，表示需要计算折旧值的期间。

month  可选参数，表示第一年的月份数，默认数值是 12。

例如，I 工厂在今年的 1 月购买了一批新设备，价值为 200 万元，使用年限为 10 年，设备的估计残值为 20 万元。如果对该设备采用【固定余额递减】的方法进行折旧，即可使用 DB 函数计算该设备的折旧值，具体操作步骤如下。

Step01 打开"光盘＼素材文件＼第 13 章＼计算一批设备的折旧值 .xlsx"文件，❶ 在 D 列和 E 列单元格中输

入如图 13-30 所示的内容，❷ 在 E2 单元格中输入公式【=DB($B$1,$B$2, $B$3,D2,$B$4)】，计算出第一年设备的折旧值。

图 13-30

Step 02 使用 Excel 的自动填充功能，计算出各年的折旧值，如图 13-31 所示。

图 13-31

第一个周期和最后一个周期的折旧属于特例。对于第一个周期，函数 DB 的计算公式为：cost×rate×month÷12；对于最后一个周期，函数 DB 的计算公式为：((cost− 前期折旧总值 )×rate×(12−month))÷12。

## 13.5.4 实战：采用双倍余额递减法或其他指定方法，使用 DDB 函数计算一笔资产在给定期间内的折旧值

| 实例门类 | 软件功能 |
|---|---|
| 教学视频 | 光盘\视频\第 13 章\13.5.4.mp4 |

双倍余额递减法是在不考虑固定资产残值的情况下，根据每期期初固定资产账面净值和双倍的直线法折旧率计算固定资产折旧的一种加速折旧方法。在使用双倍余额递减法时应注意，按我国会计实务操作要求，在最后两年计提折旧时，要将固定资产账面净值扣除预计净残值后的净值在两年内平均摊销。

在 Excel 中，DDB 函数可以使用双倍（或其他倍数）余额递减法计算一笔资产在给定期间内的折旧值。如果不想使用双倍余额递减法，可以更改余额递减速率，即指定为其他倍数的余额递减。

语法结构：
DDB (cost,salvage,life,period,[factor])
参　数：
cost　必需的参数，且必须为正数。表示资产原值。
salvage　必需的参数，且必须为正数。表示资产在使用寿命结束时的残值。
life　必需的参数，且必须为正数。表示资产的折旧期限。如果按天计算则需要折旧期限 ×365；按月计算折旧期限 ×12。
period　必需的参数，且必须为正数。表示需要计算折旧值的期间。
factor　可选参数，且必须为正数。表示余额递减速率，默认值是 2（即双倍余额递减法）。

例如，同样要计算上个案例中设备的折旧值，如果采用【双倍余额递减】的方法进行折旧，即可使用 DDB 函数进行计算。下面使用 DDB 函数计算上述设备第一天、第一个月、第一年和第十年的折旧值，具体操作步骤如下。

Step 01 ❶ 新建一个工作表，并重命名为【DDB】，❷ 输入如图 13-32 所示的内容，❸ 在 B7 单元格中输入公式

【=DDB(B1,B2,B3*365,1)】，计算出第一天设备的折旧值。

图 13-32

Step 02 在 B8 单元格中输入公式【=DDB(B1,B2,B3*12,1,2)】，计算出第一个月设备的折旧值，如图 13-33 所示。

图 13-33

Step 03 在 B9 单元格中输入公式【=DDB(B1,B2,B3,1,2)】，计算出第一年设备的折旧值，如图 13-34 所示。

图 13-34

Step 04 在 B10 单元格中输入公式【=DDB(B1,B2,B3,10)】，计算出第十

年设备的折旧值，如图13-35所示。

图 13-35

### 技术看板

双倍余额递减法以加速的比率计算折旧。折旧在第一阶段是最高的，在后继阶段中会减少。DDB函数使用下面的公式计算一个阶段的折旧值：

Min((cost-total depreciation from prior periods)*(factor/life),(cost - salvage - total depreciation from prior periods))

### 13.5.5 实战：采用余额递减法，使用 VDB 函数计算一笔资产在给定期间或部分期间内的折旧值

| 实例门类 | 软件功能 |
|---|---|
| 教学视频 | 光盘\视频\第13章\13.5.5.mp4 |

VDB函数可以使用双倍余额递减法或其他指定的方法，返回指定期间内资产的折旧值。

语法结构：
VDB(cost,salvage,life,start_period, end_period,[factor],[no_switch])
参　数：
cost　必需的参数，表示资产原值。
salvage　必需的参数，表示资产在使用寿命结束时的残值。
life　必需的参数，表示资产的折旧期限。

start_period　必需的参数，表示进行折旧计算的起始期间，start_period必须与life的单位相同。
end_period　必需的参数，表示进行折旧计算的截止期间，end_period必须与life的单位相同。
factor　可选参数，表示余额递减速率，默认值是2（即双倍余额递减法）。
no_switch　可选参数，是一个逻辑值，用于指定当折旧值大于余额递减计算值时，是否转用直线折旧法。

### 技术看板

VDB函数的参数中除no_switch参数外，其余参数都必须为正数。如果no_switch参数值为TRUE，即使折旧值大于余额递减计算值，Excel也不会转用直线折旧法；如果no_switch参数值为FALSE或被忽略，且折旧值大于余额递减计算值，Excel将转用线性折旧法。

例如，同样要计算上一个案例中设备的折旧值，如果采用【余额递减】的方法进行折旧，折旧系数是1.5，即可使用VDB函数计算该设备的折旧值，具体操作步骤如下。

Step 01 ❶ 新建一个工作表，并重命名为【VDB】，❷ 输入如图13-36所示的内容，❸ 在E2单元格中输入公式【=VDB($B$1,$B$2,$B$3,0,D2,$B$4,1)】，计算出第一年设备的折旧值。

图 13-36

Step 02 使用 Excel 的自动填充功能，计算出各年的折旧值，如图13-37所示。

图 13-37

### ★ 重点 13.5.6 实战：使用 SLN 函数计算某项资产在一个期间内的线性折旧值

| 实例门类 | 软件功能 |
|---|---|
| 教学视频 | 光盘\视频\第13章\13.5.6.mp4 |

直线法又称平均年限法，是以固定资产的原价减去预计净残值除以预计使用年限，计算每年的折旧费用的折旧计算方法。

Excel中，使用SLN函数可以计算某项资产在一定期间中的线性折旧值。

语法结构：SLN (cost,salvage,life)
参　数：
cost　必需的参数，表示资产原值。
salvage　必需的参数，表示资产在使用寿命结束时的残值。
life　必需的参数，表示资产的折旧期限。

例如，同样计算上一个案例中设备的折旧值，如果采用【线性折旧】的方法进行折旧，即可使用SLN函数计算该设备每年的折旧值，具体操作步骤如下。
Step ❶ 新建一个工作表，并重命名为【SLN】，❷ 输入如图13-38所示

的内容，❸ 在 B4 单元格中输入公式【=SLN(B1,B2,B3)】，即可计算出该设备每年的折旧值。

图 13-38

## 13.5.7 实战：使用 SYD 函数计算某项资产按年限总和折旧法计算的指定期间的折旧值

| 实例门类 | 软件功能 |
|---|---|
| 教学视频 | 光盘\视频\第13章\13.5.7.mp4 |

年限总和法又称年限合计法，是快速折旧的一种方法。它将固定资产的原值减去预计净残值后的净额乘以一个逐年递减的分数计算每年的折旧额，这个分数的分子代表固定资产尚可使用的年数，分母代表使用年限的逐年数字总和。

Excel 中，使用 SYD 函数可以计算某项资产按年限总和折旧法计算的指定期间的折旧值。

语法结构：
SYD (cost,salvage,life,per)

参　数：
cost　必需的参数，表示资产原值。
salvage　必需的参数，表示资产在使用寿命结束时的残值。
life　必需的参数，表示资产的折旧期限。
per　必需的参数，表示期间，与 life 单位相同。

例如，同样计算上一个案例中设备的折旧值，如果采用【年限总和】的方法进行折旧，即可使用 SYD 函数计算该设备各年的折旧值，具体操作步骤如下。

Step01 ❶ 复制【DB】工作表，并重命名为【SYD】，❷ 删除 E2:E11 单元格区域中的内容，❸ 在 E2 单元格中输入公式【=SYD($B$1,$B$2,$B$3,D2)】，即可计算出该设备第一年的折旧值，如图 13-39 所示。

图 13-39

Step02 使用 Excel 的自动填充功能，计算出各年的折旧值，如图 13-40 所示。

图 13-40

### 技术看板

本小节介绍了 7 种折旧方法对应的折旧函数，用户不难发现，对于同样的资产状况，使用不同的折旧方法将会产生差异非常大的现金流，导致产生不同的财务效果。因此，在公司财务部门，需要针对不同的情况，采用不同的折旧方法。由于篇幅有限，这里不再详细介绍其过程，用户可查看其他有关选择折旧方式问题的方法。

## 13.6 转换美元价格格式技巧

由于美元在世界的流通货币中的重要地位，在执行财务管理，尤其是有外币的财务管理中，首先需要统一货币单位，一般以转换为美元价格的格式进行计算。掌握常见转换美元价格格式的相关技巧，可以提高工作效率。下面介绍两个常用的转换美元价格格式的使用技巧。

### 13.6.1 使用 DOLLARDE 函数将以分数表示的美元价格转换为以小数表示的美元价格

DOLLARDE 函数可以将以整数部分和小数部分表示的价格（如 1.02）转换为以十进制数表示的小数价格。

语法结构：
DOLLARDE(fractional_dollar, fraction)

参　数：
fractional_dollar　必需的参数，以整数部分和分数部分表示的数字，用小数点隔开。

fraction 必需的参数，表示用作分数中的分母的整数。如果 fraction 不是整数，将被截尾取整；如果小于 0，则返回错误值【#NUM!】；如果大于或等于 0 且小于 1，则返回错误值【#DIV/0!】。

使用 DOLLARDE 函数进行转换，实际上就是将值的小数部分除以一个指定整数。

例如，在表示证券价格时需要以十六进制形式来表示，则将小数部分除以 16。如要将十六进制计数中的 1.02（读作一又十六分之二）转换为十进制数，可输入公式【=DOLLARDE(1.02,16)】，得到转换后的十进制数为【1.125】。又例如要将八进制计数中的 6.2（读作【六又八分之二】）转换为十进制数，可

输入公式【=DOLLARDE(6.2,8)】，得到转换后的十进制数为【6.25】。

## 13.6.2 使用 DOLLARFR 函数将以小数表示的美元价格转换为以分数表示的美元价格

在 Excel 中除了能将以整数部分和小数部分表示的价格转换为以十进制数表示的小数价格，还能使用 DOLLARFR 函数进行逆向转换，即将按小数表示的价格转换为按分数表示的价格。

语法结构：
DOLLARFR(decimal_dollar, fraction)
参 数：
decimal_dollar 必需的参数，表示一个小数。
fraction 必需的参数，表示用

作分数中的分母的整数。如果 fraction 不是整数，将被截尾取整；如果小于 0，则返回错误值【#NUM!】；如果大于或等于 0 且小于 1，则返回错误值【#DIV/0!】。

使用 DOLLARFR 函数可以将小数表示的金额数字，如证券价格，转换为分数型数字。如输入公式【=DOLLARFR(1.125,16)】，即可将十进制计数中的【1.125】转换为十六进制中的【1.02】；又例如输入公式【=DOLLARFR(1.125,8)】，即可将十进制计数中的【1.125】转换为八进制中的【1.1】。

---

# 妙招技法

下面结合本章内容介绍一些实用技巧。

## 技巧 01：如何返回定期付息证券的应计利息

在财务函数中有两个常用的变量：f 和 b，其中 f 为年付息次数，如果按年支付，则 f=1；按半年期支付，则 f=2；按季支付，则 f=4。b 为日计数基准类型，如果日计数基准为【US(NASD)30/360】，则 b=0 或省略；如果日计数基准为【实际天数 / 实际天数】，则 b=1；如果日计数基准为【实际天数 /360】，则 b=2；如果日计数基准为【实际天数 /365】，则 b=3；如果日计数基准为【欧洲 30/360】，则 b=4。

ACCRINT 函数可以返回定期付息有价证券的应计利息，其语法结构为：ACCRINT(is,fs,s,r,p,f,b)。其中，

is 为有价证券的发行日；fs 为有价证券的起息日；s 为有价证券的成交日，即在发行日之后，有价证券卖给购买者的日期；r 为有价证券的年息票利率；p 为有价证券的票面价值，如果省略 p，函数 ACCRINT 就会自动将 p 设置为 ￥1000；f 为年付息次数；b 为日计数基准类型。

例如，某国库券的交易情况为：发行日为 2015 年 1 月 31 日；起息日为 2015 年 7 月 30 日；成交日为 2015 年 5 月 1 日，息票利率为 8.0%；票面价值为 ￥3000；按半年期付息；日计数基准为 30/360，那么应计利息可通过输入公式【=ACCRINT("15/1/31","15/7/30", "15/5/1", 0.08,3000,2,0)】，计算结果为 60.6667。

## 技巧 02：如何返回在到期日支付利息的有价证券的应计利息

ACCRINTM 函数可以返回到期一次性付息有价证券的应计利息，其语法结构为：ACCRINTM (is,m,r,p,b)。其中，is 为有价证券的发行日；m 为有价证券的到期日；r 为有价证券的年息票利率；p 为有价证券的票面价值，如果省略 p，函数 ACCRINTM 就会自动将 p 定为 ￥1000；b 为日计数基准类型。

例如，一个短期债券的交易情况如下：发行日为 2015 年 5 月 1 日；到期日为 2015 年 7 月 18 日；息票利息为 9.0%；票面价值为 ￥1000；日计数基准为实际天数 /365。那么应计利息可通过输入公式【=ACCRIN

TM("15/5/1","15/7/18",0.09,1000,3)】，计算结果为 19.23228。

### 技巧 03：如何返回有价证券的贴现率

DISC 函数可以返回有价证券的贴现率，其语法结构为：DISC(s,m,pr,r,b)。其中，s 为有价证券的成交日，即在发行日之后，有价证券卖给购买者的日期；m 为有价证券的到期日，到期日是有价证券有效期截止时的日期；pr 为面值为"¥100"的有价证券的价格；r 为面值为"¥100"的有价证券的清偿价格；b 为日计数基准类型。

例如某债券的交易情况如下：成交日为 2015 年 3 月 18 日，到期日为 2015 年 8 月 7 日，价格为 ¥45.834，清偿价格为 ¥48，日计数基准为实际天数 /360。那么该债券的贴现率可通过输入公式【=DISC("15/3/18","15/8/7",45.834,48,2)】，计算结果为 0.114401。

### 技巧 04：如何利用给定的名义年利率和每年的复利期数，计算有效的年利率

EFFECT 函数可以利用给定的名义年利率和一年中的复利期次，计算实际年利率。其语法结构为：EFFECT(nr, np)。其中，nr 为名义利率；np 为每年的复利期数。

例如，EFFECT(6.13%,4) 的计算结果为 0.062724 或 6.2724%。

### 技巧 05：如何使用贴现率和一系列未来支出（负值）和收益（正值）来计算一项投资的净现值

NPV 函数可以基于一系列现金流和固定的各期贴现率，返回一项投资的净现值。投资的净现值是指未来各期支出（负值）和收入（正值）的当前值的总和。其语法结构为：NPV(r,v1,v2,…)。其中，r 为各期贴现率，是一固定值；v1,v2,… 代表 1~29 笔支出及收入的参数值，v1,v2,… 所属各期间的长度必须相等，而且支付及收入的时间都发生在期末，NPV 按次序使用 v1,v2 来注释现金流的次序。所以一定要保证支出和收入的数额按正确的顺序输入。如果参数是数值、空白单元格、逻辑值或表示数值的文字表示，则都会计算在内；如果参数是错误值或不能转化为数值的文字，则被忽略；如果参数是一个数组或引用，只有其中的数值部分计算在内，忽略数组或引用中的空白单元格、逻辑值、文字及错误值。

例如，假设第一年投资 ¥8000，而未来 3 年中各年的收入分别为 ¥2000，¥3300 和 ¥5100。假定每年的贴现率是 10%，则投资的净现值可通过输入公式【=NPV(10%,-8000,2000,3300,5800)】，计算结果为 ¥8208.98。该例中，将开始投资的 ¥8000 作为 v 参数的一部分，这是因为付款发生在第一期的期末。

## 本章小结

Excel 最常见的用途就是执行与货币相关的金融财务计算。每天人们都会做出无数项财务决策，在这个过程中使用 Excel 财务函数可能会使你的决策更理性、准确。根据函数用途的不同，又可以将财务函数划分为投资决策函数、收益率计算函数、资产折旧函数、本利计算函数和转换美元价格格式函数等。由于财务函数本身的计算公式比较复杂，又涉及很多金融知识，对财务不太了解的用户学习起来难度就加大了。但财务函数的有些参数是通用的，读者在学习这类函数时，可以先将常用的财务函数参数的作用和可取值进行统一学习，然后再投入到各函数的具体应用中。在实际的财务工作中，可能会遇到多种复杂的问题，需要借助多种复杂函数和工具来完成。具体的应用还需要你在熟练各个函数的具体求值内容后才能准确运用。

# 第14章 其他函数

- ➥ 在指定条件时如何同时设置多个条件？
- ➥ 设置一个可以多选的条件，只要你符合其中一条就可以返回判断结果。
- ➥ 有些条件正向说起来太复杂，逆向思维一下，只要你不符合某个条件就返回判断结果！
- ➥ 想要统计某些特殊内容的个数？
- ➥ 当一组数据中包含空值时，如何求非空的平均值、最大值、最小值呢？

　　Excel 中的函数总类很多，但是本书容量有限，笔者只能再根据经验选择性地讲解一些常用函数。例如，不用学习你可能就懂的逻辑函数，大数据时代不可或缺的统计函数，专业度比较高的特殊类函数——工程函数，信息处理类的函数……这一章，告诉你这些小分类的函数，赶紧学起来吧！

## 14.1 逻辑函数

　　函数能够将原来使用烦琐公式才能完成的事件简单表示清楚，简化工作任务，与函数中逻辑关系的使用是分不开的。虽然 Excel 中的逻辑函数并不多——Excel 2013 提供了 7 个用于逻辑判断的函数，但它在 Excel 中应用十分广泛。前面我们已经介绍了使用最多的逻辑函数——IF 函数，大家应该简单了解逻辑函数的强大功能了，本节我们就来学习剩下的 6 个逻辑函数。

### 14.1.1 实战：使用 TRUE 函数返回逻辑值 TRUE

　　在某些单元格中如果需要输入【TRUE】，不仅可以直接输入，还可以通过 TRUE 函数返回逻辑值 TRUE。

> 语法结构：TRUE ()

　　TRUE 函数是直接返回固定的值，因此不需要设置参数。用户可以直接在单元格或公式中输入值【TRUE】，Excel 会自动将它解释成逻辑值 TRUE，而该类函数的设立主要是为了方便地引入特殊值，也为了能与其他电子表格程序兼容，类似的函数还包括 PI、RAND 等。

### 14.1.2 实战：使用 FALSE 函数返回逻辑值 FALSE

　　FALSE 函数与 TRUE 函数的用途非常类似，不同的是该函数返回的是逻辑值 FALSE。

> 语法结构：FALSE ()

　　FALSE 函数也不需要设置参数。用户可以直接在单元格或公式中输入值【FALSE】，Excel 会自动将它解释成逻辑值 FALSE。FALSE 函数主要用于检查与其他电子表格程序的兼容性。

### ★ 重点 14.1.3 实战：使用 AND 函数判断指定的多个条件是否同时成立

| 实例门类 | 软件功能 |
|---|---|
| 教学视频 | 光盘\视频\第 14 章\14.1.3.mp4 |

　　逻辑函数的返回值不一定全部是逻辑值，有时还可以利用它实现逻辑判断。常用的逻辑关系有 3 种，即【与】【或】【非】。在 Excel 中可以理解为求取区域的交集、并集等。

　　当两个或多个条件必须同时成立才判定为真时，称判定与条件的关系为逻辑与关系。AND 函数常用于逻辑与关系运算。

> 语法结构：
> AND (logical1, [logica l2],…)
> 参　数：
> logical1　必需的参数，表示需要检验的第一个条件，其计算结果可以为 TRUE 或 FALSE。
> logical2,…　可选参数，表示需要检验的其他条件。

　　在 AND 函数中，只有当所有参数的计算结果为 TRUE 时，才返回 TRUE；只要有一个参数的计算结果为 FALSE，即返回 FALSE。如公式

【=AND(A1>0,A1<1)】表示当 A1 单元格的值大于 0 且小于 1 的时候返回 TRUE。AND 函数最常见的用途就是扩大用于执行逻辑检验的其他函数的效用。

例如，某市规定市民家庭在同时满足下面 3 个条件的情况下，可以购买经济适用住房：一、具有市区城市常住户口满 3 年；二、无房户或人均住房面积低于 15m² 的住房困难户；三、家庭收入低于当年度市政府公布的家庭低收入标准（35200 元）。现需要根据上述条件判断填写了申请表的用户中，哪些是真正符合购买条件的，具体操作步骤如下。

Step01 打开"光盘\素材文件\第 14 章\审核购买资格.xlsx"文件，选择 F2 单元格，输入公式【=IF(AND(C2>3,D2<15,E2<35200)," 可申请 ","")】，按【Enter】键判断第一个申请者是否符合购买条件，如图 14-1 所示。

图 14-1

Step02 使用 Excel 的自动填充功能，判断出其他申请者是否符合购买条件，如图 14-2 所示。

图 14-2

## 技术看板

在使用 AND 函数时，需要注意以下 3 点：参数（或作为参数的计算结果）必须是逻辑值 TRUE 或 FALSE，或者是结果为包含逻辑值的数组或引用；如果数组或引用参数中包含文本或空白单元格，则这些值将被忽略；如果指定的单元格区域未包含逻辑值，则 AND 函数将返回错误值【#VALUE!】。

## ★ 重点 14.1.4 实战：使用 OR 函数判断指定的任一条件为真，即返回真

| 实例门类 | 软件功能 |
|---|---|
| 教学视频 | 光盘\视频\第 14 章\14.1.4.mp4 |

当两个或多个条件中只要有一个成立就判定为真时，称判定与条件的关系为逻辑或关系。OR 函数常用于逻辑或关系运算。

语法结构：OR(logical1,[logical2],…)
参 数：

logical1 必需的参数，表示需要检验的第一个条件，其计算结果可以为 TRUE 或 FALSE。
logical2,… 可选参数，表示需要检验的其他条件。

OR 函数用于对多个判断条件取并集，即只要参数中有任何一个值为真就返回 TRUE，如果都为假才返回 FALSE。如公式【=OR(A1<10,B1<10,C1<10)】表示当 A1、B1、C1 单元格中的任何一个值小于 10 的时候返回 TRUE。

## 技术看板

在使用 OR 函数时，如果数组或引用参数中包含文本或空白单元格，则这些值将被忽略。

再如，某体育项目允许参与者有 3 次考试机会，并根据 3 次考试成绩的最高分进行分级记录，即只要有一次的考试及格就记录为【及格】；同样，只要有一次成绩达到优秀的标准，就记录为【优秀】；否则就记录为【不及格】。这次考试的成绩统计实现方法如下。

Step01 打开"光盘\素材文件\第 14 章\体育成绩登记.xlsx"文件，① 合并 H1:I1 单元格区域，并输入【记录标准】文本，② 在 H2、I2、H3、I3 单元格中分别输入【优秀】、【85】、【及格】和【60】文本，③ 选择 F2 单元格，输入公式【=IF(OR(C2>=$I$2,D2>=$I$2,E2>=$I$2)," 优秀 ",IF(OR(C2>=$I$3,D2=$I$3,E2>=$I$3)," 及格 "," 不及格 "))】，按【Enter】键判断第一个参与者成绩的级别，如图 14-3 所示。

图 14-3

## 技术看板

本例结合 OR 和 IF 函数解决问题，首先判断参与者 3 次成绩中是否有一次达到优秀的标准，如果有，则返回【优秀】。如果没有任何一次达到优秀的标准，就继续判断 3 次成绩中是否有一次达到及格的标准，如果有，则返回【及格】，否则返回【不及格】。

Step02 使用 Excel 的自动填充功能，判断出其他参与者成绩对应的级别，如图 14-4 所示。

图 14-4

## 14.1.5 实战：使用 NOT 函数对逻辑值求反

| 实例门类 | 软件功能 |
|---|---|
| 教学视频 | 光盘\视频\第 14 章\14.1.5.mp4 |

当条件只要成立就判定为假时，称判定与条件的关系为逻辑非关系。NOT 函数常用于将逻辑值取反。

语法结构：NOT (logical)
参　数：
logical　必需的参数，一个计算结果可以为 TRUE 或 FALSE 的值或表达式。

NOT 函数用于对参数值求反，即如果参数为 TRUE，利用该函数则可以返回 FALSE。如公式【=NOT(A1="优秀")】与公式【=A1<>"优秀"】所表达的含义相同。

NOT 函数常用于确保某一个值不等于另一个特定值的时候。例如，在解决上一案例时，有些人的解题思路可能会有所不同，如有的人是通过实际的最高成绩与各级别的要求进行判断的。当实际最高成绩不小于优秀标准时，就记录为【优秀】，否则再次判断最高成绩，如果不小于及格标准，就记录为【及格】，否则记为【不及格】。即首先利用 MAX 函数取得最高成绩，再将最高成绩与优秀标准和及格标准进行比较判断，具体操作步骤如下。

**Step 01** 选择 G2 单元格，输入公式【=IF(NOT(MAX(C2:E2)<$I$2),"优秀",IF(NOT(MAX(C2:E2)<$I$3),"及格","不及格"))】，按【Enter】键判断第一个参与者成绩的级别，如图 14-5 所示。

图 14-5

**Step 02** 使用 Excel 的自动填充功能，判断出其他参与者成绩对应的级别，如图 14-6 所示。可以发现 F 列和 G 列中的计算结果是相同的。

图 14-6

### 技术看板

从上面的案例中可以发现，一个案例可以有多种解题思路。这主要取决于思考的方法，当分析问题之后，可以使用相应的函数根据解题思路解决实际问题。

## 14.1.6 使用 IFERROR 函数对错误结果进行处理

| 实例门类 | 软件功能 |
|---|---|
| 教学视频 | 光盘\视频\第 14 章\14.1.6.mp4 |

如果希望在工作表中的公式计算出现错误值时，使用指定的值替换错误值，就可以使用 IFERROR 函数预先进行指定。

语法结构：
IFERROR (value,value_if_error)
参　数：
value　必需的参数，用于检查是否存在错误的公式。
value_if_error　必需的参数，用于设置公式的计算结果为错误时要返回的值。

IFERROR 函数常用于捕获和处理公式中的错误，避免工作表中出现不必要的错误值。如果判断的公式中没有错误，则会直接返回公式计算的结果。如在工作表中输入了一些公式，希望对这些公式进行判断，当公式出现错误值时，显示【公式出错】文本，否则直接计算出结果，具体操作步骤如下。

**Step 01** 打开"光盘\素材文件\第 14 章\检查公式.xlsx"文件，单击【公式】选项卡【公式审核】组的【显示公式】按钮，使得单元格中的公式直接显示出来，如图 14-7 所示。

图 14-7

**Step 02** ❶ 选择 B2 单元格，输入公式【=IFERROR(A2,"公式包含错误内容")】，按【Enter】键确认公式输入，❷ 使用 Excel 的自动填充功能，将公式填充到 B3:B7 单元格区域，如图 14-8 所示。

图 14-8

Step 03 再次单击【显示公式】按钮，对单元格中的公式进行计算，并得到检查的结果，如图 14-9 所示。

图 14-9

# 14.2　统计函数

统计类函数是 Excel 中使用频率最高的一类函数，用户的绝大多数报表都离不开它们，从简单的计数与求和，到多区域中多种条件下的计数与求和，此类函数总是能帮助用户解决他们的问题。根据函数的功能，主要可将统计函数分为数理统计函数、分布趋势函数、线性拟合和预测函数、假设检验函数和排位函数。本节主要介绍此类函数中最常用和有代表性的一些函数。

## ★ 重点 14.2.1　实战：使用 COUNTA 函数计算参数中包含非空值的个数

| 实例门类 | 软件功能 |
|---|---|
| 教学视频 | 光盘\视频\第 14 章\14.2.1.mp4 |

COUNTA 函数用于计算区域中所有不为空的单元格的个数。

语法结构：
COUNTA (value1,[value2],…)
参　数：
value1　必需的参数，表示要计数的值的第一个参数。
value2，…　可选参数，表示要计数的值的其他参数，最多可包含 255 个参数。

例如，要在员工奖金表中统计出获奖人数，因为没有奖金的人员对应的单元格为空，有奖金人员对应的单元格为获得具体奖金额，所以可以通过 COUNTA 函数统计相应列中的非空单元格个数来得到获奖人数，具体操作步骤如下。

Step 打开"光盘\素材文件\第 14 章\员工奖金表.xlsx"文件，❶ 在 A21 单元格中输入相应的文本，❷ 在 B21 单元格中输入公式【=COUNTA(D2:D19)】，返回结果为【14】，如图 14-10 所示，即统计到该单元格区域中有 14 个单元格非空，也就是说有 14 人获奖。

图 14-10

### 🔧 技术看板

单元格统计函数的功能是统计满足某些条件的单元格的个数。由于在 Excel 中单元格是存储数据和信息的基本单元，因此统计单元格的个数，实质上就是统计满足某些信息条

件的单元格数量。从本例中可以发现 COUNTA 函数可以对包含任何类型信息的单元格进行计数，包括错误值和空文本。如果不需要对逻辑值、文本或错误值进行计数，只希望对包含数字的单元格进行计数，就需要使用 COUNT 函数。

## ★ 重点 14.2.2　实战：使用 COUNTBLANK 函数计算区域中空白单元格的个数

| 实例门类 | 软件功能 |
|---|---|
| 教学视频 | 光盘\视频\第 14 章\14.2.2.mp4 |

COUNTBLANK 函数用于计算指定单元格区域中空白单元格的个数。

语法结构：
COUNTBLANK(range)
参　数：
range　必需的参数，表示需要计算其中空白单元格个数的区域。

例如，要在上个案例中统计出没有获奖记录的人数，除了可以使用减法从总人数中减去获奖人数，还可以使用COUNTBLANK函数进行统计，具体操作步骤如下。

Step ❶ 在 A22 单元格中输入相应的文本，❷ 在 B22 单元格中输入公式【=COUNTBLANK(D2:D19))】，返回结果为【4】，如图 14-11 所示，即统计到该单元格区域中有 4 个空单元格，也就是说有 4 人没有奖金。

图 14-11

**技术看板**

即使单元格中含有返回值为空文本的公式，COUNTBLANK 函数也会将这个单元格统计在内，但包含零值的单元格将不被计算在内。

★ 重点 14.2.3 实战：使用 COUNTIF 函数计算满足给定条件的单元格的个数

| 实例门类 | 软件功能 |
|---|---|
| 教学视频 | 光盘\视频\第 14 章\14.2.3.mp4 |

COUNTIF 函数用于对单元格区域中满足单个指定条件的单元格进行计数。

语法结构：
COUNTIF (range,criteria)
参　数：
range　必需的参数，代表要对其进行计数的一个或多个单元格，

其中包括数字或名称、数组或包含数字的引用。空值和文本值将被忽略。
criteria　必需的参数，表示统计的条件，可以是数字、表达式、单元格引用或文本字符串。

例如，要在员工奖金表中为行政部的每位人员补发奖励，首先要统计出该部门的员工数，进行统一规划。此时就需要使用 COUNTIF 函数进行统计了，具体操作步骤如下。

Step ❶ 在 A23 单元格中输入相应文本，❷ 在 B23 单元格中输入公式【=COUNTIF(C2:C19," 行政部 ")】，按【Enter】键，Excel 将自动统计出 C2:C19 单元格区域中所有符合条件的数据个数，并将最后结果显示出来，如图 14-12 所示。

图 14-12

14.2.4　实战：使用 COUNTIFS 函数计算满足多个给定条件的单元格的个数

| 实例门类 | 软件功能 |
|---|---|
| 教学视频 | 光盘\视频\第 14 章\14.2.4.mp4 |

COUNTIFS 函数用于计算单元格区域中满足多个条件的单元格数目。

语法结构：
COUNTIFS (criteria_range1,criteria1,[criteria_range2,criteria2],…)

参　数：
criteria_range1　必需的参数，在其中计算关联条件的第一个区域。
criteria1　必需的参数，条件的形式为数字、表达式、单元格引用或文本，可用来定义将对哪些单元格进行计数。
criteria_range2,criteria2,…　可选参数，附加的区域及其关联条件。最多允许 127 个区域 / 条件对。

例如，需要统计某公司入职日期在 2009 年 1 月 1 日前，且籍贯为四川的男员工人数，使用 COUNTIFS 函数进行统计的具体操作步骤如下。

Step 打开"光盘\素材文件\第 14 章\员工档案表 .xlsx"文件，❶ 合并 A18:D18 单元格区域，并输入相应文本，❷ 在 E18 单元格中输入公式【=COUNTIFS(B2:B16,"<2009-1-1",D2:D16,"= 男 ",J2:J16,"= 四 川 ")】，按【Enter】键，Excel 自动统计出满足上述两个条件的员工人数，如图 14-13 所示。

图 14-13

**技术看板**

COUTIFS 函数中的每一个附加的区域都必须与参数 criteria_range 1 具有相同的行数和列数。这些区域无须彼此相邻。只有在单元格区域中的每一单元格满足对应的条件时，COUTIFS 函数才对其进行计算。在条件中还可以使用通配符。

## 14.2.5 实战：使用 SUMIFS 函数计算多重条件的和

| 实例门类 | 软件功能 |
|---|---|
| 教学视频 | 光盘\视频\第 14 章\14.2.5.mp4 |

　　SUMIFS 函数用于对区域中满足多个条件的单元格求和。

语法结构：
SUMIFS (sum_range,criteria_range1,criteria1,[criteria_range2, criteria2],…)
参　数：
sum_range　必需的参数，表示对一个或多个单元格求和，包括数字或包含数字的名称、区域或单元格引用。忽略空白和文本值。
criteria_range1　必需的参数，在其中计算关联条件的第一个区域。
criteria1　必需的参数，条件的形式为数字、表达式、单元格引用或文本，可用来定义将对 criteria_range1 参数中的哪些单元格求和。
criteria_range2，criteria2,…　可选参数，附加的区域及其关联条件。最多允许 127 个区域/条件对。

　　例如，要在电器销售表中统计出大小为 6L 的商用型洗衣机的当月销量，具体操作步骤如下。
Step 打开"光盘\素材文件\第 14 章\电器销售表.xlsx"文件，❶ 在 A42 单元格中输入相应文本，❷ 在 B42 单元格中输入公式【=SUMIFS(D2:D40,A2:A40,"=* 商用型 ",B2:B40,"6")】，按【Enter】键，Excel 自动统计出满足上述两个条件的机型销量总和，如图 14-14 所示。

图 14-14

## ★ 重点 14.2.6 实战：使用 AVERAGEA 函数计算参数中非空值的平均值

| 实例门类 | 软件功能 |
|---|---|
| 教学视频 | 光盘\视频\第 14 章\14.2.6.mp4 |

　　AVERAGEA 函数与 AVERAGE 函数的功能都是计算数值的平均值，只是 AVERAGE 函数是计算包含数值单元格的平均值，而 AVERAGEA 函数则是用于计算参数列表中所有非空单元格的平均值（即算术平均值）。

语法结构：
AVERAGEA (value1,[value2],…)
参　数：
value1　必需的参数，需要计算平均值的 1~255 个单元格、单元格区域或值。
value2,…　可选参数，表示计算平均值的 1~255 个单元格、单元格区域或值。

　　例如，要在员工奖金表中统计出该公司员工领取奖金的平均值，可以使用 AVERAGE 和 AVERAGEA 函数进行两种不同方式的计算，具体操作步骤如下。
Step01 打开"光盘\素材文件\第 14 章\员工奖金表 1.xlsx"文件，❶ 复制 Sheet1 工作表，❷ 在 D 列中数据区域部分的空白单元格中输入非数值型数据，这里输入文本型数据【无】，❸ 在 A21 单元格中输入文本【所有员工的奖金平均值】，❹ 在 C21 单元格中输入公式【=AVERAGEA (D2:D19)】，计算出所有员工的奖金平均值约为 287，如图 14-15 所示。

图 14-15

Step02 ❶ 在 A22 单元格中输入文本【所有获奖员工的奖金平均值】，❷ 在 C22 单元格中输入公式【=AVERAGE (D2:D19)】，计算出所有获奖员工的奖金平均值为 369，如图 14-16 所示。

图 14-16

### 🔧 技术看板

　　从上面的例子中可以发现，针对不是数值类型的单元格，AVERAGE 函数会将其忽略，不参与计算；而 AVERAGEA 函数则将其处理为数值 0，然后参与计算。

## ★ 重点 14.2.7 实战：使用 AVERAGEIF 函数计算满足给定条件的单元格的平均值

| 实例门类 | 软件功能 |
|---|---|
| 教学视频 | 光盘\视频\第 14 章\14.2.7.mp4 |

AVERAGEIF 函数返回某个区域内满足给定条件的所有单元格的平均值（算术平均值）。

语法结构：
AVERAGEIF(range,criteria,[average_range])
参　　数：
range　必需的参数，表示要计算平均值的一个或多个单元格，其中包括数字或包含数字的名称、数组或引用。
criteria　必需的参数，表示数字、表达式、单元格引用或文本形式的条件，用于定义要对哪些单元格计算平均值。
average_range　可选参数，表示要计算平均值的实际单元格集。如果忽略，则使用 range。

### 技术看板

如果参数 average_range 中的单元格为空单元格，AVERAGEIF 将忽略它。参数 range 为空值或文本值，则 AVERAGEIF 会返回【#DIV0!】错误值。当条件中的单元格为空单元格时，AVERAGEIF 就会将其视为 0 值。如果区域中没有满足条件的单元格，则 AVERAGEIF 会返回【#DIV/0!】错误值。

例如，要在员工奖金表中计算出各部门获奖人数的平均金额，使用 AVERAGEIF 函数进行计算的具体操作步骤如下。

Step ① ❶ 选择【Sheet1 (2)】工作表，❷ 在 F1:G6 单元格区域中输入统计数据相关的内容，并进行简单的格式设置，❸ 在 G2 单元格中输入公式【=AVERAGEIF(C2:C19,F2,D2:D19)】，计算出销售部的平均获奖金额，如图 14-17 所示。

图 14-17

Step ② ❶ 选择 G2 单元格，并向下拖动填充控制柄，计算出其他部门的平均获奖金额，❷ 单击出现的【自动填充选项】按钮，❸ 在弹出的下拉列表中选择【不带格式填充】选项，如图 14-18 所示。

图 14-18

## 14.2.8 实战：使用 AVEDEV 函数计算一组数据与其平均值的绝对偏差的平均值

| 实例门类 | 软件功能 |
|---|---|
| 教学视频 | 光盘\视频\第 14 章\14.2.8.mp4 |

AVEDEV 函数用于计算一组数据与其算术平均值的绝对偏差的平均值。AVEDEV 是对这组数据中变化性的度量，主要用于评测这组数据的离散度。

语法结构：
AVEDEV(number1, [number2], …)
参　　数：
number1　必需的参数，代表要计算其绝对偏差平均值的第一个数值参数。
number2,…　可选参数，代表要计算其绝对偏差平均值的 2~255 个参数。也可以用单一数组或对某个数组的引用来代替用逗号分隔的参数。

### 技术看板

在函数 AVEDEV 中，参数必须是数值或包含数字的名称、数组或引用。如果参数中包含逻辑值和直接输入到参数列表中代表数字的文本，则将被计算在内。如果数组或引用参数包含文本、逻辑值或空白单元格，则这些值将被忽略。但包含零值的单元格将计算在内。输入数据所使用的计量单位将会影响函数 AVEDEV 的计算结果。

例如，某员工的工资与工作量成正比，他统计了某个星期自己完成的工作量。为了分析自己完成工作量的波动性，需要计算工作量的平均绝对偏差。使用 AVEDEV 函数进行计算的具体操作步骤如下。

Step 打开"光盘\素材文件\第 14 章\一周工作量统计.xlsx"文件，❶ 合并 A8:C8 单元格区域，并输入相应文本，❷ 在 D8 单元格中输入公式【=AVEDEV(B2:B6)】，计算出该员工完成工作量的平均绝对偏差为 31.92，如图 14-19 所示。

图 14-19

图 14-20

## 14.2.9 使用 MAXA 函数返回一组非空值中的最大值

如果要返回一个数组中的最大值，可以使用 MAX 和 MAXA 函数进行计算。MAX 函数统计的是所有数值数据的最大值，而 MAXA 函数统计的则是所有非空单元格的最大值。

语法结构：
MAXA(value1,[value2],…)
参　数：
value1　必需的参数，代表需要从中找出最大值的第一个数值参数。
value2,…　可选参数，代表需要从中找出最大值的2~255个数值参数。

例如，在一组包含有文本、逻辑值和空值的数据中，分别使用 MAX 和 MAXA 函数计算出最大值，具体操作步骤如下。

Step 01 ❶ 新建一个空白工作簿，并在工作表中输入如图 14-20 所示的一组数据，❷ 合并 A13:D13 单元格区域，并输入相应的文本，❸ 在 E13 单元格中输入公式【=MAX(A1:A12)】，即可计算出该单元格区域所有数值的最大值为 0。

Step 02 输入公式【=MAXA(A1:A12)】，即可计算出该单元格区域中所有非空单元格的最大值为 1，如图 14-21 所示。

图 14-21

### 技术看板

使用 MAXA 函数时，包含 TRUE 的参数将作为 1 进行计算；包含文本或 FALSE 的参数将作为 0 进行计算。如果参数不包含任何值，将返回 0。

## 14.2.10 用 MINA 函数返回一组非空值中的最小值

Excel 中除了 MIN 函数可以计算最小值以外，MINA 函数也可以计算最小值。MINA 函数用于计算所有非空单元格的最小值。

语法结构：
MINA(value1,[value2],…)
参　数：
value1　必需的参数，代表需要从中找出最小值的第一个数值参数。
value2,…　可选参数，代表需要从中找出最小值的2~255个数值参数。

例如，在员工奖金表中奖金列包

含文本数据，要使用 MINA 函数计算出最小值，具体操作步骤如下。

Step 打开"光盘\素材文件\第14章\员工奖金表2.xlsx"文件，❶ 合并 A23:B23 单元格区域，并输入相应文本，❷ 在 C23 单元格中输入公式【=MINA(D2:D19)】，计算出所有员工中获奖最少的，但是输入函数的计算结果为【0】，如图 14-22 所示。

虽然计算的结果可能不是我们所需要的结果，但从某种意义上说，该结果又是正确的，毕竟有员工没有领取到奖金，因此对于他们来说，奖金就是 0。

图 14-22

## ★ 新功能 14.2.11 实战：使用 RANK.EQ 函数返回一个数字在一组数字中的排位

| 实例门类 | 软件功能 |
|---|---|
| 教学视频 | 光盘\视频\第14章\14.2.11.mp4 |

RANK.EQ 函数用于返回一个数字在数字列表中的排位，数字的排位是其大小与列表中其他值的比值（如果列表已排过序，则数字的排位就是它当前的位置）。如果多个数字具有相同的排位，则返回该组数字的最高排位。如果要对列表进行排序，则数字排位可作为其位置。

语法结构：

RANK.EQ (number,ref,[order])

参　数：

number　必需的参数，表示需要找到排位的数字。

ref　必需的参数，表示数字列表数组或对数字列表的引用。ref 中的非数值型值将被忽略。

order　可选参数，用于指明排位的方式。如果 order 为 0 或省略，Excel 对数字的排位是基于 ref 为按照降序排列的列表；否则 Excel 对数字的排位是基于 ref 为按照升序排列的列表。

例如，在成绩表中记录了各学生的成绩，需要判断出各学生的总成绩在全班的排名。使用 RANK.EQ 函数进行计算的具体操作步骤如下。

Step01 打开"光盘\素材文件\第 14 章\16 级月考成绩统计表 .xlsx"文件，❶ 在 K1 单元格中输入【排序】文本，❷ 在 K2 单元格中输入公式【=RANK.EQ(J2,$J$2:$J$31)】，判断出该学生的总成绩在全班成绩的排位为 1，如图 14-23 所示。

图 14-23

Step02 选择 K2 单元格，并通过拖动填充控制柄让 Excel 自动填充公式，计算出各学生成绩在全班成绩的排名，如图 14-24 所示。

图 14-24

★ 新功能 14.2.12 实战：使用 RANK.AVG 函数返回一个数字在一组数字中的排位

| 实例门类 | 软件功能 |
| --- | --- |
| 教学视频 | 光盘\视频\第 14 章\14.2.12.mp4 |

从上例中，可以看出 RANK.EQ 函数对重复数的排位相同，但重复数的存在将影响后续数字的排位。如果在遇到重复数时，希望采用平均排位方式排位，可使用 RANK.AVG 函数。

语法结构：

RANK.AVG (number,ref,[order])

参　数：

number　必需的参数，代表需要找到排位的数字。

ref　必需的参数，代表数字列表数组或对数字列表的引用。ref 中的非数值型值将被忽略。

order　可选参数，用于指明数字排位的方式。如果 order 为 0 或省略，Excel 对数字的排位是基于 ref 为按照降序排列的列表；否则 Excel 对数字的排位是基于 ref 为按照升序排列的列表。

例如，要使用 RANK.AVG 函数对上例重新进行排位，具体操作步骤如下。

Step01 在 L2 单元格中输入公式【=RANK.AVG(J2,$J$2:$J$31)】，判断出该学生的总成绩在全班成绩的排位为 1，如图 14-25 所示。可以看到当排位数据相同时，排位根据求平均值的方式进行显示。

图 14-25

Step02 选择 L2 单元格，并通过拖动填充控制柄让 Excel 自动填充公式，计算出各学生成绩在全班成绩的排名，如图 14-26 所示。

图 14-26

技术看板

RANK.EQ 和 RANK.AVG 函数，是早期版本中 RANK 函数的细分。

# 14.3 工程函数

在进行编程时，经常会遇到一些工程计算方面的问题。掌握工程函数的相关应用技巧，可以极大地简化程序，解决一些数学问题。工程函数是属于专业领域计算分析用的函数，本节将介绍一些常用工程函数的使用技巧知识，包括数制转换类函数和复数运算类函数的使用技巧。

## ★ 重点 14.3.1 实战：使用DELTA 函数测试两个值是否相等

| 实例门类 | 软件功能 |
|---|---|
| 教学视频 | 光盘\视频\第 14 章\14.3.1.mp4 |

DELTA 函数用于测试两个数值是否相等。如果 number1=number2，则返回 1，否则返回 0。

语法结构：
DELTA (number1,[number2])
参　数：
number1　必需的参数，代表要进行比较的第一个数字。
Number2　可选参数，代表要进行比较的第二个数字。如果省略number2，则假设该参数值为 0。

DELTA 函数常用于筛选一组数据。例如，在统计学生的数学运算成绩时，每得到一个正确计算结果就得一分，要统计某学生成绩时可以先使用 DELTA 函数判断出结果是否正确，然后再计算总得分，具体操作步骤如下。

Step01 打开"光盘\素材文件\第 14章\简单数学计算得分统计 .xlsx"文件，在 C2 单元格中输入公式【=DELTA(A2,B2)】，判断出该题的答案是否正确，正确便得到一分，否则为零，如图 14-27 所示。

Step02 ❶ 选择 C2 单元格，并拖动填充控制柄填充公式，❷ 在 A33 单元格中输入相应文本，❸ 在 B33 单元格中输入公式【=SUM(C2:C31)】，计算出该学生的最终得分，如图 14-28 所示。

所示。

图 14-27

图 14-28

### 技术看板

在使用 DELTA 函数时，要保证两个参数都是数值，否则将返回错误值【#VALUE!】。

## ★ 重点 14.3.2 实战：使用GESTEP 函数测试某值是否大于阈值

| 实例门类 | 软件功能 |
|---|---|
| 教学视频 | 光盘\视频\第 14 章\14.3.2.mp4 |

GESTEP 函数用于检验数值是否大于等于特定的值（阈值）。如果大于或等于阈值，返回 1，否则返回 0。

语法结构：
GESTEP (number,[step])
参　数：
number　必需的参数，表示要针对 step 进行测试的值。
step　可选参数，代表作为参照的数值（阈值）。如果省略 step 的值，则函数 GESTEP 假设其为 0。

例如，某员工每天完成 100 份才算达标，要在【一周工作量统计】工作表中让每天实际完成任务与 100 进行比较，判断出当天是否达标，并对记录周数据中达标的天数进行统计，具体操作步骤如下。

Step 打开"光盘\素材文件\第 14 章\一周工作量统计 1.xlsx"文件，❶ 合并 A9:C9 单元格区域，并输入相应文本，❷ 在 D9 单元格中输入公式【=SUM(GESTEP(B2,100),GESTEP(B3,100),GESTEP(B4,100),GESTEP(B5,100),GESTEP(B6,100))】，计算出实际达标的天数为 3 天，如图 14-29 所示。

图 14-29

### 技术看板

从上例中可以看出，通过计算多个函数 GESTEP 的返回值，可以检测出数据集中超过某个临界值的数据个数。

### 14.3.3 使用 BIN2OCT 函数将二进制数转换为八进制数

在编写工程程序时，经常会遇到数制转换的问题，如果需要将二进制数转换为八进制数，可使用 BIN2OCT 函数进行转换。

语法结构：
BIN2OCT (number,[places])
参　数：
number　必需的参数，表示希望转换的二进制数。number 的位数不能多于 10 位（二进制位），最高位为符号位，其余 9 位为数字位。负数用二进制数的补码表示。
places　可选参数，代表要使用的字符数。如果省略 places，BIN2OCT 函数将使用尽可能少的字符数。当需要在返回的值前置 0 时，places 尤其有用。

例如，需要将二进制计数中的 1111111111 转换为八进制，可输入公式【=BIN2OCT(1111111111)】，返回【7777777777】。

如需要将二进制数 1011 转换为 4 个字符的八进制数，即可输入公式【=BIN2OCT(1011,4)】，返回【0013】。

**技术看板**

在使用 BIN2OCT 函数时，需要注意以下几点：

1. 如果数字为非法二进制数或位数多于 10 位，将返回错误值【#NUM!】；
2. 如果数字为负数，函数将忽略 places，返回以 10 个字符表示的八进制数；
3. 如果 BIN2OCT 函数需要比 places 指定的更多的位数，将返回错误值【#NUM!】；
4. 如果 places 不是整数，将被截尾取整；

5. 如果 places 为非数值型，将返回错误值【#VALUE!】；
6. 如果 places 为负值，将返回错误值【#NUM!】。

### 14.3.4 使用 BIN2DEC 函数将二进制数转换为十进制数

BIN2DEC 函数用于将二进制数转换为十进制数。

语法结构：BIN2DEC(number)
参　数：
number　必需的参数，表示希望转换的二进制数。number 的位数不能多于 10 位（二进制位），最高位为符号位，其余 9 位为数字位。负数用二进制数的补码表示。

例如，需要将二进制数 1100101 转换为十进制数，即可输入公式【=BIN2DEC(1100101)】，返回【101】。

### 14.3.5 使用 BIN2HEX 函数将二进制数转换为十六进制数

如果需要将二进制数转换为十六进制数，可使用 BIN2HEX 函数进行转换。

语法结构：
BIN2HEX(number, [places])
参　数：
number　必需的参数，表示希望转换的二进制数。number 包含的字符不能多于 10 位（二进制位），最高位为符号位，其余 9 位为数字位。负数用二进制补码记数法表示。
places　可选参数，表示要使用的字符数。如果省略 places，BIN2HEX 函数将使用必需的最小字符数。places 可用于在返回的值前置 0。

例如，需要将二进制数 11001011 转换为 4 个字符的十六进制数，即可输入公式【=BIN2HEX(11001011,4)】，返回【00CB】。

**技术看板**

Excel 中专门提供有转换十六进制数的函数，HEX2BIN、HEX2OCT、HEX2DEC 函数分别用于将十六进制数转换为二进制、八进制数和十进制数。这几个函数的语法结构分别为：HEX2BIN(number,[places])、HEX2OCT(number,[places]) 和 HEX2DEC(number)。其中，参数 number 是要转换的十六进制数，其位数不能多于 10 位（40 位二进制位），最高位为符号位，后 39 位为数字位，负数用二进制的补码表示；参数 places 用于设置所要使用的字符数。

### 14.3.6 使用 DEC2BIN 函数将十进制数转换为二进制数

Excel 中专门提供有转换十进制数的函数。如果需要将十进制数转换为二进制数，可使用 DEC2BIN 函数进行转换。

语法结构：
DEC2BIN(number, [places])
参　数：
number　必需的参数，表示希望转换的十进制数。如果 number 参数值为负数，则省略有效位值并且返回 10 个字符的二进制数（10 位二进制数）。该数最高位为符号位，其余 9 位是数字位。
places　可选参数，表示要使用的字符数。如果省略 places，DEC2BIN 函数将使用必需的最小字符数。places 可用于在返回的值前置 0。

例如，需要将十进制数 16 转换为 6 个字符的二进制数，即可输入公式【=DEC2BIN(16,6)】，返回【010000】。

**技术看板**

在使用 DEC2BIN 函数时，需要注意以下几点：

1. 如果 number<-512 或 number>511，将返回错误值【#NUM!】；

2. 如果参数 number 为非数值型，将返回错误值【#VALUE!】；

3. 如果函数 DEC2BIN 需要比 places 指定的更多的位数，将返回错误值【#NUM!】；

4. 如果 places 不是整数，将截尾取整；

5. 如果 places 为非数值型，将返回错误值【#VALUE!】；

6. 如果 places 为 0 或负值，将返回错误值【#NUM!】。

## 14.3.7 使用 DEC2OCT 函数将十进制数转换为八进制数

如果需要将十进制数转换为八进制数，可使用 DEC2OCT 函数进行转换。

语法结构：
DEC2OCT(number, [places])
参　数：
number　必需的参数，表示希望转换的十进制整数。如果数字为负数，则忽略 places，且 DEC2OCT 函数返回 10 个字符的（30 位）八进制数。其中最高位为符号位，其余 29 位是数量位。负数由二进制补码记数法表示。
places　可选参数。表示要使用的字符数。如果省略 places，DEC2OCT 函数将使用必需的最小字符数。places 可用于在返回的值前置 0。

例如，需要将十进制数 -104 转换为八进制数，即可输入公式

【=DEC2OCT(-104)】，返回【7777777630】。

**技术看板**

Excel 中专门提供有转换八进制数的函数，OCT2BIN、OCT2DEC、OCT2HEX 函数分别用于将八进制数转换为二进制、十进制和十六进制数。这几个函数的表达式分别为：OCT2BIN(number,[places])、OCT2DEC(number) 和 OCT2HEX(number,[places])。其中，number 是要转换的八进制数，其位数不能多于 10 位（30 个二进制位），最高位为符号位，后 29 位为数字位。负数用二进制数的补码表示。

## 14.3.8 使用 DEC2HEX 函数将十进制数转换为十六进制数

如果需要十进制数转换为十六进制数，可使用 DEC2HEX 函数进行转换。

语法结构：
DEC2HEX(number, [places])
参　数：
number　必需的参数，表示希望转换的十进制整数。如果数字为负数，则忽略 places，且 DEC2HEX 函数返回 10 个字符的（40 位）十六进制数。其中最高位为符号位，其余 39 位是数量位。负数由二进制补码记数法表示。
places　可选参数，表示要使用的字符数。如果省略 places，DEC2HEX 函数将使用必需的最小字符数。places 可用于在返回的值前置 0。

例如，需要将十进制数 -54 转换为十六进制数，即可输入公式【=DEC2HEX(-54)】，返回【FFFFFFFFCA】。

## 14.3.9 使用 COMPLEX 函数将实系数和虚系数转换为复数

在 Excel 中可以利用一些函数对复数进行转换，例如将实系数和虚系数转换为复数表示。

COMPLEX 函数用于将实系数及虚系数转换为 x+yi 或 x+yj 形式的复数。

语法结构：
COMPLEX(real_num, i_num, [suffix])
参　数：
real_num　必需的参数，代表复数的实系数。
i_num　必需的参数，代表复数的虚系数。
suffix　可选参数，代表复数中虚系数的后缀。如果省略，则默认为【i】。

例如，需要将实部为 3，虚部为 4，后缀为 j 的参数转换为复数，可输入公式【=COMPLEX(3,4,"j")】，返回【3+4j】。

**技术看板**

在使用 COMPLEX 函数的时候，需要注意以下几点。

1. 所有复数函数均接受 i 和 j 作为后缀，但不接受 I 和 J 作为后缀。如果复数的后缀不是 i 或 j，函数将返回错误值【#VALUE!】。使用两个或多个复数的函数时，要求所有复数的后缀一致。

2. 如果参数 real_num 或 i_num 为非数值型，函数将返回错误值【#VALUE!】。

## 14.3.10 使用 IMREAL 函数返回复数的实系数

IMREAL 函数用于返回以 x+yi 或 x+yj 文本格式表示的复数的实系数。

语法结构：IMREAL (inumber)

参　　数：

inumber　必需的参数，表示需要计算其实系数的复数。

在编写某些工程时，可能需要将复数的实系数提取出来。例如，要提取 6+5i 的实系数，可输入公式【=IMREAL("6+5i")】，返回实系数【6】。

### 14.3.11 使用 IMAGINARY 函数返回复数的虚系数

IMAGINARY 函数用于返回以 x+yi 或 x+yj 文本格式表示的复数的虚系数。

语法结构：

IMAGINARY (inumber)

参　　数：

inumber　必需的参数，表示需要计算其虚系数的复数。

在编写某些工程时，如果需要将复数的虚系数提取出来，此时可使用 IMAGINARY 函数进行提取。例如，要提取 6+5i 的虚系数，可输入公式【=IMAGINARY("6+5i")】，返回虚系数【5】。

### 14.3.12 使 用 IMCONJUGATE 函数返回复数的共轭复数

IMCONJUGATE 函数用于返回

以 x+yi 或 x+yj 文本格式表示的共轭复数。

语法结构：

IMCONJUGATE (inumber)

参　　数：

inumber　必需的参数，表示需要返回其共轭数的复数。

例如，需要求复数 6+5i 的共轭复数，可输入公式【=IMCONJUGATE ("6+5i")】，返回复数【6-5i】。

> **技术看板**
>
> 在处理复数的函数中，如果使用了两个或多个复数，则要求所有复数的后缀一致。

### ★ 重点 14.3.13 使用 ERF 函数返回误差函数

ERF 函数用于返回误差函数在上下限之间的积分。

语法结构：

ERF (lower_limit,[upper_limit])

参　　数：

lower_limit　必需的参数，表示 ERF 函数的积分下限。

upper_limit　可选参数，表示 ERF 函数的积分上限。如果省略 upper_limit，ERF 函数将在 0~lower_limit 进行积分。

在编写有些工程时，需要计算误差函数在上下限之间的积分，此时即可使用 ERF 函数进行计算。例如，需要计算误差函数在 0~0.55 的积分值，即可输入公式【=ERF(0.55)】，返回【0.563323】。

> **技术看板**
>
> 在使用 ERF 函数的时候，如果上限或下限是非数值型，将返回错误值【#VALUE!】；如果上限或下限是负值，将返回错误值【#NUM!】。

### 14.3.14 使用 ERFC 函数返回余误差函数

ERFC 函数用于返回从 x 到 ∞（无穷）积分的 ERF 函数的补余误差函数。

语法结构：ERFC (x)

参　　数：

x　必需的参数，表示 ERFC 函数的积分下限。如果 x 是非数值型，则函数 ERFC 返回错误值【#VALUE!】。

例如，输入公式【=ERFC(1)】，即可计算 1 的 ERF 函数的补余误差函数，返回【0.1573】。

# 14.4 信息函数

Excel 函数中有一类函数，它们专门用来返回某些指定单元格或区域的信息，例如获取文件路径、单元格格式信息或操作环境信息等。本节将简单介绍部分信息函数是如何获取信息的。

### 14.4.1 使用 CELL 函数返回引用单元格信息

工作表中的每一个单元格都有对应的单元格格式、位置和内容等信

息，在 Excel 中可以使用函数返回这些信息，方便查看和管理。

CELL 函数用于返回某一引用区域的左上角单元格的格式、位置或内容等信息。

语法结构：

CELL (info_type,[reference])

参　　数：

info_type　必需的参数，表示一

个文本值，用于指定所需的单元格信息的类型。

reference 可选参数，表示需要获取相关信息的单元格。如果忽略该参数，Excel 将自动将 info_

type 参数中指定的信息返回给最后更改的单元格。如果参数 reference 值是某一单元格区域，则函数 CELL 只将该信息返回给该单元格区域左上角的单元格。

下面以列表的形式展示 info_type 参数的可能值及相应的结果，见表 14-1。

表 14-1

| info_type | 返回 |
|---|---|
| "address" | 引用中第一个单元格的引用，文本类型 |
| "col" | 引用中单元格的列标 |
| "color" | 如果单元格中的负值以不同颜色显示，则为值 1；否则，返回 0 |
| "contents" | 引用中左上角单元格的值：不是公式 |
| "filename" | 包含引用的文件名（包括全部路径），文本类型。如果包含目标引用的工作表尚未保存，则返回空文本 |
| "format" | 与单元格中不同的数字格式相对应的文本值。在【多学一点】小栏目中列出不同格式的文本值。如果单元格中负值以不同颜色显示，则在返回的文本值的结尾处加【-】；如果单元格中为正值或所有单元格均加括号，则在文本值的结尾处返回【()】 |
| "parentheses" | 如果单元格中为正值或所有单元格均加括号，则为值 1；否则返回 0 |
| "prefix" | 与单元格中不同的【标志前缀】相对应的文本值。如果单元格文本左对齐，则返回单引号（'）；如果单元格文本右对齐，则返回双引号（"）；如果单元格文本居中，则返回插入字符（^）；如果单元格文本两端对齐，则返回反斜线（\）；如果是其他情况，则返回空文本 |
| "protect" | 如果单元格没有锁定，则为值 0；如果单元格锁定，则返回 1 |
| "row" | 引用中单元格的行号 |
| "type" | 与单元格中的数据类型相对应的文本值。如果单元格为空，则返回 b。如果单元格包含文本常量，则返回 l；如果单元格包含其他内容，则返回 v |
| "width" | 取整后的单元格的列宽。列宽以默认字号的一个字符的宽度为单位 |

根据表 14-1，套用 CELL 函数即可获取需要的单元格信息。如果需要返回单元格 A2 中的行号，即可输入公式【=CELL("row",A2)】，返回【2】。如要返回单元格 A2 中的内容，即可输入公式【=CELL("contents",A2)】。如果需要返回单元格 A2 中的数据类型，输入公式【=CELL("type", A2)】即可。

**技术看板**

当参数 info_type 为【format】时，根据单元格中不同的数字格式，将返回不同的文本值。下面以列表的形式展示 reference 为不同内置数字格式时，函数 CELL 返回的文本值，见表 14-2。

表 14-2

| Excel 的格式 | CELL 函数返回值 |
|---|---|
| 常规 | "G" |
| 0 | "F0" |
| 0.00 | "F2" |
| 0% | "P0" |
| 0.00% | "P2" |
| 0.00E+00 | "S2" |
| # ?/? 或 # ??/?? | "G" |
| #,##0 | ",0" |
| #,##0.00 | ",2" |
| $#,##0_);($#,##0) | "C0" |
| $#,##0_);[Red]($#,##0) | "C0-" |

| Excel 的格式 | CELL 函数返回值 |
|---|---|
| $#,##0.00_);($#,##0.00) | "C2" |
| $#,##0.00_);[Red]($#,##0.00) | "C2-" |
| d-mmm-yy 或 dd-mmm-yy | "D1" |
| mmm-yy | "D2" |
| d-mmm 或 dd-mmm | "D3" |
| yy-m-d 或 yy-m-d h:mm 或 dd-mmm-yy | "D4" |
| dd-mm | "D5" |
| h:mm:ss AM/PM | "D6" |
| h:mm AM/PM | "D7" |
| h:mm:ss | "D8" |
| h:mm | "D9" |

### 技术看板

使用 CELL 函数时，如果列宽的数值不是整数，结果值会根据四舍五入的方式返回整数值。

## 14.4.2 使用 ERROR.TYPE 函数返回对应错误类型数值

ERROR.TYPE 函数用于返回对应于 Excel 中某一错误值的数字，如果没有错误，则返回【#N/A】。

语法结构：
ERROR.TYPE (error_val)
参　　数：
error_val　必需的参数，用于指定需要查找其标号的一个错误值。

下面以列表的形式展示错误值与函数 ERROR.TYPE 对应的返回值，见表 14-3。

表 14-3

| error_val | 函数 ERROR.TYPE 的返回值 |
|-----------|------------------|
| #NULL! | 1 |
| #DIV/0! | 2 |
| #VALUE! | 3 |
| #REF! | 4 |
| #NAME? | 5 |
| #NUM! | 6 |
| #N/A | 7 |
| #GETTING_DATA | 8 |
| 其他值 | #N/A |

虽然该参数值可以为实际的错误值，但通常为一个包含需要检测的公式的单元格引用。在函数 IF 中可以使用 ERROR.TYPE 函数检测错误值，并返回文本字符串来取代错误值。例如，输入公式【=IF(ERROR.TYPE(A3)<3,CHOOSE(ERROR.TYPE(A3)," 区域没有交叉 "," 除数

为零 "))】，即可检查 A3 单元格以查看是否包含【#NULL!】错误值或【#DIV/0!】错误值。如果有，则在工作表函数 CHOOSE 中使用错误值的数字来显示两条消息之一；否则将返回【#N/A】错误值（除数为零）。

## 14.4.3 使用 INFO 函数返回与当前操作环境有关的信息

在对工作簿进行操作时，Excel 窗口下方的状态栏左侧会显示出当前操作环境所处的状态，如【就绪】、【输入】等。除此之外，我们还可以通过 INFO 函数返回有关当前操作环境的信息。

语法结构：INFO (type_text)
参　　数：
type_text　必需的参数，表示用于指定所要返回的信息类型的文本。

下面以列表的形式展示该参数值的数值范围和对应的 INFO 函数返回值，见表 14-4。

表 14-4

| type_text | 函数 INFO 的返回值 |
|-----------|------------------|
| "directory" | 当前目录或文件夹的路径 |
| "numfile" | 打开的工作簿中活动工作表的数目 |
| "origin" | 以当前滚动位置为基准，返回窗口中可见的左上角单元格的绝对单元格引用，如带前缀【$A:】的文本。此值与 Lotus 1-2-3 3.x 版本兼容。返回的实际值取决于当前的引用样式设置。以 D9 为例，当采用 A1 引用样式，则返回值为 "$A:$D$9"；当采用 R1C1 引用样式，则返回值为 "$A:R9C4" |
| "osversion" | 当前操作系统的版本号，文本值 |
| "recalc" | 当前的重新计算模式，返回【自动】或【手动】 |

| "release" | Excel 的版本号，文本值 |
|-----------|------------------|
| "system" | 操作系统名称：Macintosh =【mac】；Windows =【pcdos】 |

例如，要在当前工作簿中返回活动工作表的个数，输入公式【=INFO ("numfile")】即可。

## 14.4.4 使用 N 函数返回转换为数字后的值

N 函数可以将其他类型的变量转化为数值。

语法结构：N (value)
参　　数：
value　必需的参数，表示要转化的值。

下面以列表的形式展示其他类型的数值或变量与对应的 N 函数返回值，见表 14-5。

表 14-5

| 数值或引用 | 函数 N 的返回值 |
|-----------|------------------|
| 数字 | 该数字 |
| 日期（Excel 的一种内部日期格式） | 该日期的序列号 |
| TRUE | 1 |
| FALSE | 0 |
| 错误值，例如【#DIV/0!】 | 错误值 |
| 其他值 | 0 |

例如，要将日期格式的【2017/6/1】数据转换为数值，可输入公式【=N(2017/6/1)】，返回【336.1666667】。又如，要将文本数据【Hello】转换为数值，可输入公式【=N("Hello")】，返回【0】。

## 14.4.5 使用 TYPE 函数返回表示值的数据类型的数字

TYPE 函数用于返回数值的类型。在 Excel 中，用户可以使用 TYPE 函数来确定单元格中是否含有公式。TYPE 仅确定结果、显示或值的类型。如果某个值是单元格引用，它所引用的另一个单元格中含有公式，则 TYPE 函数将返回此公式结果值的类型。

语法结构：TYPE (value)
参　数：
value　必需的参数，表示任意 Excel 数值。当 value 为数字时，TYPE 函数将返回 1；当 value 为文本时，TYPE 函数将返回 2；当 value 为逻辑值时，TYPE 函数将返回 4；当 value 为误差值时，TYPE 函数将返回 16；当 value 为数组时，TYPE 函数将返回 64。

例如，输入公式【=TYPE("Hello")】，将返回【2】，输入公式【=TYPE(8)】，将返回【1】。

## 14.4.6 实战：使用 IS 类函数检验指定值

| 实例门类 | 软件功能 |
|---|---|
| 教学视频 | 光盘\视频\第 14 章\14.4.6.mp4 |

IS 类函数又被称为检测类函数，这类函数可检验指定值并根据参数取值返回对应的逻辑值。

在对某一值执行计算或执行其他操作之前，可以使用 IS 函数获取该值的相关信息。IS 类函数有相同的参数 value，表示用于检验的数值，可以是空白（空单元格）、错误值、逻辑值、文本、数字、引用值，或者引用要检验的以上任意值的名称。下面以列表的形式展示 IS 类函数的语法结构和返回值，见表 14-6。

表 14-6

| 函数名称 | 语法结构 | 如果为下面的内容，则返回 TRUE |
|---|---|---|
| ISBLANK | ISBLANK(value) | 值为空白单元格 |
| ISERR | ISERR(value) | 值为任意错误值（除去【#N/A】） |
| ISERROR | ISERROR(value) | 值为任意错误值（【#N/A】、【#VALUE!】、【#REF!】、【#DIV/0!】、【#NUM!】、【#NAME?】 或 【#NULL!】） |
| ISLOGICAL | ISLOGICAL(value) | 值为逻辑值 |
| ISNA | ISNA(value) | 值为错误值【#N/A】（值不存在） |
| ISNONTEXT | ISNONTEXT(value) | 值为不是文本的任意项（请注意，此函数在值为空单元格时返回 TRUE） |
| ISNUMBER | ISNUMBER(value) | 值为数字 |
| ISREF | ISREF(value) | 值为引用 |
| ISTEXT | ISTEXT(value) | 值为文本 |

例如，某公司在统计职业技能培训成绩，统计原则是【如果 3 次考试都有成绩，取 3 次成绩中的最大值作为统计成绩；如果 3 次考试中有缺考记录，则标记为 '不及格'】。

要使用 Excel 统计上述要求下的成绩，首先可使用 ISBLANK 函数检查成绩表中是否存在空白单元格，然后使用 OR 函数来判断是否 3 次考试中有缺考情况，最后使用 IF 函数根据结果返回不同的计算值。

语法结构：ISBLANK (value)
参　数：
value　必需的参数，表示要检验的值。参数 value 可以是空白（空单元格）、错误值、逻辑值、文本、数字、引用值，或者引用要检验的以上任意值的名称。

针对上述案例，结合 3 个函数检验成绩是否合格的具体操作步骤如下。

Step01 打开"光盘\素材文件\第 14 章\培训成绩登记表 .xlsx"文件，在 F2 单元格中输入公式【=IF(OR(ISBLANK(C2),ISBLANK(D2),ISBLANK(E2))," 不及格 ",MAX(C2:E2))】，统计出第一名员工的成绩，如图 14-30 所示。

Step**02** 使用 Excel 的自动填充功能将 F2 单元格中的公式填充到 F3:F24 单元格区域，统计出其他员工的成绩，如图 14-31 所示。

图 14-30　　　　　　图 14-31

## 妙招技法

　　通过前面知识的学习，相信读者朋友已经掌握了常见逻辑函数、统计函数、工程函数和信息函数的基本用法。下面结合本章内容，介绍一些实用技巧。

### 技巧 01：如何快速统计各考生成绩

| 教学视频 | 光盘\视频\第 14 章\技巧 01.mp4 |
| --- | --- |

　　通过测试某个条件，直接返回逻辑值 TRUE 或 FALSE 的函数只有两个。掌握这两个函数的使用技巧，可以使一些计算变得更简便。例如，某小学开发了一套数学考试系统，能够自动进行考卷评分，具体操作步骤如下。

Step**01** 打开"光盘\素材文件\第 14 章\四则运算得分统计 .xlsx"文件，在 D2 单元格中输入公式【=IF(C2=7+6,TRUE(),FALSE())】，如图 14-32 所示，即可判断出学生的第一个答案是否正确。

图 14-32

Step**02** 在 D3 单元格中输入公式【=IF

(C3=3+9,TRUE(),FALSE())】，如图 14-33 所示，即可判断出学生的第二个答案是否正确。

图 14-33

Step**03** ❶ 继续根据 C 列中的数据在 D4:D10 单元格区域输入相应的公式，依次判断各答案是否正确，❷ 在 E2 单元格中输入公式【=IF(D2= TRUE,B2,0)】，如图 14-34 所示，让学生在做出正确答案时能得到该题的相应分数，否则为 0。

图 14-34

Step**04** ❶ 使用 Excel 的自动填充功能将 E2 单元格中的公式填充到 E3:E10 单元格区域，统计出其他题目的得分，❷ 在 F2 单元格中输入公式【=SUM(E2:E10)】，如图 14-35 所示，即可计算出该学生的所有题目考试得分。

图 14-35

Step**05** 在 C 列中导入不同学生的答案，即可得到相应的得分结果，效果如图 14-36 所示。

图 14-36

## 技巧 02：统计需发放补贴的数据

| 教学视频 | 光盘\视频\第 14 章\技巧 02.mp4 |
|---|---|

日常工作中制作的表格经常需要根据多个条件来判断符合需求的数据。

例如，某集团打算对退休的贫困老共产党员进行节日的额外补贴。党龄满 20 年的老共产党员，如果月退休工资低于 1500，则视为符合条件的帮扶对象。已知退休人员名单及相关资料，统计需要额外补贴的人员名单的具体操作步骤如下。

Step 01 打开"光盘\素材文件\第 14 章\发放额外补贴统计 .xlsx"文件，在 G2 单元格中输入公式【=IF(AND(IF(D2=" 否 ",FALSE(),IF(YEAR(TODAY())-YEAR(E2)>=20,TRUE(),FALSE())),IF(F2<1500,TRUE(),FALSE()))," 发放 "," 不发放 ")】，如图 14-37 所示，即可判断出第一个退休人员是否需要发放额外补贴。

图 14-37

Step 02 使用 Excel 的自动填充功能将 G2 单元格中的公式填充到 G3:G12 单元格区域，判断出其他退休人员是否需要发放额外补贴，如图 14-38 所示。

图 14-38

## 技巧 03：按多重条件快速统计数据

| 教学视频 | 光盘\视频\第 14 章\技巧 03.mp4 |
|---|---|

上例中我们结合使用了多个函数才得到多重条件的判断结果，实际上可以使用 COUNTIFS 函数来简化计算。例如，某销售公司的市场部统计了各员工的销售信息，公司可以进一步统计出各种条件下的销售信息，具体操作步骤如下。

Step 01 打开"光盘\素材文件\第 14 章\销售统计表 .xlsx"文件，在 C23 单元格中输入公式【=COUNTIFS(D2:D21,">5000",C2:C21," 男 ")】，即可统计出销量超过 5000 的男员工只有两人，如图 14-39 所示。

图 14-39

Step 02 在 C24 单元格中输入公式【=COUNTIFS(C2:C21," 女 ")-COUNTIFS(E2:E21,"",C2:C21," 女 ")】，即可统计出超过销售配额的女员工数据，如图 14-40 所示。

图 14-40

Step 03 ① 选择 C24 单元格，② 在【开始】选项卡【数字】组中的下拉列表框中选择【常规】选项，如图 14-41 所示，即可让计算的结果显示为正确形式。

图 14-41

## 技巧 04：如何获取活动工作簿的部分信息

| 教学视频 | 光盘\视频\第 14 章\技巧 04.mp4 |
|---|---|

如果想知道当前工作簿的相关信息，可以使用函数轻松获取，具体操作步骤如下。

Step 01 在 D25 单元格中输入公式【=CELL("filename")】，如图 14-42 所示，即可获取工作簿的完整路径。

图 14-42

**Step02** 在 D26 单元格中输入公式【=MID(CELL("filename"),1,FIND("[",CELL("filename"))-1)】，如图 14-43 所示，即可获取工作簿的部分保存路径。

图 14-43

## 技巧 05：保证所有计算结果都是有效的

| 教学视频 | 光盘\视频\第 14 章\技巧 05.mp4 |
|---|---|

IS 类函数的用法很多，其中 ISNA、ISERR 和 ISERROR 函数的功能是判断参数的内容是否为错误值。ISNA 函数的功能是判断参数的内容是错误值【#N/A】；ISERR 函数可以判断的内容是除【#N/A】类型以外的错误；而 ISERROR 函数可以判断的内容是任何类型的错误。

假设，已知某公司产品的每月销量和上市时间，需要粗略计算产品的总销量。但由于各种原因，某些产品的上市时间没有统计或者数据不全，就会导致无法计算这些产品的总销量，处理的具体操作步骤如下。

**Step01** 打开"光盘\素材文件\第 14 章\销售数据 .xlsx"文件，❶ 在 D2 单元格中输入公式【=B2*C2】，即可根据上市时间和当前销售数量粗略统计出第一项产品的总销量，❷ 使用 Excel 的自动填充功能将 D2 单元格中的公式填充到 D3:D12 单元格区域，粗略统计出其他产品的总销量，如图 14-44 所示。

图 14-44

### 技术看板

在选择查看公式中的部分计算结果时，注意要选择包含整个运算对象的部分。如选择一个函数时，必须包含整个函数名称、左括号、参数和右括号。

**Step02** ❶ 在 E2 单元格中输入公式【=IF(ISERR(D2),"有未知信息",D2)】，才能得到最后的销售结果，并针对有未知信息的数据做出正确的反馈，❷ 使用 Excel 的自动填充功能将 E2 单元格中的公式填充到 E3:E12 单元格区域，如图 14-45 所示。

图 14-45

## 本章小结

Excel 中的函数还有很多，前面几章中已经讲解了几大类比较常见的函数。本章主要针对逻辑类、统计类、工程类、信息类函数的常用函数做了简单介绍。逻辑类函数主要进行逻辑判断，在实际应用中，逻辑关系也可以进行嵌套，逻辑值还可以直接参与函数公式的计算。逻辑关系的处理不仅影响到公式使用的正确与否，也关系到解题思路的简繁，用户需要勤加练习；统计类的函数用得比较多，掌握这些函数的相关技能技巧，可以方便地处理各种统计、概率或预测问题；工程类的函数基本上是专门为工程师准备的，如果用户没有这方面的需求，则使用该类函数的概率比较小；信息类的函数就是对 Excel 进行信息处理和检测，便捷地分析单元格的数据类型，在具体应用中通常需要结合其他函数来使用。

# 第4篇 数据分析篇

在 Excel 中，当我们面对海量的数据时，也许我们并没有那么多的时间和精力去仔细查看每一条数据，甚至很多时候，我们只是需要从这些数据中找到一些想要的信息。如何从中获取最有价值的数据信息呢？不仅要学会数据分析的方法，还必须掌握数据分析的工具。Excel 提供了大量帮助用户进行数据分析的功能，本篇将讲述这些功能。

# 第15章 数据分析的常规武器

➥ 想快速标识出大于某个值的数据，或知道哪些数据的排名靠前，或用简单的符号图示化各单元格的值？

➥ 想让数据按照某列值的大小从大到小进行排序，或根据多个条件进行排序？

➥ 你花了很多时间筛选数据？每次都一目十行像个扫描机高速运转还是有错漏的地方！

➥ 一个表格中的数据可以分为几个大类，需要对每个类别数据进行相同的计算，统计出大类的数据？

➥ 将数据放在不同的单元格区域或不同的工作表中了，想要合并这些数据？

Excel 除了拥有强大的计算功能外，还能够对大型数据库进行统计与分析。通过对基础数据进行统计，可以更方便地得到所需要的数据信息；通过对数据进行分析，可以从数据中找到新的解决方案和决策。本章将对条件格式、排序、筛选、分类汇总等常规的数据分析方法进行详细讲解，使用户快速掌握表格数据的基本分析和处理方法与技巧。

## 15.1 设置条件格式

在编辑表格时，可以为单元格区域、表格或数据透视表设置条件格式。Excel 2013 中提供了非常丰富的条件格式，该功能可以基于设置的条件，并根据单元格内容有选择地自动应用格式，它为 Excel 增色不少的同时，还为我们带来很多方便。下面就详细讲解条件格式的使用方法。

### 15.1.1 条件格式综述

在分析表格数据时，经常会出现一些问题，如在利润统计表中汇总过去几年企业的利润时，都出现了哪些异常情况？过去两年的营销调查反映出未来产品购买趋势是什么？某个月哪些员工的销售额超过了10万？企业员工的总体年龄分布情况如何？哪些产品的年收入增长幅度大于15%？某月，哪个型号的产品卖出最多，哪个又卖出最少？

在分析这类数据时，常常需要根据一些特定的规则找出一些数据，然后再根据这些数据进行进一步的分析。在 Excel 2013 中，要强调表格中的数据，我们可以利用单元格字体、字号、文字颜色、单元格背景等单元格格式来突出显示单元格，还可以使用丰富的条件格式在工作表中基于我们设置的条件更改单元格区域的外观。

在对大型数据表进行统计分析时，为了便于区别和查看，可以对满足或不满足条件的数据进行突出显示，根据条件更改单元格区域的外观。如果条件为真，则根据该条件设置单元格区域的格式；如果条件为假，将保持单元格区域原来的格式。因此，使用 Excel 条件格式可以帮助用户直观地查看和分析数据、解答有关数据的特定问题，以及识别模式和趋势。

Excel 2013 提供的条件格式非常丰富，如可以使用填充颜色、采用数据柱线、颜色刻度和图标集来直观地显示所关注的数据。

**技术看板**

如果将条件格式功能和公式结合使用，则可以制作出功能强大的表格。

### ★ 新功能 15.1.2 实战：突出显示包含某个文本的销售产品数据

| 实例门类 | 软件功能 |
|---|---|
| 教学视频 | 光盘\视频\第 15 章\15.1.2.mp4 |

在对数据表进行统计分析时，如果要突出显示表格中的一些数据，如大于某个值的数据、小于某个值的数据、等于某个值的数据等，可以使用【条件格式】中的【突出显示单元格规则】选项，基于比较运算符设置这些特定单元格的格式。

在【突出显示单元格规则】命令的下级子菜单中选择不同的命令，可以实现不同的突出效果，具体介绍如下。

➡ 【大于】命令：表示将大于某个值的单元格突出显示。

➡ 【小于】命令：表示将小于某个值的单元格突出显示。

➡ 【介于】命令：表示将单元格中数据在某个数值范围内的突出显示。

➡ 【等于】命令：表示将等于某个值的单元格突出显示。

➡ 【文本包含】命令：可以将单元格中符合设置的文本信息突出显示。

➡ 【发生日期】命令：可以将单元格中符合设置的日期信息突出显示。

➡ 【重复值】命令：可以将单元格中重复出现的数据突出显示。

下面在销售统计表中，对女士产品的销售数据进行突出显示，具体操作步骤如下。

Step01 打开"光盘\素材文件\第 15 章\销售统计表 .xlsx"文件，❶ 选择 A2:A9 单元格区域，❷ 单击【开始】选项卡【样式】组中的【条件格式】按钮，❸ 在弹出的下拉菜单中选择【突出显示单元格规则】命令，❹ 在弹出的下级子菜单中选择【文本包含】命令，如图 15-1 所示。

图 15-1

Step02 在弹出的【文本中包含】对话框中，❶ 在参数框中输入要作为判断条件的包含文本【女士】，❷ 在【设置为】下拉列表框中选择要为符合条件的单元格设置的格式样式，这里选择【浅红填充色深红色文本】选项，❸ 单击【确定】按钮，如图 15-2 所示。

图 15-2

Step03 经过上步操作，即可看到所选单元格区域中包含【女士】文本的单元格格式发生了变化，如图 15-3 所示。

图 15-3

**技能拓展——通过引用单元格数据快速设置条件**

在创建条件格式时，也可以通过引用单元格来设置条件。但是只能引用同一工作表中的其他单元格，有些情况下也可以引用当前打开的同一工作簿中其他工作表中的单元格。但不能对其他工作簿的外部引用使用条件格式。

## ★ 新功能 15.1.3 实战：对排名前三的销量数据设置单元格格式

| 实例门类 | 软件功能 |
|---|---|
| 教学视频 | 光盘\视频\ 第 15 章 \15.1.3.mp4 |

项目选取规则允许用户识别项目中最大或最小的百分数或数字所指定的项，或者指定大于或小于平均值的单元格。如要在表格中查找最畅销的 3 种产品，在客户调查表中查找最不受欢迎的 10% 产品等，都可以在表格中使用项目选取规则。

使用项目选取规则的方法与使用突出显示单元格规则的方法基本相同，在【条件格式】下拉菜单中选择【项目选取规则】命令后，在其子菜单中选择不同的命令，可以实现不同的项目选取目的。

➡ 【前 10 项】命令：表示将突出显示所选单元格区域中值最大的前 10 个单元格（实际上，具体个数还需要在选择该命令后弹出的对话框中进行设置）。

➡ 【前 10%】命令：表示将突出显示所选单元格区域中值最大的前 10%（相对于所选单元格总数的百分比）个单元格。

➡ 【最后 10 项】命令：表示将突出显示所选单元格区域中值最小的后 10 个单元格。

➡ 【最后 10%】命令：表示将突出显示所选单元格区域中值最小的后 10% 个单元格。

➡ 【高于平均值】命令：表示将突出显示所选单元格区域中值高于平均值的单元格。

➡ 【低于平均值】命令：表示将突出显示所选单元格区域中值低于平均值的单元格。

下面在销售统计表中，对销量最多的 3 项单元格进行突出显示，具体操作步骤如下。

**Step01** ❶ 选择 D2:D9 单元格区域，❷ 单击【条件格式】按钮，❸ 在弹出的下拉菜单中选择【项目选取规则】命令，❹ 在弹出的下级子菜单中选择【前 10 项】命令，如图 15-4 所示。

图 15-4

### 技术看板

如果设置条件格式的单元格区域中有一个或多个单元格包含的公式返回错误，则条件格式就不会应用到整个区域。若要确保条件格式应用到整个区域，用户可使用 IS 或 IFERROR 函数来返回正确值（如 0 或【N/A】）。

**Step02** 在弹出的【前 10 项】对话框中，❶ 在数值框中输入需要查看的最大项数，这里输入【3】，❷ 在【设置为】下拉列表框中选择【自定义格式】选项，如图 15-5 所示。

图 15-5

**Step03** 在弹出的【设置单元格格式】对话框中，❶ 单击【字体】选项卡，❷ 在【字形】列表框中选择【加粗】选项，❸ 在【颜色】下拉列表框中选择需要设置的字体颜色，这里选择【白色，背景 1】选项，如图 15-6 所示。

图 15-6

**Step04** ❶ 单击【填充】选项卡，❷ 在【背景色】栏中选择需要填充的单元格颜色，这里选择【红色】，❸ 单击【确定】按钮，如图 15-7 所示。

图 15-7

**Step05** 返回【前 10 项】对话框，单击【确定】按钮，如图 15-8 所示。返回工作表中，即可看到所选单元格区域中值最大的前 3 个单元格应用了自定义的单元格格式。

图 15-8

## ★ 新功能 15.1.4 实战：使用数据条显示销售额数据

| 实例门类 | 软件功能 |
|---|---|
| 教学视频 | 光盘\视频\ 第 15 章 \15.1.4.mp4 |

使用数据条可以查看某个单元格相对于其他单元格的值。数据条的长度代表单元格中的值，数据条越长，表示值越高；反之，则表示值越低。若要在大量数据中分析较高值和较低值，使用数据条尤为有用。

下面在销售统计表中，使用数据条来显示二分区各季度的销售额数据，具体操作步骤如下。

Step ❶ 选 择 E2:E9 单 元 格 区 域，❷ 单击【条件格式】按钮，❸ 在弹出的下拉菜单中选择【数据条】命令，❹ 在弹出的下级子菜单的【渐变填充】栏中选择【橙色数据条】命令，如图 15-9 所示。即可看到在 E2:E9 单元格区域中根据数值大小填充了不同长短的橙色渐变数据条。

图 15-9

★ 新功能 15.1.5 实战：使用色阶显示销售总额数据

| 实例门类 | 软件功能 |
| --- | --- |
| 教学视频 | 光盘\视频\第 15 章\15.1.5.mp4 |

对数据进行直观分析时，除了使用数据条外，还可以使用色阶按阈值将单元格数据分为多个类别，其中每种颜色代表一个数值范围。

色阶作为一种直观的指示，可以帮助用户了解数据的分布和变化。Excel 中默认使用双色刻度和三色刻度两种色阶方式来设置条件格式。

双色刻度使用两种颜色的渐变来比较某个区域的单元格，颜色的深浅表示值的高低。例如，在绿色和红色的双色刻度中，可以指定较高值单元格的颜色更绿，而较低值单元格的颜色更红。三色刻度使用 3 种颜色的渐变来比较某个区域的单元格。颜色的深浅表示值的高、中、低。例如，在绿色、黄色和红色的三色刻度中，可以指定较高值单元格的颜色为绿色，中间值单元格的颜色为黄色，而较低值单元格的颜色为红色。

下面在销售统计表中，使用一种三色刻度颜色来显示销售额数据，具体操作步骤如下。

Step ❶ 选择 F2:F9 单元格区域，❷ 单击【条件格式】按钮，❸ 在弹出的下拉菜单中选择【色阶】命令，❹ 在弹出的下级子菜单中选择【绿 - 黄 - 红色阶】命令，如图 15-10 所示。即可看到在 F2:F9 单元格区域中根据数值大小填充了不同深浅度的红、黄、绿颜色。

图 15-10

技术看板

在【条件格式】下拉菜单的各子菜单中选择【其他规则】命令，在弹出的【新建格式规则】对话框中，用户可以根据数据需要进行条件格式的自定义设置。

★ 新功能 15.1.6 实战：使用图标集显示销售总额数据

| 实例门类 | 软件功能 |
| --- | --- |
| 教学视频 | 光盘\视频\第 15 章\15.1.6.mp4 |

在 Excel 2013 中对数据进行格式设置和美化时，为了表现出一组数据中的等级范围，还可以使用图标集对数据进行标识。

图标集中的图标是以不同的形状或颜色来表示数据的大小的。使用图标集可以按阈值将数据分为 3 ~ 5 个类别，每个图标代表一个数值范围。例如，在【三向箭头】图标集中，绿色的上箭头代表较高值，黄色的横向箭头代表中间值，红色的下箭头代表较低值。

下面在销售统计表中，使用图标集中的【四等级】来标识相应产品的销售额数据的大小，具体操作步骤如下。

Step❶ ❶ 选择 F2:F9 单元格区域，❷ 单击【条件格式】按钮，❸ 在弹出的下拉菜单中选择【图标集】命令，❹ 在弹出的下级子菜单的【等级】栏中选择【四等级】命令，如图 15-11 所示。

图 15-11

Step❷ 经过上步操作，即可看到 F2:F9 单元格区域中根据数值大小分为了 4 个等级，并为不同等级的单元格数据前添加了不同等级的图标，效果如图 15-12 所示。

图 15-12

在 Excel 2013 中，选择需要设置条件格式的单元格区域，单击单元格右下角显示出的【快速分析】按钮图，在弹出的下拉菜单中单击【格式】选项卡，并在下方选择需要的条件格式（如图 15-13 所示），可以使用默认的相应条件格式填充单元格区域。

图 15-13

## ★ 新功能 15.1.7 实战：管理业绩表中的条件格式

| 实例门类 | 软件功能 |
|---|---|
| 教学视频 | 光盘\视频\第 15 章\15.1.7.mp4 |

Excel 2013 表格中可以设置的条件格式数量没有限制，可以指定的条件格式数量只受计算机内存的限制。为了帮助追踪和管理拥有大量条件格式规则的表格，Excel 2013 提供了【条件格式规则管理器】功能，使用该功能可以创建、编辑、删除规则，以及控制规则的优先级。

### 1. 新建规则

Excel 2013 中的条件格式功能允许用户定制条件格式，定义自己的规则或格式。新建条件格式规则需要在【新建格式规则】对话框中进行。

在【新建格式规则】对话框的【选择规则类型】列表框中，用户可选择基于不同的筛选条件设置新的规则，在弹出的【新建格式规则】对话框中的设置参数也会随之发生改变。

（1）基于值设置单元格格式

在默认弹出的【新建格式规则】对话框中的【选择规则类型】列表框中选择的是【基于各自值设置所有单元格的格式】选项。选择该选项可以根据所选单元格区域中的具体值设置单元格格式，要设置何种单元格格式，还需要在【格式样式】下拉列表框中进行选择。

（1）设置色阶。如果需要设置个性的双色或三色刻度的色阶条件格式，可在【格式样式】下拉列表框中选择【双色刻度】或【三色刻度】选项，如图 15-14 所示，然后在下方的【最小值】【最大值】和【中间值】栏中分别设置数据划分的类型、具体值或占比份额、填充颜色。

图 15-14

在图 15-14 所示的【类型】下拉列表框中提供了 4 种数据划分方式。

● 数字：要设置数字、日期或时间值的格式，就需要选择该选项。

● 百分比：如果要按比例直观显示所有值，则使用百分比，因为值的分布是成比例的。有效值为 0~100。请不要输入百分号。

● 公式：如果要设置公式结果的格式，就选择该选项。公式必须返回数字、日期或时间值。若公式无效将使所有格式设置都不被应用，所以，最好在工作表中测试公式，以确保公式不会返回错误值。

● 百分点值：如果要用一种颜色比例直观显示一组上限值（如前 20 个百分点值），用另一种颜色比例直观显示一组下限值（如后 20 个百分点值），就选择该选项。这两种比例所表示的极值有可能会使数据的显示失真。有效的百分点值为 0~100。如果单元格区域包含的数据点超过 8191 个，则不能使用百分点值。

此外，我们还可以在【最小值】和【最大值】栏中直接设置最低值和最高值的格式，此时就不需要输入具体的最大值和最小值了。

（2）设置数据条。在基于值设置单元格格式时，如果需要设置个性的数据条，可以在【格式样式】下拉列表框中选择【数据条】选项，如图 15-15 所示。该对话框的具体设置和图 15-14 所示的方法相同，只是在【条形图外观】栏中需要设置条形图的填充效果和颜色，边框的填充效果和颜色，以及条形图的方向。

图 15-15

（3）设置图标集。如果需要设置个性的图标形状和颜色，可以在【格式样式】下拉列表框中选择【图标集】选项，然后在【图标样式】下拉列表框中选择需要的图标集样式，并在下方分别设置各图标代表的数据范围，如图 15-16 所示。

图 15-16

**技术看板**

基于图标集新建规则时，可以选择只对符合条件的单元格显示图标。如对低于临界值的那些单元格显示一个警告图标，对超过临界值的单元格不显示图标。为此，只需在设置条件时，单击【图标】右侧的下拉按钮，在弹出的下拉列表中选择【无单元格图标】命令即可隐藏图标。

（2）对包含相应内容的单元格设置单元格格式

如果是要为文本数据的单元格区域设置条件格式，可在【新建格式规则】对话框的【选择规则类型】列表框中选择【只为包含以下内容的单元格设置格式】选项，如图 15-17 所示。

图 15-17

在【编辑规则说明】栏的左侧

下拉列表框中可选择按【单元格值】【特定文本】【发生日期】【空值】【无空值】【错误】和【无错误】来设置格式。选择不同选项的具体设置说明如下。

➡ 【单元格值】：选择该选项，表示要按数字、日期或时间设置格式；然后在中间的下拉列表框中选择比较运算符；在右侧的下拉列表框中输入数字、日期或时间。如依次在后面 3 个下拉列表框中设置【介于】【10】和【200】。

➡ 【特定文本】：选择该选项，表示要按文本设置格式，然后在中间的下拉列表框中选择比较运算符，在右侧的下拉列表框中输入文本。如依次在后面两个下拉列表框中设置【包含】和【Sil】。

➡ 【发生日期】：选择该选项，表示要按日期设置格式，然后在后面的下拉列表框中选择比较的日期，如【昨天】或【下周】。

➡ 【空值】和【无空值】：空值即单元格中不包含任何数据。选择这两个选项，表示要为空值或无空值单元格设置格式。

➡ 【错误】和【无错误】：错误值包括【#####】【#VALUE!】【#DIV/0!】【#NAME?】【#N/A】【#REF!】【#NUM!】和【#NULL!】。选择这两个选项，表示要为包含错误值或无错误值的单元格设置格式。

（3）根据单元格内容排序位置设置单元格格式

想要扩展项目选取规则，对单元格区域中的数据按照排序方式设置条件格式，可以在【新建格式规则】对话框的【选择规则类型】列表框中选择【仅对排名靠前或靠后的数值设置格式】选项，如图 15-18 所示。

图 15-18

在【编辑规则说明】栏左侧的下拉列表框中可以设置排名靠前或靠后的单元格，而具体的单元格数量则需要在其后的文本框中输入，若选中【所选范围的百分比】复选框，则会根据所选择的单元格总数的百分比进行单元格数量的选择。

（4）根据单元格数据相对于平均值的大小设置单元格格式

如果需要根据所选单元格区域的平均值来设置条件格式，可以在【新建格式规则】对话框的【选择规则类型】列表框中选择【仅对高于或低于平均值的数值设置格式】选项，如图 15-19 所示。

图 15-19

在【编辑规则说明】栏的下拉列表框中可以设置相对于平均值的具体条件是高于、低于、等于或高于、等于或低于，以及各种常见标准偏差。

（5）根据单元格数据是否唯一设置单元格格式

如果需要根据数据在所选单元格区域中是否唯一来设置条件格式，可以在【新建格式规则】对话框的【选择规则类型】列表框中选择【仅对唯一值或重复值设置格式】选项，如图15-20所示。

图 15-20

在【编辑规则说明】栏的下拉列表框中可以设置具体是对唯一值还是对重复值进行格式设置。

（6）通过公式完成较复杂条件格式的设置

其实前面的这些选项都是对Excel提供的条件格式进行扩充设置，如果这些自定义条件格式都不能满足需要，那么就需要在【新建格式规则】对话框的【选择规则类型】列表框中选择【使用公式确定要设置格式的单元格】选项，来完成较复杂的条件设置了，如图15-21所示。

图 15-21

在【编辑规则说明】栏的参数框中输入需要的公式即可。要注意：一、与普通公式一样，以等于号开始输入公式；二、系统默认是以选择单元格区域的第一个单元格进行相对引用计算的。也就是说，只需要设置好所选单元格区域的第一个单元格的条件，其后的其他单元格系统会自动计算。

通过公式来扩展条件格式的功能很强大，也比较复杂，下面举例说明。例如，在订单统计表中，要通过自定义条件格式为奇数行添加底纹，具体操作步骤如下。

Step01 打开"光盘\素材文件\第15章\订单统计.xlsx"文件，❶选择A2:I35单元格区域，❷单击【条件格式】按钮，❸在弹出的下拉菜单中选择【新建规则】命令，如图15-22所示。

图 15-22

Step02 在弹出的【新建格式规则】对话框中，❶在【选择规则类型】列表框中选择【使用公式确定要设置格式的单元格】选项，❷在【编辑规则说明】栏中的【为符合此公式的值设置格式】文本框中输入公式【=MOD(ROW(),2)=1】，❸单击【格式】按钮，如图15-23所示。

技能拓展——添加偶数行的底纹

如果用户需要为选择的单元格区域偶数行添加底纹，则在【新建格式规则】对话框中需要输入的公式为【=MOD(ROW(),2)=0】。

图 15-23

Step03 在弹出的【设置单元格格式】对话框中，❶单击【填充】选项卡，❷在【背景色】栏中选择需要填充的单元格颜色，这里选择【浅粉色】，❸单击【确定】按钮，如图15-24所示。

图 15-24

Step04 返回【新建格式规则】对话框，在【预览】栏中可以查看设置的单元格格式，单击【确定】按钮，如图15-25所示。

图 15-25

Step 05 经过上步操作后，A2:I35 单元格区域中的奇数行便添加了设置的底纹，效果如图 15-26 所示。

图 15-26

### 技能拓展——打开【新建格式规则】对话框的其他方法

【条件格式规则管理器】功能综合体现在【条件格式规则管理器】对话框中。在【条件格式】下拉菜单中选择【管理规则】选项即可弹出【条件格式规则管理器】对话框。单击其中的【新建规则】按钮，可以弹出【新建格式规则】对话框。

### 2. 修改规则

为单元格应用条件格式后，如果感觉不满意，还可以在【条件格式规则管理器】对话框中对其进行编辑。

在【条件格式规则管理器】对话框中可以查看当前所选单元格或当前工作表中应用的条件规则。在【显示其格式规则】下拉列表框中可以选择相应的工作表、表或数据透视表，以显示出需要进行编辑的条件格式。单击【编辑规则】按钮，可以在弹出的【编辑格式规则】对话框中对选择的条件格式进行编辑，编辑方法与新建规则的方法相同。

例如，工艺品销售情况表中的数据已经添加了图标集格式，现在需要通过编辑让格式更贴合这里的数据显示，具体操作步骤如下。

Step 01 打开"光盘\素材文件\第15章\工艺品销售情况表.xlsx"文件，❶ 单击【条件格式】按钮，❷ 在弹出的下拉菜单中选择【管理规则】命令，如图 15-27 所示。

图 15-27

Step 02 在弹出的【条件格式规则管理器】对话框中，❶ 在【显示其格式规则】下拉列表框中选择【当前工作表】选项，❷ 在下方的列表框中选择需要编辑的条件格式选项，❸ 单击【编辑规则】按钮，如图 15-28 所示。

图 15-28

### 技术看板

如果要更改某个条件格式应用的单元格区域，可以先在【条件格式规则管理器】对话框的列表框中选择该条件格式选项，然后在【应用于】文本框中输入新的单元格区域地址，或单击其后的折叠按钮，返回工作簿中选择新的单元格区域。

Step 03 在弹出的【编辑格式规则】对话框中，❶ 在【编辑规则说明】栏中的各图标后设置类型为【数字】，❷ 在各图标后对应的【值】参数框中输入需要作为等级划分界限的数值，❸ 单击【确定】按钮，如图 15-29 所示。

图 15-29

Step 04 返回【条件格式规则管理器】对话框，单击【确定】按钮，如图 15-30 所示。

图 15-30

Step 05 经过上步操作，返回工作表即可看到 E2:E12 单元格区域中的图标根据新定义的等级划分区间进行了重新显示，效果如图 15-31 所示。

图 15-31

### 3. 调整条件格式的优先级

Excel 允许对同一个单元格区域设置多个条件格式。当两个或更多条件格式规则同时作用于一个单元格区域时，如果规则之间没有冲突，则全部规则都会得到应用。例如，一个规则将单元格字体设置为【微软雅黑】，另一个规则将同一个单元格的底纹设置为【橙色】，则在满足条件的情况下会将单元格的字体设置为【微软雅黑】，底纹设置为【橙色】。

但如果为同一个单元格区域设置的两个或多个规则之间存在冲突，则只执行优先级较高的规则。例如，一个规则将单元格字体设置为【微软雅黑】，另一个规则将单元格的字体设置为【宋体】，因为这两个规则存在冲突，所以只应用其中一个规则，且执行的是优先级较高的规则。

在 Excel 中，将按照创建的条件规则在【条件格式规则管理器】对话框中列出的优先级顺序执行这些规则。在该对话框的列表框中，位于上方的规则，其优先级高于位于下方的规则。而默认情况下，新规则总是添加到列表框中最上方的位置，因此具有最高的优先级。

我们可以先在【条件格式规则管理器】对话框的列表框中选择需要调整优先级的规则，然后通过该对话框中的【上移】按钮 ▲ 和【下移】按钮 ▼ 来更改其优先级顺序。

例如，要调整【第二次月考】工作表中条件规则的优先级顺序，具体操作步骤如下。

Step01 打开"光盘\素材文件\第15章\第二次月考成绩统计表 .xlsx"文件，❶ 单击【开始】选项卡【样式】组中的【条件格式】按钮，❷ 在弹出的下拉菜单中选择【管理规则】命令，如图 15-32 所示。

图 15-32

Step02 在弹出的【条件格式规则管理器】对话框中，❶ 在【显示其格式规则】下拉列表框中选择【当前工作表】选项，❷ 在下方的列表框中选择需要编辑的条件格式选项，这里选择【数据条】规则，❸ 单击【上移】按钮 ▲，如图 15-33 所示。

图 15-33

Step03 经过上步操作，可以在【条件格式规则管理器】对话框的列表框中看到所选的【数据条】规则向上移动一个位置后的效果，如图 15-34 所示。同时也调整了该表格中【数据条】规则的优先级。❶ 在列表框中选择需要删除的条件格式选项，这里选择【渐变颜色刻度】规则，❷ 单击【删除规则】按钮。

图 15-34

Step04 经过上步操作，在【条件格式规则管理器】对话框中将不再显示【渐变颜色刻度】规则，如图 15-35 所示，单击【确定】按钮。

图 15-35

Step05 同时，表格中原来应用了【渐变颜色刻度】规则的单元格区域也会取消对该条规则样式的显示，如图 15-36 所示。

图 15-36

### 4. 清除规则

如果不需要用条件格式显示数据值，用户可以清除格式。只要单击【开始】选项卡【样式】组中的【条件格式】按钮，在弹出的下拉菜单中选择【清除规则】选项，然后在弹出的下级子菜单中选择【清除所选单元格的规则】选项清除所选单元格区域中包含的所有条件规则；或者选择【清除整个工作表的规则】选项，清除该工作表中的所有条件规则；或者选择【清除此数据透视表的规则】选项，清除该数据透视表中设置的条件规则。

也可以在【条件格式规则管理器】对话框的【显示其格式规则】下拉列表框中设置需要清除条件格式的范围，然后单击【删除规则】按钮清除相应的条件规则。

清除条件规则后，原来设置了对应条件格式的单元格都会显示为默认单元格设置。

# 15.2 排序数据

在表格中，我们常常需要展示大量的数据和信息，在这些信息中一定会按一定的顺序从上至下地存放，并且每一列的数据也会存在先后顺序，按照人们通常的阅读方式，在查看表格数据时，通常都是按从左至右、从上到下的顺序来查阅内容。所以，在排列数据时，从字段顺序来讲，也就是每一列的先后顺序都应该按照先主后次的顺序来排列；在安排各行数据的顺序时，我们也需要根据不同的数据查阅需要来安排顺序。

此外，如果输入数据的顺序是随机的，我们也可以通过【排序】功能针对数值大小进行排序，或根据数据分类。例如，根据年龄从大到小进行排序，让产品名称按字母顺序排列，将建筑面积按照从小到大的顺序排列，或者对【性别】字段进行排序，排序后性别为【男】和性别为【女】的数据就自然地分隔开了。

## 15.2.1 了解数据的排序规则

对数据进行排序是指根据数据表格中的相关字段名，将数据表格中的记录按升序或降序的方式进行排列。在使用排序功能之前，首先需要了解排序的规则，然后再根据需要选择排序的方式。

Excel 2013 在对数字、日期、文本、逻辑值、错误值和空白单元格进行排序时会使用一定的排序次序。在按升序排序时，Excel 使用表 15-1 所示的规则排序。在按降序排序时，则使用相反的次序。

表 15-1

| 排序内容 | 排序规则（升序） |
|---|---|
| 数字 | 按从最小的负数到最大的正数进行排序 |
| 日期 | 按从最早的日期到最晚的日期进行排序 |
| 字母 | 按字母从 A~Z 的先后顺序排序。在按字母先后顺序对文本项进行排序时，Excel 会从左到右一个字符接一个字符地进行排序 |
| 字母数字文本 | 按从左到右的顺序逐字符进行排序。例如，如果一个单元格中含有文本【A100】，Excel 会将这个单元格放在含有【A1】的单元格的后面、含有【A11】的单元格的前面 |
| 文本以及包含数字的文本 | 按以下次序排序：0 1 2 3 4 5 6 7 8 9（空格）！" # $ % & ( ) * , . / : ; ? @ [ \ ] ^ _ ` { | } ~ + < = > A B C D E F G H I J K L M N O P Q R S T U V W X Y Z |
| 逻辑值 | 在逻辑值中，FALSE 排在 TRUE 之前 |

续表

| 排序内容 | 排序规则（升序） |
|---|---|
| 错误值 | 所有错误值的优先级相同 |
| 空格 | 空格始终排在最后 |

## 15.2.2 实战：对员工业绩数据进行简单排序

| 实例门类 | 软件功能 |
|---|---|
| 教学视频 | 光盘\视频\第 15 章\15.2.2.mp4 |

Excel 中最简单的排序就是按一个条件将数据进行升序或降序的排列，即让工作表中的各项数据根据某一列单元格中的数据大小进行排列。例如，要让员工业绩表中的数据按当年累计销售总额从高到低的顺序排列，具体操作步骤如下。

**Step①** 打开"光盘\素材文件\第 15 章\员工业绩管理表.xlsx"文件，❶ 将 Sheet1 工作表重命名为【数据表】，❷ 复制工作表，并重命名为【累计业绩排名】，❸ 选择要进行排序列（D 列）中的任一单元格，❹ 单击【数据】选项卡【排序和筛选】组中的【降序】按钮，如图 15-37 所示。

图 15-37

**技能拓展——让数据升序排列**

单击【数据】选项卡【排序和筛选】组中的【升序】按钮，可以让数据以升序排列。

**Step②** 经过上步操作，D 列单元格区域中的数据便按照从大到小进行排列了。并且在排序后会保持同一记录的完整性，如图 15-38 所示。

图 15-38

**技术看板**

在使用【排序】命令时，应针对整个数据表格进行排序。如果选择的排序区域不是完整的数据表格区域（即表格中存在无行标题的整行空白或无列标题的整列空白区域），则无法进行排序或导致排序后数据出现错误。

在本案例中，如果只选择了 D2:D22 单元格区域作为排序的单元格区域，则在执行【排序】命令后，会弹出【排序提醒】对话框，提示需要扩展单元格的选择或只对当前选择的单元格进行排序。如果只对当前单元格区域排序,则会打乱原来每行数据的关联性。这样的排序基本上毫无意义!

## ★ 重点 15.2.3 实战:让员工业绩数据根据多个条件进行排序

| 实例门类 | 软件功能 |
|---|---|
| 教学视频 | 光盘\视频\第15章\15.2.3.mp4 |

按一个排序条件对数据进行简单排序时,经常会遇到多条数据的值相同的情况,此时可以为表格设置多个排序条件作为次要排序条件。这样就可以在排序过程中,让在主要排序条件下数据相同的值再次根据次要排序条件进行排序。

例如,要在【员工业绩管理表】工作簿中,以累计业绩额大小为主要关键字,以员工编号大小为次要关键字,对业绩数据进行排列,具体操作步骤如下。

### 技术看板

排序时需要以某个数据进行排列,该数据称为关键字。以关键字进行排序时,其他列单元格中的数据将随之发生变化。

**Step01** ❶ 复制【数据表】,并重命名为【累计业绩排名 (2)】,❷ 选择要进行排序的 A1:H22 单元格区域中任意单元格,❸ 单击【数据】选项卡【排序和筛选】组中的【排序】按钮,如图 15-39 所示。

**Step02** 在弹出的【排序】对话框中,❶ 在【主要关键字】栏中设置主要关键字为【累计业绩】,排序方式为【降序】,❷ 单击【添加条件】按钮,❸ 在【次要关键字】栏中设置次要关键字为【员工编号】,排序方式为【降序】,❹ 单击【确定】按钮,如图 15-40 所示。

图 15-39

图 15-40

### 技术看板

在【排序】对话框中默认只有一个主要关键字,单击【添加条件】按钮,可依次添加次要关键字;在【排序依据】栏的下拉列表框中可以选择【数值】【单元格颜色】【字体颜色】和【单元格图标】等作为对数据进行排序的依据;单击【删除条件】按钮,可删除添加的关键字;单击【复制条件】按钮,可复制在【排序】对话框下部列表框中选择的已经设置的排序条件,只是通过复制产生的条件都隶属于次要关键字。

**Step03** 经过上步操作,表格中的数据会按照累计业绩从大到小进行排列,并且在遇到累计业绩额为相同值时再次根据员工编号从高到低进行排列,排序后的效果如图 15-41 所示。

图 15-41

## ★ 重点 15.2.4 实战:对员工业绩数据进行自定义排序

| 实例门类 | 软件功能 |
|---|---|
| 教学视频 | 光盘\视频\第15章\15.2.4.mp4 |

除了在表格中根据内置的一些条件对数据排序外,用户还可以自定义排序条件,使用自定义排序让表格的内容以自定义序列的先后顺序进行排列。例如,要在员工业绩表中自定义分区顺序,并根据自定义的顺序排列表格数据,具体操作步骤如下。

**Step01** ❶ 复制【数据表】,并重命名为【各分区排序】,❷ 选择要进行排序的 A1:H22 单元格区域中的任意单元格,❸ 单击【数据】选项卡【排序和筛选】组中的【排序】按钮,如图 15-42 所示。

图 15-42

### 技能拓展——实现数据排序和筛选的其他方法

单击【开始】选项卡【编辑】组中的【排序和筛选】按钮,在弹出的下拉菜单中选择【升序】【降序】或【自定义排序】命令,也可进行数据排序;选择【筛选】命令,也可以在字段旁显示出下拉按钮。

**Step02** 在弹出的【排序】对话框中,❶ 在【主要关键字】栏中设置主要关键字为【所属分区】选项,❷ 在其后的【次序】下拉列表框中选择【自定义序列】选项,如图 15-43 所示。

图 15-43

绩】，排序方式为【降序】，❸ 单击【确定】按钮，如图 15-45 所示。

图 15-44

**Step03** 在弹出的【自定义序列】对话框中，❶ 在右侧的【输入序列】文本框中输入需要定义的序列，这里输入【一分区，二分区，三分区，四分区】文本，❷ 单击【添加】按钮，将新序列添加到【自定义序列】列表框中，❸ 单击【确定】按钮，如图15-44所示。

**Step04** 返回【排序】对话框，即可看到【次序】下拉列表框中自动选择了刚刚自定义的排序序列顺序，❶ 单击【添加条件】按钮，❷ 在【次要关键字】栏中设置次要关键字为【累计业

图 15-45

**Step05** 经过以上操作，即可让表格中的数据以【所属分区】为主要关键字，以自定义的【一分区，二分区，三分区，四分区】顺序进行排列，并且该列中相同值的单元格数据会再次根据累积业绩额的大小进行从大到小的排列，排序后的效果如图 15-46 所示。

图 15-46

# 15.3 筛选数据

在大量数据中，有时候只有一部分数据可以供我们分析和参考，此时，我们可以利用数据筛选功能筛选出有用的数据，然后在这些数据范围内进行进一步的统计和分析。在 Excel 中为我们提供了【自动筛选】【自定义筛选】和【高级筛选】3 种筛选方式，本节介绍各功能的具体实现方法。

## 15.3.1 实战：对员工业绩数据进行简单筛选

| 实例门类 | 软件功能 |
|---|---|
| 教学视频 | 光盘\视频\第 15 章\15.3.1.mp4 |

要快速在众多数据中查找某一个或某一组符合指定条件的数据，并隐藏其他不符合条件的数据，可以使用 Excel 2013 中的数据筛选功能。

对数据进行筛选是分析数据时常用的操作之一。一般情况下，在一个数据列表的一个列中含有多个相同的值。使用自动筛选功能会在数据表中各列的标题行中为我们提供筛选下拉列表框，其中的列表框中会将该列中的值（不重复的值）——列举出来，用户通过选择即可筛选出符合条件的

相应记录。可见，使用自动筛选功能，可以非常方便地筛选出符合简单条件的记录。

例如，要在员工业绩表中筛选出二分区的相关记录，具体操作步骤如下。

**Step01** ❶ 复制【数据表】工作表，并重命名为【二分区数据】，❷ 选择要进行筛选的 A1:H22 单元格区域中的任意单元格，❸ 单击【数据】选项卡【排序和筛选】组中的【筛选】按钮 ，如图 15-47 所示。

**Step02** 经过上步操作，工作表表头字段名的右侧会出现一个下拉按钮。❶ 单击【所属分区】字段右侧的下拉按钮，❷ 在弹出的下拉菜单的列表框中仅选中【二分区】复选框，❸ 单击【确定】按钮，如图 15-48 所示。

图 15-47

图 15-48

**Step 03** 经过上步操作，在工作表中将只显示所属分区为【二分区】的相关记录，且【所属分区】字段名右侧的下拉按钮变成 形状，如图 15-49 所示。

图 15-49

### 15.3.2 实战：筛选出符合多个条件的员工业绩数据

| 实例门类 | 软件功能 |
|---|---|
| 教学视频 | 光盘\视频\第 15 章\15.3.2.mp4 |

利用自动筛选功能不仅可以根据单个条件进行自动筛选，还可以设置多个条件进行筛选。例如，要在前面筛选结果的基础上再筛选出某些员工

的数据，具体操作步骤如下。

**Step 01** ❶ 复制【二分区数据】工作表，并重命名为【二分区部分数据】，❷ 单击【员工姓名】字段右侧的下拉按钮，❸ 在弹出的下拉菜单中选中【陈永】【刘健】和【周波】复选框，❹ 单击【确定】按钮，如图 15-51 所示。

图 15-51

**Step 02** 经过上步操作，将在刚刚筛选后的数据上再筛选出陈永、刘健和周波 3 个人的相关记录，且【员工姓名】字段名右侧的下拉按钮也变成 形状，如图 15-52 所示。

图 15-52

### ★ 重点 15.3.3 实战：自定义筛选员工业绩数据

| 实例门类 | 软件功能 |
|---|---|
| 教学视频 | 光盘\视频\第 15 章\15.3.3.mp4 |

简单筛选数据具有一定的局限性，只能满足简单的数据筛选操作，所以，很多时候还需要自定义筛选条件。相比简单筛选，自定义筛选更灵活，自主性也更强。

在 Excel 2013 中，我们可以对文本、数字、颜色、日期或时间等数据进行自定义筛选。在【筛选】下拉菜单中，会根据所选择的需要筛选的单元格数据显示出相应的自定义筛选命令。下面分别讲解对文本、数字和颜色进行自定义筛选的方法。

#### 1. 对文本进行筛选

在将文本数据类型的列单元格作为筛选条件进行筛选时，可以筛选出与设置文本相同、不同或者是否包含相应文本的数据。

对文本数据进行自定义筛选，只需单击包含文本数据类型的列单元格表头字段名右侧的下拉按钮，在弹出的下拉菜单中选择【文本筛选】命令，并在其下级菜单中选择相应的命令即可。

【文本筛选】下拉菜单中各命令的含义如下。

➥ 等于：筛选出等于设置的文本的数据。

➥ 不等于：筛选出不等于设置的文本的数据。

➥ 开头是：筛选出文本开头符合设置文本的数据。

➥ 结尾是：筛选出文本结尾符合设置文本的数据。

➥ 包含：筛选出文本包含有设置文本的数据。

➥ 不包含：筛选出文本没有包含设置文本的数据。

例如，要在员工业绩表中进行自定义筛选，仅显示刘姓销售员的记录，具体操作步骤如下。

**Step 01** 复制【数据表】工作表，并重命名为【刘氏销售数据】，选择要进行筛选的 A1:H22 单元格区域中的任意单元格，❶ 单击【数据】选项卡【排序和筛选】组中的【筛选】按钮，❷ 单击【员工姓名】字段右侧的下拉按钮，❸ 在弹出的下拉菜单中选择【文本筛选】选项，❹ 在弹出的下级菜单中选择【开头是】选项，如

图 15-53 所示。

图 15-53

**Step 02** 在弹出的【自定义自动筛选方式】对话框中，❶ 在【开头是】右侧的下拉列表框中根据需要输入筛选条件，这里输入文本【刘】，❷ 单击【确定】按钮，如图 15-54 所示。

图 15-54

**Step 03** 经过上步操作，在工作表中将只显示姓名中由【刘】开头的所有记录，如图 15-55 所示。

图 15-55

### 2. 对数字进行筛选

在将数字数据类型的列单元格作为筛选条件进行筛选时，可以筛选出与设置数字相等、大于设置数字或者小于设置数字的数据。

对数字数据进行自定义筛选的方法与对文本数据进行自定义的方法基本类似。选择【数字筛选】命令后，在弹出的下级菜单中包含了多种对数字数据进行自定义筛选的依据。其中，部分特殊命令的含义如下。

➡ 高于平均值：可以筛选出该列单元格中值大于这一列所有值的平均值的数据。

➡ 低于平均值：可以筛选出该列单元格中值小于这一列所有值的平均值的数据。

➡ 前 10 项：选择该命令后，在弹出的【自动筛选前 10 个】对话框中的左侧下拉列表框选择【最小】选项，可以筛选出最小的多个数据；在中间的数值框中可以输入需要筛选出的记录数；在右侧的下拉列表框中还可以设置筛选结果显示个数的计数方式，若选择【项】选项，则中间数值框中设置的值为多少，筛选结果就为多少条记录。若选择【百分比】选项，则筛选结果的记录多少将根

据整体数据表中的总数进行百分比计算，如图 15-56 所示。

图 15-56

例如，要在员工业绩表中进行自定义筛选，仅显示累计业绩额大于300000 的记录，具体操作步骤如下。

**Step 01** ❶ 复制【刘氏销售数据】工作表，并重命名为【销售较高数据分析】，❷ 单击【员工姓名】字段右侧的下拉按钮，❸ 在弹出的下拉菜单中选择【从'员工姓名'中清除筛选】选项，如图 15-57 所示。

图 15-57

**Step 02** 经过上步操作，即可取消上一次的筛选效果，表格中的数据恢复到未筛选之前的状态。❶ 单击【累计业绩】字段右侧的下拉按钮，❷ 在弹出的下拉菜单中选择【数字筛选】命令，❸ 在弹出的下级子菜单中选择【大于】选项，如图 15-58 所示。

图 15-58

**Step 03** 在弹出的【自定义自动筛选方式】对话框中，❶ 在【大于】右侧的下拉列表框中输入【300000】，❷ 单击【确定】按钮，如图 15-59 所示。

图 15-59

**Step 04** 返回工作表，即只显示当年累计业绩额大于 300000 的记录，如图15-60 所示。

图 15-60

**3. 对颜色进行筛选**

在将填充了不同颜色的列单元格作为筛选条件进行筛选时，还可以通过颜色来进行筛选，将具有某一种颜色的单元格筛选出来。

对颜色进行自定义筛选的方法与对文本数据进行自定义的方法基本类似。例如，要在员工业绩表中进行自定义筛选，仅显示新员工的记录，具体操作步骤如下。

**Step 01** ❶ 复制【数据表】工作表，并重命名为【新员工成绩】，❷ 依次选择新员工姓名所在的单元格，❸ 单击【开始】选项卡【字体】组中的【填充颜色】按钮 ，❹ 在弹出的下拉菜单中选择需要填充的单元格颜色，这里选择橙色选项，如图 15-61 所示。

图 15-61

**Step 02** ❶ 选择 A1:H22 单元格区域中的任意单元格，❷ 单击【数据】选项卡【排序和筛选】组中的【筛选】按钮 ，❸ 单击【员工姓名】字段右侧的下拉按钮，❹ 在弹出的下拉菜单中选择【按颜色筛选】选项，❺ 在弹出的下级菜单中选择需要筛选出的颜色效果，如图 15-62 所示。

图 15-62

**Step 03** 经过上步操作，即可筛选出【员工姓名】列中填充了橙色的新员工记录，如图 15-63 所示。

> **技能拓展——对筛选后的数据排序**
>
> 单击列单元格表头字段名右侧的下拉按钮后，在弹出的下拉菜单中选择【升序】或【降序】命令，可以对筛选后的数据再进行升序或降序排序。

图 15-63

**★ 重点 15.3.4 实战：对员工业绩数据进行高级筛选**

| 实例门类 | 软件功能 |
| --- | --- |
| 教学视频 | 光盘\视频\第15章\15.3.4.mp4 |

虽然前面讲解的自定义筛选具有一定的灵活性，但仍然是针对单列单元格数据中进行的筛选。如果需要对多列单元格数据进行筛选，则需要分别单击这些列单元格表头字段名右侧的下拉按钮，在弹出的下拉菜单中进行设置，甚至一些比较特殊的筛选方式还不能实现。为此，Excel 还提供了高级筛选功能。

当需要进行筛选的数据列表中的字段比较多，筛选条件比较复杂时，使用高级筛选功能在工作表的空白单元格中输入自定义筛选条件，就可以扩展筛选方式和筛选功能。

例如，要在员工业绩表中筛选出累计业绩超过 200000，且各季度业绩超过 20000 的记录，具体操作步骤如下。

**Step 01** ❶ 复制【数据表】工作表，并重命名为【稳定表现者】，❷ 在 K1:O2 单元格区域中输入高级筛选的条件，❸ 单击【排序和筛选】组中的【高级】按钮 ，如图 15-64 所示。

**Step 02** 在弹出的【高级筛选】对话框中，❶ 在【列表区域】文本框中引用数据筛选的 A1:H22 单元格区域，❷ 在【条件区域】文本框中引用筛选条件所在的 K1:O2 单元格区域，❸ 单击【确定】按钮，如图15-65 所示。

图 15-64

图 15-65

### 技术看板

进行高级筛选时，作为条件筛选的列标题文本必须放在同一行中，且其中的数据与数据表格中的列标题文本应完全相同。在列标题下方列举条件文本，有多个条件时，各条件为【与】关系的将条件文本并排放在同一行中，为【或】关系的要放在不同行中，如图 15-66 所示。

| 逻辑与 | |
| --- | --- |
| 条件1 | 条件2 |
| >数值 | >数值 |

| 逻辑或 | |
| --- | --- |
| 条件1 | 条件2 |
| >数值 | >数值 |
| | >数值 |

图 15-66

**Step 03** 经过上步操作，即可筛选出符合条件的数据，如图 15-67 所示。

图 15-67

### 技能拓展——提高母版背景设置效率

在【高级筛选】对话框中选中【在原有区域显示筛选结果】单选按钮，可以在数据原有区域中显示筛选结果；选中【将筛选结果复制到其他位置】单选按钮，可以在出现的【复制到】文本框中设置准备存放筛选结果的单元格区域。

## 15.4 数据的分类汇总——另类的多区域汇总工具

在查看数据时，很多时候不是关注数据本身的信息，而是结果，也就是数据的汇总信息。使用分类汇总功能可以在分类的基础上进行汇总操作，例如，我们已经利用排序功能将【性别】字段中相同数据集中在一起，接着利用【分类汇总】命令按照【性别】字段进行分类，然后汇总工龄和年龄项，就可以分别得到男性员工和女性员工的平均年龄。

### 15.4.1 分类汇总简介

在对数据进行查看和分析时，有时需要对数据按照某一字段（即某列）中的数据进行分类排列，并分别统计出不同类别数据的汇总结果。

**1. 走出分类汇总误区**

初学 Excel 的部分用户习惯手工做分类汇总表，这真是自讨苦吃的行为。手工做汇总表的情况主要分为以下两类。

（1）只有分类汇总表，没有源数据表

此类汇总表的制作工艺 100% 靠手工，有的用计算器算，有的直接在

汇总表里算，还有的在纸上打草稿。总而言之，每一个汇总数据都是用键盘敲进去的。算好填进表格的也就罢了，反正也没想找回原始记录。在汇总表里算的，好像有点儿源数据的意思，但仔细推敲又不是那么回事儿。经过一段时间，公式里数据的来由我们一定会完全忘记。

（2）有源数据表，并经过多次重复操作做出汇总表

此类汇总表的制作步骤为：按字段筛选，选中筛选出的数据；目视状态栏的汇总数；切换到汇总表；在相应单元格填写汇总数；重复以上所有操作多次。其间，还会出现一些问题，如选择数据时有遗漏，填写时忘

记了汇总数，切换时无法准确定位汇总表。

**2. 分类汇总的几个层次**

分类汇总是一个比较有技术含量的工作，根据所掌握的技术大致可分为以下几个层次。

➡ 初级分类汇总：指制作好的分类汇总表是一维的，即仅对一个字段进行汇总。如求每个月的请假总天数。

➡ 中级分类汇总：指制作好的分类汇总表是二维一级的，即对两个字段进行汇总。这也是最常见的分类汇总表。此类汇总表既有标题行，也有标题列，在横纵坐标

的交集处显示汇总数据。如求每个月每个员工的请假总天数，月份为标题列，员工姓名为标题行，在交叉单元格处得到某员工某月的请假总天数。

➡ 高级分类汇总：指制作好的分类汇总表是二维多级汇总表，即对两个以上字段进行汇总。

### 3. 了解分类汇总要素

当表格中的记录愈来愈多，且出现相同类别的记录时，使用分类汇总功能可以将性质相同的数据集合到一起，分门别类后再进行汇总运算。这样就能更直观地显示出表格中的数据信息，方便用户查看。

在使用 Excel 2013 中的【分类汇总】功能时，表格区域中需要有分类字段和汇总字段。其中，分类字段是指对数据类型进行区分的列单元格，该列单元格中的数据包含多个值，且数据中具有重复值，如性别、学历、职位等；汇总字段是指对不同类别的数据进行汇总计算的列，汇总方式可以为计算、求和、求平均等。例如，要在工资表中统计出不同部门的工资总和，则将部门数据所在的列单元格作为分类字段，将工资作为汇总项，汇总方式则采用求和的方式。

在汇总结果中将出现分类汇总和总计的结果值。其中，分类汇总结果值是对同一类别的数据进行相应的汇总计算后得到的结果；总计结果值则是对所有数据进行相应的汇总计算后得到的结果。使用分类汇总命令后，数据区域将应用分级显示，不同的分类作为第一级，每一级中的内容即为原数据表中该类别的明细数据。例如，将【所属部门】作为分类字段，对【基本工资】和【岗位工资】项的平均值进行汇总，得到如图 15-68 所示的汇总结果。

图 15-68

## 15.4.2 实战：在销售表中创建简单分类汇总

| 实例门类 | 软件功能 |
|---|---|
| 教学视频 | 光盘\视频\第 15 章\15.4.2.mp4 |

单项分类汇总只是对数据表格中的字段进行一种计算方式的汇总。在 Excel 中创建分类汇总之前，首先应对表格中需要进行分类汇总的数据以汇总选项进行排序，其作用是将具有相同关键字的记录表集中在一起，然后再设置分类汇总的分类字段、汇总字段、汇总方式和汇总后数据的显示位置即可。

**技术看板**

要进行分类汇总的工作表必须具备表头名称，因为 Excel 2013 是使用表头名称来决定如何创建数据组以及如何进行汇总的。

例如，要在【销售情况分析表】工作簿中统计出不同部门的总销售额，具体操作步骤如下。

Step01 打开"光盘\素材文件\第 15 章\销售情况分析表.xlsx"文件，❶ 复制【数据表】工作表，并重命名为

【部门汇总】，❷ 选择作为分类字段【部门】列中的任意单元格，❸ 单击【数据】选项卡【排序和筛选】组中的【升序】按钮，如图 15-69 所示。

图 15-69

**Step02** 经过上步操作，即可将不同部门的数据排列在一起。单击【分级显示】组中的【分类汇总】按钮，如图 15-70 所示。

图 15-70

**Step03** 在弹出的【分类汇总】对话框中，❶ 在【分类字段】下拉列表框中选择要进行分类汇总的字段名称，这里选择【部门】选项，❷ 在【汇总方式】下拉列表框中选择计算分类汇总的汇总方式，这里选择【求和】选项，❸ 在【选定汇总项】列表框中选择要进行汇总计算的列，这里选中【销售额】复选框，❹ 选中【替换当前分类汇总】和【汇总结果显示在数据下方】复选框，❺ 单击【确定】按钮，如图 15-71 所示。

图 15-71

### 技术看板

如果要按每个分类汇总自动分页，可在【分类汇总】对话框中选中【每组数据分页】复选框；若要指定汇总行位于明细行的下方，可选中【汇总结果显示在数据下方】复选框。

**Step04** 经过上步操作，即可创建分类汇总，如图 15-72 所示。可以看到表格中相同部门的销售额总和（汇总结果）将显示在相应的名称下方，最后还将所有部门的销售额总和进行统计并显示在工作表的最后一行。

图 15-72

### ★ 重点 15.4.3 实战：在销售表中创建多重分类汇总

| 实例门类 | 软件功能 |
|---|---|
| 教学视频 | 光盘\视频\第 15 章\15.4.3.mp4 |

进行简单分类汇总之后，若需要对数据进一步细化分析，可以在原有汇总结果的基础上，再次进行分类汇总，形成多重分类汇总。

多重分类汇总可以是对同一字段进行多种方式的汇总，也可以对不同字段（两列或两列以上的数据信息）进行汇总。需要注意的是，在分类汇总之前，仍然需要对分类的字段进行排序，否则分类将毫无意义。而且，排序的字段（包括字段的主次顺序）与后面分类汇总的字段必须一致。

例如，要在【销售情况分析表】工作簿中统计出每个月不同部门的总销售额，具体操作步骤如下。

**Step01** ❶ 复制【数据表】工作表，并重命名为【每月各部门汇总】，❷ 选择包含数据的任意单元格，❸ 单击【数据】选项卡【排序和筛选】组中的【排序】按钮，如图 15-73 所示。

图 15-73

**Step02** 在弹出的【排序】对话框中，❶ 在【主要关键字】栏中设置分类汇总的主要关键字为【月份】，排序方式为【升序】，❷ 单击【添加条件】按钮，❸ 在【次要关键字】栏中设置分类汇总的次要关键字为【部门】，排序方式为【升序】，❹ 单击【确定】按钮，如图 15-74 所示。

图 15-74

**Step03** 经过上步操作，即可根据要创建分类汇总的主要关键字和次要关键字进行排序。单击【分级显示】组中的【分类汇总】按钮，如图 15-75 所示。

图 15-75

**Step04** 在弹出的【分类汇总】对话框中，❶ 在【分类字段】下拉列表框中选择要进行分类汇总的主要关键字段名称【月份】，❷ 在【汇总方式】

下拉列表框中选择【求和】选项，❸ 在【选定汇总项】列表框中选中【销售额】复选框，❹ 选中【替换当前分类汇总】和【汇总结果显示在数据下方】复选框，❺ 单击【确定】按钮，如图 15-76 所示。

图 15-76

**Step 05** 经过上步操作，即可创建一级分类汇总。单击【分级显示】组中的【分类汇总】按钮，如图 15-77 所示。

图 15-77

**Step 06** 在弹出的【分类汇总】对话框中，❶ 在【分类字段】下拉列表框中选择要进行分类汇总的次要关键字段名称【部门】，❷ 在【汇总方式】下拉列表框中选择【求和】选项，❸ 在【选定汇总项】列表框中选中【销售额】复选框，❹ 取消选中【替换当前分类汇总】复选框，❺ 单击【确定】按钮，如图 15-78 所示。

**Step 07** 经过上步操作，即可创建二级分类汇总。可以看到表格中相同级别的相应汇总项的结果将显示在相应的级别后方，同时隶属于一级分类汇总

的内部，效果如图 15-79 所示。

图 15-78

图 15-79

## ★ 重点 15.4.4 实战：分级显示销售表中的分类汇总数据

| 实例门类 | 软件功能 |
|---|---|
| 教学视频 | 光盘\视频\第 15 章\15.4.4.mp4 |

进行分类汇总后，工作表中的数据将以分级方式显示汇总数据和明细数据，并在工作表的左侧出现 1，2，3…用于显示不同级别分类汇总的按钮，单击它们可以显示不同级别的分类汇总。要更详细地查看分类汇总数据，还可以单击工作表左侧的 + 按钮。例如，要查看刚刚分类汇总的数据，具体操作步骤如下。

**Step 01** 单击窗口左侧分级显示栏中的 2 按钮，如图 15-80 所示。

**Step 02** 经过上步操作，将折叠 2 级分类下的所有分类明细数据。单击工作表左侧需要查看明细数据对应分类的 + 按钮，如图 15-81 所示。

图 15-80

图 15-81

**Step 03** 经过上步操作，即可展开该分类下的明细数据，同时该按钮变为 − 形状，如图 15-82 所示。

图 15-82

### 技能拓展——查看明细数据的其他方法

单击 − 按钮可隐藏不需要的单个分类汇总项目的明细行。此外，在工作表中选择需要隐藏的分类汇总数据项中的任一单元格，单击【分级显示】组中的【隐藏明细数据】按钮可以隐藏该分类汇总数据项；再次单击【隐藏明细数据】按钮可以隐藏该汇总数据项上一级的分类汇总数据

项。单击【显示明细数据】按钮，则可以依次显示各级别的分类汇总数据项。

### 15.4.5 实战：清除销售表中的分类汇总

| 实例门类 | 软件功能 |
|---|---|
| 教学视频 | 光盘\视频\第15章\15.4.5.mp4 |

分类汇总查看完毕后，有时还需要删除分类汇总，使数据恢复到分类汇总前的状态。此时可以使用下面的方法来完成，具体操作步骤如下。

Step01 ❶复制【每月各部门汇总】工作表，❷单击【数据】选项卡中【分级显示】组中的【分类汇总】按钮，如图15-83所示。

Step02 在弹出的【分类汇总】对话框中，单击【全部删除】按钮，如图15-84所示。

图 15-83

图 15-84

Step03 返回工作表，即可看到已经删除表格中曾创建的分类汇总了，效果如图15-85所示，修改工作表名称为【清除汇总】。

图 15-85

## 15.5 合并运算

在Excel中，合并计算就是把两个或两个以上的表格中具有相同区域或相同类型的数据运用相关函数（求和、计算、平均值等）进行运算后，再将结果存放到另一个区域中。

### ★ 重点 15.5.1 实战：按位置合并计算销售数据

| 实例门类 | 软件功能 |
|---|---|
| 教学视频 | 光盘\视频\第15章\15.5.1.mp4 |

在合并计算时，如果所有数据在同一张工作表中，那么可以在同一张工作表中进行合并计算。

例如，在汽车销售表中根据季度和品牌合并各季度的销量总和，并将结果放置在同一张表中，具体操作步骤如下。

Step01 打开"光盘\素材文件\第15章\汽车销售表.xlsx"文件，❶在表格空白位置选择一处作为存放汇总结果的单元格区域，这里选择A18单元格，❷单击【数据】选项卡【数据工具】组中的【合并计算】按钮，如图15-86所示。

图 15-86

Step02 在弹出的【合并计算】对话框中，❶在【函数】下拉列表框中选择

汇总方式，这里选择【求和】选项，❷在【引用位置】参数框中引用表格中需要求和的区域，这里选择A1:G15单元格区域，❸单击【添加】按钮，将选择的数据区域添加到下方的【所有引用位置】列表中，❹选择标签位置选项，这里选中【首行】和【最左列】复选框，❺单击【确定】按钮，如图15-87所示。

> **技能拓展——更改合并计算的汇总方式**
>
> 在【合并计算】对话框的【函数】下拉列表框中还可以设置对数据进行的其他合并计算汇总方式，如平均值、计数等。

图 15-87

**Step03** 经过以上操作，即可合并计算出各季度每种产品的汇总结果，如图15-88所示。

图 15-88

技术看板

如果同一工作表中有多个要进行计算的表格区域，就需要重复选择工作表中的表格区域，并添加到【所有引用位置】列表中，最后单击【确定】按钮即可进行合并计算。

★ 重点 15.5.2 实战：由多个明细表快速生成汇总表

| 实例门类 | 软件功能 |
|---|---|
| 教学视频 | 光盘\视频\第15章\15.5.2.mp4 |

除了可以对一张工作表进行合并计算外，还可以对多张工作表进行合并计算。参与合并计算的多张工作表

可以在同一张工作簿中，也可以在多张工作簿的相同位置。

例如，要将【16级月考成绩统计表】工作簿中的【第一次月考】和【第二次月考】工作表中的数据进行合并计算，并将结果放置在另一张工作表中，具体操作步骤如下。

**Step01** 打开"光盘\素材文件\第15章\16级月考成绩统计表.xlsx"文件，❶ 新建一张空白工作表，并命名为【两次月考成绩统计】，❷ 选择该表格的 A1 单元格作为存放汇总结果的单元格区域，❸ 单击【数据】选项卡【数据工具】组中的【合并计算】按钮，如图15-89所示。

图 15-89

**Step02** 在弹出的【合并计算】对话框中，❶ 在【函数】下拉列表框中选择【求和】选项，❷ 在【引用位置】参数框中引用【第一次月考】工作表中的 A1:K31 单元格区域，❸ 单击【添加】按钮，将选择的数据区域添加到【所有引用位置】列表中，如图15-90所示。

图 15-90

**Step03** ❶ 在【引用位置】参数框中引用【第二次月考】工作表中的A1:K31 单元格区域，❷ 单击【添加】按钮，将选择的数据区域添加到【所有引用位置】列表中，如图15-91所示。

图 15-91

**Step04** ❶ 选择标签位置选项，这里选中【首行】和【最左列】复选框，❷ 单击【确定】按钮，如图15-92所示。

图 15-92

技术看板

在对多张表格进行合并计算时，要注意每张表格中的数据必须在相同位置，并且每张表格行标题和列标题必须一致，否则会导致在汇总时因位置不对和行列标题不符而汇总结果不正确。

**Step05** 经过以上操作，即可合并计算出前两次月考每科成绩的汇总结果。将【第二次月考】工作表中的B2:B31 单元格区域数据复制到【两

次月考成绩统计】工作表的 B2:B31
单元格区域中，如图 15-93 所示。

图 15-93

**技术看板**

在使用合并计算汇总时，需要注意的是一旦所使用的数据表中的数据发生变动，通过合并计算所得到的数据汇总不会自动更新。如果要使数据更新，可以选择【合并计算】对话框中的【创建指向源数据的链接】复选框，但此项功能对同一张工作表中的合并计算无效。

## 妙招技法

通过前面的学习，相信读者已经掌握了为工作表中的数据进行排序、筛选和分类汇总的操作。下面结合本章内容介绍一些实用技巧。

### 技巧 01：为多个条件格式应用【如果为真则停止】规则

| 教学视频 | 光盘\视频\第15章\技巧01.mp4 |
|---|---|

默认情况下，一个单元格区域中如果存在多个条件格式规则，则优先级高的规则先执行，然后依次执行下一级规则，直到将所有规则执行完毕。在这一过程中，我们还可以启用【如果为真则停止】功能，让优先级较高的规则条件在满足后，继续执行后续级别的规则时，不再对满足了较高规则条件的单元格执行后续规则。这样，就可以实现对数据的有条件筛选。

例如，要让【第二次月考】工作表中总分成绩倒数3名的数据不显示数据条，具体操作步骤如下。

**Step01** 打开"光盘\素材文件\第15章\16级月考成绩统计表 1.xlsx"文件，❶ 选择【第二次月考】工作表，❷ 单击【条件格式】按钮，❸ 在弹出的下拉菜单中选择【管理规则】选项，如图 15-94 所示。

图 15-94

**Step02** 在弹出的【条件格式规则管理器】对话框中，❶ 在【显示其格式规则】下拉列表框中选择【当前工作表】选项，❷ 在下方的列表框中将【数据条】规则移动到最下方，❸ 选中【后3个】规则后的【如果为真则停止】复选框，❹ 单击【确定】按钮，如图 15-95 所示。

图 15-95

**Step03** 经过上步操作后，可以看到表格中其他数据中都显示有数据条，唯

独总分成绩倒数 3 名的数据不再显示数据条了，如图 15-96 所示。

图 15-96

### 技巧 02：按笔画排序

| 教学视频 | 光盘\视频\第15章\技巧02.mp4 |
|---|---|

默认情况下，Excel 对中文文字的排序方法是按照【字母】顺序进行排序的，即按照提供的文字的拼音的首字母在 26 个英文字母中出现的顺序进行排列。然而，中国人习惯按照文字的笔画顺序来进行排列，尤其是在对姓名进行排列时。根据笔画进行排序就是按照文字笔画数的多少进行排序，先左右，再上下，最后整体字。

Excel 提供了按照笔画进行排序的功能，只需稍微进行设置即可。例如，要让【中小学图书配备目录】工作簿中的书名根据其名称的笔画从小到大进行排序，具体操作步骤如下。

**Step01** 打开"光盘\素材文件\第15章\中小学图书配备目录.xlsx"文件，❶复制 Sheet1 工作表，并重命名为【按笔画排序】，❷选择任意包含数据的单元格，❸单击【数据】选项卡【排序和筛选】组中的【排序】按钮，如图 15-97 所示。

图 15-97

**Step02** 在弹出的【排序】对话框中，❶在【主要关键字】栏中设置主要关键字为【书名】，❷单击【选项】按钮，如图 15-98 所示。

图 15-98

**Step03** 在弹出的【排序选项】对话框中，❶在【方法】栏中选中【笔划顺序】单选按钮，❷单击【确定】按钮，如图 15-99 所示。

图 15-99

**Step04** 返回【排序】对话框，单击【确定】按钮关闭该对话框，如图 15-100 所示。

图 15-100

**Step05** 返回工作表，即可看到 A 列中的数据按照书名笔画数从小到大进行了排列，并且其他与这些数据有对应关系的单元格数据将自动进行排列，效果如图 15-101 所示。

图 15-101

### 技术看板

在日常生活中，我们对书名、员工姓名这种包含多个汉字的一组汉字进行笔画排序时，首先会对第一个字的笔画多少进行排序，如果第一个汉字的笔画数相同，则依次根据名第二个、第三个字的笔画多少来进行排列。但由于 Excel 中的按笔画排序规则定义为对于相同笔画数的汉字，按照其内码顺序进行排序，而不是按照笔画顺序进行排列。因此，本案例中的按笔画排序仍然与我们习惯的笔画排序效果有出入。

## 技巧03：按字符数量排序

| 教学视频 | 光盘\视频\第15章\技巧03.mp4 |
|---|---|

在实际工作中，用户有时候需要根据字符的数量进行排序，但是，Excel 并没有提供直接根据字符数量进行排序的功能。要完成该任务，可以结合函数进行操作，首先使用统计函数统计出每个单元格中包含的字符量，然后根据统计结果进行排序。

例如，要让【中小学图书配备目录】工作簿中的书名按照其名称包含的字符数量从少到多的顺序进行排序，具体操作步骤如下。

**Step01** ❶复制 Sheet1 工作表，并重命名为【按字符数量排序】，❷在 C1 单元格中输入【统计字符量】文本，作为 C 列单元格的列标题，❸在 C2 单元格中输入公式【=LEN(A2)】，统计出 A2 单元格中的字符数量，❹拖动填充控制柄，复制 C2 单元格中的公式到该列其他单元格中，分别统计出其对应行 A 列单元格中数据的字符数量，如图 15-102 所示。

图 15-102

**Step02** ❶选择 C 列中的任意单元格，❷单击【数据】选项卡【排序和筛选】组中的【升序】按钮，如图 15-103 所示。

图 15-103

Step 03 经过上步操作后，工作表中的数据即可根据 A 列单元格中书名包含的字符量从少到多进行排列，❶ 选择 C 列单元格，❷ 单击【开始】选项卡【单元格】组中的【删除】按钮，如图 15-104 所示。

图 15-104

### 技术看板

本技巧介绍了利用辅助列统计数据多少，再根据辅助列的值进行排序的方法。在实际应用中，用户还可以结合 Excel 提供的其他功能对数据进行排序。例如，要让排序结果返回至初始顺序，可在对表格数据进行排序前，在表格中空白列中填充一组连续的数字作为辅助列。

## 技巧 04：组合显示数据

| 教学视频 | 光盘\视频\第 15 章\技巧 04.mp4 |
| --- | --- |

在 Excel 2013 中浏览大量数据时，为了方便查看数据，可以使用分组的方法将数据进行分组，从而简化显示表格数据。

组合显示数据功能中提供了数据的分级显示，它可以实现对某个范围内的单元格进行关联，从而可对其进行折叠或展开。它与分类汇总的区别在于，分类汇总是将相同数据类型的记录集合在一起进行汇总，而组合只是将某个范围内的记录集合在一起，

它们之间可以没有任何关系且并不进行汇总。

### ⚙ 技能拓展——手动分组数据

在 Excel 表格中，还可以选择多行或者多列后按照自己的意愿手动创建分组。首先，选择需要进行组合的数据所在的单元格区域，然后单击【创建组】按钮，在弹出的【创建组】对话框中选择以行或列的方式创建组即可。

在拥有数据的大型表格中，如果用户在数据表中设置了汇总行或列，并对数据应用了求和或其他汇总方式，那么 Excel 可以自动判断分级的位置，从而自动分级显示数据表。例如，要自动在【汽车销售表】中创建组分析显示时，具体操作步骤如下。

Step 01 打开"光盘\素材文件\第 15 章\汽车销售表 1.xlsx"文件，❶ 选择第 7 行单元格，❷ 单击【开始】选项卡【单元格】组中的【插入】按钮，如图 15-105 所示。

图 15-105

Step 02 ❶ 在 A7 单元格中输入相应的文本，❷ 在 C7 单元格中输入公式【=SUM(C2:C6)】，计算出捷达汽车一季度的销售总和，❸ 向右拖动填充控制柄至 F7 单元格，计算出其他产品的一季度销售总和，如图 15-106 所示。

图 15-106

Step 03 使用相同的方法，分别插入第 12、16、19 行单元格，并在相应的 C、D、E、F 列中使用自动求和的方式计算出各季度各产品的合计值，如图 15-107 所示。

图 15-107

Step 04 ❶ 选择表格中的任意单元格，❷ 单击【数据】选项卡【分级显示】组中的【创建组】按钮，❸ 在弹出的下拉列表中选择【自动建立分级显示】选项，如图 15-108 所示。

图 15-108

Step 05 经过以上操作后，即可自动建立分级显示，单击左侧的 1 按钮，如图 15-109 所示。

图 15-109

**Step 06** 经过以上操作后，将隐藏所有明细数据，只显示一级汇总数据，如图 15-110 所示。

图 15-110

### 技术看板

对组合后的数据进行编辑的方法与编辑分类汇总的方法基本相同。分组也是可以进行嵌套的。

## 技巧 05：让数据分组后返回至分组前的初始效果

| 教学视频 | 光盘\视频\第 15 章\技巧 05.mp4 |
|---|---|

创建分组后，如果对组合的数据效果不满意，还可以取消表格中的分组。在取消分组时，可以一次性取消所有分组或只取消某一级的分组。例如，要取消汽车销售表格中的所有分组，具体操作步骤如下。

**Step 01** ❶ 复制 Sheet1 工作表，并重命名为【原始数据】，❷ 单击【数据】选项卡【分级显示】组中的【取消组合】按钮，❸ 在弹出的下拉列表中选择【清除分级显示】选项，如图 15-111 所示。

图 15-111

### 技术看板

如果创建的数据分组有多层嵌套，则在选择表格中的任意单元格后单击【取消组合】按钮，在弹出的下拉列表中选择【清除分级显示】选项，可取消最后一次分组操作。

**Step 02** 经过以上操作，即可删除表格中的所有分组，❶ 选择表格中进行自动求和计算的第 7、12、16、19 行单元格，❷ 单击【开始】选项卡【单元格】组中的【删除】按钮，即可让表格数据恢复到最初的效果，如图 15-112 所示。

图 15-112

### 技术看板

在清除分组时，如果要取消某一级的分组，需要选择当前分组所在的行或列，再单击【取消组合】按钮即可。

## 本章小结

我们收集和存储数据不仅仅是为了"备案"，通常都需要对数据进行理解和分析才能得出一定的结论，为下一步的工作做准备。本章我们介绍了数据分析的几种常用方法，包括通过设置条件格式让满足条件的单元格能够设置相应的单元格格式，得到突出显示；对表格中的数据进行排序；筛选符合条件的数据；对表格数据进行分类汇总；合并分散在各处的表格数据。这些操作虽然简单，但在实际应用中结合公式、函数、图表等功能，就足以让你的表格分析很专业，很到位了。希望本章学到的知识，能够帮助你在表格中提炼出需要的数据。

# 第16章 形象生动的数据分析——统计图表

> ➡ 表格数据太多，难以理解？做成图表吧！
>
> ➡ 图表类型太多，不会选择？
>
> ➡ 默认图表元素过多或不够，需要再加工。
>
> ➡ 图表效果太差，不会美化？
>
> ➡ 不会使用辅助线分析图表数据？

当今社会，科技正以前所未有的速度迅猛发展，信息、知识充溢着世界的每一个角落，人们的生活节奏越来越快，我们已经进入一个速食般的"读图时代"。图表设计这种准确、形象、快捷的表达方式已经显示出它独特的优势。这一章，我们就将带你领略专业图表的美，帮你分析如何制作出更漂亮的图表。

## 16.1 图表简介

如果可以将数据表现得更直观，不用查看密密麻麻的文字和数字，那么在分析或查看数据时一定会更轻松，图表由此诞生。在 Excel 2013 中使用统计图表不仅可以对数据间那些细微的、不易阅读的内容进行区分，而且还可以采用不同的图表类型加以突出，分析数据间一些不容易识别的对比或联系，从而提高使用者对数据的使用率。下面，我们先来对图表进行科普。

### 16.1.1 图表的特点及使用分析

在现代办公应用中，我们需要记录和存储各种数据，而这些数据记录和存储无非是为了日后的查询或分析。

Excel 中，对数据实现查询和分析的重要手段除了上一章中介绍的几种数据分析的常规武器外，还提供了丰富实用的图表功能。Excel 2013 图表具有美化表格、直观形象、实时更新和二维坐标等特点。

**1. 美化表格**

每天面对大量的表格数据看得头晕眼花，此时，可以将这些数据换一种方式进行浏览并分析，选择图表就是一种最好的方法。在图表中以数据和百分比的方式显示。运用 Excel 2013 的图表功能，可以帮助用户迅速创建各种各样的商业图表。

图表是图形化的数据，整个图表由点、线、面与数据匹配组合而成，具有良好的视觉效果，不同类型的图表中可能会使用不同的图形。

**2. 直观形象**

普通的表格由行、列和单元格来构成，表格中通常是大量的文字或数字，尽管我们可以为表格添加各种样式来修饰和美化表格、突出重点数据、让数据展示更清晰，但是表格中始终是确切的值，很多时候我们需要先理解表格中的数据含义，并进行一些思考和分析才能得到一些确切的信息。

如图 16-1 所示，数据表中的数据是经过处理和分析的一组数据，但如果只是阅读这些数字，你可能无法得到整组数据所包含的更有价值的信息。

| 产品接受程度对比图 | | |
|---|---|---|
| 群体 | 女性 | 男性 |
| 10～20岁 | 21% | -18% |
| 21～30岁 | 68% | -58% |
| 31～40岁 | 45% | -46% |
| 41～50岁 | 36% | -34% |
| 50岁以上 | 28% | -30% |

图 16-1

然而，图表可以应用不同色彩、不同大小或不同形状来表现不同的数据，所以，图表最大的特点就是直观形象，能使用户一目了然地看清数据的大小、差异、构成比例和变化趋势。

如果将图 16-1 中所展示的数据制作成图 16-2 所示的图表，则图表中至少反映了如下 3 个信息：该产品的主要用户集中在 21～40 岁年龄阶段；10～20 岁的用户基本上对该产品没有兴趣；整体上来讲，女性比男性更喜欢这个产品。

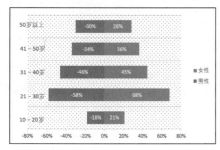

图 16-2

### 3. 实时更新

一般情况下，用户使用 Excel 工作簿内的数据制作图表，生成的图表也存放在工作簿中。

Excel 2013 中的图表具有实时更新功能，不过图表实时更新的前提是已经设置了表格数据自动进行重算。用户可以在【Excel 选项】对话框中单击【公式】选项卡，然后在【计算选项】栏中选中【自动重算】单选按钮来设置，如图 16-3 所示。

图 16-3

### 4. 二维坐标

Excel 中虽然也提供了一些三维图表类型。但从实际运用的角度来看，其实质还是二维的平面坐标系下建立的图表。如图 16-4 所示的三维气泡图只有两个数值坐标轴。

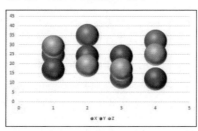

图 16-4

而如图 16-5 至图 16-8 所示的三维柱形图、三维折线图、三维面积图、三维曲面图中，虽然显示了 3 个坐标轴，但是 x 轴为分类轴，y 轴为系列轴，只有 z 轴为数值轴，使用平面坐标的图表也能完全地表现出来。

图 16-5

图 16-6

图 16-7

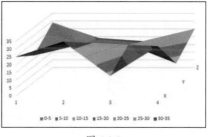

图 16-8

### 16.1.2 图表的构成元素

Excel 2013 提供了多种标准的图表类型，每一种图表类型都分为几种子类型，但每一种图表的绝大部分组件是相同的。一个完整的图表主要由图表区、图表标题、坐标轴、绘图区、数据系列、网格线和图例等部分组成。下面以柱形图（图 16-9）的图表为例讲解图表的组成，图表组成元素的具体含义如表 16-1 所示。

图 16-9

表 16-1

| 序号 | 名称 | 作用 |
|---|---|---|
| ① | 图表区 | 在 Excel 中，图表是以一个整体的形式插入到表格中的，它类似于一个图片区域，这就是图表区。图表及图表相关的元素均存在于图表区中。在 Excel 中可以为图表区设置不同的背景颜色或背景图像 |
| ② | 绘图区 | 在图表区中通过横坐标轴和纵坐标轴界定的矩形区域，用于绘制图表序列和网格线，图表中用于表示数据的图形元素也将出现在绘图区中。标签、刻度线和轴标题在绘图区外、图表区内的位置绘制 |
| ③ | 图表标题 | 图表上显示的名称，用于简要概述该图表的作用或目的。图标标题在图表区中以一个文本框的形式呈现，我们可以对其进行各种调整或修饰 |
| ④ | 垂直轴 | 即图表中的纵（Y）坐标轴。通常为数值轴，用于确定图表中垂直坐标轴的最小和最大刻度值 |
| ⑤ | 水平轴 | 即图表中的横（X）坐标轴。通常为分类轴，主要用于显示文本标签。不同数据值的大小会依据垂直轴和水平轴上标定的数据值（刻度）在绘图区中绘制产生。不同坐标轴表示的数值或分类的含义可以使用坐标标题进行标示和说明 |
| ⑥ | 数据系列 | 在数据区域中，同一列（或同一行）数值数据的集合构成一组数据系列，也就是图表中相关数据点的集合，这些数据源自数据表的行或列。它是根据用户指定的图表类型以系列的方式显示在图表中的可视化数据。图表中可以有一组到多组数据系列，多组数据系列之间通常采用不同的图案、颜色或符号来区分。在图 16-9 中，不同产品的销售收入和销售成本形成了两个数据系列，它们分别以不同的颜色来加以区分。在各数据系列数据点上还可以标注出该系列数据的具体值，即数据标签 |
| ⑦ | 图例 | 列举各系列表示方式的方框图，用于指出图表中不同的数据系列采用的标识方式，通常列举不同系列在图表中应用的颜色。图例由两部分构成：一、图例标示，代表数据系列的图案，即不同颜色的小方块；二、图例项，与图例标示对应的数据系列名称，一种图例标示只能对应一种图例项 |
| ⑧ | 网格线 | 贯穿绘图区的线条，用于作为估算数据系列所示值的标准 |

**技术看板**

有时候还需要在图表中添加趋势线和数据表。趋势线与折线图类似，用于表现数据的变化趋势，不同的是它表现一组数据整体的变化趋势，不会呈现具体每个数据的变化过程；数据表是用于创建图表的数据表格，我们可以将数据表添加到图表区域中，与图表合二为一，不仅可以方便查看图表时与源数据对照，也可以起到美化数据表的作用。

## ★ 新功能 16.1.3 如何选择合适的图表

Excel 2013 内置的图表包括 10 大类图表类型：柱形图、折线图、饼图、条形图、面积图、XY（散点图）、股价图、曲面图、雷达图和组合图，每种图表类型下还包括多种子图表类型，如图 16-10 所示。

图 16-10

图表设计是为了实施管理、配合生产经营的需要而进行的。但只有将数据信息以最合适的图表类型进行显示时，才会让图表更具有阅读价值，否则再漂亮的图表也是无效的。

### 1. 图表类型有哪些

不同类型的图表表现数据的意义和作用是不同的。如下图中的几种图表类型，它们展示的数据是相同的，但表达的含义可能截然不同。

我们从图 16-11 所示的图表中主要看到的是一个趋势和过程。

图 16-11

从图 16-12 所示的图表中我们主要看到的是各数据之间的大小及趋势。

图 16-12

从图 16-13 所示的图表中我们几乎看不出趋势，只能看到各组数据的占比情况。

图 16-13

到底什么时候该用什么类型的图呢？如何通过图表的方式快速展现我们想要的内容？如果你对这些问题很迷茫，那就先来了解一下各种图表类型的基本知识，以便在创建图表时选择最合适的图表，让图表具有阅读价值。

（1）柱形图

柱形图是最常见的图表类型，它的适用场合是二维数据集（每个数据点包括两个值 x 和 y），但只有一个维度需要比较的情况，如图 16-14 所示的柱形图就表示了一组二维数据，【年份】和【销售额】就是它的两个维度，但只需要比较【销售额】这一个维度。

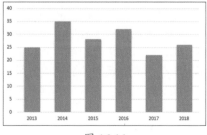

图 16-14

柱形图通常沿水平轴组织类别，而沿垂直轴组织数值，利用柱子的高度反映数据的差异。肉眼对高度差异很敏感，辨识效果非常好，所以非常容易解读。柱形图的局限在于只适用中小规模的数据集。

通常来说，柱形图用于显示一段时间内的数据的变化，即柱状图的 x 轴是时间维的，用户习惯性认为存在时间趋势（但表现趋势并不是柱形图的重点）。如果遇到 x 轴不是时间维的情况，如需要用柱形图来描述各项之间的比较情况，建议用颜色区分每根柱子，改变用户对时间趋势的关注。如图 16-15 所示为 6 个不同类别数据的展示。

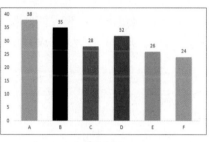

图 16-15

（2）折线图

折线图也是常见的图表类型，它是将同一数据系列的数据点在图上用直线连接起来，以等间隔显示数据的变化趋势，如图 16-16 所示。折线图适合二维的大数据集，尤其是那些趋势比单个数据点更重要的场合。

图 16-16

折线图可以显示随时间而变化的连续数据（根据常用比例设置），它强调的是数据的时间性和变动率，因此非常适用于显示在相等时间间隔下数据的变化趋势。在折线图中，类别数据沿水平轴均匀分布，所有的值数据沿垂直轴均匀分布。

折线图也适合多个二维数据集的比较，如图 16-17 所示为两个产品在同一时间内的销售情况比较。

图 16-17

不管是用于表现一组还是多组数据的大小变化趋势，在折线图中数据的顺序非常重要，通常数据之间有时间变化关系才会使用折线图。

### 技术看板

图表是【数据可视化】的常用手段，其中又以基本图表——柱状图、折线图、饼图最为常用。有人觉得基本图表太简单、不高端、不大气、不惊艳，因此追求更复杂的图表。但是，越简单的图表越容易理解，而快速易懂地理解数据才是数据可视化的最重要的目的和最高追求！所以，请不要小看这些基本图表。

### （3）饼图

饼图虽然也是常用的图表类型，但在实际应用中我们应尽量避免使用饼图，因为肉眼对面积的大小不敏感。如对同一组数据使用饼图和柱形图来显示，效果如图 16-18 所示。

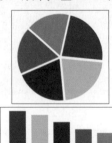

图 16-18

图 16-18 中，显然上侧饼图的 5 个色块的面积排序不容易看出来。换成下侧柱状图后，各数据的大小就容易看出来了。

一般情况下，总是应该用柱状图替代饼图。但是有一个例外，就是要反映某个部分占整体的比重，如要了解各产品的销售比重，可以使用饼图，如图 16-19 所示。

图 16-19

这种情况下，饼图会先将某个数据系列中的单独数据转为数据系列总和的百分比，然后依照百分比例绘制在一个圆形上，数据点之间用不同的图案填充。但是它只能显示一个数据系列，如果有几个数据系列同时被选中，将只显示其中的一个系列。

### 技术看板

一般在仅有一个要绘制的数据系列（即仅排列在工作表的一列或一行中的数据），且要绘制的数值中不包含负值，也几乎没有零值时，才使用饼图图表。由于各类别分别代表整个饼图的一部分，所以饼图中最好不要超过 7 个类别，否则就会显得杂乱，也不好识别其大小。

饼图中包含了圆环图，圆环图类似于饼图，它使用环形的一部分来表现一个数据在整体数据中的大小比例。圆环图也用来显示单独的数据点相对于整个数据系列的关系或比例，但是圆环图可以含有多个数据系列，如图 16-20 所示。圆环图中的每个环代表一个数据系列。

图 16-20

### （4）条形图

条形图用于显示各项目之间数据的差异，它与柱形图具有相同的表现目的。不同的是，柱形图是在水平方向上依次展示数据，条形图是在纵向上依次展示数据，如图 16-21 所示。

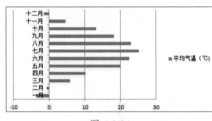

图 16-21

条形图描述了各项之间的差别情况。分类项垂直组织，数值水平组织。这样可以突出数值的比较，而淡化随时间的变化。

条形图常应用于轴标签过长的图表的绘制中，以免出现柱形图中对长分类标签省略的情况，如图 16-22 所示。条形图中显示的数值是持续型的。

图 16-22

### （5）面积图

面积图与折线图类似，也可以显示多组数据系列，只是将连线与分类轴之间用图案填充，主要用于表现数据的趋势。但不同的是，折线图只能单纯地反映每个样本的变化趋势，如某产品每个月的变化趋势；而面积图除了可以反映每个样本的变化趋势外，还可以显示总体数据的变化趋势，即面积，如图 16-23 所示。

图 16-23

面积图可用于绘制随时间发生的变化量，常用于引起人们对总值趋势的关注。通过显示所绘制的值的总和，面积图还可以显示部分与整体的关系。面积图强调的是数据的变动量，而不是时间的变动率。

### 技术看板

折线图，在日期力度比较大时，或者日期力度比较小的时候，不太好表示，这时比较适合使用面积图来反映数据的变化。但当某组数据变化特别小时，使用面积图就不太合适，会被遮挡。

#### （6）XY（散点图）

XY 散点图主要用来显示单个或多个数据系列中各数值之间的相互关系，或者将两组数值绘制为 $xy$ 坐标的一个系列。

散点图有两个数值轴，沿横坐标轴（$x$ 轴）方向显示一组数值数据，沿纵坐标轴（$y$ 轴）方向显示另一组数值数据。一般情况下，散点图用这些数值构成多个坐标点，通过观察坐标点的分布，即可判断变量间是否存在关联关系，以及相关关系的强度。

### 技术看板

相关关系表示两个变量同时变化。进行相关关系分析时，应使用连续数据，一般在 $x$ 轴（横轴）上放置相关关系表示两个变量同时变化。进行相关关系分析时，应使用连续数据，一般在 $x$ 轴（横轴）上放置自变量，$y$ 轴（纵轴）上放置因变量，在坐标系上绘制出相应的点。

相关关系共有 3 种情况，导致散点图的形状也可大致分为 3 种。

- 无明显关系：即点的分布比较乱。
- 正相关：自变量 $x$ 增大时，因变量 $y$ 随之增大。
- 负相关：随着自变量 $x$ 增大，因变量 $y$ 反而减小。

所以散点图是回归分析非常重要的图形展示。

散点图适用于三维数据集，但其中只有两维需要比较的情况（为了识别第三维，可以为每个点加上文字标示，或者不同颜色）。常用于显示和比较成对的数据，例如科学数据、统计数据和工程数据，如图 16-24 所示。

图 16-24

此外，如果不存在相关关系，可以使用散点图总结特征点的分布模式，即矩阵图（象限图），如图 16-25 所示。

图 16-25

### 技术看板

散点图只是一种数据的初步分析工具，能够直观地观察两组数据可能存在什么关系，在分析时若找到变量间存在可能的关系，则需要进一步确认是否存在因果关系，使用更多的统计分析工具进行分析。

气泡图是散点图的一种变体，它可以反映 3 个变量——$x$、$y$、$z$ 的关系，$z$ 反映到气泡图中就是气泡的面积大小。这样就解决了在二维图中，比较难以表达三维关系的问题。

在气泡图中可以通过气泡的大小来表现数据大小或其他数据关系，如图 16-26 所示为卡特里娜飓风的路径，三个维度分别为经度、纬度、强度。点的面积越大，就代表强度越大。因为用户不善于判断面积大小，所以气泡图只适用不要求精确辨识第三维的场合。

图 16-26

如果为气泡加上不同颜色（或文字标签），气泡图就可用来表达四维数据。如图 16-27 所示就是通过颜色，表示每个点的风力等级。

图 16-27

如果分类标签是文本并且表示均匀分布的数值（如月份、季度或财政年度），则应使用折线图。当有多个数据系列时，尤其适合使用折线图；对于一个数据系列，则应考虑使用散点图。如果有几个均匀分布的数值标签（如年份），也应该使用折线图。如果拥有的数值标签多于10个，则需要改用散点图。

### （7）股价图

股价图经常用来描绘股票价格走势，如图16-28所示。不过，这种图表也可用于科学数据。例如，可以使用股价图来显示每天或每年温度的波动。

图 16-28

股价图数据在工作表中的组织方式非常重要，必须按正确的顺序组织数据才能创建股价图。例如，若要创建一个简单的盘高—盘低—收盘股价图，应根据按盘高、盘低和收盘次序输入的列标题来排列数据。

### （8）曲面图

曲面图显示的是连接一组数据点的三维曲面。当需要寻找两组数据之间的最优组合时，可以使用曲面图进行分析，如图16-29所示。

图 16-29

曲面图好像一张地质学的地图，曲面图中的不同颜色和图案表明具有相同范围的值的区域。与其他图表类型不同，曲面图中的颜色不用于区别【数据系列】。在曲面图中，颜色是用来区别值的。

### （9）雷达图

雷达图，又可称为戴布拉图、蜘蛛网图。它用于显示独立数据系列之间以及某个特定系列与其他系列的整体关系。每个分类都拥有自己的数值坐标轴，这些坐标轴从中心点向外辐射，并由折线将同一系列中的值连接起来，如图16-30所示。

图 16-30

雷达图中，面积越大的数据点，就表示越重要。

雷达图适用于多维数据（四维以上），且每个维度必须可以排序。但是，它有一个局限，就是数据点最多6个，否则无法辨别，因此适用场合有限。而且很多用户不熟悉雷达图，解读有困难。使用时应尽量加上说明，以减轻解读负担。

### （10）组合图表

组合图表是在一个图表中应用多种图表类型的元素来同时展示多组数据。组合图可以使得图表类型更加丰富，还可以更好地区别不同的数据，并强调不同数据关注的侧重点。如图16-31所示，是应用柱形图和折线图构成的组合图表。

图 16-31

Excel中的每种图表表达的数据效果是不相同的，用户需要多练习才能掌握各类图表的使用场合。

### 2. 选择合适的图表类型有技巧

我们在选择图表类型前，需要对表格中的数据进行提炼，弄清楚数据表达的信息和主题，然后根据这个信息来决定选择何种图表类型，以及对图表做何种特别处理，最后才动手制作图表。由此可见，选择何种图表类型主要决定于你要表达的主题和观点，当然，数据本身对图表选择也有一定影响，但这种影响是有限的。

为了让读者能更好地选择图表类型，笔者制作了表16-2，用户可以根据这个表格来选择合适的图表类型。

表 16-2

| 数据关系 | | 适用图表类型 | |
|---|---|---|---|
| 比较 | 基于分类 |  | 每个项目包含两个变量用不等宽柱形图 |
|  |  |  | 包含多个项目，但每个项目只包含一个变量用条形图 |

续表

| 数据关系 | | 适用图表类型 | |
|---|---|---|---|
| 比较 | 基于分类 | | 包含项目较少，且每个项目只包含一个变量用柱形图 |
| | 基于时间 | | 少数分类用柱形图，多数分类用折线图 |
| 分布 | 单个变量 | | 少数数据点用直方图，多个数据点用正太分布图 |
| | 两个变量 | | 用散点图 |
| 联系 | | | 两个变量用散点图，三个变量用气泡图 |
| | | | 随时间变化的相对差异用堆积百分比柱形图 |
| | 随时间变化的相对和绝对差异用堆积柱形图 | | |

# 16.2 创建图表

图表是在数据的基础上制作出来的，一般数据表中的数据很详细，但是不利于直观地分析问题。所以，如果要针对某一问题进行研究，就要在数据表的基础上创建相应的图表。通过前一节的介绍，大家对图表有了一定的认识后，即可尝试为表格数据创建图表了。在 Excel 2013 中可以很轻松地创建具有专业外观的图表。

## ★ 新功能 16.2.1 使用快捷按钮为生产数据创建图表

| 实例门类 | 软件功能 |
|---|---|
| 教学视频 | 光盘\视频\第 16 章\16.2.1.mp4 |

在 Excel 2013 中，我们可以通过新增的【快速分析】工具快速为选择的单元格数据创建相应的图表。例如，要快速为生产数据创建合适的图表，具体操作步骤如下。

Step01 打开"光盘\素材文件\第 16 章\一月份生产情况表 .xlsx"文件，❶ 选择 C1:D7 单元格区域，❷ 单击选择区域附近出现的【快速分析】按钮圈，❸ 在弹出的下拉菜单中单击【图表】选项卡，❹ 在下方根据所选数据间的可能关系列出了相应的图表类型，选择需要的图表类型即可，这里选择【簇状条形图】选项，如图 16-32 所示。

图 16-32

Step02 经过上步操作，即可在工作表中看到根据选择的数据源和图表样式生成的对应图表，效果如图 16-33 所示。

图 16-33

## ★ 新功能 16.2.2 实战：使用推荐功能为销售数据创建图表

| 实例门类 | 软件功能 |
|---|---|
| 教学视频 | 光盘\视频\第 16 章\16.2.2.mp4 |

如果我们不知道数据该使用什么样的图表，可以使用 Excel 推荐的图表进行创建。例如，要为销售表中的数据创建推荐的图表，具体操作步骤如下。

Step01 打开"光盘\素材文件\第 16 章\销售表 .xlsx"文件，❶ 选择 A1:A7 和 C1:C7 单元格区域，❷ 单击【插入】选项卡【图表】组中的【推荐的图表】按钮，如图 16-34 所示。

图 16-34

图 16-36

图表，如图 16-38 所示。

图 16-38

### 技术看板

创建图表时，如果只选择一个单元格，Excel 2013 会自动将紧邻当前单元格的包含数据的所有单元格添加到图表中。此外，如果不想显示在图表中的数据，用户可以在创建图表之前将包含这些数据的单元格隐藏起来。

**Step02** 在弹出的【插入图表】对话框中，❶ 在【推荐的图表】选项卡左侧显示了系统根据所选数据推荐的图表类型，选择需要的图表类型，这里选择【饼图】选项，❷ 在右侧即可预览图表效果，对效果满意后单击【确定】按钮，如图 16-35 所示。

图 16-35

**Step03** 经过上步操作，即可在工作表中看到根据选择的数据源和图表样式生成的对应图表，如图 16-36 所示。

### ★ 重点 16.2.3 实战：使用功能区为成绩数据创建普通图表

| 实例门类 | 软件功能 |
|---|---|
| 教学视频 | 光盘\视频\第 16 章\16.2.3.mp4 |

当我们知道要对哪些数据使用什么类型的图表时，可以直接选择相应的图表类型进行创建。在 Excel 中，【插入】选项卡的【图表】组中提供了常用的几种类型。用户只需要选择图表类型就可以创建完成。例如，要对某些学生的第一次月考成绩进行图表分析，具体操作步骤如下。

**Step01** 打开"光盘\素材文件\第 16 章\月考平均分统计.xlsx"文件，❶ 选择 A2:D8 单元格区域，❷ 单击【插入】选项卡【图表】组中的【插入柱形图】按钮，❸ 在弹出的下拉菜单中选择需要的柱形图子类型，这里选择【堆积柱形图】选项，如图 16-37 所示。

图 16-37

**Step02** 经过上步操作，即可看到根据选择的数据源和图表样式生成的对应

### ★ 新功能 16.2.4 实战：通过对话框为销售汇总数据创建组合图表

| 实例门类 | 软件功能 |
|---|---|
| 教学视频 | 光盘\视频\第 16 章\16.2.4.mp4 |

如果要插入样式更加丰富的图表类型以及更标准的图表，可以通过【插入图表】对话框来插入。

Excel 中默认制作的图表中的数据系列都只包含了一种图表类型。事实上，在 Excel 2013 中我们可以非常便捷地自由组合图表类型，使不同的数据系列按照最合适的图表类型放置在同一张图表中，即所谓的组合图表，这样能更加准确地传递图表信息。

### 技术看板

在制作组合图表时，不能组合二维和三维图表类型，只能组合同维数的图表类型。否则，系统会弹出提示对话框，提示用户是否更改三维图表的数据类型，以将两个图表组合为一个二维图表。

下面为销售汇总数据创建自定义组合图表，将图表中的【产品 4】数据系列设置为折线图表类型，其余的数据系列采用柱形图，具体操作步骤如下。

**Step01** 打开"光盘\素材文件\第 16

章\半年销售额汇总.xlsx"文件，
❶ 选择A1:E8单元格区域，❷ 单击
【插入】选项卡【图表】组右下角的
【对话框启动器】按钮，如图16-39
所示。

图 16-39

**Step02** 在弹出的【插入图表】对话框
中，❶ 单击【所有图表】选项卡，
❷ 在左侧列表框中选择【组合】选
项，❸ 在右侧上方单击【自定义组
合】按钮，❹ 在下方的列表框中
设置【产品3】数据系列的图表类
型为【簇状柱形图】，❺ 设置【产
品4】数据系列的图表类型为【折线
图】，❻ 选中【产品4】数据系列
后的复选框，为该数据系列添加次
坐标轴，❼ 单击【确定】按钮，如
图16-40所示。

图 16-40

**Step03** 经过上步操作，即可在工作表
中看到根据选择的数据源和自定义
的图表样式生成的对应图表，效果
如图16-41所示。

图 16-41

**技能拓展——保存图表模板**

Excel允许用户创建自定义图表类
型为图表模板，以便后期调用常用的
图表格式。

选择需要保存为图表模板的图
表，并在其上右击，在弹出的快捷菜
单中选择【保存为模板】命令即可。
当下一次需要根据模板建立图表时，
可在【插入图表】对话框中单击【所
有图表】选项卡，然后在左侧的列表
框中选择【模板】选项，在右侧即可
显示出保存的图表模板，然后根据需
要选择相应的图表模板，即可快速生
成应用该图表样式的新图表。

# 16.3 图表的美化和调整

Excel 2013图表以其丰富的图表类型、色彩样式和三维格式，成为最常用的图表工具。Excel默认的布局具有逻辑
性强、清晰的特点，但是它的形式过于简单，色彩单一，视觉冲击力差。通常，在插入图表后，还需要对图表进行编
辑和美化操作。创建图表后便会激活编辑图表的工具选项卡，包括【图表工具 设计】和【图表工具 格式】两个选项
卡。在这两个选项卡中可完成对图表的进一步设置，包括对图表的大小、位置、数据源、布局、图表样式和图表类型
等进行编辑，以满足不同的需要。

## 16.3.1 实战：调整销售表中图表的大小

| 实例门类 | 软件功能 |
|---|---|
| 教学视频 | 光盘\视频\第16章\16.3.1.mp4 |

有时因为图表中的内容较多，导

致图表中的内容不能完全显示或显示
不清图表所要表达的意义，此时可适
当地调整图表的大小，具体操作步骤
如下。

**Step01** 打开"光盘\素材文件\第16
章\销售表1.xlsx"文件，❶ 选择要
调整大小的图表，❷ 将鼠标光标移动
到图表右下角，如图16-42所示。

**技能拓展——精确调整图表大小**

在【图表工具 格式】选项卡【大
小】组中的【形状高度】或【形状宽
度】数值框中输入数值，可以精确设
置图表的大小。

图 16-42

**Step02** 按住鼠标左键不放并拖动，即可缩放图表大小。将图表调整到合适大小后释放鼠标左键即可，本例改变图表大小后的效果如图 16-43 所示。

图 16-43

### 技术看板

在调整图表大小时，图表的各组成部分也会随之调整大小。若不满意图表中某个组成部分的大小，也可以选择对应的图表对象，用相同的方法对其大小单独进行调整。

### ★ 重点 16.3.2 实战：移动图表位置

| 实例门类 | 软件功能 |
|---|---|
| 教学视频 | 光盘\视频\第 16 章\16.3.2.mp4 |

默认情况下创建的图表会显示在其数据源的附近，然而这样的设置通常会遮挡工作表中的数据。这时可以将图表移动到工作表中的空白位置。

### 1. 在同一张工作表中移动图表位置

在同一张工作表中移动图表位置可先选择要移动的图表，然后直接通过鼠标进行拖动，具体操作步骤如下。

**Step01** 选择要在同一工作表中移动位置的图表，并将鼠标光标移动到图表的边框上，当其变为形状时，按住鼠标左键不放并拖动，即可改变图表在工作簿中的位置，如图 16-44 所示。

图 16-44

**Step02** 将图表移动到适当位置后释放鼠标左键即可，本例中的图表移动位置后的效果如图 16-45 所示。

图 16-45

### 技术看板

图表中的各组成部分的位置并不是固定不变的，我们可以单独对图表标题、绘图区和图例等图表组成元素的位置进行移动。其方法与移动图表区的方法一样，只是图表组成部分的移动范围始终在图表区范围内。有时，通过对图表元素位置的调整，可在一定程度上使工作表更美观、排版更合理。

### 2. 通过移动图表功能将图表移动到新工作表中

某些时候，为了表达图表数据的重要性或为了能清楚分析图表中的数据，需要将图表放大并单独制作为一张工作表。针对这个需求，Excel 2013 提供了移动图表功能。

下面，将半年销售额汇总表中的图表单独制作成一张工作表，具体操作步骤如下。

**Step01** 打开"光盘\素材文件\第 16 章\半年销售额汇总 1.xlsx"文件，❶ 选择要移动到其他工作表中的图表，❷ 单击【图表工具 设计】选项卡【位置】组中的【移动图表】按钮，如图 16-46 所示。

图 16-46

**Step02** 在弹出的【移动图表】对话框中，❶ 选中【新工作表】单选按钮，❷ 在其后的文本框中输入移动图表后新建的工作表名称，这里输入【半年销售额汇总图表】，❸ 单击【确定】按钮，如图 16-47 所示。

图 16-47

**Step03** 经过上步操作后，返回工作簿中即可看到新建的【半年销售额汇总图表】工作表，而且该图表的大小会根据当前窗口中编辑区的大小自动以全屏显示进行调节，如图 16-48 所示。

图 16-48

### 技术看板

当再次通过【移动图表】功能将图表移动到其他普通工作表中时，图表将还原为最初的大小。

### ★ 重点 16.3.3 实战：更改成绩统计表中图表的数据源

| 实例门类 | 软件功能 |
|---|---|
| 教学视频 | 光盘\视频\第16章\16.3.3.mp4 |

在创建了图表的表格中，图表中的数据与工作表中的数据源是保持动态联系的。当修改工作表中的数据源时，图表中的相关数据系列也会发生相应的变化。

默认情况下创建的图表，Excel会自动以每一行作为一个分类，按每一列作为一个系列。如果要像转置表格数据一样交换图表中的纵横坐标，可以使用【切换行/列】命令；如果需要重新选择作为图表数据源的表格数据，可通过【选择数据源】对话框进行修改。

例如，要通过复制工作表并修改图表数据源的方法来制作其他成绩统计图表效果，具体操作步骤如下。

**Step01** 打开"光盘\素材文件\第16章\月考平均分统计1.xlsx"文件，❶复制【第一次月考成绩图表】工作表，并重命名为【第一次月考各科成绩图表】，❷选择复制得到的图表，❸单击【图表工具 设计】选项卡【数据】组中的【切换行/列】按钮 ，

如图 16-49 所示。

图 16-49

**Step02** 经过上步操作即可改变图表中数据分类和系列的方向，如图 16-50 所示。

图 16-50

**Step03** ❶复制【第一次月考成绩图表】工作表，并重命名为【第二次月考成绩图表】，❷选择复制得到的图表，❸单击【数据】组中的【选择数据】按钮 ，如图 16-51 所示。

图 16-51

**Step04** 在弹出的【选择数据源】对话框中，❶单击【图表数据区域】参数框后的【折叠】按钮 ，❷返回工作簿中，选择 Sheet1 工作表中的 F2:I8 单元格区域，再单击折叠对话框中的【展开】按钮 ，❸单击【确

定】按钮，如图 16-52 所示。

图 16-52

**Step05** 经过上步操作，即可在工作簿中查看到修改数据源后的图表效果，如图 16-53 所示，注意观察图表中数据的变化。

图 16-53

### 技能拓展——设置图表中要不要显示源数据中的隐藏数据

单击【选择数据源】对话框中的【隐藏的单元格和空单元格】按钮，在弹出的【隐藏和空单元格设置】对话框中选中或取消选中【显示隐藏行列中的数据】复选框，即可在图表中显示或隐藏工作表中隐藏行列中的数据，如图 16-54 所示。

图 16-54

## ★ 重点 16.3.4 实战：更改销售汇总表中的图表类型

| 实例门类 | 软件功能 |
|---|---|
| 教学视频 | 光盘\视频\第16章\16.3.4.mp4 |

如果对图表各类型的使用情况不是很清楚，有可能创建的图表不能够表达出数据的含义。不用担心，创建好的图表依然可以方便地更改图表类型。你还可以只修改图表中某个或某些数据系列的图表类型，从而自定义出组合图表。

例如，要让销售汇总表中的各产品数据用柱形图表示，将汇总数据用折线图表示，具体操作步骤如下。

Step01 打开"光盘\素材文件\第16章\半年销售额汇总2.xlsx"文件，❶选择需要更改图表类型的图表，❷单击【图表工具 设计】选项卡【类型】组中的【更改图表类型】按钮，如图16-55所示。

图 16-55

Step02 在弹出的【更改图表类型】对话框中，❶单击【所有图表】选项卡，❷在左侧列表框中选择【柱形图】选项，❸在右侧选择合适的柱形图样式，❹单击【确定】按钮，如图16-56所示。

Step03 经过上步操作，即可将原来的组合图表更改为柱形图表。❶选择图表中的【汇总】数据系列，并在其上单击鼠标右键，❷在弹出的快捷菜单中选择【更改系列图表类型】命令，如图16-57所示。

图 16-56

图 16-57

Step04 在弹出的【更改图表类型】对话框中，❶单击【所有图表】选项卡，❷在左侧列表框中选择【组合】选项，❸在右侧上方单击【自定义组合】按钮，❹在下方的列表框中设置【汇总】数据系列的图表类型为【折线图】，❺选中【汇总】数据系列后的复选框，为该数据系列添加次坐标轴，❻单击【确定】按钮，如图16-58所示。

图 16-58

Step05 返回工作表，即可看到已经将【汇总】数据系列从原来的柱形图更

改为折线图，效果如图16-59所示。

图 16-59

## 16.3.5 实战：设置生产表中的图表样式

| 实例门类 | 软件功能 |
|---|---|
| 教学视频 | 光盘\视频\第16章\16.3.5.mp4 |

创建图表后，可以快速将一个预定义的图表样式应用到图表中，让图表外观更加专业；还可以更改图表的颜色方案，快速更改数据系列采用的颜色；如果需要设置图表中各组成元素的样式，则可以在【图表工具 格式】选项卡中进行自定义设置，包括对图表区中文字的格式、填充颜色、边框颜色、边框样式、阴影以及三维格式等进行设置。

例如，要为生产表中的图表设置样式，具体操作步骤如下。

Step01 打开"光盘\素材文件\第16章\一月份生产情况表1.xlsx"文件，❶选择图表，❷单击【图表工具 设计】选项卡【图表样式】组中的【快速样式】按钮，❸在弹出的下拉列表中选择需要应用的图表样式，即可为图表应用所选图表样式，如图16-60所示。

Step02 ❶单击【图表样式】组中的【更改颜色】按钮，❷在弹出的下拉列表中选择要应用的色彩方案，即可改变图表中数据系列的配色，如图16-61所示。

图 16-60

图 16-61

## 16.3.6 实战：快速为生产表中的图表布局

| 实例门类 | 软件功能 |
|---|---|
| 教学视频 | 光盘\视频\第16章\16.3.6.mp4 |

对创建的图表进行合理的布局可以使图表效果更加美观。在 Excel 中创建的图表会采用系统默认的图表布局，实质上，Excel 2013 中提供了 10 种预定义布局样式，使用这些预定义的布局样式可以快速更改图表的布局效果。

例如，要使用预定义的布局样式快速改变销售汇总表中图表的布局效果，具体操作步骤如下。

Step01 ❶ 选择图表，❷ 单击【图表工具 设计】选项卡【图表布局】组中的【快速布局】按钮，❸ 在弹出的下拉列表中选择需要的布局样式，这里选择【布局4】选项，如图 16-62 所示。

图 16-62

Step02 经过上步操作，即可看到应用新布局样式的图表效果，如图 16-63 所示。

图 16-63

### 技术看板

自定义的图表布局和图表格式是不能保存的，但可以通过将图表另存为图表模板，这样就可以再次使用自定义布局或图表格式。

# 16.4 添加图表元素

图表制作需要有创意，展现出不同的风格，才能摆脱沉闷，更吸引人。在 Excel 2013 中，图表可以显示和隐藏一些图表元素，同时可对图表中的元素位置进行调整，以使图表内容结构更加合理、美观。本节介绍修改图表布局的方法，包括为图表添加标题、设置坐标轴格式、添加坐标轴标题、设置数据标签格式、添加数据表、设置网格线、添加趋势线、误差线等。

## ★ 新功能 16.4.1 实战：设置销售汇总图表的标题

| 实例门类 | 软件功能 |
|---|---|
| 教学视频 | 光盘\视频\第16章\16.4.1.mp4 |

在创建图表时，默认会添加一个图表标题。标题的内容是系统根据图表数据源进行自动添加的，或为数据源所在的工作表标题，或为数据源对应的表头名称。如果系统没有识别到合适的名称，就会显示为【图表标题】字样。

设置合适的图表标题，有利于说明整个图表的主要内容。如果系统默认的图表标题不合适，用户也可以通过自定义为图表添加适当的图表标题，使其他用户在只看到图表标题时就能掌握该图表所要表达的大致信息。

当然，根据图表的显示效果需要，也可以调整标题在图表中的位置，或取消标题的显示。

例如，要为销售汇总表中的图表添加图表标题，具体操作步骤如下。
Step01 打开"光盘\素材文件\第16章\半年销售额汇总 3.xlsx"文件，❶ 选择图表，❷ 单击【图表工具 设计】选项卡【图表布局】组中的【添加图表元素】按钮，❸ 在弹出的下拉菜单中选择【图表标题】命令，④ 在弹出的下级子菜单中选择【居中覆盖】命令，即可在图表的上部显示出图表标题，如图 16-64 所示。

图 16-64

**Step②** 选择图表标题文本框中出现的默认内容，重新输入合适的图表标题文本，如图 16-65 所示。

图 16-65

**Step③** 选择图表标题文本框，将鼠标光标移动到图表标题文本框上，当其变为形状时，按住鼠标左键不放并拖动即可调整标题在图表中的位置，如图 16-66 所示。

图 16-66

---

### 技术看板

在【图表标题】下拉菜单中选择【无】选项，将隐藏图表标题；选择【图表上方】选项，将在图表区的顶部显示图表标题，并调整图表大小；选择【居中覆盖】选项，将居中标题覆盖在图表上方，但不调整图表的大小；选择【其他标题选项】选项，将显示出【设置图表标题格式】任务窗格，在其中可以设置图表标题的填充、边框颜色、边框样式、阴影和三维格式等。

---

★ **新功能 16.4.2　实战：设置销售统计图表的坐标轴**

| 实例门类 | 软件功能 |
|---|---|
| 教学视频 | 光盘\视频\第16章\16.4.2.mp4 |

除饼状图和圆环图外，其他图表还可以显示坐标轴，它是图表中用于对数据进行度量和分类的轴线。通常在图表中会有横坐标轴（水平坐标轴）和纵坐标轴（垂直坐标轴），在坐标轴上需要用数值或文字数据作为刻度和标签。在组合图表中可以存在两个横坐标轴或纵坐标轴，分别称为主要横坐标轴、次要横坐标轴、主要纵坐标轴和次要纵坐标轴。主要横坐标轴在图表下方，次要横坐标轴在图表上方，主要纵坐标轴在图表左侧，次要纵坐标轴在图表右侧。

有时会因为个人喜好和用途不同，需要对这两类坐标轴进行设置。例如，在【饮料销售统计表】工作簿的图表中，为了区别销售额和销售量数据，要将销售额的数据值用次要纵坐标表示，并修改其中的刻度值到合适，具体操作步骤如下。

**Step①** 打开"光盘\素材文件\第16章\饮料销售统计表.xlsx"文件，① 选择图表中需要添加坐标轴的【销售量】数据系列，② 单击【图表工具

---

格式】选项卡【当前所选内容】组中的【设置所选内容格式】按钮，如图 16-67 所示。

图 16-67

**Step②** 显示出【设置数据系列格式】任务窗格，选中【次坐标轴】单选按钮，即可在图表右侧显示出相应的次坐标轴，如图 16-68 所示。

图 16-68

**Step③** ① 选择图表，② 单击【图表工具设计】选项卡【图表布局】组中的【添加图表元素】按钮，③ 在弹出的下拉菜单中选择【坐标轴】命令，④ 在弹出的下级子菜单中选择【更多轴选项】命令，如图 16-69 所示。

图 16-69

**Step 04** 显示出【设置坐标轴格式】任务窗格，❶选择图表中左侧的垂直坐标轴，❷单击任务窗格上方的【坐标轴选项】选项卡，❸单击下方的【坐标轴选项】按钮，❹在【坐标轴选项】栏中的各数值框中输入相应的数值，从而设置该坐标轴的刻度显示，如图16-70所示。

图 16-70

**Step 05** ❶选择图表中右侧的垂直坐标轴，❷单击任务窗格上方的【坐标轴选项】选项卡，❸单击下方的【坐标轴选项】按钮，❹在【坐标轴选项】栏中的各数值框中输入相应的数值，从而设置该坐标轴的刻度显示，如图16-71所示。

图 16-71

**Step 06** ❶选择图表中的水平坐标轴，❷单击任务窗格上方的【坐标轴选项】选项卡，❸单击下方的【坐标轴选项】按钮，❹在【标签】栏中的【与坐标轴的距离】文本框中输入【150】，设置该坐标轴与图表绘图区的距离，如图16-72所示。

图 16-72

**技术看板**

在【坐标轴】下拉菜单中选择【主要横坐标轴】选项，可以控制主要横坐标轴的显示与否；选择【主要纵坐标轴】选项，可以控制主要纵坐标轴的显示与否；同理，选择【次要横坐标轴】或【次要纵坐标轴】选项，可以控制次要横坐标轴和次要纵坐标轴的显示与否。若要设置坐标轴的详细参数，则需要在【设置坐标轴格式】任务窗格中完成。

★ 新功能 16.4.3 实战：设置市场占有率图表的坐标轴标题

| 实例门类 | 软件功能 |
| --- | --- |
| 教学视频 | 光盘\视频\第16章\16.4.3.mp4 |

在 Excel 中，为了更好地说明图表中坐标轴所代表的内容，可以为每个坐标轴添加相应的坐标轴标题，具体操作步骤如下。

**Step 01** ❶选择图表，❷单击【添加图表元素】按钮，❸在弹出的下拉菜单中选择【轴标题】选项，❹在弹出的下级子菜单中选择【主要纵坐标轴】选项，如图16-73所示。

**Step 02** 经过上步操作，将在图表中主要纵坐标轴的左侧显示坐标轴标题文本框，❶输入相应的内容，如【销售额】，❷单击【添加图表元素】按钮，❸在弹出的下拉菜单中选择【轴标题】选项，❹在弹出的下级子菜单

中选择【更多轴标题选项】选项，如图16-74所示。

图 16-73

图 16-74

**Step 03** 显示出【设置坐标轴标题格式】任务窗格，❶单击【文本选项】选项卡，❷单击【文本框】按钮，❸在【文本框】栏中单击【文字方向】列表框右侧的下拉按钮，❹在弹出的下拉列表中选择【竖排】选项，如图16-75所示。

图 16-75

**Step 04** 经过上步操作后，将改变坐标轴标题文字的排版方向。❶单击【添加图表元素】按钮，❷在弹出的下拉菜单中选择【轴标题】选项，❸在弹出的下级子菜单中选择【次要纵坐

标轴】选项，如图 16-76 所示。

图 16-76

**Step 05** 经过上步操作，即可在图表中次要纵坐标轴的右侧显示坐标轴标题文本框，❶ 在文本框中输入标题文本，如【销量】，❷ 单击【图表工具格式】选项卡【当前所选内容】组中的【设置所选内容格式】按钮 ，如图 16-77 所示。

图 16-77

**Step 06** 显示出【设置坐标轴标题格式】任务窗格，❶ 单击【文本选项】选项卡，❷ 单击【文本框】按钮 ，❸ 在【文本框】栏中的【文字方向】下拉列表框中选择【竖排】选项，如图 16-78 所示。

图 16-78

★ **新功能 16.4.4 实战：设置销售图表的数据标签**

| 实例门类 | 软件功能 |
|---|---|
| 教学视频 | 光盘\视频\第 16 章\16.4.4.mp4 |

数据标签是图表中用于显示数据点具体数值的元素，添加数据标签后可以使图表更清楚地表现数据的含义。在图表中可以为一个或多个数据系列进行数据标签的设置。例如，要为销售图表添加数据标签，并设置数据格式为百分比类型，具体操作步骤如下。

**Step 01** 打开"光盘\素材文件\第 16 章\销售表 2.xlsx"文件，❶ 选择图表，❷ 单击【添加图表元素】按钮 ，❸ 在弹出的下拉菜单中选择【数据标签】选项，❹ 在弹出的下级子菜单中选择【最佳匹配】选项，即可在各数据系列的内侧显示出数据标签，如图 16-79 所示。

图 16-79

藏所选数据系列或所有数据系列的数据标签；如果选择【其他数据标签选项】选项，将显示出【设置数据标签格式】任务窗格，在其中可以设置数据标签的数字格式、填充颜色、边框颜色和样式、阴影、三维格式和对齐方式等样式。

**Step 02** ❶ 单击图表右侧的【图表元素】按钮 ，❷ 在弹出的下拉菜单中单击【数据标签】右侧的下拉按钮，❸ 在弹出的下级子菜单中选择【更多选项】选项，如图 16-80 所示。

图 16-80

**Step 03** 显示出【设置数据标签格式】任务窗格，❶ 单击上方的【标签选项】选项卡，❷ 单击下方的【标签选项】按钮 ，❸ 在【标签选项】栏中选中【类别名称】【百分比】【显示引导线】复选框，即可改变图表中数据标签的格式，如图 16-81所示。

图 16-81

## ★ 新功能 16.4.5 实战：设置销售统计图表的图例

| 实例门类 | 软件功能 |
|---|---|
| 教学视频 | 光盘\视频\第 16 章\16.4.5.mp4 |

创建一个统计图表后，图表中的图例都会根据该图表模板自动放置在图表的右侧或上端。当然，图例在图表中的位置也可根据需要随时进行调整。例如，要将销售统计图表中原来位于右侧的图例放置到图表的顶部，具体操作步骤如下。

Step 打开"光盘\素材文件\第 16 章\饮料销售统计表 1.xlsx"文件，① 选择图表，② 单击【添加图表元素】按钮，③ 在弹出的下拉菜单中选择【图例】选项，④ 在弹出的下级子菜单中选择【顶部】选项，即可看到将图例移动到图表顶部的效果，同时图表中的其他组成部分也会重新进行排列，效果如图 16-82 所示。

图 16-82

## ★ 新功能 16.4.6 实战：设置生产统计图表的网格线

| 实例门类 | 软件功能 |
|---|---|
| 教学视频 | 光盘\视频\第 16 章\16.4.6.mp4 |

为了便于查看图表中的数据，可以在图表的绘图区中显示水平轴和垂直轴延伸出的水平网格线和垂直网格线。

例如，要为生产统计图表设置隐约的细小网格线，便于数据识读，具体操作步骤如下。

Step01 打开"光盘\素材文件\第 16 章\一月份生产情况表 2.xlsx"文件，① 选择工作表中的图表，② 单击【添加图表元素】按钮，③ 在弹出的下拉菜单中选择【网格线】选项，④ 在弹出的下级子菜单中选择【主轴主要垂直网格线】选项，即可显示出主要垂直网格线，如图 16-83 所示。

图 16-83

### 技能拓展——显示或隐藏图表中的网格线

在【网格线】下拉菜单中选择相应的网格线类型选项，可以设置显示或隐藏相应的网格线。

Step02 ① 单击【添加图表元素】按钮，② 在弹出的下拉菜单中选择【网格线】选项，③ 在弹出的下级子菜单中选择【主轴次要垂直网格线】选项，即可显示出次要垂直网格线，

如图 16-84 所示。

图 16-84

## ★ 新功能 16.4.7 实战：显示成绩统计图表的数据表

| 实例门类 | 软件功能 |
|---|---|
| 教学视频 | 光盘\视频\第 16 章\16.4.7.mp4 |

当图表单独置于一张工作表中时，若将图表打印出来，将只会得到图表区域，而没有具体的数据源。若在图表中显示数据表格，则可以在查看图表的同时查看详细的表格数据。例如，要在成绩统计图表中添加数据表，具体操作步骤如下。

Step 打开"光盘\素材文件\第 16 章\月考平均分统计 2.xlsx"文件，① 选择【第二次月考成绩图表】工作表中的图表，② 单击【添加图表元素】按钮，③ 在弹出的下拉菜单中选择【数据表】选项，④ 在弹出的下级子菜单中选择【显示图例项标示】选项，即可在图表的下方显示出带图例项指示的数据表效果，如图 16-85 所示。

图 16-85

## ★ 新功能 16.4.8 实战：为销售汇总图表添加趋势线

| 实例门类 | 软件功能 |
|---|---|
| 教学视频 | 光盘\视频\第 16 章\16.4.8.mp4 |

趋势线用于问题预测研究，又称为回归分析。在图表中，趋势线是以图形的方式表示数据系列的趋势。Excel 中趋势线的类型有线性、指数、对数、多项式、幂和移动平均 6 种，用户可以根据需要选择趋势线，从而查看数据的动向。各类趋势线的功能如下。

→ 线性趋势线：适用于简单线性数据集的最佳拟合直线。如果数据点构成的图案类似于一条直线，则表明数据是线性的。

→ 指数趋势线：一种曲线，它适用于速度增减越来越快的数据值。如果数据值中含有零或负值，就不能使用指数趋势线。

→ 对数趋势线：如果数据的增加或减小速度很快，但又迅速趋近于平稳，那么对数趋势线是最佳的拟合曲线。对数趋势线可以使用正值和负值。

→ 多项式趋势线：数据波动较大时适用的曲线。它可用于分析大量数据的偏差。多项式的阶数可由数据波动的次数或曲线中拐点（峰和谷）的个数确定。二阶多项式趋势线通常仅有一个峰或谷。三阶多项式趋势线通常有一个或两个峰或谷。四阶多项式趋势线通常有多达 3 个峰或谷。

→ 乘幂趋势线：一种适用于以特定速度增加的数据集的曲线。如果数据中含有零或负数值，就不能创建乘幂趋势线。

→ 移动平均趋势线：平滑处理了数据中的微小波动，从而更清晰地显示了图案和趋势。移动平均使用特定数目的数据点（由【周期】选项设置），取其平均值，然后将该平均值作为趋势线中的一个点。

例如，为了更加明确产品的销售情况，需要为销售汇总图表中的产品 1 数据系列添加趋势线，以便能够直观地观察到该系列前 6 个月销售数据的变化趋势，对未来工作的开展进行分析和预测。添加趋势线的具体操作步骤如下。

**Step01** 打开"光盘\素材文件\第 16 章\半年销售额汇总 4.xlsx"文件，选择【产品销售趋势分析】工作表，❶ 选择图表中需要添加趋势线的产品 1 数据系列，❷ 单击【添加图表元素】按钮 ，❸ 在弹出的下拉菜单中选择【趋势线】选项，❹ 在弹出的下级子菜单中选择【移动平均】选项，如图 16-86 所示。

图 16-86

**Step02** 经过上步操作，即可为产品 1 数据系列添加默认的移动平均趋势线效果。❶ 再次单击【添加图表元素】按钮，❷ 在弹出的下拉菜单中选择【趋势线】选项，❸ 在弹出的下级子菜单中选择【其他趋势线选项】选项，如图 16-87 所示。

图 16-87

**Step03** 显示出【设置趋势线格式】任务窗格，在【趋势线选项】栏中选中【移动平均】单选按钮，并在其后的【周期】数值框中设置数值为【3】，即调整为使用 3 个数据点进行数据的平均计算，然后将该平均值作为趋势线中的一个点进行标记，如图 16-88 所示。

图 16-88

**Step04** 选择最早添加的趋势线，按【Delete】键将其删除，如图 16-89 所示。

图 16-89

**技术看板**

为图表添加趋势线必须基于某个数据系列来完成。若没有选择数据系列就直接执行添加趋势线的操作，系统将在弹出的【添加趋势线】对话框中的【添加基于系列的趋势线】列表框选择要添加趋势线基于的数据系列。

## ★ 新功能 16.4.9 实战：为销售汇总图表添加误差线

| 实例门类 | 软件功能 |
|---|---|
| 教学视频 | 光盘\视频\第16章\16.4.9.mp4 |

误差线通常运用在统计或科学记数法数据中，误差线显示了相对序列中的每个数据标记的潜在误差或不确定度。

通过误差线来表达数据的有效区域是非常直观的。在 Excel 图表中，误差线可形象地表现所观察数据的随机波动。任何抽样数据的观察值都具有偶然性，误差线是代表数据系列中每一数据标记潜在误差的图形线条。

Excel 中误差线的类型有标准误差、百分比误差、标准偏差 3 种。

➜ 标准误差：是各测量值误差的平方和的平均值的平方根。标准误差用于估计参数的可信区间，进行假设检验等。

➜ 百分比误差：和标准误差基本相同，也用于估计参数的可信区间，进行假设检验等，只是百分比误差中使用百分比的方式来估算参数的可信范围。

➜ 标准偏差：是离均差平方和平均后的方根。标准偏差可以与均数结合估计参考值范围，计算变异系数、标准误差等。

**技术看板**

标准误差和标准偏差的计算方式有本质上的不同，具体计算公式如图 16-90 所示。

$$样本标准偏差 S.D. = s = \sqrt{\frac{\sum\limits_{i=1}^{n}(x_i - \bar{x})^2}{n-1}} = \sqrt{\frac{\sum\limits_{i=1}^{n}x_i^2 - \frac{(\sum\limits_{i=1}^{n}x_i)^2}{n}}{n-1}}$$

$$标准误差 S.E. = \frac{s}{\sqrt{n}}$$

图 16-90

与样本含量的关系不同：当样本含量 n 足够大时，标准偏差趋向稳定；而标准误差会随 n 的增大而减小，甚至趋于 0。

例如，要为销售汇总图表中的数据系列添加百分比误差线，具体操作步骤如下。

**Step01** ❶ 选择图表，❷ 单击【添加图表元素】按钮，❸ 在弹出的下拉菜单中选择【误差线】选项，❹ 在弹出的下级子菜单中选择【百分比】命令，即可看到为图表中的数据系列添加该类误差线的效果，如图 16-91 所示。

图 16-91

**Step02** ❶ 选择图表中的产品 2 数据系列，❷ 单击图表右侧的【图表元素】按钮 ➕，❸ 在弹出的下拉菜单中单击【误差线】右侧的下拉按钮，❹ 在弹出的下级子菜单中选择【更多选项】选项，如图 16-92 所示。

**Step03** 显示出【设置误差线格式】

任务窗格，在【误差量】栏中【百分比】单选按钮后的文本框中输入【3.0】，即可调整误差线的百分比，如图 16-93 所示。

图 16-92

图 16-93

## ★ 新功能 16.4.10 实战：为成绩统计图表添加系列线

| 实例门类 | 软件功能 |
|---|---|
| 教学视频 | 光盘\视频\第16章\16.4.10.mp4 |

为了帮助用户分析图表中显示的数据，Excel 2013 中还为某些图表类型提供了添加系列线的功能。例如，要为堆积柱形图的成绩统计图表添加系列线，以便分析各系列的数据，具体操作步骤如下。

**Step** 打开"光盘\素材文件\第16章\月考平均分统计 3.xlsx"文件，❶ 选择【第一次月考各科成绩图表】工作表中的图表，❷ 单击【添加图表元素】按钮，❸ 在弹出的下拉菜单中选择【线条】选项，❹ 在弹出的下级子菜单中选择【系列线】选项，即可看到为图表中的数据系列添加系列线的效果，如图 16-94 所示。

图 16-94

# 16.5 设置各图表元素的格式

将数据创建为需要的图表后，为使图表更美观、数据更清晰，还可以对图表进行适当的美化，即为图表的相应部分设置适当的格式，如更改图表样式、形状样式、形状填充、形状轮廓、形状效果等。在图表中，用户可以设置图表区格式、绘图区格式、图例格式、标题等多种对象的格式。每种对象的格式设置方法基本上大同小异，本节将举例设置部分图表元素的格式设置方法。

## 16.5.1 实战：更改图表区的形状样式

| 实例门类 | 软件功能 |
|---|---|
| 教学视频 | 光盘\视频\第 16 章\16.5.1.mp4 |

通过前面的方法使用系统预设的图表样式快速设置图表样式，主要设置了图表区和数据系列的样式。如果需要单独设置图表中各组成元素的样式，则必须通过自定义的方法进行，即在【图表工具 格式】选项卡中进行设置。

例如，要更改销售图表的图表区样式，具体操作步骤如下。

**Step** 打开"光盘\素材文件\第 16 章\销售表 3.xlsx"文件，❶ 选择图表，❷ 在【图表工具 格式】选项卡【形状样式】组中的列表框中选择需要的预定义形状样式，这里选择【彩色填充 - 橄榄色，强调颜色 3】样式，如图 16-95 所示，即可更改图表形状样式的效果。

图 16-95

## 16.5.2 实战：更改数据系列的形状填充

| 实例门类 | 软件功能 |
|---|---|
| 教学视频 | 光盘\视频\第 16 章\16.5.2.mp4 |

如果对图表中形状的颜色不满意，可以在【图表工具 格式】选项卡中重新进行填充。例如，要让销售图表中各数据系列根据所代表数据的颜色来进行填充，具体操作步骤如下。

**Step①** ❶ 选择需要修改填充颜色的【苹果】数据系列，❷ 单击【图表工具 格式】选项卡【形状样式】组中的【形状填充】按钮，❸ 在弹出的下拉列表中选择【浅绿】，如图 16-96 所示，即可更改该数据系列形状的填充色为浅绿色。

图 16-96

**Step②** 使用相同的方法依次为其他数据系列填充颜色，完成后的效果如图 16-97 所示。

图 16-97

## 技术看板

在【形状填充】下拉菜单中选择【无填充颜色】选项，将使选择的形状保持透明色；选择【其他填充颜色】选项，可以在弹出的对话框中自定义各种颜色；选择【图片】选项，可以设置形状填充为图片；选择【渐变】选项，可以设置形状填充为渐变色，渐变色也可以自定义设置；选择【纹理】选项，可以为形状填充纹理效果。

### 16.5.3 实战：更改图例的形状轮廓

| 实例门类 | 软件功能 |
|---|---|
| 教学视频 | 光盘\视频\第16章\16.5.3.mp4 |

在图表中大量使用的线条元素和形状元素，各部分线条和形状轮廓的样式均可自行进行设置和调整，以美化或个性化图表外观。例如，要让销售汇总图表中的图例部分凸显出来，更改其轮廓效果是个不错的选择，具体操作步骤如下。

**Step01** 打开"光盘\素材文件\第16章\半年销售额汇总5.xlsx"文件，❶选择【产品销售趋势分析工作表】图表中的图例，❷单击【图表工具 格式】选项卡【形状样式】组中的【形状轮廓】按钮☑，❸在弹出的下拉列表中选择【金色】，如图16-98所示。

图 16-98

## 技能拓展——准确选择图表元素

如果需要选择的图表元素通过鼠标直接选择的方法不容易实现，可以通过在【图表工具 格式】选项卡【当前所选内容】组中的列表框中选择需要的图表组成名称，来快速选择对应的图表元素。

**Step02** 经过上步操作，即可更改图表中图例形状的外边框为金色。❶再次单击【形状轮廓】按钮☑，❷在弹出的下拉菜单中选择【粗细】选项，❸在弹出的下级子菜单中选择需要的轮廓粗细，这里选择【0.25磅】选项，即可更改边框的粗细，如图16-99所示。

图 16-99

## 技术看板

在【形状轮廓】下拉菜单中选择【无轮廓】选项，将不设置所选线条或形状的轮廓色，即保持透明状态；选择【其他轮廓颜色】选项，可以在弹出的对话框中自定义各种颜色；选择【粗细】选项，可以调整线条或形状的轮廓线粗细；选择【虚线】选项，可以设置线条或形状轮廓线的样式；选择【箭头】选项，可以改变线条的箭头样式。

### ★ 新功能 16.5.4 实战：更改趋势线的形状效果

| 实例门类 | 软件功能 |
|---|---|
| 教学视频 | 光盘\视频\第16章\16.5.4.mp4 |

在 Excel 2013 中为了加强图表各部分的修饰效果，可以使用【形状效果】选项为图表加上特殊效果。例如，要突出显示销售汇总图表中的趋势线，为其设置发光效果的具体操作步骤如下。

**Step01** ❶选择图表中的趋势线，❷单击【图表工具 格式】选项卡【形状样式】组中的【形状效果】按钮☑，❸在弹出的下拉菜单中选择【发光】选项，❹在弹出的下级子菜单中选择需要的发光效果，如图16-100所示。

图 16-100

**Step02** 经过上步操作，即可看到为趋势线应用发光效果后的效果，如图16-101所示。

图 16-101

## 技术看板

在【形状效果】下拉菜单的【预设】选项中提供了一些预设好的三维形状样式，选择即可快速应用到所选形状上；在【阴影】选项中提供了常见的阴影效果；在【映像】选项中提供了常见的映像效果，选择后可以为形状设置水中倒影一般的效果；【发光】选项主要用于设置霓虹一样的自发光效果；【柔化边缘】选项用于柔化（模糊）形状边缘，使其看起来边缘像被虚化了，不再硬朗；【棱台】选项提供了简单的形状棱角处理效果。如果插入的图表为三维类型的图表，还可以选择【三维旋转】选项，对图表中除图表标题和图例外的其他组成部分进行三维旋转。

若想设置详细的形状参数，可以单击【形状样式】组右下角的【对话框启动器】按钮，在显示出的相应任务窗格中进行设置。如果在【旋转】栏中可以分别设置图表（除图表标题和图例外）在 X 轴和 Y 轴上的旋转角度，还可以设置透视的角度值，从而模拟图表在三维空间中旋转的效果。

### 16.5.5 实战：为坐标轴文字和数据进行修饰

| 实例门类 | 软件功能 |
|---|---|
| 教学视频 | 光盘\视频\第16章\16.5.5.mp4 |

图表区域中的文字和数据与普通的文本和数据相同，均可为其设置各种文字修饰效果，使图表更加美观。例如，需要修饰销售汇总图表中坐标轴的文字和数据效果，具体操作步骤如下。

**Step01** ❶ 选择水平坐标轴，❷ 在【图表工具 格式】选项卡【艺术字样式】组中的列表框中选择需要的艺术字样式，如图 16-102 所示。

图 16-102

**Step02** 经过上步操作，即可为水平坐标轴中的文字应用设置的预定义艺术字效果。在【开始】选项卡【字体】组中设置字体为【汉仪中等线简】，

字号为【12 磅】，如图 16-103 所示。

图 16-103

#### 技术看板

单击【艺术字样式】组中的【文本填充】按钮，可以为所选文字设置填充颜色；单击【文本轮廓】按钮，可以为所选文字设置轮廓效果；单击【文本效果】按钮，可以自定义设置文本的各种效果，如阴影、映像、发光、棱台、三维旋转和转换等，其中转换是通过设置文本框的整体形状效果来改变文本框中文字的显示效果。

## 妙招技法

通过前面的学习，相信读者已经掌握了用图表展示表格数据的相关操作。下面结合本章内容介绍一些实用技巧。

### 技巧 01：隐藏靠近零值的数据标签

| 教学视频 | 光盘\视频\第16章\技巧01.mp4 |
|---|---|

制作饼图时，有时会因为数据百分比相差悬殊，或某个数据本身靠近零值，而不能显示出相应的色块，只在图表中显示一个【0%】的数据标签，非常难看。且即使将其删除后，一旦更改表格中的数据，这个【0%】数据标签又会显示出来。此时，我们

可以通过设置数字格式的方法对其进行隐藏。

例如，要将文具销量图表中靠近零值的数据标签隐藏起来，具体操作步骤如下。

**Step01** 打开"光盘\素材文件\第16章\文具销量.xlsx"文件，❶ 选择图表，❷ 单击【图表工具 设计】选项卡【图表布局】组中的【添加图表元素】按钮，❸ 在弹出的下拉菜单中选择【数据标签】命令，❹ 在弹出的下级子菜单中选择【其他数据标签选项】命令，如图 16-104 所示。

图 16-104

**Step02** 显示出【设置数据标签格式】任务窗格，❶ 单击【标签选项】选项卡，❷ 在下方单击【标签选项】按

钮 📊，❸ 在【数字】栏的【格式代码】文本框中输入【[<0.01]"";0%】，❹ 单击【添加】按钮，如图 16-105 所示。

图 16-105

### 📖 技术看板

【[<0.01]"";0%】自定义格式代码的含义是：当数值小于 0.01 时，则不显示。

Step03 经过上步操作，将把自定义的格式添加到【类别】列表框中，同时可看到图表中的【0%】数据标签已经消失了，如图 16-106 所示。

图 16-106

## 技巧 02：在图表中处理负值

| 教学视频 | 光盘\视频\第16章\技巧 02.mp4 |
|---|---|

我们也可以对数据标签中的任意数据进行设置，如使用不同颜色或不同数据格式来显示某个数据。例如，要将资产统计图表中的负值数据标签设置为红色，值大于 1000 的数据标

签设置为绿色，其余数值的数据标签保持默认颜色，具体操作步骤如下。

Step01 打开"光盘\素材文件\第16章\资产统计表.xlsx"文件，❶ 选择图表，❷ 单击【添加图表元素】按钮 📊，❸ 在弹出的下拉菜单中选择【数据标签】命令，❹ 在弹出的下级子菜单中选择【其他数据标签选项】命令，如图 16-107 所示。

图 16-107

Step02 经过上步操作，将在图表上以默认方式显示出数据标签。❶ 单击【设置数据标签格式】任务窗格中的【标签选项】选项卡，❷ 在下方单击【标签选项】按钮 📊，❸ 在【数字】栏的【格式代码】文本框中输入【[ 红色 ][<0]-0;[ 绿色 ][>1000]0;0】，❹ 单击【添加】按钮，如图 16-108 所示。

图 16-108

Step03 经过上步操作，即可看到图表中负值的数据标签显示为红色，值大于 1000 的数据标签显示为绿色，其余数值的数据标签仍然为黑色。在图表中与水平坐标轴重合的数据标签上单击两次选择该数据标签，通过拖动

鼠标光标将其移动到图表的空白处，如图 16-109 所示。

图 16-109

## 技巧 03：在图表中插入图片

| 教学视频 | 光盘\视频\第16章\技巧 03.mp4 |
|---|---|

在图表中不但可以为数据点设置颜色和形状样式，还可以为其使用特定的图片。为数据点自定义图片，可以使图表效果更加丰富。

例如，要让生产情况图表中的每个数据系列用相应的图片显示，具体操作步骤如下。

Step01 打开"光盘\素材文件\第16章\一月份生产情况表3.xlsx"文件，❶ 选择任意空白单元格，❷ 单击【插入】选项卡【插图】组中的【图片】按钮 🖼️，如图 16-110 所示。

图 16-110

Step02 在弹出的【插入图片】对话框中，❶ 在上方的下拉列表框中选择要插入图片所在的文件夹，❷ 在下面的列表框中选择要插入的多张图片，❸ 单击【插入】按钮，如图 16-111 所示。

图 16-111

Step 03 返回工作簿，即可看到已经将选择的多张图片插入到表格中了，并激活了【图片工具 格式】选项卡，❶保持所有图片的选择状态，❷在【图片工具 格式】选项卡【大小】组中的【形状宽度】数值框中输入数值【0.5厘米】，按【Enter】键确认输入的数值，系统即可根据输入的宽度值自动调整图片的大小，如图 16-112 所示。

图 16-112

Step 04 ❶选择插入的【短裤】图片，并按【Ctrl+C】组合键进行复制，❷选择图表中的第1个数据系列，并按【Ctrl+V】组合键将复制的图片粘贴到数据系列中，效果如图 16-113 所示。

图 16-113

Step 05 ❶在【短裤】数据系列上右击，❷在弹出的快捷菜单中选择【设置数据点格式】命令，如图 16-114 所示。

图 16-114

Step 06 显示出【设置数据点格式】任务窗格，❶单击下方的【填充线条】按钮，❷在【填充】栏中选中【层叠】单选按钮，即可让图片效果得到完美的展现，如图 16-115 所示。

图 16-115

Step 07 用相同的方法将其他图片粘贴到条形图相应的数据系列中，并进行层叠设置，完成后的效果如图 16-116 所示。

图 16-116

## 技巧04：为纵坐标数值添加单位

| 教学视频 | 光盘\视频\第16章\技巧04.mp4 |
| --- | --- |

前面在讲解专业图表布局时，我们留了一个悬念，就是为纵坐标数值添加单位的方法没有具体说明，其具体操作步骤如下。

Step 01 打开"光盘\素材文件\第16章\半年销售额汇总6.xlsx"文件，❶选择【半年销售额汇总图表】工作表中图表的垂直坐标轴，❷单击图表右侧的【图表元素】按钮，❸在弹出的下拉菜单中单击【坐标轴】右侧的下拉按钮，❹在弹出的下级子菜单中选择【更多选项】命令，如图 16-117 所示。

图 16-117

Step 02 显示出【设置坐标轴格式】任务窗格，❶单击【坐标轴选项】选项卡，❷单击下方的【坐标轴选项】按钮，❸在【数字】栏的下拉列表框中选择【数字】选项，❹在下方的【小数位数】文本框中输入【0】，如图 16-118 所示。

图 16-118

**Step03** 经过上步操作，即可让坐标轴中的数字不显示小数位数。❶ 单击【坐标轴选项】栏中的【显示单位】列表框右侧的下拉按钮，❷ 在弹出的下拉列表中选择【10000】选项，即可让坐标轴中的刻度数据以万为单位进行缩写，如图 16-119 所示。

图 16-119

**Step04** 选中【坐标轴选项】栏中的【在图表上显示刻度单位标签】复选框，即可在坐标轴顶端左侧显示出单位标签，如图 16-120 所示。

图 16-120

**Step05** ❶ 将文本插入点定位在单位标签文本框中，修改单位内容如图 16-121 所示，❷ 在【设置显示刻度单位标签格式】任务窗格中单击【标签选项】选项卡，❸ 单击下方的【大小属性】按钮，❹ 在【对齐方式】栏的【文字方向】下拉列表框中选择【横排】选项，即可让竖向的单位标签横向显示。

图 16-121

## 技巧 05：为图表使用透明填充色

| 教学视频 | 光盘\视频\第 16 章\技巧 05.mp4 |
|---|---|

在有些情况下，虽然图表挡住了下方的表格内容（如图 16-122 所示），但又不想移动图表的位置，那么可以为图表中的组成部分设置透明颜色。通常情况下，只需要将图表区背景设置为透明色即可，具体操作步骤如下。

图 16-122

**Step01** 打开"光盘\素材文件\第 16 章\销售表 4.xlsx"文件，❶ 选择图表，❷ 单击【图表工具 格式】选项卡【形状样式】组中的【形状填充】按钮，❸ 在弹出的下拉菜单中选择【无填充颜色】选项，如图 16-123 所示。

**Step02** 经过上步操作后，图表背景便采用了透明色，能够清晰看到下方的数据了，但图表中部分原来为白色的

内容因为和表格底色相同就看不到了，此时需要为其设置合适的颜色。❶ 选择图表中的数据标签，❷ 单击【开始】选项卡【字体】组中的【字体颜色】按钮▲，❸ 在弹出的下拉列表中选择需要的颜色，这里选择【自动】选项，即可让数据标签以黑色显示，如图 16-124 所示。

图 16-123

图 16-124

**Step03** ❶ 选择图表中的图例，❷ 单击【开始】选项卡【字体】组中的【字体颜色】按钮▲，即可为图例使用上次使用的颜色，完成后的效果如图 16-125 所示。

图 16-125

## 本章小结

图表是 Excel 重要的数据分析工具之一。本章首先介绍了图表的相关基础知识，包括图表的组成，各部分的作用；常见图表的分类，创建图表的几种方法；编辑图表的常用操作等。但是通过系统默认制作的图表还是不近完美，紧接着又讲解了图表布局的一些方法，让读者掌握了对图表中各组成部分进行设置的技巧，并选择性进行布局的操作。最后从图表布局和配色方面分析了优秀商业图表的一些共性。希望大家在学习本章知识后，能够突破常规的制图思路，制作出专业的图表。

# 第17章 简单的数据处理与分析——迷你图

- ➡ 你知道单元格中的微型图表如何制作吗？
- ➡ 迷你图的图表类型是可以改变的？
- ➡ 需要调整创建迷你图的原始数据？
- ➡ 迷你图中的数据点也有多种表现形式！
- ➡ 想让你的迷你图更出彩？为其设置样式和颜色吧！

Excel 图表可以将数据图形化，来更直观地显示数据，使数据的比较或趋势变得一目了然，从而更容易表达观点。但 Excel 中的普通图表会占据一定的表格空间，如果您只是想查看表格中的几个相邻数据间的简单关系，那么选择迷你图来进行表达可能才是最有效的方式。迷你图基本上不占用表格空间，而且也能直观地把获得的结果迅速、准确地传达给阅读者。这一章，就来学习具体怎么制作迷你图吧！

## 17.1 迷你图简介

迷你图是以单元格为绘图区域制作的一个微型图表，可提供数据的直观表示。迷你图通常用于在数据表内对一系列数值的变化趋势进行标识，如季节性增加或减少、经济周期，或者可以突出显示最大值和最小值。

### 17.1.1 迷你图的特点

迷你图是创建在工作表单元格中的一个微型图表，是 Excel 从 2010 版后就一直带有的一个功能。迷你图与上一章中讲解的 Excel 传统图表相比，具有以下特点。

（1）与 Excel 工作表中的传统图表最大的不同，是传统图表是嵌入在工作表中的一个图形对象，而迷你图并非对象，它实际上是在单元格背景中显示的微型图表。

（2）由于迷你图是一个嵌入在单元格中的微型图表，因此，我们可以在使用迷你图的单元格中输入文字，让迷你图作为其背景，如图 17-1 所示，或者为该单元格设置填充颜色。

季度股票走势

图 17-1

（3）迷你图相比于传统图表最大的优势在于，其可以像填充公式一样方便地创建一组相似的图表。

（4）迷你图的整个图形比较简洁，没有纵坐标轴、图表标题、图例、数据标签、网格线等图表元素，主要用数据系列体现数据的变化趋势或者数据对比。

（5）Excel 中的迷你图图表类型有限，不像传统图表那样分为很多种图表类型，每种类型下又可以划分出多种子类型，还可以制作组合图表。迷你图仅提供了 3 种常用图表类型：折线迷你图、柱形迷你图和盈亏迷你图，并且不能制作两种以上图表类型的组合图。

（6）迷你图可以根据需要突出显示最大值、最小值和一些特殊数据点，而且操作非常方便。

（7）迷你图占用的空间较小，

可以方便地进行页面设置和打印。

### 17.1.2 什么情况下使用迷你图

虽然工作表中以行和列单元格来呈现数据很有用，但很难一眼看出数据的分布形态、发现各数据的上下关系。通过在数据旁边插入迷你图可以实现数据的直观表示，一目了然地反映一系列数据的变化趋势，或者突出显示数据中的最大值和最小值。

因此，迷你图主要用于在数据表内对数据变化趋势进行标识。尽管 Excel 并没有强制性要求将迷你图单元格直接置于其基础数据紧邻的单元格中，但这样做能达到最佳效果，方便用户快速查看迷你图与其数据源之间的关系。而且，当源数据发生更改时，也方便你查看迷你图中做出的相应变化。

# 17.2 创建迷你图

Excel 2013 中可以快速制作折线迷你图、柱形迷你图和盈亏迷你图，每种类型迷你图的创建方法都相同。下面根据创建迷你图的多少（一个或一组）讲解迷你图的具体创建方法。

## 17.2.1 实战：为销售表创建一个迷你图

| 实例门类 | 软件功能 |
|---|---|
| 教学视频 | 光盘\视频\第17章\17.2.1.mp4 |

使用迷你图只需占用少量空间就可以通过清晰简明的图形表示一系列数值的趋势。所以，在只需要对数据进行简单分析时，插入迷你图非常好用。

在工作表中插入迷你图的方法与插入图表的方法基本相似。下面为【产品销售表】工作簿中的第一季度数据创建一个迷你图，具体操作步骤如下。

**Step01** 打开"光盘\素材文件\第17章\产品销售表.xlsx"文件，❶选择需要存放迷你图的 G2 单元格，❷在【插入】选项卡【迷你图】组中选择需要的迷你图类型，这里单击【柱形图】按钮 ，如图 17-2 所示。

图 17-2

**Step02** 在弹出的【创建迷你图】对话框中，❶在【数据范围】文本框中引用需要创建迷你图的源数据区域，即 B2:F2 单元格区域，❷单击【确定】按钮，如图 17-3 所示。

**Step03** 经过上步操作，即可为所选单元格区域创建对应的迷你图，如

图 17-4 所示。

图 17-3

图 17-4

### 技术看板

单个迷你图只能使用一行或一列数据作为源数据，如果使用多行或多列数据创建单个迷你图，则 Excel 会弹出提示对话框提示数据引用出错。

## ★ 重点 17.2.2 实战：为销售表创建一组迷你图

| 实例门类 | 软件功能 |
|---|---|
| 教学视频 | 光盘\视频\第17章\17.2.2.mp4 |

Excel 中除了可以为一行或一列数据创建一个或多个迷你图外，还可以为多行或多列数据创建一组迷你图。一组迷你图具有相同的图表特征。创建一组迷你图的方法有如下 3 种。

### 1. 插入法

与创建单个迷你图的方法相同，如果我们选择了与基本数据相对应的多个单元格，则可以同时创建若干个迷你图，让它们形成一组迷你图。例

如，要为【产品销售表】工作簿中各产品的销售数据创建迷你图，具体操作步骤如下。

**Step01** ❶选择要存放迷你图的 B6:F6 单元格区域，❷在【插入】选项卡【迷你图】组中选择需要的迷你图类型，这里单击【折线图】按钮 ，如图 17-5 所示。

图 17-5

**Step02** 在弹出的【创建迷你图】对话框中，❶在【数据范围】文本框中引用需要创建迷你图的源数据区域，即 B2:F5 单元格区域，❷单击【确定】按钮，如图 17-6 所示。

图 17-6

**Step03** 经过上步操作，即可为所选单元格区域按照列为标准分别创建对应的迷你图，如图 17-7 所示。

图 17-7

## 2. 填充法

我们也可以像填充公式一样，为包含迷你图的相邻单元格填充相同图表特征的迷你图。通过该方法复制创建的迷你图，会将【位置范围】设置成单元格区域，即转换为一组迷你图。

例如，要通过拖动填充控制柄的方法为【产品销售表】工作簿中各季度数据创建迷你图，具体操作步骤如下。

**Step 01** ❶ 选择要创建一组迷你图时已经创建好的单个迷你图，这里选择G2单元格，❷ 将鼠标光标移动到该单元格的右下角，直到显示出填充控制柄，如图17-8所示。

图 17-8

**Step 02** 拖动填充控制柄至G5单元格，如图17-9所示，即可为该列数据都复制相应的迷你图，但引用的数据源会自动发生改变，就像复制公式时单元格的相对引用会发生改变一样。

图 17-9

### 技能拓展——填充迷你图的其他方法

选择需要创建为一组迷你图的单元格区域（包括已经创建好的单个迷你图和后续要创建迷你图放置的单元格区域），然后单击【开始】选项卡【编辑】组中的【填充】按钮，在弹出的下拉列表中选择需要填充的方向，也可以快速为相邻单元格填充迷你图。

## 3. 组合法

利用迷你图的组合功能，可以将原本不同的迷你图组合成一组迷你图。例如，要将【产品销售表】工作簿中根据各产品的销售数据和各季度数据创建的两组迷你图组合为一组迷你图，具体操作步骤如下。

**Step 01** ❶ 按住【Ctrl】键的同时依次选择已经创建好的两组迷你图，即G2:G5和B6:F6单元格区域，❷ 单击【迷你图工具 设计】选项卡【分组】组中的【组合】按钮，如图17-10所示。

### 技术看板

如果我们是用拖动鼠标光标框选多个迷你图，那么组合迷你图的图表类型会由框选单元格区域中的第一个迷你图类型决定。

图 17-10

**Step 02** 经过上步操作，即可完成两组迷你图的组合操作，使其变为一组迷你图。而且组合后的迷你图的图表类型由最后选中的单元格中的迷你图类型决定。本例最后选择的迷你图是F6单元格，所以组合后的迷你图均显示为折线迷你图。后期我们只要选择该组迷你图中的任意一个迷你图，Excel便会选择整组迷你图，同时会显示出整组迷你图所在的单元格区域的蓝色外边框线，如图17-11所示。

图 17-11

# 17.3 改变迷你图类型

如果创建的迷你图类型不能体现数据的走势，可以更改现有迷你图的类型。根据要改变图表类型的迷你图多少，可以分为改变一组和一个迷你图两种方式。

## 17.3.1 实战：改变销售表中一组迷你图的类型

| 实例门类 | 软件功能 |
|---|---|
| 教学视频 | 光盘\视频\第17章\17.3.1.mp4 |

如果要统一将某组迷你图的图表类型更改为其他图表类型，操作很简单。例如，要将【产品销售表】工作簿中的迷你图更改为柱形迷你图，具体操作步骤如下。

**Step 01** ❶ 选择迷你图所在的任意单元格，此时相同组的迷你图会被关联选择，❷ 单击【迷你图工具 设计】选项卡【类型】组中的【柱形图】按钮，如图17-12所示。

**Step 02** 经过上步操作，即可将该组迷你图全部更换为柱形图类型的迷你图，效果如图 17-13 所示。

图 17-12

图 17-13

### 技术看板

迷你图和图表的很多操作都是相似的，而且迷你图的相关操作比图表的相关操作更简单。

### ★ 重点 17.3.2 实战：改变销售表中单个迷你图的类型

| 实例门类 | 软件功能 |
|---|---|
| 教学视频 | 光盘\视频\第 17 章\17.3.2.mp4 |

当我们对一组迷你图中的某个迷你图进行设置时，改组其他迷你图也会进行相同的设置。若要单独设置某个迷你图效果，必须先取消该迷你图与原有迷你图组的关联关系。

例如，当只需要更改一组迷你图中某个迷你图的图表类型时，应该先将该迷你图独立出来，再修改图表类型。如要将【产品销售表】工作簿中的某个迷你图更改为折线迷你图，具体操作步骤如下。

Step01 ❶ 选择需要单独修改的迷你图所在的单元格，这里选择 B6 单元格，❷ 单击【迷你图工具 设计】选项卡【分组】组中的【取消组合】按钮，如图 17-14 所示。

图 17-14

Step02 经过上步操作，即可将选择的迷你图与原有迷你图组的关系断开，变成单个迷你图。保存单元格的选择状态，单击【类型】组中的【折线

图】按钮，如图 17-15 所示。

图 17-15

Step03 经过上步操作，即可将选择的单个迷你图更换为折线图类的迷你图，效果如图 17-16 所示。

图 17-16

## 17.4 突出显示数据点

创建迷你图之后，可以使用提供的【高点】【低点】【首点】【尾点】【负点】和【标记】等功能，快速控制显示迷你图上的数据值点，如高值、低值、第一个值、最后一个值或任何负值。而且可以通过设置来使一些或所有标记可见来突出显示迷你图中需要强调的数据标记（值）。

### 17.4.1 实战：为销售迷你图标记数据点

| 实例门类 | 软件功能 |
|---|---|
| 教学视频 | 光盘\视频\第 17 章\17.4.1.mp4 |

如果你创建了一个折线迷你图，

则可以通过设置标记出迷你图中的所有数据点，具体操作步骤如下。

Step ❶ 选择 B6 单元格中的迷你图，❷ 选中【迷你图工具 设计】选项卡【显示】组中的【标记】复选框，同时可以看到迷你图中的数据点显示出来了，如图 17-17 所示。

### 技术看板

只有折线迷你图才具有数据点标记功能，柱形迷你图和盈亏迷你图都没有标记功能。

图 17-17

## 17.4.2 实战：突出显示销量的高点和低点

| 实例门类 | 软件功能 |
|---|---|
| 教学视频 | 光盘\视频\第17章\17.4.2.mp4 |

在各类型的迷你图中都提供了标记高点和低点的功能。例如，要为刚

刚制作的一组柱形迷你图标记高点和低点，具体操作步骤如下。

Step01 ❶ 选择工作表中的一组迷你图，❷ 选中【迷你图工具 设计】选项卡【显示】组中的【高点】复选框，即可改变每个迷你图中最高柱形图的颜色，如图 17-18 所示。

图 17-18

Step02 选中【显示】组中的【低点】复选框，即可改变每个迷你图中最低

柱形图的颜色，如图 17-19 所示。

图 17-19

### 技术看板

在 3 种迷你图类型中都提供了标记特殊数据点的功能。我们在【显示】组中选中【负点】【首点】和【尾点】复选框，即可在迷你图中标记出负数值、第一个值和最后一个值。

## 17.5 迷你图样式和颜色设置

在工作表中插入的迷你图样式并不是一成不变的，我们可以快速将一个预定义的迷你图样式应用到迷你图上。此外，还可以单独修改迷你图中的线条和各种数据点的样式，让迷你图效果更美观。

### 17.5.1 实战：为销售迷你图设置样式

| 实例门类 | 软件功能 |
|---|---|
| 教学视频 | 光盘\视频\第17章\17.5.1.mp4 |

迷你图提供了多种常用的预定义样式，在库中选择相应选项即可使迷你图快速应用选择的预定义样式。例如，要为销售表中的折线迷你图设置预定义的样式，具体操作步骤如下。

Step01 ❶ 选择 B6 单元格中的迷你图，❷ 在【迷你图工具 设计】选项卡【样式】组中的列表框中选择需要的迷你图样式，如图 17-20 所示。

Step02 经过上步操作，即可为所选迷你图应用选择的样式，效果如

图 17-21 所示。

图 17-20

| | A | B | C | D | E | F | G | H |
|---|---|---|---|---|---|---|---|---|
| 1 | | 产品A | 产品B | 产品C | 产品D | 产品E | | |
| 2 | 一季度 | 6500 | 2040 | 5200 | 8600 | 3250 | | |
| 3 | 二季度 | 4800 | 6020 | 3800 | 5500 | 2200 | | |
| 4 | 三季度 | 1050 | 1290 | 5088 | 2270 | 8600 | | |
| 5 | 四季度 | 4050 | 5500 | 3650 | 3700 | 3400 | | |
| 6 | | | | | | | | |

图 17-21

### 17.5.2 实战：为销售迷你图设置颜色

| 实例门类 | 软件功能 |
|---|---|
| 教学视频 | 光盘\视频\第17章\17.5.2.mp4 |

如果对预设的迷你图样式不满意，用户也可以根据需要自定义迷你图颜色。例如，要将销售表中的柱形迷你图的线条颜色设置为橙色，具体操作步骤如下。

Step01 ❶ 选择工作表中的一组迷你图，❷ 单击【样式】组中的【迷你图颜色】按钮，❸ 在弹出的下拉菜单中选择【橙色】命令，如图 17-22 所示。

图 17-22

**Step02** 经过上步操作，即可修改该组迷你图的线条颜色为橙色，如图 17-23 所示。

图 17-23

### 17.5.3 实战：设置销量迷你图的标记颜色

| 实例门类 | 软件功能 |
|---|---|
| 教学视频 | 光盘\视频\第 17 章\17.5.3.mp4 |

除了可以设置迷你图线条颜色外，用户还可以为迷你图的各种数据点自定义配色方案。例如，要为销售表中的柱形迷你图设置高点为淡蓝色，低点为绿色，具体操作步骤如下。

**Step01** ❶单击【样式】组中的【标记颜色】按钮▣，❷在弹出的下拉菜单中选择【高点】选项，❸在弹出的下级子菜单中选择高点需要设置的颜色，这里选择【淡蓝色】，如图 17-24 所示。

图 17-24

**Step02** 经过上步操作，即可改变高点的颜色为淡蓝色。❶单击【标记颜色】按钮▣，❷在弹出的下拉菜单中选择【低点】选项，❸在弹出的下级子菜单中选择低点需要设置的颜色，这里选择【绿色】，即可改变低点的颜色为绿色，如图 17-25 所示。

图 17-25

### 技术看板

在【标记颜色】下拉菜单中还可以设置迷你图中各种数据点的颜色，操作方法与高点和低点颜色的设置方法相同。

## 妙招技法

通过前面的学习，相信读者已经掌握了迷你图的创建与编辑方法。下面结合本章内容，介绍一些实用技巧。

### 技巧 01：设置迷你图纵坐标

| 教学视频 | 光盘\视频\第 17 章\技巧01.mp4 |
|---|---|

迷你图中也包含横坐标轴和纵坐标轴，在单元格中添加迷你图后，可以根据需要设置迷你图的坐标轴选项。

例如，由于迷你图数据点之间的差异各不相同，默认设置的迷你图并不能真实体现数据点之间的差异量。

所以，有时需要手动设置迷你图纵坐标轴的最小值和最大值，使迷你图真实地反映数据的差异量和趋势。

下面就来定义纵坐标轴的最小值和最大值，让加工记录表中的迷你图以更有意义的方式显示值之间的关系，具体操作步骤如下。

**Step01** 打开"光盘\素材文件\第 17 章\生产厂加工日记录.xlsx"文件，❶选择工作表中的一组迷你图，❷单击【迷你图工具 设计】选项卡【分组】组中的【坐标轴】按钮📈，❸在

弹出的下拉菜单的【纵坐标轴的最小值选项】栏中选择【自定义值】命令，如图 17-26 所示。

图 17-26

**Step02** 在弹出的【迷你图垂直轴设置】对话框中，❶ 在文本框中输入你认为能最好地强调迷你图中数值的最小值，这里设置垂直轴的最小值为【1000】，❷ 单击【确定】按钮，如图 17-27 所示。

图 17-27

**Step03** 经过上步操作，即完成了垂直轴最小值的设置，同时可以看到工作表中该组迷你图形状也发生了相应改变。❶ 单击【分组】组中的【坐标轴】按钮，❷ 在弹出的下拉菜单的【纵坐标轴的最大值选项】栏中选择【自定义值】命令，如图 17-28 所示。

图 17-28

**Step04** 在弹出的【迷你图垂直轴设置】对话框中，❶ 在文本框中输入你认为能最好地强调迷你图中数值的最大值，这里设置垂直轴的最大值为【9000】，❷ 单击【确定】按钮，如图 17-29 所示。

图 17-29

**Step05** 经过上步操作，即完成了垂直轴最大值的设置，同时可以看到工作表中该组迷你图形状也发生了相应改变，效果如图 17-30 所示。对比迷你图纵坐标轴自定义设置前后的图形效

果，可以发现自定义后的图形比较客观地反映了数据的差异量状况，而设置前的图形则只有高低的差别，没有差异量的体现。

图 17-30

### 技术看板

如果迷你图中存在非常小和非常大的值，为了更加突出地强调数据值的差异，可以增加包含迷你图的行的高度。

## 技巧 02：显示横坐标轴

| 教学视频 | 光盘\视频\第 17 章\技巧 02.mp4 |
| --- | --- |

迷你图中的横坐标轴实际上是在值为 0 处显示一条横线，简易地代表横坐标轴。默认创建的迷你图是不显示横坐标轴的。如果想要显示出迷你图的横坐标轴，可以按照下面的步骤来进行操作。

**Step01** ❶ 选择 B7 单元格，❷ 单击【迷你图工具 设计】选项卡【分组】组中的【取消组合】按钮，取消该迷你图与其他迷你图的组合关系，如图 17-31 所示。

图 17-31

**Step02** 单击【类型】组中的【盈亏】按钮，将该迷你图显示为盈亏迷你

图效果，如图 17-32 所示。

图 17-32

**Step03** ❶ 单击【分组】组中的【坐标轴】按钮，❷ 在弹出的下拉菜单的【横坐标轴选项】栏中选择【显示坐标轴】命令，如图 17-33 所示。

图 17-33

**Step04** 经过上步操作后，将在迷你图中显示横坐标轴，效果如图 17-34 所示。

图 17-34

### 技术看板

设置显示横坐标轴后，盈亏迷你图不管包含什么数据，都可以显示横坐标轴。但折线迷你图和柱形迷你图只有当其中的数据包含负值数据点时，才会显示出横坐标轴。因为只有数据中有负值时，才需要通过在迷你图中显示横坐标轴来强调。

## 技巧 03：使用日期坐标轴

| 教学视频 | 光盘\视频\第17章\技巧 03.mp4 |
|---|---|

日期坐标轴的优点在于可以根据日期系列显示数据，当缺少某些日期对应的数据时，在迷你图中依然会保留对应的日期位置，显示为空位。因此，设置日期坐标轴，可以很好地反映基础数据中任何不规则的时间段。

在折线迷你图中，应用日期坐标轴类型可以更改绘制折线的斜率及其数据点的彼此相对位置。在柱形迷你图中，应用数据轴类型可以更改宽度和增加或减小列之间的距离。例如，要使用日期坐标轴显示加工日记录中的生产数据迷你图，具体操作步骤如下。

**Step01** ❶ 选择 G6 单元格，❷ 单击【迷你图工具 设计】选项卡【分组】组中的【取消组合】按钮，取消该迷你图与其他迷你图的组合关系，如图 17-35 所示。

图 17-35

**Step02** ❶ 单击【分组】组中的【坐标轴】按钮，❷ 在弹出的下拉菜单的【横坐标轴选项】栏中选择【日期坐标轴类型】命令，如图 17-36 所示。

**Step03** 在弹出的【迷你图日期范围】对话框中，❶ 在文本框中引用工作表中的 B1:F1 单元格区域，❷ 单击【确定】按钮，如图 17-37 所示。

**Step04** 经过上步操作，即完成了日期

坐标轴的设置，可以看到迷你图使用日期坐标轴格式后的效果，如图 17-38 所示。

图 17-36

图 17-37

图 17-38

### 技能拓展——从右到左的绘制迷你图数据

在【坐标轴】下拉菜单的【横坐标轴选项】栏中选择【从右到左的绘图数据】选项，可以将迷你图表的横坐标轴选项设置为从右到左的绘图数据的效果，即改变迷你图的效果为以前效果的镜像后效果。如图 17-38 所示的迷你图设置【从右到左的绘图数据】后的效果如图 17-39 所示。

图 17-39

## 技巧 04：处理空单元格

| 教学视频 | 光盘\视频\第17章\技巧 04.mp4 |
|---|---|

创建迷你图后，可以使用【隐藏和空单元格设置】对话框来控制迷你图如何处理区域中显示的空值或零值，从而控制如何显示迷你图，尤其折线图中对空值和零值的处理，对折线图的效果影响很大。例如，删除了生产表中的某数据，要让迷你图用零值替代空值来显示，具体操作步骤如下。

**Step01** 选择 C4 单元格，并按【Delete】键删除单元格中的数据，同时可以看到 G4 单元格中的迷你图相应柱形消失了，如图 17-40 所示。

图 17-40

**Step02** ❶ 选择 G4 单元格，❷ 单击【迷你图工具 设计】选项卡【分组】组中的【取消组合】按钮，取消该迷你图与其他迷你图的组合关系，如图 17-41 所示。

图 17-41

**Step03** 单击【类型】组中的【折线图】按钮，将该迷你图显示为折线图效果，发现折线显示只有后面部分的效果，如图 17-42 所示。

图 17-42

**Step04** ❶ 单击【迷你图】组中的【编辑数据】按钮 ，❷ 在弹出的下拉菜单中选择【隐藏和清空单元格】命令，如图 17-43 所示。

图 17-43

**Step05** 在弹出的【隐藏和空单元格设置】对话框中，❶ 选中【零值】单选按钮，❷ 单击【确定】按钮，如图 17-44 所示。

图 17-44

**Step06** 经过上步操作后，可以在折线迷你图中用零值代替空值，完成折线迷你图的绘制，效果如图 17-45 所示。

图 17-45

### 技能拓展——编辑迷你图源数据

选择制作好的迷你图后，单击【迷你图工具 设计】选项卡【迷你图】组中的【编辑数据】按钮，在弹出的下拉菜单中选择【编辑组位置和数据】选项，可以更改创建迷你图的源数据。如果需要修改某组迷你图中的其中一个迷你图的源数据，可以在弹出的下拉菜单中选择【编辑单个迷你图的数据】选项。具体修改方法与修改图表数据源的方法相同，这里不再赘述。

### 技巧05：删除迷你图

| 教学视频 | 光盘\视频\第 17 章\技巧 05.mp4 |
| --- | --- |

在 Excel 2013 中，删除迷你图与删除创建的传统图表不同，不能通过按【Backspace】和【Delete】键进行删除，删除迷你图的具体操作步骤如下。

**Step01** 选择需要删除的迷你图，❶ 单击【迷你图工具 设计】选项卡【分组】组中的【清除】按钮 ，❷ 在弹出的下拉列表中选择【清除所选的迷你图】命令，如图 17-46 所示。

图 17-46

**Step02** 经过上步操作后，将删除单元格中的迷你图效果，如图 17-47 所示。

图 17-47

### 技能拓展——删除迷你图的其他方法

选择需要删除的迷你图后，单击【开始】选项卡【编辑】组中的【清除】按钮，然后在弹出的下拉列表中选择【全部清除】命令，也可以删除选择的迷你图。

## 本章小结

使用迷你图，只需占用少量空间就可以让用户一眼看出数据的分布形态，所以它的使用也是很频繁的。Excel 2013 中可以快速制作折线迷你图、柱形迷你图和盈亏迷你图 3 种类型。创建迷你图后，将激活【迷你图工具 设计】选项卡，对迷你图的所有编辑操作都在该选项卡中进行，具体包括更改迷你图类型、设置迷你图格式、显示或隐藏迷你图上的数据点、设置迷你图组中的坐标轴格式。由于其操作方法与图表的操作方法大同小异，所以本章讲解得也比较简单。

# 第18章 数据分析的终极武器——数据透视表与透视图

➡ 一个表格中的数据可以分为几个大类，需要对每种分法下各类别的数据进行计算，使用分类汇总得做多少表格？

➡ 通过设置字段，是否可以在一个表格中查看多种透视结果？

➡ 透视数据的同时，可以选择查看汇总结果或明细？

➡ 透视过程中还可以实现排序和筛选？

➡ 透视数据还能实现图示化演示？

数据透视表综合了数据的排序、筛选、分类、汇总等常用的数据分析方法，并且可以方便地调整分类、汇总方式，灵活地以多种不同的方式展示数据。数据透视图是另一种数据表现形式，与数据透视表不同的地方在于它可以选择适当的图形、多种色彩来描述数据的特性。

## 18.1 数据透视表介绍

前面学习了使用图表形象地表现数据，但图表只能算是 Excel 中对数据的一种图形显示方式，并不能深入对数据进行分析。Excel 2013 中还提供了功能更强大的数据透视图，它兼具数据透视分析和图表的功能。数据透视表和数据透视图在数据透视方面的基本操作是相同的，本节我们先来介绍数据透视表的基本知识。

### 18.1.1 认识数据透视表

之所以称为数据透视表，就是因为可以动态地改变数据间的版面布置，以便按照不同方式分析数据，也可以重新安排行号、列标和页字段。每一次改变版面布置时，数据透视表会立即按照新的布置重新计算数据。另外，如果原始数据发生更改，则可以更新数据透视表。

简而言之，数据透视表是一种可以对大量数据进行快速汇总和建立交叉列表的交互式表格，也就是一个产生于数据库的动态报告，可以驻留在工作表中或一个外部文件中。

数据透视表是 Excel 中具有强大分析能力的工具，可以帮助用户将行或列中的数字转变为有意义的数据表示。

### 18.1.2 数据透视表的组成

一个完整的数据透视表主要由数据库、行字段、列字段、求值项和汇总项等部分组成。而对数据透视表的

透视方式进行控制需要在【数据透视表字段】任务窗格中来完成。

如图 18-1 所示为某订购记录制作的数据透视表。

图 18-1

在 Excel 2013 中创建数据透视表后，会显示出【数据透视表字段】任务窗格，对数据透视表的透视方式进行设置的所有操作都需要在该任务窗格中完成。【数据透视表字段】任务窗格分为两部分显示，下部分是用于重新排列和定位字段的 4 个列表框。为了在设置数据透视表布局时能够获得所需结果，用户需要深入了解并掌握【数据透视表字段】任务窗格的工作方式以及排列不同类型字段的方法。下面结合数据透视表中的显示效果来介绍一个完整数据透视表的各组成部分的作用，见表 18-1。

表 18-1

| 序号 | 名称 | 作用 |
|------|------|------|
| ❶ | 数据库 | 也称为数据源，是从中创建数据透视表的数据清单、多维数据集。数据透视表的数据库可以驻留在工作表中或一个外部文件中 |
| ❷ | 【字段列表】列表框 | 字段列表中包含了数据透视表中所需要的数据的字段（也称为列）。在该列表框中选中或取消选中字段标题对应的复选框，可以对数据透视表进行透视 |
| ❸ | 报表筛选字段 | 又称为页字段，用于筛选表格中需要保留的项，项是组成字段的成员 |
| ❹ | 【筛选器】列表框 | 移动到该列表框中的字段即为报表筛选字段，将在数据透视表的报表筛选区域显示 |
| ❺ | 列字段 | 信息的种类，等价于数据清单中的列 |
| ❻ | 【列】列表框 | 移动到该列表框中的字段即为列字段，将在数据透视表的列字段区域显示 |
| ❼ | 行字段 | 信息的种类，等价于数据清单中的行 |
| ❽ | 【行】列表框 | 移动到该列表框中的字段即为行字段，将在数据透视表的行字段区域显示 |
| ❾ | 值字段 | 根据设置的求值函数对选择的字段项进行求值。数值和文本的默认汇总函数分别是 SUM（求和）和 COUNT（计数） |
| ❿ | 【值】列表框 | 移动到该列表框中的字段即为值字段，将在数据透视表的求值项区域显示 |

### 18.1.3 数据透视表的作用

数据透视表是对数据源进行透视，并进行分类、汇总、比较，进行大量数据的筛选，可以达到快速查看源数据不同方面的统计结果的目的。

数据透视表综合了数据的排序、筛选、分类、汇总等常用的数据分析方法，并且可以方便地调整分类、汇总方式，灵活地以不同的方式展示数据的特征。

数据透视表最大的优势在于，它可以根据数据源的变化进行变动，而且非常的快速和方便，这也是函数公式计算所不能比的。

归纳总结后，数据透视表的主要用途有以下几种。

（1）以多种方式查询大量数据。通过对数据透视表中各个字段的行列进行交换，能够快速得到用户需要的数据。

（2）可以对数值数据进行分类汇总和聚合。按分类和子分类对数据进行汇总，还可以创建自定义计算和公式。

（3）展开或折叠要关注结果的数据级别，可以选择性查看感兴趣区域摘要数据的明细。

（4）将行移动到列或将列移动到行，以查看源数据的不同汇总。

（5）对最有用和最关注的数据子集进行筛选、排序、分组和有条件地设置格式，让用户能够关注和重点分析所需的信息。

（6）提供简明、有吸引力并且带有批注的联机报表或打印报表。

## 18.2 创建数据透视表

数据透视表可以深入分析数据并了解一些预计不到的数据问题。使用数据透视表之前首先要创建数据透视表，再对其进行设置。在 Excel 2013 中可以通过【推荐的数据透视表】功能快速创建相应的数据透视表，也可以根据需要手动创建数据透视表。

## ★ 新功能 18.2.1 实战：使用【推荐的数据透视表】功能创建日常费用数据透视表

| 实例门类 | 软件功能 |
|---|---|
| 教学视频 | 光盘\视频\第18章\18.2.1.mp4 |

Excel 2013 中提供的【推荐的数据透视表】功能，可汇总选择的数据并提供各种数据透视表选项的预览，让用户直接选择某种最能体现其观点的数据透视表效果，即可生成相应的数据透视表，不必重新编辑字段列表，非常方便。

例如，要在销售表中为某个品牌的销售数据创建推荐的数据透视表，具体操作步骤如下。

**Step01** 打开"光盘\素材文件\第18章\公司日常费用开支表.xlsx"文件，❶选择任意包含数据的单元格，❷单击【插入】选项卡【表格】组中的【推荐的数据透视表】按钮，如图 18-2 所示。

图 18-2

### 技术看板

要创建数据透视表的数据必须以数据库的形式存在，数据库可以存储在工作表中，也可以存储在外部数据库中。一个数据库表可以包含任意数量的数据字段和分类字段，但在分类字段中的数值应以行、列或页的形式出现在数据透视表中。除了含有分类类别数据的数据库可以创建数据透视表以外，一些不含数值的数据库也可

创建数据透视表，只是它所统计的内容并不是数值而是个数。

**Step02** 在弹出的【推荐的数据透视表】对话框中，❶在左侧选择需要的数据透视表效果，❷在右侧预览相应的透视表字段数据，满意后单击【确定】按钮，如图 18-3 所示。

图 18-3

**Step03** 经过上步操作，即可在新工作表中创建对应的数据透视表，同时可以在右侧显示出的【数据透视表字段】任务窗格中查看到当前数据透视表的透视设置参数，如图 18-4 所示。

图 18-4

## ★ 重点 18.2.2 实战：手动创建库存数据透视表

| 实例门类 | 软件功能 |
|---|---|
| 教学视频 | 光盘\视频\第18章\18.2.2.mp4 |

由于数据透视表的创建本身是要根据用户想查看数据的某个方面的信息而存在的，这要求用户的主观能动

性很强，能根据需要做出恰当的字段形式判断，从而得到一堆数据关联后在某方面的关系。因此，掌握手动创建数据透视表的方法是学习数据透视表的最基本操作。

通过前面的介绍，我们知道数据透视表包括 4 类字段，分别为报表筛选字段、列字段、行字段和值字段。手动创建数据透视表就是要连接到数据源，在指定位置创建一个空白数据透视表，然后在【数据透视表字段】任务窗格中的【选择要添加到报表的字段】列表框中添加数据透视表中需要的数据字段，此时系统会将这些字段放置在数据透视表的默认区域中，用户还需要手动调整字段在数据透视表中的区域。

例如，要创建数据透视表分析产品库存表中的数据，具体操作步骤如下。

**Step01** 打开"光盘\素材文件\第18章\产品库存表.xlsx"文件，❶选择任意包含数据的单元格，❷单击【插入】选项卡【表格】组中的【数据透视表】按钮，如图 18-5 所示。

图 18-5

**Step02** 在弹出的【创建数据透视表】对话框中，❶选中【选择一个表或区域】单选按钮，在【表/区域】参数框中会自动引用表格中所有包含数据的单元格区域（本例因为数据源设置了表格样式，自动定义样式所在区域的名称为【表1】），❷在【选择放置数据透视表的位置】栏中选中【新工作表】单选按钮，❸单击【确定】按钮，如图 18-6 所示。

图 18-6

**Step03** 经过上步操作，即可在新工作表中创建一个空白数据透视表，并显示出【数据透视表字段】任务窗格。在任务窗格中的【选择要添加到报表的字段】列表框中选中需要添加到数据透视表中的字段对应的复选框，

这里选中【款号】【颜色】【S】【M】【L】和【XL】复选框，系统会根据默认规则，自动将选择的字段显示在数据透视表的各区域中，效果如图 18-7 所示。

图 18-7

# 18.3 编辑数据透视表

创建数据透视表之后，在显示出的【数据透视表字段】任务窗格中可以编辑数据透视表中的各字段，以便对源数据中的行或列数据进行分析，用以查看数据表的不同汇总结果。同时，数据透视表作为 Excel 中的对象，与创建其他 Excel 对象后一样，会激活编辑对象的工具选项卡——【数据透视表工具 分析】和【数据透视表工具 设计】选项卡，通过这两个选项卡可以对创建的数据透视表进行更多编辑，如更改汇总计算方式，筛选数据透视表中的数据，设置数据透视表样式等。

## 18.3.1 实战：改变库存数据透视表的透视方式

| 实例门类 | 软件功能 |
|---|---|
| 教学视频 | 光盘\视频\第 18 章\18.3.1.mp4 |

创建数据透视表时我们只是将相应的数据字段添加到数据透视表的默认区域中了，进行具体数据分析时，还需要调整字段在数据透视表的区域，主要可以通过以下 3 种方法进行调整。

→ 通过拖动鼠标光标进行调整：在【数据透视表字段】任务窗格中直接通过鼠标光标将需要调整的字段名称拖动到相应的列表框中，即可更改数据透视表的布局。

→ 通过菜单进行调整：在【数据透视表字段】任务窗格下方的 4 个列表框中选择并单击需要调整的字段名称按钮，在弹出的下拉菜单中选择需要移动到其他区域的命令，如【移动到行标签】【移动到列标签】等命令，即可在不同的区域之间移动字段。

→ 通过快捷菜单进行调整：在【数据透视表字段】任务窗格的【选择要添加到报表的字段】列表框中需要调整的字段名称上单击鼠标右键，在弹出的快捷菜单中选择【添加到报表筛选】【添加到列标签】【添加到行标签】或【添加到值】命令，即可将该字段放置在数据透视表中的某个特定区

域中。

此外，在同一个字段属性中，还可以调整各数据项的顺序。此时，可以在【数据透视表字段】任务窗格下方的【筛选器】【列】【行】或【值】列表框中，通过拖动鼠标光标的方式或单击需要进行调整的字段名称按钮，在弹出的下拉菜单中选择【上移】【下移】【移至开头】或【移至末尾】命令来完成。下面，为刚刚手动创建的库存数据透视表进行透视设置，使其符合实际分析需要，具体操作步骤如下。

**Step01** ❶ 在【行】列表框中选择【款号】字段名称，❷ 按住鼠标左键不放并拖动到【筛选器】列表框中，如图 18-8 所示。

图 18-8

**Step02** 经过上步操作，可将【款号】字段移动到【筛选器】列表框中，作为整个数据透视表的筛选项目，当然数据透视表的透视方式也发生了改变。❶ 单击【值】列表框中【求和项：M】字段名称右侧的下拉按钮，❷ 在弹出的下拉菜单中选择【移至开头】命令，如图 18-9 所示。

图 18-9

**Step03** 经过上步操作，即可将【求和项：M】字段移动到值字段的最顶层，同时数据透视表的透视方式又发生了改变，完成后的效果如图 18-10 所示。

图 18-10

## ★ 重点 18.3.2 实战：设置库存数据透视表中的值字段

| 实例门类 | 软件功能 |
|---|---|
| 教学视频 | 光盘\视频\第 18 章\18.3.2.mp4 |

默认情况下，数据透视表中的值字段数据按照数据源中的方式进行显示，且汇总方式为求和。实际上，我们可以根据需要修改数据的汇总方式和显示方式。

### 1. 更改值字段的汇总方式

在 Excel 2013 中，数据透视表中的汇总数据默认按照【求和】的方式进行运算。如果用户不想使用这样的方式，也可以对汇总方式进行更改，如可以设置为计数、平均值、最大值、最小值、乘积、偏差和方差等，不同的汇总方式会使得创建的数据透视表的汇总方式显示出不同的数据结果。

例如，要更改库存数据透视表中【L】字段的汇总方式为计数，【XL】字段的汇总方式为求最大值，具体操作步骤如下。

**Step01** ❶ 单击【数据透视表字段】任务窗格【值】列表框中【求和项：L】字段名称右侧的下拉按钮，❷ 在弹出的下拉菜单中选择【值字段设置】命令，如图 18-11 所示。

图 18-11

**Step02** 在弹出的【值字段设置】对话框中，❶ 单击【值汇总方式】选项卡，❷ 在【计算类型】列表框中选

择需要的汇总方式，这里选择【计数】选项，❸ 单击【确定】按钮，如图 18-12 所示。

图 18-12

### 技能拓展——打开【值字段设置】对话框的其他方法

直接在数据透视表中值字段的字段名称单元格上双击，也可以打开【值字段设置】对话框。在【值字段设置】对话框的【自定义名称】文本框中可以对字段的名称进行重命名。

**Step03** 经过上步操作，在工作表中即可看到【求和项：L】字段的汇总方式修改为计数了，统计出 L 型号的衣服有 12 款。❶ 选择需要修改汇总方式的【XL】字段中的任意单元格，❷ 单击【数据透视表工具 分析】选项卡【活动字段】组中的【字段设置】按钮，如图 18-13 所示。

图 18-13

**Step04** 在弹出的【值字段设置】对话框中，❶ 单击【值汇总方式】选项

卡，❷ 在【计算类型】列表框中选择【最大值】选项，❸ 单击【确定】按钮，如图 18-14 所示。

图 18-14

**Step 05** 经过上步操作，在工作表中即可看到【求和项：XL】字段的汇总方式修改为求最大值了，统计出 XL 型号的衣服中有一款剩余 350 件，是库存最多的一款，如图 18-15 所示。

图 18-15

## 2. 更改值字段的显示方式

数据透视表中数据字段值的显示方式也是可以改变的，如可以设置数据值显示的方式为普通、差异和百分比等。具体操作也需要通过【值字段设置】对话框来完成。

下面，就在库存数据透视表中设置【S】字段以百分比进行显示，具体操作步骤如下。

**Step 01** ❶ 选择需要修改值显示方式的【S】字段，❷ 单击【数据透视表工具 分析】选项卡【活动字段】组中的【字段设置】按钮❶，如图 18-16 所示。

所示。

图 18-16

**Step 02** 在弹出的【值字段设置】对话框中，❶ 单击【值显示方式】选项卡，❷ 在【值显示方式】下拉列表框中选择需要的显示方式，这里选择【列汇总的百分比】选项，❸ 单击【数字格式】按钮，如图 18-17 所示。

图 18-17

**Step 03** 在弹出的【设置单元格格式】对话框中，❶ 在【分类】列表框中选择【百分比】选项，❷ 在【小数位数】数值框中设置小数位数为一位，❸ 单击【确定】按钮，如图 18-18 所示。

图 18-18

**Step 04** 返回【值字段设置】对话框，单击【确定】按钮，如图 18-19 所示。

图 18-19

**Step 05** 返回工作表，即可看到【S】字段的数据均显示为一位数的百分比数据效果，如图 18-20 所示。

图 18-20

### 技术看板

Excel 中提供的数据透视表工具中的字段设置功能，除了能对数据透视表【数值】区域中的数据进行设置外，还可以对【筛选器】【列】和【行】区域中的数据进行设置。只是在选择这些数据字段后，弹出的不是【值字段设置】对话框，而是【字段设置】对话框，如图 18-21 所示。在其中可以设置字段的分类汇总和筛选方式，布局和打印方式。

图 18-21

★ **重点** 18.3.3 实战：筛选库存数据透视表中的字段

| 实例门类 | 软件功能 |
|---|---|
| 教学视频 | 光盘\视频\第18章\18.3.3.mp4 |

应用数据透视表透视数据时，有时还需要对字段进行筛选，从而得到更符合要求的数据透视效果。在数据透视表中筛选数据的效果是累加式的，也就是说，每次增加筛选条件都是基于当前已经筛选过的数据的基础上进一步减小数据子集。

在 Excel 2013 数据透视表中，筛选字段数据主要通过在相应字段的下拉菜单中选择，和插入切片器的方法来完成，下面分别进行讲解。

1. 通过下拉菜单进行筛选

在 Excel 2013 中创建的数据透视表，其报表筛选字段、行字段和列字段、值字段会提供相应的下拉按钮，单击相应的按钮，在弹出的下拉菜单中，用户可以同时创建多达 4 种类型的筛选：手动筛选、标签筛选、值筛选和复选框设置。

例如，要对库存表数据透视表中的报表筛选字段、行字段进行数据筛选，具体操作步骤如下。

Step❶ 打开"光盘\素材文件\第18章\产品库存表 1.xlsx"文件，❶ 选择【Sheet3】工作表，❷ 选择数据透视表所在的任意单元格，在【数据透视表字段】任务窗格的【选择要添加到报表的字段】列表框中选中所有复选框，改变数据透视表的透视效果，如图 18-22 所示。

图 18-22

Step❷ ❶ 单击【款号（全部）】字段右侧的下拉按钮，❷ 在弹出的下拉菜单中选中【选择多项】复选框，❸ 在上方的列表框中仅选中前 3 项对应的复选框，❹ 单击【确定】按钮，如图 18-23 所示。

图 18-23

Step❸ 经过以上操作，将筛选出数据透视表中相应款号的数据内容，❶ 修改工作表名称为【E12AB 系列】，单击【行标签】字段右侧的下拉按钮，❷ 在弹出的下拉菜单的列表框中选中要筛选字段的对应复选框，这里选中【军绿色】和【绿色】复选框，❸ 单击【确定】按钮，如图 18-24 所示。

图 18-24

Step❹ 经过上步操作，即可在上次筛选的结果中继续筛选颜色为军绿色或绿色的数据，效果如图 18-25 所示。

图 18-25

## 2. 插入切片器筛选

前面讲解了通过筛选器筛选数据透视表中数据的方法，可以发现在对多个字段进行筛选时，很难看到当前的筛选状态，必须打开一个下拉菜单才能找到有关筛选的详细信息，而且有些筛选方式还不能实现。更多的时候，我们可以使用切片器来对数据透视表中的数据进行筛选。

切片器提供了一种可视性极强的筛选方法来筛选数据透视表中的数据。它包含一组易于使用的筛选组件，一旦插入切片器，用户就可以使用多个按钮对数据进行快速分段和筛选，仅显示所需数据。此外，切片器还会清晰地标记已应用的筛选器，提供详细信息指示当前筛选状态，从而便于其他用户能够轻松、准确地了解已筛选的数据透视表中所显示的内容。

要在 Excel 2013 中使用切片器对数据透视表中的数据进行筛选，首先需要插入用于筛选的字段的切片器，然后根据需要筛选的数据依据在切片器中选择要筛选出的数据选项即可。

例如，在库存数据透视表中要撤销上次的筛选效果，并根据款号和颜色重新进行筛选，具体操作步骤如下。

**Step01** ❶ 复制【E12AB 系列】工作表，❷ 选择数据透视表中的任意单元格，❸ 单击【数据透视表工具 分析】选项卡【操作】组中的【清除】按钮，❹ 在弹出的下拉列表中选择【清除筛选】选项，如图 18-26 所示。

图 18-26

**Step02** 经过上步操作，将清除对数据透视表中数据进行筛选的操作，显示出所有透视数据。❶ 选择数据透视表中的任意单元格，❷ 单击【数据透视表工具 分析】选项卡【筛选】组中的【插入切片器】按钮，如图 18-27 所示。

图 18-27

**Step03** 在弹出的【插入切片器】对话框中，❶ 在列表框中选中需要插入切片器的字段，这里选中【款号】和【颜色】复选框，❷ 单击【确定】按钮，如图 18-28 所示。

图 18-28

**Step04** 经过上步操作，将插入【款号】和【颜色】两个切片器，且每个切片器中的数据都以升序自动进行了排列。❶ 选择插入的切片器，并将它们移动到合适位置，❷ 在【款号】切片器中，按住【Ctrl】键选择同时需要筛选出的数据，即可在数据透视表中筛选出相关的数据，如图 18-29 所示。

**Step05** 使用相同的方法，在【颜色】切片器中选择需要的字段选项，即可在数据透视表中上次筛选结果的基础上继续筛选出符合本次设置条件的相关数据，如图 18-30 所示。

图 18-29

图 18-30

### 技能拓展——断开切片器与数据透视表的链接

在 Excel 2013 中，可以管理切片器连接位置。如果需要切断切片器与数据透视表的链接，选择切片器，单击【切片器工具 选项】选项卡【切片器】组中的【报表连接】按钮。在弹出的【数据透视表连接】对话框中，取消选中【数据透视表】复选框，单击【确定】按钮即可，如图 18-31 所示。

图 18-31

## ★ 重点 18.3.4 实战：对库存数据进行排序

| 实例门类 | 软件功能 |
|---|---|
| 教学视频 | 光盘\视频\第18章\18.3.4.mp4 |

数据透视表中的数据已经进行了一些处理，因此，即使需要对表格中的数据进行排序，也不会像在普通数据表中进行排序那么复杂。数据透视表中的排序都比较简单，经常进行升序或降序排列即可。

例如，要让库存数据透视表中的数据按照销量最好的码数的具体销量从大到小进行排列，具体操作步骤如下。

**Step 01** 打开"光盘\素材文件\第18章\产品库存表2.xlsx"文件，❶选择【畅销款】工作表，❷选择数据透视表中总计行的任意单元格，❸单击【数据】选项卡【排序和筛选】组中的【降序】按钮 ↓，如图18-32所示。

图 18-32

**Step 02** 经过上步操作，数据透视表中的数据会根据【总计】数据从大到小进行排列，且所有与这些数据有对应关系的单元格数据都自动进行了排列，效果如图18-33所示。❶选择数据透视表中总计排在第一列的【L】字段列中的任意单元格，❷单击【数据】选项卡【排序和筛选】组中的【降序】按钮 ↓。

图 18-33

**Step 03** 经过上步操作，可以看到数据透视表中的数据在上次排序结果上，再次根据【L】字段列从大到小进行排列，且所有与这些数据有对应关系的单元格数据都自动进行了排列，效果如图18-34所示。

图 18-34

## 18.3.5 实战：设置库存数据透视表布局样式

| 实例门类 | 软件功能 |
|---|---|
| 教学视频 | 光盘\视频\第18章\18.3.5.mp4 |

在 Excel 2013 中，默认情况下，创建的数据透视表都压缩在左边，不方便数据的查看。利用数据透视表布局功能可以更改数据透视表原有的布局效果。

例如，要为刚刚创建的数据透视表设置布局样式，具体操作步骤如下。

**Step 01** ❶选择数据透视表中的任意单元格，❷单击【数据透视表工具 设计】选项卡【布局】组中的【报表布局】按钮 ▦，❸在弹出的下拉列表中选择【以表格形式显示】选项，如图18-35所示。

图 18-35

**Step 02** 经过上步操作，即可更改数据透视表布局为表格格式，最明显的是行字段的名称变为表格中相应的字段名称了，效果如图18-36所示。

图 18-36

### 技术看板

单击【布局】组中的【空行】按钮，在弹出的下拉列表中可以选择是否在每个汇总项目后插入空行。在【布局】组中还可以设置数据透视表的汇总形式、总计形式。

## 18.3.6 实战：设置库存数据透视表样式

| 实例门类 | 软件功能 |
|---|---|
| 教学视频 | 光盘\视频\第18章\18.3.6.mp4 |

Excel 中为数据透视表预定义了多种样式，用户可以使用样式库轻松更改数据透视表内容和切片器的样式，达到美化数据透视表的效果。

### 1. 设置数据透视表内容样式

默认情况下创建的数据透视表都是白底黑字蓝边框样式，让人感觉很枯燥。其实，Excel 中为数据透视表预定义了多种样式，用户只需在【数据透视表工具 设计】选项卡的【数据透视表样式】列表框中进行选择，即可为数据透视表快速应用这些样式。还可以在【数据透视表样式选项】组中选择数据透视表样式应用的范围，如列标题、行标题、镶边行和镶边列等。

下面，为刚刚创建的数据透视表设置一种样式，并将样式应用到列标题、行标题和镶边行上，具体操作步骤如下。

**Step01** ❶ 选择数据透视表中的任意单元格，❷ 在【数据透视表工具 设计】选项卡【数据透视表样式】组中的列表框中选择需要的数据透视表样式，即可为数据透视表应用选择的样式，效果如图 18-37 所示。

图 18-37

**Step02** 在【数据透视表样式选项】组中选中【镶边行】和【镶边列】复选框，即可看到为数据透视表应用相应镶边行和镶边列样式后的效果，如图 18-38 所示。

图 18-38

### 2. 设置切片器样式

Excel 2013 还为切片器提供了预设的切片器样式，使用切片器样式可以快速更改切片器的外观，从而使切片器更突出、更美观。美化切片器的具体操作步骤如下。

> **技术看板**
>
> 在【切片器工具 选项】选项卡中还可以对切片器的排列方式、按钮样式和大小等进行设置。设置方法比较简单，与设置图片的方法基本相同，这里不再赘述。

**Step01** ❶ 选择工作表中的【款号】切片器，❷ 单击【切片工具 选项】

选项卡【切片器样式】组中的【快速样式】按钮 📖，❸ 在弹出的下拉列表中选择需要的切片器样式，如图 18-39 所示。

图 18-39

**Step02** 经过上步操作，即可为选择的切片器应用设置的样式。使用相同的方法为【颜色】切片器设置需要的切片器样式，完成后的效果如图 18-40 所示。

图 18-40

---

# 18.4 了解并创建数据透视图

数据透视图是数据的另一种表现形式，与数据透视表的不同在于它可以选择适当的图表，并使用多种颜色来描述数据的特性，它能够更加直观地分析数据。本节主要讲解使用数据透视表与数据透视图分析数据。

## 18.4.1 数据透视图与数据透视表、普通图表的区别

数据透视图与数据透视表类似，用于透视数据并汇总结果。不同的是，数据透视图以图表的形式来展示

数据源中的各种信息。总的来说，数据透视图结合了数据透视表和图表的功能，可以更清楚地显示数据透视表中的数据信息。

因此，数据透视图综合了数据透视表和普通图表的功能与作用，下面主要从数据透视图和一般图表的对比上进行区分。数据透视图和一般的图表类似，具有标准图表的系列、分类、数据标记和坐标轴，但在交互性、源数据、图表元素、图表类型等方面还是存在区别，因为数据透

视图还有一些与数据透视表对应的特殊功能，区别主要表现在以下几个方面。

→ **交互**：对于标准图表，您需要为每一种数据分析角度创建一张图表，而且它们不交互，有些错综复杂的数据关系还不容易分析出来。而对于数据透视图，只要创建单张图表就可以通过更改报表的透视方式或显示的明细数据以不同的方式交互查看数据。

→ **源数据**：标准图表可直接链接到工作表单元格中。而数据透视图则需要基于相关联的数据透视表的数据源。在 Excel 中创建数据透视图时，将自动创建一个与之相关联的数据透视表，两者之间的字段、透视方式、布局都是相互对应的。如果更改了其中一个报表的布局，另外一个报表也随之发生变化。

→ **图表元素**：在 Excel 2013 中，数据透视图中的元素，除了包含与标准图表相同的元素之外，还包括字段和项。用户可以通过添加、删除字段和项来显示数据的不同视图。标准图表中的分类、系列和数据分别对应于数据透视图中的分类字段、系列字段和值字段，数据透视图中还可包含报表筛选字段。而这些字段中都包含项，这些项在标准图表中显示为图例中的分类标签或系列名称。

→ **图表类型**：数据透视图的图表类型没有普通图表的类型丰富，可以更改为除 XY 散点图、股价图之外的其他图表类型。

→ **刷新格式**：刷新数据透视图时，大部分格式（包括图表元素、布局和样式）将得到保留。但是，不会保留趋势线、数据标签、误差线和对数据集所做的其他更改。标准图表在刷新数据时并不会失去相应格式。

## 18.4.2 实战：基于销售表数据创建数据透视图

| 实例门类 | 软件功能 |
|---|---|
| 教学视频 | 光盘\视频\第18章\18.4.2.mp4 |

在 Excel 2013 中，可以使用【数据透视图】功能一次性创建数据的透视表和数据透视图。而且，基于数据源创建数据透视图的方法与手动创建数据透视表的方法相似，都需要选择数据表中的字段做数据透视图表中的行字段、列字段以及值字段。

例如，要用数据透视图展示汽车销售表中的销售数据，具体操作步骤如下。

Step01 打开"光盘\素材文件\第18章\汽车销售表.xlsx"文件，❶选择Sheet1 工作表，❷选择包含数据的任意单元格，❸单击【插入】选项卡【图表】组中的【数据透视图】按钮，如图 18-41 所示。

图 18-41

Step02 在弹出的【创建数据透视图】对话框中，❶在【表/区域】参数框中自动引用了该工作表中的A1:F15单元格区域，❷选中【新工作表】单选按钮，❸单击【确定】按钮，如图18-42所示。

### 技术看板

若需要将数据透视图创建在源数据透视表中，可以在弹出的【创建数据透视图】对话框中，选中【现有工作表】单选按钮，在【位置】文本框中输入单元格地址。

图 18-42

Step03 经过上步操作，即可在新工作表中创建一个空白数据透视图。❶按照前面介绍的方法在【数据透视图字段】任务窗格的【选择要添加到报表的字段】列表框中选中需要添加到数据透视图中的字段对应的复选框，❷将合适的字段移动到下方的4个列表框中，即可根据设置的透视方式显示数据透视表和透视图，如图 18-43 所示。

图 18-43

### 技术看板

数据透视表与数据透视图都是利用数据库进行创建的，但它们是两个不同的概念。数据透视表对于汇总、分析、浏览和呈现汇总数据非常有用。而数据透视图则有助于形象地呈现数据透视表中的汇总数据，以使用户能够轻松查看、比较模式和趋势。

## 18.4.3 实战：根据已有的日常费用数据透视表创建数据透视图

| 实例门类 | 软件功能 |
|---|---|
| 教学视频 | 光盘\视频\第18章\18.4.3.mp4 |

如果在工作表中已经创建了数据透视表，并添加了可用字段，可以直接根据数据透视表中的内容快速创建相应的数据透视图。根据已有的数据透视表创建出的数据透视图两者之间的字段是相互对应的，如果更改了某一报表的某个字段，这时另一个报表的相应字段也会随之发生变化。例如，要根据之前在公司日常费用开支表中创建的数据透视表创建数据透视图，具体操作步骤如下。

Step01 打开"光盘\素材文件\第18章\公司日常费用开支表1.xlsx"文件，❶ 选择【Sheet1】工作表，❷ 选择数据透视表中的任意单元格，❸ 单击【数据透视表工具 分析】选项卡【工具】组中的【数据透视图】按钮■，如图 18-44 所示。

Step02 在弹出的【插入图表】对话框中，❶ 在左侧选择需要展示的图表类型，这里选择【柱形图】选项，❷ 在右侧上方选择具体的图表分类，❸ 单击【确定】按钮，如图 18-45 所示。

图 18-44

图 18-45

Step03 经过以上操作步骤，在工作表中将根据数据透视表创建一个柱形图的数据透视图，效果如图 18-46 所示。

图 18-46

### 技术看板

选择数据透视表中的任意单元格后，单击【插入】选项卡【图表】组中的【数据透视图】按钮，也可以创建相应的数据透视图。

## 18.5　编辑数据透视图

数据透视图的编辑方法同样综合了数据透视表和普通图表的编辑方法。在工作表中创建数据透视图后，会激活【数据透视图工具 分析】【数据透视图工具 设计】和【数据透视图工具 格式】3 个选项卡。其中，【数据透视图工具 分析】选项卡中的工具和数据透视表中的相同，而【数据透视图工具 设计】和【数据透视图工具 格式】选项卡的操作方法与普通图表的编辑操作基本相同。本节对数据透视图的部分编辑操作进行讲解。

### 18.5.1　移动数据透视图的位置

如果对已经制作好的数据透视图的位置不满意，可以通过复制或移动操作将其移动到同一工作簿或不同工作簿中，但是通过这种方法得到的数据透视图有可能会改变原有的性质，丢失某些组成部分。

为了保证移动前后的数据透视图中的所有信息都不发生改变，可以使用 Excel 2013 中提供的移动功能对其进行移动。即先选择需要移动的数据透视图，然后单击【数据透视图工具 分析】选项卡【操作】组中的【移动图表】按钮■，在弹出的【移动图表】对话框中设置要移动的位置即可，如图 18-47 所示。

图 18-47

使用移动功能只能在同一工作簿中移动数据透视表和数据透视图，如果需要移动到其他工作簿中，可以在进行该操作后，再对工作表进行复制或移动。

### 技能拓展——移动数据透视表的位置

如果需要移动数据透视表，可以先选择该数据透视表，然后单击【数据透视表工具 分析】选项卡的【操作】组中的【移动数据透视表】按钮■，在弹出的【移动数据透视表】对话框中，设置要移动的位置即可，如图 18-48 所示。

图 18-48

## ★ 新功能 18.5.2 实战：更改数据透视图的图表类型

| 实例门类 | 软件功能 |
|---|---|
| 教学视频 | 光盘\视频\第18章\18.5.2.mp4 |

如果当前所创建的数据透视图不能够更加直观、清晰地表达数据所反映的信息。用户还可以根据需要对当前的数据透视图类型进行设计，以方便数据的查看和统计。尤其是在基于数据直接创建数据透视图时，因为系统首先要提供相应功能让用户设计透视方式，所以图表类型都是采用的默认柱形图，很可能不符合数据的实际分析需要。

例如，前面在汽车销售表中直接通过数据创建的数据透视图类型就不太理想，要更改图表类型为折线图，具体操作步骤如下。

**Step01** 打开"光盘\素材文件\第18章\汽车销售表1.xlsx"文件，❶选择 Sheet2 工作表中的数据透视图，❷单击【数据透视图工具 设计】选项卡【类型】组中的【更改图表类型】按钮，如图18-49所示。

图 18-49

**Step02** 在弹出的【更改图表类型】对话框中，❶在左侧重新选择图表类型，这里选择【折线图】选项，❷在右侧选择需要更改的折线图样式，❸单击【确定】按钮，如图18-50所示。

**Step03** 经过上步操作，即可看到更改数据透视图类型为折线图，效果如图18-51所示。

图 18-50

图 18-51

> **技能拓展——更改数据透视图类型的其他方法**
>
> 在数据透视图上右击，在弹出的快捷菜单中选择【更改图表类型】选项，也可更改数据透视图的图表类型。

## ★ 新功能 18.5.3 实战：编辑数据透视图的布局样式

| 实例门类 | 软件功能 |
|---|---|
| 教学视频 | 光盘\视频\第18章\18.5.3.mp4 |

数据透视图和普通图表的组成部分基本相同，也由图表区、图表标题、坐标轴、绘图区、数据系列、网格线和图例等部分组成。但默认情况下创建的数据透视图图表中只包含有图表区、坐标轴、绘图区、数据系列和图例元素，我们可以通过设置数据透视图的布局来添加图表标题等元素，还可以更改各组成部分的位置。

布局数据透视图样式的方法也与在普通图表中进行布局的方法相同，

既可以单击【数据透视图工具 设计】选项卡【图表布局】组中的【快速布局】按钮，在弹出的下拉列表中选择预定义的图表布局样式，对数据透视图进行快速布局；也可以通过单击【图表布局】组中的【添加图表元素】按钮，分别对数据透视图的图表标题、坐标轴、图例、数据标签和绘图区等元素进行设置。

例如，要为更改图表类型后的折线图数据透视图进行布局设置，使得创建的数据透视图布局更加符合要求，具体操作步骤如下。

**Step01** ❶选择数据透视图，❷单击【数据透视图工具 设计】选项卡【图表布局】组中的【快速布局】按钮，❸在弹出的下拉列表中选择需要的图表布局效果，这里选择【布局2】选项，如图18-52所示。

图 18-52

**Step02** 经过上步操作，即可重新布局数据透视图。❶单击【图表布局】组中的【添加图表元素】按钮，❷在弹出的下拉菜单中选择【图表标题】选项，❸在弹出的下级子菜单中选择【无】选项，取消图表标题，如图18-53所示。

图 18-53

**Step03** 拖动鼠标光标调整图表的高度，如图 18-54 所示。

图 18-54

**Step04** ❶ 单击【添加图表元素】按钮，❷ 在弹出的下拉菜单中选择【坐标轴】选项，❸ 在弹出的下级子菜单中选择【主要纵坐标轴】选项，如图 18-55 所示。

图 18-55

**Step05** ❶ 单击【添加图表元素】按钮，❷ 在弹出的下拉菜单中选择【线条】选项，❸ 在弹出的下级子菜单中选择【垂直线】选项，如图 18-56 所示。

图 18-56

**Step06** ❶ 单击【添加图表元素】按钮，❷ 在弹出的下拉菜单中选择【数据标签】选项，❸ 在弹出的下级子菜单中选择【数据标注】选项，如图 18-57 所示。

图 18-57

**Step07** ❶ 单击【添加图表元素】按钮，❷ 在弹出的下拉菜单中再次选择【数据标签】选项，❸ 在弹出的下级子菜单中选择【其他数据标签选项】选项，如图 18-58 所示。

图 18-58

**Step08** 显示出【设置数据标签格式】任务窗格，❶ 单击【标签选项】选项卡，❷ 单击【标签选项】按钮，❸ 依次选择透视图表中的各数据标签，❹ 在【标签选项】栏中的【标签包括】区域取消选中【类别名称】复选框，如图 18-59 所示。

**Step09** 拖动鼠标光标依次调整各数据标签的位置，使其不遮挡折线的显示效果，如图 18-60 所示。

图 18-59

图 18-60

**技能拓展——更改数据透视图中的汇总计算方式**

创建数据透视表／图后，更改数据透视表的汇总计算方式，可以在数据透视图上进行更改，也可以在数据透视表中更改，其方法相同。但无论是在数据透视表，还是在数据透视图中选择汇总方式，显示的效果只有在数据透视表中才能看得到，不能在数据透视图中显示值的结果。

★ 新功能 18.5.4 实战：通过数据透视图分析数据

| 实例门类 | 软件功能 |
|---|---|
| 教学视频 | 光盘\视频\第18章\18.5.4.mp4 |

默认情况下创建的数据透视图中，会根据数据字段的类别不同，显示出相应的【报表筛选字段按钮】

【图例字段按钮】【坐标轴字段按钮】和【值字段按钮】，单击这些按钮中带 图标的按钮时，在弹出的下拉菜单中可以对该字段数据进行排序和筛选，从而有利于对数据进行直观的分析。

此外，我们也可以为数据透视图插入切片器，其使用方法与数据透视表中的切片器使用方法相同，主要用于对数据进行筛选和排序。

在【数据透视图工具 分析】选项卡的【筛选】组中单击【插入切片器】按钮，即可插入切片器，这里就不再赘述其使用方法了。

下面，通过使用数据透视图中的【筛选】按钮为产品库存表中的数据进行分析，具体操作步骤如下。

**Step01** 打开"光盘\素材文件\第18章\产品库存表3.xlsx"文件，❶复制【畅销款】工作表，并重命名为【新款】，❷单击图表中的【款号】按钮，❸在弹出的下拉菜单中仅选中最后两项对应的复选框，❹单击【确定】按钮，如图18-61所示。

图 18-61

**Step02** 经过上步操作，即可筛选出相应款号的产品数据。❶单击图表左下角的【颜色】按钮，❷在弹出的下拉菜单中仅选中【粉红色】和【红色】复选框，❸单击【确定】按钮，如图18-62所示。

图 18-62

**Step03** 经过上步操作，即可筛选出这两款产品中的红色和粉红色数据，❶再次单击图表中的【颜色】按钮，❷在弹出的下拉菜单中选择【升序】选项，如图18-63所示。

图 18-63

**Step04** 经过上步操作，即可对筛选后的数据进行升序排列，效果如图18-64所示。

图 18-64

**技术看板**

在数据透视表中，可以很容易地改变数据透视图的布局，调整字段按钮显示不同的数据，同时在数据透视图中也可以实现，且只需改变数据透视图中的字段即可。

★ 新功能 18.5.5 实战：美化数据透视图

| 实例门类 | 软件功能 |
|---|---|
| 教学视频 | 光盘\视频\第18章\18.5.5.mp4 |

在数据透视图中也可以像普通图表一样为其设置图表样式，让数据透视图看起来更加美观。用户可以为数据透视图快速应用不同的 Excel 预定义图表样式，也可以自定义数据透视图样式。快速美化数据透视图的具体操作步骤如下。

**技术看板**

如果需要分别设置数据透视图中各个元素的样式，可以在数据透视图中选择需要设置的图表元素，然后在【数据透视图工具 格式】选项卡中进行设置，包括设置数据透视图的填充效果、轮廓效果、形状样式、艺术字样式、排列方式以及大小等。

**Step01** ❶选择【新款】工作表中的数据透视图，❷单击【数据透视图工具 设计】选项卡【图表样式】组中的【快速样式】按钮，❸在弹出的下拉列表中选择需要应用的图表样式，即可为数据透视图应用所选图表样式效果，如图18-65所示。

图 18-65

**Step02** ❶ 单击【图表样式】组中的【更改颜色】按钮，❷ 在弹出的下拉列表中选择要应用的色彩方案，即可为数据透视图中的数据系列应用所选配色方案，如图 18-66 所示。

图 18-66

# 妙招技法

通过前面的学习，相信读者已经掌握了数据透视表和数据透视图的基本操作了。下面结合本章内容介绍一些实用技巧。

## 技巧 01：更改数据透视表的数据源

| 教学视频 | 光盘\视频\第 18 章\技巧 01.mp4 |
|---|---|

如果需要分析的数据透视表中的源数据选择出错，可以像更改图表的源数据一样进行更改，具体操作步骤如下。

**Step01** 打开"光盘\素材文件\第 18 章\订单统计 .xlsx"文件，❶ 选择【Sheet1】工作表中数据透视表中的任意单元格，❷ 单击【数据透视表工具 分析】选项卡【数据】组中的【更改数据源】按钮，如图 18-67 所示。

图 18-67

### 技术看板

数据透视表和数据透视图中的数据也可以像设置单元格数据一样设置各种格式，如颜色和字体格式等。

**Step02** 在弹出的【移动数据透视表】对话框中，❶ 拖动鼠标重新选择【表/区域】参数框中的单元格区域为需要进行数据透视的数据区域，❷ 单击【确定】按钮，如图 18-68 所示。

图 18-68

**Step03** 经过上步操作，数据透视表中的透视区域会更改为设置后的数据源区域，同时可能改变汇总的结果，如图 18-69 所示。

图 18-69

## 技巧 02：手动刷新数据透视表的数据

| 教学视频 | 光盘\视频\第 18 章\技巧 02.mp4 |
|---|---|

默认状态下，Excel 不会自动刷新数据透视表和数据透视图中的数据。即当我们更改了数据源中的数据时，数据透视表和数据透视图不会随之发生改变。此时，必须对数据透视表和数据透视图中的数据进行刷新操作，以保证这两个报表中显示的数据与源数据同步。

如果需要手动刷新数据透视表中的数据源，可以在【数据透视表工具 选项】选项卡的【数据】组中单击【刷新】按钮，具体操作步骤如下。

**Step01** ❶ 选择数据透视表源数据所在

的工作表，这里选择【原数据】工作表，❷ 修改作为数据透视表源数据区域中的任意单元格数据，这里将 I10 单元格中的数据修改为【2500】，如图 18-70 所示。

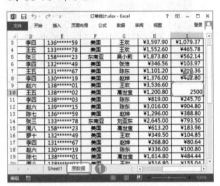

图 18-70

**Step02** ❶ 选择数据透视表所在工作表，可以看到其中的数据并没有根据源数据的变化而发生改变。❷ 单击【数据透视表工具 分析】选项卡【数据】组中的【刷新】按钮，❸ 在弹出的下拉列表中选择【全部刷新】选项，如图 18-71 所示。

图 18-71

**Step03** 经过上步操作，即可刷新数据透视表中的数据，同时可以看到相应单元格的数据变化，如图 18-72 所示。

图 18-72

## 技巧03：设置数据透视表选项

| 教学视频 | 光盘 \ 视频 \ 第 18 章 \ 技巧 03.mp4 |
| --- | --- |

上一技巧中我们讲解了手动刷新数据的方法，实际上，我们还可以指定在打开包含数据透视表的工作簿时自动刷新数据透视表。该项设置需要在【数据透视表选项】对话框中完成。

【数据透视表选项】对话框专门用于设置数据透视表的布局和格式、汇总和筛选、显示、打印和数据等。下面，为【订单统计】工作簿中的数据透视表进行选项设置，具体操作步骤如下。

**Step01** ❶ 选择数据透视表中的任意单元格，❷ 单击【数据透视表工具 分析】选项卡【数据透视表】组中的【选项】按钮，❸ 在弹出的下拉列表中选择【选项】选项，如图 18-73 所示。

图 18-73

**Step02** 在弹出的【数据透视表选项】对话框中，❶ 单击【布局和格式】选项卡，❷ 在【格式】栏中取消选中【对于空单元格，显示】复选框，如图 18-74 所示。

**Step03** ❶ 单击【数据】选项卡，❷ 在【数据透视表数据】栏中选中【打开文件时刷新数据】复选框，如图 18-75 所示。

**Step04** ❶ 单击【显示】选项卡，❷ 在【显示】栏中选中【经典数据透视表

布局（启用网格中的字段拖放）】复选框，如图 18-76 所示。

图 18-74

图 18-75

图 18-76

Step⑤ ❶单击【汇总和筛选】选项卡，❷在【筛选】栏中选中【每个字段允许多个筛选】复选框，如图18-77所示，❸单击【确定】按钮关闭该对话框。

图 18-77

技能拓展——弹出【数据透视表选项】对话框的其他方法

在数据透视表中右击，在弹出的快捷菜单中选择【数据透视表选项】选项，也可以弹出【数据透视表选项】对话框。

Step⑥ 返回工作表，可以看到数据透视表按照经典数据透视表进行了布局，效果如图18-78所示，还有一些设置的参数看不到明显的效果，只是在操作过程中都应用了这些设置，用户可以感受到。

图 18-78

## 技巧 04：显示或隐藏数据表中的明细数据

| 教学视频 | 光盘\视频\第18章\技巧04.mp4 |
|---|---|

数据透视表中的数据一般通过分类汇总后就能比较直观地看到需要的结果了，但也难免存在有些复杂数据的分析，即使改变了透视，其显示结果中仍然有多层数据汇总。

在查看这类数据透视表时，为避免看错或看漏数据，可以隐藏不需要查看的数据项中的明细数据，只显示当前需要查看的汇总数据，直到需要查看每一项中的明细数据时，再将其显示出来。在数据透视表中隐藏或显示明显数据的具体操作步骤如下。

Step① 打开"光盘\素材文件\第18章\销售表.xlsx"文件，单击数据透视表中【李兵】数据项前面的➕按钮，如图18-79所示。

图 18-79

Step② 经过上步操作，即可展开【李兵】数据项下的明细数据，同时按钮变成➖形状。❶选择数据透视表中的其他数据项，❷单击【数据透视表工具 分析】选项卡【活动字段】组中的【展开字段】按钮，如图18-80所示。

## 技术看板

单击➖按钮可暂时隐藏所选数据项下的明细数据，同时➖按钮变成➕形状，再次单击➕按钮又可显示出被隐藏的明细数据。

图 18-80

Step③ 经过上步操作，即可快速展开数据透视表中所有数据项的明细数据，效果如图18-81所示。

图 18-81

技能拓展——快速隐藏数据透视表的所有明细数据

单击【活动字段】组中的【折叠字段】按钮，可快速隐藏数据透视表中所有数据项的明细数据。

Step④ 查看数据透视图中的数据时，也可以看到图表中的相应数据项也展开了，可以看到明细数据，本例中的数据透视图是展开了所有分类数据项的明细数据，如图18-82所示。

图 18-82

## 技巧 05：隐藏数据透视图中的按钮

| 教学视频 | 光盘\视频\第18章\技巧05.mp4 |
|---|---|

创建的数据透视图中有时会包含很多按钮，而有些按钮又是没有具体操作的，此时可以根据需要对数据透视图中不需要显示的按钮进行隐藏，留出更多的空间显示数据。隐藏数据透视图中的按钮的具体操作步骤如下。

**Step01** ❶ 单击【数据透视图工具 分析】选项卡【显示/隐藏】组中的【字段按钮】按钮 ，❷ 在弹出的下拉菜单中取消选中需要隐藏字段按钮类型命令前的复选框，这里选择【显示值字段按钮】选项，如图 18-83 所示。

图 18-83

**Step02** 经过上步操作，即可隐藏数据透视图中的【求和项：销售金额￥】按钮，效果如图 18-84 所示。

图 18-84

## 技巧 06：删除数据透视表

创建数据透视表后，如果对其不满意，可以删除原有数据透视表后再创建新的数据透视表；如果只是对其中添加的字段不满意，可以单独进行删除。下面分别讲解删除的方法。

### 1. 删除数据表透视表中的字段

要删除数据透视表中的某个字段，可以通过以下几种方法实现。

➡ 通过快捷菜单删除：在数据透视表中选择需要删除的字段名称，并在其上单击鼠标右键，在弹出的快捷菜单中选择【删除字段】命令。

➡ 通过字段列表删除：在【数据透视表字段】任务窗格中的【选择要添加到报表的字段】列表框中取消选中需要删除的字段名称对应的复选框。

➡ 通过菜单删除：在【数据透视表字段】任务窗格下方的各列表框中单击需要删除的字段名称按钮，在弹出的下拉菜单中选择【删除字段】命令。

### 2. 删除整个数据透视表

如果需要删除整个数据透视表，可先选择整个数据透视表，然后按【Delete】键进行删除。如果只想删除数据透视表中的数据，则可单击【数据透视表工具 分析】选项卡【操作】组中的【清除】按钮 ，在弹出的下拉菜单中选择【全部清除】命令，将数据透视表中的数据全部删除。

---

**技能拓展——快速选择整个数据透视表**

单击【数据透视表工具 分析】选项卡【操作】组中的【选择】按钮 ，在弹出的下拉菜单中选择【整个数据透视表】命令可快速选择整个数据透视表。

---

## 本章小结

当表格中拥有大量数据时，如果需要对这些数据进行多维分析，单纯使用前面介绍的数据分析方法和图表展示将会变得非常繁杂，使用数据透视表和数据透视图才是最合适的选择。本章介绍了在 Excel 2013 中如何使用数据透视表对表格中的数据进行汇总、分析、浏览和提供摘要数据。数据透视图和数据透视表一样具有数据透视能力，可以灵活选择数据透视方式，帮助用户从多个角度审视数据，而且数据透视图还具有图表的图形展示功能，其在这方面的操作与图表的相关操作一致。因此，读者在学习本章知识时，重点要掌握如何透视数据。使用数据透视表/图时，只有清晰地知道最终要实现的效果并找出分析数据的角度，再结合数据透视表/图的应用，才能对同一组数据进行各种交互显示效果，从而发现不同的规律。在达到透视效果后，再结合排序、筛选等功能找到关键数据也就不难了。

# 第5篇

# 数据共享篇

在办公应用中离不开团队成员的协作，例如，一个年度销售计划的确定可能需要许多步骤，经过许多团队成员来修订和完善。同样，在现代办公中，许多报表都需要由多人协同完成，才能使报表数据达到精准的分析结果。本篇就来学习数据打印、获取和共享的相关知识，让你能更轻松地获取源数据，并让你的报表数据能和别人分享。

## 第19章 正确打印 Excel 报表

➡ 要让计算机中的电子文件"变"成纸稿，首先得让打印机连到计算机上，你会吗？

➡ 在办公室或者家里，如何让多台计算机连接到打印机上？

➡ 精心设计了表格结构，还美化了表格，但是打印出来的表格依然很难看？

➡ 你知道表格页面的正确格式设置吗？

➡ 你会正确打印表格吗？

无纸化办公越来越成为一种趋势，但大多时候制作的表格打印输出才是最终目的。要让电子文件输出成纸稿，不仅要学习连接打印机的相关操作，还需要掌握文件打印的一些技巧。这一章我们就来学习一下吧！

## 19.1 添加打印机

打印机在我们生活中越来越常见了，在日常办公中我们会时不时地用到打印机。很多家庭也会购买打印机，购买后，首先就需要学会安装打印机。

### 19.1.1 添加本地打印机

安装打印机其实和安装其他外设一样简单。首先将打印机电源线连接好，然后用数据线将打印机与计算机连接起来，另外，还要在打印机里放一些打印纸，方便后面测试使用。接着，我们就可以按照下面的步骤来添加打印机了。

Step 01 ❶ 单击计算机桌面上的【开始】按钮，❷ 在弹出的【开始】菜单中选择【设备和打印机】选项，如图 19-1 所示。

图 19-1

Step 02 在打开的窗口上部工具栏中单击【添加打印机】按钮，如图 19-2 所示。

图 19-2

Step 03 在弹出的【添加打印机】对话框中，此处可以选择添加本地打印机或添加网络打印机。这里选择【添加本地打印机】选项，如图 19-3 所示。

图 19-3

Step 04 进入选择打印机端口类型界面，❶ 选择本地打印机端口类型，这里选中【使用现有的端口】单选按钮，并在其后的下拉列表框中选择【LPT1:（打印机端口）】选项，❷ 单击【下一步】按钮，如图 19-4 所示。

图 19-4

Step 05 进入新的界面，此时需要选择打印机的【厂商】和【打印机类型】进行驱动加载。❶ 分别在【厂商】和【打印机】列表框中选择与你连接打印机对应的厂商名称和打印机型号，❷ 单击【下一步】按钮，如图 19-5 所示。

图 19-5

### 技术看板

如果系统在列表中没有显示出与你连接的打印机类型，可以通过单击【从磁盘安装】按钮添加打印机驱动。或单击【Windows Update】按钮，然后等待 Windows 联网检查其他驱动程序。

Step 06 经过上步操作，系统会显示出你所选择的打印机名称，确认无误后，单击【下一步】按钮进行驱动安装，如图 19-6 所示。

图 19-6

Step 07 经过上步操作，系统会显示【正在安装打印机】的界面，稍等片刻即可。待打印机驱动加载完成后，系统会出现是否共享打印机的界面，❶ 这里选中【不共享这台打印机】单选按钮，❷ 单击【下一步】按钮，如图 19-7 所示。

图 19-7

Step 08 经过上步操作，便已经完成了添加打印机的操作。你可以通过单击【打印测试页】按钮检测设备是否可以正常使用。这里直接单击【完成】按钮关闭该对话框，如图 19-8 所示。

Step 09 再次在【开始】菜单中选择【设备和打印机】选项，在打开的窗口中便可以看到设备处已经显示出了所添加的打印机，如图 19-9 所示。

图 19-8

图 19-9

**技术看板**

购买打印机时一般会随机配送光盘,只要将该光盘放进光驱便可以自动运行安装程序,进入驱动程序安装引导界面。如果要安装打印机的计算机没有光驱,也可以直接把文件拷贝到U盘,再放到该计算机上。

此外,还可以去网上下载对应打印机品牌型号的驱动安装,不会找的用户还可以使用驱动精灵检测硬件再安装。

## 19.1.2 将打印机共享

现在很多打印机都支持网络打印功能,不仅打印操作更加便利,并且可以轻松实现打印的共享以及打印的管理。不过网络打印机的添加比本地打印机安装稍微复杂些。

网络打印机在企业应用相当广泛,因为公司有很多台计算机,但

不可能每台计算机都安装打印机,因此一般通过打印机共享完成,打印机共享是需要在内部局域网完成的。只要局域网中的任意一台计算机连接了打印机,就可以将打印机在局域网中共享,那么其他内部局域网的计算机也均可以使用这台打印机网络打印。

这里我们以在 Windows 8 系统中添加共享打印机为例进行介绍(Windows 7 基本相同)。首先把打印机用网线或者无线连接到网络中并开机,然后按照下面的步骤进行操作。

Step 01 按照前面介绍的方法打开【设备和打印机】窗口,❶ 在需要共享的打印机选项上单击鼠标右键,❷ 在弹出的快捷菜单中选择【打印机属性】命令,如图 19-10 所示。

图 19-10

Step 02 在弹出的打印机属性对话框中,❶ 单击【共享】选项卡,❷ 选中【共享这台打印机】复选框,❸ 在【共享名】文本框中输入需要定义的网络打印机名称,❹ 单击【确定】按钮,如图 19-11 所示。

Step 03 设置完毕后,返回【设备和打印机】窗口中,选择设置了共享的打印机选项,在下方介绍栏的【状态】项中便会显示为共享标记 ✅💬,表示打印机已经共享,如图 19-12 所示。

图 19-11

图 19-12

## 19.1.3 添加和测试局域网打印机

将打印机共享后,局域网中的其他用户要使用打印机,还需要在各自的计算机中添加共享打印机,操作步骤比较简单,因为事先有一台计算机安装成功,其他计算机仅需要简单设置即可,无须驱动盘,也无须连接打印机,只需要计算机处于内部局域网以及安装打印机的计算机处于开机状态即可。添加网络打印机的具体操作步骤如下。

Step 01 按照前面介绍的方法打开【设备和打印机】窗口,在打开的窗口上部工具栏中单击【添加打印机】按

钮，弹出【添加打印机】对话框，选择【添加网络、无线或 Bluetooth 打印机】选项，如图 19-13 所示。

图 19-13

**Step 02** 此时系统会自动检测可用的网络打印机，检测到之后，将显示在列表框中。❶选择要使用的网络共享打印机选项，❷单击【下一步】按钮，如图 19-14 所示。

图 19-14

**Step 03** 经过上步操作，便已经添加了相应的共享打印机。❶在【打印机名称】文本框中输入该打印机的名称，❷单击【下一步】按钮，如图 19-15 所示。

**Step 04** 经过上步操作，便已经完成了添加该共享打印机的操作。最后提示用户网络打印机添加成功，单击【完成】按钮即可，如图 19-16 所示。

图 19-15

图 19-16

# 19.2 设置打印内容和区域

　　打印 Excel 表格是工作中常常要面临的任务。在打印表格之前，首先需要确定要打印的内容和区域。Excel 默认只打印当前工作表中的已有数据和图表的区域。另外还提供了很多人性化的设置，通过设置可以调整打印的内容和区域，如只打印部分表格数据、重复打印标题行等。

### ★ 重点 19.2.1 实战：为图书配备目录表设置打印区域

| 实例门类 | 软件功能 |
|---|---|
| 教学视频 | 光盘\视频\第 19 章\19.2.1.mp4 |

　　在实际的工作中，我们并不总是要打印整个工作表，如果只需要打印表格中的部分数据，此时可通过设置工作表的打印区域来打印需要的部分，具体操作步骤如下。

**Step 01** 打开"光盘\素材文件\第 19章\图书配备目录.xlsx"文件，❶选择需要打印的 A1:E52 单元格区域，❷单击【页面布局】选项卡【页面

设置】组中的【打印区域】按钮，❸在弹出的下拉列表中选择【设置打印区域】选项，如图 19-17 所示。

图 19-17

**Step 02** 经过上步操作，即可将选择的单元格区域设置为打印区域。在【文件】菜单中选择【打印】命令，在页面右侧可以预览工作表的打印效果，如图 19-18 所示。

图 19-18

## 技能拓展——取消打印区域

如果要取消已经设置的打印区域，可以单击【打印区域】按钮，在弹出的下拉菜单中选择【取消打印区域】选项。

### ★ 重点 19.2.2 实战：打印图书配备目录表的标题

| 实例门类 | 软件功能 |
|---|---|
| 教学视频 | 光盘\视频\第 19 章\19.2.2.mp4 |

在 Excel 工作表中，第一行或前几行通常存放着各个字段的名称，如【客户资料表】中的【客户姓名】【服务账号】【公司名称】等，我们把这行数据称为标题行（标题列以此类推）。

当工作表的数据占据着多页时，在打印表格时直接打印出来的就只有第一页存在标题行或标题列了，使得查看其他页中的数据不太方便。为了查阅方便，需要将行标题或列标题打印在每页上面。例如，要在【图书配备目录】工作簿中打印标题第 2 行，具体操作步骤如下。

**Step01** ❶ 单击【页面布局】选项卡【页面设置】组中的【打印区域】按钮，❷ 在弹出的下拉列表中选择【取消打印区域】选项，如图 19-19 所示，取消上次设置的打印区域操作。

图 19-19

**Step02** 单击【页面设置】组中的【打印标题】按钮，如图 19-20 所示。

图 19-20

**Step03** 打开【页面设置】对话框的【工作表】选项卡，单击【打印标题】栏中【顶端标题行】文本框右边的【引用】按钮，如图 19-21 所示。

图 19-21

### 技术看板

在打印表格时，有时虽然是打印表格区域，但希望在打印区域的同时能够连同表格标题一起打印，这时就可以同时设置打印区域和打印标题，在【页面设置】对话框【工作表】选项卡的【打印区域】文本框中也可以设置要打印的区域。

**Step04** ❶ 在工作表中用鼠标拖动选择需要重复打印的行标题，这里选择第 2 行，❷ 单击折叠对话框中的【引用】按钮，如图 19-22 所示。

图 19-22

**Step05** 返回【页面设置】对话框中可以看到【打印标题】栏中的【顶端标题行】文本框中已经引用了该工作表的第 2 行单元格，单击【打印预览】按钮，如图 19-23 所示。

图 19-23

### 技术看板

【页面设置】对话框【工作表】选项卡的【打印标题】栏中提供了两种设置方式。【顶端标题行】文本框用于将特定的行作为打印区域的横排标题，【左端标题列】文本框用于将特定的列作为打印区域的竖排标题。

**Step06** Excel 进入打印预览模式，可以查看到设置打印标题行后的效果，单击下方的【下一页】按钮，可以依次查看每页的打印效果，你会发现在每页内容的顶部都显示了设置的标题行内容，如图 19-24 所示。

图 19-24

在打印预览模式下，单击预览区下方的【上一页】按钮◀和【下一页】按钮▶，可逐页查看各页表格的打印预览效果。在【上一页】按钮右侧的文本框中输入需要预览的表格页码，可直接切换到该页进行预览。

★ 重点 19.2.3 实战：分页符设置

| 实例门类 | 软件功能 |
|---|---|
| 教学视频 | 光盘\视频\第 19 章\19.2.3.mp4 |

默认情况下，在打印工作表时，数据内容将自动按整页排满后再自动以分页的方式打印。当数据内容超过一页宽时，Excel 会先打印左半部分，把右半部分单独放在后面的新页中；同样的道理，当数据内容超过一页高时，Excel 会先打印前面部分，把超出的部分放在后面的新页中。

但当超出一页宽的右半部分数据并不多，可能就是一两列时；或者当超出一页高的后半部分并不多，可能就是一两行时，针对上面的情况不论是单独出现或同时出现，如果不进行调整就直接进行打印，那么效果肯定不能令人满意，而且还很浪费纸张。为了打印出来效果更好，这时就需要在分页预览下调整分页符的位置，让数据缩印在一页纸内。

另外，当数据的内容比较长时，打印出来的纸张可能有很多页，当然，这些页之间的分隔，还是 Excel 默认为我们添加的。而实际情况中，有时需要将同类数据分别放置于不同页面中进行强制分页打印。此时就需要通过插入分隔符来指定打印副本的新页开始位置。

例如，要让【科技计划项目】工作表按要求打印在 3 页上，并让每一页中的数据打印出来之后每一行数据都是完整的，具体操作步骤如下。

Step 01 ❶ 单击状态栏中的【分页预览】按钮，❷ 选择 C23 单元格，❸ 单击【页面布局】选项卡【页面设置】组中的【分隔符】按钮，❹ 在弹出的下拉列表中选择【插入分页符】选项，如图 19-25 所示。

图 19-25

在打印工作表之前，一定要确认电子表格页面中显示出了所有数据。如果表格中的内容太多，不能在现有单元格中完全显示出来，显示为数字标记【##】时，则打印输出后的表格中文本也将显示为【##】。

Step 02 此时，即可在 C23 单元格的左侧和上方同时插入垂直分页符和水平分页符。并用粗实线进行分隔，表示将分页符前面内容打印在一张纸上，将分页符后面的内容打印在另一张纸上，效果如图 19-26 所示。将鼠标光标移动到第一根粗实线的边框上，当鼠标指针显示为黑色双向箭头形状➡️时按住鼠标左键并向右拖动。

图 19-26

Step 03 拖动鼠标光标到最后一列数据的右侧，然后释放鼠标左键，即可调整打印区域的范围大小，效果如图 19-27 所示。

图 19-27

如果需要取消分隔打印数据，则可单击【页面布局】选项卡【页面设置】组中的【分隔符】按钮，在弹出的下拉列表中选择【删除分页符】选项。也可选择要删除的水平分页符下方的单元格或要删除的垂直分页符右侧的单元格，并在其上单击鼠标右键，在弹出的快捷菜单中选择【删除分页符】选项。不过，这些方法只能删除人工分页符，系统的自动分页符不能被删除。

★ 重点 19.2.4 实战：选定打印内容

| 实例门类 | 软件功能 |
|---|---|
| 教学视频 | 光盘\视频\第 19 章\19.2.4.mp4 |

除了设置工作表的打印区域外，用户也可以决定对哪些内容进行打印输出，如图片、图形、艺术字、批注等。

## 1. 对象的打印设置

在 Excel 的默认设置中，几乎所有对象都是可以在打印输出时显示出来的，这些对象包括图片、图形、艺术字、控件等。如果用户不希望打印某个对象，可以修改该对象的打印属性。例如，要取消员工档案表中公司标志图片的打印显示，具体操作步骤如下。

**技术看板**

以下步骤中的快捷菜单命令以及显示出的任务窗格的具体名称都取决于选择的对象类型，但操作方法基本相同。

**Step01** 打开"光盘\素材文件\第 19 章\员工档案表.xlsx"文件，❶选择不希望被打印的那张图片，并在其上单击鼠标右键，❷在弹出的快捷菜单中选择【设置图片格式】选项，如图 19-28 所示。

图 19-28

**Step02** 显示出【设置图片格式】任务窗格，❶单击【大小属性】选项卡圖，❷在【属性】栏中取消选中【打印对象】复选框，如图 19-29 所示。

**Step03** 在【文件】菜单中选择【打印】选项，在页面右侧可以预览工作表的打印效果，可以发现此时图片并没有被打印，如图 19-30 所示。

图 19-29

图 19-30

## 2. 打印显示批注的工作表

在编辑和管理 Excel 工作时，如果工作表中添加了批注，且在工作表中显示出了添加批注，在打印时默认情况该批注不被打印出来，若要在打印时打印显示出的批注内容，则需要进行以下设置。

**Step01** 单击【审阅】选项卡【批注】组中的【显示所有批注】按钮圖，如图 19-31 所示。

图 19-31

**Step02** 经过上步操作，工作表中的所有批注框都会显示出来，❶适当调整批注框的大小和位置，❷单击【页面布局】选项卡【页面设置】组右下角的【对话框启动器】按钮，如图 19-32 所示。

图 19-32

**技术看板**

如果在【批注】下拉列表框中选择【工作表末尾】选项，则打印时批注将打印在文档的末尾。

**Step03** 在弹出的【页面设置】对话框中，❶单击【工作表】选项卡，❷在【打印】栏中的【批注】下拉列表框中选择【如同工作表中的显示】选项，❸单击【打印预览】按钮，如图 19-33 所示。

图 19-33

**Step04** 经过上步操作，即可预览工作表的打印效果，可以发现此时批注框已经被一同打印了，如图 19-34 所示。

图 19-34

# 19.3 调整页面设置

设置表格的打印区域和打印内容后，可以直接进行打印。但为了让打印出的效果更加满意，还需要对打印输出的表格进行页面布局和合适的格式安排，如设置纸张的方向和大小、页边距，以及页眉页脚等。

## 19.3.1 实战：为招聘职位表设置页面纸张

| 实例门类 | 软件功能 |
|---|---|
| 教学视频 | 光盘\视频\第19章\19.3.1.mp4 |

实际应用中的表格都具有一定的规范，如表格一般摆放在打印纸上的中部或中上部位置，如果表格未摆放在打印纸上的合适位置，再美的表格也会黯然失色。打印之后的表格在打印纸上的位置，主要取决于打印前对表格进行的页面纸张设置，包括纸张大小和纸张方向的设置。

纸张大小即纸张规格，表示纸张制成后经过修整切边，裁剪成一定的尺寸，通常以【开】为单位表示纸张的幅面规格。常用纸张大小有 A4、A3、B5 等。在 Excel 中，设置纸张大小是指用户需要根据给定的纸张规格（用于打印数据的纸张大小）设置文档的页面，以便用户在相同页面大小中设置表格数据，使打印出来的表格更为美观。

纸张方向是指工作表打印的方向，分为横向打印和纵向打印两种。Excel 2013 默认的打印方向是纵向。如果制作的表格内容中列数较多，要保证打印输出时同一记录的内容能够显示完整，可以选择打印纸张的方向为横向；如果文档内容的高度很高，一般都设置成纵向打印。

例如，要为公开招聘职位表设置纸张大小为 16K、纸张方向为横向，具体操作步骤如下。

Step 01 打开"光盘\素材文件\第19章\公开招聘职位表.xlsx"文件，单击【视图】选项卡【工作簿视图】组中的【页面布局】按钮，如图 19-35 所示。

图 19-35

Step 02 经过上步操作，便进入了页面布局视图，在其中能分页显示各页的效果，方便用户查看页面效果。❶单击【页面布局】选项卡【页面设置】组中的【纸张大小】按钮，❷在弹出的下拉菜单中选择【16K 197×273 毫米】命令，如图 19-36 所示。

图 19-36

Step 03 此时，即可设置纸张大小为 16K。缩小内容显示比例后，即可看到在工作表中会根据纸张页面大小调整各页的效果。❶单击【页面设置】组中的【纸张方向】按钮，❷在弹出的下拉列表中选择【横向】选项，如图 19-37 所示。

图 19-37

### 技能拓展——自定义纸张大小

单击【页面布局】选项卡【页面设置】组中的【纸张大小】按钮，在弹出的下拉菜单中选择【其他纸张大小】命令，可以在弹出的对话框中自定义纸张的大小。

Step 04 经过上步操作，即可看到所有页面呈横向排列了，即原来的长度和宽度进行了调换，但发现还是有一列数据孤立地显示在其他页中，如图 19-38 所示。

图 19-38

**Step 05** ❶单击状态栏中的【分页预览】按钮，❷将鼠标光标移动到第一条粗实线的边框上，当鼠标指针显示为黑色双向箭头形状时按住鼠标左键并向右拖动到最后一列数据的右侧，如图19-39所示。

图 19-39

**Step 06** 释放鼠标左键，即可调整打印区域的范围大小，让表格中的每一条数据刚好放置在每页内，效果如图19-40所示。

图 19-40

### 技术看板

在为表格设置页面大小和方向时，应考虑报表的实际应用。如将来要送往印刷厂印刷，最好将页面大小设置为将来成品的大小，而页面方向也应根据印刷中版面的排布来进行设置。如果报表只是通过打印机进行普通的输出，则对页面大小的设置并没有严格的要求。

## 19.3.2 实战：为招聘职位表设置页边距

| 实例门类 | 软件功能 |
|---|---|
| 教学视频 | 光盘\视频\第19章\19.3.2.mp4 |

页边距是指打印在纸张上的内容，距离纸张上、下、左、右边界的距离。页边距的设置能够规划文档版心的位置，即表格内容的排放位置。

打印表格时，一般可根据要打印表格的行、列数，以及纸张大小来设置页边距。有时打印出的表格需要装订成册，此时常常会将装订线所在边的距离设置得比其他边距宽。

下面介绍如何设置页边距，使文件或表格格式更加统一和美观，具体操作步骤如下。

**Step 01** ❶单击【页面布局】选项卡【页面设置】组中的【页边距】按钮，❷在弹出的下拉菜单中选择【普通】命令，如图19-41所示。

图 19-41

### 技术看板

在Excel中，如果表格的宽度比设定的页面短，默认情况下会打印在纸张的左侧，这样右侧就会留有一条空白区域，非常不美观。可以调整某个或某些单元格的宽度，使其恰好与设定的页面相符，或者调整左右页边距，使其恰好处于页面中央。但最佳的方法是直接在【页面设置】对话框中设置数据的居中方式。

**Step 02** 经过上步操作，会将表格页边距设置为普通的页边距效果，同时调整每页的显示内容。❶再次单击【页边距】按钮，❷在弹出的下拉菜单中选择【自定义边距】命令，如图19-42所示。

图 19-42

**Step 03** 在弹出的【页面设置】对话框中，❶分别在【左】和【右】数值框中设置页面左右的边距，❷单击【打印预览】按钮，如图19-43所示。

图 19-43

**Step 04** 经过上步操作，即可预览设置页边距后的表格打印效果，单击预览效果右下角的【显示边距】按钮，即可在预览效果的纸张边距位置显示出两条纵虚线和4条横虚线，如图19-44所示。

图 19-44

### 技术看板

【页面设置】对话框中各项数据的作用如下。

● 【上】数值框：用于设置页面上边缘与第一行顶端间的距离值。

● 【左】数值框：用于设置页面左端与无缩进的每行左端间的距离值。

● 【下】数值框：用于设置页面下边缘与最后一行底端间的距离值。

● 【右】数值框：用于设置页面右端与无缩进的每行右端间的距离值。

● 【页眉】数值框：用于设置上页边界到页眉顶端间的距离值。

● 【页脚】数值框：用于设置下页边界到页脚底端间的距离值。

● 【水平】复选框：选中该复选框后，表格相对于打印纸页面水平居中对齐。

● 【垂直】复选框：选中该复选框后，表格相对于打印纸页面垂直居中对齐。

### ★ 重点 19.3.3 实战：为招聘职位表添加页眉和页脚

| 实例门类 | 软件功能 |
| --- | --- |
| 教学视频 | 光盘\视频\第 19 章\19.3.3.mp4 |

制作完成的表格有时需要打印输出上交上级部门或预见客户，为了让表格打印输出后更加美观和严谨，一般需要添加表格出处与公司的名称等

有用信息。Excel 的页眉和页脚就是提供显示特殊信息的位置，也是体现这些信息的最好场所，如添加页码、日期和时间、作者、文件名、是否保密等。

页眉是每一打印页顶部所显示的信息，可以用于表明名称和标题等内容；页脚是每一打印页中最底端所显示的信息，可以用于表明页号、打印日期及时间等。对于要打印的工作表，用户可以为其设置页眉和页脚。

Excel 内置了很多页眉页脚格式内容，用户只需做简单的选择即可快速应用相应的页眉页脚样式。我们可以通过【插入】选项卡的【文本】组进行添加，也可通过【页面设置】对话框的【页眉／页脚】选项卡进行设置。

### 技术看板

在打印包含大量数据或图表的 Excel 工作表之前，可以在【页面布局】视图中快速对页面布局参数进行微调，使工作表达到专业水准。

#### 1. 通过【文本】组插入页眉页脚

单击【插入】选项卡【文本】组中的【页眉和页脚】按钮，Excel 会自动切换到【页面布局】视图中，并在表格顶部显示出可以编辑的页眉文本框，同时显示出【页眉和页脚工具 设计】选项卡，在其中的【页眉和页脚】组中单击【页眉】按钮或【页脚】按钮，在弹出的下拉列表中将显示出 Excel 自带的页眉与页脚样式，选择需要的页眉或页脚样式选项即可。

例如，要为招聘职位表快速应用简约风格的页眉和页脚信息，具体操作步骤如下。

Step01 单击【插入】选项卡【文本】组中的【页眉和页脚】按钮，如图 19-45 所示。

图 19-45

Step02 此时，工作表自动进入页眉和页脚的编辑状态，并切换到【页眉和页脚工具 设计】选项卡。❶ 单击【页眉和页脚】组中的【页眉】按钮，❷ 在弹出的下拉列表中选择需要的页眉样式，如图 19-46 所示。

图 19-46

### 技术看板

在【页眉和页脚工具 设计】选项卡的【导航】组中单击【转至页眉】按钮或【转至页脚】按钮，可在页脚和页眉编辑状态中进行切换。在【选项】组中可以设置页眉页脚的一些效果，与【页面设置】对话框【页眉／页脚】选项卡中的复选框作用相同，在下一节中讲解各复选框的作用。

Step03 返回工作表中即可查看插入的页眉效果，如图 19-47 所示。

Step04 ❶ 单击【页眉和页脚】组中的【页脚】按钮，❷ 在弹出的下拉列表中选择需要的页脚样式，如

图 19-48 所示。

图 19-47

### 技术看板

插入的页眉页脚在普通编辑视图中是不显示的，但在打印输出时或者在打印预览视图中是可以看到的。

图 19-48

**Step05** 返回工作表中即可查看插入的页脚效果，如图 19-49 所示。

图 19-49

#### 2. 通过对话框添加页眉页脚

如图 19-50 所示，在【页面设置】对话框的【页眉/页脚】选项卡

中的【页眉】下拉列表框中可以选择页眉样式，在【页脚】下拉列表框中可以选择页脚样式。这些样式是 Excel 预先设定的，选择之后可以在预览框中查看效果。

图 19-50

【页面设置】对话框的【页眉/页脚】选项卡下方的多个复选框的作用介绍如下。

➥ 【奇偶页不同】复选框：选中该复选框后，可指定奇数页与偶数页使用不同的页眉和页脚。

➥ 【首页不同】复选框：选中该复选框后，可删除第一个打印页的页眉和页脚或为其选择其他页眉和页脚样式。

➥ 【随文档自动缩放】复选框：用于指定页眉和页脚是否使用与工作表相同的字号和缩放。默认情况下，此复选框处于选中状态。

➥ 【与页边距对齐】复选框：用于确保页眉或页脚的边距与工作表的左右边距对齐。默认情况下，此复选框处于选中状态。取消选中该复选框后，页眉和页脚的左右边距设置为与工作表的左右边距无关的固定值 0.7 英寸（1.9cm），即页边距的默认值。

### 19.3.4　实战：为图书配备目录表自定义页眉和页脚

| 实例门类 | 软件功能 |
| --- | --- |
| 教学视频 | 光盘\视频\第 19 章\19.3.4.mp4 |

如果系统内置的页眉页脚样式不符合要求，想制作更符合要求的页眉页脚效果，用户也可自定义页眉页脚信息，如定义页码、页数、当前日期、文件名、文件路径和工作表名、包含特殊字体的文本以及图片等元素。例如，要为【图书配备目录1】工作表自定义带图片的页眉页脚效果，具体操作步骤如下。

**Step01** 打开"光盘\素材文件\第 19 章\图书配备目录 1.xlsx"文件，单击【插入】选项卡【文本】组中的【页眉和页脚】按钮，如图 19-51 所示。

图 19-51

**Step02** 工作表自动进入页眉和页脚的编辑状态，❶ 单击鼠标将文本插入点定位在页眉位置的第一个文本框中，❷ 单击【页眉和页脚工具 设计】选项卡【页眉和页脚元素】组中的【图片】按钮，如图 19-52 所示。

图 19-52

**Step03** 在弹出的【插入图片】对话框中，单击【来自文件】选项后的【浏览】按钮，如图 19-53 所示。

图 19-53

**Step 04** 在弹出的【插入图片】对话框中，❶ 选择图片文件的保存位置，❷ 在下方的列表框中选择需要插入的图片，❸ 单击【插入】按钮，如图 19-54 所示。

图 19-54

**Step 05** 返回工作表的编辑页眉和页脚界面，❶ 在页眉位置的第二个文本框中单击鼠标定位文本插入点，然后输入文本【2017 年（下）中小学图书配备目录】，❷ 在【开始】选项卡的【字体】组中设置合适的字体格式，如图 19-55 所示。

图 19-55

**Step 06** ❶ 再次选择页眉位置的第一个文本框，❷ 单击【页眉和页脚工具 设计】选项卡【页眉和页脚元素】组中的【设置图片格式】按钮，如

图 19-56 所示。

图 19-56

**Step 07** 在弹出的【设置图片格式】对话框中，❶ 在【大小】选项卡的【大小和转角】栏中设置图片高度为【1厘米】，❷ 单击【确定】按钮，如图 19-57 所示。

图 19-57

**Step 08** 单击【页眉和页脚工具 设计】选项卡【导航】组中的【转至页脚】按钮，如图 19-58 所示。

图 19-58

**Step 09** 此时，即可切换到页脚的第 2个文本框中。单击【页眉和页脚元

素】组中的【页码】按钮，即可在页脚位置第 2 个文本框中插入当前页码，如图 19-59 所示。

图 19-59

**Step 10** ❶ 在页脚位置的第 3 个文本框中单击鼠标定位文本插入点，❷ 单击【页眉和页脚元素】组中的【当前日期】按钮，即可在页脚位置第 3 个文本框中插入当前系统日期，如图 19-60 所示。

图 19-60

**Step 11** 单击任意单元格，退出页眉和页脚编辑状态，即可查看到自定义的页眉和页脚效果，如图 19-61 所示。

图 19-61

第 1 篇

第 2 篇

第 3 篇

第 4 篇

第 5 篇

第 6 篇

## 技术看板

在【页眉和页脚元素】组中单击【页数】按钮,可插入总页数;单击【当前时间】按钮,可插入系统的当前时间;单击【文件路径】按钮,可插入文件路径;单击【文件名】按钮,可插入文件名;单击【工作表名】按钮,可插入工作表名称。

## 技能拓展——自定义页眉页脚的其他方法

在【页面设置】对话框的【页眉 / 页脚】选项卡中单击【自定义页眉】或【自定义页脚】按钮,将弹出【页眉】或【页脚】对话框,如图 19-62

所示。这两个对话框中包含的文本框以及按钮信息都相同,单击相应的按钮即可在对应的页眉页脚位置插入相应的页眉页脚信息。

图 19-62

### 19.3.5 删除页眉和页脚

不同的场合会对工作表有不同

的要求,如工作表中不需要设置页眉和页脚,或对自定义的页眉或页脚不满意,只需删除页眉或页脚位置文本框中的数据重新设置即可;或在【页眉和页脚工具 设计】选项卡的【页眉和页脚】组中设置页眉和页脚的样式为【无】;还可以在【页面设置】对话框的【页眉 / 页脚】选项卡中的【页眉】和【页脚】下拉列表框中选择【无】选项。

# 19.4 打印设置

在确定了打印的具体内容和页面格式设置,并通过打印预览模式对预览的打印效果满意后,则可直接打印工作表,默认打印为一份,用户可以根据需要设置打印参数。本小节我们就来介绍一些使用打印机打印表格的设置。

### 19.4.1 在【打印】命令中设置打印参数

调整工作表的页边距、纸张大小、方向、页眉和页脚以及打印区域后,为了保证设置的准确性,一般在打印之前可以对工作表进行打印预览,以观察设置的效果,有利于调整。Excel 2013 的 Backstage 视图中提供了单独位置预览打印效果,也就是我们前面介绍的【文件】菜单中的【打印】命令,该命令右侧的面板分为两个部分,第一部分用于设置打印机的属性,如图 19-63 所示;第二部分为表格的打印预览。预览之后,如果要返回工作簿并进行修改,单击【返回】按钮即可。

如果对预览效果感到满意,则可以在第一部分设置需要打印的份数、打印机选项和其他打印机设置,

然后单击【打印】按钮 即可打印输出。

图 19-63

→ 【打印】按钮：单击该按钮即

可开始打印。

→ 【份数】数值框：若要打印多份相同的工作表,但不想重复执行打印操作,在该数值框中输入要打印的份数,即可逐页打印多份表格。

→ 【打印机】下拉列表：如果安装有多台打印机,可在该下拉列表中选择本次打印操作要使用的打印机,单击【打印机属性】超级链接,可以在弹出的对话框中对打印机的属性进行设置。

→ 【打印范围】下拉列表：该下拉列表用于设置打印的内容,单击后将显示出整个下拉选项,如图 19-64 所示。在其中选择【打印活动工作表】选项时,将打印当前工作表或选择的工作表组;选择【打印整个工作簿】选项时,可自动打印当前工作簿中的所有

工作表；选择【打印选定区域】选项时，与设置打印区域的效果相同，只打印在工作表中选择的单元格区域；选择【忽略打印区域】选项，可以在本次打印中忽略在工作表中设置的打印区域。

图 19-64

→ 【打印页码】数值框 ⬚ 至 ⬚：当打印的内容有多页时，在该数值框中可以设置需要打印的页面范围，分别在【至】前后的两个数值框中输入起始页面打印到结束页面。

→ 【调整】下拉列表：该下拉列表用于设置打印的顺序，单击后将显示出整个下拉选项，如图 19-65 所示。在打印多份多页表格时，可采取逐页打印多份和逐份打印多页两种方式。

图 19-65

→ 【打印方向】下拉列表：该下拉列表用于设置表格打印的方向为横向或纵向。

→ 【纸张大小】下拉列表：该下拉列表用于设置表格打印的纸张大小。

→ 【页边距】下拉列表：该下拉列表用于设置表格的页边距效果。

→ 【缩放设置】下拉列表：该下拉列表用于当表格中数据比较多时，设置打印表格的缩放类型。单击后将显示出整个下拉选项，如图 19-66 所示。选择【将工作表调整为一页】选项时，可以将工作表中的所有内容缩放为一页大小进行打印；选择【将所有列调整

为一页】选项，可以将表格中所有列缩放为一个页宽大小进行打印；选择【将所有行调整为一页】选项，可以将表格中所有行缩放为一个页高大小进行打印；选择【自定义缩放选项】选项，可以在弹出的【页面设置】对话框中自定义缩放类型。

图 19-66

**技能拓展——快速执行【打印】命令**

按【Ctrl+P】组合键可快速切换到打印面板。

### 19.4.2 在【页面设置】对话框中设置打印参数

在打印表格时，为了使打印内容更加准确，有时需要进行其他打印设置，此时可在【页面设置】对话框中进行详细设置。

【页面设置】对话框中包含 4 个选项卡，其中【页边距】和【页眉/页脚】选项卡的用法我们在前面已经介绍得比较仔细了，下面主要介绍【页面】和【工作表】选项卡中的相关设置。

**技能拓展——弹出【页面设置】对话框的其他方法**

单击【页面布局】选项卡【页面设置】组右下角的【对话框启动器】按钮 ▫，或者在【文件】菜单中选择【打印】命令，在右侧面板中的【设置】栏中单击【页面设置】超级链接，也可以弹出【页面设置】对话框。

**1.【页面】选项卡**

【页面设置】对话框的【页面】选项卡中提供了设置打印方向、缩放、纸张大小及打印质量等选项，比【页面布局】选项卡中用于设置页面纸张的参数更齐全，如图 19-67 所示。下面对其中的一些参数进行说明。

图 19-67

→ 【方向】栏：该栏用于设置纸张方向，其中提供了【纵向】和【横向】两个单选按钮，在页面横向与纵向打印之间进行选择。

→ 【缩放比例】单选按钮：选中该单选按钮，可以按照正常尺寸的百分比缩放打印，在其后的【% 正常尺寸】数值框中输入确切的缩放百分比，最小缩放比例为 10%。

→ 【调整为】单选按钮：选中该单选按钮，可以在其后的【页宽】和【页高】数值框中输入确切的数字。若要填充纸宽，请在【页宽】数值框中输入指定的整数（如 1），并在【页高】数值框中不输入数据（或足够大的整数）。若要填充纸高，请在【页高】数值框中输入指定的整数（如 1），并在【页宽】数值框中不输入数据（或足够大的整数）。Excel 会根据设置的【页高】和【页宽】自动调整缩放的比例。

**技术看板**

若表格的宽度比设定的页面长，则右侧多余的部分会打印到新的纸张上，不仅浪费，还影响表格的阅读。如果手动调整，改变单元格的尺寸后，单元格中的内容也会随之改变。这时可以打开【页面设置】对话框并切换到【页面】选项卡，在【缩放】栏中选中【调整为】单选按钮，并设定为1页宽。不过，对于纸张高、宽比例严重不协调的工作表来讲，建议不要采用此方法，否则会严重影响打印效果。

→ 【打印质量】下拉列表框：在该下拉列表框中选择分辨率选项，可指定活动工作表的打印质量。分辨率是打印页面上每线性英寸的点数 (dpi)。在支持高分辨率打印的打印机上，分辨率越高打印质量就越好。一般情况下不需要进行设置。不同类型打印机的打印质量是不相同的，在设置前可以先查阅打印机的说明资料。

→ 【起始页码】文本框：在该文本框中输入【自动】，可以对各页进行编号。如果是打印作业的第1页，则从【1】开始编号，否则从下一个序号开始编号。也可以输入一个大于1的整数来指定【1】以外的起始页码。

**2.【工作表】选项卡**

　　【页面设置】对话框的【工作表】选项卡中不仅可以设置批注的打印与否，还可以设置工作表中的其他一些内容，打印输出的颜色、打印质量、以及网格线是否打印等，如图 19-68 所示。下面分别讲解其中各打印设置选项的用途。

图 19-68

→ 【网格线】复选框：选中该复选框后，在打印输出的表格中将包含工作表网格线。默认情况下，无论网格线在工作表中显示与否，都不会进行打印。

→ 【单色打印】复选框：选中该复选框后，在使用彩色打印机时，可打印出单色表格；在使用黑白打印机时，如果不希望工作表中单元格的背景颜色影响到报表的整洁和可读性，也可选中该复选框。默认情况下，该复选框处于取消选中状态。

→ 【草稿品质】复选框：如果所使用的打印机具有【草稿品质】模式，则选中该复选框后，可以使用较低的打印质量以更快的速度打印。

→ 【行号列标】复选框：选中该复选框后，可以在打印输出中包含这些标题。

→ 【错误单元格打印为】下拉列表框：当在工作表中使用了公式或者函数之后，有些时候难免会出现一些错误提示信息，如果把这些错误信息也打印出来就非常不雅了。要避免将这些错误提示信息打印出来，可以在该下拉列表框中选择希望工作表中出现的单元格错误在打印输出中的显示方式。默认情况下，错误将按原样显示，但也可以通过选择【< 空白 >】选项不显示错误；选择【--】选项，将错误显示为两个连字符，或者将错误显示为【#N/A】。

→ 【先列后行】单选按钮：大的工作表必须向下打印很多行，并向一侧打印很多列，其中一些打印页会包含与其他页不同的列。打印输出会沿水平方向和垂直方向对工作表进行划分。默认情况下，Excel 按照先自上而下，再从左到右的顺序（即先列后行）打印工作表页面，将较长和较宽的工作表进行拆分。

→ 【先行后列】单选按钮：选中该单选按钮后，Excel 会向下打印一组列中的所有行，直到到达工作表底部为止。然后，Excel 将回到顶部，横向移动，再向下打印下一组列，直到到达工作表底部，就这样以此类推，直到打印完所有数据为止。

### 19.4.3 中止打印任务

　　在打印文档时，若发现打印设置错误，那么这时就需要立即中止正在执行的打印任务，然后重新设置打印操作。中止打印任务的具体步骤如下。

**Step01** 按照前面介绍的方法打开【设备和打印机】窗口，双击执行打印任务的打印机名称，如图 19-69 所示。

图 19-69

**Step02** 打开打印机窗口，选择【查看正在打印的内容】选项，如图 19-70 所示。

图 19-70

Step 03 在打开的打印机窗口中，❶单击【文档】菜单，❷在弹出的下拉菜

单中选择【取消】命令，如图 19-71 所示。

图 19-71

Step 04 打开【打印机】对话框提示是否需要取消文档，单击【是】按钮即可，如图 19-72 所示。

Step 05 经过上步操作后，将返回打印机窗口，可以看到选择的打印任务正

在删除中，如图 19-73 所示。

图 19-72

图 19-73

## 妙招技法

通过前面的学习，相信读者已经掌握了打印报表的相关操作。下面结合本章内容介绍一些实用技巧，让你在打印过程中更加顺利。

### 技巧 01：复制工作表的页面设置

| 教学视频 | 光盘\视频\第 19 章\技巧 01.mp4 |
|---|---|

Excel 中可以为同一工作簿中的每张工作表分别设置不同的页面设置，如纸张大小、打印方向、页边距、页眉页脚等。而在实际工作中制作报表时，经常需要为多张工作表设置相同或相似的页面设置，此时我们想到了复制，但是全选表格后，复制得到的表格只复制了表格中的数据格式，还是需要进行页面设置的。下面介绍复制工作表页面设置的具体方法，例如，要将【办公物品登记】工作簿中【办公用品】工作表的页面设置格式复制到该工作簿的所有工作表中，具体操作步骤如下。

Step 01 打开"光盘\素材文件\第 19 章\办公物品登记.xlsx"文件，❶按住【Ctrl】键的同时选择所有工

作表，形成工作组，❷在【文件】菜单中选择【打印】选项，❸在【设置】栏中单击【页面设置】超级链接，如图 19-74 所示。

图 19-74

#### 🔧 技术看板

如果需要复制页面设置的工作表到不同的工作簿中，首先需要通过移动或复制工作表的方法将它们放置在一个工作簿中。

Step 02 在弹出的【页面设置】对话框中，不进行任何设置，直接单击【确

定】按钮，如图 19-75 所示。

图 19-75

Step 03 返回工作簿编辑界面，❶选择工作簿中原来没有设置页面格式的任意工作表，❷单击视图状态栏中的【页面布局】按钮，即可看到该工作表中的页面设置已经与最先选择的工作表（【办公用品】工作表）相同了，如图 19-76 所示。切换到其他工作表，也可以发现它们的页面布局效果都是相同的。

图 19-76

**技术看板**

如果需要制作相同页面设置的所有工作表尚未进行页面设置，就可以在按住【Ctrl】键的同时选择这些工作表形成工作组，然后再对整个工作组进行页面设置。这样，多个工作表将获得相同的页面设置。

## 技巧 02：打印背景图

教学视频　光盘\视频\第19章\技巧02.mp4

默认情况下，Excel 中为工作表添加的背景图片只能在显示器上查看，是无法打印输出的。如果需要将背景图和单元格内容一起打印输出，可以将背景图以插入图片的方法添加为背景，或者通过设置单元格的填充色来添加背景，因为单元格的填充色会被 Excel 打印。

若已经为表格添加了背景图，还可以通过 Excel 的摄影功能进行打印。Excel 2013 中的摄影功能包含在【选择性粘贴】功能中，它的操作原理是将工作表中的某一单元格区域的数据以链接的方式同步显示在另外一个地方，但是它又是以【抓图】的形式进行链接的，因此可以连带该单元格区域的背景图一并进行链接。

下面通过 Excel 的摄影功能设置打印【茶品介绍】工作表中的背景图，具体操作步骤如下。

Step 01　打开"光盘\素材文件\第19

章\茶品介绍.xlsx"文件，❶ 选择要打印的部分，这里选择 A1:E12 单元格区域，❷ 单击【开始】选项卡【剪贴板】组中的【复制】按钮，❸ 单击【新工作表】按钮⊕，如图 19-77 所示。

图 19-77

Step 02　❶ 单击【剪贴板】组中的【粘贴】按钮，❷ 在弹出的下拉菜单的【其他粘贴选项】栏中单击【链接的图片】按钮，如图 19-78 所示。

图 19-78

**技术看板**

通过 Excel 的摄影功能粘贴的链接图片虽然表面上是一张图片，但是在修改原始单元格区域中的数据时，被摄影功能抓拍下来的链接图片中的数据也会进行同步更新。链接图片还具有图片的可旋转等功能。

Step 03　经过上步操作，即可在【Sheet 2】工作表中以图片的形式粘贴【Sheet1】工作表中的 A1:E12 单元格区域。在【文件】菜单中选择【打印】选项，在右侧面板中查看表格的打印预览效果，此时便能打印出背景图了，如图 19-79 所示。

图 19-79

## 技巧 03：只打印工作表中的图表

教学视频　光盘\视频\第19章\技巧03.mp4

在打印 Excel 工作表中的内容时，如果只需要打印工作表中某一个图表内容，此时可以使用以下操作。

Step 01　打开"光盘\素材文件\第19章\产品销售情况表.xlsx"文件，❶ 选择要打印的图表，❷ 单击【文件】选项卡，如图 19-80 所示。

图 19-80

Step 02　在弹出的【文件】菜单中选择【打印】命令，此时，在右侧的预览面板中可以看到页面中只显示有选中的图表，如图 19-81 所示。

图 19-81

## 技巧 04：不打印工作表中的零值

| 教学视频 | 光盘\视频\第 19 章\技巧 04.mp4 |
|---|---|

有些工作表中，如果认为把【0】值打印出来不太美观，可以进行如下设置，避免 Excel 打印【0】值。例如，要让工资表在打印输出时其中的【0】值隐藏起来，具体操作步骤如下。

**Step01** 打开"光盘\素材文件\第 19 章\工资表.xlsx"文件，❶打开【Excel 选项】对话框，❷单击【高级】选项，❸在【此工作表的显示选项】栏中取消选中【在具有零值的单元格中显示零】复选框，❹单击【确定】按钮，如图 19-82 所示。

**Step02** 在【文件】菜单中选择【打印】命令，此时，在右侧的预览面板中可以看到零值单元格已经不会被打印出来了。

图 19-82

## 技巧 05：打印工作表中的公式

| 教学视频 | 光盘\视频\第 19 章\技巧 05.mp4 |
|---|---|

一般情况下，我们是不需要打印公式内容的，但是某些特殊情况下，为了方便我们对计算公式进行分析，我们可以把公式内容打印出来。

**Step01** 单击【公式】选项卡【公式审核】组中的【显示公式】按钮，如图 19-83 所示。

图 19-83

**Step02** 经过上步操作后，便可以让工作表中的所有公式都显示出来，此时再打印工作表，就会把工作表中所的公式内容都打印出来了，效果如图 19-84 所示。

图 19-84

## 本章小结

办公应用中的表格通常不是为了给自己看的，很多报表都需要打印输出，以供填写、审阅或核准。Excel 报表的打印效果与选择的打印内容、页面布局和打印设置直接关联，因此，在打印前一般需要进行一系列的设置，从而帮助用户打印出需要的工作表。无论是设置打印内容、调整页面格式，还是设置打印参数，都只需要围绕一个目的做好就行了，那就是将你要表达的内容正确、明了地展示给受众。

# 第**20**章　数据的获取与共享

➟ 你还以为 Excel 中的数据只能在 Excel 中输入和使用吗？

➟ 表格、图表、文本怎样快速导入 Excel？

➟ Word、Excel、PPT 不是一家公司的吗？是不是可以用【Ctrl+C】和【Ctrl+V】让多个软件中的内容互相应用？

➟ 想让关联的表格数据自动进行更新？用超链接啊！

➟ 花费那么多精力制作的表格，怎样才能分享给大家？

　　当今我们正处于一个信息爆炸的时代，各种数据很多，而且数据获取的途径千变万化。而 Excel 在工作中应用最多的也是数据的分析。要将 Excel 的功能最大化，必须要掌握好导入材料和分享工作表的技能，从而让各种途径得来的数据得到合理的利用和分析。本章就来介绍数据的获取与共享功能。

## 20.1　导入数据

　　在使用 Excel 2013 的过程中，或许需要将其他软件制作的文件或其他设备生成的数据放到 Excel 中。这就需要学习将相关文件导入 Excel 的方法。本节主要介绍从 Access、网站、文本获取外部数据，以及使用现有链接获取外部数据的方法。通过学习，读者需要掌握使用链接与嵌入导入其他 Office 组件中的文件到 Excel 中的具体方法，以便简化后期的表格制作过程。

### 20.1.1　软件之间的关联性与协作

　　在计算机中可以应用的软件非常丰富。不同的软件，开发者不同、开发目的和应用的方向也不相同，甚至具有相同功能的软件也可能有许多款，那么用户在针对不同应用需求选购软件时，选择范围也会很广泛。

　　在现代企业中，无纸化办公、信息化、电子商务等高新技术的应用越来越广泛，对于各类软件的需求也越来越多，如公司可能会有内部的 OA 办公系统、账务管理系统、收银系统、进销存管理系统、电子商务平台、ERP/SAP 系统等，或者有一些专业的应用软件，如金蝶财务、用友 A8、数据库等。

　　由于不同软件的侧重点不同，提供的功能也就有很大的差别，例如，普通的 OA 系统主要应用于公司内部文件的流通和流程的应用，虽然提供了文件发布及文档编辑功能，但它为我们提供的文档编辑或表格处理功能相对于 Word 和 Excel 来说就非常简单了，要做出专业的排版和表格或图表，还是需要使用 Word 和 Excel 软件。

　　所以，要提高工作效率，我们首先需要了解各个软件的作用及特点，掌握各个软件在不同应用中的重点功能，在完成某项工作时合理应用不同的软件完成工作中不同的部分，从而提高工作效率。

　　例如，要编写一个销售报告，报告中除了文字及排版外，还会用到许多的数据、图表之类元素，此时，可以应用 Excel 创建数据表格、制作图表，并将这些数据表格和图表应用到 Word 中，从而提高工作效率。

　　又如，ERP 系统为我们提供了信息化的综合性的企业管理功能，企业管理相关的各类信息都会存放到数据库，而系统中可能只提供一些特定的数据分析和报表功能。如果要按照更灵活的方式来筛选数据、分析数据，可以将数据库中需要的数据导出到 Excel 中，利用 Excel 中强大的数据计算和分析功能来自行创建各类统计报表。

　　再如，现代化的企业中，员工的考勤记录基本上都会采用打卡设备来采集，而采集的数据很多时候还需要进一步的分析和统计，同样可以运用 Excel 来处理这些数据。

当然，在应用多种软件来完成工作时，只有先了解了这些软件的特点，才可能合理地应用这些软件来为我们工作。如果不了解 Excel 软件的特点是数据处理和统计分析，而应用 Excel 来做文档的编辑和排版，相信这样工作效率将极其低下。当了解软件的特点后，合理地应用各软件的强项，从而达到提高工作效率的目的。

另外，现代化的办公应用中，可能还会用到一些现代化的仪器和设备，有些设备是为采集数据，有些设备又有着其他的应用目的。因此，还需要了解工作中可能会用到的各种设备，包括设备用途，导出或导入时所支持的文件格式等。当然也包括日常生活中用到的一些设备，如智能手机、平板电脑等，这些设备支持哪些文件格式，做好的文档或表格保存成什么格式可以方便在手机上查阅甚至编辑，手机中的通讯录如何导入到 Excel 中进行分析等。

### ★ 重点 20.1.2 实战：从 Access 获取产品订单数据

| 实例门类 | 软件功能 |
|---|---|
| 教学视频 | 光盘\视频\第 20 章\20.1.2.mp4 |

在 Microsoft Office 组件中，各软件都有自己功能较强的一面，如 Excel 侧重点是数据处理；Word 则是对日常的办公文档进行编辑；PowerPoint 主要用于制作 PPT，进行幻灯片演示；而 Access 则可能是与 Excel 联合使用得比较多的。Access 是一种更专业、功能更强大的数据处理软件，它能快速地处理一系列数据，主要用于大型数据的存放或查询等。

在实际工作中，由于个人处理数据所使用的软件习惯不同，可能会遇到某些人习惯使用 Access 软件，某些人习惯使用 Excel 软件。导致在查看数据前就需要在 Excel 和 Access 两个软件之间进行转换。也有可能既使用 Access 也使用 Excel，也需要在 Excel 和 Access 两个软件之间进行转换。

一般情况下会在 Access 数据库中存储数据，但使用 Excel 来分析数据、绘制图表和分发分析结果。因此，经常需要将 Access 数据库中的数据导出到 Excel 中。这时，可以通过下面介绍的 4 种方法来实现数据的导入。

> **技术看板**
>
> 【导入】在 Excel 和 Access 中的意义各不相同。在 Excel 中，导入指建立一个可刷新的永久数据连接。而在 Access 中，导入则指将数据装入 Access 中一次，但不建立数据连接。

#### 1. 复制粘贴法

如果只是临时需要将 Access 中的数据应用到 Excel 中，可以通过复制粘贴的方法进行获取。即像在工作表中复制数据一样，先从 Access 的数据表视图复制数据，然后将数据粘贴到 Excel 工作表中。

下面通过使用复制粘贴法，将【美加健身俱乐部】数据库中的数据复制到工作簿中，具体操作步骤如下。

Step01 ❶ 启动 Access 2013，打开包含要复制记录的数据库，这里打开"光盘\素材文件\第 20 章\美加健身俱乐部 .accdb"文件，❷ 在【所有表】任务窗格中双击【会员基本资料：表】选项，打开该数据表，系统自动切换到数据表视图模式，❸ 选择需要复制的前面几条记录，❹ 单击【开始】选项卡【剪贴板】组中的【复制】按钮，如图 20-1 所示。

图 20-1

> **技术看板**
>
> Office 剪贴板是所有 Office 组件程序的共享内存空间。任何 Office 组件程序之间，Office 剪贴板都能帮助它们进行信息复制。

Step02 ❶ 启动 Excel 2013，在新建的空白工作簿中选择要显示第一个字段名称的单元格，这里选择 A1 单元格。❷ 单击【开始】选项卡【剪贴板】组中的【粘贴】按钮，即可将复制的 Access 数据粘贴到 Excel 中，如图 20-2 所示。❸ 以【健身俱乐部会员信息】为名保存当前 Excel 文件。

图 20-2

> **技术看板**
>
> 由于 Excel 和 Access 都不提供利用 Excel 数据创建 Access 数据库的功能，因此不能将 Excel 工作簿保存为 Access 数据库。

## 2. 使用【打开】命令

在 Excel 中可以直接打开 Access 软件制作的文件，使用【打开】命令即可像打开工作簿一样打开 Access 文件，并可查看和编辑其中的数据。

下面使用【打开】命令，在 Excel 中打开【正式员工信息】文件，具体操作步骤如下。

**Step01** 新建一个空白工作簿，❶ 在【文件】菜单中选择【打开】命令，❷ 在中间栏中双击【计算机】选项，如图 20-3 所示。

图 20-3

**Step02** 在弹出的【打开】对话框中，❶ 选择需要打开的数据库文件的保存位置，❷ 在【文件名】文本框右侧的下拉列表框中选择【所有文件】选项，❸ 在中间的列表框中选择需要打开的文件，❹ 单击【打开】按钮，如图 20-4 所示。

图 20-4

**Step03** 在弹出的提示对话框中，单击【启用】按钮继续连接数据，如图 20-5 所示。

图 20-5

**Step04** 由于打开的数据库中包含了多个数据表，因此在弹出的【选择表格】对话框中，❶ 需要在其中选择要打开的数据表，这里选择【正式员工基本资料】选项，❷ 单击【确定】按钮，如图 20-6 所示。

图 20-6

**Step05** 在弹出的【导入数据】对话框中，❶ 在【请选择该数据在工作簿中的显示方式】栏中根据导入数据的类型和需要选择相应显示方式，这里选中【表】单选按钮，❷ 单击【确定】按钮，如图 20-7 所示。

图 20-7

**Step06** 返回 Excel 界面中即可查看到打开的 Access 数据表，如图 20-8 所示，进行查看和编辑后，以【正式员工信息】为名保存当前 Excel 文件。

图 20-8

### 3. 使用【获取外部数据】命令

Excel 的导入外部数据功能非常强大，可以实现动态查询，如在 Excel 中定期分析 Access 中的数据，而不需要从 Access 反复复制或导出数据。当原始 Access 数据库使用新信息更新时，也可以自动刷新包含该数据库中的数据的 Excel 工作簿。

要让导入的 Access 数据实现动态查询功能，需要在 Excel 中创建一个到 Access 数据库的连接，这个连接通常存储在 Office 数据连接文件（.odc）中，可检索表或查询中的所有数据。

例如，要使用【获取外部数据】命令获取能实现动态查询的产品订单数据透视表，具体操作步骤如下。

**Step 01** ❶ 新建一个空白工作簿，选择 A1 单元格作为存放 Access 数据库中数据的单元格，❷ 单击【数据】选项卡【获取外部数据】组中的【自 Access】按钮，如图 20-9 所示。

图 20-9

**Step 02** 在弹出的【选取数据源】对话框中，❶ 选择需要打开的数据库文件的保存位置，❷ 在中间的列表框中选择需要打开的文件，❸ 单击【打开】按钮，如图 20-10 所示。

**Step 03** 在弹出的【选择表格】对话框中，❶ 选择要打开的数据表，这里选择【供应商】选项，❷ 单击【确定】按钮，如图 20-11 所示。

图 20-10

图 20-11

**Step 04** 在弹出的【导入数据】对话框中，❶ 在【请选择该数据在工作簿中的显示方式】栏中根据导入数据的类型和需要选择相应的显示方式，这里选中【数据透视表】单选按钮，❷ 单击【属性】按钮，如图 20-12 所示。

图 20-12

**Step 05** 在弹出的【连接属性】对话框中，为导入的数据设置名称、查询定义、刷新控件、OLAP 服务器格式设置和布局选项等，这里 ❶ 选中【刷新频率】复选框，并在其后的数值框中输入【180】，❷ 选中【打开文件时刷新数据】复选框，❸ 单击【确定】按钮，如图 20-13 所示。

图 20-13

**Step 06** 返回【导入数据】对话框，单击【确定】按钮，如图 20-14 所示。

图 20-14

**Step07** 返回 Excel 界面中即可查看到创建了一个空白数据透视表，❶ 在【数据透视表字段】任务窗格的列表框中选中【城市】【地址】【公司名称】【供应商 ID】和【联系人姓名】复选框，❷ 将【行】列表框中的【城市】选项移动到【筛选器】列表框中，即可得到需要的数据透视表效果，如图 20-15 所示。❸ 以【产品订单数据透视表】为名保存当前 Excel 文件。

图 20-15

### 4.使用【插入对象】命令

Office 2013 中的各个组件之间除了通过链接方式实现信息交流外，还可以通过嵌入的方式来实现协同工作。

链接数据和嵌入数据两种方式之间的主要区别在于源数据的存储位置，以及将数据导入 Excel 目标文档后的更新方法。链接的数据存储于源文档中，目标文档中仅存储文档的地址，并显示链接数据的外部对象。链接数据后的源文档大小变化不大，只有在修改源文档时才会更新信息；而嵌入的数据会成为目标文档中的一部分，一旦插入就不再与源文档有任何联系。在源程序中双击嵌入的数据就可以打开它的宿主程序并对它进行编辑。

例如，为了完善和丰富表格内容，有时需要嵌入其他组件中的文件到 Excel 中。在 Excel 中可以嵌入 *.dbf、文本文件、网页文件、Word、PowerPoint、Access 等类型的对象。要使用嵌入对象，首先要在其中新建嵌入对象。下面通过使用【插入对象】命令在 Excel 中嵌入 Access 对象，具体操作步骤如下。

**Step01** ❶ 新建一个空白工作簿，选择 A1 单元格，❷ 单击【插入】选项卡【文本】组中的【对象】按钮，如图 20-16 所示。

图 20-16

**Step02** 在弹出的【对象】对话框中，❶ 单击【由文件创建】选项卡，❷ 单击【文件名】文本框右侧的【浏览】按钮，并在弹出的对话框中选择要打开的文件，❸ 选中【链接到文件】复选框，❹ 单击【确定】按钮，如图 20-17 所示。

图 20-17

在【对象】对话框中单击【新建】选项卡，可以在下方的【对象类型】列表框中选择需要嵌入的文件类型，以便在 Excel 中嵌入对应软件的界面，方便大家在 Excel 中重新创建该类型的文件内容。例如，要在 Excel 中插入 Word 文档格式的文本数据，便可以在【对象类型】列表框中找到提供的插入 Word 文档的选项，稍后便可以在工作表中新建一个对象，使用 Word 的编辑模式进行输入即可。输入完成后单击任意单元格可退出 Word 编辑模式。需要修改时，可双击该单元格，或在该单元格上单击鼠标右键，在弹出的快捷菜单中选择【文档对象 - 编辑】命令，进入编辑模式。

**Step03** 返回工作表，即可查看到插入到工作表中的图标对象，如图 20-18 所示。双击插入的图标对象。

图 20-18

**Step04** 在弹出的【打开软件包内容】对话框中，单击【确定】按钮，如图 20-19 所示，即可启动 Access 软件打开该图标对象所指的源文档。

图 20-19

## 20.1.3 实战：将公司网站数据导入工作表

| 实例门类 | 软件功能 |
|---|---|
| 教学视频 | 光盘\视频\第20章\20.1.3.mp4 |

如果用户需要将某个网站的数据导入到 Excel 工作表中，可以使用【打开】对话框来打开指定的网站，将其数据导入到 Excel 工作表中；也可以使用【插入对象】命令将网站数据嵌入到表格中；还可以使用【数据】选项卡中的【自网站】按钮来实现。

例如，要导入公司最近上架的新书，具体操作步骤如下。

**Step01** ❶ 新建一个空白工作簿，选择 A1 单元格，❷ 单击【数据】选项卡【获取外部数据】组中的【自网站】按钮，如图 20-20 所示。

图 20-20

**Step02** 在弹出的【新建 Web 查询】对话框中，❶ 在地址栏中输入要导入网页内容的网址，这里输入【http://search.dangdang.com/?key=%B7%EF%BB%CB%B8%DF%D0%C2%BD%CC%D3%FD&act=input】，❷ 单击右侧的【转到】按钮切换到该网页，❸ 单击网页上方的【销量】超链接，如图 20-21 所示。

**Step03** 进入新书上架页面，单击【导入】按钮，如图 20-22 所示。

图 20-21

图 20-22

**Step04** 经过上步操作，系统会自动下载该网址的数据，并可以查看下载进度，如图 20-23 所示。

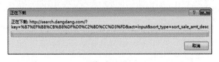

图 20-23

**Step05** 数据下载完毕后，在弹出的【导入数据】对话框中，❶ 选中【现有工作表】单选按钮，并选择存放数据的位置，如 A1 单元格，❷ 单击【确定】按钮，如图 20-24 所示。

图 20-24

**Step06** 经过以上操作，即可将当前网页中的数据导入到工作表中。❶ 选择多余的数据，❷ 单击【开始】选项卡【单元格】组中的【删除】按钮，删除这些数据，❸ 以【最近上架新书】为名保存该工作簿，如图 20-25 所示。

图 20-25

## 20.1.4 实战：从文本获取联系方式数据

| 实例门类 | 软件功能 |
|---|---|
| 教学视频 | 光盘\视频\第20章\20.1.4.mp4 |

在 Excel 中，用户可以打开文本文件，Excel 也支持导入外部文本文件中的格式化文本内容。这类文本内容的每个数据项之间一般会以空格、逗号、分号、Tab 键等作为分隔符，然后根据文本文件的分隔符将数据导入相应的单元格。通过导入数据的方法可以很方便地使用外部文本数据，避免了手动输入文本的麻烦。

在 Excel 中导入文本也可以通过 20.1.2 节中提到的 4 种方法进行导入，只是由于文本数据与表格数据的存在形式有一定差距，在导入文本数据时会弹出【文本导入向导】对话框，这时用户只需根据提示一步一步进行操作即可。

下面使用【自文本】命令的方法将【联系方式】文本文件中的数据导入到 Excel 中，具体操作步骤如下。

**Step01** ❶ 新建一个空白工作簿，选择 A1 单元格，❷ 单击【数据】选项卡【获取外部数据】组中的【自文本】按钮，如图 20-26 所示。

图 20-26

**Step 02** 在弹出的【导入文本文件】对话框中，① 选择文本文件存放的路径，② 选择需要导入的文件，这里选择【联系方式】文件，③ 单击【导入】按钮，如图 20-27 所示。

图 20-27

**Step 03** 在弹出的【文本导入向导 - 第 1 步，共 3 步】对话框中，① 设置原始数据类型，这里在【导入起始行】数值框中输入【3】，其他选项保持默认设置，② 单击【下一步】按钮，如图 20-28 所示。

图 20-28

**Step 04** 在弹出的【文本导入向导 - 第 2 步，共 3 步】对话框中，① 选择文

本数据项的分隔符号，这里选中【空格】复选框，② 单击【下一步】按钮，如图 20-29 所示。

图 20-29

**技术看板**

在导入文本时，选择分隔符号需要根据文本文件中的符号类型进行选择。对话框中提供了【Tab】键、分号、逗号以及空格等分隔符号供选择，如果在提供的类型中没有相应的符号，可以在【其他】文本框中输入，然后再进行导入操作。我们可以在【数据预览】栏中查看分隔的效果。

**Step 05** 在弹出的【文本导入向导 - 第 3 步，共 3 步】对话框中，设置各列数据的类型，这里 ① 在【数据预览】栏中选择最后一列数据，② 选中【文本】单选按钮，③ 单击【完成】按钮完成文本向导的设置，如图 20-30 所示。

图 20-30

**技术看板**

默认情况下，所有数据都会设置为【常规】格式，该数据格式可以将数值转换为数字格式，日期值转换为日期格式，其余数据转换为文本格式。如果导入的数据长度大于或等于11 位，为了数据的准确性，要选择导入为【文本】类型。

**Step 06** 在弹出的【导入数据】对话框中，① 选择导入数据存放的位置，如A1 单元格，② 单击【确定】按钮，如图 20-31 所示。

图 20-31

**Step 07** 返回 Excel 界面中即可查看到导入的外部文本数据，如图 20-32 所示。进行查看和编辑后，以【联系方式】为名保存当前 Excel 文件。

图 20-32

## 20.1.5 实战：使用现有连接获取销售数据

| 实例门类 | 软件功能 |
| --- | --- |

教学视频 光盘\视频\第20章\20.1.5.mp4

在 Excel 2013 中单击【获取外部数据】组中的【现有连接】按钮，可使用现有连接获取外部数据，这样就不用再重复复制数据了，可以更加方便地在 Excel 中定期分析所连接的外部数据。连接到外部数据之后，还可以自动刷新来自原始数据源的 Excel 工作簿，而不论该数据源是否用新信息进行了更新。

下面，使用现有连接功能将【产品订单数据库】文件中的【供应商】数据表连接到 Excel 中，具体操作步骤如下。

**Step01** ❶ 新建一个空白工作簿，以【产品订单】为名进行保存。❷ 选择 A1 单元格，单击【数据】选项卡【获取外部数据】组中的【现有连接】按钮，如图 20-33 所示。

图 20-33

**技术看板**

Excel 中导入所有外部文件都可以使用连接与嵌入的方式进行导入。

**Step02** 在弹出的【现有连接】对话框中，❶ 在【显示】下拉列表框中选择【此计算机的连接文件】选项，❷ 在下方的列表框中选择需要连接的外部文档，这里选择【产品订单数据库 供应商】选项，❸ 单击【打开】按钮，如图 20-34 所示。

图 20-34

**Step03** 在弹出的【导入数据】对话框中，❶ 选中【现有工作表】单选按钮，并选择存放数据的位置，如 A1 单元格，❷ 单击【确定】按钮，如图 20-35 所示。

图 20-35

**Step04** 经过以上操作，即可在工作表中查看到获取的外部产品订单明细数据，如图 20-36 所示。

图 20-36

# 20.2 使用超链接

在浏览网页时，如果单击某些文字或图形，就会打开另一个网页，这就是超链接。Excel 2013 中也提供了链接到 Internet 网址及电子邮件地址等内容的功能，轻松实现跳转。超链接实际是为了快速访问而创建的指向一个目标的连接关系，在 Excel 中可以连接的目标有图片、文件、Internet 网址、电子邮件地址或程序等。

## ★ 重点 20.2.1 实战：在成绩表中插入超链接

| 实例门类 | 软件功能 |
| --- | --- |
| 教学视频 | 光盘\视频\第20章\20.2.1.mp4 |

超链接在 Excel 工作表中表示为带有颜色和下画线的文本或图形，单击后可以打开其他工作表，也可以转向互联网中的文件、文件的位置或网页。超链接还可以转到新闻组或 Gopher、Telnet 和 FTP 站点。因此，在编辑 Excel 时，有时为了快速访问另一个文件中或网页上的相关信息，可以在工作表单元格中插入超链接。

### 1. 创建指向网页的超链接

在日常工作中，经常需要在 Excel 工作表中插入链接到某个网页的链接。例如，需要在成绩表中插入链接到联机试卷网页的超链接，具体操作步骤如下。

**Step01** 打开"光盘\素材文件\第20章\第一次月考成绩统计表 .xlsx"文件，❶ 选择 A35 单元格，❷ 单击【插入】选项卡【链接】组中的【超链接】按钮，如图 20-37 所示。

图 20-37

**Step02** 在弹出的【插入超链接】对话框中，❶ 在【链接到】列表框中选择【现有文件或网页】选项，❷ 在【地址】下拉列表框中输入需要链接的网址，❸ 此时输入的网址会同时出现在【要显示的文字】文本框中，手动修改其中的内容为要在单元中显示的内容，这里输入【第一次月考的语文试卷】，❹ 单击【屏幕提示】按钮，如图 20-38 所示。

图 20-38

### 技术看板

在【插入超链接】对话框左侧可以选择链接的目标为文档中的单元格位置、新建文档和电子邮件地址。

**Step03** 在弹出的【设置超链接屏幕提示】对话框中，❶ 在文本框中输入当

我们将鼠标光标移动到该超级链接上时需要在屏幕显示的文字，❷ 单击【确定】按钮，如图 20-39 所示。

图 20-39

**Step04** 返回【插入超链接】对话框，单击【确定】按钮，如图 20-40 所示。

图 20-40

**Step05** 返回工作表中，可以看到 A35 单元格中显示了【第一次月考的语文试卷】，将鼠标光标移动到该单元格上时，可以看到鼠标光标变为 形状，同时可以看到屏幕上的提示框和其中的提示内容，如图 20-41 所示。单击该超级链接，将启动浏览器或相应浏览程序并打开设置的网页。

图 20-41

### 2. 创建指向现有文件的超链接

如果要为 Excel 工作表创建指向电脑中的现有文件的超链接，具体操作步骤如下。

**Step01** 打开"光盘\素材文件\第20

章\第二次月考成绩统计表 .xlsx"文件，❶ 选择 A35 单元格，❷ 单击【插入】选项卡【链接】组中的【超链接】按钮，如图 20-42 所示。

图 20-42

**Step02** 在弹出的【插入超链接】对话框中，❶ 在【查找范围】下拉列表框中选择需要链接的文件保存的路径，❷ 在【当前文件夹】列表框中选择要链接的文件，这里选择【第一次月考成绩统计表 .xlsx】选项，此时会在【要显示的文字】文本框和【地址】下拉列表框中同时显示出所选文件的名称，❸ 单击【确定】按钮，如图 20-43 所示。

图 20-43

**Step03** 返回工作表，可以看到 A35 单元格中显示了【第一次月考成绩统计表 .xlsx】，将鼠标光标移动到该单元格上时，鼠标光标会变为 形状，同时可以看到屏幕上的提示框和其中的提示内容，即该文件的保存路径和相关提示，如图 20-44 所示。单击该超级链接，将打开【第一次月考成绩统计表】工作簿。

图 20-44

## 20.2.2 实战：编辑成绩表中的超链接

| 实例门类 | 软件功能 |
|---|---|
| 教学视频 | 光盘\视频\第20章\20.2.2.mp4 |

创建超链接后，还可以对链接的内容和内容的样式进行编辑，使其符合要求，不过首先应学会如何在不跳转到相应目标的情况下选择超链接。

### 1.选择超链接，但不激活该链接

在 Excel 中选择包含超链接的单元格时容易跳转到对应的目标链接处，如果不需要进行跳转，可将鼠标光标移动到该单元格上单击并按住鼠标片刻，片刻之后鼠标光标就变成了 ✛ 形状，表示在不转向目标链接处的情况下选择该单元格成功，此时可释放鼠标左键。

### 2.更改超链接内容

在插入的超链接中难免会发生错误，如果要对插入的超链接的名称进行修改，也可以在选择包含超链接的单元格后，直接对其中的内容进行编辑；如果要对超链接的提示信息进行编辑，则需要在包含该超链接的单元格上右击，在弹出的快捷菜单中选择【编辑超链接】选项，在弹出的【编辑超链接】对话框中对超链接进行修改。

### 3.更改超链接文本的外观

默认情况下，创建的超链接以蓝色带下画线的形式显示，而访问过的超链接则以紫红色带下画线的形式显示。如果对创建的超链接的格式不满意，可以直接选择包含超链接的单元格，然后像编辑普通单元格格式一样编辑其格式。

例如，要使用单元格样式功能快速为成绩表中的超链接设置外观格式，具体操作步骤如下。

**Step01** 将鼠标光标移动到 A35 单元格上单击并按住鼠标片刻，直到鼠标光标变成 ✛ 形状时释放鼠标左键，如图 20-45 所示。

图 20-45

**Step02** ❶ 单击【开始】选项卡【样式】组中的【单元格样式】按钮，❷ 在弹出的下拉列表中选择需要设置的单元格样式，这里选择【链接单元格】选项，如图 20-46 所示。

图 20-46

**Step03** 返回工作表，可以看到 A35 单元格中的内容套用所选单元格样式后的效果，如图 20-47 所示。

图 20-47

## 20.2.3 删除超链接

如果插入的超链接没有实际意义，需要在保留超链接中显示的内容的情况下取消单元格链接，只需在选择该单元格后，在其上右击，然后在弹出的快捷菜单中选择【取消超链接】选项即可，如图 20-48 所示。

图 20-48

如果要快速删除多个超级链接，可以先选择包含这些链接的单元格区域，然后单击【开始】选项卡【编辑】组中的【清除】按钮，在弹出的下拉列表中选择【删除超链接】选项即可，如图 20-49 所示。

图 20-49

# 20.3 数据共享

　　一般来说，一份表格的创建通常不是一个人完成或供一个人使用的。在现代办公中，大部分的报表数据都需要经历多次的修改、审核，然后才会最终公布，而此过程中通常涉及很多人的努力。Excel 2013 为办公人员提供了许多方便团队协作的功能，可以实现多人之间的交流，如表格数据的共享、多人修订、审阅等。在处理一些大型表格数据时，经常需要由多位工作人员同时录入和编辑同一个工作表，此时首先需要根据表格中涉及的内容和目标来安排相应的人员分工协作，然后将这个多人合力完成的表格交由相关人员逐一审阅、完善。当然，此过程中不可避免会进行多次的讨论，并且很可能需要重复多次审阅和修订过程，最后才能完成一份较完整的表格。

## ★ 新功能 20.3.1 实战：创建共享工作簿

| 实例门类 | 软件功能 |
|---|---|
| 教学视频 | 光盘\视频\第 20 章\20.3.1.mp4 |

　　Excel 支持【共享工作簿】功能，这让多个用户同时编辑同一个工作簿变为可能。共享工作簿的实质就是创建共享工作簿，并将其放在可供多人同时编辑内容的一个网络位置上。例如，某工作组中的人员各自需要处理一些数据，并且需要知道彼此当前的数据状态，那么该工作组就可以使用共享工作簿来跟踪数据的状态，所有参与的人员以后也可以在相同的工作簿中输入各自的数据信息，还能看到其他用户所做的修改。

　　要让工作簿在公司的办公网络中共享使用，首先必须创建共享工作簿，具体操作步骤如下。

Step01 打开"光盘\素材文件\第 20 章\员工通讯录.xlsx"文件，单击【审阅】选项卡【更改】组中的【共享工作簿】按钮，如图 20-50 所示。

图 20-50

Step02 在弹出的【共享工作簿】对话框中，选中【允许多用户同时编辑，同时允许工作簿合并】复选框，如图 20-51 所示。

图 20-51

Step03 ❶ 单击【高级】选项卡，❷ 在该选项卡中可以对共享工作簿的保存修订、更新文件等操作进行设置。这里在【修订】栏中选中【保存修订记录】单选按钮，并在其后的数值框中输入保存的时间；在【更新】栏中选中【保存文件时】单选按钮；在【用户间的修订冲突】栏中选中【询问保存哪些修订信息】单选按钮；选中【在个人视图中包括】栏中所有的复选框。❸ 单击【确定】按钮，如图 20-52 所示。

图 20-52

### 技术看板

　　从图 20-52 中可以看出，Excel 可以管理共享工作簿的历史记录，还可以自动更新其他用户的变化。

　　在默认情况下，当前用户在保存文件时会更新其他用户的修改，但是我们也可以设置在一定时间间隔内自动更新工作簿的变化。

　　一般需要在【用户间的修订冲突】栏中选中【询问保存哪些修订信息】单选按钮，否则可能产生不确定的结果。

Step04 在弹出的提示对话框中，单击【确定】按钮完成工作簿的共享操作，如图 20-53 所示。

图 20-53

如果当前工作簿未保存，系统会提示你保存该工作簿。你可以将这个工作簿保存在一个其他人都可以访问到的地方，如一个共享文件夹。

**Step05** 返回 Excel 界面，即可看到标题栏中出现了【共享】字样，如图 20-54 所示，表明已经将该工作簿保存并共享在局域网中的某个文件夹下，局域网中的其他用户也可以通过网络访问并修改该工作簿的内容了。

图 20-54

技能拓展——管理访问共享工作簿的权限

共享工作簿之后，具有网络共享访问权限的所有用户都具有该共享工作簿的访问权限。而作为共享工作簿的所有者（一般称为主用户），可以通过控制用户对共享工作簿的访问权限来设置访问该工作簿的人员（一般称为辅用户），即在【共享工作簿】对话框的【编辑】选项卡的【正在使用本工作簿的用户】列表框中选择除自己以外的用户选项，然后单击【删除】按钮即可撤销该用户的使用权限。

## 20.3.2 修订共享工作簿

在为工作簿设置共享后，就可以提供给具有访问权限的辅用户使用

了。在局域网中可以使用多个 Excel 打开这个工作簿，即多个辅用户可以同时使用共享的工作簿。

辅用户在使用 Excel 编辑共享工作簿时，与编辑本地工作簿的操作相同，可以在其中输入和更改数据，完成后都需要保存。这样就可以看到共享工作簿中的内容被更新了。

只是在进行多人协作编排时，如果需要对他人编排的表格内容直接进行修改，为尊重编写者，以原作者意见为主，其他用户都是在修订状态下对表格进行修订的。修订表格后，工作簿中会保留所有修改过程及修改前的内容，并以特定的格式显示修订的内容，以便于原作者查看并确认是否进行相应的修改。

共享工作簿对于辅用户而言，并非完全支持 Excel 的所有功能。如不能插入或删除单元格、工作表，不能合并、拆分单元格，不能进行插入图表、图片等操作。

## 20.3.3 实战：突出显示通讯录中的修订

| 实例门类 | 软件功能 |
|---|---|
| 教学视频 | 光盘\视频\第20章\20.3.3.mp4 |

如果有多个辅用户在同时编辑一个共享工作簿，他们每个人都可能对该工作簿做了一定的修订，这时主用户可以设置突出显示修订功能，来及时了解其他辅用户的具体修订内容。例如，主用户要在刚刚创建的【员工通讯录】共享工作簿中了解各个辅用户对该工作簿的修订的整个工作进程，具体操作步骤如下。

**Step01** ❶ 其他用户在自己的计算机上打开已经共享的【员工通讯录】工作

簿，❷ 修改 C10 单元格中的数据，❸ 单击快速访问工具栏中的【保存】按钮，如图 20-55 所示。

图 20-55

**Step02** ❶ 等待其他用户在自己的计算机上打开已经共享的【员工通讯录】工作簿，并修改相关单元格中的数据，❷ 主用户在自己的计算机上单击【审阅】选项卡【更改】组中的【修订】按钮，❸ 在弹出的下拉列表中选择【突出显示修订】选项，如图 20-56 所示。

图 20-56

**Step03** 在弹出的【突出显示修订】对话框中，❶ 选中【编辑时跟踪修订信息，同时共享工作簿】复选框，❷ 在【突出显示的修订选项】栏中选中【时间】和【修订人】复选框，分别在各个复选框后的下拉列表框中设置时间、修订人参数，这里设置为突出显示所有时间内所有人进行的修订，❸ 选中【在新工作表上显示修订】复选框，❹ 单击【确定】按钮，如图 20-57 所示。

图 20-57

**Step04** 经过以上操作，即可新建一个名为【历史记录】的工作表，在其中根据设置的参数统计了所有人对该工作簿的修订操作，如图 20-58 所示。

图 20-58

**Step05** 选择共享工作簿中的共享数据表，可以看到被辅用户修订的单元格其左上角显示了一个小三角形标记。将鼠标光标移动到该单元格上时，将在弹出的信息框中显示修订的用户、时间以及原始数据和修订数据等，如图 20-59 所示。

图 20-59

### 技术看板

如果有两个辅用户同时修订共享工作簿中的某个单元格内容，就会产生修订冲突，这时会在第二个修改该单元格数据的用户保存工作簿时弹出【解决冲突】对话框，提示用户阅读有关每次更改以及其他用户所做的冲突修订的信息。如果需要保留自己的更改或其他用户的更改并继续处理下一个冲突修订，该辅用户可以单击【接受本用户】或【接受其他用户】按钮；如果要保留自己的其余所有更改或其他用户的所有更改，可以单击【全部接受本用户】或【全部接受其他用户】按钮。

## 20.3.4 实战：接受或拒绝通讯录中的修订

| 实例门类 | 软件功能 |
|---|---|
| 教学视频 | 光盘\视频\第20章\20.3.4.mp4 |

在对共享工作簿进行修订时，不一定修订的最终结果就是正确的，也可能有多个用户在同时编辑同一共享工作簿并试图对同一个单元格数据进行修订和保存，由于 Excel 只能在一个单元格里保留一种版本的修订，这时就会产生修订冲突，虽然辅用户也可自行进行修订的选择。但通常需要由主用户通过查看和分析该工作簿过去的修订记录，并做出是否保存这些修订的决定，即确认是否接受或拒绝修订内容。如需要保留对方的修改可接收修订，取消对方的修改可拒绝修订。

下面在【员工通讯录】共享工作簿中设置接受和拒绝修订，具体操作步骤如下。

**Step01** ❶ 主用户在自己的计算机上打开共享的工作簿，❷ 单击【审阅】选项卡【更改】组中的【修订】按钮，

❸ 在弹出的下拉菜单中选择【接受/拒绝修订】命令，如图 20-60 所示。

图 20-60

**Step02** 在弹出的【接受或拒绝修订】对话框中，❶ 选中【修订人】复选框，并在其后的下拉列表框中设置要查看修订的修订人范围，这里选择【除我之外每个人】选项，❷ 选中【位置】复选框，并在其后的参数框中设置要查看修订的位置，这里设置为 C10 单元格，❸ 单击【确定】按钮，如图 20-61 所示。

图 20-61

**Step03** 在弹出的对话框的列表框中即可显示出 C10 单元格中修订的内容，❶ 选择需要保留的修订项，❷ 单击【接受】按钮，如图 20-62 所示。

图 20-62

**Step04** 经过上步操作，即可接受选择的修订项，使其成为该单元格最

终显示的内容。❶ 再次单击【审阅】选项卡【更改】组中的【修订】按钮，❷ 在弹出的下拉菜单中选择【接受 / 拒绝修订】命令，如图 20-63 所示。

**Step 06** 经过上步操作，将在对话框中显示出查找到的该修订者执行的第一处修订，并选择相应的单元格，根据需要判断是否保留该修订，这里单击【接受】按钮，如图 20-65 所示。

图 20-63

图 20-65

**Step 05** 在弹出的【接受或拒绝修订】对话框中，❶ 选中【修订人】复选框，并在其后的下拉列表框中设置要查看修订的修订人名，❷ 单击【确定】按钮，如图 20-64 所示。

**Step 07** 经过上步操作，即可接受该用户进行的此处修订，并将其最终保存到该单元格中。继续分析该用户的其他修订并做出决定，这里单击【全部接受】按钮，快速接受该修订者对该工作簿进行的所有修订，如图 20-66 所示。

图 20-64

图 20-66

> **技术看板**
>
> 在【接受或拒绝修订】对话框中单击【拒绝】按钮可以拒绝对相应信息所做的修改，可使工作表中显示修订前的数据。

### 20.3.5 取消共享工作簿

计算机中的工作簿过多时可能会导致共享工作簿错误，一般在主用户合并了所有修订后，就可以在局域网中停止共享工作簿。

取消共享工作簿时，首先确定其他正在编辑该工作簿的辅用户是否已经停止编辑，并已保存和关闭该工作簿，然后单击【审阅】选项卡【更改】组中的【共享工作簿】按钮，在在弹出的【共享工作簿】对话框中的【编辑】选项卡中取消选中【允许多用户同时编辑，同时允许工作簿合并】复选框，单击【确定】按钮，最后将局域网中的该工作簿移动到其他未共享的任意文件夹中，这样才能完全取消共享的工作簿。

## 妙招技法

通过前面的学习，相信读者已经掌握了表格数据的获取和共享的相关操作。下面结合本章内容介绍一些实用技巧。

### 技巧 01：完善共享文档的属性信息

| 教学视频 | 光盘\视频\第 20 章\技巧 01.mp4 |
|---|---|

Excel 在保存文件时，会把计算机中设置的属性内容连同几种类型的隐藏数据和个人信息一同保存进去。因为这些信息是在查看工作簿时无法直接看到的，所以经常被忽略，但是在 Excel 2013 的【文件】菜单中选择【信息】选项，在最右侧一栏中可以查看到当前表格的属性，包括内容缩略图、创建时间、相关人员等信息。其中的大部分属性内容是可以修改的。

在实际工作中，当公司里面有多人共享工作簿时，后进入的用户可以通过该属性栏了解到谁正在使用这个工作簿，这个信息非常有利于大家进行协作。同时，完善使用共享文档中的个人信息，相当于制作了一张联系人卡片，最终建立了一个共享文档库。因此，通过使用文档属性来为工作簿文件添加详细描述与分类信息就显得非常重要了。

在【文件】菜单【信息】命令的最右侧栏中，将鼠标光标移动到需要修改的属性框位置处，大部分可修改的文档属性便处于可编辑状态了，直接输入需要的信息即可，如图 20-67 所示。

图 20-67

当然，少数用户为了保护个人信息的隐秘性，会不设置属性栏中的个人信息，如图 20-68 所示。

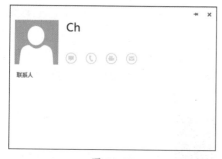

图 20-68

### 技术看板

保存工作簿时，除了会保存文档属性和个人信息外，还会保存批注、墨迹注释、页眉、页脚、隐藏行、列和工作表、文档服务器属性、自定义 XML 数据，以及工作簿中因设置为不可见格式而看不到的对象。

## 技巧 02：检查 Excel 2013 文档

| 教学视频 | 光盘 \ 视频 \ 第 20 章 \ 技巧 02.mp4 |
|---|---|

每一个工作簿除了所包含的工作表内容以外，还包含了更多的信息。在计划共享工作簿时，如果需要保证不公开那些不希望公开共享的有关组织或工作簿本身的详细信息，最好检查工作簿中是否有存储在工作簿本身或其文档属性中的隐藏数据或个人信息，然后在与其他人共享工作簿之前将其删除。

下面就介绍使用 Excel 中的【文档检查器】功能帮助用户查找并删除工作簿中的隐藏数据和个人信息，具体操作步骤如下。

**Step 01** 打开需要检查的【第二次月考成绩统计表】工作簿，❶ 在【文件】菜单中选择【信息】命令，❷ 单击【检查问题】按钮，❸ 在弹出的下拉列表中选择【检查文档】选项，如图 20-69 所示。

图 20-69

### 技术看板

如果已经将工作簿共享，则无法删除批注、注释、文档属性和个人信息，以及页眉和页脚等隐藏内容。这是因为共享工作簿使用个人信息来实现多人基于同一工作簿的协作。若要从共享工作簿中删除此类信息，只有先复制该工作簿，然后再取消共享操作。

**Step 02** 在弹出的【文档检查器】对话框中，❶ 选中需要检查的隐藏内容类型对应的复选框，默认情况下将检查所有类型的隐藏内容，❷ 单击【检查】按钮，如图 20-70 所示。

图 20-70

### 技术看板

检查 Excel 文档的操作最好在原始工作簿的副本中进行，因为有时可能无法恢复【文档检查器】功能删除的数据。

**Step 03** 可在【文档检查器】对话框中查看检查结果，❶ 对于要从文档中删除的隐藏内容的类型，单击其检查结果旁边的【全部删除】按钮，这里选择删除文档属性和个人信息。❷ 完成删除后，单击【关闭】按钮关闭【文档检查器】对话框，如图 20-71 所示。

图 20-71

## 技巧 03：更新 Excel 中导入的外部数据

| 教学视频 | 光盘\视频\第20章\技巧03.mp4 |
|---|---|

在 Excel 中通过导入数据功能在工作表中获取的外部数据，其实都是一个一个的连接，它们和连接的图片、文件、Internet 网址、电子邮件地址或程序等源文件都保留了联系。

如果源文件中数据进行了编辑，并重新保存了。在这种情况下，我们可能希望工作表立即更新连接来显示当前的数据。例如，修改了【联系方式】文本文件中的数据，希望导入该文本文件数据的工作表能快速更新数据，具体操作步骤如下。

Step 01 打开"光盘\素材文件\第20章\联系方式 1.txt"文件，❶ 修改最后一个数据，❷ 选择【文件】菜单中的【保存】命令，如图 20-72 所示。

图 20-72

Step 02 打开"光盘\素材文件\第20章\联系方式 1.xlsx"文件，单击【数据】选项卡【连接】组中的【全部刷新】按钮，如图 20-73 所示。

图 20-73

Step 03 在弹出的【导入文本文件】对话框中，❶ 在列表框中选择相应的源文件，这里选择【联系方式 1.txt】选项，❷ 单击【导入】按钮，如图 20-74 所示。

图 20-74

Step 04 经过上步操作，Excel 会自动使用最新版本的源文件更新连接数据。返回【联系方式 1】工作表中，可以看到相应的单元格数据进行了更改，效果如图 20-75 所示。

图 20-75

## 技巧 04：将 Excel 文档保存为 PDF 文件

| 教学视频 | 光盘\视频\第20章\技巧04.mp4 |
|---|---|

PDF 文档是一种跨平台的电子文档格式。PDF 文档具有其他文档所没有的优点，它可以将文字、字形、格式、颜色以及独立于设备和分辨率的图形图像封装在一个文件中，所以，PDF 文档可以在各种系统包括智能手机中阅读。同时文档中还可以包含超链接、声音和动态影像等电子信息。另外，PDF 文档能够支持特长文件，并具有集成度和可靠性高的特点。

实际上，Excel 对 PDF 文档提供了很好的支持，用户能够方便地将工作簿保存为 PDF 文档，也可以打开甚至编辑 PDF 文件。

例如，需要将【第二次月考成绩统计表】工作簿中的数据保存为 PDF 格式，具体操作步骤如下。

Step 01 ❶ 在【文件】菜单中选择【导出】命令，❷ 在中间栏中选择【创建 PDF/XPS 文档】选项，❸ 单击【创建 PDF/XPS 文档】按钮，如图 20-76 所示。

图 20-76

Step 02 在弹出的【发布为 PDF 或 XPS】对话框中，❶ 在【保存类型】下拉列表框中选择【PDF(*.pdf)】选

项，❷ 单击【发布】按钮，如图20-77
所示。

图 20-77

技术看板

默认情况下，Excel 只将当前活
动工作表保存为 PDF 文档。如果需要
保存整个工作簿或工作表中选择的内
容，可以在【发布为 PDF 或 XPS】对
话框中单击【选项】按钮，在弹出的
对话框中进行设置。

Step❸ 等待系统自动完成导出操作。
导出文件成功后，会启动相应的 PDF
查看器软件并打开发布后的 PDF 文
件，如图20-78所示。

图 20-78

技巧05：将 Excel 文档发布为
网页

| 教学视频 | 光盘\视频\第20章\技巧05.mp4 |
|---|---|

将 Excel 文件制作好后，可以按
文件类型不同，生成不同格式的文
件，共享给其他用户。网页是在网络
中发布信息的主要方式，网页文件的
扩展名为【html】或【htm】，Excel
可以用于制作简单的网页文件。

在完成工作表的编辑操作后，
可将其以网页的形式发布，再通过后
台链接以达到共同浏览的目的。将
Excel 文档发布为网页的具体操作步
骤如下。

Step❶ ❶ 在【文件】菜单中选择【另
存为】命令，❷ 在中间栏中双击【计
算机】选项，如图20-79所示。

图 20-79

Step❷ 在弹出的【另存为】对话框
中，❶ 在【保存类型】下拉列表框中
选择【网页】选项，❷ 选中【选择工
作表】单选按钮，❸ 单击【更改标
题】按钮，如图20-80所示。

图 20-80

Step❸ 在弹出的【输入文字】对话框
中，❶ 在【页标题】文本框中输入需

要的网页标题内容，❷ 单击【确定】
按钮，如图 20-81 所示。

图 20-81

Step❹ 返回【另存为】对话框，单击
【发布】按钮，如图 20-82 所示。

图 20-82

Step❺ 在弹出的【发布为网页】对话
框中，❶ 选中【在浏览器中打开已发
布网页】复选框，❷ 单击【发布】按
钮，如图 20-83 所示。

图 20-83

技术看板

【发布为网页】对话框的【发布
内容】下拉列表框中可以选择发布为
网页的范围，如整个工作簿、单张工
作表。

**Step 06** 经过上步操作，即可将当前工作表中的内容发布为网页形式。随后会启动浏览器并打开发布的网页，效果如图20-84 所示。

图 20-84

## 本章小结

本章首先介绍了导入数据的重要性和方法，在制作工作表时，如果表格中的数据已经在其他软件中制作好了，就不必再重新输入一遍，可以通过 Excel 提供的导入数据功能直接导入，还可以以超链接的方式连接其他文件，在需要时通过链接打开即可查看；接着又介绍了数据共享的方法，当需要制作数据量很大的工作表时，就可以使用 Excel 的共享工作簿功能，将工作簿共享出来，让其他人一起编辑和使用制作的表格数据。此外，还讲解了如何在保护数据不被编辑的情况下以其他格式实现共享。

目录

# Contents

## 技巧 1 日常事务记录和处理

面对繁忙的工作、杂乱的事务，很多时候都会忙得不可开交，甚至是一团乱麻。一些工作或事务就会很"自然"地被遗忘，往往带来不必要的麻烦和后果。这时，用户可采用一些实用的日常事务记录和处理技巧。

### PC 端日常事务记录和处理

1. 便笺附件

便笺是 Windows 程序中自带的一个附件程序，小巧轻便。用户可直接启用它来记录日常的待办事项或重要事务，其具体操作步骤如下。

**Step 01** 单击"开始"按钮 ，❶ 单击"所有程序"菜单项，❷ 单击"附件"文件夹，❸ 在展开的选项中选择"便笺"程序选项，操作过程如下图所示。

**Step 02** 系统自动在桌面的右上角添加一个新的便笺，❶ 用户在其中输入

第一条事项，❷ 单击 + 按钮，❸ 新建空白便签，在其中输入相应的事项，操作过程如下图所示。

### 2. 印象笔记

印象笔记（EverNote）是较为常用的一款日常事务记录与处理的程序，供用户添加相应的事项并按指定时间进行提醒（用户可在相应网站进行下载，然后将其安装到电脑中才能使用）。其具体操作如下。

**Step01** ❶ 在桌面上双击印象笔记的快捷方式将其打开，❷ 单击"登录"按钮展开用户注册区，❸ 输入注册的账户和密码，❹ 单击"登录"按钮，操作过程如下图所示。

**Step02** ❶ 单击"新建笔记"按钮，打开"印象笔记"窗口，❷ 在文本框中输入事项，❸ 单击"添加标签"超链接，操作过程如下图所示。

**Step 03** ❶ 在出现的标签文本框中输入第一个便签,单击出现的"添加标签"超链接进入其编辑状态, ❷ 输入第二个标签,操作过程如下图所示。

**Step 04** ❶ 单击 ▾ 按钮, ❷ 在弹出下拉列表选项中选择"提醒"选项, ❸ 在弹出的面板中选择"添加日期"命令,操作过程如下图所示。

**Step 05** 在弹出的日期设置器中,❶ 设置提醒的日期,如这里设置为"2017年1月5日13:19:00", ❷ 单击"关闭"按钮,返回到主窗口中即可查看到添加笔记,操作过程及效果如下图所示。

### 3. 滴答清单

滴答清单是一款基于 GTD 理念设计的跨平台云同步的待办事项和任务提醒程序，用户可在其中进行任务的添加，并让其在指定时间进行提醒。如下面新建"工作"清单，并在其中添加一个高优先级的"选题策划"任务为例，其具体操作步骤如下。

**Step 01** 启动"滴答清单"程序，❶ 单击 ☰ 按钮，❷ 在展开的面板中单击"添加清单"超链接（若用户不需要对事项进行分类，可在直接"所有"窗口中进行任务事项的添加设置），操作过程如下图所示。

**Step 02** ❶ 在打开的清单页面中输入清单名称，如这里输入"工作"，❷ 单击相应的颜色按钮，❸ 单击"保存"按钮，❹ 在打开的任务窗口输入具体任务，❺ 单击 ▦ 按钮，操作过程如下图所示。

**Step 13** ❶ 在日历中设置提醒的日期，如这里设置为 2017 年 1 月 6 日，❷ 单击"设置时间"按钮，❸ 选择小时数据，滚动鼠标滑轮调节时间，❹ 单击"准时"按钮，操作过程如下图所示。

**Step 14** ❶ 在弹出的时间提醒方式选择相应的选项，❷ 单击"确定"按钮，❸ 返回到主界面中单击"确定"按钮，操作过程如下图所示。

## | 教您一招：设置重复提醒（重复事项的设置）|::::::

在设置时间面板中单击"设置重复"按钮，在弹出的面板中选择相应的重复项。

Step05 ❶ 单击 ⁝⁝⁝ 按钮，❷ 在弹出的下拉选项中选择相应的级别选项，如这里选择"高优先级"选项，按【Enter】键确认并添加任务，❸ 在任务区中即可查看到新添加的任务（要删除任务，可其选择后，在弹出区域的右下角单击"删除"按钮 🗑），操作过程和效果如下图所示。

### 移动端在日历中添加日程事务提醒

日历在大部分手机上都默认安装存在，用户可借助于该程序来轻松地记录一些事项，并让其自动进行提醒，其具体操作步骤如下。

Step01 打开日历，❶ 点击要添加事务的日期，进入到该日期的编辑页面，❷ 点击 按钮添加新的日程事务，❸ 在事项名称文本框中输入事项名称，如这里输入"拜访客户"，❹ 设置开始时间，操作过程如下图所示。

**Step 02** ❶ 选择"提醒"选项，❷ 在弹出的选项中选择提醒发生时间选项，如这里选择"30 分钟前"选项，❸ 点击"添加"按钮，操作过程如下图所示。

# 技巧 2 时间管理

要让工作生活更加有节奏、做事效率更高，效果更好。不至于总是处于"瞎忙"状态，大家可尝试进行一些常用的时间管理技巧并借用一些时间管理的小程序，如番茄土豆、doit.im、工作安排的"两分法"等，下面分别进行介绍。

## PC 端时间管理

### 1. 番茄土豆

番茄土豆是一个结合了番茄（番茄工作法）与土豆（To-do List）的在线工具，它能帮助大家更好地改进工作效率，减少工作时间，其具体操作步骤如下。

**Step01** 启动"番茄土豆"程序，❶ 在"添加新土豆"文本框中输入新任务名称，如这里输入"网上收集时间管理小程序"，❷ 单击"开始番茄"按钮，❸ 系统自动进入 25 分钟的倒计时，操作过程及效果如下图所示。

**Step02** 一个番茄土豆的默认工作时长是 25 分钟，中途休息 5~15 分钟，用户可根据自身的喜好进行相应的设置，其方法为：❶ 单击"设置"按

钮 ⚙，❷ 在弹出的下拉选项中选择"偏好设置"选项，打开"偏好设置"对话框，❸ 单击"番茄相关"选项卡，❹ 设置相应的参数，❺ 单击"关闭"按钮，如下图所示。

### 2. doit.im

doit.im 采用了优秀的任务管理理念，也就是 GTD 理念，有条不紊地组织规划各项任务，轻松应对各项庞大繁杂的工作。下面以添加上午工作时间管理为例，其具体操作步骤如下。

**Step01** 启动"doit.im"程序，❶ 在打开的登录页面中输入账户和密码（用户在 https://i.doitim.com/register 网址中进行注册），❷ 选中"中国"单选按钮，❸ 单击"登录"按钮，❹ 在打开的页面中根据实际的工作情况设置各项参数，❺ 单击"好了，开始吧"按钮，操作过程如下图所示。

**Step 02** 进入到 doit.im 主界面，❶ 单击"新添加任务"按钮，打开新建任务界面，❷ 在"标题"文本框中输入任务名称，❸ 在"描述"文本框中输入任务的相应说明内容，❹ 取消选中"全天"复选框，❺ 单击左侧的 🕐 按钮，在弹出下拉选项中选择"今日待办"选项，在右侧选择日期并设置时间，操作过程如下图所示。

**Step 03** ❶ 在截至日期上单击，❷ 在弹出的日期选择器中设置工作截至时间，❸ 在情景区域上单击，❹ 在弹出的下拉选项中选择工作任务进行的场所，如这里选择"办公室"选项，❺ 单击"保存"按钮，操作过程如下图所示。

### 3. 工作安排的"两分法"

要让一天的时间变得更加有效率，除了对任务时间进行有效的安排和规划外，大家还可以对工作进行安排，从而让时间用到"刀刃上"，让时间的"含金量"更多。

工作安排的两分法分为两部分：一是确定工作制作时间，是否

11

必须是当天完成，是否需要他人协作；二是明确该工作是否必须自己来完成，是否可以交给其他人员或团队来完成，从而把时间安排到其他的工作任务中。

在工作安排两分法中，若是工作紧急情况较高，通常要由多人协作来快速完成。对于非常重要的任务一般不设置完成期限。对于一些不重要或是他人可待办的事务，可分配给相应人员，从而有更多时间用于完成其他工作任务。

### 4. 管理生物钟

对于那些精力容易涣散，时间观念不强的用户而言，管理生物钟将会是非常有帮助的时间管理术。用户大体可以按照以下几个方面来执行。

(1) 以半个小时为单位，并将这些时间段记录下来，如 8:00-8:30、8:31-9:00。

(2) 为每一时间段，安排要完成的任务。

(3) 在不同时间段，询问自己在这个时间段应该做什么，实际在做什么。

(4) 制定起床和睡觉的时间。并在睡觉前的一小段时间将明天的工作进行简要规划和安排。

(5) 在当天上班前，抽出半个小时左右回顾当天的工作日程。

(6) 找出自己工作效率、敏捷度、状态最好和最差的时间。并将重要和紧急的任务安排在自己效率最好、敏捷度和状态最好的时刻。

**| 教您一招：早起的 4 个招数 |:::::::**

早起对于一些人而言是不容易的，甚至是困难的，这里介绍让自己早起的 4 个小招数。

① 每天保持在同一时间起床。

② 让房间能随着太阳升起变得"亮"起来。

③ 起床后喝一杯水，然后尽快吃早饭，唤醒肚子中的"早起时钟"。

④ 按时睡觉，在睡觉前不做令自己兴奋的事情，如看电视、玩游戏、听动感很强的音乐等。

### 移动端时间管理

#### 1. 利用闹铃进行时间提醒

手机闹钟是绝大部分手机都有的小程序，除了使用它作为起床闹铃外，用户还可以将其作为时间管理的一款利器，让它在指定时间提醒自己该做什么事情，以及在该点是否将事项完成等。如使用闹铃提示在 15 点 03 分应该完成调研报告并上交，其具体操作步骤为：打开闹钟程序，❶ 点击➕按钮进入添加闹钟页面，❷ 设置闹钟提醒时间，❸ 选择"标签"选项，进入标签编辑状态，❹ 输入标签，点击"完成"按钮，❺ 返回到"添加闹钟"页面中点击"存储"按钮保存当前闹钟提醒方案，如下图所示。

#### 2. 借用"爱今天"管理时间

"爱今天"是一款以一万小时天才理论为主导的安卓时间管理软件，能够记录用户花费在目标上的时间，保持对自己时间的掌控，知道时间都去哪儿了，从而更加高效地利用时间。下面以添加的投资项"调研报告"为例，其具体操作步骤如下。

**Step01** 打开"爱今天"程序，❶ 点击"投资"项的▶按钮，❷ 在打开的"添加目标"页面中点击"添加"按钮，❸ 进入项目添加页面中，输入项目名称，操作过程如下图所示。

**Step02** ❶ 点击"目标"选项卡，❷ 点击"级别"项后的"点击选择"按钮，❸ 在打开的页面中选择"自定义"选项，❹ 在打开的"修改需要时间"页面中输入时间数字，如这里设置修改时间为"9"，❺ 点击"确定"按钮，操作过程如下图所示。

**Step03** ❶ 点击"期限"项后的"点击选择"按钮，❷ 在弹出的日期选择器中选择当前项目的结束日期，点击"确定"按钮，程序自动将每天的时间进行平均分配，❸ 点击"保存"按钮，操作过程如下图所示。

| 教您一招：执行项目 |

新建项目后，要开始按计划进行，可单击目标项目后的▣按钮，程序自动进行计时统计。

## 技巧 3 邮件处理

邮件处理在办公事务中或私人事务中都会经常涉及。这里介绍一些能让邮件处理变得简单、轻松、快速和随时随地的方法技巧。

### PC 端日常事务记录和处理

#### 1. 邮件处理利器

邮件处理程序有很多，如 Outlook、Foxmail、网页邮箱等，用户可借助这些邮件处理利器来对邮件进行轻松处理。下面以 Outlook 为例进行邮件多份同时发送为例（Office 中自带的程序），其具体操作步骤为：启动 Outlook 程序，❶ 单击"新建电子邮件"按钮，进入发送邮件界面，❷ 在"收件人"文本框中输入相应的邮件地址（也可以是单一的），❸ 在"主题"文本框中输入邮件主题，❹ 在邮件内容文本框中输入邮件内容，然后单击"发送"按钮即可，如下图所示。

## 教您一招：发送附件

要发送一些文件，如报表、档案等，用户可 ❶ 单击"添加文件"下拉按钮，❷ 在弹出的下拉列表中选择"浏览此电脑"命令，❸ 在打开的对话框中选择要添加的附件文件，❹ 单击"插入"按钮，最后发送即可，如下图所示。

### 2. TODO 标记邮件紧急情况

收到邮件后，用户可根据邮件的紧急情况来对其进行相应的标记，如用 TODO 来标记邮件，表示该邮件在手头工作完成后立即处理，其具体操作步骤为：❶ 选择"收件箱"选项，在目标邮件上右击，❷ 在弹出的快捷菜单中选择"后续标志"命令，❸ 在弹出的子菜单命令中选择"添加提醒"命令，打开"自定义"对话框，❹ 在"标志"文本框中输入"TODO"，❺ 设置提醒日期和时间，❻ 单击"确定"按钮，如下图所示。

**┃温馨提示┃**┊┊┊┊┊┊

我们收到的邮件，不是全天候都有，有时有，有时没有。除了那些特别重要或紧急的邮件进行及时回复外，其他邮件，我们可以根据邮件的多少来进行处理：如果邮件的总量小于当前工作的 10%，可立即处理。若大于 10% 则可在指定时间点进行处理，也就是定时点。

### 3. 4D 邮件处理法

收到邮件后，用户可采取 4 种处理方法：行动（DO）或答复、搁置（Defer）、转发（Delegate）和删除（Delete）。下面分别进行介绍。

- 行动：对于邮件中重要的工作或事项，可以立即完成的，用户可立即采取行动（小于当前工作量的 10%），如对当前邮件进行答复（其方法为：打开并查看邮件后，❶ 单击"答复"按钮，❷ 进入答复界面，❸ 输入答复内容，❹ 单击"答复"按钮）。

- 搁置：对于那些工作量大于当前工作量 10% 的邮件，用户可以将其暂时放置，同时可使用 TODO 标记进行提醒。

- 转发：对于那些需要处理，同时他人处理会更加合适或效率更高的邮件，用户可将其进行转发（❶ 选择目标邮件，❷ 单击"转发"按钮，❸ 在回复邮件界面中输入收件人邮箱和主题，❹ 单击"发送"按钮），如下图所示。

- 删除：对于那些只是传达信息或垃圾邮件，可直接将其删除，其方法为：选择目标邮件，单击"删除"按钮，如下图所示。

## 移动端邮件处理

### 1. 配置移动邮箱

当用户没有使用电脑时，为了避免重要邮件不能及时查阅和处理，用户可在移动端配置移动邮箱。下面以在手机上配置的移动 Outlook 邮箱为例进行介绍，其具体操作步骤如下。

**Step01** 在手机上下载并安装启动 Outlook 程序，❶ 点击"请通知我"按钮，❷ 在打开页面中输入 Outlook 邮箱，❸ 点击"添加账户"按钮，❹ 打开"输入密码"页面，输入密码，❺ 点击"登录"按钮，如下图所示。

**Step02** 在打开的页面中，❶ 点击"是"按钮，❷ 在打开页面中点击"以后再说"按钮，如下图所示。

## 2. 随时随地收发邮件

在移动端配置邮件收发程序后，系统会自动接收邮件，用户只需对邮件进行查看即可。然后发送邮件，则需要用户手动进行操作。下面以在手机端用 Outlook 程序发送邮件为例进行介绍，其具体操作步骤为：启动 Outlook 程序，❶ 点击 ☑ 按钮进入"新建邮件"页面，❷ 分别设置收件人、主题和邮件内容，❸ 点击 ▷ 按钮，如下图所示。

# 技巧 4 垃圾清理

　　用户在使用计算机或移动端的过程中都会产生大量的垃圾，会占用设备内存和移动磁盘空间，导致其他文件放置空间减少，甚至使设备反映变慢，这时需要用户手动进行清理。

**PC** 端垃圾清理

### 1. 桌面语言清理系统垃圾

　　设备运行的快慢，很大程度受到系统盘的空间大小影响。所以，每隔一段时间可以对其进行垃圾清理，以腾出更多的空间，供系统运行。为了更加方便和快捷，用户可复制一小段程序语言来自制简易的系统垃圾清理小程序，其具体操作步骤如下。

**Step01** 新建空白的记事本，❶ 在其中输入清理系统垃圾的语言（可在网页上复制，这里提供一网址"http://jingyan.baidu.com/article/e9fb46e1ae37207520f76645.html"），❷ 将其保存为".bat"格式文件。

**Step02** 在目标位置双击保存的清理系统 BAT 文件，系统自动对系统垃圾进行清理，如下图所示。

### 2. 利用杀毒软件清理

计算机设备中都会安装的杀毒软件，以保证的计算机的安全，用户可借助这些杀毒软件进行垃圾的清理。如下面通过电脑管家软件对计算机垃圾进行清理为例，其具体操作步骤为：打开电脑管家软件，❶ 单击"清理垃圾"按钮，进入垃圾清理页面，❷ 单击"扫描垃圾"按钮，系统自动对计算机中的垃圾进行扫描，❸ 单击"立即清理"按钮清除，如下图所示。

### 移动端垃圾清理

#### 1. 利用手机管家清理垃圾

移动设备上垃圾清理，可直接借助于手机上防护软件进行清理。如下面在手机上使用腾讯手机管家清理手机垃圾为例，其具体操作步骤为：启动腾讯手机管家程序，❶ 点击"清理加速"，系统自动对手机垃圾进行扫描，❷ 带扫描结束后点击"一键清理加速"按钮清理垃圾，❸ 点击"完成"按钮，如下图所示。

2. 使用净化大师快速清除垃圾

除了手动对移动设备进行垃圾清理外，用户还可以通过使用净化大师智能清理移动端垃圾，其具体操作步骤为：安装并启动净化大师程序，系统自动对手机进行垃圾清理（同时还会对后台的一些自启动程序进行关闭和阻止再启），如下图所示。

| 温馨提示 |

如果大概知道文件存储的位置，可以打开文件存储的盘符或者文件夹进行搜索，可以提高搜索的速度。

## 技巧5 桌面整理

整洁有序的桌面，不仅可让用户感觉到清爽，同时，还有助于用户找到相应的程序的快捷方式或文件等。下面就介绍几个常用和实用的整理桌面的方法技巧。

### PC端桌面整理

#### 1. 桌面整理原则

整理电脑桌面，并不是将所有程序的快捷方式或文件删除，而是要让其更加简洁和实用，用户可以遵循如下几个原则。

(1) 桌面是系统盘的一部分，因此桌面的文件越多，占有系统盘的空间越大，直接会影响到系统的运行速度，所以用户在整理电脑桌面时，需将各类文件或文件夹剪切放置到其他的盘符中，如E盘、F盘等，让桌面上尽量是快捷图标方式。

(2) 对于桌面上不需要或不常用的程序快捷方式，用户可手动将其删除（其方法为：选择目标快捷方式选项，按【Delete】键删除），让桌面上放置常用的快捷方式，从而让桌面更加简洁清爽。

(3) 对桌面文件或快捷方式较多时，用户可按照一定的顺序对其进行整理排列，如名称、时间等，让桌面放置对象显得有条理，同时，将桌面上的对象集中放置，而不是处于散乱放置状态，其方法为：在桌面任一空白处右击，❶ 在弹出的快捷菜单中选择"排序方式"命令，❷ 在弹出的子菜单中选择相应的排列选项，如下左图所示。

(4) 桌面图标的大小要适度，若桌面上的对象较少时，可让其以大图标或中等图标显示；若对象较多时，则最好用小图标。其更改方法为：在桌面任一空白处右击，❶ 在弹出的快捷菜单中选择"查看"命令，❷ 在弹出的子菜单中选择相应的排列选项，如下右图所示。

## 2. 用 QQ 管家整理桌面

用户不仅可以手动对桌面对象进行整理，同时还可以借助于 QQ 管家整理桌面，让对象智能分类，从而让桌面显得整洁有序、结构分明，其操作步骤如下。

打开电脑管家操作界面，❶ 单击"工具箱"按钮，❷ 单击"桌面整理"按钮，即可完成桌面的快捷整理，如下图所示。

**| 教您一招：再次桌面整理或退出桌面整理 |**

使用 QQ 管家进行桌面整理后，桌面上又产生了新的文件或快捷方式等对象，可在桌面任意空白位置处右击，在弹出的快捷菜单中选择"一键桌面整理"命令，如下左图所示；若要退出桌面整理应用，可在桌面任意空白位置处右击，在弹出的快捷菜单中选择"退出桌面整理"命令，如下右图所示。

## 移动端手机桌面整理

随着手机中 App 程序的增多，手机桌面将会越来越挤、越来越杂，给用户在使用上造成一定的麻烦，这时用户可按照如下几种方法对手机桌面进行整理。

(1) 卸载 App 程序：对于手机中那些不必要的程序或很少使用的程序以及那些恶意安装的程序，用户可将其直接卸载。其方法为：
❶ 按住任一 App 程序图标，直到进入让手机处于屏幕管理状态，单击目标程序图标上出现的卸载符号█，❷ 在弹出的面板中点击"删除"按钮，删除该程序桌面图标并卸载该程序，如下图所示。

在一些安卓程序中，进入屏幕管理状态后，需要将卸载的程序图标按住并将其移动到屏幕上方出现的卸载面板中，才能进行卸载。

(2) 移动 App 程序图标位置：手机桌面分成多个屏幕区域，用户可将指定程序图标移到指定的位置（也可是当前屏幕区域的其他位置），其方法为：进入屏幕管理状态后，按住指定程序图标并将其拖动到目标屏幕区域位置，然后释放。

(3) 对 App 程序图标归类：若是 App 程序图标过多，用户可将指定 App 程序图标放置在指定的文件夹中。其方法为：进入屏幕管理状态，❶ 按住目标程序图标移向另一个目标程序图标，让两个应用处于重合状态，系统自动新建文件夹，❷ 输入文件夹名称，❸ 点击"完成"按钮，点击桌面任一位置退出的文件夹编辑状态，完成后即可将多个程序放置在同一文件夹中，如下图所示。

(4) 使用桌面整理程序：在手机中（或是平板电脑中），用户也可借助于一些桌面管理程序，自动对桌面进行整理，如360手机桌面、点心桌面等。下面是使用360手机桌面程序整理的效果样式。

## 技巧 6 文件整理

无论是计算机、手机还是其他设备，都会存在或产生大量的文件。为了便于管理和使用这些文件，用户可掌握一些常用和实用的文件整理的方法和技巧。

## PC 端文件整理

### 1. 文件整理 5 项原则

在使用计算机进行办公或使用过程中，会随着工作量的增加、时间的延长，增加大量的文件。为了方便文件的处理和调用等，用户可按照如下 5 项原则进行整理。

(1) 非系统文件存放在非系统盘中：系统盘中最好存放与系统有关的文件，或是尽量少放与系统无关的文件。因为系统盘中存放过多会直接导致计算机卡顿，同时容易造成文件丢失，造成不必要的损失。

(2) 文件分类存放：将同类文件或相关文件尽量存放在同一文件夹中，便于文件的查找和调用。

(3) 文件或文件夹命名准确：根据文件内容对文件进行准确命令，同样，将存放文件的文件夹进行准确的命令，从而便于文件的查找和管理。

(4) 删除无价值文件：对于那些不再使用或无实际意义的文件或文件夹，可将它们直接删除，以腾出更多空间放置有价值的文件或文件夹。

(5) 重要文件备份：为了避免文件的意外损坏或丢失，用户可通过复制的方式对重要文件进行手动备份。

### 2. 搜索指定文件

当文件放置的位置被遗忘或手动寻找比较烦琐时，可通过搜索文件来快速将其找到，从而提高工作效率，节省时间和精力。

在桌面双击"计算机"快捷方式，❶ 在收缩文本框中输入搜索文件名称或部分名称( 若能确定文件存放的盘符，可先进入该盘符 )，如这里输入"会议内容"，按【Enter】键确认并搜索，❷ 系统自动进行搜索找到该文件，用户可根据需要对其进行相应操作，如复制、打开等，如下图所示。

### 3. 创建文件快捷方式

对于一些经常使用到或最近常要打开的文件或文件夹，用户可以为其在桌面上创建快捷方式，便于再次快速打开。

在目标文件或文件夹上右击，❶ 在弹出的快捷菜单中选择"发送到"命令，❷ 在弹出的子菜单中选择"桌面快捷方式"命令，操作如下图所示。

效果

### 移动端文件整理

1. TXT 文档显示混乱

移动设备中 TXT 文档显示混乱，很大可能是该设备中没有安装相应的 TXT 应用程序。这时，可下载安装 TXT 应用来轻松解决。下面以苹果手机中下载 txt 阅读器应用为例进行讲解。

**Step01** 打开"App Store"，❶ 在搜索框中输入"txt 阅读器"，❷ 在搜索到应用中点击需要应用的"获取"按钮，如这里点击"多多阅读器"应用的"获取"按钮进行下载，❸ 点击"安装"按钮进行安装，❹ 点击"打开"按钮，如下图所示。

**Step02** ❶ 在弹出的面板中点击"允许"/"不允许"按钮，❷ 在弹出的面板中点击"Cancel"按钮，完成安装，如下图所示。

| 温馨提示 |::::::

手机或 iPad 等移动设备中，一些文档需要 PDF 阅读器进行打开。一旦这类文档出现混乱显示，可下载安装 PDF 阅读器应用。

## 2. Office 文档无法打开

Office 文档无法打开，也就是 Word、Excel 和 PPT 文件无法正常打开，这对协同和移动办公很有影响，不过用户可直接安装相应的 Office 应用，如 WPS Office，或单独安装 Office 的 Word、Excel 和 PPT 组件。这里以苹果手机中下载 WPS Office 应用为例进行讲解。

**Step01** 打开"App Store"，❶ 在搜索框中输入"Office"，点击"搜索"按钮在线搜索，❷ 点击 WPS Office 应用的"获取"按钮，如下图所示。

**Step02** ❶ 点击"安装"按钮安装，❷ 点击"打开"按钮，❸ 在弹出的面板中点击"允许"/"不允许"按钮，如下图所示。

### 3. 压缩文件无法解压

在移动端中压缩文件无法解压，很可能是没有解压应用程序，这时用户只需下载并安装该类应用程序。下面在应用宝中下载解压应用程序为例进行介绍。

打开"应用宝"应用程序，❶ 在搜索框中输入"Zip"，❷ 点击"搜索"按钮，❸ 点击"解压者"应用的"下载"按钮，❹ 点击"安装"按钮，❺ 点击"安装"按钮，❻ 点击"下一步"按钮，❼ 点击"完成"按钮，如下图所示。

| 温馨提示 |:::

要对指定文件进行解压，只需打开解压工具，选择要解压文件选项，然后进行解压。

## 技巧 7 文件同步

数据同步是指移动设备能够迅速实现与台式计算机、笔记本电脑等实现数据同步与信息共享，保持数据完整性和一致性。下面就分别介绍的 PC 端和移动端的文件同步的常用方法和技巧。

**PC 端文件同步**

### 1. 数据同步

数据同步，特点在于"同步"，也就是数据的一致性和安全性及操作简单化，实现多种设备跨区域进行文件同步查看、下载。

- 一致性：保证在多种设备上能及时查看、调用和下载到最新的文件，如刚上传的图片、刚修改内容的文档，刚收集的音乐等。

- 安全性：同步计数能将本地的文件，同步上传到指定网盘中，从而自动生成了备份文件，这就增加了文件安全性，即使本地文件损坏、遗失，用户都能从网盘中下载找回。

- 操作简单化：随着网络科技的发展，同步变得越来越简单和智能，如 OneDrive、百度云、360 云盘等，只需用户指定同步文件，程序自动进行文件上传和存储。

### 2. OneDrive 上传

在 Office 办公文档中，用户可直接在当前程序中将文件上传到 OneDrive 中进行文件备份和共享，如在 Excel 中将当前工作簿上传到 OneDrive 的"文档"文件夹中，其具体操作步骤如下。

**Step01** 单击"文件"选项卡进入 Backstage 界面，❶ 单击"另存为"选项卡，❷ 双击登录成功后的 OneDrive 个人账号图标，打开"另存为"对话框，如下图所示。

**Step02** ❶ 选择"文档"文件夹，❷ 单击"打开"按钮，❸ 单击"保存"
按钮，同步上传文件，如下图所示。

### 3. 文件同步共享

在 Office 组件中对文件进行同步上传，只能将当前文件同步上
传，同时也只能将当前类型的文件同步上传。当用户需要将其他类
型文件（如图片、音频、视频等）同步上传，就无法做到。此时，
用户可使用 OneDrive 客户端来轻松解决。下面将指定文件夹中所
有的文件同步上传。

**Step01** 按【Windows】键，❶ 选择"Microsoft OneDrive"选项启动
OneDrive 程序，❷ 在打开的窗口中输入 Office 账号，❸ 单击"登录"按钮，
如下图所示。

**Step02** ❶ 在打开的"输入密码"窗口中输入 Office 账号对应的密码，❷ 单击"登录"按钮，❸ 在打开的窗口中单击"更改位置"超链接，如下图所示。

**Step03** 打开"选择你的 OneDrive 位置"对话框，❶ 选择要同步上传共享的文件夹，❷ 单击"选择文件夹"按钮，❸ 在打开的窗口中选中的相应的复选框，❹ 单击"下一步"按钮，如下图所示。

**Step 04** 在打开的窗口中即可查看到共享文件夹的时时同步状态，在任务栏中单击 OneDrive 程序图标，也能查看到系统自动将 OneDrive 中的文件进行下载同步的当前进度状态，如下图所示。

文件同步状态

文件同步下载状态

## 教您一招：断开 OneDrive 同步

❶ 在任务栏中单击 OneDrive 图标，❷ 在弹出的菜单选项中选择"设置"命令，打开"Microsoft OneDrive"对话框，❸ 单击"账户"选项卡，❹ 单击"取消链接 OneDrive"按钮，❺ 单击"确定"按钮，如下图所示。

### 4. 腾讯微云

在 Office 办公文档中，用户可直接在当前程序中将文件上传到 OneDrive 中进行文件备份和共享，如在 Excel 中将当前工作簿上传到 OneDrive 的"文档"文件夹中，其具体操作步骤如下。

Step **01** 下载并安装腾讯微云并将其启动，❶ 单击"QQ 登录"选项卡，❷ 输入登录账户和密码，❸ 单击"登录"按钮，❹ 在主界面中单击"添加"按钮，如下图所示。

Step **02** 打开"上传文件到微云"对话框，❶ 选择要同步上传的文件或文件夹，❷ 在打开的对话框中单击"上传"按钮，❸ 单击"开始上传"按钮，如下图所示。

**｜教您一招：修改文件上传位置｜**

❶ 在"选择上传目的地"对话框中单击"修改"按钮，❷ 单击"新建文件夹"超链接，❸ 为新建文件夹进行指定命令，按【Enter】键确认，❹ 单击"开始上传"按钮，如下图所示。

**Step 03** 系统自动将整个文件夹上传到腾讯云盘中( 用户可单击"任务列表"选项卡,查看文件上传情况,如速度、上传不成功文件等 ),如下图所示。

指定文件夹上传到腾讯云端状态

**| 教您一招: 修改文件上传位置 |**

要将腾讯云中的文件或文件夹等对象下载到本地计算机上,可在目标对象上右击,在弹出的快捷菜单中选择"下载"命令。

### 移动端文件同步

#### 1. 在 OneDrive 中下载文件

通过计算机或其他设备将文件或文件夹上传到 OneDrive 中,用户不仅可以在其他计算机上进行下载,同时还可以在其他移动设备上进行下载。如在手机中通过 OneDrive 程序下载指定 Office 文件,其具体操作步骤如下。

**Step01** 在手机上下载安装 OneDrive 程序并将其启动，❶ 在账号文本框中输入邮箱地址，❷ 点击"前往"按钮，❸ 在"输入密码"页面中输入密码，❹ 点击"登录"按钮，如下图所示。

**Step02** ❶ 选择目标文件，如这里选择"产品利润方案（1）"，❷ 进入预览状态点击 Excel 图表按钮，❸ 系统自动从 OneDrive 中进行工作簿下载，如下图所示。

**Step03** 系统自动将工作簿以 Excel 程序打开，❶ 点击 📄 按钮，❷ 设置保存工作簿的名称，❸ 在"位置"区域中选择工作簿保存的位置，如这里选择"iPhone"，❹ 点击"保存"按钮，系统自动将工作簿保存

到手机上，实现工作簿文件从 OneDrive 下载到手机上的目的，如下图所示。

| 教您一招：下载图片对象 |

❶ 选择目标图片，进入到图片显示状态，❷ 点击 🔳 按钮，❸ 在弹出的下拉选项中选择"下载"选项，如右图所示。

### 2. 将文件上传到腾讯微云中

在移动端不仅可以下载文件，同时也可将文件上传到指定的网盘中，如腾讯微云、360 网盘及 OneDrive 中。由于它们大体操作基本相同，如这里以在手机端上传文件到腾讯微云中进行备份保存为例。其具体操作步骤如下。

**Step 01** 在手机上下载安装腾讯微云程序并将其启动，❶ 点击"QQ 登录"

按钮，❷ 在 QQ 登录页面中分别输入 QQ 账号和密码，❸ 点击"登录"按钮，❹ 点击❷按钮，如下图所示。

Step 02 ❶ 选择需要上传的文件类型，如这里选择图片，❷ 选择要上传图片选项，❸ 点击"上传"按钮，❹ 系统自动将文件上传到腾讯微云中，如下图所示。

## 技巧 8 人脉与通讯录管理

我们每个人都是社会中的一员，与相关人员发生这样或那样的关系。这就产生了人际关系网，也就是人脉。为了更好地管理这些人际关系或人脉的信息数据，用户可以使用一些实用和高效的方法和技巧。

## PC 端人脉管理

### 1. 脉客大师

脉客大师是一款可以拥有方便快捷的通讯录管理功能，可使用户更好、更方便管理人脉资料的软件。其中较为常用的人脉关系管理主要包括通讯录管理、人脉关系管理。下面通过对同事通讯录进行添加并将他们之间的人脉关系进行整理为例，其具体操作步骤如下。

**Step 01** 在官网上下载并安装脉客大师（http://www.cvcphp.com/index.html），❶ 双击"脉客大师"快捷方式将其启动，❷ 在打开的窗口中输入用户名和密码（默认用户名和密码都是"www.cvcphp.com"），❸ 单击"登录"按钮，打开"快速提醒"对话框，❹ 单击"关闭"按钮，如下图所示。

**Step 02** 进入脉客大师主界面，❶ 在右侧关系区域选择相应的人脉关系选项，如这里选择"同事"选项，❷ 单击"通讯录添加"选项卡，❸ 输入相应通讯录内容，❹ 单击"保存"按钮，如下图所示。

## 教您一招：更改人脉关系

　　随着时间的推移人际关系可能会发生这样或那样的变化，通讯录中的关系也需要作出及时的调整：一是自己人脉关系的调整，二是联系人之间的关系调整。

● 在通讯录中要将关系进行调整，可在目标对象上右击，❶ 在弹出的快捷菜单中选择"修改"命令，❷ 在弹出的子菜单中选择"修改"命令，打开通讯录修改对话框，在关系文本框中单击，❸ 在弹出的下拉选项中选择相应的关系选项，如下图所示。

● 对通讯录中人员之间的人脉关系进行修改，特别是朋友、恋人这些可能发生变化的修改，❶ 选择目标对象，❷ 在人脉关系选项卡双击现有的人脉关系，打开人脉关系对话框，在人脉关系上右击，❸ 在弹出的快捷菜单中选择"删除"命令（若有其他关系，可通过再次添加人际关系的方法添加），如下图所示。

### 2. 鸿言人脉管理

鸿言人脉管理是一款用来管理人际关系及人际圈子的共享软件,该软件可以方便、快捷、安全地管理自己的人脉信息,并且能直观地展示人脉关系图,如下图所示。

下面就分别介绍添加圈子和添加关系的操作方法。

（1）添加圈子

**Step01** 在官网上下载并安装鸿言人脉管理软件（http://www.hystudio.net/1.html），❶ 双击"鸿言人脉管理"快捷方式，❷ 在打开的登录对话框中输入密码（默认密码是"123456"），❸ 单击"登录"按钮，如下图所示。

**Step02** 进入主界面，❶ 单击"我的圈子"按钮，❷ 单击"添加圈子"按钮，打开"添加我的圈子"对话框，❸ 设置相应的内容，❹ 选中"保存后关闭窗口"复选框，❺ 单击"保存"按钮，如下图所示。

**Step03** ❶ 在圈子列表中选择圈子选项，❷ 单击"添加"按钮，打开"添加"对话框，❸ 设置相应的内容，❹ 选中"保存后关闭窗口"复选框，❺ 单击"保存"按钮，添加圈子成员，如下图所示。

（2）添加我的关系

❶ 在主界面中单击"我的关系"按钮，❷ 单击"添加关系"按钮，打开"添加我的关系"对话框，❸ 设置相应的内容，❹ 选中"保存后关闭窗口"复选框，❺ 单击"保存"按钮，如下图所示。

## 教您一招：为关系人员添加关系

要为自己关系的人员添加关系人员，从而帮助自己扩大关系圈，❶用户可在"关系列表"中选择目标对象，❷单击"对方关系"选项卡，❸单击"添加"按钮，❹在打开的"添加对方关系"对话框中输入相应内容，❺选中"保存后关闭窗口"复选框，❻单击"保存"按钮，如下图所示。

### 3. 佳盟个人信息管理软件

佳盟个人信息管理软件集合了好友与客户管理等应用功能，是一款性能卓越、功能全面的个人信息管理软件。其中人脉管理模块能帮助用户记录和管理人脉网络关系。下面在佳盟个人信息管理软件中添加朋友的信息为例进行介绍。

**Step01** 在官网上下载并安装佳盟个人信息管理软件（http://www.baeit. com/），❶ 双击"佳盟个人信息管理软件"快捷方式，❷ 在打开的对话框中输入账号和密码（新用户注册可直接在官网中进行），❸ 单击"登录"按钮，如下图所示。

**Step02** ❶ 在打开的对话框中单击"我的主界面"按钮进入主界面，❷ 选择"人脉管理"选项，展开人脉管理选项和界面，❸ 单击"增加好友"按钮，如下图所示。

**Step03** 打开"好友维护"对话框，❶ 在其中输入相应的信息，❷ 单击"保存"按钮，❸ 返回到人脉关系的主界面中即可查看到添加的好友信息，如下图所示。

移动端人脉管理

### 1. 名片管理和备份

名片在商务活动中应用非常广泛，用户要用移动端收集和管理这些信息，可借用一些名片的专业管理软件，如名片全能王。

（1）添加名片并分组

**Step01** 启动名片管理王，进入主界面，❶ 点击  按钮，❷ 进入拍照界面，对准名片，点击拍照按钮，程序自动识别并获取名片中的关键信息，❸ 点击"保存"按钮，如下图所示。

**Step02** ❶ 选择"分组和备注"选项，❷ 选择"设置分组"选项，❸ 选择

"新建分组"选项，如下图所示。

| 温馨提示 |∷∷∷∷

在新建分组页面中，程序会默认一些分组类型，如客户、供应商、同行、合作伙伴等。若满足用户需要，可直接对其进行选择调用，不用在进行新建分组的操作。

**Step 03** 打开"新建分组"面板，❶ 在文本框中输入分组名称，如这里输入"领导"，❷ 点击"完成"按钮，❸ 点击"确认"按钮完成操作，如下图所示。

（2）名片备份

**Step 01** 在主界面，❶ 点击"我"按钮，进入"设置"页面，❷ 点击"账户与同步"按钮，进入"账户与同步"页面，❸ 选择相应备份方式，如这里选择"添加备份邮箱"选项，如下图所示。

**Step 02** 进入"添加备用邮箱"页面，❶ 输入备用邮箱，❷ 点击"绑定"按钮，❸ 在打开的"查收绑定邮件"页面中输入验证码，❹ 点击"完成"按钮，如下图所示。

| 温馨提示 |

　　与邮箱绑定后，程序自动将相应名片自动保存到绑定邮箱中，一旦名片数据丢失，可在邮箱中及时找回。

#### 2. 合并重复联系人

在通讯录中若是有多个重复的联系人，则会让整个通讯录变得臃肿，不利于用户的使用。这时，用户可使用 QQ 助手来合并那些重复的联系人，其具体操作步骤如下。

Step**01** 启动 QQ 同步助手，进入主界面，❶ 点击左上角的■■■按钮，❷ 在打开的页面中选择"通讯录管理"选项，进入"通讯录管理"页面，❸ 选择"合并重复联系人"选项，如下图所示。

Step**02** 程序自动查找到重复的联系人，❶ 点击"自动合并"按钮，❷ 点击"完成"按钮，❸ 在弹出的"合并成功"面板中单击相应的按钮，如这里点击"下次再说"按钮，如下图所示。

### 3. 恢复联系人

若是误将联系人删除或需要找回删除的联系人，可使用 QQ 同步助手将其快速准确的找回，其具体操作步骤如下。

Step**01** 在 QQ 同步助手主界面中，❶ 点击左上角的■按钮，❷ 在打开的页面中选择"号码找回"选项，进入"号码找回"页面，程序自动找到删除的号码，❸ 点击"还原"按钮，如下图所示。

Step02 ❶ 在打开的"还原提示"面板中点击"确定"按钮，打开"温馨提示"面板，❷ 点击"确定"按钮，如下图所示。

| 温馨提示 |

若是通过合并重复联系人功能删除的联系人，程序可能无法正常将其找回 / 恢复，这点用户需要注意

## |教您一招：与 QQ 绑定|::::::

无论是使用 QQ 同步助手合并重复联系人，还是恢复联系人，首先需要将其绑定指定 QQ（或是微信），其方法为：❶ 在主界面中点击 📷 按钮，进入"账号登录"页面，❷ 点击"QQ 快速登录"按钮（或是"微信授权登录"按钮），❸ 在打开的登录页面，输入账号和密码，❹ 点击登录按钮，如下图所示。

### 4. 利用微信对通讯录备份

若是误将联系人删除或需要找回删除的联系人，可使用 QQ 同步助手将其快速准确的找回，其具体操作步骤如下。

**Step 01** 启动微信，❶ 在"我"页面中点击"设置"，进入"设置"页面，❷ 选择"通用"选项，❸ 在打开的页面中选择"功能"选项，如下图所示。

**Step 02** 进入到"功能"页面，❶ 选择"通讯录同步助手"选项，进入"详细资料"页面，❷ 点击"启用该功能"按钮，❸ 启用通讯录同步助手，

如下图所示。

# 技巧 9 空间整理术

是否能很好地提高办公效率，空间环境在其中会起到一定的作用。因此，一个高效率办公人士，也会懂得几项实用的空间整理术。

### 1. 办公桌整理艺术

办公桌是办公人员的主要工作场所，也是主要"战斗"的地方，为了让工作效率更高，工作更加得心应手，用户可按照如下几条方法对办公桌进行整理，其具体操作方法如下。

(1) 常用办公用品放置办公桌上。

日常的办公用品，如便签、签字笔、订书机、固体胶等，可以将它们直接放在办公桌上，方便随时地拿取和使用，也避免放在抽屉或其他位置不易找到，花去不必要的时间寻找。当然，对于一些签字笔、橡皮擦、修正液等，用户可将它们统一放在笔筒里。

(2) 办公用品放置办公桌的固定位置。

若是办公用品多且杂，用户可以将它们分配一个固定的地方，每次使用完毕后，可将其放回在原有的位置，这样既能保证办公桌的规整，同时，方便再次快速找到它。

(3) 办公用品放置伸手可及的位置。

对于那些最常用的办公用品，不要放在较远的地方，最好是放置在伸手可及的位置，这样可以节省很多移动拿办公用品的碎片时间，从而更集中精力和时间在办公上。

(4) 办公桌不要慌忙整理。

当一项事务还没有完成，用户不必要在下班后对其进行所谓的"及时"整理，因为再次接着做该事项，会发现一些用品或资料不在以前的位置，从而会花费一些时间进行设备和资料的寻找，浪费时间，也不利于集中精力开展工作。

(5) 抽屉里的办公用品要整理。

一些不常用的办公用品或设备会放置在抽屉中，但并不意味可以随意乱放，也需要将其规整，以方便办公用品或设备的寻找和使用。

## 2. 文件资料整理技巧

文件资料的整理并不是将所有资料进行打包或直接放进纸箱，需要一定整理技巧。下面介绍几种常用的整理资料的技巧，帮助用户提高资料整理、保管和查阅调用的效率。

(1) 正在开展事项的文件资料整理。

对于正在开展事项的文件资料，用户可根据项目来进行分类，同时，将同一项目或相关项目的文件资料放在一个大文件夹中。若是文件项目过多，用户可以将它们放在多个文件夹中，并分别为每一文件夹贴上说明的标签，从而方便对文件资料的快速精确查找。

把近期需要处理的文件资料放在比较显眼的地方，并一起将它们放置在"马上待办"文件夹中。把那些现在无法处理或不急需处理的文件资料放置在"保留文件"文件夹中。对于一些重复的文件资料，可保留一份，将其重复多余的文件资料处理掉，如粉碎等。

(2) 事项开展结束的文件资料整理。

事项结束后，相应的文件资料应该进行归类处理并在相应的文件夹上贴上说明标签。其遵循的原则是：是否便于拿出、是否便于还原、是否能及时找到。因此，用户可按照项目、内容、日期、客户名称、区域等进行分类。同时，在放置时，最好按照一定顺序进行摆放，如 1 期资料→ 2 期资料→ 3 期资料。

**3. 书籍、杂志、报刊的整理**

书籍、杂志、报刊的整理技巧有如下几点。

(1) 将书籍、杂志和报刊的重要内容或信息进行摘抄或复印，将它们保存在指定的笔记本电脑中或计算机中（中以 Word 和 TXT 存储）。一些特别的内容页，用户可将它们剪下来进行实物保管。这样，那些看过的书籍、报刊和杂志就可以处理掉，从而不占用有空间。

(2) 对于一些重要或常用的书籍，如工具书等，用户可将它们放置在指定位置，如书柜。

(3) 对于杂志和报刊，由于信息更新非常快，在看完后，可以直接将其处理掉或将近期杂志报刊保留，将前期的杂志报刊处理掉。

# 技巧 10 支付宝和微信快捷支付

支付宝和微信的快捷支付在一定程度上改变了广大用户的支付方式和支付习惯，为人们的消费支付带来了很大的便利和一定实惠。

## PC 端支付宝快捷支付

**1. 设置高强度登录密码**

登录密码是支付宝的第一道保护，密码最好是数字和大小字母的组合，形成一种高强度的保护（当然，用户更不能设置成自己的生日、纪念日、相同的数字等，因为很容易被他人猜中）。若是设置的登录密码过于简单，用户可对其进行更改，其具体操作步骤如下。

**Step01** 登录支付宝，❶ 在菜单栏中单击"账户设置"菜单导航按钮，❷ 单击登录密码对应的"重置"超链接，如下图所示。

**Step02** ❶ 单击相应的验证方式对应的"立即重置"按钮，如这里单击通过登录密码验证方式对应的"立即重置"按钮，❷ 在"登录密码"文本框中输入原有密码，❸ 单击"下一步"按钮，如下图所示。

**Step03** ❶ 在输入"新的登录密码"和"确认新的登录密码"文本框中输入新的密码（两者要完全相同），❷ 单击"确认"按钮，在打开的页面中即可查看到重置登录密码成功，如下图所示。

## 2. 设置信用卡还款

设置信用卡还款的操作步骤如下。

**Step 01** ❶ 在菜单栏中单击"信用卡还款"菜单导航按钮，❷ 在打开的页面中设置信用卡的发卡行、卡号及还款金额，❸ 单击"提交还款金额"按钮，如下图所示。

**Step 02** ❶ 在打开的页面中选择支付方式，❷ 输入支付宝的支付密码，❸ 单击"确认付款"按钮，如下图所示。

## 移动端支付宝和微信快捷支付

### 1. 设置微信支付安全防护

要让微信支付更加安全、更加放心和更加可靠，用户可设置微信支付的安全防护，从而防止自己的微信钱包意外"掉钱"，如这里以开启手势密码为例，其具体操作步骤如下。

**Step01** 登录微信，❶ 点击"我"按钮进入到"我"页面，❷ 选择"钱包"选项进入"钱包"页面，❸ 点击 ••• 按钮，❹ 在弹出的面板中选择"支付管理"选项，如下图所示。

**Step02** 进入"支付管理"页面，❶ 滑动"手势密码"上的滑块到右侧，❷ 在打开的"验证身份"页面中输入设置的支付密码以验证身份，❸ 在"开启手势密码"页面中先后两次绘制同样的支付手势，如下图所示。

### 2. 微信快捷支付和转账

要让微信支付更加安全、更加放心和更加可靠，用户可设置微信支付的安全防护，从而防止自己的微信钱包意外"掉钱"，如这里以开启手势密码为例，其具体操作步骤如下。

**Step 01** 登录微信，❶ 点击"我"按钮进入"我"页面，❷ 选择"钱包"选项进入"钱包"页面，❸ 选择"信用卡还款"选项，❹ 点击"我要还款"按钮，如下图所示。

**Step 02** ❶ 在打开的"添加信用卡"页面中要先添加还款的信用卡信息，

61

包括信用卡号、持卡人和银行信息（只有第一次在微信绑定信用卡才会有此步操作，若是已绑定，则会跳过添加信用卡的页面操作），❷点击"确认绑卡"按钮，❸进入"信用卡还款"页面中点击"现在去还款"按钮，❹输入还款金额，❺点击"立即还款"按钮，如下图所示。

**Step03** ❶在弹出的面板中输入支付密码，❷点击"完成"按钮，如下图所示。

### 3. 微信快捷支付

微信不仅能够发信息、红包和对信用卡还款，还能直接通过付款功能来进行快捷支付，特别是一些小额支付，其具体操作步骤为：

点击"我"按钮进入"我"页面，选择"钱包"选项进入"钱包"页面，
❶ 点击"付款"按钮（要为微信好友进行转账，可在"钱包"页面
选择"转账"选项，在打开页面中选择转账好友对象，然后输入支
付密码即可），❷ 在"开启付款"页面中输入支付密码，程序自动
弹出二维码，用户让商家进行扫描即可快速实现支付，如下图所示。

### 4. 用支付宝给客户支付宝转账

若是自己和客户都安装了支付宝，对于一些金额不大的来往，
可直接通过支付宝来快速完成，其具体操作步骤如下。

Step01 打开支付宝，❶ 选择目标客户对象，❷ 进入对话页面点击⊕按钮，
❸ 点击"转账"按钮，❹ 在打开的页面中输入转账金额，❺ 点击"确
认转账"按钮，如下图所示。

**Step 02** ❶ 打开的"输入密码"页面中输入支付密码，系统自动进行转账，❷ 点击"完成"按钮，系统自动切换到会话页面中并等待对方领取转账金额，如下图所示。